COURS ÉLÉMENTAIRE DE CHIMIE

R. LESPIEAU
Professeur adjoint à la Sorbonne et à l'École normale supérieure

MÉTAUX
CHIMIE ORGANIQUE

NEUVIÈME ÉDITION REVUE

LIBRAIRIE HACHETTE ET Cie
79, BOULEVARD SAINT-GERMAIN, PARIS

1918

COURS ÉLÉMENTAIRE

DE CHIMIE

A LA MÊME LIBRAIRIE

81421. — Imprimerie LAHURE, rue de Fleurus, 9, à Paris 8-18.

COURS ÉLÉMENTAIRE DE CHIMIE

R. LESPIEAU

Professeur-adjoint à la Sorbonne et à l'École normale supérieure

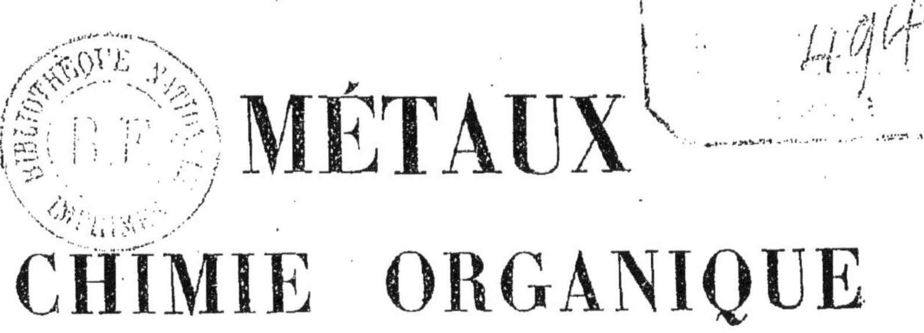

MÉTAUX
CHIMIE ORGANIQUE

NEUVIÈME ÉDITION REVUE

LIBRAIRIE HACHETTE ET Cie

79, BOULEVARD SAINT-GERMAIN, PARIS

1918

AVERTISSEMENT

DE LA HUITIÈME ÉDITION

Les modifications que l'on rencontrera dans cette édition, comme dans la précédente, m'ont été dictées par le désir d'exposer plus clairement encore les questions relatives à la constitution des alliages, ou par la nécessité de tenir compte, et des travaux récents concernant les constantes physiques, et des progrès réalisés par l'industrie dans la préparation de divers corps.

Pas plus que dans les éditions antérieures, je n'ai cru devoir reproduire dans ce volume un certain nombre de chapitres qui, bien que se rapportant à des composés métalliques, sont du domaine de la chimie générale, le chapitre relatif à la dissociation électrolytique, par exemple, parce que ceux-ci se trouvent développés dans notre volume intitulé : *Chimie générale, Métalloïdes.*

Comme par le passé, je serai heureux d'apporter à cet ouvrage les améliorations que l'on voudra bien me signaler.

R. LESPIEAU.

COURS ÉLÉMENTAIRE

DE CHIMIE

MÉTAUX

CHAPITRE I

GÉNÉRALITÉS

1. **Définition.** — Il est d'usage courant d'appeler *métaux* un certain nombre de corps simples, le fer, le cuivre, l'or, l'argent, par exemple, tandis qu'on se refuse à donner ce nom à l'oxygène, au soufre, au phosphore ou au charbon. Les chimistes ont adopté cette division des corps simples en métaux, et non-métaux qu'ils ont appelés métalloïdes.

En comparant les éléments précités, nous trouvons des différences assez marquées : les métaux possèdent, quand ils sont polis, un éclat particulier (or, cuivre) connu sous le nom d'éclat *métallique* tout autre que l'éclat *vitreux* de certains métalloïdes, (phosphore, diamant).

Les métaux sont bons conducteurs de la chaleur et de l'électricité, il n'en est pas de même des métalloïdes.

Si l'on parvient à électrolyser une combinaison non hydrogénée, l'élément apparaissant à la cathode est toujours un métal.

Enfin, parmi les combinaisons oxygénées d'un métal, il en existe au moins une capable de réagir sous les acides en donnant un sel et de l'eau, c'est-à-dire possédant les propriétés d'une base anhydre; les oxydes des métalloïdes ne sont jamais basiques.

Nous pourrons faire appel à ces caractères lorsqu'il s'agira de décider si un corps simple donné sera classé parmi les métaux ou parmi les métalloïdes.

Mais, si quelques éléments se rangent très nettement dans l'une ou l'autre de ces deux catégories d'après leurs propriétés physiques et chimiques, il n'en est pas de même pour tous. Ainsi l'arsenic ressemble assez au phosphore pour qu'il soit indiqué de l'étudier à côté de cet élément, c'est dire qu'on le classe parmi les métalloïdes; néanmoins, il possède l'éclat métallique.

Cette distinction, entre les métalloïdes et les métaux, commode pour faciliter l'étude des corps simples, présente donc ce caractère, commun à toutes les classifications des sciences naturelles, de n'avoir rien d'absolu.

2. **Propriétés pratiques des métaux.** — 1° ***Propriétés physiques.*** — *Densité.* — Le nombre inscrit dans la première colonne du tableau représente le poids en kilogrammes d'un décimètre cube du métal correspondant.

On voit que le platine et l'or font partie des métaux lourds, l'aluminium des métaux légers. Il ne faut pas oublier cependant que, parmi les métaux moins communs, il en est de beaucoup plus légers que celui-ci, le magnésium par exemple; il y a même des métaux moins denses que l'eau, c'est le cas du sodium et surtout du lithium dont les densités respectives sont 0,97 et 0,50.

Fusibilité. — Un seul métal est liquide à la température ordinaire : c'est le mercure, et l'on connaît tous les services qu'il rend aux physiciens et aux chimistes. L'étain est assez fusible pour qu'on puisse le liquéfier sur une feuille de papier, sans que celle-ci soit carbonisée. Si l'on veut, au contraire, un métal réfractaire[1], on prendra le platine, infusible dans les foyers ordinaires, mais que l'on peut fondre au chalumeau à oxygène et hydrogène.

Conductibilité. — L'argent est, de tous les métaux, celui qui conduit le mieux la chaleur; mais, à cause de son prix élevé, on lui préfère, dans les applications usuelles, le cuivre, dont la conductibilité diffère peu, et l'on se sert de ce métal pour faire des vases distillatoires, des casseroles.

L'ordre de conductibilité électrique est le même que celui de la conductibilité calorifique, aussi les fils de cuivre sont-ils employés comme conducteurs dans les appareils électriques.

2° ***Propriétés mécaniques des métaux.*** — *Malléabilité.* — On dit qu'un métal est très malléable lorsqu'il peut être très

1. C'est-à-dire difficilement fusible.

DENSITÉ		TEMPÉRATURE DE FUSION		CONDUCTIBILITÉ ÉLECTRIQUE		CONDUCTIBILITÉ CALORIFIQUE		MALLÉABILITÉ	DUCTILITÉ	TÉNACITÉ	
			Degrés.								
Platine......	21,2	Mercure.	— 59	Argent.	100,00	Argent..	100,0	Or	Or	Fer pur[1]	63,8
Or..........	19,4	Étain..	+ 232	Cuivre.	91,44	Cuivre..	73,6	Argent	Argent	Cuivre..	41
Plomb.......	11,35	Plomb...	326	Or....	65,46	Or.....	53,2	Aluminium	Platine	Platine.	35
Argent......	10,40	Zinc.....	419	Zinc...	24,16	Zinc....	19,3	Cuivre	Aluminium	Argent..	29
Cuivre......	8,9	Aluminium	657	Étain..	13,66	Étain...	14,5	Étain	Fer	Or.....	27
Fer.........	7,9	Argent...	962	Fer....	12,25	Fer.....	11,9	Platine	Cuivre	Zinc....	15,7
Étain........	7 28	Cuivre...	1085	Plomb.	8,25	Plomb..	8,5	Plomb	Zinc	Étain...	3,0
Zinc.........	7	Or......	1064	Platine.	8,4	Platine..	8,4	Zinc	Étain	Plomb..	2,4
Aluminium...	2,56	Fer......	1500					Fer	Plomb		
Mercure (liquide).	13,59	Platine..	1710								

1. Acier *a*. 83.8
Id. *b*. 92.5

aminci soit par martelage soit par laminage, sans présenter de déchirures. L'or est le plus malléable des métaux; par martelage on arrive à le réduire en feuilles ayant une épaisseur inférieure à un millième de millimètre.

Le fer est un métal malléable; on le trouve dans le commerce en feuilles assez minces que l'on nomme des tôles; ces tôles sont obtenues à l'aide du laminoir (fig. 1).

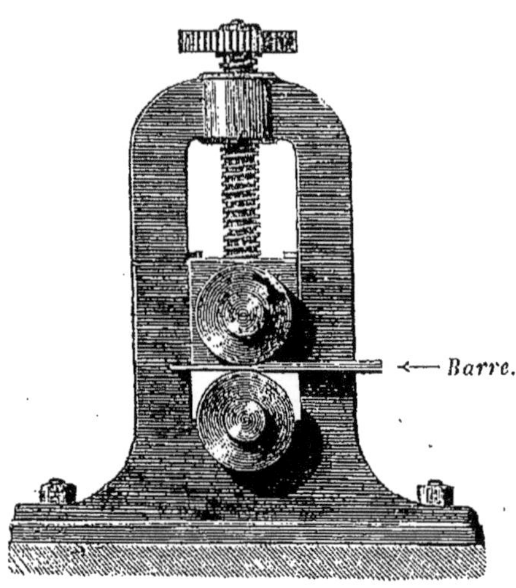

Fig. 1. — Laminoir d'atelier.
Un laminoir se compose de deux cylindre en acier, qu'on peut éloigner ou rapprocher à volonté et qu'on peut faire tourner en sens contraire l'un de l'autre.

Pour aplatir une barre de métal, on rapproche les cylindres du laminoir, de façon que l'espace laissé libre entre eux soit un peu plus étroit que la barre; on amincit légèrement l'extrémité de celle-ci et on l'engage entre les cylindres qu'on met alors en mouvement. Par suite du frottement la barre est entraînée, passe entre les cylindres, et s'amincit, en s'allongeant et s'élargissant.

Si l'on veut une lame moins épaisse encore, on recommence l'opération après avoir rapproché un peu les deux cylindres.

Ductilité. — Les métaux sont souvent employés sous forme de fils, que l'on obtient en engageant l'extrémité amincie d'une barre de métal dans le trou d'une plaque d'acier nommée *filière* (fig. 2) maintenue dans un étau. En exerçant une traction à cette extrémité, on force la tige métallique à passer à travers l'ouverture; la tige s'allonge et en même temps son épaisseur diminue. On la fait ainsi passer successivement dans des trous dont le diamètre est de plus en plus petit.

Un métal qui a passé au laminoir ou à la filière devient généralement dur et cassant : sa *malléabilité*, sa *ductilité* diminuent : on dit qu'il s'est *écroui*. On lui rend ses propriétés primitives en le chauffant au rouge; cette opération s'appelle le *recuit*.

(Il est à noter que le plomb ne s'écrouit sensiblement pas.)

Ténacité. — La ductilité d'un métal dépend non seulement de sa malléabilité, mais aussi de sa *ténacité*, c'est-à-dire de sa résistance à la rupture. Pour comparer les métaux au point de vue de leur ténacité, on les réduit en fils et, les suspendant à un point fixe par une de leurs extrémités, on cherche quel poids il faut suspendre à l'autre bout pour en déterminer la rupture. Les

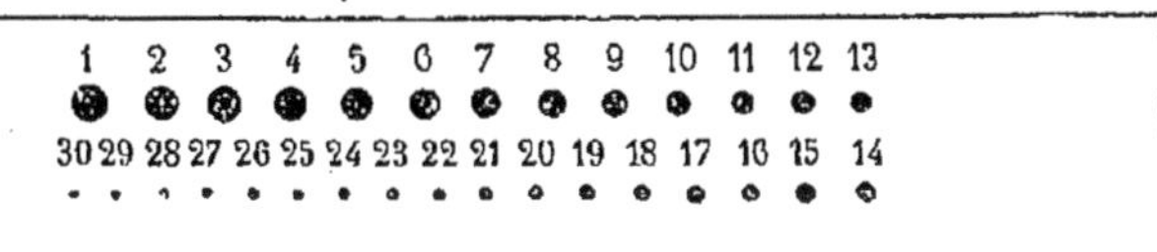

Fig. 2.

nombres qui figurent dans la dernière colonne du tableau de la page 3 indiquent, en kilogrammes, les plus petits poids qui, suspendus à un fil d'un millimètre carré de section, déterminent sa rupture immédiate. De tous les métaux usuels, c'est le fer qui est le plus tenace. Le plomb, métal très malléable, ne peut être réduit en fils fins, car sa ténacité est très faible.

Dureté. — On dit qu'un corps est moins dur qu'un autre lorsqu'il est rayé par celui-ci. Le plus dur des corps connus est le *diamant*; puis viennent : le *corindon*, la *topaze*, le *quartz*, le *feldspath orthose*; la dureté de ce dernier est à peu près celle du verre à vitres. Par ordre de dureté, on peut classer ainsi les métaux :

Le chrome raye et coupe le verre; le fer et le nickel, rayés par le verre, rayent le spath d'Islande; le platine, le cuivre, l'or et l'argent sont rayés par le spath. Enfin le plomb est rayé par l'ongle.

Remarque. — Nous avons signalé (§ 1) des différences entre les métaux et les métalloïdes; ce ne sont point les seules : au point de vue mécanique les métaux se comportent tout autrement que les métalloïdes et par suite se prêtent à des usages tout autres.

Ainsi il n'est pas difficile en coulant, d'une part du soufre, de l'autre du cuivre dans des moules convenables d'obtenir deux plaques d'épaisseurs à peu près égales. Or tandis qu'il sera impossible de plier ou de marteler la plaque de soufre sans qu'elle se brise, la plaque de cuivre pourra être pliée un certain nombre de fois et fortement aplatie sous le choc du marteau avant de présenter un commencement de déchirure.

De même un fil de soufre ne peut sans se rompre être plié ou étiré à la filière tandis qu'un fil de cuivre se comporte tout autrement[1].

Les métalloïdes, lorsqu'ils affectent l'état solide, n'ont jamais la malléabilité ou la ductilité qu'on rencontre chez la plupart des métaux.

ALLIAGES

3. **Définition.** — Peu de métaux sont employés couramment à l'état isolé ; ce sont : le fer, le cuivre, le zinc, le plomb, l'étain, le platine, le mercure, l'aluminium, le nickel.

Mais deux ou plusieurs métaux fondus ensemble forment, après solidification, un tout d'apparence homogène qu'on appelle un alliage. Ces alliages ont pratiquement une grande importance, car au point de vue industriel ils se comportent comme de véritables métaux, mais différents des métaux composants ; en modifiant les proportions de ces derniers, on peut obtenir des substances métalliques douées de propriétés que ne possède aucun métal et que l'on peut varier à l'infini.

C'est ainsi que l'or, trop mou par lui-même, une fois allié au cuivre fournit des alliages suffisamment résistants.

Extension de la définition des alliages. — Il est tout naturel de classer avec les alliages des substances renfermant un métal uni à de très petites quantités de divers métalloïdes (carbone, silicium, phosphore, etc.) quand ces substances, l'*acier* par exemple, se comportent comme de véritables métaux au point de vue industriel.

Métaux du commerce. — Il suit de cette extension que la plupart des métaux commerciaux sont de véritables alliages. En effet ces métaux ne sont généralement pas purs.

Le fer renferme toujours du silicium et du carbone ; le nickel du commerce contient du cuivre, du fer, du carbone ; le zinc a du plomb, du fer, du silicium.

Or il suffit souvent d'une trace d'une matière étrangère pour altérer notablement les propriétés physiques d'un métal. Ainsi quelques millièmes de soufre ou de phosphore rendent le fer cassant à froid. Quelques millièmes de carbone et de silicium augmentent la fusibilité du fer et du nickel. Souvent même les propriétés chimiques d'un métal sont sous la dépendance des

1. Nous faisons abstraction du soufre mou dont l'élasticité est, on le sait, fort éphémère.

impuretés qu'il renferme. Ainsi le zinc pur résiste beaucoup mieux à l'acide sulfurique étendu que le zinc renfermant un peu de plomb, ce qui est le cas du zinc courant.

Il ne faudra donc pas oublier que les métaux usuels sont impurs et que par suite leurs propriétés physiques, souvent même leurs propriétés chimiques, diffèrent de celles des métaux purs.

CONSTITUTION DES ALLIAGES

La connaissance de la composition d'alliage ne suffit pas pour le caractériser. — Un liquide ou un gaz présente une homogénéité presque parfaite ; il en est de même d'un cristal.

Mais imaginons un solide formé par une agglomération de cristaux (qu'ils soient ou non tous de même nature) ; il est évident que les propriétés physiques et mécaniques d'un tel ensemble ne dépendront pas uniquement de la nature des espèces chimiques présentes mais aussi de la grosseur des cristaux et de leur mode d'assemblage.

Or l'examen microscopique apprend que très souvent une masse solide n'est justement qu'un agglomérat de cristaux[1], et c'est précisément le cas des métaux et des alliages. Pour cette raison on peut rapprocher la structure d'alliage et celle du granit, cette roche étant formée par un assemblage de cristaux (de quartz, de mica et de feldspath) ; seulement tandis que dans le granit les cristaux sont visibles à l'œil nu, les cristaux que l'on rencontre dans les métaux sont, sauf exceptions d'ailleurs fort rares, de dimensions très petites, inférieures à un dixième de millimètre[2].

On conçoit que tout ce qui peut influer sur la grosseur et l'orientation des cristaux constituant l'agglomération doit avoir sa répercussion sur les propriétés du métal ou de l'alliage ; on s'explique ainsi par exemple qu'un métal puisse devenir plus dense par martelage ou que le passage à la filière et au laminoir modifie ses propriétés.

Supposons qu'un de ces agglomérats de cristaux ait pris un

1. Il n'en est pas toujours ainsi : exemple, le verre, le phosphore blanc récemment solidifié.

2. Disons en outre que la plupart du temps les cristaux observés dans les alliages n'ont pas l'aspect de polyèdres convexes. Chaque cristal est constitué par de nombreuses branches orientées avec une certaine symétrie les unes par rapport aux autres (comme certains cristaux de neige). Ces divers cristaux s'enchevêtrent. De plus, les inégalités de dilatation, les chocs, le travail au laminoir, etc., etc., les déforment beaucoup.

état qui soit un état d'équilibre pour les conditions où il se trouve; si ces conditions viennent à changer son état se modifiera : ainsi une variation de température pourra provoquer des phénomènes de diffusion, des réactions chimiques, des modifications allotropiques, seulement comme de telles transformations ne s'effectuent dans une masse solide et surtout à froid qu'avec une extrême lenteur, il faudra habituellement un temps très long pour qu'un alliage qui a subi un refroidissement assez rapide prenne l'état d'équilibre correspondant aux nouvelles conditions où il se trouve.

De quelle nature sont les cristaux rencontrés dans les alliages?

Voici d'abord deux cas assez particuliers qui se rencontrent chez les alliages :

1° *Il existe de véritables combinaisons, parfaitement définies, qui ne renferment que des métaux*; on les a sous forme de cristaux, présentant tous la même composition et auxquels il est donc possible d'attribuer une formule fixe. Citons l'alliage de Cook $SbZn^3$, l'alliage $Sn\ Cu^3$, etc.

2° *Certains alliages sont des solutions solides*[1]. Rappelons que l'on désigne sous ce nom les mélanges solides homogènes, mais que deux corps pris au hasard ne sont pas susceptibles en général de donner des solutions solides.

Lors de la solidification d'un mélange de deux métaux capables de donner des solutions solides, il se forme des cristaux renfermant à la fois des deux métaux; la composition de ces cristaux n'est pas en général celle du liquide qui les baigne, et elle varie avec le degré d'achèvement de la solidification.

Tel est le cas, par exemple, des alliages que donnent ensemble l'or et l'argent.

A. — Examinons alors un cas très simple : c'est celui d'un ***Alliage de deux métaux qui ne se combinant pas ne sont point susceptibles de donner des solutions solides et n'offrent pas de cas d'allotropie.***

Dans ce cas, qui est par exemple celui des alliages du zinc avec l'étain, l'addition à l'un quelconque des deux métaux de quantités croissantes de l'autre, produit d'abord un abaissement continu du point où commence la solidification du mélange fondu. Mais il arrive un moment à partir duquel cette température se relève de plus en plus pour tendre vers le point de fusion du métal ajouté.

1. Nous rangeons les cristaux mixtes formés par des mélanges de métaux isomorphes parmi les solutions solides.

Alliages eutectiques. — Il existe donc dans ce cas un alliage pour lequel ce point de solidification est minimum. On l'appelle alliage eutectique.

Il résulte de ce qui vient d'être exposé que tous les alliages du zinc avec l'étain seront complètement fondus avant 410°, température de fusion du zinc, et que certains d'entre eux le seront avant 232°, point de fusion de l'étain.

On voit donc qu'un alliage de deux métaux qui ne se combinent pas et ne sont point isomorphes sera toujours plus fusible que le moins fusible et parfois plus fusible que le plus fusible des métaux présents.

Habituellement les alliages de cette espèce, soumis après fusion à un refroidissement lent, laissent d'abord déposer le métal en excès par rapport à la composition de l'eutectique. Pendant ce temps, la température s'abaisse et la solidification s'achève à la température de solidification de l'alliage eutectique.

Si l'on a justement affaire à cet alliage, pendant toute la durée de sa solidification il reste à température constante. Il se rapproche à cet égard des combinaisons; mais au microscope on y distingue les deux métaux en lamelles excessivement ténues.

B. — Supposons maintenant un alliage formé par deux métaux susceptibles de donner une combinaison, et une seule[1].

Si les deux métaux sont présents dans la proportion suivant laquelle ils se combinent, l'alliage sera constitué par un assemblage de cristaux, tous de même composition. Tel est le cas de l'alliage $SnCu^3$ étudié par M. Le Chatelier.

Mais supposons qu'on ait allié ensemble de l'étain et du cuivre dans des proportions telles que l'un des métaux s'étant totalement combiné à l'autre il y ait encore un excès de cet autre. On observera les mêmes phénomènes que dans le cas de deux métaux qui ne se combinent pas, la combinaison $SnCu^3$ jouant le rôle d'un des métaux.

Ainsi imaginons qu'à 118gr,5 d'étain (Sn = 118,5) on ajoute un peu de cuivre, ce cuivre passera à l'état de $SnCu^3$ et l'on sera dans le cas de l'étain additionné d'une substance métallique $SnCu^3$, à laquelle il ne se combine pas. Le point de solidification commençante sera inférieur au point de fusion de l'étain; une addition de cuivre provoquera un abaissement de ce point de solidification de plus en plus grand jusqu'à ce qu'on arrive à l'alliage eutectique que donnent ensemble les deux substances métalliques Sn et $SnCu^3$. A partir de ce moment l'addition de cuivre provoquera un relèvement du point de solidification jusqu'à ce qu'on ait ajouté 3×63gr,6 de cuivre (Cu = 63,6). Cette addition faite on aura la combinaison $SnCu^3$ fondant à point fixe.

Si l'on ajoute encore du cuivre, on sera dans le cas d'un mélange de $SnCu^3$ et de Cu; on verra le point de solidification descendre à nouveau et cela jusqu'à ce qu'on arrive à un deuxième eutectique, celui qui correspond aux deux substances métalliques $SnCu^3$ et Cu.

Puis l'addition de nouvelles quantités de cuivre élèvera le point de coagulation jusqu'à ce qu'on arrive au point de fusion du cuivre.

1. Cette combinaison fondant sans décomposition.

Remarque. — *Ce que nous venons de dire n'est point spécial au cas de la solidification d'un liquide renfermant des métaux et s'applique aux dissolutions en général.* Nous en reparlerons à propos de la congélation des solutions salines.

— On imagine facilement, d'après ce qui vient d'être dit, ce qui se passerait dans des cas plus compliqués encore.

Structure d'un alliage de deux métaux qui ne se combinent pas et ne donnent point de solutions solides. — Un tel alliage, étant fondu, se solidifie quand il se refroidit. Cette solidification a lieu à point fixe si l'on est justement en présence de l'eutectique.

Dans le cas contraire, au début de la solidification il se dépose habituellement des cristaux du métal qui est en excès par rapport à la composition de l'eutectique ; si l'on veut que la solidification se poursuive, il faut abaisser de plus en plus la température du mélange ; on n'obtient la solidification totale que lorsqu'on atteint la température de fusion de l'eutectique ; celui-ci se solidifie alors dans les espaces laissés libres par le feutrage des cristaux précédemment formés et constitue une sorte de ciment qui relie ces cristaux.

On se rend compte de cette structure au microscope, lorsqu'on examine des lames soigneusement polies et soumises au besoin à l'action d'agents chimiques convenables (iode, acide picrique, etc.).

On a coutume de dire qu'un tel alliage est formé de deux constituants : 1° les cristaux relativement gros du métal déposés au début ; 2° le mélange de fins cristaux des deux métaux constituant l'eutectique.

On conçoit qu'on puisse se trouver en présence de cas plus compliqués et que le nombre des constituants puisse être beaucoup plus élevé.

Liquation. — Habituellement, pendant la solidification d'un alliage le thermomètre indique des températures décroissantes, en présentant toutefois divers points d'arrêt. Ces arrêts indiquent que ce qui se dépose en ce moment ne renferme guère que quelque chose fondant à point fixe, soit un des métaux, soit une combinaison des deux, soit encore un mélange eutectique ; ces séparations successives d'un alliage, en parties de compositions et de densités différentes, au moment de sa solidification, font que la masse obtenue manque d'homogénéité et par suite est cassante. C'est ce phénomène auquel on donne le nom de liquation. Il faut l'éviter, en brusquant par exemple la solidification, quand on désire obtenir un alliage résistant ; on peut au contraire le rechercher pour séparer des métaux mélangés (argent, plomb et cuivre, par exemple).

Il faut noter cependant que la séparation par ordre de densité n'a lieu souvent que dans une très faible mesure parce que les cristaux qui se forment au sein du liquide s'appuyant les uns sur les autres forment ainsi une sorte de feutrage.

Production des alliages. — Généralement on fond ensemble les deux métaux en prenant les précautions nécessaires pour éviter les volatilisations possibles. On peut aussi se placer dans des conditions telles que l'un des deux (ou les deux) métaux réagisse sur l'autre au moment où il prend naissance. C'est ainsi par exemple que Davy a obtenu l'amalgame de sodium par l'électrolyse de la soude en présence d'une cathode de mercure.

CHAPITRE II

PROPRIÉTÉS GÉNÉRALES DES SELS

4. Définition. — Rappelons brièvement les propriétés qui permettent de reconnaître qu'un corps est un sel.

Certains corps renferment de l'hydrogène remplaçable par des métaux. Les produits obtenus après le remplacement sont nommés Sels.

Lorsqu'un corps peut donner des sels, on dit qu'il a des propriétés acides ou un caractère acide. Selon la facilité avec laquelle il donne des sels, selon la stabilité de ces derniers on dit que ce caractère est très ou peu marqué. On dira que c'est un acide s'il est susceptible de donner un (ou des) sel de sodium par réaction sur la soude.

Mais un corps peut présenter plusieurs fois la fonction acide; l'acide sulfurique par exemple est deux fois acide. Dans de tels corps, on peut ne remplacer que partiellement l'hydrogène remplaçable par un métal ; on obtient alors un sel acide. On sait par exemple qu'outre le sulfate de sodium neutre SO^4Na^2 il existe un sulfate SO^4NaH, lequel est à la fois un sel et un acide et s'appelle pour cette raison sulfate de sodium acide.

De même une base plusieurs fois base, telle que l'hydrate de bismuth $Bi(OH)^3$, pourra donner des sels qui seront encore des bases. Citons comme exemple l'azotate basique $Bi(AzO^3)(OH)^2$.

Un sel est dit neutre quand il n'est ni acide ni basique.

Un type de sels neutres est défini par sa formule générale, c'est-à-dire par sa composition ; si M représente un métal univalent, on a :

Azotates	neutres	AzO^3M,
Sulfates	—	SO^4M^2,
Phosphates	—	PO^4M^3,
Chlorures	—	MCl,
Sulfures	—	M^2S.

M, M^2, M^3, remplacent H, H^2, H^3 dans les acides :

$$AzO^3H, \quad SO^4H^2, \quad PO^4H^3, \quad HCl, \quad H^2S.$$

Rappelons également qu'on peut définir les acides comme des électrolytes à cathion hydrogène, les sels comme des électrolytes à cathions métalliques. Un acide et ses sels possèdent le même anion, et ne diffèrent donc que parce que l'ion hydrogène de l'acide est dans ces sels remplacé par divers ions métalliques. La définition électro-chimique et la définition chimique sont donc complètement d'accord.

5. **Propriétés physiques.** — Les propriétés physiques des sels sont caractéristiques de chacun d'eux. On peut faire cependant quelques remarques générales, qui n'ont d'autre valeur que de faciliter les efforts de la mémoire ; ce sont des règles empiriques.

Les sels sont des corps solides à de très rares exceptions près.

Solubilité. — Laissant de côté les sels alcalins, qui, à quelques rares exceptions près, sont solubles dans l'eau, on peut dire que les sels dont les anhydrides peuvent être obtenus facilement par la combinaison directe d'un métalloïde avec l'oxygène sont insolubles : ainsi tous les carbonates métalliques sont insolubles ; les sulfates et les azotates sont, au contraire, presque tous solubles.

Couleur. — Les sels dont les métaux fondent à une température peu élevée (métaux alcalins et alcalino-terreux, magnésium, aluminium, zinc) sont incolores, pourvu toutefois que l'acide lui-même soit incolore ; les sels des métaux réfractaires sont colorés. Ainsi :

Les sels	hydratés de	*fer*	ont une	couleur	*vert clair*.
—	—	*nickel*	—	—	*verte*.
—	—	*cobalt*	—	—	*rose*.
—	—	*cuivre*	—	—	*bleue* ou *verte*.
—	—	*manganèse*	—	—	*rose*.

Par la dessiccation cette couleur change : les sels de fer et de cuivre deviennent presque *blancs*, les sels de *cobalt* deviennent *bleus* et ceux de nickel *jaunes*.

Saveur. — Les sels de sodium et de potassium ont une saveur *salée* ; les sels de magnésium sont *amers*, ceux d'aluminium *astringents*.

ACTION DE L'EAU SUR LES SELS

Les acides et les bases s'emploient le plus souvent en dissolution aqueuse ; c'est au sein de l'eau qu'ils réagissent. L'action exercée par l'eau sur les sels prend dès lors une importance exceptionnelle. L'eau n'est pas en effet seulement un dissolvant, c'est aussi un agent chimique qui intervient souvent dans les réactions.

L'action exercée par l'eau sur les sels sera donc examinée aux points de vue suivants :

1° L'eau peut dissoudre les sels;

2° L'eau peut se combiner aux sels ;

3° L'eau peut décomposer les sels.

6. **Solubilité.** — L'eau étant le dissolvant le plus généralement employé, c'est de la solubilité des sels dans l'eau qu'il sera uniquement question ici.

On définit *la solubilité d'un sel, à une température donnée* :

1° Ou bien, par *le poids de ce sel qui à cette température se dissout dans un poids d'eau invariable, que l'on représente par* 100.

2° Ou bien par *le poids du sel anhydre contenu dans* 100 *parties en poids de la dissolution saturée à cette température.*

Pour déterminer la solubilité d'un sel à une température donnée, le procédé le plus simple consiste à maintenir le liquide au contact d'un grand excès de sel dans un vase placé dans une étuve ou dans un bain-marie maintenus à la température constante à laquelle on se propose d'opérer. Si la quantité de sel employée est suffisante pour que les fragments dépassent le niveau du liquide, le liquide décanté au bout de quelques heures renferme le poids maximum du sel qu'il peut dissoudre à cette température : il est *saturé*. On évapore à sec un poids connu de ce liquide dans une capsule tarée, et si le sel se dépose anhydre, l'excès de poids de la capsule est le poids de celui-ci ; on calcule par différence le poids de l'eau évaporée. Il est dès lors facile, en représentant par 100 le poids du liquide, de calculer le poids du sel qu'il maintenait en dissolution.

En répétant cette expérience à diverses températures, aussi régulièrement espacées que possible, on dresse un tableau des solubilités où l'on construit la *courbe de solubilité.*

A cet effet on trouve deux droites rectangulaires qui servent d'axes de coordonnées, on porte les températures en abscisses et les poids de sel dissous en ordonnées.

On détermine ainsi un certain nombre de points de la courbe et on les réunit par un trait continu[1]. Si l'on veut ensuite connaître la solubilité de l'azotate de potassium à 30°, par exemple, il suffit, par le point correspondant de l'axe horizontal, de mener une verticale, et la longueur de cette droite, comprise entre le point 30° et son intersection avec la courbe, donne la solubilité du sel dans 100 parties d'eau.

En général, la solubilité d'un sel croît avec la température.

7. **Hydrates salins. — Eau de cristallisation.** — A une dissolution de potasse mélangeons une dissolution d'acide azotique ; si les proportions des matières sont convenablement choisies, nous pourrons obtenir une dissolution saline qui sera sans action sur la teinture de tournesol et l'évaporation du liquide laissera déposer un sel, l'azotate de potassium, en longs prismes cannelés, incolores.

Ces cristaux ont exactement comme composition AzO^3K ; ils ne perdent pas leur transparence, et leur poids reste invariable quand on les abandonne sous une cloche vide d'air au-dessus de l'acide sulfurique ou quand on les chauffe à 110°. On dit que le sel est *anhydre*[1].

Il est d'autres sels qui, à l'état cristallisé, sont *hydratés* et perdent cette eau quand on les dessèche dans le vide sec ou lorsqu'on les chauffe à des températures généralement peu supérieures à 100°, mais qui dans quelques cas peuvent atteindre 300°. Cette eau, qui s'élimine ainsi sans que les propriétés chimiques du sel soient profondément modifiées, et que le sel reprend d'ailleurs dès qu'on le met au contact de l'eau, est appelée *eau de cristallisation.*

Un même sel anhydre peut d'ailleurs se combiner avec des proportions d'eau différentes suivant la température à laquelle la cristallisation se produit, et la forme cristalline du sel dépend de son état d'hydratation.

Le sulfate de magnésium SO^4Mg, par exemple, est uni à $13H^2O$

1. Les cristaux des sels anhydres sont humectés d'eau au moment où on les sort de leur dissolution. On les dessèche par exposition à l'air libre ou par expression à l'aide du papier à filtre. Malgré ces précautions, de l'eau reste interposée entre les lamelles cristallines et l'on n'obtiendra un poids invariable, en maintenant le sel dans le vide sec ou à l'étuve, que lorsque cette eau, dite *d'interposition*, aura été préalablement chassée.

quand la cristallisation a lieu vers 0°, à $7H^2O$ vers 15°, et à $6H^2O$ quand il cristallise au-dessus de 30°.

Le sulfate de sodium cristallise habituellement avec $10H^2O$; les cristaux sont anhydres quand ils se déposent au-dessus de 33°.

Quelques sels très riches en eau de cristallisation fondent quand on les chauffe, avant de se déshydrater; ils éprouvent la *fusion aqueuse* (Ex. : alun, 143). Puis la matière se dessèche et, si le sel fond lorsqu'il est devenu anhydre, ont dit qu'il subit la *fusion ignée.*

8. **Sels efflorescents, sels déliquescents.** — Les cristaux des sels hydratés qui perdent leur eau dans le vide sec ou lorsqu'on les chauffe à 100°, deviennent opaques et se transforment en une matière pulvérulente qui est le sel anhydre ou un hydrate inférieur à celui qui a été mis en expérience. Quelques sels très hydratés (carbonate de sodium, sulfate de sodium) se déshydratent partiellement à la température ordinaire, lorsqu'on les expose à l'air libre. On dit que ces sels sont *efflorescents.*

D'autres au contraire, comme le carbonate de potassium, le chlorure de calcium, attirent l'humidité atmosphérique et se dissolvent dans l'eau ainsi fixée, en augmentant de poids. On dit que ces sels sont *déliquescents.*

Nous avons étudié l'efflorescence à propos de la dissociation dans notre volume *Chimie générale, Métalloïdes.*

9. **Action décomposante exercée par l'eau sur les sels.** — Quelques sels, mis au contact de l'eau, subissent une décomposition partielle qui devient manifeste lorsqu'un corps insoluble se sépare.

Ainsi l'azotate de bismuth $(AzO^3)^3Bi$ est décomposé avec formation d'un précipité blanc, cristallin, de sous-nitrate de bismuth $(AzO^3)OBi$; l'eau devient acide par suite de la mise en liberté d'acide azotique :

$$(AzO^3)^3Bi + H^2O = (AzO^3)OBi + 2AzO^3H.$$

Si l'on ajoute à l'eau des quantités croissantes d'azotate de bismuth, la quantité d'acide libre augmente dans la dissolution et il arrive un moment où le sel primitif peut se dissoudre sans décomposition. Une dissolution qui contiendrait 82 grammes d'acide azotique libre par litre dissoudrait à + 15° le nitrate de bismuth sans décomposition (Ditte).

Mais la décomposition partielle par le fait de la dissolution, pour être moins facile à mettre en évidence, n'en est pas moin réelle pour un grand nombre de sels formés d'un acide fort[1] (acide sulfurique, acide azotique) et d'une base faible (hydrates de zinc, de cuivre, etc.), ou formés d'un acide faible (acide carbonique) et d'une base forte (potasse, soude). Les phénomènes thermiques qui accompagnent la dissolution permettent de mettre le fait en évidence : lorsqu'on effectue la dissolution dans le calorimètre, le phénomène thermique est fonction de la quantité d'eau employée. Tel est le cas des carbonates alcalins, des sels ammoniacaux.

Dissociation électrolytique. — Nous ne parlons pas ici de la dissociation électrolytique que nous avons étudiée précédemment dans un autre volume (*Chimie Générale, Métalloïdes*).

10. **Cryohydrates. — Mélanges réfrigérants.** — Nous avons, à propos des alliages eutectiques, indiqué certains faits qui, ainsi que nous l'avons fait remarquer à ce moment (p.10, remarque), ne sont point particuliers aux dissolutions purement métalliques, mais se rencontrent à propos de toutes sortes de dissolutions, y compris les dissolutions des sels dans l'eau.

Le lecteur est prié de relire cet endroit en faisant les changements voulus : on y parle de deux métaux ; ce qui joue ici le rôle de l'un d'eux, c'est le sel, l'eau jouant le rôle du deuxième métal. Il y a toutefois une différence : l'addition d'eau au sel fondu ne donnerait pas en général un mélange homogène, et la solution la plus concentrée de sel qu'on puisse obtenir n'est pas voisine habituellement d'en contenir cent pour cent.

Il existe ici comme là des mélanges eutectiques, mais ce ne sont plus des alliages, on les nomme cryohydrates.

Si donc on a une solution dans l'eau d'un sel incapable de donner avec l'eau une combinaison ou une solution solide, par refroidissement on aura un dépôt de sel ou de glace suivant que la solution sera plus riche ou plus pauvre en sel que le cryohydrate ; pour amener la continuation de la solidification, il faudra abaisser la température de plus en plus jusqu'à ce qu'on arrive à la température de fusion de l'eutectique. A ce moment il se déposera un enchevêtrement de fines lamelles de sel et de glace constituant ce qu'on appelle le cryohydrate. Ce mélange fond et se solidifie à une température fixe, qui est la température la plus basse à laquelle on puisse obtenir un commencement de fusion d'un mélange de glace et du sel en question pris à l'état solide.

1. Pour la définition des acides et des bases fortes, voir le volume *Chimie générale, Métalloïdes*.

En mélangeant intimement de la glace et du sel dans la proportion où ils se trouvent dans leur cryohydrate, on a un mélange fondant à température fixe et pouvant être employé comme mélange réfrigérant.

Voici la composition des cryohydrates employés à cet effet :

	Poids de sel pour 100 grammes de glace.	Température de fusion.
NO^3NH^4	100	— 16°
NaCl	100	— 22°
$CaCl^2 6H^2O$	150	— 55°

Ébullition des solutions salines. — Les dissolutions salines ont un point d'ébullition supérieur à celui de l'eau ; on peut utiliser comme bain-marie les solutions saturées de :

NaCl qui bouillent à 109° sous 1 at.
CO^3K^2 — 135°
$CaCl^2$ — 179°

11. Action de l'électricité sur les sels. — Nous rappellerons que si l'on plonge dans les deux branches d'un tube en U (fig. 3) renfermant une dissolution de sulfate de cuivre deux lames de platine fixées aux deux pôles d'une pile, l'électrode négative se recouvre bientôt de cuivre, tandis que des bulles d'oxygène se dégagent sur l'électrode positive et le liquide qui baigne celle-ci devient riche en acide sulfurique.

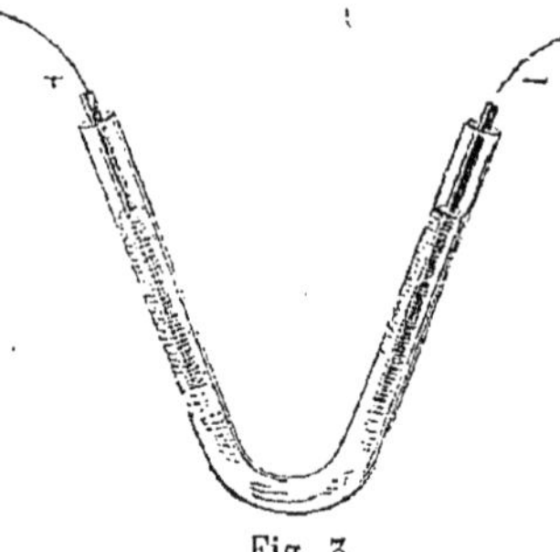

Fig. 3.

En un mot, sous l'influence du courant, la décomposition du sel dissous s'est effectuée ainsi :

$$SO^4Cu + H^2O = SO^4H^2 + O + Cu ;$$

Cu à la cathode
$SO^3 + O$ à l'anode.

Si l'on soumet à l'électrolyse une dissolution d'un sel alcalin, du sulfate de sodium par exemple, le phénomène se complique, à cause de l'action du sodium sur l'eau. La liqueur étant colorée par l'addition de quelques gouttes de teinture de mauve ou de violette, le liquide qui baigne l'électrode négative se colore en vert, celui qui baigne l'électrode positive en rouge, accusant ainsi qu'un acide s'est porté au pôle positif, et une base au pôle négatif; en même temps, de l'oxygène se dégage sur ce dernier, et de l'hydrogène au pôle négatif. Ce cas rentre dans le précédent, tout s'est passé comme si le sel avait été décomposé en anhydride et en oxygène qui se sont portés sur l'électrode positive et en métal qui tend à se porter sur la lame négative; mais le métal alcalin décompose l'eau, forme l'hydrate Na OH qui se dissout et de l'hydrogène se dégage :

$$SO^4Na^2 + H^2O = SO^4H^2 + O + 2\,Na,$$
$$2\,Na + 2\,H^2O = 2\,Na\,OH + H^2.$$

La réaction est donc :

$$SO^4Na^2 + 3\,H^2O = SO^4H^2 + O + 2\,Na\,OH + H^2$$
$$SO^4H^2 + O \;\ldots\ldots\; \text{à l'anode}$$
$$2Na\,OH + H^2 \;\ldots\ldots\; \text{à la cathode}$$

Si l'on se sert d'ailleurs de mercure comme électrode négative, on observe que ce métal dissout du sodium, avec lequel il contracte une combinaison formée avec dégagement de chaleur; il n'y a plus cette fois mise en liberté d'hydrogène:

$$SO^4Na^2 + H^2O + Hg^{2n} = SO^4H^2 + O + 2Hg^n Na.$$

12. Action des métaux. — Une lame de fer que l'on immerge dans une dissolution de sulfate de cuivre se recouvre d'une couche de ce métal, pendant que du fer se dissout et que du sulfate de fer se mélange au sulfate de cuivre. L'expérience montre que 56 grammes de fer déplacent ainsi 63 grammes de cuivre; il ne se dégage pas d'oxygène et il n'y a pas mise en liberté d'acide; on formulera donc cette réaction

$$Fe + SO^4Cu = Cu + SO^4Fe.$$

Une lame de cuivre plongée dans un sel d'argent se recouvre d'une mince couche d'argent et 63 de cuivre se dissolvent, tandis que 2×108 d'argent se déposent :

$$Cu + SO^4Ag^2 = 2\,Ag + SO^4Cu.$$

On peut dire que l'hydrogène est déplacé par le fer ou par le zinc lorsqu'on prépare ce gaz par la réaction de l'acide sulfriquue étendu sur ces métaux :

$$Fe + SO^4 H^2 = 2 H + SO^4 Fe.$$

Dans cette réaction, 2 grammes d'hydrogène se dégagent pour 56 grammes de fer dissous.

Les poids 1, 56, 63 et 108 sont les poids atomiques de l'hydro-

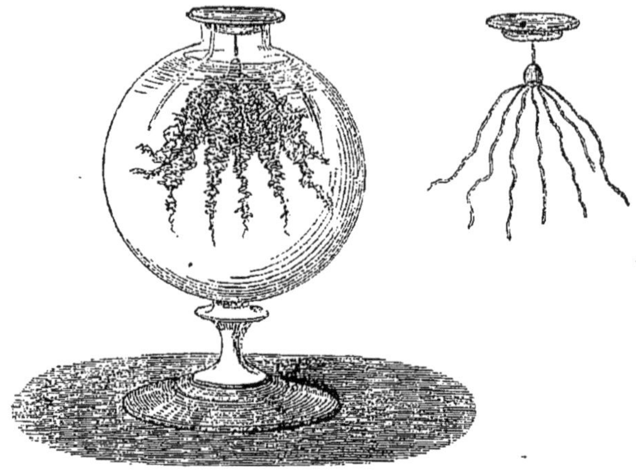

Fig. 4.

gène, du fer, du cuivre et de l'argent et l'on voit que ce ne sont point ces poids atomiques, mais les poids qui sont capables de se

2×1	d'hydrogène,
56	de fer,
63	de cuivre,
2×108	d'argent,

substituer les uns aux autres vis-à-vis du même groupement SO^4.

On peut dire d'une façon générale qu'un métal en déplace un autre lorsque la substitution est accompagnée d'un dégagement de chaleur. On a effet :

$$Fe + SO^4 Cu \text{ diss.} = Cu + SO^4 Fe \text{ diss.} \quad + 38^c,2,$$
$$Cu + SO^4 Ag^2 \text{ diss.} = 2 Ag + SO^4 Cu \text{ diss.} \quad + 54^c,8,$$
$$Fe + SO^4 H^2 \text{ diss.} = 2 H + SO^4 Fe \text{ diss.} \quad + 25^c,0.$$

Il est évident d'ailleurs que le sodium et le potassium ne pourraient être employés à précipiter un métal de ses dissolutions salines, puisqu'ils décomposent l'eau.

Comme exemple de déplacement d'un métal par un autre, nous citerons encore la précipitation du plomb par le zinc. Si l'on plonge une lame de zinc supportant plusieurs fils de cuivre dans une dissolution d'acétate de plomb, les fils se recouvrent d'un dépôt de plomb cristallisé qui figure l'*arbre de Saturne*[1] (fig. 4).

Le mercure déplace l'argent d'une dissolution d'azotate de ce métal : mais ici le phénomène est plus complexe : les arborescences de petits cristaux, dont l'aspect est celui de l'argent, qui apparaissent à la surface du mercure (*arbre de Diane*) sont formées par un amalgame d'argent.

LOIS DE BERTHOLLET

13. Action d'un sel, d'un acide ou d'une base sur un sel. — Lorsqu'on fait agir un acide, un sel, ou une base sur un sel, il peut arriver qu'un corps prenne naissance et se sépare des autres.

Si, par exemple, avant d'être mis en contact, les deux corps ont été dissous dans l'eau, il peut se faire qu'au moment où on réunit les deux solutions un corps se sépare par suite de son insolubilité, formant ce qu'on appelle un précipité.

Si les deux corps réagissent en l'absence d'eau, il peut également arriver qu'un composé se sépare de l'ensemble des autres corps présents parce qu'il prend l'état gazeux et qu'il est seul à le prendre dans les conditions où on opère.

Règle I. — *Lorsque l'action d'un sel, d'un acide ou d'une base sur un sel donne naissance à un corps qui se sépare ainsi des autres par suite de sa volatilité ou de son insolubilité, les corps qui se forment dans cette action sont toujours un sel et un corps de même fonction que celui qui a agi sur le sel.*

Autrement dit, un acide agissant sur un sel donne un acide,

1. Les sept métaux connus des Anciens étaient assimilés aux sept planètes : l'or, c'était le *Soleil* ; l'argent, la *Lune* ou *Diane* ; le fer, *Mars* ; le plomb, *Saturne* ; l'étain, *Hermès* ou *Mercure* ; le cuivre, *Vénus* ; l'électrum (alliage d'or et d'argent, puis le laiton) rappelait *Jupiter*.

une base agissant sur un sel donne une base, un sel agissant sur un sel donne un sel.

Règle II. — *Dans le cas où on aura fait agir un sel sur un sel, le résultat obtenu sera simplement dû à la permutation des métaux qui constituent les deux ions électropositifs*[1] *des deux sels.*

Cette règle s'étend au cas où l'un des sels serait un sel d'hydrogène, c'est-à-dire un acide, ou un sel de l'eau, c'est-à-dire une base.

Lois de Berthollet. — Considérons deux sels 1 et 2; si les deux métaux par lesquels on termine les noms des sels 1 et 2 venaient à permuter entre eux, il se produirait deux nouveaux sels 3 et 4.

Règle III. — *Si l'un au moins des sels 3 et 4 est insoluble, les sels 3 et 4 prendront naissance quand on mélangera les solutions aqueuses des sels 1 et 2* (à supposer bien entendu que ces sels puissent être dissous dans l'eau).

Règle IV. — *Si l'un au moins des sels 3 et 4 est volatil à une température où les sels 1 et 2 sont fixes, les sels 3 et 4 prendront naissance quand on portera le mélange des sels 1 et 2 à la température en question.*

Nota. — Les deux règles précédentes s'appliquent au cas où l'un des sels 1 et 2 est un sel de l'eau, c'est-à-dire une base; dans ce cas l'un des sels 3 et 4 sera également une base.

Elles s'appliquent également au cas où l'un des sels 1 et 2 est un sel d'hydrogène, c'est-à-dire un acide; dans ce cas l'un des sels 2 et 4 sera également un acide.

L'ensemble des règles III, IV est connu sous le nom de lois de Berthollet.

De nombreux exemples les vérifient; en voici trois; nous en indiquerons d'autres dans le paragraphe suivant.

Exemple I. — Le mélange d'un sulfate dissous, quel que soit ce sulfate, avec un sel de baryum dissous quelconque, est immédiatement accompagné de la précipitation de sulfate de baryum. Ce fait est en accord avec la règle III, étant donnée l'insolubilité du sulfate de baryum, qui représente ici le sel n° 3.

On sait par exemple qu'on a quantitativement :

$$\underset{\text{Dissous.}}{SO^4K^2} + \underset{\text{Dissous.}}{(AzO^5)^2Ba} = \underset{\textit{Insoluble.}}{SO^4Ba} + \underset{\text{Dissous.}}{2AzO^3K}$$

$$\underset{\text{Dissous.}}{SO^4Zn} + \underset{\text{Dissous.}}{BaCl^2} = \underset{\textit{Insoluble.}}{SO^4Ba} + \underset{\text{Dissous.}}{ZnCl^2}$$

1. Ce sont les métaux par lesquels se terminent les noms des deux sels.

Si au lieu d'un sulfate dissous on avait employé de l'acide sulfurique, on aurait eu la même précipitation, l'acide sulfurique n'étant en effet qu'un sulfate particulier.

$$\underset{\text{Dissous.}}{SO^4H^2} + \underset{\text{Dissous.}}{BaCl^2} = \underset{\textit{Insoluble.}}{SO^4Ba} + \underset{\text{Dissous.}}{2HCl}$$

Exemple II. — Un exemple analogue est celui que nous offre la précipitation du chlorure d'argent quand on mélange une solution d'un sel d'argent à une solution d'acide chlorhydrique ou d'un chlorure soluble.

Exemple III. — Le sulfate mercurique chauffé avec du sel marin est décomposé; du chlorure mercurique se sublime sur les parois froides du vase où on effectue la réaction, conformément à la formule :

$$\underset{\text{Fixe.}}{SO^4Hg} + \underset{\text{Fixe.}}{2NaCl} = \underset{\textit{Volatil.}}{HgCl^2} + \underset{\text{Fixe.}}{SO^4Na^2}$$

Dans les conditions où l'on opère, le bichlorure de mercure est seul volatil; cette réaction confirme donc la règle IV.

Critique. — Les lois de Berthollet, telles que nous les avons données, ne s'occupent pas de l'action d'un sel, d'une base, ou d'un acide sur un sel, quand cette action ne donne naissance à aucun composé insoluble ou volatil dans les conditions de l'expérience. On ne saurait donc, comme on l'a fait souvent, leur objecter qu'il se passe des réactions de ce genre.

Mais on peut citer des cas où l'on se tromperait nettement si on voulait prévoir ce qui va se passer à l'aide des lois de Berthollet, tels sont les trois suivants :

— Le chlorure de calcium dissous dans l'eau ne donne pas de précipité quand on lui ajoute de l'acide carbonique également dissous. Pourtant le carbonate de calcium est insoluble dans l'eau. C'est la réaction contraire

$$\underset{\textit{Insoluble.}}{CO^3Ca} + \underset{\text{Dissous.}}{2HCl} = \underset{\text{Dissous.}}{CaCl^2} + CO^2 + H^2O$$

qui est susceptible d'être produite, même alors qu'il y a assez d'eau pour que l'anhydride carbonique reste dissous.

— L'acide oxalique non plus que l'oxalate de potassium ne donnent aucun précipité quand on les introduit dans une solution de bichlorure de mercure, malgré l'insolubilité de l'oxalate de mercure. On observe même les réactions inverses.

— La potasse ne donne aucun précipité avec le cyanure de

mercure, malgré l'insolubilité de l'oxyde de mercure. On a au contraire :

$$\underset{\text{Insoluble.}}{HgO} + 2KCy + H^2O = \underset{\text{Dissous.}}{2KOH} + \underset{\text{Dissous.}}{HgCy^2}$$

Il ne faut donc pas attribuer aux lois de Berthollet un caractère de rigueur qu'elles ne présentent nullement; elles souffrent des exceptions assez nombreuses. Mais on peut les considérer comme des remarques offrant assez peu d'exceptions pour être d'une réelle utilité mnémonique.

M. Berthelot a montré que toutes les réactions qui vérifient les lois de Berthollet sont accompagnées de dégagement de chaleur, et que, lorsque ces lois sont en défaut, c'est que la réaction qu'elles exigeraient, mais qui n'a pas lieu, serait endothermique.

Dans tous les exemples que nous avons cités, la réaction qui s'est passée est en effet celle qui dégage de la chaleur; la réaction inverse, qui en absorberait, n'a pas lieu.

Néanmoins en pratique, un chimiste, fût-il à ses débuts, doit nécessairement se rappeler quels sont les principaux sels, acides et bases qui sont insolubles ou volatils, tandis qu'il ne saurait savoir par cœur les chaleurs de formation de ces corps, non plus que les corrections qu'il faut introduire dans le calcul des quantités de chaleur dégagées par une réaction où les dissociations dues à l'eau et à la chaleur interviennent souvent d'une façon capitale.

Conclusion. — Les lois de Berthollet offrent donc à l'étudiant un moyen mnémonique, auquel il devra attacher une confiance moindre qu'à la règle indiquée par M. Berthelot, mais qu'il saura utiliser beaucoup plus facilement que cette dernière.

GÉNÉRALITÉS SUR LES SELS, LES ACIDES ET LES BASES.

14. — Ces trois espèces de corps peuvent être considérées comme faisant partie d'un même groupe. En effet, les bases sont les sels de l'eau; quand aux acides, on peut également les considérer comme des sels, ce sont des sels d'hydrogène; l'acide azotique est de l'azotate d'hydrogène.

Bien des raisons militent en faveur de cette manière de voir, en voici une :

De même que l'on voit certains métaux se substituer directement à l'hydrogène d'un acide, on voit aussi parfois l'hydrogène remplacer directement le métal de certains sels; la chose est souvent assez facile à observer s'il s'agit d'un sel d'argent. Dans les actions dont nous allons parler, l'hydrogène acide se comporte comme le métal dans les sels.

« Que l'on retourne cette question dans tous les sens, et l'on verra que l'acide chlorhydrique, la potasse et le chlorure de potassium n'appartiennent qu'à une même classe, la classe des sels. » (Laurent.)

La notion de sels étant ainsi généralisée, nous pouvons dire que les sels forment un groupe très naturel caractérisé par les propriétés suivantes, qu'ils sont à peu près seuls à présenter à un degré appréciable :

1° *Les sels sont des électrolytes*; en dissolution aqueuse, ils sont décomposés par le passage d'un courant électrique suffisant : le métal se porte à la cathode, le reste de la molécule à l'anode.

Le métal dont il est question ici est celui qui, se trouvant dans le sel, n'existait pas dans l'acide d'où dérive le sel; dans le cas où l'on se trouve en présence de ce sel particulier qu'est l'acide, on a de l'hydrogène à la cathode.

On n'ignore pas que des réactions secondaires peuvent compliquer le phénomène et que la partie de la molécule qui se porte à l'anode est souvent susceptible de se décomposer.

Ainsi l'électrolyse en solution aqueuse de :

1° SO^4Cu	devrait fournir	à la cathode	Cu	et à l'anode	SO^4
2° $NaCl$	—	—	Na	—	Cl
3° KOH	—	—	K et H	—	O
4° SO^4H^2	—	—	2H	—	SO^4

Mais dans les cas 1 et 4, on n'obtiendra pas SO^4; si l'anode est en platine, ce groupe d'atomes en présence d'eau devient $SO^4H^2 + O$. On recueille de l'acide sulfurique à l'anode [1] et il s'y dégage de l'oxygène.

Dans les cas 2 et 3, les métaux alcalins réagissent sur l'eau, on a à la cathode de l'hydrogène et de la soude ou de la potasse en vertu de la réaction :

$$Na + HOH = H + NaOH,$$

en sorte que l'électrolyse de l'eau additionnée de potasse ou d'acide sulfurique, fournit 2H à la cathode et O à l'anode (la quantité de potasse ou d'acide restant constante pendant toute la durée de l'électrolyse d'une eau additionnée de potasse ou d'acide sulfurique, nous sommes autorisés à dire que c'est l'eau qui a fourni l'hydrogène et l'oxygène recueillis).

1. Nous laissons de côté d'autres actions secondaires telles que la formation de $S^2O^7H^2$.

Tous les sels ne sont pas des électrolytes au même degré; en général les meilleurs électrolytes sont les sels que l'on peut former en faisant agir une base forte sur un acide fort. En revanche les corps qui ne sont pas des sels ne sont que de très mauvais électrolytes.

2° *Les sels dissous dans l'eau n'obéissent pas aux lois générales de la cryoscopie et de l'ébullioscopie*, ils donnent des abaissements ou des élévations de température trop grands; ce sont les seuls corps se comportant ainsi.

3° *En mélangeant deux dissolutions de sels dans l'eau, il se passe souvent de très rapides réactions et dont le résultat se traduit simplement par une permutation des deux métaux* (V. lois de Berthollet, § 13), *l'hydrogène acide comptant toujours comme métal.*

Telles sont les actions suivantes très faciles à constater[1] :

$$\text{Base} + \text{acide} = \text{sel} + \text{eau}.$$
$$AzO^5\underline{H} + \underline{K}OH = AzO^5K + HOH.$$
$$SO^4\underline{H^2} + \underline{Ca}(OH)^2 = SO^4Ca + 2HOH.$$
$$\text{acide}_1 + \text{sel}_1 = \text{sel}_2 + \text{acide}_2.$$
$$SO^4\underline{H^2} + 2\underline{Na}Cl = SO^4Na^2 + 2HCl.$$
$$\text{base}_1 + \text{sel}_1 = \text{sel}_2 + \text{base}_2.$$
$$2\underline{K}OH + SO^4\underline{Fe} = SO^4K^2 + Fe(OH)^2.$$
$$\text{sel}_1 + \text{sel}_2 = \text{sel}_3 + \text{sel}_4.$$
$$SO^4\underline{K^2} + \underline{Ba}Cl^2 = 2KCl + SO^4Ba.$$

Ce genre de réaction n'est pas absolument spécial aux sels, mais il présente avec eux un caractère de rapidité tout à fait exceptionnel[2].

SELS NEUTRES.

15. Neutralité définie par les réactifs colorés. — Un sel est dit *neutre au tournesol* lorsque sa dissolution n'exerce aucune action sur la teinture bleue ou rouge de tournesol. Mais, s'il est possible, en mélangeant des dissolutions de soude ou de potasse et les acides azotique, sulfurique ou chlorhydrique, d'obtenir des sels n'exerçant plus d'action sur la matière colorante végétale,

1. On a souligné les métaux qui permutent.

2. Voir au Ch. XII du volume *Chimie générale, Métalloïdes*, comment la théorie de la dissociation électrolytique rattache ces propriétés des sels les unes aux autres.

on observe fréquemment que des bases et des acides, tout en réagissant pour donner des corps cristallisables et bien définis comme sels, ne forment pas de composés *neutres* au tournesol.

Remarquons en outre que divers réactifs colorés sont aujourd'hui employés, concurremment avec le tournesol; parmi les plus usités, nous citerons : le *méthyl-orange*, matière colorante jaune qui vire au rouge au contact des acides; la *phtaléine du phénol*, incolore en solution neutre ou acide, mais que les alcalis font virer au rouge violacé.

Les actions exercées par les bases, les acides ou les sels sur ces trois matières colorantes, tournesol, méthyl-orange, phtaléine du phénol, ne sont pas nécessairement identiques.

Ainsi, l'acide borique dissous $B(OH)^3$ réagit comme un acide sur le tournesol; il est *neutre* ou *basique* pour le méthyl-orange, il ne le fait pas virer au rouge.

L'orthophosphate monosodique PO^4NaH^2, acide au tournesol, devient un *sel neutre* lorsque la matière colorante employée est le méthyl-orange; l'orthophosphate disodique, alcalin au tournesol, est *neutre* vis-à-vis de la phtaléine du phénol.

Examinons d'ailleurs de plus près comment se comportent dans les réactions chimiques les matières colorantes végétales ou artificielles; nous verrons que ce sont comme des sels dont l'acide et la base peuvent être déplacés par l'acide et la base réagissante ou entrer en partage avec l'acide et la base d'un sel.

La matière colorante du tournesol est un acide *rouge* très faible, l'*acide lithmique;* combiné avec la soude, la potasse, les bases alcalino-terreuses, l'ammoniaque, il donne un sel *bleu*. La teinture rouge de tournesol, c'est-à-dire la dissolution d'acide lithmique, est ramenée au bleu par le carbonate de sodium, car alors l'acide carbonique a été mis en liberté et un sel alcalin bleu s'est formé : l'acide sulfurique, l'acide azotique, l'acide chlorhydrique déplacent l'acide lithmique qui redevient libre et donne à la liqueur sa couleur, tandis qu'il s'est formé un sel alcalin incolore, un sulfate, un azotate, un chlorure.

Pour former le sulfate de cuivre, l'acide sulfurique a réagi sur une base faible, l'oxyde de cuivre. Au contact de la teinture bleue de tournesol, c'est-à-dire du lithmate de sodium, il s'est produit un partage; une certaine quantité d'acide lithmique rouge a été mise en liberté. L'action exercée sur la matière colorante du tournesol par un acide, une base ou un sel n'est donc qu'un cas particulier des réactions plus générales étudiées ci-dessus (13, 14).

Le méthyl-orange ou hélianthine est aussi un sel alcalin *jaune;* son acide est *rouge*, mais c'est un acide plus énergique que l'acide lithmique ; aussi certains acides faibles comme l'acide borique ne pourront-ils le déplacer : ce qui revient à dire que l'acide borique se comporte vis-à-vis du méthyl-orange comme un *corps neutre* ; comme il peut au contraire déplacer l'acide lithmique, il agit sur la teinture de tournesol comme un acide.

CHAPITRE III

PRINCIPAUX GENRES DE SELS OXYGÉNÉS : AZOTATES, SULFATES, CARBONATES.

16. — L'étude des principaux genres de sels oxygénés sera réduite à celle des *azotates*, dérivés d'un acide monoacide, l'acide azotique

$$AzO^3H \quad \text{ou} \quad AzO^2OH ;$$

celle des *sulfates*, dérivés d'un acide biacide, l'acide sulfurique

$$SO^4H^2 \quad \text{ou} \quad SO^2(OH)^2 ;$$

celle des *carbonates*, dérivés d'un acide biacide hypothétique, l'acide carbonique

$$CO^3H^2 \quad \text{ou} \quad CO(OH)^2.$$

AZOTATES

17. **Propriétés.** — Tous les azotates sont solubles dans l'eau, sauf cependant quelques azotates basiques de bismuth et de mercure. L'eau décompose l'azotate de bismuth $(AzO^3)^3Bi$ en un précipité blanc nacré de sous-azotate (AzO^3) OBi et en acide azotique libre ; à mesure que la proportion de ce dernier augmente dans le liquide, une certaine quantité d'azotate de bismuth se dissout. Aussi, lorsqu'on veut obtenir une dissolution complète de l'azotate de bismuth, doit-on aciduler l'eau par l'acide azotique jusqu'à ce que tout précipité disparaisse.

Sous l'action de la chaleur, les azotates alcalins fondent, puis, au rouge, dégagent de l'oxygène, et se transforment en azotites

$$AzO^3K = AzO^2K + O.$$

A une température plus élevée, l'azotite se décompose à son tour ; des vapeurs rutilantes se dégagent et il reste l'oxyde anhydre qui attaque les parois du creuset de terre dans lequel on fait l'opération, en formant un silicate fusible.

Les azotates de plomb ou de baryum se décomposent vers le rouge ; des vapeurs rouges de peroxyde d'azote et de l'oxygène se dégagent et l'oxyde basique reste (*Préparation du peroxyde d'azote*) :

$$(AzO^3)^2Pb = PbO + 2AzO^2 + O,$$
$$(AzO^3)^2Ba = BaO + 2AzO^2 + O.$$

Cependant, si l'oxyde est susceptible de se suroxyder, c'est le composé oxygéné le plus stable à la température à laquelle on opère, qui prend naissance :

$$(AzO^3)^2Mn = MnO^2 + 2AzO^2.$$

Les azotates des sesquioxydes, qui sont toujours hydratés, se décomposent à une température voisine de 200° en acide azotique qui distille et sesquioxyde : c'est ce qui se produit avec les azotates des sesquioxydes de fer et d'aluminium.

Ce que nous venons de dire montre que la propriété chimique caractéristique des azotates sera une propriété oxydante. C'est ainsi que, si on projette du nitre ou azotate de potassium sur des charbons incandescents, ceux-ci brûlent vivement (*fusent*) ; si l'on chauffe un mélange de nitre et de charbon, les produits gazeux de la réaction seront, suivant les proportions employées, de l'acide carbonique ou de l'oxyde de carbone et de l'azote :

$$4AzO^3K + 5C = 2CO^3K^2 + 3CO^2 + 4Az,$$
$$2AzO^3K + 4C = CO^3K^2 + 3CO + 2Az.$$

Le soufre chauffé avec un azotate est brûlé. Examinons seulement l'action exercée par les azotates alcalins.

Si l'azotate est en excès, on aura

$$2AzO^3K + S = SO^4K^2 + 2AzO ;$$

si, au contraire, le soufre est en excès, on a

$$2AzO^3K + 2S = SO^4K^2 + SO^2 + 2Az.$$

Un mélange d'azotate de potassium, de soufre et de charbon constitue l'ancienne *poudre de chasse*.

Les acides fixes ou moins volatils que l'acide azotique, tels que l'acide sulfurique ou l'acide phosphorique, le déplacent à une température peu élevée (*Préparation de l'acide azotique*).

18. **État naturel.** — **Préparation.** — A part quelques azotates qui se forment dans la nature, tels que les azotates de potassium, de sodium, de magnésium, on prépare tous les autres azotates par l'action de l'acide azotique sur le métal, sur l'oxyde ou sur le carbonate.

SULFATES.

19. **Propriétés.** — Les sulfates sont solubles dans l'eau, à l'exception des sulfates de plomb et de baryum; les sulfates de calcium et de strontium sont peu solubles.

La chaleur[1] est sans action sur les sulfates alcalins neutres, les sulfates alcalino-terreux et sur le sulfate de plomb. Tous les autres sont décomposés à une température plus ou moins élevée, et les produits de la réaction dépendent de la nature du métal.

Le sulfate de cuivre se décompose à une température assez peu élevée pour que l'anhydride sulfurique ne soit pas décomposé, au moins en totalité, et distille :

$$SO^4Cu = CuO + SO^3.$$

Dans le cas particulier du fer, comme le protoxyde est susceptible d'oxydation, c'est le composé oxygéné le plus stable à la température de l'expérience qui reste comme résidu, et de l'acide sulfureux se dégage mélangé d'acide anhydre (*Préparation de l'acide de Nordhausen*) :

$$2SO^4Fe = Fe^2O^3 + SO^2 + SO^3.$$

Le sulfate du sesquioxyde de fer ou sulfate ferrique $(SO^4)^3Fe^2$ se décomposerait à une température peu élevée, s'il était parfaitement desséché, en donnant l'anhydride sulfurique :

$$(SO^4)^3Fe^2 = Fe^2O^3 + 3SO^3.$$

Le sulfate de magnésium, le sulfate de zinc se décomposent à une température assez élevée pour que l'anhydride sulfurique soit décomposé, partiellement du moins ; on aura :

$$SO^4Zn = ZnO + SO^2 + O.$$

1. Il ne s'agit pas, bien entendu, des températures qu'on obtient au four électrique et auxquelles peu de combinaisons résistent.

Avec le sulfate de manganèse, il y aura suroxydation de la base et dégagement d'oxygène ; or, comme au rouge vif le seul oxyde stable est l'oxyde salin Mn^3O^4, c'est celui-ci qui restera comme résidu :

$$3SO^4Mn = Mn^3O^4 + 3SO^2 + O^2.$$

Le charbon chauffé avec les sulfates alcalins ou alcalino-terreux les transforme en monosulfures :

$$SO^4K^2 + 4C = K^2S + 4CO,$$
$$SO^4Ba + 4C = BaS + 4CO.$$

Les sulfates des autres métaux donnent pour résidu soit un sulfure, soit l'oxyde, soit même le métal si l'oxyde est réductible par le charbon employé en excès. Prenons comme exemple le sulfate de plomb, sur lequel la chaleur seule est sans action. Au rouge sombre la réaction a lieu avec formation de sulfure de plomb :

$$SO^4Pb + 2C = PbS + 2CO^2.$$

Mais si le sulfate de plomb était en excès, il réagirait sur le sulfure résultant de la réaction précédente, pour donner du plomb métallique :

$$PbS + SO^4Pb = 2Pb + 2SO^2.$$

20. **État naturel. Procédés généraux de préparation.** — On trouve dans la nature les sulfates de baryum, de calcium, de magnésium, de cuivre, un sulfate double d'aluminium et de potassium ou *alun*, et par un traitement convenable, soit des minéraux, soit des liquides qui les tiennent en dissolution, on se procure dans l'industrie un certain nombre de sulfates. Mais on prépare en outre un grand nombre de ces sels par les procédés suivants :

1° *Action de l'acide sulfurique sur le métal, l'oxyde, le carbonate ou le chlorure.* — L'acide sulfurique attaque un grand nombre de métaux, soit à froid, s'il est étendu (zinc, fer), soit avec l'aide de la chaleur, s'il est concentré (cuivre, argent, mercure) ; dans le premier cas, de l'hydrogène, et dans le second cas, de l'acide sulfurique se dégagent.

On prépare le sulfate de sodium en faisant réagir l'acide sulfurique sur le chlorure de sodium ou sel marin (*Préparation de l'acide chlorhydrique et du sulfate de sodium*, 64).

2° *Par oxydation lente ou grillage des sulfures.* — La pyrite (bisulfure de fer, FeS^2), mise en tas et humectée d'eau, absorbe peu à peu l'oxygène de l'air et se transforme en sulfate. On obtient le même résultat par un grillage effectué à basse température.

3° *Par double décomposition.* — Les sulfates insolubles de baryum et de plomb peuvent être obtenus par double décomposition entre un sulfate alcalin dissous et un sel soluble du métal (15).

CARBONATES.

21. **Propriétés.** — Les carbonates sont insolubles dans l'eau, à l'exception des carbonates alcalins.

La chaleur décompose les carbonates des métaux usuels à une température peu élevée en oxyde et anhydride carbonique qui se dégage. Elle décompose le carbonate de calcium vers 900°, le carbonate de strontium au rouge vif et le carbonate de baryum à la température la plus élevée que l'on puisse obtenir à l'aide d'un violent feu de forge, quant aux carbonates alcalins ils ne se dissocient qu'au four électrique.

Le carbone, chauffé avec les carbonates, dégage de l'oxyde de carbone, et il reste le métal ou l'oxyde, suivant que l'oxyde métallique est réductible ou non par le charbon :

$$CO^3Ba + C = BaO + 2CO,$$
$$CO^3Pb + 2C = Pb + 3CO.$$

Les acides forts (acides chlorhydrique, azotique, sulfurique) décomposent les carbonates avec dégagement d'un gaz qui trouble l'eau de chaux (gaz carbonique).

22. **État naturel. — Préparation.** — On trouve dans la nature un certain nombre de carbonates : carbonates de sodium, calcium, baryum, strontium, magnésium, fer, manganèse, zinc, cuivre, plomb.

On peut préparer tous les carbonates métalliques qui sont insolubles dans l'eau par double décomposition entre un carbonate alcalin dissous et un sel soluble du métal (15).

CHAPITRE IV

CHLORURES. — OXYDES — SULFURES — CARBURES

CHLORURES.

23. **Propriétés physiques.** — Presque tous les chlorures sont solides à la température ordinaire; quelques-uns cependant sont liquides : tel est le tétrachlorure d'étain $SnCl^4$. Les chlorures solides sont fusibles, en général, à une température peu élevée, et très volatils.

La chaleur décompose les chlorures d'or et de platine, qu'elle ramène à l'état métallique, et le chlore se dégage. Cependant si l'on chauffe avec précaution le chlorure platinique $PtCl^4$, on obtient le chlorure platineux $PtCl^2$; on peut transformer de même le chlorure cuivrique $CuCl^2$ en chlorure cuivreux Cu^2Cl^2.

24. **Action de l'eau.** — Les chlorures sont solubles dans l'eau, à l'exception du chlorure d'argent $AgCl$, du chlorure mercureux ou *calomel* Hg^2Cl^2, du chlorure cuivreux Cu^2Cl^2 et du sesquichlorure de chrome $CrCl^3$; le chlorure de plomb $PbCl^2$ est très peu soluble dans l'eau froide, plus soluble dans l'eau bouillante.

L'eau exerce en outre une action décomposante sur quelques chlorures métalliques. Ainsi, à la température ordinaire, le chlorure de bismuth $BiCl^3$ donne, au contact de l'eau, un précipité blanc d'oxychlorure $BiOCl$ et le liquide devient acide par suite de la formation de l'acide chlorhydrique :

$$BiCl^3 + H^2O = BiOCl + 2HCl;$$

mais, en même temps, ce liquide acide dissout une partie du chlorure sans lui faire éprouver de décomposition.

Les chlorures de magnésium, d'aluminium et les chlorures de fer paraissent se dissoudre dans l'eau froide sans éprouver de décomposition; mais si l'on évapore le liquide, de l'acide chlorhydrique se dégage et le résidu salin est mélangé d'oxyde.

Enfin, tous les chlorures métalliques, y compris même les chlorures alcalins, sont décomposés partiellement lorsqu'on les chauffe au rouge vif dans un courant de vapeur d'eau.

25. **Action de l'électricité.** — Le courant électrique décompose les chlorures métalliques fondus; le métal se rend au pôle négatif et le chlore se dégage au pôle positif.

Bunsen, soit seul, soit en collaboration avec Matthiessen, a préparé ainsi le magnésium, le baryum, le strontium et le calcium en décomposant les chlorures de ces métaux dans un appareil analogue à celui qui est représenté par la figure 5. Le chlorure est fondu dans un creuset de porcelaine A, et les deux électrodes C et D sont en charbon de cornue; on enveloppe l'électrode positive, sur laquelle se dégage le chlore, d'un cylindre en terre poreuse B, afin de préserver le métal, qui se réunit au pôle négatif, de l'action du gaz.

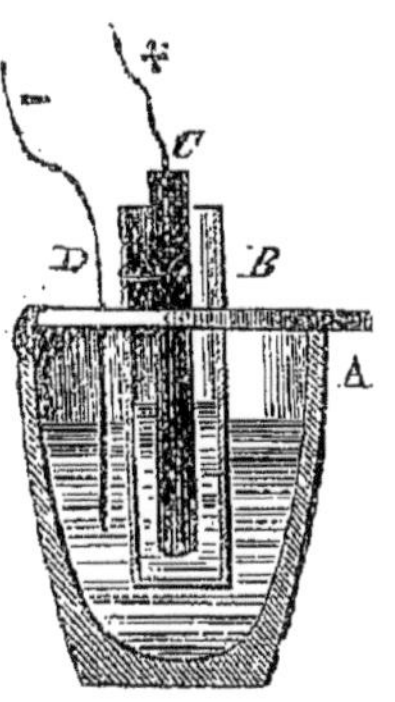

Fig. 5.

26. **Action de l'hydrogène.** — L'action exercée par l'hydrogène sur les chlorures est inverse de la réaction exercée par l'acide chlorhydrique sur les métaux. Or, d'une façon générale, on peut dire que l'acide chlorhydrique attaque tous les métaux, sauf l'or et le platine.

L'hydrogène réduit facilement les chlorures d'or et de platine, mais il réduit également beaucoup d'autres chlorures. Par exemple, dans un courant d'hydrogène, le chlorure ferreux chauffé (fig. 6), est réduit conformément à la formule :

$$FeCl^2 + 2\,H = 2\,HCl + Fe$$

tandis que dans un courant d'acide chlorhydrique gazeux le fer se transforme en chlorure ferreux par la réaction inverse.

Dans un espace limité où l'on aurait enfermé du chlorure ferreux du fer de l'hydrogène et de l'acide chlorhydrique, il s'établirait un équilibre où pourraient figurer les quatre corps; mais dans les deux cas précités un des deux gaz H ou HCl arrive continuellement et balaye l'autre qui n'existe qu'en quantité limitée, et ne se renouvelle pas. Aussi, ne peut-il définitivement subsister que du fer dans le premier cas, que du chlorure ferreux dans le second.

27. **Action des métaux.** — Un chlorure est réduit, en général, par un métal appartenant à une *section*[1] antérieure à la sienne. Le sodium, par exemple, réduit le chlorure de magnésium.

$$MgCl^2 + 2\,Na = 2\,NaCl + Mg,$$

1. Voir page 52 classification de Thénard.

28. **Classification.** — Les chlorures peuvent se combiner entre eux pour former des composés analogues aux sels oxygénés et qu'on a désignés sous le nom de *chlorosels*. Dans ces combinaisons, les chlorures alcalins jouent le rôle de *chlorures basiques*;

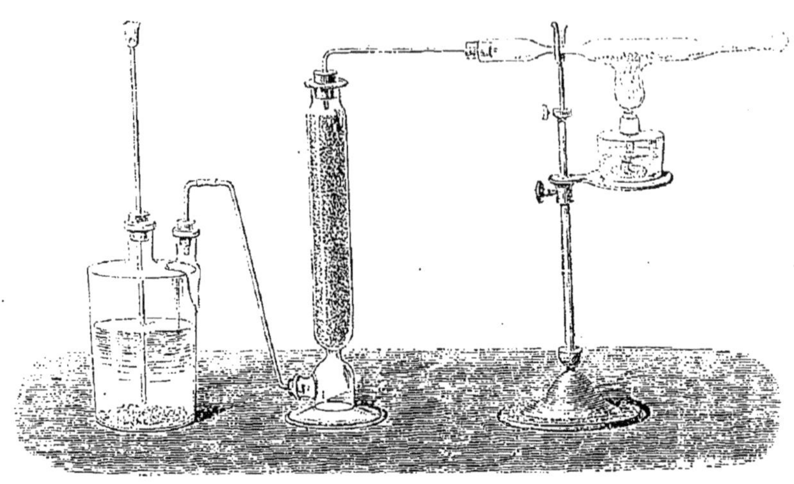

Fig. 6.

les sesquichlorures, bichlorures ou trichlorures métalliques sont des *chlorures acides*. Ainsi on connaît un chloroplatinate de potassium $2KCl, PtCl^4$, un chlorure double d'aluminium et de sodium $2NaCl, Al^2Cl^6$, un chlorure double d'or et de potassium $KCl, AuCl^3$.

Le chlorure de magnésium est un *chlorure indifférent*, qui peut se combiner soit avec les chlorures alcalins ($KCl, MgCl^2$), soit avec les chlorures d'or et de platine ($MgCl^2, PtCl^4$).

29. **État naturel.** — Le chlorure de sodium existe dans l'eau de la mer, d'où on l'extrait (sel marin). Étant donnée l'extrême abondance de ce composé, on peut dire que c'est lui qui est la source du chlore et de tous les composés chlorés. On trouve également dans l'eau de la mer du chlorure de potassium et du chlorure de magnésium.

Le chlorure d'argent $AgCl$ est un minerai d'argent.

30. **Procédés généraux de préparation.** — 1° *Action du chlore sur le métal.* — On prépare ainsi un certain nombre de chlorures anhydres : tétrachlorure d'étain $SnCl^4$, sesquichlorure de fer $FeCl^3$.

2° *Action de l'acide chlorhydrique sur le métal.* — L'acide chlorhydrique gazeux ou dissous attaque un certain nombre de métaux avec dégagement d'hydrogène. Ainsi, le gaz chlorhydrique réagissant sur du fer légèrement chauffé donne le chlorure ferreux $FeCl^2$. L'étain, le zinc, le fer se dissolvent dans l'acide chlorhydrique du commerce et se transforment en chlorures qui restent dissous.

Il est à remarquer que, tandis que le chlore donne le chlorure le plus chloruré, l'action de l'acide chlorhydrique fournit le chlorure inférieur.

3° *Action de l'eau régale sur le métal.* — L'or et le platine, insolubles dans l'acide chlorhydrique, se dissolvent dans l'eau régale (mélange des acides chlorhydrique et azotique) et le liquide renferme le trichlorure d'or $AuCl^3$ et le tétrachlorure de platine $PtCl^4$, ou plus exactement une combinaison de ces chlorures avec l'acide chlorhydrique.

4° *Action du chlore sur un oxyde ou sur un mélange d'oxyde et de charbon.* — En général, le chlore sec réagit à une température plus ou moins élevée sur un oxyde métallique qu'il transforme en chlorure; ainsi la chaux chauffée au rouge dans un courant de chlore donne du chlorure de calcium et de l'oxygène :

$$CaO + Cl^2 = CaCl^2 + O.$$

Mais le chlore est sans action sur l'alumine, le sesquioxyde de chrome. On obtient les chlorures anhydres d'aluminium ou de chrome en faisant passer un courant de chlore sur un mélange intime des oxydes et de charbon, chauffé au rouge :

$$Al^2O^3 + 3C + 3Cl^2 = 2AlCl^3 + 3CO.$$

5° *Action de l'acide chlorhydrique sur l'oxyde, le sulfure ou le carbonate.* — L'emploi de l'acide chlorhydrique dissous est fréquent. Ainsi, on prépare le chlorure de calcium en dissolvant le carbonate de calcium dans l'acide chlorhydrique :

$$CO^3Ca + 2HCl = CaCl^2 + H^2O + CO^2.$$

Le sulfure de baryum dissous dans l'acide chlorhydrique donne le chlorure :

$$BaS + 2HCl = BaCl^2 + H^2S.$$

6° *Par double décomposition.* — Un sel métallique chauffé avec un chlorure anhydre peu volatil, comme un chlorure alcalin, peut donner, par double décomposition, un chlorure volatil. Ainsi, en chauffant du sulfate mercurique avec du sel marin, on obtient du sulfate de sodium et du chlorure mercurique qui se sublime :

$$SO^4Hg + 2NaCl = HgCl^2 + SO^4Na^2.$$

On prépare le chlorure d'argent, le sous-chlorure de mercure insolubles et le chlorure de plomb peu soluble, en mélangeant une solution de sel marin avec la dissolution d'un sel d'argent, d'un sel de sous-oxyde de mercure ou de plomb :

$$AzO^3Ag + NaCl = AzO^3Na + AgCl.$$

OXYDES ET HYDRATES.

51. **Propriétés physiques.** — Les oxydes métalliques sont tous solides à la température ordinaire. En s'oxydant, le métal a perdu son éclat caractéristique et, à l'état de poudre fine, les oxydes ont l'apparence terreuse; de là le nom de *terres* sous lequel les anciens chimistes les désignaient.

Les oxydes des métaux alcalins et alcalino-terreux, les oxydes de magnésium et de zinc, le sesquioxyde d'aluminium sont incolores. Les autres oxydes métalliques sont diversement colorés. Remarquons en outre que pour un même oxyde la couleur peut dépendre du mode de préparation; ainsi l'oxyde de mercure HgO préparé par la calcination de son azotate ou par l'union directe de l'oxygène avec le métal est rouge ou brun; il est jaune lorsqu'on le prépare en le précipitant d'une de ses dissolutions salines par la potasse ou la soude.

L'hydrate peut avoir une couleur distincte de l'oxyde anhydre : ainsi l'hydrate de cuivre $Cu(OH)^2$ est bleu; il noircit et se transforme en oxyde anhydre lorsqu'on fait bouillir l'eau qui le baigne.

52. **Action de l'eau.** — Les oxydes des métaux alcalins sont très solubles dans l'eau, avec laquelle ils s'unissent pour former des hydrates :

$$K^2O + H^2O = 2\,KOH,$$
$$Na^2O + H^2O = 2\,NaOH.$$

Les hydrates KOH et NaOH, qui sont désignés vulgairement sous les noms de *potasse* et de *soude*, sont les types des bases alcalines.

Les oxydes des métaux alcalino-terreux (calcium, strontium, baryum), l'oxyde de magnésium ou *magnésie*, sont encore solubles et contractent avec l'eau une combinaison stable.

Tels sont l'oxyde de calcium ou *chaux*, l'oxyde de baryum ou *baryte* :

$$CaO + H^2O = Ca(OH)^2,$$
$$BaO + H^2O = Ba(OH)^2.$$

On a de même avec la magnésie :

$$MgO + H^2O = Mg(OH)^2.$$

Ces hydrates sont des bases puissantes. Les oxydes d'argent Ag^2O et de plomb PbO sont très légèrement solubles dans l'eau; leurs dissolutions réagissent encore comme des alcalis.

Les autres oxydes sont insolubles, qu'ils restent anhydres ou s'unissent à l'eau pour former des hydrates.

55. **Classification des oxydes.** — Un même métal peut en général se combiner avec l'oxygène en plusieurs proportions. Ainsi, on connaît les composés oxygénés suivants du fer et du manganèse :

FeO	MnO
Fe^3O^4	Mn^3O^4
Fe^2O^3	Mn^2O^3
»	MnO^2
FeO^3	MnO^3
»	Mn^2O^7.

1° *Oxydes basiques.* — Ce sont en général les composés les moins oxygénés; en s'unissant aux éléments de l'eau, ils forment des *hydrates métalliques* doués de propriétés *basiques*. [E]xemples :

Oxydes basiques.	*Hydrates basiques.*
K^2O	$K(OH)$
Na^2O	$Na(OH)$
Ag^2O	$Ag(OH)$
CaO	$Ca(OH)^2$
MgO	$Mg(OH)^2$
CuO	$Cu(OH)^2$
Al^2O^3	$Al(OH)^3$
Fe^2O^3	$Fe(OH)^3$

Les six premiers oxydes sont compris dans ce qu'on appelle des protoxydes; les deux derniers sont des sesquioxydes.

2° *Oxydes indifférents.* — Certains oxydes basiques jouent l[e] rôle d'acides faibles vis-à-vis des bases, principalement des bases fortes. Ainsi l'alumine hydratée est soluble dans les alcalis et donne des aluminates. Un minéral, le *rubis spinelle* peut être considéré comme résultant de l'union de deux oxydes anhydres :

$$MgO,Al^2O^3 \quad \text{ou} \quad MgAl^2O^4.$$

On dit quelquefois que ces oxydes sont *indifférents*.

3° *Oxydes salins.* — Les oxydes du type M^3O^4 sont dits *oxydes [s]alins*, parce qu'ils peuvent être envisagés comme résultant de l'union de deux oxydes du même métal, l'un jouant le rôle d'anhydride d'acide, l'autre d'oxyde basique. Ainsi l'acide PbO^2 est l'anhydride d'un acide $Pb(OH)^4$ dont on connaît divers sels, tels que le plombate de calcium PbO^4Ca^2. Son sel de plomb a pour formule PbO^4Pb^2 soit Pb^3O^4. Sous l'action de l'acide azotique on déplace l'anhydride PbO^2 de ce sel.

4° *Oxydes acides.* — A mesure que la proportion d'oxygène augmente, la tendance à la formation d'*oxydes acides* ou *anhydrides* s'accuse :

FeO^3	anhydride ferrique,
MnO^3	— manganique.
Mn^2O^7	— permanganique.

Sont encore des anhydrides, quelques bioxydes tels que :

SnO^2	anhydride stannique.

Les acides sont :

$FeO(OH)^2$	acides ferrique,
$MnO^2(OH)^2$	— manganique.
$MnO^3(OH)$	— permanganique,
$SnO(OH)^2$	— stannique.

5° *Oxydes singuliers.* — On appelait ainsi les oxydes qui en présence d'un acide oxygéné perdaient de l'oxygène pour donner un sel d'un oxyde inférieur, tandis qu'en présence d'une base forte ils pouvaient absorber de l'oxygène pour donner un sel d'un oxyde supérieur, ce dernier jouant cette fois le rôle d'acide. A cette catégorie se rattachait le bioxyde de manganèse qui avec l'acide sulfurique donne du sulfate SO^4Mn en perdant de l'oxygène et qui avec la potasse peut en se suroxydant donner du manganate MnO^4K^2. Mais il ne faut pas oublier que le bioxyde de manganèse est un oxyde acide auquel correspondent des manganites.

34. **Action de la chaleur. — Action de l'oxygène.** — *Certains oxydes sont réduits complètement par la chaleur.* — Tels sont les oxydes d'or, de platine, d'argent et de mercure.

D'autres oxydes ne sont pas réduits par la chaleur, du moins *tant qu'on ne dépasse pas les températures des feux de forge.* — Tels sont les oxydes Al^2O^3, ZnO, MgO, CaO, etc.

Il y a des oxydes ramenés par la chaleur à un état d'oxydation inférieur. — Citons, par exemple, le bioxyde de manganèse qui au rouge perd le tiers de son oxygène :

$$3\,MnO^2 = Mn^3O^4 + 2\,O.$$

— Souvent la réduction d'un oxyde effectuée en vase clos est limitée par la réaction inverse; on se trouve alors en présence d'un cas de dissociation.

C'est le cas de l'oxyde Cu O qui, vers 1000°, donne de l'oxyde cuivreux Cu^2O

$$2\,Cu\,O \leftrightarrows Cu^2O + O,$$

mais la réaction est limitée en vase clos par la réaction inverse.

C'est aussi le cas du bioxyde de baryum qui chauffé donne

$$Ba\,O^2 \leftrightarrows Ba\,O + O.$$

La *présence d'air* peut n'être pas sans influence sur les résultats obtenus en chauffant un oxyde, à cause de l'oxygène que renferme ce mélange gazeux. Citons quelques exemples :

Le massicot Pb O, chauffé à l'abri de l'oxygène, reste Pb O; chauffé à l'air, vers 300°, il devient du minium Pb^3O^4, lequel, porté à 500°, perd de l'oxygène et redevient Pb O.

L'oxyde Fe^3O^4, porté au rouge, reste Fe^3O^4 : à la même température l'oxyde Fe^2O^3 perd de l'oxygène et devient Fe^3O^4, tandis que l'oxyde Fe O prend de l'oxygène pour devenir aussi Fe^3O^4 si on le porte au rouge en présence d'air. De tous les oxydes du fer, c'est donc l'oxyde Fe^3O^4 qui est stable au rouge en présence d'air.

Sans effectuer de décomposition, la chaleur peut réaliser des changements d'état physique. Ainsi la plupart des oxydes sont fusibles et quelques-uns même volatils. Les oxydes alcalino-terreux, la magnésie, l'alumine sont infusibles aux températures que nous pouvons réaliser dans nos foyers ordinaires; mais l'alumine peut être fondue au chalumeau oxhydrique, tandis que la chaux y demeure infusible. Cette dernière fond dans le four électrique.

A des températures plus ou moins élevées, les hydrates métalliques perdent leur eau de constitution. Cependant les hydrates de potassium, de sodium, de baryum résistent à l'action des feux de forge. On remarquera que ces hydrates sont formés à partir de l'oxyde anhydre et de l'eau avec des dégagements de chaleur considérables.

35. Action de l'électricité. — Le courant électrique décompose un grand nombre d'hydrates d'oxydes : le métal se rend au pôle négatif avec l'hydrogène et l'oxygène se dégage au pôle positif.

Peu de temps après la découverte de la pile, en 1807, H. Davy isolait le potassium et le sodium en plaçant une plaque de potasse ou de soude sur une lame de platine reliée au pôle positif d'une pile puissante (fig. 7); dans une cavité creusée à la face supérieure de la plaque et renfermant un globule de mercure, plongeait le pôle négatif. Le métal mis en liberté s'alliait au mercure.

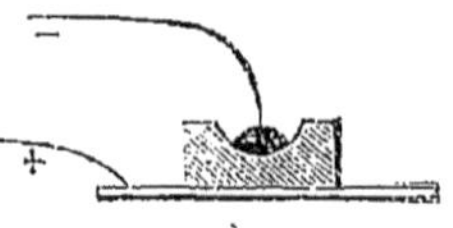

Fig. 7.

56. **Action de l'hydrogène.** — L'hydrogène est sans action sur les oxydes des métaux alcalins et alcalino-terreux, sur la magnésie, sur l'alumine.

La plupart des autres oxydes sont réduits à l'état métallique ou ramenés à l'état de protoxyde.

Ainsi l'oxyde noir de cuivre CuO, légèrement chauffé dans un courant d'hydrogène, est réduit complètement avec incandescence :

$$CuO + H^2 = Cu + H^2O_{\text{gaz.}} \quad + 20^c.7$$

L'oxyde de plomb PbO est aussi très facile à réduire; parfois, dans l'analyse on utilise un mélange très fusible des deux oxydes CuO et PbO pour absorber l'hydrogène.

Le sesquioxyde de fer est ramené, suivant la température à laquelle on le chauffe, et la durée de la réaction, à des états d'oxydation inférieurs Fe^3O^4, FeO, enfin à l'état métallique.

Les bioxyde de manganèse et de baryum perdent seulement la moitié de l'oxygène :

$$BaO^2 + H^2 = BaO + H^2O.$$

57. **Action du charbon.** — Le charbon réduit tous les oxydes métalliques que l'hydrogène décompose, mais il décompose en outre, à une température élevée, un certain nombre d'oxydes sur lesquels ce gaz est sans action. Ainsi le charbon, intimement mélangé aux oxydes de cuivre, de fer, de plomb, de zinc, donne le métal. Lorsque la réduction a lieu à une température peu élevée, comme dans le cas du cuivre, c'est de l'acide carbonique qui se dégage :

$$2CuO + C = 2Cu + CO^2;$$

si la réduction a lieu au rouge vif, on obtient de l'oxyde de carbone :

$$ZnO + C = Zn + CO.$$

La potasse et la soude sont aussi réduites par le charbon; mais ici le gaz carbonique formé reste uni à une partie de la base alcaline :

$$3KOH + C = CO^3K^2 + K + 3H,$$
$$3NaOH + C = CO^3Na^2 + Na + 3H.$$

En présence d'un excès de charbon et à une température plus élevée, le carbonate lui-même serait réduit (53); c'est ainsi que l'on prépare le sodium en chauffant au rouge vif un mélange intime de carbonate de sodium et de charbon auquel on ajoute du carbonate de chaux qui, par son infusibilité, sert à empêcher le carbonate de sodium fondu de se séparer du charbon :

$$CO^3Na^2 + 2C = 3CO + 2Na.$$

Cette réduction exercée par le carbone sur un oxyde métallique est utilisée industriellement pour préparer un certain nombre de métaux. On prépare le zinc en chauffant l'oxyde de zinc avec du charbon, l'étain en réduisant le bioxyde d'étain par le charbon.

58. **Action du chlore et de l'acide chlorhydrique.** — La chaleur de formation d'un oxyde est inférieure à celle du chlorure correspondant. Il en résulte que, pour tous les oxydes qui ne sont pas décomposables par la chaleur seule, la substitution du chlore à l'oxygène doit être possible, à une température convenablement choisie.

La réaction a lieu à la température ordinaire entre le chlore et l'oxyde d'argent :

$$Ag^2O + Cl^2 = 2AgCl + O.$$

Il suffit d'introduire dans un flacon plein de chlore un poids d'oxyde d'argent bien sec supérieur à celui qui serait capable de réagir sur le volume de chlore employé, pour observer qu'au bout de quelques instants, si on ouvre le flacon sur la cuve à eau, le liquide s'y élève et que le gaz qu'il contient alors est de l'oxygène : 1 volume d'oxygène a pris la place de 2 volumes de chlore.

La chaux chauffée au rouge dans un courant de chlore laisse dégager de l'oxygène et se change en chlorure :

$$CaO + Cl^2 = CaCl^2 + O,$$

avec un dégagement de chaleur égal à

$$+ (170^c,2 - 132^c,0) = + 38^c,2.$$

En raison de l'écart considérable qui existe entre la chaleur de formation de l'eau et celle de l'acide chlorhydrique, la transformation d'un oxyde en chlorure sera plus facile à réaliser avec l'hydracide. Prenons encore les composés du calcium comme exemple :

$$CaO + 2HCl_{gaz} = CaCl^2 + H^2O_{gaz};$$

le dégagement de chaleur est égal à

$$+170^c,2 - 152^c,0 + 58,2 - 44^c,0 = +52^c,4.$$

Les réactions se passeraient identiquement de la même manière avec l'acide chlorhydrique dissous et la base anhydre ou hydratée en présence de l'eau, avec formation de chlorure dissous.

Mais la réaction du chlore sur une base alcaline dissoute pourrait être très différente, à froid. Nous rappellerons que dans ce cas on obtient des hypochlorites et des chlorates :

$$2KOH + Cl^2 = KCl + ClOK + H^2O,$$
$$6KOH + 3Cl^2 = 5KCl + ClO^3K + 3H^2O.$$

39. **Action du brome et de l'iode.** — Dégageant plus de chaleur que l'oxygène en s'unissant à un métal, le brome se comporte comme le chlore vis-à-vis des oxydes; il déplace l'oxygène.

Mais il n'en sera plus de même en général de l'iode en vapeurs. Ainsi on a :

$Ca + I^2$	$+118^c,6$	$Ca + O$	$+152^c,0,$
$Zn + I^2$	$+60,0$	$Zn + O$	$+86,4.$

Les iodures de calcium et de zinc chauffés dans un courant d'oxygène seront au contraire transformés en oxydes, avec mise en liberté de l'iode.

On a encore :

$Al^2 + I^6$	$+172^c,6$	$Al^2 + O^3$	$+195^c,8.$

L'iodure d'aluminium projeté dans un ballon rempli d'air et légèrement chauffé prend feu ; des vapeurs d'iode se dégagent.

40. **État naturel.** — Un grand nombre d'oxydes métalliques existent dans la nature et beaucoup d'entre eux constituent des *minerais* exploités pour l'extraction d'un métal.

Citons :

L'*alumine*, qui sert directement, ou après sa transformation en chlorure, à la préparation de l'aluminium. Cristallisée et incolore, elle porte le nom de *corindon*; colorée en rose, c'est le *rubis*; l'*améthyste* (violet), le *saphir* (bleu) sont des pierres précieuses utilisées par la joaillerie.

Les oxydes Fe^2O^3, Fe^3O^4 anhydres ou hydratés sont des minerais de fer.

Le bioxyde de manganèse MnO^2 est plus spécialement utilisé pour la préparation du chlore.

44. **Procédés généraux de préparation.** — 1° *Oxydation du métal.* — Elle ne réussit pas avec tous les métaux; on sait par exemple l'or et le platine inoxydables directement. Mais l'oxydation directe est fréquemment employée.

Citons quelques exemples. En portant au rouge de la tournure de cuivre en présence de l'air, on oxyde le métal superficiellement: en triturant ensuite les copeaux dans un mortier, après l'oxydation, on en détache l'oxyde CuO, sous la forme d'une poudre noire.

Le plomb fondu au contact de l'air se recouvre peu à peu d'une poudre grise ou jaune; on forme ainsi le protoxyde PbO, qui porte le nom de *massicot* si l'oxydation s'est faite à basse température, et s'appelle *litharge* si la température a été assez élevée pour amener sa fusion.

L'oxyde de zinc ZnO, ou *blanc de zinc*, s'obtient en distillant le métal dans un courant d'air; les vapeurs métalliques brûlent et les flocons blancs très légers de l'oxyde se déposent dans des chambres.

Le mercure chauffé au contact de l'air se change en protoxyde HgO (*précipité per se*), formant des écailles d'un rouge brun.

Remarquons que si le métal peut former avec l'oxygène plusieurs composés, la nature de l'oxyde formé dépendra des conditions de température auxquelles s'effectue l'oxydation. Ainsi, si l'on chauffait du fer dans l'oxygène, le métal brûlerait en donnant l'oxyde intermédiaire Fe^3O^4, et non le sesquioxyde.

2° *Calcination d'un sel.* — La calcination d'un sel dont l'acide est volatil ou décomposable par la chaleur en éléments volatils est fréquemment utilisée pour préparer des oxydes.

Ainsi la calcination du carbonate de calcium donne la chaux (99).

L'azotate mercurique $(AzO^3)^2Hg$ calciné laisse un résidu d'oxyde rouge HgO; l'azotate de cuivre $(AzO^3)^2Cu$ donne un oxyde noir de cuivre plus divisé que celui que l'on obtient par le grillage du métal.

Les sulfates, plus difficiles à décomposer par la chaleur que les azotates, sont moins fréquemment utilisés que ces sels. Citons cependant la décomposition par la chaleur du sulfate ferrique $(SO^4)^3Fe^2$, qui laisse comme résidu un sesquioxyde très divisé (*rouge d'Angleterre, colcothar*), utilisé pour le polissage des glaces : la calcination du sulfate d'aluminium $(SO^4)^3Al^2$, ou mieux de l'alun d'ammoniaque déshydraté $SO^4(AzH^4)^2 + (SO^4)^3Al^2$, laisse comme résidu de l'alumine Al^2O^3.

5° *Déplacement d'une base de ses dissolutions salines par une autre base.* — On prépare ainsi un grand nombre d'hydrates métalliques. Nous avons examiné ces réactions, dans le cas où l'oxyde anhydre ou hydraté est insoluble, en étudiant les sels (15).

La préparation de la potasse et de la soude serviront d'exemples d'une base soluble déplacée de la solution d'un de ses sels (57).

42. **Préparation des oxydes cristallisés.** — Les procédés généraux de préparation qui ont été énumérés ci-dessus donnent des oxydes amorphes. Or ceux que l'on trouve dans le sol, à l'état naturel, sont généralement cristallisés ; il était intéressant de chercher à les reproduire sous cette forme, et par des méthodes aussi voisines que possible de celles que la nature a dû mettre en jeu. Nous nous bornerons à citer le procédé suivant :

Action de la vapeur d'eau sur les chlorures et de l'acide chlorhydrique sur les oxydes.

Un certain nombre de chlorures métalliques sont décomposés, à température élevée, par la vapeur d'eau ; Gay-Lussac a fait cristalliser ainsi le sesquioxyde de fer (*fer oligiste*) :

$$Fe^2Cl^6 + 3H^2O = Fe^2O^3 + 6HCl.$$

Le tétrachlorure d'étain et la vapeur d'eau se rencontrant en vapeurs dans un tube de porcelaine chauffé au rouge donnent un bioxyde d'étain cristallisé :

$$SnCl^4 + 2H^2O = SnO^2 + 4HCl.$$

Inversement, H. Sainte-Claire Deville a montré qu'un courant très lent de gaz chlorhydrique, dilué même dans un gaz inerte, passant sur un oxyde amorphe chauffé au rouge vif, en déterminait la cristallisation. On a fait cristalliser ainsi les oxydes $Fe^2O^3, Fe^3O^4, Mn^3O^4, SnO^2$. Un mélange d'oxydes, par exemple un mélange de magnésie et de sesquioxyde de fer, donne des cristaux du système cubique (*dodécaèdres rhomboïdaux*) identiques à ceux du *rubis spinelle* Fe^2MgO^4, et isomorphes avec l'oxyde de fer magnétique Fe^3O^4.

Ces deux réactions de la vapeur d'eau sur un chlorure et de l'acide chlorhydrique sur l'oxyde sont antagonistes, et c'est précisément à la succession de ces deux réactions, qui en général se produisent à des températures très peu différentes, que l'on doit attribuer la cristallisation des oxydes dans un courant de gaz chlorhydrique. On s'explique ainsi, avec H. Sainte-Claire Deville, le rôle *minéralisateur* de l'acide chlorhydrique.

Pour qu'il y ait *minéralisation* de l'oxyde anhydre, il faut que celui-ci soit attaquable par l'acide chlorhydrique. L'alumine calcinée, qui n'est pas attaquée par l'acide chlorhydrique, ne cristallise pas dans un courant de gaz. Mais cet oxyde est attaqué et transformé en fluorure par l'acide fluorhydrique ; aussi fait-on cristalliser l'alumine amorphe en la chauffant dans un courant de vapeurs d'acide fluorhydrique (Hautefeuille).

C'est à un phénomène du même genre que l'on doit attribuer la cristallisation de l'alumine quand on la chauffe avec des petites quantités de fluorure de calcium. Si on chauffe dans un creuset de terre, à une température élevée longtemps soutenue, de l'alumine anhydre, mélangée d'un peu de fluorure de calcium et d'oxyde de chrome, on obtient des cristaux roses qui ont la forme cristalline, la couleur, l'éclat et la dureté du rubis naturel (Fremy et Verneuil). Le rubis naturel doit sa couleur rose à des traces d'oxyde de chrome. On peut admettre ici que la vapeur d'eau du foyer réagissant sur le fluorure de calcium a donné de l'eau et de l'acide fluorhydrique qui a servi à minéraliser la masse tout entière, en agissant de proche en proche.

SULFURES.

43. **Propriétés physiques.** — Les sulfures cristallisés naturels possèdent l'éclat métallique (*galène* ou sulfure de plomb, *pyrite* ou bisulfure de fer, *cinabre* ou sulfure de mercure); il n'en est pas de même des sulfures amorphes obtenus par précipitation, dont l'aspect est terne.

La couleur des sulfures est caractéristique de quelques-uns d'entre eux, et nous servira à distinguer facilement les métaux qui leur donnent naissance. Il faut remarquer cependant que cette couleur dépend de l'état physique de la matière; ainsi le sulfure de mercure précipité est noir, le sulfure cristallisé naturel est d'un rouge violacé, et l'on désigne sous le nom de *vermillon* un beau précipité rouge de sulfure de mercure obtenu par voie humide.

Les sulfures alcalins et alcalino-terreux sont seuls solubles dans l'eau.

Les sulfures métalliques sont beaucoup plus facilement fusibles que les oxydes correspondants ou le métal.

44. **Action de la chaleur.** — Les sulfures d'or et de platine, comme les oxydes de ces métaux, sont décomposés par la chaleur seule à une température peu élevée lorsqu'on les chauffe dans un courant de gaz inerte, l'azote par exemple. Les sulfures des autres métaux ne sont pas altérés dans ces conditions; seuls quelques bisulfures perdent une partie du soufre : ainsi le bisulfure de fer FeS^2, chauffé en vase clos, se transforme en un sulfure Fe^3S^4 :

$$3\,FeS^2 = Fe^3S^4 + S^2.$$

45. **Action de l'hydrogène.** — L'hydrogène ne réduit qu'un très petit nombre de sulfures; l'hydrogène sulfuré est formé en effet à partir des éléments hydrogène et soufre avec un dégage-

ment de chaleur inférieur en général à la chaleur de formation de la plupart des sulfures métalliques. Citons le sulfure d'argent, indécomposable par la chaleur seule :

$$Ag^2S + H^2 = 2Ag + H^2S \qquad + (4^c,6 - 3^c,0) = + 1^c,6.$$

Cette réduction a lieu à très basse température.

46. **Action de l'oxygène.** — L'action exercée par l'oxygène sur les sulfures est intéressante à étudier au point de vue métallurgique.

Chauffés au contact de l'oxygène, les sulfures alcalins et alcalino-terreux se transforment en sulfates :

$$BaS + 4O = SO^4Ba.$$

On a utilisé cette réaction pour analyser les gaz oxygénés, par la cloche courbe (Az^2O. AzO).

L'action exercée par l'oxygène sur les sulfures des métaux usuels dépend de la température à laquelle s'effectue la réaction. Au rouge vif, ou mieux à une température supérieure à celle où le sulfate est décomposé, il se dégage du gaz sulfureux, et il reste l'oxyde stable à cette température. Ainsi on a

$$ZnS + 3O = ZnO + SO^2,$$
$$2FeS^2 + 11O = Fe^2O^3 + 4SO^2.$$

Cette opération, qui consiste à transformer un sulfure en oxyde en le chauffant dans un courant d'oxygène ou d'air, s'appelle *grillage*.

Si, à la température de l'expérience, le sulfate n'est pas décomposé, c'est ce dernier qui prend naissance :

$$PbS + 4O = SO^4Pb\ ;$$

mais, en général, on obtient par le grillage du sulfure métallique un mélange d'oxyde et de sulfate.

Les sulfures des métaux précieux, chauffés dans l'oxygène, sont ramenés à l'état métallique, et le soufre se dégage à l'état de gaz sulfureux; nous savons en effet que les oxydes de ces métaux sont décomposés par la chaleur seule :

$$HgS + 2O = Hg + SO^2;$$

c'est sur cette réaction que repose la *métallurgie du mercure.*

L'oxygène peut réagir à la température ordinaire sur les sulfures, en présence de l'eau. Les sulfures alcalins dissous absorbent l'oxygène et se transforment en sulfates; la pyrite de fer, si abondante dans certaines argiles, s'oxyde lentement et forme du sulfate de fer. Lorsque l'oxydation se produit au contact de l'air qui renferme de l'acide carbonique, la réaction peut être plus complexe. Ainsi, le sulfure de calcium est transformé tout d'abord en bisulfure :

$$2CaS + O + CO^2 = CaS^2 + CO^3Ca,$$

puis, en présence d'un excès d'oxygène, le bisulfure est transformé en hyposulfite :

$$CaS^2 + 3O = S^2O^3Ca.$$

47. **Classification des sulfures.** — En se combinant avec un même métal, le soufre peut former différents sulfures. Ainsi on connaît 5 composés sulfurés du potassium :

$$K^2S, \quad K^2S^2, \quad K^2S^3, \quad K^2S^4, \quad K^2S^5.$$

On connaît plusieurs sulfures de fer :

$$FeS, \quad Fe^3S^4, \quad Fe^2S^3, \quad FeS^2.$$

Les sulfures ont en général des compositions comparables à celles des oxydes. Nous avons dit déjà que les oxydes de potassium et de sodium anhydres formaient avec l'eau des hydrates KOH (potasse) et $NaOH$ (soude); les monosulfures K^2S et Na^2S de ces métaux forment avec l'hydrogène sulfuré des combinaisons analogues (sulfhydrates de sulfures) : KSH et $NaSH$.

En se combinant entre eux, les sulfures peuvent donner naissance à des combinaisons analogues aux sels oxygénés et que l'on appelle des *sulfosels*. Ainsi, les monosulfures alcalins, solubles dans l'eau, jouent le rôle de bases vis-à-vis des quelques sulfures métalliques insolubles avec lesquels ils forment des combinaisons solubles et cristallisables. Exemple : $2KS, Au^2S^3$.

Les sulfures alcalins sont dits des sulfures *basiques*; les sulfures d'or, de platine, d'antimoine, d'étain, des sulfures *acides*.

48. **Procédés généraux de préparation.** — 1° *Par combinaison directe du soufre avec le métal.* — A l'exclusion des sulfures des métaux précieux, qui sont décomposables par la chaleur seule, presque tous les sulfures métalliques pourraient être ainsi préparés. Il suffit en général de chauffer un métal dans la vapeur de soufre pour obtenir l'union des deux éléments avec dégagement de chaleur. Ainsi, dans un ballon renfermant du soufre réduit en vapeurs, projetons de la tournure de cuivre; l'union

a lieu avec incandescence et l'on obtient ainsi le sous-sulfure Cu^2S. On peut encore chauffer le métal avec du soufre dans un creuset ; nous citerons la préparation du protosulfure de fer (194).

L'hydrogène sulfuré, décomposable en ses éléments dès 500°, agit comme le soufre lorsqu'on le fait passer sur un métal chauffé au rouge.

2° *Calcination d'un mélange de sulfate et de charbon.* — Un mélange de sulfate alcalin ou alcalino-terreux et de charbon, chauffé dans un creuset ou dans une cornue en grès, donne le sulfure. C'est ainsi qu'en calcinant un mélange de sulfate de baryum naturel et de charbon on obtient le sulfure de baryum :

$$SO^4Ba + 4C = BaS + 4CO.$$

On ne pourrait préparer ainsi les sulfures des métaux dont les sulfates sont facilement décomposés par la chaleur, car le charbon réduirait à l'état métallique l'oxyde résidu de la décomposition du sulfate.

3° *Action de l'hydrogène sulfuré sur un oxyde.* — On prépare les sulfures alcalins en faisant passer un courant d'hydrogène sulfuré dans une dissolution de potasse ou de soude. Mais si l'on fait agir le gaz à refus sur la dissolution, on obtient le sulfhydrate de sulfure :

$$KOH + H^2S = KSH + H^2O.$$

Pour préparer le sulfure neutre, on mélange à la dissolution ainsi obtenue une quantité de la dissolution alcaline égale à celle que l'on a saturée tout d'abord par l'hydrogène sulfuré. On préparerait également par voie sèche le monosulfure de calcium en faisant passer un courant de gaz hydrogène sulfuré sur de la chaux chauffée au rouge.

4° *Action de l'hydrogène sulfuré ou d'un sulfure alcalin sur une dissolution métallique.* — Les sulfures des métaux autres que les métaux alcalins et alcalino-terreux étant insolubles dans l'eau, on prépare un grand nombre de ces sulfures, soit en faisant passer un courant d'hydrogène sulfuré dans une dissolution d'un de leurs sels, soit en mélangeant celle-ci avec la dissolution d'un sulfure alcalin. Ainsi, l'hydrogène sulfuré donne avec les sels de plomb un précipité *noir* de sulfure :

$$(AzO^3)^2Pb + H^2S = PbS + 2AzO^3H ;$$

le sulfhydrate d'ammoniaque précipite en *blanc* les sels de zinc :

$$ZnCl^2 + (AzH^4)^2S = ZnS + 2AzH^4Cl ;$$

en *rose* les sels de manganèse :

$$MnCl^2 + (AzH^4)^2S = MnS + 2AzH^4Cl.$$

49. **Carbures métalliques.** — On les obtient en dissolvant du charbon dans le métal fondu ou en réduisant un oxyde par le charbon; ces procédés réussissent surtout quand on fait usage du four électrique.

Parmi les carbures métalliques il en est qui ne sont pas attaqués par l'eau froide, le carbure de chrome C^2Cr^3 par exemple; les plus importants sont ceux que l'eau décompose à la température ordinaire. Tels sont : les carbures des métaux alcalins et alcalino-terreux, C^2Ca par exemple, qui, traités par l'eau, fournissent de l'acétylène; les carbures du type C^3Al^4 qui fournissent du méthane, le carbure CMn^3 qui fournit un mélange de méthane et d'hydrogène, le carbure C^2Ce qui fournit de l'acétylène, du méthane et quelques carbures liquides.

50. **Production des métaux.** — On a vu (37) qu'un grand nombre d'oxydes sont réduits par le charbon ou par l'oxyde de carbone (facile à obtenir par la combustion du carbone dans certaines conditions). Si donc un métal se trouve dans la nature sous forme d'oxyde, on l'isolera en le chauffant à température plus ou moins élevée avec ce métalloïde. Le procédé réussira avec les oxydes naturels de fer, d'étain, de manganèse, d'aluminium.

Mais parfois l'oxyde est difficile à réduire par le charbon, le métal, à la haute température où l'on est obligé d'opérer, se combine au carbone; il pourra être alors avantageux de réduire l'oxyde par l'aluminium, comme il est indiqué au § 132.

Quand le minerai sera un carbonate, il suffira de le chauffer pour retomber sur le cas précédent, puisque la plupart des carbonates, sous l'action de la chaleur, fournissent de l'anhydride carbonique et un oxyde. Tel est le cas des carbonates naturels de zinc, de fer, de cuivre et de pomb.

Fréquemment le métal se rencontre à l'état de sulfure ou d'arsénio-sulfure. Un grillage dans un courant d'air élimine le soufre et l'arsenic à l'état d'anhydrides sulfureux ou arsénieux et, ici encore, le métal se retrouve à l'état d'oxyde. Il en est ainsi des arsénio-sulfures de nickel, de cobalt, de cuivre, du sulfure de plomb, etc.

L'électrolyse, utilisée par Davy pour obtenir le sodium et le potassium, prend tous les jours des développements nouveaux.

51. **Classification des métaux.** — L'étude des métaux devrait se faire, comme celle des métalloïdes, en les groupant par familles. Mais, pour bien saisir toutes les analogies chimiques, il faudrait

n'omettre aucun élément. Quelques-uns de ceux-ci cependant n'ont, au point de vue pratique, qu'un intérêt secondaire, qu'ils soient rares et coûteux, que leurs propriétés physiques se prêtent mal à des applications industrielles, ou bien encore que les propriétés de leurs composés n'aient pu jusqu'ici être utilisées[1]. Dans une première étude sur les métaux, il convient donc de faire un choix.

Nous partagerons les métaux en un certain nombre de groupes découpés dans les familles naturelles, en respectant par conséquent les principes de la classification générale et les analogies chimiques. Les principaux représentants de ces groupes seront les suivants :

1. Métaux alcalins.
   Sodium.
   Potassium.
   Argent.

2. Métaux alcalino-terreux.
   Calcium.
   Strontium.
   Baryum.
   Plomb.

3. Groupe du magnésium.
   Magnésium.
   Zinc.

4. Groupe de l'aluminium.
   Aluminium.

5. Groupe du chrome.
   Chrome.

6. Groupe du fer.
   Manganèse.
   Fer.
   Nickel.
   Cobalt.

7. Groupe de l'étain.
   Étain.

8. Groupe de l'antimoine.
   Antimoine.
   Bismuth.

9. Groupe du cuivre.
   Cuivre.
   Mercure.

10. Groupe de l'or.
    Or.

11. Groupe du platine.
    Platine.
    Palladium.
    Iridium.

Classification de Thénard. — Une classification artificielle des métaux avait été donnée autrefois par Thénard. Elle n'a aucun intérêt scientifique; comme elle offre cependant, lorsqu'on se borne à y faire entrer les métaux usuels, un intérêt pratique, nous la mentionnerons ici.

Les métaux usuels y sont groupés d'après la façon dont ils agissent sur l'eau et sur l'oxygène libre, et d'après l'action qu'exerce la chaleur sur leurs oxydes.

Ils sont distribués en 5 classes :

1. Il est cependant peu d'éléments qui ne trouvent aujourd'hui, dans l'industrie, quelque application.

PREMIÈRE CLASSE.					DEUXIÈME CLASSE.	TROISIÈME CLASSE.	
1re SECTION.	2e SECTION.	3e SECTION.	4e SECTION.	5e SECTION.	6e SECTION.	7e SECTION.	8e SECTION.
Décomposent l'eau à la température ordinaire.	*Décomposent l'eau à 100°.*	*Décomposent l'eau au rouge sombre et les acides étendus à la température ordinaire.*	*Décomposent l'eau au rouge vif et les solutions alcalines étendues à la température ordinaire.*	*Ne décomposent l'eau à aucune température.*	*Décomposent à froid les acides étendus et les dissolutions alcalines.*	*S'oxydent à une température peu élevée.*	*Ne s'oxydent à aucune température.*
Potassium. Sodium. Calcium. Strontium. Baryum.	Magnésium. Manganèse.	Zinc. Fer. Nickel. Cobalt. Chrome.	Étain. Antimoine.	Cuivre. Plomb. Bismuth.	Aluminium.	Mercure. Palladium.	Argent. Or. Platine.

1re classe : Métaux *susceptibles d'être oxydés directement à une température plus ou moins élevée; oxydes irréductibles par la chaleur seule.*

2e classe : Métaux intermédiaires, difficilement oxydables à l'air oxydes irréductibles par la chaleur seule, par l'hydrogène et pa le carbone.

3e classe : Métaux précieux *non oxydables; oxydes réductibles par la chaleur seule.*

Chacune de ces classes est divisée en sections.

Le tableau de la page précédente indique la place des métaux usuels dans les diverses sections.

CHAPITRE V

MÉTAUX ALCALINS

52. **Généralités.** — Sous le nom de *métaux alcalins* on rassemble quatre corps simples univalents, le *sodium*, le *potassium*, le *rubidium* et le *cæsium* ; ce groupement est un de ceux qui sont le mieux indiqués par la chimie, car les métaux alcalins présentent entre eux des ressemblances frappantes, tant par leur façon de se comporter dans les réactions, que par les propriétés que leur présence imprime à leurs combinaisons.

Disons toutefois que les analogies que présentent ces quatre corps sont plus marquées entre les trois derniers qu'entre ceux-ci et le sodium.

En particulier les sels de sodium sont souvent plus solubles et cristallisent au sein de l'eau plus souvent hydratés que les sels correspondants des autres métaux alcalins.

Voici quelques constantes relatives à ces éléments :

	Sodium.	Potassium.	Rubidium.	Cæsium.
Symbole	Na	K	Rb	Cs
Poids atomique	23	39	85	133
Densité	0,97	0,865	1,52	1,88
Point de fusion	95°,6	62°,5	38°,5	26°,5

On voit que ces quatre métaux sont très légers et qu'ils ont des points de fusion peu élevés, surtout les deux derniers.

— Tous attaquent vivement l'eau, dès la température ordinaire, avec dégagement d'hydrogène et production d'un hydrate, très soluble dans l'eau, qui se trouve être une base très énergique.

— Un autre caractère, assez particulier à ces métaux, c'est que presque tous leurs sels sont solubles dans l'eau, en particulier leurs sulfates, carbonates et phosphates.

Ammonium. — Parallèlement aux sels des métaux alcalins, il convient d'étudier les produits qui résultent de l'union du gaz ammoniac avec les divers acides, car, nous le savons, ces produits ressemblent énormément aux sels de potassium (v. 82).

Relations d'isomorphisme. — Il existe, entre diverses combinaisons des métaux alcalins, des relations d'isomorphisme[1] qui sont parmi les plus nettes de celles que nous connaissions. Nous allons en rappeler trois.

Aluns. — On appelle ainsi des composés répondant à la formule générale :

$$SO^4M^2, X^2(SO^4)^3, 24H^2O.$$

X représentant l'un des symboles suivants : Al, Fe, Cr, Ga.
M — — — K, Cs, Rb, NH^4.

On connaît un assez grand nombre d'aluns, ils cristallisent tous en beaux cristaux appartenant au système cubique et sont tous isomorphes entre eux.

Sulfates doubles de la série magnésienne. — Ce sont les composés répondant à la formule :

$$SO^4M^2, SO^4Y, 6H^2O,$$

Y représentant l'un des symboles Mg, Zn, Fe, Ni, Co, Mn.
M — — — K, Cs, Rb, NH^4.

Eux aussi cristallisent très bien, ils sont clinorhombiques et isomorphes entre eux.

Chloroplatinates. — Ils répondent à la formule

$$PtCl^6M^2,$$

M représentant toujours K, Cs, Rb ou NH^4.

Ils sont cubiques, relativement peu solubles et isomorphes les uns des autres.

Remarque. — Nous n'avons point cité des composés de sodium dans ce qui vient d'être dit ; en effet, l'alun de sodium se diffé-

1. Rappelons qu'on dit de deux corps qu'ils sont isomorphes, lorsqu'ils donnent des cristaux de formes très voisines et que de plus ils peuvent *se mélanger* dans leurs cristaux, c'est-à-dire fournir des cristaux renfermant à la fois les deux corps, mais dans des proportions non définies, variant d'un cristal au cristal voisin.

rencie assez des autres aluns, ne serait-ce que par sa très grande solubilité, et il existe bien un chloroplatinate de sodium, mais il n'est pas isomorphe de ceux que nous avons cités et répond à une formule différente $Pt\,Cl^6\,Na^2, 6\,H^2O$.

Autres métaux alcalins. — On rattache aux métaux alcalins proprement dits le *lithium*, le *thallium* et l'*argent* qui sont également univalents.

Lithium[1], $Li = 7$. — Le lithium est un métal blanc d'argent, très léger ($D = 0{,}59$) fusible à 180°. Il décompose l'eau à la température ordinaire et s'unit à l'oxygène au rouge sombre. Il absorbe également l'azote au rouge, agissant ainsi comme le magnésium et les métaux alcalino-terreux.

L'oxyde Li^2O (*lithine*) forme un hydrate soluble $Li\,(OH)$, doué de propriétés alcalines. Le carbonate est très peu soluble et décomposable par la chaleur seule. Le lithium se rapproche plutôt du sodium que du potassium ; ainsi son chloroplatinate,

$$Pt\,Cl^4, 2\,Li\,Cl + 6\,H^2O.$$

est très soluble et isomorphe du sel de sodium.

Thallium[2], $Tl = 203{,}5$. — L'oxyde Tl^2O forme un hydrate $Tl\,(OH)$, dont la dissolution réagit comme un alcali. Le sulfate de thallium est isomorphe du sel correspondant de potassium ; le thallium peut remplacer le potassium dans l'alun ; le chloroplatinate $Pt\,Cl^4, 2\,Tl\,Cl$ est isomorphe des chloroplatinates de potassium, d'ammonium, de rubidium et de césium. Mais le métal a les propriétés physiques du plomb ($D = 11{,}86$), et les composés binaires tels que le chlorure, le bromure, l'iodure et le sulfure, sont aussi peu solubles que ceux du plomb.

Un sesquioxyde Tl^2O^3, noir, insoluble dans l'eau, se produit par l'action de l'ozone sur le protoxyde ou par la combustion du métal dans l'oxygène.

Argent, $Ag = 108$. — L'oxyde est un peu soluble dans l'eau, mais réagit comme un alcali ; le chlorure et le carbonate sont insolubles. L'étude de l'argent sera, conformément à l'usage, rattachée aux métaux précieux.

Spectres des métaux alcalins. — Les métaux alcalins et leurs composés volatils, en particulier les chlorures, introduits dans la flamme d'un brûleur Bunsen, lui communiquent une coloration caractéristique de chacun d'eux. Analysées par le spectroscope, ces flammes fournissent des spectres formés d'un petit nombre de bandes brillantes qui, par leur couleur ou, plus exactement, par la place qu'elles occupent quand on les compare aux raies du spectre solaire, c'est-à-dire par leur longueur d'onde, servent à différencier les éléments et à caractériser leur présence dans des mélanges quelquefois fort complexes (*analyse spectrale*[3]) et qui ne renferment de chacun d'eux que de très petites quantités.

1. De *lithos*, pierre ; découvert par Arfvedson, en 1817, dans des roches silicatées.

2. De *thallos*, bourgeon ; introduit dans la flamme, il lui communique une coloration verte. Découvert par Crookes, en 1861, dans les boues des chambres de plomb des usines du Harz, où il s'y trouvait amené par le grillage de pyrites thallifères, il a été caractérisé comme métal et étudié très complètement par Lamy, en 1862.

3. L'analyse spectrale a été créée par Bunsen et Kirchhoff, qui ont découvert le *rubidium* et le *césium* en 1860. C'est encore le spectroscope qui a permis de découvrir le *thallium* en 1861, l'*indium* en 1863 et le *gallium* en 1875.

	Couleur de la flamme.	Longueur d'onde[1] des raies caractéristiques.
Sodium	jaune	589,5 588,9
Potassium	violacée	768 404,5
Rubidium	violette	780 421,6 420,2
Césium	bleue	459,7 456
Lithium	rouge	670,0
Thallium	verte	534,9

SODIUM ET SES COMPOSÉS

SODIUM Na = 23.

53. **Préparation.** — Davy a isolé le sodium en 1807 de la façon suivante : un morceau de soude caustique humecté d'eau est placé entre les deux pôles d'une pile. A la cathode on voit apparaître des globules de sodium. Si en ce point on place du mercure, on obtient un amalgame d'où il est facile de chasser le mercure en chauffant dans un courant de gaz sans action sur le sodium.

1° *Préparations électriques.* — Le procédé de Davy convenablement modifié est à peu près le seul utilisé aujourd'hui. On électrolyse la soude caustique ou le chlorure de sodium fondus, le métal se produit à la cathode.

Préparations du sodium par le procédé Castner. L'appareil est un récipient de fer contenant de la soude fondue; la cathode passe par une ouverture située à la base; elle est entourée par l'anode; le courant doit être suffisamment intense pour maintenir la soude en fusion. Le sodium vient surnager; on s'arrange pour le soustraire à l'action oxydante de l'air.

2° *Préparation par le carbonate de sodium.* — On a préparé longtemps le sodium en chauffant vers 1500° un mélange de carbonate de sodium, de carbonate de calcium et de charbon dans un cylindre de tôle :

$$CO^3Na^2 + 2\,C = 2\,Na + 3\,CO.$$

Si on ne met pas de carbonate de calcium, le carbonate de

1. En millioniémes de millimètre.

sodium fond, le charbon surnage et, faute d'un bon contact, la réaction marche mal. L'addition de craie maintient le mélange à l'état pâteux.

3° *Préparation par la soude et le charbon.* — Au procédé de préparation précédent a succédé vers 1888 le suivant :

La soude est chauffée avec du charbon (Netto) ou avec un carbure de fer FeC^2 (Castner) obtenu en réduisant le sesquioxyde de fer par un excès de brai. Le fer n'agit pas chimiquement ; il maintient la masse divisée et pâteuse :

$$3\,Na\,O\,H + C = Na + CO^3Na^2 + 3\,H.$$

Cette réaction se passe à une température plus basse que la précédente, 800 à 1000°, et le gaz qui se dégage, l'hydrogène, n'est pas capable comme l'oxyde de carbone de réagir sur le métal, diminuant ainsi le rendement de l'opération.

54. **Propriétés.** — Le sodium est un métal mou. Sa coupure fraîche offre un éclat métallique et la couleur blanche de l'argent ; mais la surface libre se ternit rapidement. Il fond à 95°,6, et, au rouge, il se réduit en vapeur. Sa densité est 0,97.

L'oxygène bien sec, non plus que l'air desséché, n'ont d'action sur le sodium à froid ; au rouge il y a combustion vive et l'on peut avoir $Na^2\,O$ ou $Na^2\,O^2$ suivant les conditions.

L'eau réagit sur le sodium à froid en donnant de la soude et de l'hydrogène :

$$Na + H^2\,O = Na\,O\,H + H \qquad + 43^c,4$$

Aussi le sodium s'altère-t-il à l'air à cause de l'humidité qu'il renferme. Il se fait de la soude, laquelle se carbonate rapidement. C'est pour cette raison qu'on conserve le sodium en boîtes de fer blanc soudées ou immergé dans de l'huile de naphte.

Il s'unit directement au chlore, au brome, à l'iode avec dégagement de chaleur.

Chauffé dans une atmosphère d'hydrogène, au-dessus de 300°, il absorbe ce gaz et forme un hydrure blanc, de composition NaH (Moissan).

Il se dissout dans le mercure avec dégagement de chaleur ; le mercure en excès, décanté après le refroidissement, laisse des cristaux de l'amalgame $Hg^6\,Na$ formé avec un dégagement de chaleur de $10^c,5$. Cet amalgame de sodium est fréquemment employé comme réducteur dans les travaux du laboratoire. Il agit avec moins d'énergie que le sodium ; ainsi, dans l'eau, on a :

$$Na + H^2\,O = Na\,O\,H + H \qquad + 43^c,4.$$
$$Hg^6\,Na + H^2\,O = Na\,O\,H + H + 6\,Hg \qquad + 31^c,8.$$

En raison du grand dégagement de chaleur que l'on observe dans les combinaisons du sodium avec l'oxygène et le chlore, le sodium est un réducteur fréquemment employé. Il est appliqué industriellement à la préparation du bioxyde de sodium, des cyanures, de la soude pure.

Le sodium ainsi que ses amalgames en présence d'eau ou d'alcool sont fréquemment employés comme hydrogénants.

COMPOSÉS HALOÏDES

CHLORURE DE SODIUM, NaCl.

55. **État naturel. — Extraction.** — L'eau de la mer[1] et celle d'un grand nombre de sources renferment du chlorure de sodium; à l'état de *sel gemme*, on rencontre cette substance en masses considérables dans les terrains triasiques.

1° *Extraction du sel de l'eau de la mer.* — L'extraction du sel, par l'évaporation de l'eau de la mer à l'air libre, s'effectue sur les bords de l'Océan ou de la Manche, dans la Charente et en Bretagne, et sur les côtes de la Méditerranée.

Sur les côtes de l'Océan, l'eau de la mer est amenée par le flux dans de vastes bassins (*vasières*), où elle se clarifie; on la fait écouler dans de petits bassins, où elle se concentre jusqu'à 25° Baumé, puis dans d'autres bassins plus petits et peu profonds (*tables salantes*), où le sel se dépose. On enlève celui-ci tous les deux jours, on le met en tas recouverts de terre glaise et on le laisse s'égoutter (fig. 8).

Sur les côtes de la Méditerranée, où les marées sont peu sensibles, on est obligé d'enlever l'eau à l'aide de pompes pour l'amener dans les bassins de clarification.

Le sel que l'on obtient ainsi est le *sel gris*; il est souillé de petites quantités de sulfate et de chlorure de magnésium, de sulfate de calcium et d'argile.

Dans les marais salants de la Méditerranée, on fractionne l'évaporation de l'eau d'une façon plus méthodique et on obtient un sel blanc plus pur que celui de l'Ouest. Il reste des eaux mères

1. L'eau des océans renferme des matières salines dissoutes (Méditerranée, 3,9 pour 100; Atlantique, 3,65). La plus abondante de ces matières est le chlorure de sodium (77 pour 100 de la masse saline). Les autres sels sont des chlorures, bromures, sulfates et carbonates de sodium, potassium, calcium et magnésium.

dont on extrait du sulfate de sodium et des chlorures de potassium et de magnésium.

2° *Sel gemme et sources salées.* — Les principaux gisements de sel gemme sont ceux de Wieliczka en Galicie, de Stassfurt près de Magdebourg (Prusse), de Cardona en Espagne et ceux de Vic et de Dieuze en Alsace-Lorraine.

Lorsque le sel est pur ou en couches compactes, on l'exploite

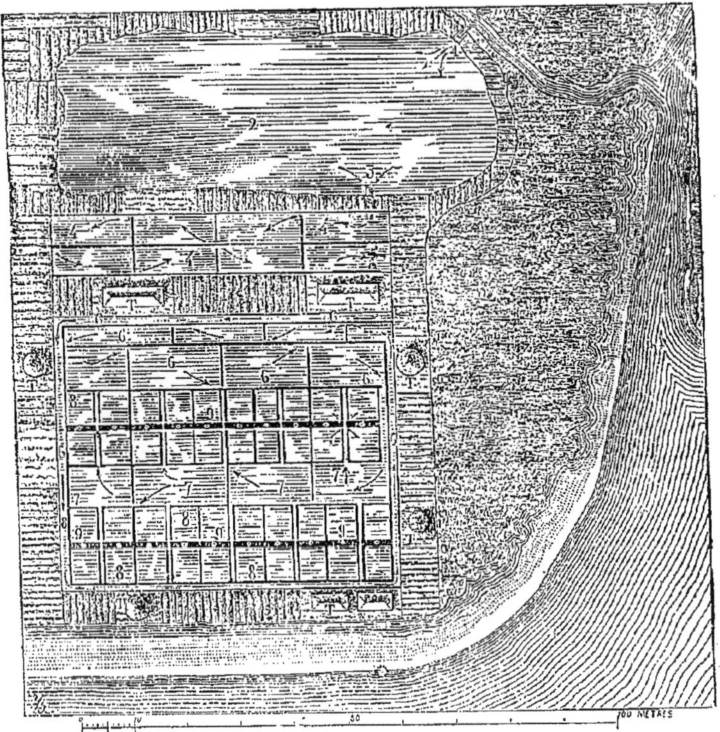

Fig. 8.

soit à ciel ouvert, soit par puits et galeries, et on le découpe en blocs colorés en rouge par de l'oxyde de fer ou en brun par des matières argileuses. Si le sel est disséminé au milieu de couches d'argile, on creuse des puits et des galeries qui parcourent le gisement et on fait arriver de l'eau prise à des sources voisines dans ces cavités. A l'aide de pompes et de tuyaux qui plongent au fond des puits, on extrait l'eau à mesure qu'elle se sature.

Les eaux salées provenant de la dissolution dans l'eau des blocs de sel gemme sont évaporées dans de grandes chaudières plates.

Pendant les premières heures de l'ébullition, il se dépose un sulfate double de sodium et de calcium peu soluble (*Schlot*), que l'on enlève avec soin et que l'on traite pour préparer du sulfate de sodium. Puis du *sel fin* se précipite : on l'extrait du liquide à l'aide de dragues, on le laisse sécher et égoutter. Si l'évaporation se faisait lentement (vers 80°), le sel qui se déposerait serait en gros cristaux (*gros sel blanc*).

56. **Propriétés.** — Le chlorure de sodium cristallise par évaporation lente de ses dissolutions en cristaux cubiques transparents,

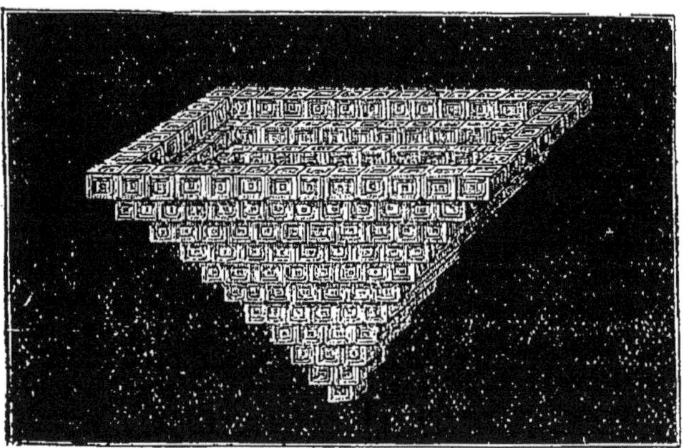

Fig. 9.

qui se groupent en *trémies* (fig. 9) ; ces cristaux sont anhydres. Une dissolution saturée à — 10° donne des cristaux d'un hydrate $NaCl + 2H^2O$.

La solubilité du sel marin varie peu avec la température ; ainsi, 100 grammes d'eau dissolvent 36 grammes à 16° et 40gr,4 à 110°, température d'ébullition de la dissolution saturée.

Il est insoluble dans l'alcool absolu ; l'alcool ordinaire en dissout de petites quantités et la combustion de l'alcool donne la flamme jaune caractéristique du sodium (*lampe à alcool salé*).

Les cristaux de sel marin décrépitent lorsqu'on les projette sur des charbons incandescents et fondent à 790° sans décomposition. Le sel impur qui a entraîné du chlorure de magnésium est déliquescent.

Applications. — Outre ses usages domestiques, alimentation, conservation des substances alimentaires, il est utilisé comme matière première dans la fabrication du sodium, du chlore et de leurs composés.

SOUDE, NaOH.

57. **Préparation.** — La soude se trouve dans le commerce sous forme de plaques blanches, dures, qui, exposées à l'air, se liquéfient en absorbant tout d'abord l'humidité; mais elle se dessèche ensuite et se transforme en une masse pulvérulente de carbonate.

La soude du commerce renferme plus d'eau que ne l'indique la formule Na OH. On doit la maintenir quelque temps en fusion dans un vase de fer ou d'argent si l'on veut achever sa déshydratation. Elle se dissout dans l'eau avec élévation de température.

C'est une base puissante qui réagit sur les acides forts en donnant des sels neutres aux réactifs colorés et en dégageant beaucoup de chaleur.

$$HCl + Na\,OH = Na\,Cl + H\,OH + 13^{c},6.$$

La soude est très caustique, corrodant la peau, il ne faut donc pas, lorsqu'on doit en manier, la mettre directement en contact avec la main.

58. **Préparations de la soude.** — 1° *A l'aide du carbonate de sodium.* — En faisant bouillir une dissolution très étendue de carbonate de sodium (100 parties de carbonate pour 800 d'eau) avec de la chaux, il se forme du carbonate de calcium insoluble, et de la soude qui reste en dissolution.

$$\underset{\text{Chaux.}}{Ca\,(OH)^2} + CO^3\,Na^2 = CO^3Ca + \underset{\text{Soude caustique.}}{2\,Na\,OH}.$$

C'est le procédé de fabrication de la soude le plus ancien. Il est toujours très employé à l'heure actuelle, bien qu'il ne soit plus le seul.

Pendant la réaction, on a soin de maintenir la solution au même état de dilution en remplaçant de temps en temps l'eau évaporée, parce que, en liqueur concentrée, la réaction inverse aurait lieu. On prolonge l'ébullition jusqu'à disparition complète du carbonate de sodium (à ce moment une prise d'essai prélevée sur le liquide ne trouble plus l'eau de chaux). Comme il vient d'être dit, il se referait du carbonate de sodium si l'on concentrait en présence du carbonate de calcium précipité; mais on se débarrasse de ce corps en laissant reposer, puis décantant, et, cela fait, on évapore rapidement à chaud le liquide clair dans des capsules de fer ou d'argent. La soude reste sous forme d'un liquide qui, coulé, forme par refroidissement de grandes plaques blanches.

Dans beaucoup d'industries on fabrique la soude caustique au moment de l'usage en *caustifiant* à l'ébullition une solution faible de carbonate de soude par l'addition d'une quantité convenable de chaux vive.

2° *Procédés électriques.* — On prépare aujourd'hui de grosses quantités de soude en électrolysant une solution aqueuse de chlorure de sodium. Il se fait du chlore à l'anode, du sodium à la cathode.

On électrolyse habituellement des solutions de chlorure de sodium.

On se sert d'anodes en charbon, lesquelles résistent au chlore.

a. — La cathode peut être formée par du mercure; il se fait alors de l'amalgame de sodium qui décomposé en dehors du bain électrolytique fournit de la soude et du mercure; ce dernier rentre dans la fabrication.

Habituellement on utilise des cathodes de fer; on obtient alors non du sodium mais les produits de l'action de ce corps sur l'eau, c'est-à-dire de la soude et de l'hydrogène[1].

Toutefois, si l'on n'y met pas obstacle, la soude se diffuse dans le bain, et là elle est électrolysée, ce qui donne naissance à des ions OH et à des ions Na. Les premiers gagnent l'anode, ils y rencontrent le chlore et forment alors avec celui-ci de l'acide hypochloreux; cet acide se diffusant rencontre la soude, on obtient donc de l'hypochlorite de sodium (lequel peut donner du chlorate si la température s'élève ou si la concentration en soude est suffisante, 145). En outre, les ions OH donnent aussi à l'anode de l'eau et de l'oxygène et cet oxygène naissant attaque l'électrode du charbon. Pour remédier à ces multiples inconvénients, on emploie l'un des moyens suivants :

b. — *Procédés avec diaphragmes.* On divise le bain en deux cellules renfermant chacune une électrode grâce à un diaphragme, sorte de cloison poreuse, qui sans arrêter le courant oppose à la diffusion un obstacle considérable. Néanmoins cela augmente la résistance du bain et de plus on ne connaît pas de diaphragmes susceptibles de durer longtemps dans les conditions voulues.

c. — *Procédés de la cloche.* Dans une auge plate plonge une cloche rectangulaire à parois non conductrices; à l'intérieur de cette dernière pend l'anode, sorte de disque de charbon, qui occupe presque toute la section de la cloche. La cathode de

1. Cet hydrogène est, dans certaines usines, recueilli, comprimé et livré au commerce.

est percée dans l'auge, à l'extérieur de la cloche, mais dans son voisinage. Par le sommet de la cloche, on fait arriver d'une façon continue une solution salée, celle-ci s'électrolyse, le chlore se dégage par une tubulure latérale de celle-ci, tandis qu'il s'écoule continuellement par un trop-plein de l'auge une solution de soude caustique.

On conçoit que, si la solution s'écoule avec une vitesse égale ou supérieure à celle avec laquelle les ions OH se dirigent vers l'anode, ceux-ci n'y parviendront pas. Tout se passera comme si

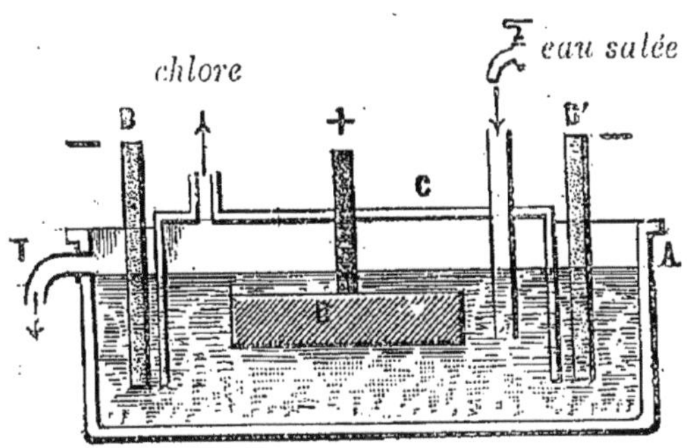

Fig. 10.

une lame de liquide interposée entre l'anode et la cathode formait un diaphragme que ni la soude, ni les ions OH ne peuvent traverser. (Comme l'eau salée ne dissout presque pas de chlore, le courant de liquide ne transporte à la cathode que des quantités négligeables de chlore).

La soude est toujours obtenue sous forme de dissolution dans l'eau. On évapore cette eau dans des chaudières de fer ou dans des capsules d'argent (le verre, la porcelaine, le platine, seraient attaqués par la soude) jusqu'à ce que le liquide, coulé sur une plaque de fer, se prenne en masse. Les plaques blanches ainsi obtenues renferment encore pas mal d'eau, qu'on peut éliminer en maintenant la masse quelque temps au rouge sombre.

Usages. — La soude caustique est utilisée dans la fabrication des savons durs, lesquels sont des mélanges de sels de sodium des acides palmitique, stéarique, etc.

Dans une dissolution saline la soude donne naissance à un précipité d'hydrate (105), sauf dans le cas d'un sel alcalin.

59. **Bioxyde de sodium.** Na^2O^2. — Le bioxyde de sodium est aujourd'hui préparé industriellement par l'oxydation directe du métal. On fait passer un courant d'air ou d'oxygène sec sur le

sodium chauffé au rouge sombre dans des tubes en fer. On obtient ainsi une masse d'un blanc jaunâtre qui jouit des propriétés oxydantes de l'eau oxygénée et remplace celle-ci dans ses applications industrielles. On a en effet, quand on le met dans l'eau :

$$Na^2O^2 + 2H^2O = 2NaOH + H^2O^2.$$

Comme, d'autre part, l'eau oxygénée est très peu stable en présence d'un alcali, on conçoit qu'il y ait là une source d'oxygène assez pratique : on vend en effet sous le nom d'oxylite un mélange de bioxyde de sodium avec un peu d'un sel de cuivre (parfois aussi de peroxyde de potassium), qu'il suffit de mettre dans un ballon où on laisse tomber l'eau goutte à goutte pour avoir un dégagement régulier d'oxygène.

En présence d'acide sulfurique on a :

$$Na^2O^2 + SO^4H^2 = SO^4Na^2 + H^2O^2.$$

On utilise cette réaction dans le blanchiment.

Dans un espace clos, le bioxyde de sodium permet à l'homme de prolonger son séjour. Alors que l'homme en respirant épuise l'oxygène et rejette de l'anhydride carbonique et de la vapeur d'eau, le bioxyde agissant sur cette eau restituera de l'oxygène à l'atmosphère en donnant en outre de la soude qui absorbera l'anhydride carbonique.

SELS DE SODIUM

CARBONATE DE SODIUM

60. **Carbonate de sodium**[1]. — Ce corps a pour formule CO^3Na^2 ; mais il s'unit facilement à l'eau et sa combinaison avec 10 molécules d'eau est très utilisée. Ainsi, on trouve dans le commerce deux produits, le carbonate CO^3Na^2 presque pur, nommé quelquefois *sel Solvay*, et les *cristaux de soude* formés par la combinaison $CO^3Na^2, 10H^2O$.

On passe facilement du carbonate CO^3Na^2 au carbonate hydraté $CO^3Na^2, 10H^2O$ et réciproquement.

Le corps CO^3Na^2 est une poudre blanche, fusible au rouge, se dissolvant dans l'eau avec dégagement de chaleur. Si l'on évapore cette solution sans opérer trop au-dessus de la température ordinaire, on obtient de volumineux cristaux incolores et transparents répondant à la formule $CO^3Na^2, 10H^2O$.

Abandonnés à l'air sec, les *cristaux de soude* perdent 9 molécules

1. On appelle aussi ce corps carbonate de soude et même, dans le commerce, on lui donne souvent le nom impropre de soude. Aussi quand on veut désigner la véritable soude $NaOH$ étudiée au § 57, est-il bon de dire soude caustique.

d'eau et se transforment en une poudre blanche CO^3Na^2, H^2O. La transformation est souvent effectuée à la surface, qui est devenue opaque alors que l'intérieur non encore modifié a gardé la transparence primitive[1].

Sous l'action de la chaleur, la dernière molécule d'eau s'élimine et l'on retombe sur le carbonate exempt d'eau CO^3Na^2.

Solubilité du carbonate de sodium dans l'eau. — Elle varie avec la température; voici quelques données relatives à ce sujet :

Températures.	Poids du sel $CO^3Na^2 10H^2O$ dissous dans 100 grammes d'eau.
10°	60gr,4
36°	833gr,0
38°	1668gr,0
104°	415gr,0

On voit, d'après cela, que si l'on porte à 104° une solution de *cristaux de soude* saturée à 38°, il se formera un dépôt, seulement ce dernier répond à la formule CO^3Na^2, H^2O.

Le carbonate de sodium est insoluble dans l'alcool.

La solution aqueuse du carbonate neutre bleuit énergiquement le tournesol rouge. On voit par cet exemple qu'un sel neutre, au sens donné § 4, n'est pas forcément neutre au tournesol; nous l'avions fait remarquer au § 15.

61. **Bicarbonate de sodium,** CO^3NaH. — C'est une poudre blanche, cristalline, peu soluble dans l'eau : 100 grammes d'eau ne dissolvent à 0° que 8gr,35 de bicarbonate de sodium.

Passage d'un des carbonates à l'autre. — L'opération est facile dans les deux cas :

Chauffé au rouge sombre, le bicarbonate laisse dégager du gaz carbonique et se transforme en carbonate neutre :

$$2CO^3NaH = CO^3Na^2 + CO^2 + H^2O.$$

La réaction inverse a lieu à froid, en sorte qu'à la température ordinaire les *cristaux de soude* absorbent l'acide carbonique avec dégagement de chaleur, tandis qu'une partie de leur eau s'évapore ou ruisselle à la surface suivant la rapidité du phénomène.

De même, un courant d'acide carbonique détermine dans une solution saturée de carbonate de sodium la formation d'un précipité par suite de la faible solubilité du bicarbonate qui prend alors naissance.

Remarque. — On voit facilement que, pour un même poids de sodium, le carbonate acide renferme *deux* fois plus d'anhydride

1. En réalité, la présence d'acide carbonique dans l'air complique le phénomène en donnant du bicarbonate de sodium.

carbonique que le carbonate neutre. C'ést pour cette raison qu'on le nomme *bi*carbonate.

62. **Préparations du carbonate de sodium.** — Le produit qui sert de point de départ est le sel marin.

Deux procédés sont employés actuellement par l'industrie pour transformer le chlorure de sodium en carbonate : A, le procédé Leblanc et B, le procédé Solvay.

A. *Procédé Leblanc.* — Le procédé Leblanc, inventé en 1792, consiste à transformer le sel marin en sulfate de sodium, puis à chauffer sur la sole d'un four à réverbère un mélange de ce sulfate, avec de la craie et du charbon.

Le produit brut de l'opération est un mélange de carbonate de sodium soluble dans l'eau et de sulfure de calcium très peu soluble dans ce liquide. Cette différence de propriétés permet d'isoler le carbonate : on traite le mélange par l'eau, on obtient ainsi des solutions appelées *lessives* et des résidus appelés *charrées*.

Sel de soude. — Tel est le nom commercial du produit que fournit l'évaporation des lessives à chaud. C'est un carbonate de sodium impur, utilisé tel quel par certaines industries.

Cristaux de soude. — Une solution convenablement concentrée de sel de soude dans l'eau tiède donne par refroidissement les cristaux $CO^3Na^2, 10H^2O$ à peu près purs; les impuretés contenues dans le sel de soude sont en effet en présence d'assez d'eau pour rester dissoutes. Celles qui étaient insolubles avaient d'ailleurs été éliminées lors de la dissolution.

Ces cristaux s'effleurissent à l'air en perdant de l'eau et absorbant de l'acide carbonique comme il a été vu au § 60.

Théorie et marche de l'opération. — Le mélange utilisé dans le procédé Leblanc est fait dans les proportions suivantes :

Sulfate de sodium	200
Carbonate de calcium	200
Charbon	106

Voici la théorie de la réaction : le charbon réduit le sulfate à l'état de sulfure :

$$SO^4Na^2 + 2C = Na^2S + 2CO^2 :$$

puis, le sulfure de sodium et le carbonate de calcium réagissent pour donner du carbonate de sodium et du sulfure de calcium :

$$Na^2S + CO^3Ca = CO^2Na^2 + CaS.$$

On opère dans des appareils assez divers, par exemple dans un four tournant (fig. 11).

Ce four consiste essentiellement en un grand cylindre de fer C, mobile autour de son axe horizontal et revêtu à l'intérieur de briques réfractaires[1].

Le mélange amené par un wagon V est introduit dans le cylindre ; il y est chauffé par une forte flamme provenant d'un

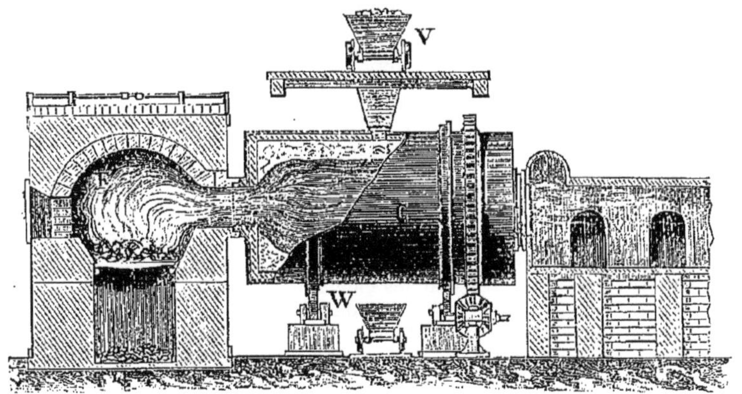

Fig. 11.

four F. Lorsque la masse est fondue, pour bien la brasser on fait tourner le cylindre avec une vitesse d'un tour en trois minutes jusqu'à ce que la réaction soit achevée. A ce moment on fait tomber le contenu du four dans un wagon W.

B. *Soude à l'ammoniaque.* — Ce procédé, actuellement dix fois plus employé que le précédent, a été rendu pratique par M. Solvay.

La réaction est des plus simples :

Si l'on fait passer un courant de gaz carbonique dans une dissolution de sel marin additionnée d'ammoniaque, du bicarbonate de sodium, peu soluble dans l'eau, se dépose et du chlorure d'ammonium reste dans la liqueur.

Le bicarbonate de sodium ainsi obtenu est chauffé au rouge sombre. On a vu (61) que cette opération le transforme en carbonate neutre.

Théorie de la réaction. — L'acide carbonique, en présence d'une solution d'ammoniaque, donnerait du bicarbonate d'ammonium :

$$CO^2 + H^2O + Az\,H^3 = CO^3\,H\,Az\,H^4\,;$$

1. C'est-à-dire difficilement fusibles.

mais celui-ci, en présence du chlorure de sodium, fournit du bicarbonate de sodium et du chlorure d'ammonium:

$$CO^3HAzH^4 + NaCl = CO^3HNa + AzH^4Cl.$$

La moitié de l'acide carbonique employé est mise en liberté lors de la calcination du bicarbonate; on la fait rentrer dans la fabrication. L'autre partie du gaz carbonique nécessaire est fournie par la calcination du carbonate de calcium, et la chaux qui résulte de cette opération, en réagissant sur le chlorure d'ammonium formé pendant la réaction, sert à régénérer le gaz ammoniac.

2° B. *Anciens procédés.* — Avant 1792 le carbonate de soude n'était pas fabriqué à partir du sel marin. Mais à cette époque, la France, attaquée de toutes parts, ne recevant plus de l'étranger les matières premières indispensables à son industrie, les chimistes français utilisant les éléments tirés de leur sol, inventèrent des procédés qui changèrent la face de l'industrie chimique.

Avant la découverte de Nicolas Leblanc, on utilisait en place du carbonate de sodium actuel les cendres d'un certain nombre de plantes marines, provenant principalement de l'Espagne: ces cendres renfermaient de 25 à 30 pour 100 de carbonate CO^3Na^2.

Ajoutons qu'on rencontre, sur les bords de certains lacs salés de l'Égypte, de l'Inde, de la Californie, un mélange de sel marin avec les deux carbonates de sodium; ce mélange était connu des anciens sous le nom de *natro*; c'est de là que vient le symbole Na utilisé pour représenter le sodium.

63. — **Principaux usages des carbonates de sodium.** — Le *sel Solvay* et *les cristaux* de soude servent dans la fabrication de la verrerie fine et des glaces, des savons, de l'eau de Javel, du silicate de soude.

Dans les applications que nous venons de citer ils servent de matière première pour l'obtention de divers sels de sodium. — La préparation de la soude caustique par la chaux emploie ces carbonates.

— Leur solution possède la propriété de dissoudre certains corps gras, surtout les cristaux de soude qui renferment habituellement un peu de soude caustique. Aussi les utilise-t-on dans le blanchiment, le dégraissage des laines.

— Ils servent encore à l'épuration des eaux d'alimentation des chaudières.

Si, en effet, une eau renferme des sels de calcium ou de magnésium, l'addition de carbonate de sodium détermine la précipitation de ces deux métaux sous la forme de carbonates insolubles. Il se fait, à la place des sels primitifs, des sels de sodium dont la présence n'a pas grand inconvénient dans l'espèce. Pour la même raison l'addition de carbonate de sodium à une eau impropre au savonnage, à la teinture et à la cuisson des légumes fait disparaître ces défauts. — Le bicarbonate de sodium est utilisé dans la fabrication de l'eau de Seltz (appareil Briet) ; c'est un digestif, les eaux de Vichy lui doivent en grande partie leur efficacité.

— La combustion du coke à l'air fournit un acide carbonique impur mêlé d'azote et d'autres gaz. Ce mélange, envoyé dans une solution de carbonate de sodium, y laisse son acide carbonique sous forme de bicarbonate. La calcination de ce sel fournit de l'acide carbonique pur et régénère le carbonate qui est prêt à resservir.

SULFATES DE SODIUM

Au corps deux fois acide SO^4H^2 correspondent deux sels de sodium, le sulfate acide ou bisulfate SO^4HNa et le sulfate neutre SO^4Na^2.

64. **Sulfate neutre.** — *Préparation.* — On trouve en Espagne et au Pérou un minéral connu sous le nom de thénardite et qui n'est autre que le sulfate SO^4Na^2 ; mais ces gisements ne sont guère exploités et le sulfate de soude industriel provient de l'action de l'acide sulfurique sur le sel marin ; on a vu que cette action est une étape du procédé Leblanc (62).

La réaction présente deux phases ; dans la première, on obtient du bisulfate :

$$SO^4H^2 + NaCl = SO^4HNa + HCl,$$

dans la seconde, du sulfate neutre :

$$SO^4HNa + NaCl = SO^4Na^2 + HCl.$$

Les figures 12 et 13 représentent les coupes longitudinales et transversales d'un four à sulfate disposé de façon à recueillir l'acide chlorhydrique libre de tout mélange avec les gaz du foyer. La première partie de la réaction (formation du bisulfate) s'effectue dans une cuvette en fonte M doublée de plomb, puis, lorsque le mélange est devenu pâteux, la réaction s'achève (formation du sulfate neutre) dans des moufles en briques C. Le moufle est chauffé par un foyer latéral : la flamme et les gaz chauds, après avoir chauffé la cuvette, s'échappent par la cheminée A', A''',

L'acide chlorhydrique se dégage par le tube D et circule dans des bonbonnes renfermant de l'eau où il se condense.

Dans la grande industrie, on rend la fabrication continue en se servant de fours mécaniques. Le plus perfectionné de ces fours (Four Mactear, fig. 14) comprend une sole mobile en fonte chauffée par un foyer latéral ; le sel marin et l'acide sulfurique sont amenés d'une manière continue dans une cuvette centrale ; des agitateurs disposés suivant un rayon de la sole circulaire, mobiles autour d'axes verticaux, brassent le mélange, et, lorsque

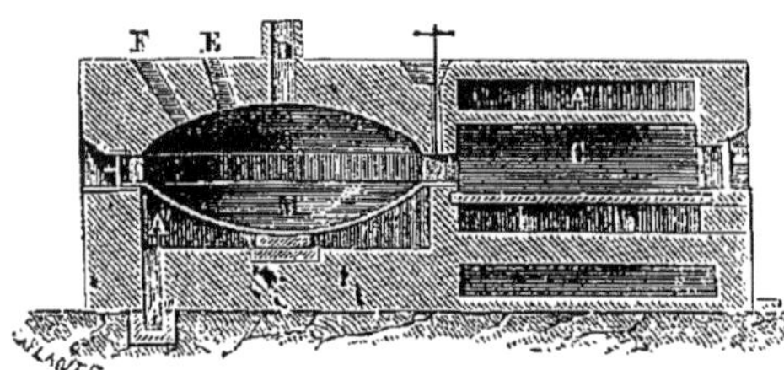

Fig. 12.

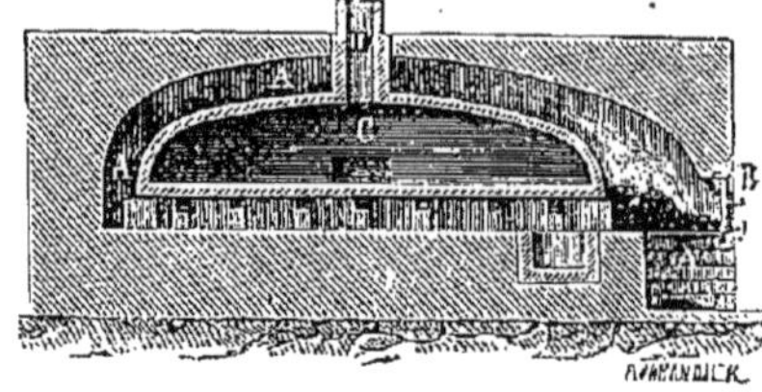

Fig. 13.

celui-ci, par le jeu des agitateurs, arrive aux bords du plateau, la réaction est achevée et le sulfate tombe de lui-même en dehors du four.

Procédé Hargreaves. — La préparation préliminaire de l'acide sulfurique peut être évitée ; on fait réagir à 600° environ, dans des appareils spéciaux, un mélange de gaz sulfureux, d'air et de vapeur d'eau sur le sel marin :

$$SO^2 + O + H^2O + 2NaCl = SO^4Na^2 + 2HCl.$$

Propriétés. — Le sulfate de sodium cristallise au sein de l'eau froide sous forme de gros prismes transparents répondant à la formule $SO^4Na^2, 10H^2O$ et désignés parfois sous le nom de *sel de Glauber* ; si la cristallisation a lieu dans l'eau à une température supérieure à 33°, on obtient des cristaux anhydres SO^4Na^2, isomorphes du sulfate d'argent SO^4Ag^2.

La solubilité du sel de Glauber est faible à froid, elle augmente jusqu'à 33° et décroît ensuite.

100gr d'eau	dissolvent	à 0°	12gr	du corps	$SO^4Na^2, 10H^2O$,
—	—	à 33°	412gr	—	—
—	—	à 103°	221gr	—	—

en sorte que si l'on chauffe une solution saturée à 34°, elle laisse déposer une certaine quantité de sulfate ; mais c'est du sulfate non hydraté.

En versant sur du sulfate $SO^4Na^2, 10H^2O$ une solution d'acide chlorhydrique en quantité insuffisante pour dissoudre tout le

Fig. 14.

sel, on forme un mélange dont la température peut descendre jusqu'à 30° au-dessous de zéro, ce qui permet de l'employer pour transformer en glace une certaine masse d'eau liquide.

65. **Bisulfate.** — Ce corps est un résidu de la fabrication de l'acide azotique par le nitrate de sodium et l'acide sulfurique :

$$SO^4H^2 + AzO^3Na = SO^4HNa + AzO^3H.$$

On le prépare plus pur en chauffant légèrement, dans une capsule de platine, un mélange équimoléculaire d'acide sulfurique et de sulfate neutre :

$$SO^4H^2 + SO^4Na^2 = 2SO^4NaH$$

et reprenant par l'eau bouillante ; par refroidissement on obtient des cristaux répondant à la formule $SO^4HNa, 2H^2O$. Les deux molécules d'eau s'en vont à température peu élevée.

Au rouge sombre, le bisulfate subit une décomposition : il se fait un départ d'eau en même temps que se forme le sel de sodium d'un nouvel acide, l'acide pyrosulfurique ou disulfurique :

$$2SO^4HNa = S^2O^7Na^2 + H^2O.$$

Le pyrosulfate de soude au rouge est décomposé lui-même ; il distille de l'anhydride sulfurique et on obtient du sulfate de sodium neutre :

$$S^2O^7Na^2 = SO^3 + SO^4Na^2.$$

On a donc là un moyen, rarement utilisé d'ailleurs, de passer de l'acide sulfurique à son anhydride par l'intermédiaire du bisulfate de soude.

66. **Usages des sulfates de sodium.** — Le sulfate neutre sert, dans le procédé Leblanc, à fabriquer le carbonate de soude ; il peut être employé dans la fabrication du verre ordinaire ; c'est un purgatif assez utilisé.

AZOTATE DE SODIUM, AzO^3Na.

67. **État naturel. — Propriétés.** — L'azotate de sodium existe en masses compactes au Chili et au Pérou ; on l'exploite alors comme le sel gemme.

On le purifie par cristallisation. Il cristallise en rhomboèdres anhydres, fond vers 312°, et, à une température plus élevée, il se transforme en azotite en dégageant de l'oxygène.

Il sert à préparer l'acide azotique et l'azotate de potassium ou salpêtre. Bien que ce sel ait les mêmes propriétés comburantes que l'azotate de potassium, on ne peut l'employer directement à la fabrication de la poudre, car il est déliquescent.

AZOTITE DE SODIUM, AzO^2Na.

68. **Préparation. — Propriétés.** — L'azotate de sodium fondu, chauffé au rouge sombre, perd de l'oxygène et se transforme en azotite ; en reprenant par l'alcool bouillant, on dissout l'azotite et on le sépare ainsi d'un excès d'azotate non décomposé.

On facilite la réaction en chauffant l'azotate soit avec du plomb qui s'oxyde, soit avec un sulfite alcalin qui est transformé en sulfate.

Industriellement, on fait rendre dans une dissolution de soude les vapeurs rutilantes qui se dégagent quand on oxyde l'acide arsénieux, pour le transformer en acide arsénique avec un acide azotique de densité 1,35; il ne se produit guère ainsi que de l'azotite de sodium.

En liqueur légèrement acidulée par l'acide sulfurique, l'azotite de sodium réduit et décolore le permanganate de potassium. Il réduit le chlorure d'or en précipitant l'or métallique. Dans ces réactions, l'azotite se transforme en azotate et agit comme *réducteur*.

Il peut aussi en solution acide jouer le rôle d'*oxydant*; il transforme les sulfites en sulfates, les sels ferreux en sels ferriques; il déplace l'iode de l'iodure de potassium et forme de la potasse.

Il est employé dans l'industrie pour oxyder et surtout pour diazoter (586).

69. **Phosphates de sodium.** — Les trois orthophosphates,

$$PO^4Na^3, \quad PO^4HNa^2, \quad PO^4H^2Na,$$

n'ont pas une importance égale.

Le sel

$$PO^4HNa^2 + 12H^2O,$$

ou *phosphate de sodium du commerce*, est le seul qui ait un intérêt pratique.

1° On le prépare en ajoutant à l'acide orthophosphorique industriel du carbonate de sodium jusqu'à ce que tout dégagement gazeux cesse; la petite quantité de calcium que contenait l'acide impur est précipitée à l'état de phosphate tricalcique; l'alumine, le peroxyde de fer, la silice sont éliminés; après filtration et concentration, la liqueur laisse déposer le sel disodique en gros cristaux incolores, efflorescents.

2° Par double décomposition entre le phosphate monocalcique et le carbonate de sodium :

$$3(PO^4)^2H^4Ca + 4CO^3Na^2 + Aq.$$
$$= (PO^4)^2Ca^3 + 4PO^4HNa^2 + 4CO^2 + 4H^2O + Aq.$$

L'addition d'un excès de carbonate de sodium ne permettrait pas d'obtenir le sel trisodique, car le composé disodique, qui théoriquement doit encore être envisagé comme un acide monoacide, ne déplace pas l'acide carbonique des carbonates.

Le phosphate disodique,

$$PO^4HNa^2 + 12H^2O,$$

cristallise en prismes rhomboïdaux obliques, volumineux, transparents; ils s'effleurissent rapidement dans l'air à la température ordinaire. La dissolution a une réaction alcaline au tournesol et au méthylorange, neutre à la phtaléine du phénol.

Calciné au rouge sombre et repris par l'eau, il donne des cristaux de pyrophosphate,

$$P^2O^7Na^4 + 10H^2O.$$

C'est en ajoutant soit de l'acide phosphorique, soit de la soude caustique au sel disodique, que l'on prépare les deux autres phosphates :

$$PO^4H^2Na + 2H^2O,$$
$$PO^4Na^3 + 12H^2O.$$

La dissolution du sel monosodique est acide au tournesol et à la phtaléine, neutre au méthylorange; la dissolution du sel trisodique est alcaline vis-à-vis de toutes ces matières colorantes [1].

70. **Arséniates de sodium.** — Les arséniates de sodium correspondent aux phosphates, dont ils sont isomorphes.

L'arséniate disodique s'obtient en saturant l'acide arsénique avec du carbonate de sodium; il cristallise avec $12H^2O$ au-dessous de 20° : $AsO^4Na^3 + 12H^2O$; au-dessus de cette température, il a 7,5 molécules d'eau.

L'arséniate de sodium est employé en médecine.

71. **Borax ou pyroborate de sodium,** $B^4O^7Na^2$. — Lorsqu'on sature une dissolution d'acide borique par du carbonate de sodium, on obtient, non le borate neutre BO^3Na^3, correspondant à l'acide borique normal, $B(OH)^3$, mais un sel qui peut être envisagé comme dérivant d'un acide pyroborique,

$$4B(OH)^3 - 5H^2O = B^4O^7H^2.$$

Le borax cristallise à la température ordinaire en gros prismes clinorhombiques :

$$B^4O^7Na^2 + 10H^2O \quad \text{(borax prismatique)},$$

ou au-dessus de 69° en octaèdres réguliers :

$$B^4O^7Na^2 + 5H^2O \quad \text{(borax octaédrique)}$$

1. M. Engel a signalé une matière colorante, le *bleu* C4B qui accuse la neutralité du phosphate trisodique.

Les cristaux de borax octaédrique peuvent aussi se déposer spontanément, à la température ordinaire, d'une dissolution sursaturée.

Chauffé, le borax fond tout d'abord dans son eau de cristallisation, puis se dessèche en se boursouflant. Au rouge, il fond en une masse pâteuse qui, en se solidifiant, prend l'aspect vitreux. Le borax fondu dissout les oxydes métalliques et prend des colorations qui sont caractéristiques de certains métaux et servent à les reconnaître (*analyse au chalumeau*) ; on utilise cette propriété que possède le borax fondu de dissoudre les oxydes métalliques, pour décaper les métaux chauffés au rouge que l'on veut réunir par une soudure.

La dissolution du borax est alcaline au tournesol et elle agit sur le méthylorange comme l'alcali libre.

Le borax est connu depuis longtemps ; il existe en effet dans la nature, formant des dépôts importants au fond et sur les bords de certains lacs salés du Thibet, de la Californie (*Tinkal*). Ce sel naturel est impur, il est mélangé de chlorure et de carbonate de sodium. On prépare généralement le borax en saturant par le carbonate de sodium l'acide borique impur des *lagoni* de la Toscane, ou en chauffant la dissolution du carbonate de sodium avec le borate de calcium d'Asie Mineure finement pulvérisé.

Beaucoup plus soluble à chaud qu'à froid, il est facile à purifier par cristallisation. On utilise ses propriétés antiseptiques.

72. **Hypochlorite de sodium. — Chlorures décolorants.** — Le chlore réagissant sur une dissolution étendue et froide de soude donne un mélange d'hypochlorite et de chlorure :

$$2NaOH + 2Cl = NaCl + ClONa + H^2O.$$

Cette dissolution, désignée autrefois sous le nom d'*eau de Labarraque*, jouit des propriétés décolorantes et désinfectantes de l'*eau de Javel* (mélange d'hypochlorite et de chlorure de potassium) : c'est l'eau de Javel commerciale.

Elle dégage soit du gaz hypochloreux, soit du chlore, suivant l'acide réagissant :

$$2ClONa + CO^2 = CO^3Na^2 + Cl^2O,$$
$$ClONa + 2HCl = NaCl + H^2O + 2Cl ;$$

l'hypochlorite seul intervient dans la réaction.

Dans l'un et l'autre cas, 1 volume d'anhydride hypochloreux et 2 volumes de chlore sont mis en liberté par une molécule d'hypochlorite et réagissent sur une matière organique pour s'emparer de l'hydrogène, comme les 2 volumes de chlore qui ont servi à préparer le *chlorure décolorant :*

$$2\,Cl + 2\,H = 2\,HCl,$$
$$\tfrac{1}{2}\,Cl^2O + 2\,H = HCl + \tfrac{1}{2}\,H^2O.$$

L'hypochlorite de sodium sera donc un *oxydant* toutes les fois qu'il réagira sur un corps susceptible d'oxydation en présence de l'eau; il détruira les matières organiques comme le ferait le chlore ou le gaz hypochloreux.

Préparation industrielle. — Au lieu de préparer directement la dissolution d'hypochlorite par le chlore et la dissolution de soude, on préfère décomposer la dissolution du chlorure de chaux (102) par le carbonate de sodium et on obtient ainsi des dissolutions *concentrées* d'eau de Javel; suivant la formule adoptée pour exprimer la constitution du chlorure de chaux, on écrirait

$$CaOCl^2 + CO^3Na^2 = CO^3Ca + ClONa + NaCl,$$
$$CaCl^2 + (ClO)^2Ca + 2\,CO^3Na^2 = 2\,CO^3Ca + 2\,ClONa + 2\,NaCl.$$

Pour la décoloration des chiffons, de la pâte destinée à la fabrication du papier, on prépare aujourd'hui le chlorure décolorant par électrolyse. Le *procédé Hermite* consiste à électrolyser, en présence du corps sur lequel on veut agir, une dissolution de chlorure de sodium, additionnée de chlorure de magnésium.

POTASSIUM, K = 39.

73. Potassium. — Le potassium est très répandu dans la nature sous forme de composés salins, on en trouve notamment dans l'eau de mer et les dépôts salins qui en proviennent. Les feldspaths (145) sont des silicates doubles d'aluminium et de potassium (quelquefois de sodium); ils constituent des roches abondantes qui, par suite de l'action de l'eau et de la gelée, se fragmentent et sont entraînées dans les terres arables ; les végétaux terrestres trouvent là une source de composés potassiques où ils puisent largement.

Propriétés. — C'est un métal mou, fondant à 62° ; il est plus léger que l'eau. Susceptible de brûler dans l'oxygène, il ne s'oxyde pas à froid. Il décompose violemment l'eau froide en donnant de l'hydrogène, porté à une température suffisante pour s'enflammer à l'air, et de la potasse KOH.

On conserve le potassium dans de l'huile de naphte, afin de le protéger contre la vapeur d'eau atmosphérique.

Préparation. — On réduit au rouge blanc le carbonate de potassium par le charbon :

$$CO^3K^2 + 2C = 3CO + 2K.$$

On ajoute à la masse du carbonate de calcium qui, rendant le tout pâteux, maintient le contact assez intime entre les substances réagissantes. Sans cette addition le carbonate forme, par fusion, une couche liquide au-dessous du charbon et la réaction marche mal.

On opère dans un cylindre de fer (bouteille à mercure) sur laquelle on visse un tube de fer court aboutissant à un récipient spécial, sorte de boîte allongée et aplatie, construit dans le but de rendre très faible le contact du potassium et de l'oxyde de carbone, les deux corps agissant l'un sur l'autre quand la température n'est pas extrêmement élevée.

Ce procédé fournit également du sodium en partant du carbonate de sodium.

Remarque. — Il est très rare que, dans les réactions chimiques, le potassium ne puisse être remplacé par le sodium, métal plus facile à obtenir et par suite moins coûteux. Aussi l'intérêt pratique du potassium est-il à peu près nul. Il en est de même pour plusieurs de ses composés ; néanmoins pas pour tous, en particulier pas pour ceux que nous allons décrire.

COMPOSÉS HALOÏDES

CHLORURE DE POTASSIUM, KCl.

74. **État naturel. — Extraction.** — Le chlorure de potassium existe en petite quantité dans l'eau de la mer et se dépose des eaux mères des marais salants (55) concentrées à 40° Baumé, combiné à du chlorure de magnésium, avec lequel il forme un sel double, la *Carnallite*, $KCl, MgCl^2 + 6H^2O$.

Au-dessus d'une couche de sel gemme exploitée à Stassfurt, près de Magdebourg (Prusse), on a découvert, en 1853, des couches superposées, présentant une épaisseur d'une cinquantaine de mètres et renfermant des sels de magnésium et de potassium, dans l'ordre où ils se déposent des eaux mères des marais salants par une évaporation spontanée. Les couches superficielles renferment de la carnallite ; pour en extraire le chlorure de potassium on la concasse et on la dissout dans l'eau bouillante : la plus grande partie du chlorure de potassium cristallise par refroidissement, se séparant ainsi du chlorure de magnésium, plus soluble, et d'une petite quantité de carnallite non décomposée qui reste dans l'eau mère.

On retire aussi une certaine quantité de chlorure de potassium des cendres de varechs de Normandie et des salins de betteraves (79).

75. **Propriétés.** — Le chlorure de potassium cristallise en cubes incolores et transparents. A la température de 0°, 100 parties d'eau en dissolvent 30 parties, et 60 parties à 100°.

Il sert à transformer l'azotate de sodium en azotate de potassium et à préparer le carbonate de potassium et le chlorate de potassium.

76. **Fluorure de potassium,** KF. — En saturant l'acide fluorhydrique par le carbonate de potassium, on obtient le fluorure neutre très soluble dans l'eau, et qui se dépose de ses dissolutions concentrées par la chaleur en petits cristaux cubiques, déliquescents.

En ajoutant à la dissolution du fluorure une quantité d'acide fluorhydrique égale à celle qui a servi à le préparer, on prépare un fluorhydrate de fluorure KF, HF, plus facile à faire cristalliser. Les cristaux, du système cubique, se décomposent par la chaleur, dégagent de l'acide fluorhydrique et laissent un résidu du fluorure.

Lorsqu'on effectue cette préparation du fluorhydrate de fluorure de potassium avec l'acide fluorhydrique du commerce qui renferme comme impureté principale de l'acide hydrofluosilicique, celui-ci est précipité à l'état de fluosilicate de potassium insoluble : les cristaux du fluorhydrate, desséchés sous une cloche sèche et calcinés dans un appareil distillatoire en platine, dégagent de l'acide fluorhydrique pur et anhydre.

77. **Bromure et iodure de potassium.** — Le bromure et l'iodure de potassium cristallisent, comme le chlorure, en cristaux cubiques, incolores, anhydres.

On les prépare industriellement en décomposant par le carbonate de potassium les dissolutions du bromure ou de l'iodure ferreux [1], en présence d'un excès de brome ou d'iode :

$$3\,FeI^2 + 2\,I + 4\,CO^3K^2 = Fe^3O^4 + 8\,KI + 4\,CO^2.$$

1. Ces dissolutions se préparent par l'action directe du brome ou de l'iode sur la limaille de fer en présence de l'eau.

La dissolution séparée du précipité d'oxyde de fer est évaporée à sec et amenée à fusion, afin de détruire par la chaleur le bromate ou l'iodate alcalin qui a pu se former pendant la réaction. On reprend par l'eau et on fait cristalliser.

Le bromure et l'iodure de potassium sont employés en pharmacie et en photographie.

La solution aqueuse d'iodure de potassium dissout l'iode ; on utilise ce fait dans l'analyse qualitative et quantitative.

COMPOSÉS OXYGÉNÉS.

POTASSE, KOH.

78. **Préparation. — Propriétés.** — On prépare la potasse exactement comme la soude, en la déplaçant par la chaux d'une dissolution étendue et bouillante de son carbonate. Cette potasse est pure si les matériaux qui ont servi à sa préparation étaient purs eux-mêmes.

La potasse fondue est coulée en plaques, d'un blanc légèrement jaunâtre.

La potasse se dissout dans l'eau avec dégagement de chaleur ; elle s'unit alors avec une nouvelle quantité d'eau pour former l'hydrate $KOH + 2H^2O$. La potasse commerciale est toujours plus hydratée que ne l'indique la formule KOH ; on ne l'obtient avec cette composition qu'en la maintenant quelque temps en fusion tranquille dans une capsule d'argent.

Exposé à l'air, un morceau de potasse attire l'humidité de l'atmosphère ; il fixe en même temps le gaz carbonique et donne un carbonate déliquescent, qui bientôt, fixant encore du gaz carbonique, se transforme en bicarbonate peu soluble qui cristallise.

CARBONATES DE POTASSIUM

On connaît deux carbonates, le carbonate neutre CO^3K^2 et le bicarbonate CO^3KH.

79. **Sources industrielles de carbonate de potassium.** — L'*incinération des végétaux terrestres* a été, pendant longtemps, la seule source de carbonate de potassium exploitée. Les sels à acides organiques contenus dans ces végétaux sont brûlés et

transformés en carbonate de potassium, de sodium, de calcium, de magnésium; les cendres sont lessivées, les liquides évaporés et livrés au commerce sous les noms de *potasses d'Amérique, de Russie*. Mais la combustion des forêts en Amérique et en Russie, qui livrait ainsi à l'agriculture de vastes espaces, devait diminuer peu à peu la source même de ces produits.

Dans les pays viticoles, on incinère les lies provenant du soutirage des vins ou le tartre brut que l'on détache des douves des tonneaux et l'on obtient ainsi un carbonate de potassium impur (*cendres gravelées*).

Salin de betteraves. — On extrait aujourd'hui, particulièrement dans les départements du Nord, une grande quantité de sels de potassium et une petite quantité de sels de sodium des mélasses de betteraves. Dans la fabrication du sucre de betterave, lorsque le sucre s'est déposé en cristaux, il reste des *mélasses* incristallisables renfermant encore des matières sucrées et des sels alcalins (426). On fait fermenter ces mélasses, et, lorsqu'on a distillé l'alcool, le résidu (*vinasse*) est calciné ; le salin qui en résulte renferme :

Carbonate de potassium	27 à 11	pour 100
— de sodium	19 à 30	—
Chlorure de potassium	20 à 19	—
Sulfate de potassium	13 à 15	—

des matières insolubles et un peu de phosphate de potassium.

On soumet ce salin à un lessivage méthodique et, par des cristallisations fractionnées, on sépare les divers sels. On peut obtenir ainsi un carbonate épuré, destiné à la fabrication du cristal et ne renfermant pas plus de 5 pour 100 d'impuretés.

Suint. — Dans les centres d'industrie lainière (Reims, Elbeuf), on extrait une certaine quantité de carbonate de potassium du *suint* qui imprègne la laine des moutons. Une toison de mouton fournit environ 300 grammes de suint, qui, desséché, renferme 135gr,5 de carbonate de potassium. On lave les laines à l'eau chaude, et les liquides évaporés et calcinés fournissent un salin. Un lessivage méthodique de ce salin fournit du carbonate de potassium presque pur.

Procédé Leblanc. — Enfin, depuis la découverte de gisements importants de carnallite (74), on a appliqué à la fabrication du carbonate un procédé qui rappelle le procédé Leblanc, sans lui être identique, car ce procédé présente, dans le cas actuel, des difficultés que l'on n'a réussi à surmonter qu'en partie.

Propriétés du carbonate neutre. — On prépare le carbonate neutre de potassium pur en transformant le carbonate impur du commerce en bicarbonate (voy. 7 lignes plus loin) et calcinant ce dernier.

Le carbonate neutre de potassium se dépose en cristaux hydratés de ses dissolutions saturées à chaud et refroidies : $CO^3K^2 + 2H^2O$. Ces cristaux perdent la moitié de leur eau à 100°, en s'effleurissant ; ils sont déliquescents dans l'air humide et très solubles dans l'eau.

Bicarbonate. — Le bicarbonate de potassium CO^3HK n'est soluble que dans 4 parties d'eau froide : il se dépose en cristaux lorsqu'on fait passer un courant de gaz carbonique dans une dissolution saturée de carbonate neutre. Il suffit de calciner légèrement ces cristaux pour les transformer en carbonate neutre.

AZOTATE DE POTASSIUM, AzO^3K.

Nitre, Salpêtre.

80. **Préparation.** — On trouve de l'azotate de potassium dans la nature, mais il n'y est pas très abondant tandis qu'on trouve abondamment au Chili de l'azotate de sodium.

Aujourd'hui la majeure partie de l'azotate de potassium livré au commerce est préparée par double décomposition entre l'azotate de sodium naturel et le chlorure de potassium. A une dissolution bouillante d'azotate de sodium, on ajoute le poids voulu de chlorure de potassium ; on évapore le liquide et du sel marin se dépose, car ce sel est à peu près aussi soluble à chaud qu'à froid ; on enlève le sel à mesure qu'il se précipite, et le liquide se sature peu à peu d'azotate de potassium, qui cristallise par le refroidissement,

$$AzO^3Na + KCl = AzO^3K + NaCl.$$

On raffine[1] le salpêtre brut en le faisant cristalliser de nouveau. Pour enlever les dernières traces de matières étrangères, on arrose les cristaux, bien tassés dans des caisses dont le fond est percé de trous, avec une dissolution saturée de nitre qui ne

1. Ce raffinage est indispensable lorsque le salpêtre est destiné à la préparation de la poudre, car les chlorures que renferme le nitre brut sont déliquescents.

peut plus dissoudre de ce sel, mais entraîne toutes les impuretés.

Propriétés. — Le nitre cristallise anhydre, en prismes droits à base rhombe, cannelés, incolores et transparents ; il est beaucoup plus soluble à chaud qu'à froid.

Il fond à 327° sans décomposition, mais au rouge sombre il se décompose en oxygène, qui se dégage, et en azotite de potassium, qui se décompose lui-même à une température plus élevée.

C'est un oxydant fréquemment employé. Il sert surtout à la fabrication de la poudre et de l'acide azotique.

81. **Chlorate de potassium,** ClO^3K. — *Propriétés.* — C'est un sel blanc peu soluble dans l'eau, fondant vers 350°. Un peu au delà de cette température il se décompose en fournissant de l'oxygène avec formation intermédiaire de perchlorate ClO^4K décomposable lui-même par la chaleur.

$$2ClO^3K = KCl + ClO^4K + 2.O$$
$$ClO^4K = KCl + 4.O.$$

Le chlorate de potassium est un oxydant énergique ; mêlé à des substances facilement oxydables il fournit des poudres très puissantes, mais assez dangereuses à cause de la facilité avec laquelle elles font explosion. C'est ainsi qu'en mélangeant avec un couteau de bois du soufre et du chlorate de potassium qui ont été pulvérisés préalablement *chacun de son côté*, on obtient un mélange qui fait violemment explosion sous le choc. L'expérience ne doit être faite que sur de très petites quantités.

Le chlorate de potassium chauffé avec de l'acide chlorhydrique l'oxyde et donne du chlore :

$$ClO^3K + 6HCl = 3H^2O + KCl + 6Cl.$$

Le chlorate de potassium est utilisé en médecine.

Préparation. — Le chlorate de potassium prend naissance quand le chlore se trouve en présence d'une dissolution concentrée de potasse :

$$6KOH + 6Cl = ClO^3K + 5KCl + 3H^2O.$$

La liqueur s'échauffe et, en se refroidissant, dépose des cristaux nacrés, incolores, de chlorate de potassium peu solubles dans l'eau froide.

En électrolysant une solution aqueuse de chlorure de potassium, on devrait obtenir du chlore à l'anode et du potassium à la cathode. Mais si on ne soustrait pas le potassium à l'action de l'eau, il se fait à la cathode de l'hydrogène et de la potasse. Celle-ci, se diffusant dans le bain, vient trouver le chlore de l'anode sur lequel elle réagit. Il se fera du chlorate de potassium si on opère dans des conditions de concentration, de température et de courant convenables. Ce chlorate peu soluble se dépose au fur et à mesure. Les anodes sont en platine iridié, les cathodes en fer allié au nickel.

L'hydrogène dégagé à la cathode a sur le chlorate une action réductrice qu'il faut combattre. On y arrive de diverses façons, par exemple en ajoutant un peu de chromate de potasse.

Ce procédé a pris un essor énorme dans les régions pourvues de forces hydrauliques (plusieurs usines importantes en France). Il tend à remplacer complètement les procédés précédemment utilisés.

Usages des composés de potassium. — Le carbonate, le nitrate et le chlorure de potassium sont des engrais, la potasse est utilisée dans la fabrication des savons (485), l'azotate et le chlorate de potassium servent à faire des poudres, le bromure et l'iodure sont des médicaments. Les composés correspondants de sodium ne sauraient remplacer ces dérivés du potassium ; on sait par exemple que les verres à base de potasse et les verres à base de soude ne sont point identiques.

CHAPITRE VI

SELS AMMONIACAUX.

82. **Ammonium.** — On appelle sels ammoniacaux les produits obtenus en combinant le gaz ammoniac aux divers acides. On ne peut les considérer comme des acides dont l'hydrogène a été remplacé par un métal, et, par suite, ils ne répondent pas à la définition des sels donnée au début de ce cours élémentaire. Mais nous avons vu (14) que les sels présentent un certain nombre de propriétés caractéristiques. Or les produits en question possèdent ces propriétés : ils viennent donc se grouper tout naturellement avec les sels métalliques.

1° Les sels ammoniacaux dissous dans l'eau sont décomposés par le passage du courant électrique et la nature des ions formés nous fait dire que dans ces sels le groupe d'atomes AzH^4 joue le même rôle que les métaux dans les sels métalliques.

2° Les solutions des sels ammoniacaux dans l'eau présentent les mêmes anomalies cryoscopiques que les solutions des sels métalliques.

3° En présence des sels (acides et bases), ils sont susceptibles de doubles décompositions identiques à celles des sels des acides d'où ils proviennent. Ici encore on est conduit à dire que le groupe AzH^4 joue dans ces sels le même rôle que les métaux dans les sels métalliques.

Exemple : Les sels de l'acide chlorhydrique traités par l'acide sulfurique fournissent l'hydracide. En solution aqueuse ils précipitent le nitrate d'argent. Ces deux propriétés se retrouvent chez le produit résultant de l'addition d'HCl et d'AzH^3. De même les produits que donne l'acide sulfurique en se combinant à l'ammoniaque présentent les réactions des sulfates. Par exemple ils précipitent l'azotate de baryum, etc., etc. Dans ces réactions la molécule du sel ammoniacal s'est scindée en AzH^4 qui s'est porté d'un côté et le reste qui s'est porté d'un autre. Pour ces raisons nous appellerons *sels* les composés résultant de la combinaison des acides avec l'ammoniaque, et nous les écrirons comme les sels métalliques en écrivant le groupe AzH^4 là où nous aurions écrit le symbole du métal. Ce groupe d'atomes nous l'appellerons *ammonium*.

Ex. : $HCl + AzH^3 = AzH^4Cl$ chlorure d'ammonium.
$AzO^3H + AzH^3 = AzO^3AzH^4$ azotate d'ammonium.
$SO^4H^2 + 2AzH^3 = SO^4(AzH^4)^2$ sulfate neutre d'ammonium.

Les sels d'ammonium présentent de grandes ressemblances avec les sels de potassium. Ils leur sont souvent isomorphes. Exemple : les deux sulfates[1] SO^4K^2 et $SO^4(AzH^4)^2$. Ils précipitent souvent le même réactif, par exemple l'acide chloroplatinique.

L'électrolyse des sels ammoniacaux fournit à la cathode[2] un mélange $AzH^3 + H$. Cependant si la cathode est en mercure on obtient un amalgame d'ammonium qu'on prépare plus rapidement comme il suit :

Introduisons dans un tube de verre (fig. 15), ou dans une

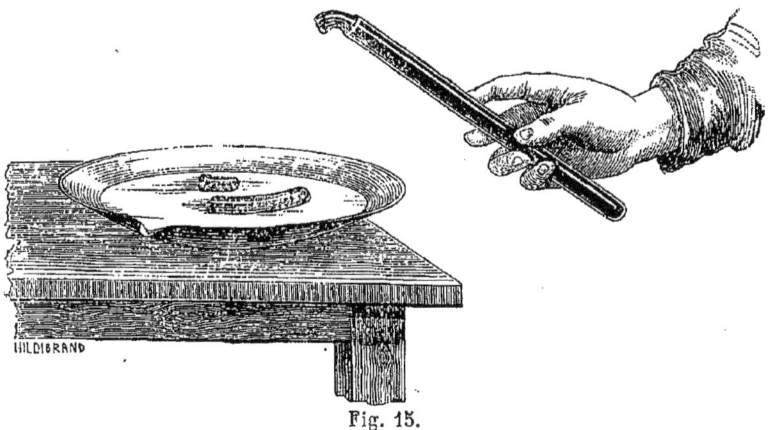

Fig. 15.

éprouvette à pied, un amalgame obtenu en dissolvant quelques fragments de sodium dans du mercure, ajoutons une dissolution de chlorhydrate d'ammoniaque et agitons de façon à établir le contact. Bientôt l'amalgame augmente de volume en se transformant en une matière butyreuse qui se détruit rapidement en

1. Depuis Mitscherlich on cherche à donner des formules semblables aux corps isomorphes. Le sulfate de potasse SO^4K^2 étant isomorphe du sulfate d'ammonium on devra donc écrire celui-ci sous la forme $SO^4 \times ^2$. On y arrive précisément en écrivant $SO^4(AzH^4)^2$. C'est donc une raison de plus conduisant à isoler dans les formules le groupe AzH^4.

2. Somme toute le groupe AzH^4 est un radical univalent.

dégageant du gaz ammoniac et de l'hydrogène. On peut supposer qu'il s'est formé la réaction suivante :

$$Na + AzH^4Cl = NaCl + AzH^4,$$

l'ammonium formant avec le mercure cet amalgame volumineux instable.

83. **Sources des produits ammoniacaux.** — L'ammoniaque et, d'une façon plus générale, un grand nombre de sels ammoniacaux (parmi lesquels les plus importants sont le carbonate et le sulfhydrate) prennent naissance lorsqu'on décompose par la chaleur les matières organiques azotées ou lorsque ces matières se putréfient. Les eaux de condensation du gaz de l'éclairage et les *eaux vannes* (eaux de vidange) sont les principales sources de produits ammoniacaux exploitées actuellement.

84. **Chlorure d'ammonium** (*chlorhydrate d'ammoniaque, sel ammoniac*). — On prépare aujourd'hui le chlorure d'ammonium en saturant l'acide chlorhydrique par le gaz ammoniac que l'on déplace en chauffant les eaux ammoniacales du gaz avec de la chaux ou par le carbonate qui se dégage lorsqu'on chauffe les eaux qui résultent de la fermentation des urines. On concentre par la chaleur jusqu'à cristallisation.

Le sel ammoniac ainsi obtenu est bruni par des matières organiques entraînées. On le grille sur des plaques de tôle de façon à décomposer et brûler la matière organique; on le purifie par cristallisation et on l'obtient ainsi sous la forme de petits cristaux grenus incolores.

On trouve souvent le sel ammoniacal dans le commerce sous la forme de pains obtenus par sublimation. Cette sublimation s'effectue en chauffant le sel dans des pots en grès *aa* chauffés par un foyer commun (fig. 16), on recouvre les ouvertures OO d'un pot en terre renversé et, lorsque la sublimation est terminée, on casse les vases.

Le sel ammoniac sublimé est en masses fibreuses, translucides, légèrement jaunâtres.

Le chlorure d'ammonium cristallise en petits octaèdres réguliers, fréquemment groupés en arborescences. L'eau en dissout son poids environ à 100° et seulement les $\frac{2}{5}$ à la température ordinaire. Il se dissout dans l'eau avec abaissement de température. Il se volatilise sans fondre au-dessous du rouge.

Il sert à préparer le gaz ammoniac dans les laboratoires. Chauffé avec les oxydes métalliques, il les transforme en chlorures volatils ; aussi s'en sert-on pour décaper les métaux. On l'emploie dans la pile Leclanché.

90. **Sulfates d'ammonium.** — Le *sulfate neutre* d'ammonium, $SO^4(AzH^4)^2$, se prépare en faisant arriver le gaz ammoniac dans l'acide sulfurique.

Il cristallise, comme le sulfate de potassium, en prismes rhomboïdaux droits, anhydres. Il fond vers 150° et se décompose à une température plus élevée.

Indépendamment de l'emploi qu'on en fait pour préparer les autres sels ammoniacaux, il est utilisé en agriculture.

Fig. 16.

Le *bisulfate*
$SO^4H(AzH^4)$
se prépare en chauffant ensemble, dans un vase de platine, un mélange d'acide sulfurique et de sulfate neutre à molécules égales. Après le départ de l'excès d'eau contenu dans l'acide sulfurique, le sel reste en fusion tranquille au rouge sombre. Il remplace le bisulfate de potassium dans les réactions qui se produisent à des températures inférieures au rouge vif; il est moins stable, en effet, que le sel potassique.

86. **Azotate d'ammonium.** — L'azotate d'ammonium, obtenu en saturant l'acide azotique par le gaz ammoniac, cristallise, comme l'azotate de potassium, en prismes rhomboïdaux droits. Il se dissout dans l'eau avec un abaissement de température. On peut arriver ainsi à — 25°.

Il fond vers 100°, puis se décompose à 250° en eau et protoxyde d'azote (*préparation du protoxyde d'azote*).

On l'utilise dans la fabrication de certains explosifs, et aussi comme engrais en horticulture.

87. **Carbonates d'ammonium.** — Le carbonate que l'on trouve dans le commerce (*sel volatil d'Angleterre*) est formé principalement d'un sesquicarbonate $CO^3(AzH^4)^2$, $2CO^3H(AzH^4)$ ou $3CO^3H^2$, $2AzH^3$.

C'est ce sel qui résulte de la putréfaction de l'urine.

On le prépare industriellement en chauffant dans des chaudières en fontes du sulfate d'ammonium et du carbonate de calcium (craie)[1] :

$$3\,SO^4(AzH^4)^2 + 3\,CO^3Ca$$
$$= 3\,SO^4Ca + 2\,AzH^3 + CO^3(AzH^4)^2, 2\,CO^3H\,(AzH^4).$$

Le produit ainsi obtenu est blanc, cristallin; il dégage l'odeur de l'ammoniaque; il se change en effet peu à peu au contact de l'air en bicarbonate $CO^3H\,(AzH^4)$.

En dissolvant le produit commercial dans l'ammoniaque tiède en présence d'un courant d'ammoniaque, on obtient le carbonate neutre $CO^3\,(AzH^4)^2$ qui se dépose par refroidissement. Il est très peu stable et perd facilement de l'ammoniaque en donnant du carbonate acide, lequel est donc le plus stable des trois carbonates.

88. **Sulfures d'ammonium.** — Lorsqu'on sature une dissolution ammoniacale par le gaz hydrogène sulfuré, on obtient un sulfhydrate de sulfure $(AzH^4)HS$. En ajoutant à cette dissolution un volume égal de la solution ammoniacale précédemment employée, on prépare le sulfhydrate d'ammoniaque, si fréquemment employé dans l'analyse des sels :

$$(AzH^4)\,HS + AzH^3 = (AzH^4)^2S.$$

Le sulfhydrate d'ammoniaque ainsi obtenu possède une odeur très désagréable. Il se colore peu à peu en jaune au contact de l'air, par suite de la formation d'un bisulfure,

$$2(AzH^4)^2S + O = 2AzH^3 + (AzH^4)^2S^2 + H^2O,$$

puis d'un hyposulfite,

$$(AzH^4)^2S^2 + 3O = SO^2 \begin{cases} S\,(AzH^4) \\ O\,(AzH^4). \end{cases}$$

Aussi ces dissolutions se troublent-elles par suite d'un dépôt de soufre quand on les sature par un acide, comme toutes les dissolutions des hyposulfites ou des polysulfures.

Les sulfures solides $(AzH^4)^2S$ et $(AzH^4)SH$, qui ne présentent d'ailleurs aucun intérêt pratique, s'obtiennent lorsqu'on fait réagir les gaz ammoniac et hydrogène sulfuré en proportions convenables.

1. On peut admettre qu'il s'est formé du carbonate neutre d'ammoniaque, qui est décomposé par la chaleur en sesquicarbonate et ammoniaque.

89. **Phosphates d'ammonium.** — Des trois orthophosphates

$$PO^4(AzH^4)^3, \quad PO^4H(AzH^4)^2, \quad PO^4H^2(AzH^4),$$

le second a seul un intérêt pratique.

On l'obtient en saturant l'acide orthophosphorique industriel ou le phosphate monocalcique par l'ammoniaque ou le carbonate d'ammonium :

$$3(PO^4)^2H^4Ca + 8AzH^3 = 4PO^4H(AzH^4)^2 + (PO^4)^2Ca^3.$$

Ce sel est très soluble; la dissolution, séparée du précipité de phosphate tricalcique est évaporée jusqu'à consistance sirupeuse et abandonné à cristallisation. Pendant l'évaporation, le phosphate triammoniacal qui a pu prendre naissance se décompose en ammoniaque et phosphate diammoniacal.

En ajoutant à la dissolution de ce sel de l'acide orthophosphorique jusqu'à ce que la liqueur soit neutre au méthylorange, on obtient le sel monoammoniacal, moins soluble que le sel précédent et plus facile à purifier par cristallisation.

La calcination d'un phosphate ammoniacal quelconque donne de l'acide métaphosphorique ou acide phosphorique vitreux :

$$PO^4H(AzH^4)^2 = PO^3H + 2AzH^3 + H^2O.$$

On peut rendre une étoffe incombustible en l'immergeant dans une dissolution de phosphate d'ammoniaque. Sous l'action de la chaleur, le sel donne en effet de l'acide métaphosphorique qui entoure les fibres de l'étoffe d'une gaine vitreuse peu fusible qui empêche la combustion de se propager.

CHAPITRE VII

MÉTAUX ALCALINO-TERREUX

90. **Généralités.** — On rassemble sous le nom de métaux alcalino-terreux trois éléments bivalents : le *calcium*, le *strontium* et le *baryum* ; ici encore ce groupement est très indiqué par la Chimie.

Voici quelques-unes des constantes relatives à ces métaux :

	Calcium	Strontium	Baryum
Symbole	Ca	Sr	Ba
Poids atomique	40	87	137
Point de fusion	760	—	850
Densité	1,85	2,54	3,75

Ces métaux, comme leur nom l'indique, sont intermédiaires entre les métaux alcalins et les métaux terreux (magnésium, zinc).

— Comme les métaux alcalins, ils décomposent l'eau à froid, en donnant de l'hydrogène et un hydrate qui est une base puissante :

$$Ca + 2H^2O = Ca(OH)^2 + 2H,$$

mais ces hydrates sont assez peu solubles dans l'eau, aussi viennent-ils empâter le métal et ralentir énormément la réaction.

— Les oxydes de ces métaux ne sont réduits par le charbon qu'à la température du four électrique, encore n'obtient-on pas ainsi le métal, mais des carbures (dont le plus important est le carbure de calcium C^2Ca), qui réagissent sur l'eau avec production d'acétylène.

— Les carbonates de ces métaux sont insolubles dans l'eau, mais légèrement solubles dans l'eau chargée d'acide carbonique.

Relations d'isomorphisme. — Il y a surtout lieu d'en citer deux, celles que présentent les carbonates, et celles que présentent les sulfates.

1° L'aragonite CO^3Ca est isomorphe de la strontianite CO^3Sr et de la withérite CO^3Ba ; ces corps sont orthorhombiques.

2° Les sulfates SO^4Ca (anhydrite), SO^4Sr (célestine), SO^4Ba (barytine) sont isomorphes et orthorhombiques.

Il est à noter que le carbonate CO^3Pb est isomorphe de l'aragonite et le sulfate SO^4Pb isomorphe de la barytine.

— Le carbonate de calcium est d'ailleurs dimorphe ; outre

l'aragonite il existe en effet le spath d'Islande répondant à la formule CO^3Ca qui, étant isomorphe du fer spathique CO^3Fe, rapproche à cet égard les métaux alcalino-terreux des métaux du groupe du fer.

Les composés volatils ou décomposables par la chaleur (chlorures, azotates) communiquent à la flamme d'un brûleur Bunsen des colorations caractéristiques. Les spectres de ces flammes sont plus complexes que ceux des métaux alcalins ; ils fournissent néanmoins des caractères analytiques très précieux.

	Couleur de la flamme.
Calcium.	jaune-rouge.
Strontium.	rouge.
Baryum	vert-jaune.

91. **Calcium. — Strontium. — Baryum.** — En raison des difficultés que présente leur préparation, les métaux alcalino-terreux sont peu employés. Seul le calcium se trouve aujourd'hui dans le commerce à un prix peu élevé.

La préparation de ce métal par voie chimique offre des difficultés, néanmoins on les surmonte et l'on peut préparer le calcium en chauffant à l'abri de l'air l'iodure de calcium avec un excès de sodium

$$Ca\,I^2 + 2\,Na = 2\,Na\,I + Ca\,;$$

on traite par l'alcool absolu qui dissout le sodium.

L'électrolyse fit découvrir le calcium ; mais ce n'est que récemment qu'elle est entrée dans le domaine pratique. On électrolyse $Ca\,I^2$ ou $Ca\,Cl^2$ fondus ; et l'on trouve actuellement du calcium électrolytique à des prix très abordables.

C'est un métal blanc fondant à 760°. A partir de 300° il brûle dans l'oxygène ; il brûle aussi dans l'azote en donnant l'azoture $Az^2\,Ca^3$ que l'eau décompose avec production de chaux et d'ammoniaque.

Nous avons parlé plus haut de son action sur l'eau (141).

Hydrolite. — On vend sous ce nom l'hydrure de calcium CaH^2. Il suffit de traiter ce corps par l'eau pour avoir un abondant dégagement d'hydrogène conformément à la formule

$$CaH^2 + 2\,HOH = Ca\,(OH)^2 + 4\,H.$$

CALCIUM, Ca = 39,9.

COMPOSÉS BINAIRES

92. **Chlorure de calcium,** $Ca\,Cl^2$. — Le marbre blanc dissous dans l'acide chlorhydrique (*préparation du gaz carbonique*) fournit une dissolution de chlorure de calcium. Par une concentration convenable, la liqueur laisse déposer des cristaux $Ca\,Cl^2 + 6H^2O$. Ces cristaux sont très solubles dans l'eau (100 parties d'eau à 15° en dissolvent 1500 parties) et cette dissolution est accompagnée d'une absorption de chaleur considérable ; en mélangeant de la neige avec du chlorure de calcium en cristaux très petits, on peut abaisser la température à — 40°.

Chauffé à 200°, le chlorure de calcium hydraté perd 4 molécules d'eau et donne une masse poreuse, déliquescente, dont les chimistes se servent pour dessécher les gaz (*chlorure de calcium desséché*).

Vers 700°, la déshydratation est complète, le chlorure anhydre fond et peut être coulé en plaques très avides d'eau (*chlorure de calcium fondu*). La fusion du chlorure de calcium ne peut être obtenue sans décomposition partielle due à la réaction de la vapeur d'eau; la masse solidifiée contient un peu de chaux ou plutôt d'un oxychlorure; en reprenant par l'eau on a une liqueur alcaline. La dissolution des cristaux rougit, au contraire, le tournesol.

Les dissolutions de chlorure de calcium sont souvent utilisées, dans les laboratoires et dans l'industrie, pour obtenir des bains dont la température d'ébullition est supérieure à 100°. La liqueur obtenue en dissolvant dans 100 parties d'eau

50	parties de sel	anhydre	bout à	112°
200	—	—	.....	158°
325	—	—	.....	180°

Le chlorure de calcium anhydre est très soluble dans l'alcool absolu.

95. **Fluorure de calcium**, CaF^2. — Le fluorure de calcium est insoluble dans l'eau; c'est le *Spath fluor* ou *Fluorine* des minéralogistes.

Les cristaux naturels sont des cubes ou des cubo-octaèdres incolores, transparents, quelquefois colorées en violet. Ils sont très abondants dans les filons métalliques, au voisinage des oxydes et des sulfures cristallisés. Très fusibles, le fluorure de calcium est utilisé depuis longtemps dans les arts métallurgiques.

Chauffés au rouge, les cristaux de spath fluor ont acquis la propriété de rester pendant quelques instants lumineux dans l'obscurité; quelques échantillons plus rares restent lumineux dans l'obscurité lorsqu'on les a exposés quelque temps à la lumière solaire; on trouve là l'origine du mot *fluorescence*.

C'est avec le fluorure de calcium que l'on prépare l'acide fluorhydrique et d'une façon générale tous les composés fluorés.

PROTOXYDE DE CALCIUM, CHAUX, $CaO = 56$.

94. **Préparations. — Propriétés.** — On prépare la chaux en décomposant par la chaleur le carbonate de calcium. Si l'on veut avoir de la chaux pure, on chauffe au rouge vif, dans un creuset de platine, du carbonate de calcium pur, jusqu'à ce que le poids de la matière demeure invariable.

La chaux pure est blanche, amorphe; elle ne fond qu'à température très élevée, par exemple au four électrique; elle cristallise en se solidifiant.

Au contact d'une petite quantité d'eau elle s'échauffe, se gonfle, se divise en fragments de plus en plus petits et se transforme finalement en une poussière d'hydrate $Ca(OH)^2$, qui porte le nom de *chaux éteinte*. Pendant cette hydratation de la chaux la température s'élève et une partie de l'eau se dégage à l'état de vapeur ; l'élévation de température peut être suffisante pour enflammer la poudre.

Délayée dans l'eau, la chaux éteinte constitue le *lait de chaux*; si l'on filtre cette bouillie, on obtient un liquide incolore (l'*eau de chaux*), qui, au contact de l'acide carbonique de l'air, se trouble par suite de la formation d'un précipité blanc de carbonate de calcium. A la température de 15°,5, 1 litre d'eau ne dissout que 1gr,3 de chaux ; cette dissolution se trouble lorsqu'on la porte à l'ébullition, car 1 litre d'eau ne dissout plus à 100° que 0gr,8 de chaux.

95. **Applications.** — La chaux que l'on trouve dans le commerce est toujours souillée d'une petite quantité d'argile, d'oxyde de fer et de manganèse.

On prépare cette chaux en calcinant le calcaire (pierre à chaux) dans des fours verticaux en briques ou en moellons revêtus intérieurement de briques réfractaires; leur hauteur est de 3 à 4 mètres (fig. 19). Tantôt, après avoir allumé de la houille au fond du four, on introduit par la partie supérieure des charges alternatives de charbon et de calcaire, et lorsque la masse est portée au rouge jusqu'en haut, on en fait écouler une partie par l'orifice inférieur, puis l'on complète la charge par la partie supérieure (*four à cuisson continue*) ; tantôt, et l'on évite ainsi le mélange de la chaux et du combustible, on chauffe le calcaire à l'aide d'un foyer latéral A (*four à foyer latéral*) : c'est un four de ce genre que représente la figure 17.

La chaux que l'on obtient en calcinant des débris de marbre blanc, des pierres calcaires très denses et très pures, ou de la craie, ne contient que très peu d'impuretés. Elle se comporte comme la chaux pure et constitue la *chaux grasse*. Elle est employée dans l'industrie à la fabrication des *soudes* et *potasses caustiques*, des *chlorures décolorants*, à la préparation industrielle d'un grand nombre de produits organiques, à l'épuration des eaux ou du gaz, à la défécation des jus sucrés, à l'épilage des peaux, etc.

C'est la base à bon marché.

Au point de vue de la construction on distingue :

Les *chaux aériennes*, *grasses* ou *maigres*, et les *chaux hydrauliques*.

1° *Chaux aériennes.* — Les chaux grasses proviennent de la calcination de calcaires à peu près purs; elles renferment au moins 85 pour 100 d'oxyde de calcium CaO; elles se comportent vis-à-vis de l'eau sensiblement comme cet oxyde (voir 94), c'est-

Fig. 17.

à-dire qu'elles s'échauffent, augmentent de volume, se fendillent et se transforment finalement en une poussière blanche, la chaux éteinte.

Les chaux grasses abandonnées à l'air s'éteignent peu à peu grâce à la vapeur d'eau atmosphérique et tombent également en poussière; la chaux éteinte, quelle que soit la façon dont elle a été obtenue, ne durcit pas sous l'eau; elle s'y dissout simplement un peu.

Ces chaux éteintes mélangées à de l'eau et à 3 ou 4 parties de sable constituent les *mortiers* aériens; un tel mortier abandonné à l'air y durcit peu à peu : on dit qu'il fait prise; grâce au sable, la masse est poreuse, l'air et l'humidité y ont libre accès, il s'y forme du carbonate de calcium. En mélangeant ce mortier avec 2 fois son volume de gros caillou, on obtient le *béton*, qui, après solidification, forme une assise sur laquelle peut s'appuyer une fondation.

Si la chaux contient au moins 20 pour 100 de magnésie, d'argile ou d'oxyde de fer, au contact de l'eau elle s'échauffe peu et n'augmente guère de volume; cette chaux est dite *maigre*. Elle sert d'ailleurs aux mêmes usages que la chaux grasse, mais il est évident que la présence de matières étrangères en rend l'emploi moins avantageux.

2° Les *chaux hydrauliques* s'éteignent au contact de l'eau, en fournissant une pâte qui n'est jamais aussi fine et aussi foisonnante que celle des chaux grasses. Elles se distinguent des chaux aériennes en ce que placées sous l'eau (et aussi dans un lieu humide) elles durcissent peu à peu avec le temps. Ainsi une chaux éminemment hydraulique fait prise en quelques jours et donne des éclats par le choc après six mois. Elles servent, en particulier, dans les constructions sous-marines.

On obtient les chaux hydrauliques en calcinant des mélanges de calcaires et d'argiles naturels ou artificiels renfermant 10 à 40 parties d'argile pour 100 de chaux. Le calcium y est en partie à l'état de silicate et d'aluminate.

Les *ciments* ne s'éteignent pas; réduits en poudre fine ils forment avec l'eau une pâte se solidifiant dans l'air ou dans l'eau en quelques minutes (*ciment romain*) ou en quelques heures (*ciment de Portland*). On obtient le ciment de Portland en calcinant jusqu'à commencement de vitrification des mélanges de calcaires d'argiles renfermant 45 à 65 d'argile pour 100 de chaux. Avec 65 à 75 d'argile on arrive au ciment romain.

Les *pouzzolanes* sont des argiles poreuses d'origine volcanique que l'on trouve aux environs de *Pouzzoles* et qui, légèrement calcinées et mélangées à des chaux grasses, forment d'excellents mortiers hydrauliques, particulièrement propres aux constructions sous-marines. On obtient des pouzzolanes artificielles en portant à des températures comprises entre 600 et 700° certaines argiles plastiques renfermant peu de chaux.

L'industrie des *chaux* et *ciments hydrauliques* s'est surtout développée à la suite des travaux de l'ingénieur français Vicat.

CARBONATE DE CALCIUM, $CO^3Ca=100$.

96. **État naturel.** — Le carbonate de calcium est une des matières minérales les plus répandues dans le sol. En masses compactes (*pierre à bâtir, pierre à chaux, craie*), il forme dans divers terrains de puissantes assises; les *marbres* sont du carbonate de chaux compact à cassures cristallines. Le test des mollusques et des crustacés, les coquilles d'œufs et, en grande partie, le squelette des vertébrés, sont formés de carbonate de calcium.

On appelle *calcaires* les diverses variétés naturelles de carbonate de calcium amorphe ou cristallin.

On trouve ce carbonate également en cristaux distincts, sous deux formes qu'on ne peut considérer comme dérivant l'une de l'autre par des modifications sans importance : *rhomboèdres* de 150°, transparents (*Spath d'Islande, Calcite*, fig. 18); *prismes*

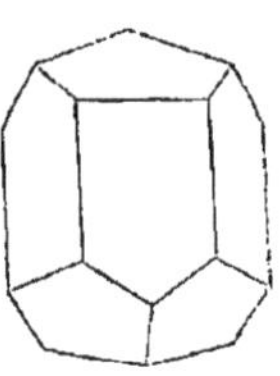

Fig. 18.

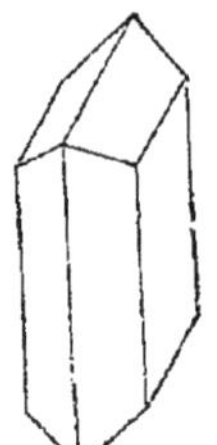

Fig. 19.

orthorhombiques (*Aragonite*, fig. 19); c'est donc un corps dimorphe. L'aragonite, chauffée brusquement au-dessus de 300°, se transforme en une multitude de petits rhomboèdres. Les beaux cristaux limpides de spath d'Islande se distinguent des cristaux du système cubique, tels que le spath fluor, en ce qu'ils jouissent de la double réfraction (fig. 20); cette propriété, beaucoup plus marquée chez eux que chez la plupart des autres corps, les fait utiliser dans divers instruments d'optique.

97. **Propriétés.** — Le carbonate de calcium est insoluble dans l'eau et on l'obtient à l'état de pureté sous la forme d'un précipité gélatineux, qui devient cristallin par l'ébullition (aragonite), lorsqu'on mélange des dissolutions d'un sel de calcium pur (chlorure ou azotate) avec une dissolution de carbonate de sodium, de potassium ou d'ammonium.

Il se dissout dans l'eau chargée d'acide carbonique. Certaines eaux naturelles, chargées d'acide carbonique et de carbonate de calcium par leur passage à travers des terrains calcaires, abandonnent ce carbonate sous la forme d'un dépôt cristallin, lorsqu'elles arrivent au contact de l'air (*sources incrustantes*). C'est à

Fig. 20.

cette même cause que l'on doit attribuer les incrustations qui tapissent les parois des grottes naturelles (*stalactites et stalagmites*). Les dépôts qui se forment sur les parois des chaudières alimentées par des eaux calcaires sont formés de carbonate et de sulfate de calcium, de silice et d'argile.

Le carbonate de calcium est décomposé par la chaleur en chaux et gaz carbonique. Aussi ce carbonate ne peut-il être fondu à l'air libre. Chauffé dans un vase clos très résistant, il devient liquide, et en se solidifiant il prend la texture du marbre.

Au contact des acides, ce corps dégage de l'anhydride carbonique.

Principaux usages des divers calcaires.

Marbres. — Les marbres blancs ou statuaires sont utilisés pour la sculpture. Les plus connus sont ceux de Paros, de Carrare, de Gênes. Les marbres colorés (par de petites quantités de matières étrangères) servent en architecture. On peut citer le marbre rouge de Cannes (Aude), le marbre rouge tacheté de gris des Pyrénées, les marbres brèches d'Aix, de la Tarentaise, des Pyrénées.

Calcaires compacts. — On les emploie dans la construction : ce sont eux qui forment la pierre de taille et les moellons. Paris, Marseille, Bordeaux sont bâtis avec ces calcaires très abondants en France. Les fragments de calcaire grossier servent à la fabrication de la chaux.

Pierres lithographiques. — On les obtient en polissant soigneusement certains calcaires à grain très fin tels que celui de Châtillon-sur-Seine.

Blancs de Meudon et d'Espagne. — Ce sont encore des calcaires, mais assez friables. On les utilise dans le polissage du verre et des métaux, dans la fabrication des pastels, du mastic. La craie rentre dans cette catégorie de carbonate de chaux.

L'albâtre calcaire est translucide. On en fait des vases d'ornement.

SULFATE DE CALCIUM, $SO^4Ca = 136$.

98. **État naturel. — Propriétés.** — On trouve dans la nature des cristaux de sulfate de calcium soit anhydre SO^4Ca (*Anhydrite*), soit uni à 2 molécules d'eau de cristallisation $SO^4Ca + 2H^2O$ (*Gypse, Pierre à plâtre*) ; des amas considérables de gypse se rencontrent dans les terrains tertiaires inférieurs des environs de Paris.

On reconnaît facilement le gypse à son peu de dureté (il est rayé par l'ongle) et à ses clivages.

Clivages du gypse. — L'orsqu'on essaie de couper une plaque de gypse, avec une lame de canif, on éprouve des résistances très différentes suivant la direction donnée à la lame. On reconnaît aisément qu'il existe dans ce minéral trois plans parallèlement auxquels la rupture est assez facile, pour l'un d'eux, on peut même dire très facile, en sorte que le gypse se comporte comme s'il était formé d'une série de feuilles planes excessivement minces, empilées les unes sur les autres et n'adhérant que fort peu entre elles.

Lorsqu'un cristal jouit de cette propriété, on dit qu'il présente des clivages, ainsi le gypse présente trois clivages, dont un très bon.

Les cristaux de gypse sont souvent groupés de façon à former des masses lenticulaires aplaties qui se clivent très facilement ; après le clivage, elles présentent la forme d'un *fer de lance* (fig. 21).

Le gypse chauffé vers 120°, perd son eau, devient opaque et se réduit facilement en une poussière blanche amorphe. Si la température à laquelle s'est faite la calcination ne dépasse pas 120°, cette poussière blanche est susceptible de s'hydrater à nouveau, c'est le plâtre ; mais s'il a été chauffé au-dessus de 160° le sulfate déshydraté ne reprend plus l'eau qu'avec une extrême lenteur; et ne peut plus guère être employé comme plâtre.

Le sulfate de calcium est peu soluble dans l'eau et la solubilité augmente, lorsque la température s'élève jusque vers 35°, pour diminuer ensuite. Ainsi, 100 parties d'eau dissolvent à

0°	0,205 de sulfate de calcium.
32°	0,234 —
100°.	0,217 —

Les eaux qui ont traversé des masses de gypse dissolvent du sulfate de calcium (*eaux séléniteuses*); telles sont les eaux des

Fig. 21.

puits des environs de Paris. La présence de plus de 0gr,2 de ce sulfate par litre rend l'eau nuisible à la santé.

99. **Plâtre.** — Le gypse calciné (*cuit*) vers 120° et réduit en poudre fine constitue le *plâtre*. Celui-ci, gâché avec de l'eau et mis en bouillie épaisse, se solidifie promptement, *fait prise*. Dans cette transformation, il s'hydrate et se transforme en un feutrage de petits cristaux.

Le plâtre est employé :

a. Dans la construction. — On revêt d'une couche de plâtre gâché les murs construits en moellons, de façon à combler toutes les anfractuosités, et, avant qu'il ait fait complètement prise, on peut façonner des moulures de toute sorte. Ce plâtre est assez tendre.

Le plâtre gâché avec un solution d'alun à 12 pour 100, puis recuit au rouge sombre, s'appelle *plâtre aluné* ; pour l'employer, on le gâche à nouveau avec de l'alun. Après la prise, il a l'aspect et la solidité du marbre.

Le *stuc* est du plâtre gâché avec de la colle forte. Il prend moins vite que le plâtre ordinaire, mais est susceptible d'un beau poli. Il sert à imiter le marbre, d'autant plus qu'on peut le colorer ou le veiner en lui incorporant des matières colorantes,

Fig. 22.

indigo, noir de fumée, minium, etc. Il résiste mal aux intempéries ; on ne l'utilisera qu'à l'intérieur des maisons.

b. Pour le moulage. — On obtient facilement le moule d'un objet en le recouvrant de plâtre gâché, après l'avoir légèrement graissé si on redoute l'adhérence. En coulant ensuite du plâtre dans le moule, on reproduira l'objet ; chacun a vu des statuettes ainsi obtenues. La reproduction est fidèle et l'objet bon marché;

par contre, le ton est froid, la statuette est fragile, facile à salir, difficile à nettoyer.

On peut l'améliorer en l'imbibant avec une solution de stéarine ou de paraffine et en la frottant ensuite, elle prend l'aspect de l'albâtre et peu se laver à l'eau.

c. *Comme engrais* pour les légumineuses, comme *charge* pour le papier, etc.

Cuisson du plâtre. — On cuit le plâtre destiné aux constructions en formant, sous un hangar, de petites voûtes avec de grosses pierres à plâtre et, on recouvre celles-ci de fragments plus petits (fig. 22). On allume sous ces voûtes des feux de fagots et on règle la combustion de façon que la cuisson ait lieu dans la masse entière, sans que toutefois la température s'élève au-dessus de la limite à laquelle le plâtre cesserait de s'hydrater.

On réduit en poudre, sous des meules, le plâtre cuit.

L'installation que nous venons de décrire est très simple et peu coûteuse ; néanmoins la conduite régulière des feux est difficile à obtenir et le plâtre obtenu manque d'homogénéité. Dans les grandes exploitations on utilise des fours plus perfectionnés rappelant jusqu'à un certain point les fours à chaux.

La durée de la cuisson du plâtre varie de dix à quinze heures suivant la quantité de gypse mise au four, le degré de dessiccation du bois employé pour le chauffer et l'état de l'atmosphère.

On modère le feu au commencement, on l'active au contraire à la fin ; le poids de la pierre à plâtre diminuera environ d'un quart.

Le plâtre bien cuit est doux au toucher et adhère bien aux doigts.

Le plâtre destiné au moulage doit être cuit avec le plus grand soin, à l'abri de tout contact avec le combustible, dont les cendres le souilleraient; on réduit du gypse *fer de lance* très pur en fragments, que l'on chauffe dans des fours dits de boulanger.

Le plâtre exposé à l'humidité s'évente, c'est-à-dire qu'il absorbe l'humidité de l'air après quoi il ne fait plus prise.

Si l'on veut conserver le plâtre, il faut l'enfermer bien tassé dans des tonneaux laissés dans des endroits secs; on peut aussi en faire des tas dont on fait prendre la surface. La croûte superficielle formée protège le reste.

Le gypse réduit à chaud par le charbon fournit du sulfure de calcium CaS. Celui-ci, additionné d'eau, donne de l'acide sulfhydrique sous l'action d'un courant d'acide carbonique

$$CaS + CO^2 + H^2O = CO^3Ca + H^2S;$$

or on peut par combustion incomplète de l'hydrogène sulfuré obtenir du soufre

$$H^2S + O = H^2O + S.$$

Aussi a-t-on tiré du soufre du gypse par ce procédé.

100. **Azotate de calcium** $(AzO^3)^2Ca$. — **Chaux pure.** — C'est en attaquant le marbre blanc par l'acide azotique que l'on prépare l'azotate; il cristallise avec 6 molécules d'eau, $(AzO^3)^2Ca + 6H^2O$. Il est très soluble dans l'eau; desséché, c'est une masse poreuse très avide d'eau et qui, comme le chlorure, peut être employée à dessécher les gaz.

Les efflorescences blanches qui se forment sur les murs dans les endroits humides, et qu'on appelle vulgairement *salpêtre*, contiennent de l'azotate de calcium.

L'azotate de calcium n'a pas par lui-même un grand intérêt, mais il sert d'intermédiaire pour passer du carbonate de calcium naturel, toujours impur, au carbonate et à la chaux chimiquement purs. Le marbre blanc peut en effet renfermer du magnésium, du manganèse, du fer, en raison des relations d'isomorphisme qui relient le carbonate de calcium rhomboédrique aux carbonates de ces métaux. L'azotate de calcium est évaporé à sec et amené à fusion dans une capsule de platine; des vapeurs rutilantes se dégagent, dues à la décomposition des azotates de manganèse et de fer, à une décomposition partielle des azotates de magnésium et de calcium, beaucoup plus stables que les azotates métalliques. En reprenant par l'eau, on obtient une liqueur alcaline au sein de laquelle les azotates de manganèse et de fer ne peuvent subsister; en filtrant, on séparera un précipité contenant de l'hydrate ferrique, du bioxyde de manganèse, de l'alumine et de la silice; la liqueur contient les azotates de calcium et de magnésium. Pour éliminer le magnésium, on verse peu à peu la dissolution dans une dissolution bouillante et employée en grand excès de carbonate d'ammonium. On obtient ainsi un précipité cristallin de carbonate de calcium, facile à séparer par le filtre et qui, lavé à l'eau bouillante, sera du carbonate de calcium chimiquement pur; le carbonate de magnésium étant soluble dans le carbonate d'ammonium, tout le magnésium sera resté dans la liqueur.

La calcination de ce carbonate pur fournit la chaux pure, fréquemment employée dans les travaux du laboratoire.

101. **Phosphates de calcium.** — L'acide orthophosphorique forme avec le calcium trois combinaisons principales :

Le phosphate tricalcique . . . . $(PO^4)^2Ca^3$,
— dicalcique. . . . . $(PO^4)^2H^2Ca^2$,
— monocalcique . . . . . . $(PO^4)^2H^4Ca$

1° Le phosphate tricalcique forme, avec le carbonate de calcium, la partie minérale des os des animaux; on le trouve en *rognons* ou *nodules*, disséminés, parfois en masses considérables. dans les couches crétacées, principalement dans les Ardennes et le Lot, l'Algérie, la Tunisie, et il est exploité actuellement pour les besoins de l'agriculture.

On l'obtient à l'état de pureté, sous la forme d'un précipité blanc, gélatineux, lorsqu'on verse une dissolution de chlorure de calcium dans la dissolution du phosphate trisodique ou dans la dissolution du phosphate disodique additionnée d'ammoniaque :

$$2PO^4Na^3 + 3CaCl^2 = (PO^4)^2Ca^3 + 6NaCl,$$
$$2PO^4HNa^2 + 2AzH^3 + 3CaCl^2 = (PO^4)^2Ca^3 + 2AzH^4Cl + 4NaCl.$$

Desséché, il se présente sous la forme d'une matière blanche, pulvérulente, insoluble dans l'eau, soluble dans les acides et même dans l'eau chargée d'acide carbonique.

2° Si l'on dissout dans l'acide chlorhydrique étendu le phosphate tricalcique naturel ou artificiel et si l'on verse peu à peu dans cette dissolution un lait de chaux, on voit se former un précipité gélatineux qui se transforme en un précipité cristallin de phosphate dicalcique $(PO^4)^2H^2Ca^2 + 4H^2O$.

3° Lorsqu'on attaque le phosphate tricalcique par l'acide sulfurique on obtient du sulfate de calcium; si l'on a employé trois molécules d'acide on obtient de l'acide phosphorique qui reste dissous, si l'acide sulfurique était dilué.

Avec deux molécules de cet acide on a du phosphate monocalcique.

$$(PO^4)^2Ca^3 + 2SO^4H^2 = 2SO^4Ca + (PO^4)^2H^4Ca.$$

Cette dernière réaction est faite habituellement avec de l'acide à 52° B. On obtient après refroidissement une masse solide, car les deux sels formés cristallisent hydratés et par suite solidifient l'eau présente.

Le phosphate tricalcique, le phosphate dicalcique préparé comme ci-dessus (*phosphate précipité*) et le mélange de phosphate acide et de sulfate de calcium que l'on obtient en faisant agir l'acide sulfurique sur le phosphate naturel (mélange que l'on désigne sous le nom de *superphosphate*) des os finement pulvérisés sont employés comme engrais par les agriculteurs. Avec le phosphate acide on prépare le phosphore et les différents phosphates du commerce.

Apatite. — On trouve encore le phosphate de calcium sous une autre forme dans la nature : l'*apatite* est un minéral cristallisé, combinaison du phosphate tricalcique avec le fluorure de calcium $3(PO^4)^2Ca^3 + CaF^2$, le fluor pouvant être remplacé en partie par du chlore.

102. **Chlorure de chaux. — Hypochlorite de calcium.** — On désigne sous le nom de *chlorure de chaux* la matière blanche pulvérulente qui résulte de l'absorption du chlore, à la température ordinaire par la chaux éteinte. La formule $CaOCl^2$ que l'on attribue aujourd'hui à cette substance, d'après Odling, s'appuie sur la réaction exercée par le gaz carbonique qui déplace la totalité du chlore :

$$CaOCl^2 + CO^2 = CO^3Ca + 2\,Cl,$$

tandis que la réaction serait autre, affirme-t-on, si le chlorure de chaux renfermait un mélange d'hypochlorite et de chlorure de calcium :

$$CaCl^2 + (ClO)^2Ca + CO^2 = CaCl^2 + Cl^2O + CO^3Ca\,;$$

la moitié du chlore seule serait éliminée à l'état d'anhydride hypochloreux, puisque le gaz carbonique est sans action sur le chlorure de calcium.

Dissous dans l'eau, le chlorure de chaux se comporte comme un mélange de chlorure de calcium et d'hypochlorite :

$$2\,CaOCl^2 + Aq = CaCl^2 + (ClO)^2Ca + Aq.$$

La solution fortement refroidie laisserait même déposer des cristaux d'hypochlorite $Ca(OCl)^2 4H^2O$. Un carbonate alcalin déplace la chaux de cette dissolution à l'état de carbonate; on prépare ainsi les hypochlorites alcalins (eaux de Javel).

Le chlorure de chaux sec et sa dissolution sont des sources de chlore; ce sont des décolorants et des désinfectants très fréquemment employés (blanchiment du lin, du coton, du chanvre, de la pâte à papier) :

$$CaOCl^2 + CO^2 = CO^3Ca + 2\,Cl,$$
$$CaOCl^2 + 2\,HCl = CaCl^2 + H^2O + 2\,Cl,$$
$$(ClO)^2Ca + 4HCl = CaCl^2 + 2H^2O + 2\,Cl.$$

La calcination du chlorure de chaux dégage de l'oxygène :

$$CaOCl^2 = CaCl^2 + O.$$

La dissolution chauffée avec une petite quantité d'un oxyde de manganèse ou de cobalt dégage aussi de l'oxygène. On utilise quelquefois cette réaction pour préparer l'oxygène.

Le chlorure de chaux est désigné vulgairement sous le nom de *chlore*.

103. **Carbure de calcium.** C^2Ca. — Ce composé dont l'importance est devenue considérable s'obtient en chauffant au four électrique un mélange de chaux et de charbon en menus fragments.

$$CaO + 3C = CO + C^2Ca.$$

Le produit pur serait transparent et incolore (M. Moissan); on le trouve dans le commerce en masses noirâtres.

On l'utilise pour produire de l'acétylène en vue de l'éclairage. Il suffit pour cela de le traiter par l'eau.

$$C^2Ca + 2H^2O = Ca(OH)^2 + C^2H^2.$$

BARYUM, Ba = 136,9.

Le carbonate et le sulfate sont les composés naturels du baryum[1].

104. **Baryum.** — Le baryum s'obtient en décomposant son amalgame dans le vide sous l'influence de la chaleur (Guntz). Cet amalgame provient de l'électrolyse du chlorure $BaCl^2$ en présence d'une cathode de mercure. C'est un métal blanc fondant à 85°. Ses propriétés chimiques rappellent celles du calcium.

105. **Chlorure de baryum,** $BaCl^2 + 2H^2O$. — On prépare le chlorure en dissolvant dans l'acide chlorhydrique le carbonate ou le sulfure. La dissolution évaporée le laisse déposer en cristaux d'un hydrate à 2 molécules d'eau; 100 grammes d'eau en dissolvant 70 grammes à l'ébullition, et 45 grammes à 15°.

106. **Baryte**[1], BaO. — On ne peut préparer la baryte comme la chaux en décomposant le carbonate par la chaleur seule. Mais on transforme celui-ci en azotate, qui, chauffé dans une cornue de porcelaine au rouge vif, laisse un résidu de baryte sous la forme d'une masse poreuse d'un blanc grisâtre :

$$(AzO^3)^2Ba = BaO + 2AzO^2 + O.$$

La baryte est très avide d'eau. Si l'on verse une petite quantité d'eau sur un morceau de baryte, celle-ci *foisonne* en s'hydratant, en même temps qu'une partie de l'eau est vaporisée. L'hydrate formé peut se dissoudre dans un excès d'eau, et si cette dissolution est faite à chaud, elle laisse déposer par refroidissement des cristaux dont la composition est représentée par la formule $Ba(OH)^2 + 8H^2O$. Sous l'action de la chaleur, cet hydrate peut perdre 8 molécules d'eau, mais il ne peut être complètement déshydraté. C'est une base forte.

On obtient directement l'hydrate, soit en calcinant le carbonate avec un excès de charbon et reprenant par l'eau bouillante (110), soit en faisant bouillir une dissolution de sulfure de baryum avec un excès de tournure de cuivre grillée, c'est-à-dire oxydée superficiellement. Il se forme, dans ce cas, du sulfure de cuivre insoluble et la baryte se dissout :

$$BaS + CuO + Aq. = BaO\ ,\ Aq + CuS.$$

1. La baryte a été découverte par Scheele en 1775.

On reconnaît que tout le sulfure de baryum a été transformé lorsque la dissolution ne noircit plus les sels de plomb.

107. **Bioxyde de baryum,** BaO^2. — Si l'on verse de l'eau de baryte dans l'eau oxygénée, on obtient un précipité cristallin de bioxyde de baryum hydraté $BaO^2 + 10H^2O$, qui, desséché dans le vide sec, se transforme en une poudre blanche amorphe de bioxyde anhydre.

La baryte caustique, chauffée au rouge sombre dans un courant d'air, absorbe l'oxygène, et bien que la baryte n'absorbe jamais un poids d'oxygène égal à celui qu'elle contenait, on désigne ce produit dans le commerce sous le nom de *bioxyde de baryum*. C'est celui que l'on emploie pour préparer l'eau oxygénée.

Chauffé au rouge vif, il perd l'oxygène qu'il avait absorbé au rouge sombre. Boussingault avait fondé sur cette réaction un procédé d'extraction de l'oxygène de l'air qui, modifié (procédé Brin frères), fut appliqué industriellement.

108. **Azotate de baryum,** $(AzO^3)^2Ba$. — On le prépare en dissolvant le carbonate dans l'acide azotique.

Il cristallise anhydre, en octaèdres réguliers solubles dans 8 parties d'eau froide et dans 5 parties d'eau bouillante. Ce sel introduit dans une flamme lui communique une coloration d'un vert jaune.

109. **Sulfate de baryum,** SO^4Ba. — Le sulfate de baryum naturel est un minéral très dense ($D = 4,4$), tout à fait insoluble dans l'eau. Aussi obtient-on ce sel artificiellement, sous la forme d'un précipité blanc amorphe, en ajoutant de l'acide sulfurique ou un sulfate alcalin à la dissolution d'un sel soluble de baryum.

Si l'on chauffe au rouge dans un creuset de terre un mélange de sulfate de baryum et de charbon, il se forme du sulfure de baryum :

$$SO^4Ba + 4C = BaS + 4CO.$$

On sépare ce sulfure de l'excès de charbon, en reprenant par l'eau bouillante, qui dissout le sulfure.

110. **Carbonate de baryum,** CO^3Ba. — Le carbonate de baryum se trouve dans la nature en prismes orthorhombiques, isomorphes de l'aragonite (96). On l'obtient sous la forme d'un précipité gélatineux blanc en mélangeant des dissolutions d'un sel de baryum et d'un carbonate alcalin.

Il est insoluble dans l'eau, soluble dans l'eau chargée d'acide carbonique. Il n'est décomposable par la chaleur qu'à la température d'un violent feu de forge ; mais, en le chauffant au rouge dans un creuset avec du charbon, il se produit de la baryte :

$$CO^3Ba + C = BaO + 2CO.$$

En reprenant par l'eau bouillante on obtient une dissolution de baryte caustique.

STRONTIUM, Sr = 87,5.

111. **Composés du strontium.** — Le strontium[1] existe dans la nature à l'état de sulfate et de carbonate isomorphes des composés correspondants du baryum.

La *strontiane*, SrO, s'obtient, comme la baryte, en décomposant l'azotate par la chaleur. C'est une matière grisâtre, poreuse, qui, mise au contact de l'eau, s'hydrate avec un grand dégagement de chaleur et forme l'hydrate $Sr(OH)^2 + 8H^2O$.

Le *chlorure*, $SrCl^2$, et l'*azotate*, $(AzO^3)^2Sr$, s'obtiennent en dissolvant le carbonate naturel dans les acides chlorhydrique et azotique, ou bien en transformant le sulfate naturel en sulfure par une calcination avec du charbon et transformant ce sulfure en chlorure ou en azotate par l'action des acides correspondants.

Le *sulfate*, SO^4Sr, est très peu soluble dans l'eau ; aussi peut-on le préparer artificiellement en versant de l'acide sulfurique ou un sulfate alcalin dissous dans une dissolution d'un sel de strontiane.

Le *carbonate*, CO^3Sr, est insoluble dans l'eau, mais soluble dans l'eau chargée d'acide carbonique. On l'obtient sous la forme d'un précipité gélatineux, en mélangeant des dissolutions d'un carbonate alcalin et d'un sel soluble de strontium (azotate ou chlorure).

L'azotate de strontium est employé par les artificiers pour obtenir des feux rouges. On prépare les feux rouges de Bengale en mélangeant 40 parties d'azotate de strontium, 13 de fleur de soufre, 10 de chlorate de potassium et 4 d'oxysulfure d'antimoine.

1. Le carbonate de strontium (*Strontianite*) a été trouvé tout d'abord au cap Strontian (Écosse). La strontiane a été caractérisée comme une terre nouvelle par Klaproth, en 1793.

CHAPITRE VIII

MAGNÉSIUM — ZINC

112. **Groupe du magnésium.** — A côté des métaux alcalino-terreux viennent se placer le *magnésium* et le *zinc*, qui sont reliés aux précédents par l'isomorphisme de leurs carbonates (90); comme eux ce sont des métaux *divalents*.

Les oxydes de magnésium (magnésie) et de zinc sont des protoxydes d'aspect terreux; la magnésie est très légèrement soluble dans l'eau, à laquelle elle communique une réaction alcaline.

	Magnésium.	Zinc
Poids atomique p	$Mg = 23,9$	$Zn = 64,9$
Chaleur spécifique c	0,250	0,0955
pc.	6,0	6,2

Toutes les combinaisons correspondantes du magnésium et du zinc sont isomorphes avec celles des métaux du groupe du fer. A ce titre, le magnésium peut être considéré comme le type d'une série qui comprend les métaux suivants :

Magnésium, zinc, chrome, manganèse, fer, nickel, cobalt :

c'est la *série magnésienne*. Citons en particulier l'isomorphisme des sulfates de la série magnésienne SO^4M7H^2O (M représentant ici l'un quelconque des métaux précédents) ainsi que l'isomorphisme des sulfates doubles $SO^4M, SO^4K^2, 6H^2O$.

Dans le même groupe que le magnésium et le zinc, on place généralement deux autres métaux :

Le glucinium	$Gl = 9,1$.
Le cadmium	$Cd = 111,7$.

Le *glucinium*, dont l'oxyde est la *glucine* GlO, a été découvert par Vauquelin en 1797 dans l'*Émeraude* de Limoges, qui est un silicate d'aluminium et de glucinium. Le glucinium est difficile à préparer; ni le métal, ni ses composés n'ont d'application.

Le *cadmium* accompagne souvent le zinc dans ses minerais; il n'est connu que depuis 1817. Certains de ses composés ont de l'importance; nous en dirons quelques mots, après avoir étudié le zinc.

MAGNÉSIUM, Mg = 24.

113. **État naturel.** — Le chlorure de magnésium existe dans les eaux de la mer et se concentre dans les eaux mères, après le dépôt du sel marin. Combiné au chlorure de potassium, il forme la carnallite $MgCl^2KCl6H^2O$ des mines de sel gemme. Le carbonate de magnésium mélangé au carbonate de calcium forme la *dolomie*. Le sulfate se rencontre dans certaines eaux minérales (eaux de Sedlitz, d'Epsom), auxquelles il communique des propriétés purgatives. Enfin un grand nombre de silicates naturels renferment du magnésium.

114. **Préparations.** — Le magnésium a été préparé en décomposant le chlorure de magnésium par le sodium dans un creuset de fer

$$2K + MgCl^2 = 2KCl + Mg.$$

Aujourd'hui on électrolyse la carnallite fondue dans une atmosphère réductrice. L'anode est en charbon, il s'y dégage du chlore, le magnésium se dépose sur le vase en fonte où se fait l'opération et qui sert de cathode. Pour éviter l'oxydation du métal, qui à cette température prendrait feu à l'air, on opère dans une atmosphère de gaz d'éclairage.

115. **Propriétés.** — Le métal est blanc comme l'argent, très léger (D = 1,75). Il fond vers 635° et distille aux environs de 1000°. On peut le réduire en lames minces; mais, comme sa ténacité est très faible, on ne peut l'étirer en fils fins qu'en le comprimant fortement dans un moule en acier, chauffé à la température de fusion du métal et portant un trou par lequel le métal s'échappe et se solidifie aussitôt.

Inaltérable dans l'air sec, le magnésium s'oxyde rapidement dans l'air humide; aussi perd-il son éclat à l'air libre, en se recouvrant d'une mince couche d'hydrocarbonate. Chauffé à une de ses extrémités dans la flamme d'une bougie, un fil de magnésium s'enflamme et brûle avec une lumière éblouissante, utilisée en photographie, en produisant une matière neigeuse blanche, la magnésie. C'est un réducteur des plus énergiques : il décompose l'eau vers 100°, à température plus élevée, il brûle dans la vapeur d'eau. Il est susceptible de brûler dans CO et CO^2; il réduit les anhydrides borique et silicique.

116. **Chlorure de magnésium,** $MgCl^2$. — Le carbonate de magnésium se dissout dans l'acide chlorhydrique, et la dissolution

concentrée par la chaleur laisse déposer, après refroidissement, des cristaux déliquescents de l'hydrate :

$$MgCl^2 + 6H^2O.$$

On ne peut obtenir le chlorure anhydre en évaporant cette dissolution, car le chlorure se décompose partiellement en acide chlorhydrique que l'eau entraîne et en magnésie. Pour obtenir le chlorure anhydre qui sert à la préparation du magnésium, on ajoute à la dissolution de l'hydrate un excès de chlorhydrate d'ammoniaque; on peut évaporer à sec, car le chlorure double ainsi formé est plus stable. Après dessiccation, on projette la masse dans un creuset porté au rouge : le sel ammoniac se volatilise et le chlorure de magnésium fondu peut être coulé dans une capsule de platine, où il se prend en une masse cristalline. Ce chlorure anhydre doit être conservé dans des vases bien bouchés, car il attire rapidement l'humidité.

Le chlorure de magnésium existe dans les eaux de la mer et dans certaines sources salées, auxquelles il communique une saveur amère, caractéristique des sels de magnésium.

La *Carnallite*, $MgCl^2, KCl + 6H^2O$, forme des dépôts cristallisés dans les eaux mères des marais salants; on la trouve abondamment dans les mines de Stassfurt, où elle est exploitée comme source de chlorure de potassium.

117. **Magnésie**, MgO. — On prépare la magnésie en décomposant par la chaleur l'azotate de magnésium, le carbonate ou l'hydrocarbonate.

C'est une poudre blanche, très peu soluble dans l'eau, à laquelle elle communique une réaction alcaline : 5000 parties d'eau ne dissolvent qu'une partie de magnésie $D = 2,3$.

Elle ne fond qu'au four électrique.

Mise en contact avec l'eau, elle s'hydrate lentement, sans dégagement de chaleur sensible, pourvu qu'elle n'ait pas été trop fortement chauffée, et se transforme en hydrate $Mg(OH)^2$, que la chaleur décompose. On obtient ce même hydrate lorsqu'on verse une dissolution de potasse ou de soude dans la dissolution d'un sel de magnésium.

On l'obtient en octaèdres réguliers incolores, identiques aux cristaux naturels (*Périclase*), lorsqu'on fait passer des vapeurs d'acide chlorhydrique sur de la magnésie calcinée au rouge blanc (*Méthode générale de cristallisation des oxydes métalliques de H. Sainte-Claire Deville*).

Applications. — La magnésie *faiblement* calcinée, maintenue quelque temps sous l'eau, se transforme en une masse blanche compacte, d'une extrême dureté; elle a formé dans ces conditions l'hydrate $Mg(OH)^2$. On s'explique ainsi les avantages que l'on retire, dans les travaux hydrauliques, de l'emploi des dolomies faiblement calcinées pour la confection des mortiers et des ciments.

Infusible aux températures les plus élevées des feux de forge et irréductible par le charbon, même dans l'arc électrique, la magnésie peut servir à fabriquer des briques réfractaires.

Pour ces diverses applications, la magnésie, qui existe si abondamment dans l'eau de la mer à l'état de chlorure, doit être préparée économiquement. Le procédé suivant, dû à Schlœsing, satisfait à cette condition.

Une pâte de chaux grasse façonnée en *vermicelles* tombe dans une dissolution de chlorure de magnésium, retirée des marais salants. Chaque filament s'habille immédiatement d'une couche de magnésie qui lui donne de la consistance et l'empêche de se souder aux filaments voisins. Des phénomènes de diffusion s'établissent dans la masse, le chlorure de magnésium pénétrant à travers la couche externe poreuse, le chlorure de calcium passant en sens inverse. La chaux se trouve ainsi peu à peu éliminée et intégralement remplacée par de l'hydrate magnésien. Ainsi préparé, cet hydrate n'est pas gélatineux; calciné légèrement, il donne la magnésie.

118. **Sulfate de magnésium.** — Les eaux d'Epsom (Angleterre), de Sedlitz et de Pullna (Bohême) doivent leurs propriétés purgatives au sulfate de magnésium qu'elles renferment. L'évaporation de ces eaux fournit du sulfate de magnésium, que l'on purifie par cristallisation.

On retire également du sulfate de magnésium des eaux mères des marais salants. Enfin on prépare ce sel de magnésie en dissolvant dans l'acide sulfurique étendu le carbonate de magnésium naturel ou les dolomies. Le sulfate de calcium, peu soluble, peut être séparé facilement.

Le sulfate de magnésium cristallise à la température ordinaire avec $7H^2O$, avec $12H^2O$ au-dessous de 0° et $6H^2O$ à la température de 100°. Il ne peut être complètement déshydraté qu'au-dessus de 240°.

Le sulfate de magnésium forme, avec les sulfates de potassium et d'ammonium, des sulfates doubles :

$$SO^4Mg + SO^4K^2 + 6H^2O,$$
$$SO^4Mg + SO^4(AzH^4)^2 + 6H^2O,$$

peu solubles dans l'eau froide et offrant l'exemple le plus net de l'isomorphisme.

On connaît d'ailleurs toute une série de sulfates doubles isomorphes des deux précédents et dont les formules ne diffèrent des formules précédentes qu'en ce que le magnésium y est remplacé par un des métaux suivants Zn, Fe, Mn, Cr, Ni, Co appelés pour cette raison métaux magnésiens.

119. **Carbonates de magnésium.** — Le carbonate neutre de magnésium (*Giobertite*) existe en masses compactes, ou en cristaux rhomboédriques qui renferment presque toujours de la chaux. Le *Dolomie* est un carbonate double de calcium et de magnésium.

Le précipité gélatineux que l'on obtient en versant une dissolution d'un carbonate alcalin dans la dissolution d'un sel de magnésium n'est pas le carbonate neutre : c'est un mélange en proportions variables, suivant la température et le mode d'expérimentation, de carbonate neutre et d'hydrate (*hydrocarbonate*). Le précipité obtenu à la température de l'ébullition a sensiblement comme composition $3CO^3Mg + Mg(OH)^2$:

$$4SO^4Mg + 4CO^3Na^2 + H^2O$$
$$= 4SO^4Na^2 + CO^2 + [3CO^3Mg + Mg(OH)^2].$$

Desséché, ce précipité se transforme en une poudre blanche très légère (*magnésie blanche* des pharmaciens).

L'hydrocarbonate se dissout dans l'eau chargée d'acide carbonique et la dissolution, évaporée au bain-marie, laisse déposer le carbonate neutre cristallisé CO^3Mg.

120. **Phosphate ammoniaco-magnésien.** — Les phosphates de magnésium ne présentent aucun intérêt particulier. Mais lorsqu'on ajoute, à la dissolution concentrée et froide d'un *orthophosphate alcalin* additionné de chlorure d'ammonium, un sel magnésien, on obtient un précipité cristallin d'un sel double, le *phosphate ammoniaco-magnésien* $PO^4Mg(AzH^4)$, qui a une grande importance pour la caractérisation des sels de magnésium et la séparation, soit du magnésium, soit de l'acide phosphorique. La précipitation de ce sel est intégrale si la liqueur est additionnée d'ammoniaque. Si les liqueurs sont étendues, le précipité est lent à se former, et on accélère la précipitation en frottant une baguette de verre contre les parois du vase.

Calciné, le phosphate ammoniaco-magnésien laisse un résidu de pyrophosphate dont le poids servira à déterminer, soit le poids d'acide phosphorique, soit le poids de magnésium qui se trouvait dans la liqueur :

$$2PO^4Mg(AzH^4) = P^2O^7Mg^2 + 2AzH^3 + H^2O.$$

ZINC, Zn = 65.

121. Propriétés. — Le zinc est un métal blanc bleuâtre qui fond à 419° et bout à 930°. Sa densité varie de 6,86 (métal fondu) à 7,2 (métal martelé).

Lorsqu'il est pur, il peut être réduit en feuilles minces à la température ordinaire, mais le zinc impur du commerce est cassant et froid. On le lamine facilement à 150°; vers 200°, il redevient assez cassant pour qu'on puisse le pulvériser dans un mortier. Il ne peut être travaillé à la lime parce qu'il *graisse* l'outil.

Action de l'air. — L'oxygène et l'air secs sont sans action sur le zinc à la température ordinaire, mais, si on fond du zinc dans un creuset et si on le porte à sa température d'ébullition, ses vapeurs brûlent avec un vif éclat; l'oxyde de zinc ZnO formé est une poudre blanche très légère.

A l'air humide, à la température ordinaire, la surface du métal se ternit par suite de la formation d'une couche blanche de carbonate hydraté qui protège le reste du métal contre une oxydation ultérieure.

Action des acides. — Les acides chlorhydrique et sulfurique étendus attaquent vivement le zinc du commerce: de l'hydrogène se dégage, et le chlorure ou le sulfate de zinc restent dissous. Le métal pur n'est que très difficilement attaqué par ces acides lorsqu'on opère dans des vases de verre; mais l'introduction dans le liquide d'une petite quantité de la dissolution d'un sel métallique dont la métal peut être déplacé par le zinc (cuivre, platine, or) détermine une réaction très vive; le métal introduit reste inattaqué. (Voir en physique la théorie de la pile.)

Actions des bases alcalines. — Le zinc se dissout également, à l'ébullition, dans les dissolutions alcalines; il se dégage de l'hydrogène et il se produit une combinaison saline telle que ZnO^2K^2, dans laquelle l'oxyde de zinc ZnO joue le rôle d'acide anhydre.

Usages. — Le zinc sert à faire des couvertures de toit, les vases destinés à contenir de l'eau ne devant pas être employés aux usages culinaires, car les sels de zinc sont toxiques. On en fait des moulures. On l'utilise dans plusieurs piles.

Afin d'empêcher le fer de se rouiller on le recouvre d'une couche de zinc en le trempant après l'avoir bien décapé dans un bain de zinc fondu. On obtient ainsi le fer *galvanisé*.

Alliages du zinc. — Ses principaux alliages sont les laitons étudiés à propos du cuivre.

COMPOSÉS BINAIRES

122. **Chlorure**, $ZnCl^2$. — Le zinc se dissout à froid dans l'acide chlorhydrique, avec dégagement d'hydrogène. Si l'on évapore à sec cette dissolution, de façon à éliminer l'excès d'acide chlorhydrique, on obtient une masse sirupeuse de chlorure hydraté, qu'une température plus élevée déshydrate; le chlorure anhydre fond à 250° et se volatilise au rouge.

En délayant l'oxyde de zinc dans du chlorure de zinc liquide additionné d'une petite quantité de carbonate de sodium, on obtient une peinture blanche (peinture à l'oxychlorure de zinc) qui peut être appliquée directement sur le bois, le fer, la toile; cette peinture couvre autant que la peinture à l'huile et coûte moitié moins.

123. **Oxyde**, ZnO. — La calcination du carbonate de zinc naturel ou artificiel et de l'azotate de zinc fournit l'oxyde. On l'obtient également, en flocons très légers, en brûlant du zinc à l'air.

On effectue cette préparation dans l'industrie en chauffant le métal dans des cornues en terre disposées par paires dans des niches *cc* (fig. 23) chauffées par un foyer commun. On charge le métal par des ouvertures antérieures, et c'est également par ces ouvertures que s'échappe la vapeur de zinc, qui brûle au contact de l'air appelé de haut en bas par de larges tubes coniques *d'd'* qui aboutissent à un conduit commun en tôle *dd*. L'oxyde de zinc divisé est entraîné par le courant d'air dans de larges tubes inclinés et dans de grandes chambres tapissées de toile pelucheuse où il se condense.

L'oxyde de zinc est blanc à la température ordinaire; il jaunit quand on le chauffe, pour reprendre à froid sa couleur blanche. Chauffé avec du charbon, il est réduit; un courant rapide d'hydrogène le réduit également au rouge vif. Il n'est ni fusible, ni volatil.

L'oxyde de zinc se dissout facilement dans les acides lorsqu'il n'a pas été trop fortement calciné. On obtient l'hydrate $Zn(OH)^2$ en précipitant un sel de zinc par la potasse, la soude ou l'ammoniaque. Le précipité blanc, gélatineux, formé tout d'abord se dissout dans un excès d'alcali, et dans cette réaction l'oxyde de zinc peut être considéré comme jouant le rôle d'acide. C'est donc un oxyde indifférent.

L'oxyde de zinc ou *blanc de zinc*, délayé avec de l'huile siccative, forme une peinture blanche que l'on substitue avec avantage à la peinture au *blanc de plomb* ou *céruse* (227). Cette peinture en effet ne peut noircir par les émanations sulfhydriques, car le sulfure de zinc qui prendrait naissance est blanc.

L'hydrate $Zn(OH)^2$ est un précipité blanc, gélatineux, qui se

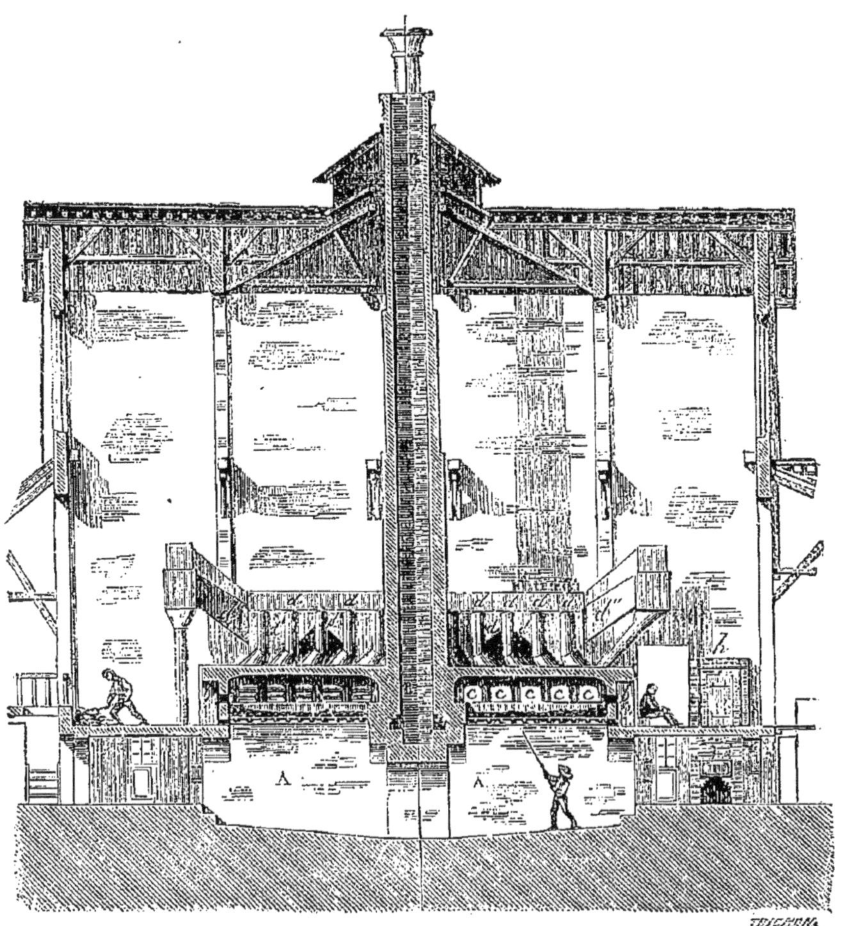

Fig. 25.

forme lorsqu'on mélange des dissolutions d'un sel de zinc et d'un alcali. Il est soluble dans un excès de potasse, de soude ou d'ammoniaque; soluble aussi dans les sels ammoniacaux.

124. **Sulfure,** ZnS. — Le sulfure de zinc se rencontre dans la la nature sous deux formes : la *Blende* et la *Wurtzite*.

La blende, de beaucoup plus importante que l'autre variété, est cristallisée dans le système cubique; c'est un minerai du zinc.

La wurtzite est en prismes hexagonaux; on l'obtient artificiellement quand on fait passer un courant lent d'hydrogène sur le sulfure amorphe chauffé au rouge vif (H. Sainte-Claire Deville et Troost).

Le sulfure de zinc amorphe s'obtient quand on ajoute un sulfure alcalin à la dissolution d'un sel de zinc; c'est le seul sulfure qui soit *blanc*; il est insoluble dans les sulfures alcalins. Il est facilement soluble dans les acides étendus; aussi la précipitation du sulfure est-elle incomplète quand on fait passer un courant d'hydrogène sulfuré dans une dissolution de sel de zinc; elle n'est complète que si l'acide du sel est un acide organique, comme l'acide acétique.

SELS DE ZINC OXYGÉNÉS

125. **Sulfate** (*couperose blanche, vitriol blanc*). — En évaporant le liquide acide résidu de la préparation de l'hydrogène par le zinc et l'acide sulfurique étendu, on obtient du sulfate de zinc cristallisé.

Lorsque la cristallisation a lieu à la température ordinaire, le sel a 7 molécules d'eau ($SO^4Zn + 7H^2O$); il est isomorphe du sel correspondant de magnésium. Les cristaux, qui sont des prismes rhomboïdaux incolores et transparents, s'effleurissent à l'air libre en se transformant en sel monohydraté. Il se déshydrate complètement à 200° et se décompose au rouge vif. 100 parties d'eau en dissolvent 161p,5 à 20° et 653p,5 à 100°.

Comme le sulfate de magnésium, il forme avec les sulfates de potassium et d'ammonium des sels doubles isomorphes :

$$SO^4Zn + SO^4K^2 + 6H^2O,$$
$$SO^4Zn + SO^4(AzH^4)^2 + 6H^2O.$$

126. **Carbonate**, CO^3Zn. — Le carbonate de zinc naturel (*Smithsonite*) est cristallisé en rhomboèdres, comme les carbonates de calcium (*Spath d'Islande*), de magnésium, de manganèse et de fer. C'est un minerai de zinc. On l'obtient cristallisé, comme le produit naturel, quand on chauffe en tube scellé la dissolution d'un sel de zinc avec un carbonate soluble; à la température ordinaire, on n'obtiendrait ainsi qu'un mélange de carbonate et d'hydrate de zinc en proportions variables, suivant les circonstances de la réaction (*hydrocarbonate*); mais si on fait digérer

ce précipité, avec du bicarbonate d'ammonium, il se transforme en un précipité blanc, grenu, de *carbonate hydraté* $2CO^3Zn + H^2O$. Le carbonate hydraté est soluble dans le carbonate d'ammonium.

127. **Métallurgie du zinc.** — Le zinc ne se trouve pas à l'état libre dans la nature; ses minerais principaux sont le sulfure ou *Blende* ZnS et le carbonate[1] ou *Smithsonite* CO^3Zn. Les principaux centres d'extraction se trouvent en Silésie, en Sardaigne, en Grèce, en Espagne.

La blende subit un grillage qui la transforme en oxyde; le carbonate est décomposé par la chaleur, et l'oxyde provenant de l'un ou de l'autre de ces traitements est réduit par le charbon; le zinc volatilisé vient se condenser dans des récipients refroidis.

Dans les usines de la Vieille-Montagne, en Belgique, la réduction de l'oxyde

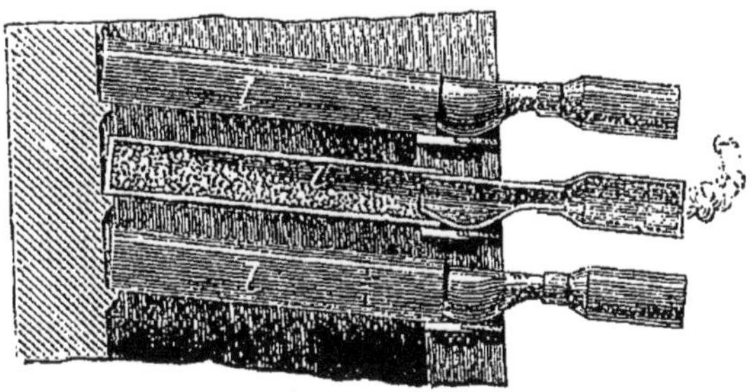

Fig. 24.

de zinc par le charbon s'effectue dans des cylindres en terre chauffés dans un four commun (fig. 24). A l'extrémité ouverte du cylindre de terre on adapte un tuyau de fonte et un cône en tôle, dans lesquels le zinc se condense.

CADMIUM, Cd = 111,6.

128. **Propriétés.** — Le cadmium est un métal blanc, très mou, très malléable. Sa densité est 8,6.

Il fond à 315° et bout à 830°.

129. **Principaux composés.** — Le seul *oxyde* de cadmium est un protoxyde CdO; il est jaune brun, réductible par l'hydrogène et par le charbon. L'hydrate $Cd(OH)^2$ est précipité par la potasse ou la soude des dissolutions de cadmium; il est blanc, gélatineux, insoluble dans un excès d'alcali.

Le *sulfure* CdS est d'un beau jaune (*jaune de cadmium*); on l'obtient en faisant passer un courant d'hydrogène sulfuré dans la dissolution d'un sel de cadmium; il est insoluble dans les sulfures alcalins. Le sulfure naturel de cadmium cristallisé (*Greenokite*) est isomorphe d'une des formes du sulfure de zinc.

1. Le carbonate de zinc naturel est généralement désigné sous le nom de *calamine*; la calamine des minéralogistes est un silicate de zinc hydraté qui accompagne presque toujours le carbonate dans ses gisements.

CHAPITRE IX

ALUMINIUM

130. Métaux du groupe de l'aluminium. — A côté de l'*aluminium* viennent se ranger deux métaux très rares, dont la découverte est relativement récente, le *gallium* et l'*indium*.

Tous trois n'ont, comme composé oxygéné, qu'un sesquioyde :

$$Al^2O^3, \quad Ga^2O^3, \quad In^2O^3.$$

On connaît un alun de gallium isomorphe de l'alun proprement dit : l'existence d'un alun d'indium est douteuse.

	Aluminium.	Gallium.	Indium.
Poids atomique p.	Al = 27	Ga = 69,9	In = 113,4
Chaleur spécifique c	0,214	0,080	0,057
pc	5,8	5,6	6,5

Le *gallium* a été découvert à l'aide du spectroscope par Lecoq de Boibaudran en 1876, dans la blende de Pierrefitte des Pyrénées. Il fond à 30° ; densité : 5,19.

Le sesquioxyde de gallium est, comme l'alumine, insoluble dans l'ammoniaque.

L'*indium*, découvert dans la blende de Freyberg par Reich et Richter en 1863, ressemble physiquement au zinc. Il fond à 176° ; densité : 7,42.

Le sesquioxyde d'indium est soluble dans l'ammoniaque et les carbonates ammoniacaux, ce qui le différencie de l'alumine.

Comme les métaux alcalins, le gallium et l'indium ont un spectre de bandes très simple :

	Couleur de la flamme.	Longueur d'onde des raies caractéristiques.
Gallium	violette	417
Indium.	bleu indigo	455

ALUMINIUM, Al = 27.

131. L'aluminium existe dans la nature à l'état d'oxyde ou de combinaisons de cet oxyde avec la silice ; l'argile par exemple est un silicate d'aluminium (145). Citons également la cryolite, fluorure d'aluminium et de sodium, $AlF^3 3NaF$, très répandu au

Groenland, et la bauxite $Al^2O^3 2H^2O$ dont il existe d'importants gisements en Provence.

132. **Propriétés**. — L'aluminium est un métal d'un blanc bleuâtre, susceptible d'un beau poli. C'est le plus léger des métaux usuels : sa densité n'est en effet que 2,56, ce qui est à peu près la densité du verre. On peut le réduire en feuilles minces comme l'or et l'argent et l'étirer en fils fins : il est sonore comme le cristal.

Il est bon conducteur de l'électricité et de la chaleur. Il se solidifie lentement, et la masse fondue épouse très bien les détails d'un moule.

Il fond à une température comprise entre celle du zinc et celle de l'argent (650°) et n'est volatil qu'au four électrique.

La résistance de l'aluminium à nombre d'actions chimiques est plus apparente que réelle : l'attaque a lieu le plus souvent ; mais elle s'arrête presque aussitôt parce qu'elle donne naissance à des produits qui restent adhérents au métal et le préservent contre une attaque ultérieure.

Action de l'air. — C'est pour cette raison que l'aluminium est pratiquement inaltérable à l'air ; il y a pourtant un commencement d'attaque puisque le métal poli prend petit à petit une teinte d'un bleu gris peu agréable à l'œil. Vers 1000° l'action de l'oxygène est rapide, l'aluminium se délite et s'oxyde avec une vive incandescence en se transformant en alumine si l'oxygène est en excès.

Le chlore, le brome et l'iode attaquent l'aluminium avec énergie en formant les composés $AlCl^3$, $AlBr^3$, AlI^3.

Pratiquement l'eau n'attaque pas l'aluminium, probablement parce qu'il se fait de l'alumine qui reste sur le métal et arrête immédiatement l'action.

Action des acides. — L'acide sulfurique étendu a peu d'action à froid sur l'aluminium : mais l'attaque devient rapide si l'on touche l'aluminium avec un métal étranger ou si l'on introduit dans la liqueur un sel d'un métal, tel que le cuivre ou le platine, qui peut être déplacé par l'aluminium.

L'acide azotique attaque lentement l'aluminium à chaud.

L'acide chlorhydrique gazeux ou dissous réagit très vivement ; il se dégage de l'hydrogène, et du chlorure d'aluminium prend naissance. Les acides faibles et les acides organiques attaquent lentement ce métal ; mais, comme les composés de l'aluminium ne sont pas toxiques, cette attaque n'est pas un obstacle à l'emploi de l'aluminium dans l'économie domestique.

Les dissolutions alcalines dissolvent bien l'aluminium, avec dégagement d'hydrogène; l'alumine formée reste combinée à l'alcali.

Propriétés réductrices. — L'aluminium en poudre est un réducteur des plus puissants ; il réduit facilement un très grand nombre d'oxydes métalliques en donnant tantôt le métal pur, tantôt un alliage du métal avec l'aluminium. En utilisant cette propriété, Goldschmidt a pu obtenir le manganèse et surtout le chrome purs beaucoup plus simplement que par les procédés employés auparavant.

On mélange l'oxyde à réduire avec de la poudre d'aluminium dans un creuset. Puis on met le feu à ce mélange à l'aide d'un ruban de magnésium autour duquel on a agglutiné de la poudre d'aluminium et du bioxyde de baryum. La réaction est extrêmement vive, on obtient les mêmes températures qu'au four électrique, le métal fond et se retrouve au bas du creuset. Quant à l'aluminium, il est passé à l'état d'alumine Al^2O^3 qui elle-même a été fondue.

133. **Applications.** — On a employé l'aluminium à la fabrication d'objets de luxe remarquables par leur extrême légèreté : pièces d'orfèvrerie, bijoux, montures de lorgnettes, capsules, timbales, timbres sonores, etc. Mais sa couleur et son altérabilité ne lui permettent pas de rivaliser avec les métaux précieux. Ce métal peut rendre cependant de grands services, grâce à sa légèreté et à l'ensemble de ses propriétés physiques, qui le rapprochent des métaux du groupe du fer. Les applications tendent à se développer de jour en jour, au fur et à mesure que son prix de revient s'abaisse. Ses propriétés réductrices sont utilisées dans diverses métallurgies (fabrication du chrome, du manganèse, etc.).

134. **Alliages.** — On prépare des alliages de cuivre et d'aluminium (*bronzes d'aluminium*) dont la teneur en aluminium varie de 14 à 20 pour 100. En fondant le produit brut avec une quantité convenable de cuivre, on a des bronzes moins chargés d'aluminium.

Le bronze à 10 pour 100 est susceptible d'un beau poli, très ductile, très dur.

La bronze à 5 pour 100, fondu avec une petite quantité de plomb, donne un alliage propre à la fabrication de coussinets pour les arbres en acier dur marchant à grande vitesse.

En ajoutant du zinc au bronze, on fait des *laitons d'aluminium* : l'alliage contenant 63 pour 100 de cuivre, 33,7 de zinc et 3,3 d'aluminium se forge et se moule facilement ; il est léger et résiste mieux aux agents atmosphériques que le laiton ordinaire.

Parties égales de zinc et de bronze à 2,5 pour 100 d'aluminium forment un laiton très malléable à chaud, se moulant parfaitement (*métal Hercule*).

L'addition de nickel au bronze permet d'obtenir des alliages blancs, très durs, résistant aux agents atmosphériques et inattaqués par les liquides de l'organisme.

Les *ferro-aluminiums* ont trouvé leur application dans la fabrication de l'acier. Il suffit d'ajouter du ferro-aluminium en quantité telle, que l'addition d'aluminium ne dépasse pas 0,001 pour abaisser le point de fusion de l'acier ; le métal est très malléable et donne des moulages sans soufflures.

COMPOSÉS BINAIRES

CHLORURE D'ALUMINIUM, $AlCl^3$.

135. **Préparations.** — 1° Le chlore seul ne réagit pas sur l'alumine ; mais si l'on fait agir ce gaz, à la température du rouge, sur un mélange intime d'alumine et de charbon, ce dernier s'empare de l'oxygène pour former de l'oxyde de carbone, et du chlorure d'aluminium se volatilise

$$Al^2O^3 + 3C + 6Cl = 2AlCl^3 + 3CO.$$

On mélange intimement 10 parties d'alumine calcinée et 4 parties de noir de fumée, et avec un peu d'huile on fait une pâte consistante que l'on façonne en boulettes. On calcine celles-ci dans un creuset de terre fermé, sous une couche de charbon de bois et on les introduit, après refroidissement, dans une cornue en grès tubulée, placée dans un fourneau à réverbère. On fixe au col de la cornue, au moyen d'un lut, une allonge ou la douille d'un large entonnoir dans l'ouverture duquel s'adapte une cloche à douille bien sèche. On fait arriver par la tubulure de la cornue un courant de chlore sec, on porte lentement la cornue au rouge vif, et le chlorure d'aluminium vient se condenser dans l'allonge ou dans la cloche. Le chlorure doit être introduit rapidement dans des flacons bien secs.

2° On arrive plus facilement au chlorure d'aluminium en faisant passer du chlore sur de l'aluminium chauffé.

136. **Propriétés.** — Lamelles hexagonales, déliquescentes, fumant au contact de l'air ; presque toujours colorées en jaune par des traces de fer. La température d'ébullition est peu supérieure à la température de fusion (180° environ)[1].

1. La densité de vapeur prise à 350° est 9,35 et correspond à la formule molé-

L'eau dissout rapidement le chlorure d'aluminium, avec lequel elle forme un hydrate $Al\,Cl^3 + 6\,H^2O$. Lorsqu'on évapore à sec la dissolution, il se dégage de l'acide chlorhydrique et le résidu sec est du chlorure anhydre mélangé d'alumine.

FLUORURE D'ALUMINIUM, $Al\,F^3$.

157. L'alumine calcinée se dissout dans l'acide fluorhydrique; la dissolution est évaporée à sec et le produit solide, chauffé dans un tube en charbon, dans un courant d'hydrogène, se sublime en cubes incolores, insolubles dans l'eau et inattaquables par l'acide sulfurique.

158. **Fluorure double d'aluminium et de sodium** (*Cryolithe*), $Al\,F^3, 3\,NaF$. — La cryolithe, dont un gisement très important existe au Groenland, est insoluble dans l'eau. L'acide sulfurique l'attaque comme la plupart des fluorures métalliques, en dégageant de l'acide fluorhydrique; chauffée, en poudre fine, avec un lait de chaux, elle donne du fluorure de calcium insoluble et un aluminate de sodium soluble, puis un excès de soude.

Très fusible, elle est employée soit comme fondant, soit comme minerai dans la métallurgie de l'aluminium.

ALUMINE, Al^2O^3.

159. **État naturel.** — L'alumine naturelle pure et cristallisée est rare; elle est le plus souvent souillée par de petites quantités d'oxydes étrangers qui lui communiquent des colorations diverses.

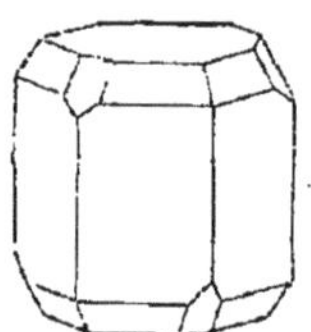

Fig. 25.

Les cristaux appartiennent au système rhomboédrique (fig. 25); la dureté de cette matière, qui n'est surpassée que par celle du

culaire Al^2Cl^6; à partir de 400°, elle diminue et tend vers la valeur 4,54 entre 800 et 1000°. La formule moléculaire de la vapeur du chlorure d'aluminium aux températures élevées serait donc $Al\,Cl^3$ qui définirait l'aluminium comme un élément trivalent.

diamant, et son éclat, la font employer en bijouterie, elle peut être colorée par de petites quantités d'autres matières et forme autant de pierres précieuses dont voici les noms et les couleurs :

Corindon	Incolore.
Rubis oriental	Rouge.
Topaze orientale	Jaune.
Saphir oriental	Bleu.
Améthyste orientale	Violet.
Émeraude orientale	Vert

L'*émeri* est de l'alumine cristallisée pulvérulente, mélangée d'oxyde de fer. Enfin on trouve diverses combinaisons d'alumine et d'eau, par exemple la *bauxite* du village de Baux, près de Tarascon, qui est de l'alumine hydratée presque pure Al^2O^3, $2H^2O$.

140. **Préparation.** — 1° *Alumine anhydre.* — On l'obtient pure en décomposant par la chaleur un sulfate double d'aluminium et d'ammonium, l'*alun ammoniacal* $(SO^4)^3 Al^2 + SO^4 (AzH^4)^2 + 24 H^2O$ (144) ; ce corps perd de l'eau et de l'ammoniaque à une température peu élevée et de l'acide sulfurique au rouge vif. Il reste de l'alumine.

2° Ce procédé de préparation serait trop coûteux, et dans l'industrie de l'aluminium on extrait l'alumine de la bauxite.

On chauffe celle-ci sur la sole d'un four à réverbère avec du carbonate de sodium et, en reprenant par l'eau, on dissout un aluminate $3Na^2O, 2Al^2O^3$, qui ne contient plus trace de fer, car l'oxyde de fer ne forme pas de combinaison soluble avec des alcalis. On précipite l'alumine gélatineuse par un courant de gaz carbonique, ou mieux en agitant la dissolution de l'aluminate avec une petite quantité du précipité cristallin contenant l'hydrate $Al(OH)^3$ obtenu en faisant passer un courant de gaz carbonique dans une fraction de la liqueur. En effet, si à une dissolution d'un aluminate de potassium ou de sodium on ajoute des cristaux d'alumine hydratée cristallisée, ceux-ci détermineront la décomposition du sel alcalin, comme le ferait un cristal en présence de sa solution sursaturée et, en agitant de façon à mettre les cristaux en contact intime avec le liquide, on déterminera la décomposition presque totale de l'aluminate. C'est sur cette réaction qu'est fondé le procédé actuellement employé dans l'industrie pour préparer l'alumine à l'aide de la bauxite. L'alumine est lavée, séchée et calcinée.

3° *Alumine hydratée.* — Dans les laboratoires, on prépare l'alumine hydratée pure en versant dans une dissolution de sulfate d'aluminium ou d'alun du carbonate de sodium, de l'ammoniaque, ou mieux du carbonate d'ammonium.

4° *Alumine cristallisée.* — On a obtenu l'alumine cristallisée comme le corindon naturel de diverses façons, par exemple, en chauffant l'oxyde amorphe dans un courant de vapeurs d'acide fluorhydrique; si l'alumine renferme des traces de sesquioxyde de chrome, elle est colorée en rouge comme le rubis.

141. **Propriétés.** — *L'alumine anhydre* est une poudre blanche, insoluble dans l'eau. Elle fond au chalumeau oxhydrique vers 2000°. Les acides l'attaquent difficilement lorsqu'elle a été fortement calcinée, mais elle se dissout dans les alcalis fondus.

L'alumine hydratée constitue un précipité blanc, gélatineux, lorsqu'elle a été obtenue par précipitation d'un sel d'aluminium par un alcali ou un carbonate alcalin; elle est cristallisée et sa composition est celle d'un produit naturel la *gibbsite* $Al(OH)^3$, lorsqu'elle résulte de la décomposition par l'eau d'un aluminate alcalin.

L'alumine hydratée est très fortement soluble dans les acides et dans les solutions alcalines. Cet hydrate est à la fois une base en présence des acides et un acide en présence des bases.

Ainsi, si l'on verse dans du sulfate d'aluminium une dissolution de soude, le précipité d'alumine hydratée formé tout d'abord disparaît quand on ajoute un excès d'alcali. Il se forme dans ces conditions des *aluminates*[1].

Laques. — L'alumine hydratée gélatineuse fixe d'une manière remarquable un grand nombre de matières colorantes, avec lesquelles elle forme des produits insolubles connus sous le nom de *laques*. Portons, par exemple, à l'ébullition une dissolution de cochenille dans le carbonate de sodium, et versons dans la liqueur du sulfate d'aluminium ou de l'alun dissous : l'alumine précipitée est colorée en rose et le liquide filtré est incolore.

Ces laques sont utilisées dans la peinture et l'impression des papiers de tenture. Elles interviennent quand on emploie en teinture divers composés de l'aluminium.

Mordançage. — C'est ainsi que le coton trempé dans un bain de cochenille bouillante ne se teint pas : un simple lavage à l'eau lui restitue sa teinte blanche primitive. Si le coton a été préalablement imbibé d'acétate d'aluminium, il se teint en violet. Sous l'action de l'eau bouillante, l'acétate d'aluminium a donné de l'acide acétique qui s'est vaporisé et de l'alumine qui, tenant à la fois au coton et à la couleur, leur a servi de trait d'union. La substance capable de fournir un tel trait d'union est appelée *un mordant*, et l'on dit ici que le coton a été mordancé à l'acétate d'aluminium.

1. L'alumine forme, par voie sèche, avec un grand nombre d'oxydes métalliques, des combinaisons bien définies. Parmi ces *aluminates*, les plus intéressants sont les *spinelles*, dont le type est un minéral, le *Rubis spinelle*,

$$Al^2O^3MgO, \quad \text{ou} \quad Al^2O^4Mg$$

cristallisé comme l'oxyde de fer magnétique Fe^3O^4.

Au creuset d'argent, KOH et Al^2O^3 donnent $Al^2O^4K^2 5H^2O$.

142. **Sulfate d'aluminium** $Al^2(SO^4)^3 18 H^2O$. — 1° On obtient du sulfate d'aluminium très pur en dissolvant dans l'acide sulfurique l'alumine gélatineuse provenant de la décomposition de l'aluminate de sodium préparé à l'aide de la bauxite (139).

2° Le plus souvent on attaque par l'acide sulfurique des argiles aussi peu ferrugineuses que possible, du kaolin par exemple. On calcine l'argile finement pulvérisée sur la sole d'un four à réverbère, de façon à peroxyder le fer qu'elle renferme et à rendre celui-ci peu soluble dans l'acide sulfurique. L'argile est ensuite attaquée par l'acide sulfurique dans des chaudières en fonte plombée, chauffées à 150°; puis on laisse reposer, on sépare le liquide clair de la silice et de l'argile en excès qui se sont déposées et on l'évapore jusqu'à ce qu'il se prenne par le refroidissement en une masse cristalline.

Pour avoir ce sulfate d'aluminium absolument exempt de fer, on ajoute à la dissolution du sel un peu de ferrocyanure de potassium qui précipite le fer à l'état de bleu de Prusse, on laisse reposer et on décante.

Le sel ainsi préparé $(SO^4)^3 Al^2 + 18 H^2O$ est très soluble dans l'eau, à laquelle il communique une réaction acide au tournesol.

On l'emploie pour le collage des papiers et la fabrication des aluns.

ALUNS

143. **Alun proprement dit ou alun de potassium.** — L'alun proprement dit est un sulfate double d'aluminium et de potassium cristallisant dans le système cubique, avec 24 molécules d'eau;

$$SO^4 K^2 + (SO^4)^3 Al^2 + 24 H^2O.$$

1° On l'obtient facilement en mélangeant deux dissolutions concentrées et chaude, l'une de sulfate d'aluminium, l'autre de sulfate de potassium. On utilise notamment le sulfate d'aluminium obtenu en partant de la bauxite. L'alun cristallise par le refroidissement en octaèdres réguliers.

2° L'alun dit *alun de Rome* était préparé industriellement à l'aide d'un minéral, l'*alunite*, que l'on trouve abondamment à la Tofa, dans la campagne de Rome. La formule de l'*alunite* $3(SO^4)O^2Al^2 + SO^4K^2 + 6 H^2O$ ne diffère de celle de l'alun que parce qu'elle renferme plus d'alumine; or, l'alunite est insoluble dans l'eau, mais, si l'on la calcine légèrement et si on reprend par l'eau bouillante, celle-ci dissout l'alun et il reste un précipité d'alumine insoluble. La dissolution *neutre* ainsi obtenue cristallise en cubes.

3° On prépare en France de grandes quantités d'alun en grillant des schistes pyriteux ou en les laissant s'oxyder lentement à l'air humide. Il se forme du sulfate de fer et du sulfate d'aluminium; en reprenant par l'eau, on dissout les sulfates de fer et d'aluminium et, par une évaporation convenable, on fait cristalliser le sulfate de fer, moins soluble que le sulfate d'aluminium. Si l'on ajoute dans l'eau mère du sulfate de potassium, l'alun, peu soluble à froid, se précipite.

L'alun cristallise en octaèdres réguliers ou en cubes[1] transparents et légèrement rosés (*alun de Rome*), qui peuvent acquérir de très grandes dimensions; ces cristaux s'effleurissent superficiellement à l'air libre. Il est beaucoup moins soluble à froid qu'à chaud : 100 parties d'eau dissolvent 3,3 parties de sel à 0° et 357,5 parties à 100°.

Chauffé, il fond vers 100° dans son eau de cristallisation, puis perd ses 24 molécules d'eau et redevient alors solide. En opérant dans un creuset, on voit l'alun se boursoufler considérablement; après l'évaporation de l'eau, il reste une masse poreuse, très fragile, d'*alun calciné*. Cet alun calciné se dissout lentement dans l'eau en s'hydratant. Au rouge, le sulfate d'aluminium est décomposé et il reste de l'alumine mélangée de sulfate de potassium.

Alun d'ammoniaque. — En versant une dissolution concentrée de sulfate d'ammonium dans une dissolution chaude de sulfate d'aluminium, on obtient, par le refroidissement, des cristaux géométriquement identiques aux précédents et qui constituent l'alun d'ammonium, $SO^4(AzH^4)^2 + (SO^4)^3Al^2 + 24H^2O$.

Usages de l'alun. — L'alun a de nombreuses applications : il sert à mordancer toutes les fibres; c'est un bon agent de conservation des matières animales ou végétales; il rend les peaux imputrescibles. Il durcit le plâtre (99), la gélatine (propriété utilisée en photographie). La médecine l'emploie comme astringent, caustique et antiseptique.

144. **Aluns.** — Le sulfate de potassium ou le sulfate d'ammonium se combinent également aux sulfates de sesquioxyde de fer,

1. L'alun cristallise en *octaèdres réguliers* dans un milieu acide; il cristallise en *cubes* dans un milieu neutre ou légèrement alcalin. On obtiendra donc à volonté des cristaux octaédriques ou des cristaux cubiques en rendant la dissolution acide ou alcaline.

de chrome ou de gallium pour former des sels doubles cristallisant en octaèdres réguliers et renfermant le même nombre de molécules d'eau de cristallisation. On désigne ces sulfates doubles sous le nom d'*aluns*[1]. On peut, sans que la forme cristalline soit changée, remplacer le potassium par le rubidium, le césium, le thallium ou l'argent.

Ces aluns ont pour formule générale :

$$SO^4M^2,X^2(SO^4)^3 + 24H^2O.$$

M représentant un des symboles suivants :

$$K, AzH^4, Rb, Cs, Tl, Ag;$$

X représentant les symboles :

$$Al, Fe, Cr, Ga.$$

Le soufre pourrait d'ailleurs être remplacé par du sélénium.

Les aluns des métaux alcalins sont incolores.

L'alun de chrome est violet.

L'alun de fer est légèrement rosé.

Les divers aluns ont des formes cristallines extrêmement voisines, et ils sont susceptibles de syncristalliser en toutes proportions.

On a cru un certain temps que les corps ayant en commun ces deux propriétés offraient toujours de très grandes analogies chimiques. Il se trouve que c'est en effet le cas des divers aluns, aussi les aluns offrent-ils un des exemples les plus nets de ce qu'on appelle l'isomorphisme[2].

Il est facile de mettre en évidence la syncristallisation en proportions variables de deux aluns. Choisissons par exemple l'alun ordinaire dont les cristaux sont incolores et l'alun de chrome dont les cristaux sont violet foncé. L'évaporation d'une solution mixte ne fournit pas deux espèces de cristaux dont les uns sont incolores et les autres violets. Elle fournit des cristaux renfermant

1. On connaît aussi un sulfate double de sodium et d'aluminium (*alun de sodium* $SO^4Na^2+(SO^4)^3Al^2+24H^2O$), mais ce sel se distingue des précédents par a grande solubilité. Aussi ne peut-on l'obtenir sous la forme d'un précipité cristallin lorsque l'on mélange des dissolutions de sulfate d'aluminium et du sulfate alcalin.

2. Ch. générale. Métalloïdes.

à la fois des deux corps et l'on peut obtenir de tels cristaux avec des proportions quelconques de ces deux corps.

On peut aussi faire grossir un cristal d'alun de chrome en l'immergeant dans une dissolution d'alun ordinaire ; il continue à croître comme s'il était resté dans sa propre solution. On obtient ainsi un octaèdre incolore avec un noyau violet octaédrique.

Phosphates d'alumine. — Les sels d'aluminium additionnés d'une solution de phosphate de sodium fournissent un précipité blanc gélatineux $Al^2(PO^4)^2$ insoluble dans l'acide acétique.

L'amblygoriste est un phosphate double d'aluminium et de lithium utilisé pour la préparation du lithium.

SILICATES D'ALUMINIUM

145. **Feldspaths. — Argile.** — Les silicates d'aluminium et les silicates doubles d'aluminium et d'un métal alcalin ou alcalino-terreux sont très abondants dans la nature.

Les *feldspaths* sont des minéraux qui, associés au quartz et au mica, forment les roches granitiques ; au point de vue chimique ce sont des silicates doubles d'aluminium et de potassium ou de sodium, pouvant renfermer aussi du calcium et du magnésium[1].

Parmi les silicates d'aluminium, les plus importants sont les silicates d'aluminium hydratés, connus sous le nom d'argiles.

On appelle argile une roche très tendre, d'apparence terreuse, d'un toucher doux et savonneux, qui, placée sur la langue, s'y colle assez fortement. On en connaît de plus ou moins pures ; une des variétés les plus pures est le kaolin.

Les argiles, le kaolin, ou terre à porcelaine, proviennent de la décomposition des feldspaths.

Les feldspaths, altérés par l'eau, se dédoublent en silicate alcalin qu'entraîne le dissolvant, et en une matière argileuse, amorphe, blanche, qui est le *kaolin* (kaolin de Saint-Yrieix). Cette matière est l'argile pure[2], après toutefois qu'elle a été débarrassée du feldspath inaltéré qu'elle peut renfermer. Pour cela, on la réduit en poudre fine et on la jette dans l'eau. Le feldspath tombe rapidement au fond, l'argile au contraire très

1. Le *feldspath orthose* renferme principalement du potassium ($K^2O, Al^2O^3, 6SiO^2$) ; le *feldspath albite* renferme surtout du sodium.

2. Sa composition peut être représentée par la formule

$$2Al^2O^3, 3SiO^2 + 2H^2O.$$

entement. On peut donc les séparer; ce traitement s'appelle *lévigation*.

On désigne d'ailleurs sous le nom de *kaolins* des argiles de provenances très différentes qui proviennent de la désagrégation de certaines roches, telles que les porphyres ou les trachytes, et qui restent, même après lévigation, mélangées encore de quartz.

On trouve dans la nature un grand nombre de matières argileuses qui ne sont que des mélanges d'argile pure et de sable quartzeux, d'oxyde de fer, de carbonate de calcium.

Les argiles les plus pures sont *plastiques* (*argiles grasses*), c'est-à-dire qu'elles forment avec l'eau des pâtes liantes faciles à pétrir et à façonner sous toutes les formes (147). Mais, lorsque l'argile est fortement souillée de matières étrangères, elle n'est plus plastique (*argiles maigres*).

L'argile, lorsqu'elle est pure, ou lorsqu'elle n'est mélangée que d'une petite quantité de silice, est infusible aux températures les plus élevées de nos fourneaux (*argiles réfractaires*); mélangée avec de la silice, des oxydes de fer et du calcaire, elle devient fusible,

On nomme *terres à foulon* certaines argiles qui, frottées avec du drap humide, fixent les matières grasses qui imprègnent l'étoffe.

146. **Préparation électrique de l'aluminium.** — L'electrométallurgie, et en particulier celle de l'aluminium, a fait de tels progrès dans ces dernières années, que la majeure partie de l'aluminium livré au commerce est préparée par voie électrique. Le prix du métal a baissé, de ce chef, dans des proportions énormes[1].

Plusieurs procédés sont utilisés. Les différences qu'ils présentent ne sont pas toutes d'ordre chimique et, quoique d'une très grande importance pratique, ne rentrent pas dans le cadre de cet ouvrage. Remarquons en outre que les inventeurs se sont efforcés de tenir leurs procédés secrets, du moins dans ce qu'ils ont d'essentiel.

En principe, on électrolyse du fluorure d'aluminium et on entretient le bain par des additions convenables d'alumine et de fluorure d'aluminium; on donne de la fusibilité au bain en ajoutant d'autres fluorures.

Dans le procédé *Héroult*, utilisé à La Praz (Savoie) et à Neuhausen (Suisse), la chaleur nécessaire pour maintenir le bain en fusion est fournie par le courant lui-même. L'anode est en charbon; la cathode métallique traverse le fond du vase en fer dans lequel on opère, mais dont elle est isolée électriquement

1. Le prix du premier kilogramme d'aluminium préparé par Deville en 1854 s'élevait à environ 3000 francs; il était encore, en 1865, à 140 francs. Dès 1890, époque où la méthode électrique a été appliquée industriellement, le prix s'est abaissé à 20 francs; il était, en 1898, de 2 fr. 75.

(fig. 26). Le bain est formé de cryolithe (fluorure d'aluminium et de sodium, minéral abondant au Groenland); on l'alimente avec de l'alumine. Pendant l'opé-

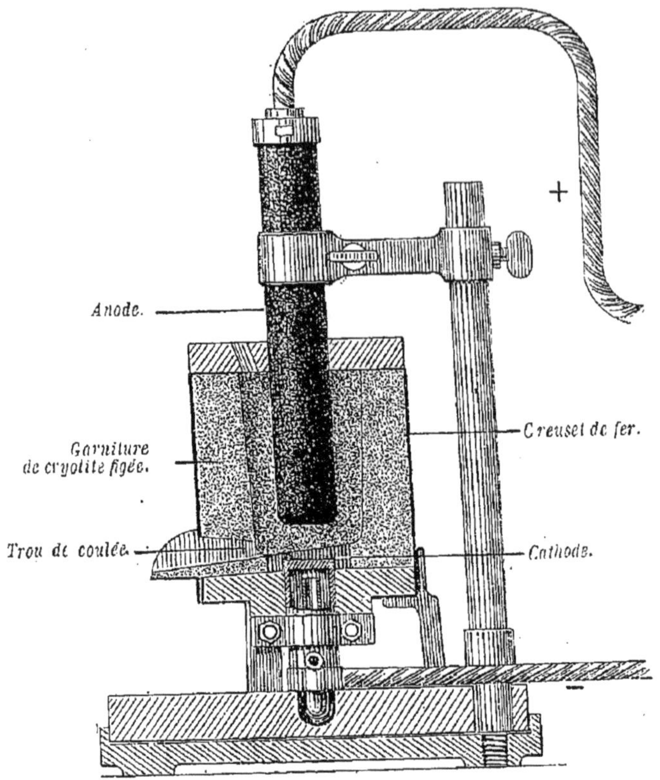

Fig. 26.

ration, la portion de la cryolithe qui est au contact immédiat du fer reste solide, refroidie qu'elle est par l'air extérieur, et protège le creuset.

On peut obtenir des alliages en introduisant dans les appareils précédents du cuivre, du fer, etc.

CHAPITRE X

POTERIES — VERRES

POTERIES

147. Les *poteries* sont des objets fabriqués avec des matières clastiques dans lesquelles l'argile domine, et qui, après une cuis-

Fig. 27.

son convenable, acquièrent de la consistance. On peut partager les poteries en deux groupes :

1° Poteries dont la pâte s'est ramollie par la cuisson et, par suite, est devenue compacte : *porcelaines*, *grès cérames* ;

2° Poteries dont la pâte est restée poreuse après la cuisson : *faïences*, *terres cuites*, *briques*, *tuiles*, etc.

148. Porcelaine. — L'argile dont on se sert pour la fabrication des porcelaines est le *kaolin* pulvérisé. L'argile pure est

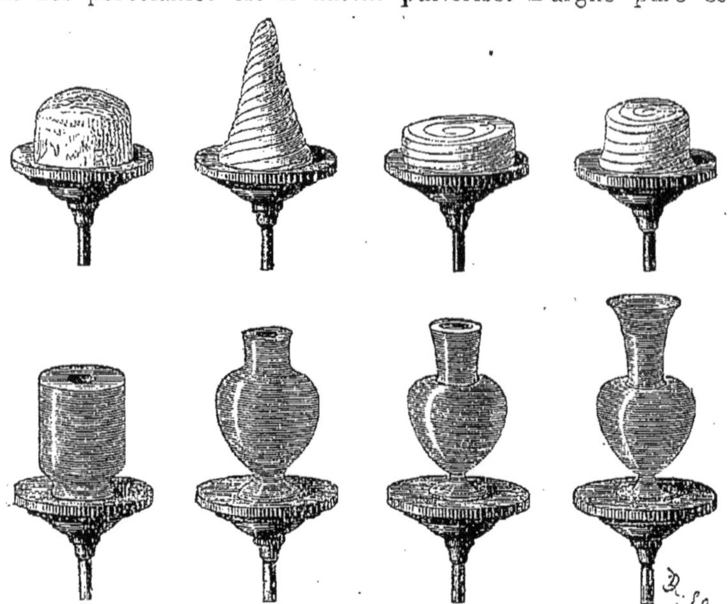

Fig. 28.

plastique et forme une pâte facile à travailler, durcissant quand on la cuit ; seulement elle subit par la cuisson un retrait consi-

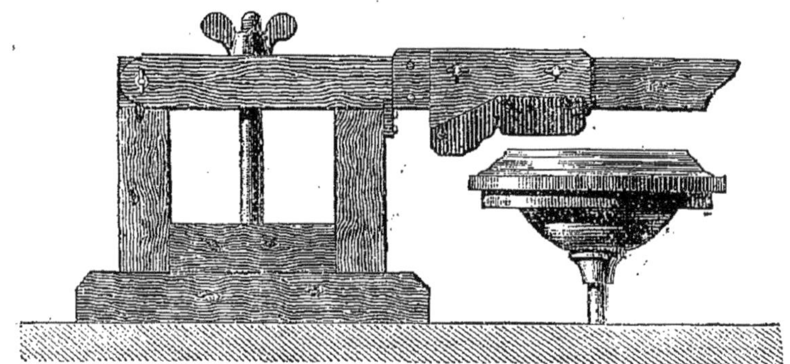

Fig. 29.

dérable qui déforme les objets. Afin d'éviter cet inconvénient, on mélange l'argile avec des matières ne subissant pas le retrait ; comme elles diminuent un peu la plasticité, que la pâte les renfermant est plus sèche, on les appelle des matières *dégraissantes*.

Le kaolin de Saint-Yrieix, près Limoges, dont on se sert à la

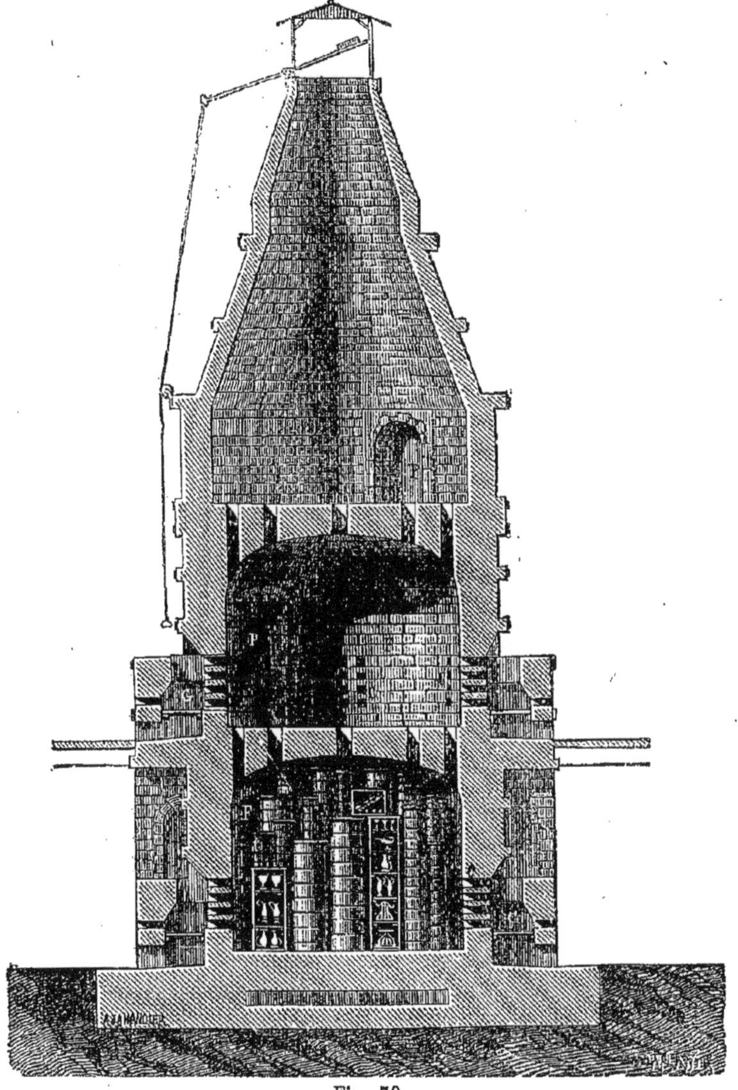

Fig. 30.

manufacture de Sèvres, est mélangé, à cet effet, de craie, de sable quartzeux très pur et de feldspath; le tout est réduit en poudre fine, trituré et amené, par une addition convenable d'eau, à l'état d'une pâte qui doit être *malaxée* longuement pour rendre la masse plus homogène.

La confection des pièces s'effectue sur le *tour du potier*, par *moulage* ou par *coulage*.

Le tour du potier (fig. 27) se compose d'une tige verticale aux deux extrémités de laquelle sont implantés par leur centre deux disques en bois; l'ouvrier imprime, à l'aide du pied, un mouvement de rotation au disque inférieur; c'est sur le disque supérieur, plus petit, que l'on place la pâte. En comprimant celle-ci avec les mains, placées extérieurement, puis intérieurement et extérieurement, suivant la forme que l'on veut donner à l'objet, l'ouvrier la pétrit de nouveau et lui donne la forme approchée de l'objet : c'est l'*ébauchage* (fig. 28).

Après une dessiccation partielle, un second ouvrier reprend cette pièce et procède au *tournassage*, c'est-à-dire qu'à l'aide d'instruments tranchants il la travaille comme le fait un tourneur en bois et lui donne une forme définitive conforme au modèle exact qu'il a sous les yeux.

Pour procéder par *moulage*, on confectionne tout d'abord, à l'aide d'un rouleau, une feuille, ou *croûte*, que l'on applique à l'aide d'une éponge mouillée sur un moule en plâtre ou toute autre matière poreuse, présentant en relief les saillies que doit porter l'objet. C'est par un procédé analogue que l'on fabrique les assiettes. L'ouvrier applique sur un moule présentant en saillie les détails de l'intérieur de l'assiette une croûte d'épaisseur convenable, lui fait épouser la forme du moule en la comprimant à l'aide d'une éponge mouillée, puis, imprimant au tour un mouvement de rotation, abaisse un *calibre* (fig. 29) dont le tranchant enlève tout ce qui dépasse l'épaisseur de l'assiette.

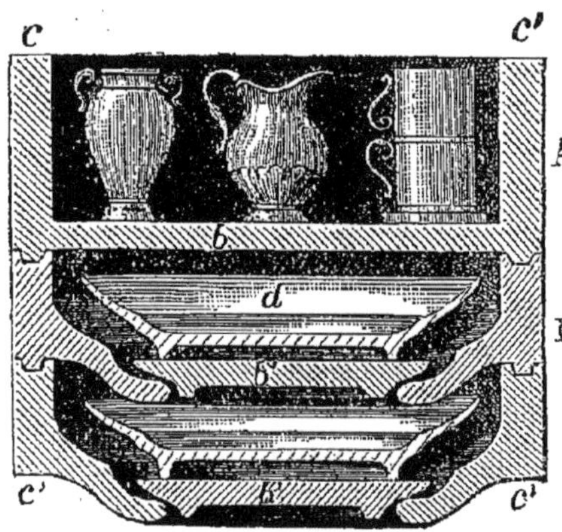

Fig. 31.

Pour procéder par *coulage*, on verse dans un moule en plâtre une bouillie de pâte à porcelaine délayée dans l'eau (*barbotine*) ; l'eau pénètre dans le moule poreux, et, en rejetant l'excès de barbotine, on trouve la paroi intérieure du moule recouverte d'une couche, plus ou moins épaisse, suivant la durée du contact, de pâte à porcelaine. On fabrique ainsi des tasses d'une minceur extrême, des tubes pour les besoins des laboratoires.

Une première cuisson à basse température (*dégourdi*) dessèche les objets et leur fait prendre une certaine consistance. La *porcelaine dégourdie* est poreuse ; on l'enduit superficiellement d'une *couverte* ou *glaçure*, en immergeant alors les pièces dans de l'eau tenant en suspension un mélange de quartz et de feldspath réduits à un état de division extrême. La pièce absorbe l'eau et se recouvre d'une mince couche de ce mélange.

La pièce est cuite ensuite au *grand feu* ; à la température élevée à laquelle elle est portée, la pâte subit une demi-fusion qui lui fait perdre sa porosité, et la couverte, plus fusible que la pâte, forme à sa surface un enduit vitrifié.

La cuisson s'effectue, à Sèvres, dans des fours à trois étages (fig. 30), chauffés au bois ou à la houille par des foyers latéraux ou *alandiers* G. Afin d'éviter que la cendre du combustible, entraînée par le courant d'air chaud, ne vienne se fixer sur les glaçures, les pièces sont enfermées (*encastrées*) dans des enveloppes en argile réfractaire (*cazettes* ou *gazettes*, fig. 31). On élève peu à peu la température. Les deux chambres inférieures servent à la cuisson au grand feu ; la chambre supérieure, chauffée uniquement par la chaleur perdue, est destinée au dégourdi.

149. **Grès cérames.** — La pâte des poteries en grès est faite avec de l'argile impure, plus fusible que le kaolin, parce qu'elle renferme des proportions notables d'oxyde de fer, qui lui communiquent une coloration rouge ou brune. On dégraisse avec du sable quartzeux ou des argiles cuites. La pâte est façonnée sur le tour, et l'objet est cuit directement au grand feu. La pâte de ces grès est devenue imperméable par la cuisson, mais on recouvre généralement la surface d'une glaçure obtenue en projetant dans le four, lorsque la pâte est portée à la plus haute température, du sel marin humide. Il se produit de l'acide chlorhydrique gazeux et de la soude qui, avec le silicate d'alumine, forme un silicate double très fusible qui forme vernis.

150. **Faïences.** — La pâte des faïences est faite avec des argiles plastiques dégraissées avec du quartz. Si l'argile ne renferme pas d'oxydes de fer ou de manganèse, la pâte reste blanche ; dans le cas contraire, elle prend une couleur brune par la cuisson. La pâte est très peu fusible, et, comme elle reste poreuse, les objets, travaillés d'ailleurs comme les porcelaines, doivent être recouverts d'une glaçure transparente et incolore lorsque la pâte est blanche, opaque si la pâte est colorée.

La couverte des faïences fines est un verre à base d'alcali et d'oxyde de plomb ; l'opacité est donnée en ajoutant au mélange de silice, d'alcali et de minium un peu d'oxyde d'étain.

151. **Poteries communes en terre cuite. Briques, tuiles.** — Les vases à fleurs sont faits avec des argiles plastiques ocreuses auxquelles on ajoute du sable ; on les confectionne sur le tour du potier, on les laisse sécher et on les cuit à une température peu élevée sans les vernir.

Les marmites, poêlons en terre, etc., sont faits avec des argiles auxquelles on ajoute des marnes et du sable quartzeux. On les recouvre d'un verre plombeux coloré.

Les briques communes, les tuiles, les carreaux en terre sont faits avec des argiles grossières que l'on façonne par moulage et que l'on cuit en tas ou dans des fours. Elles ont généralement une couleur rouge, due au fer.

Les briques réfractaires, les creusets sont faits avec des argiles ne renfermant pas de quantités notables d'oxydes de fer et de carbonate de calcium, et dégraissées avec du sable quartzeux.

VERRES.

152. **Composition.** — Les *verres* sont des substances transparentes qui présentent une cassure particulière appelée *cassure vitreuse.* On réserve dans l'industrie le nom de *verres* à des combinaisons de la silice avec des bases alcalines, alcalino-terreuses ou métalliques dont la transparence, la couleur, la dureté et la fusibilité dépendent des bases combinées et de leurs proportions. En se refroidissant, ces verres fondus doivent passer par un état pâteux qui permette de les travailler par soufflage ou moulage ; ils doivent pouvoir être considérés comme pratiquement inaltérables à l'eau.

L'étude des diverses matières vitreuses obtenues en fondant des proportions variables de silice et de bases diverses a montré que le résultat le plus avantageux était obtenu avec des silicates doubles alcalins et calcaires ou des silicates doubles alcalins et d'oxyde de plomb[1].

Les *silicates alcalins* sont en effet les plus fusibles de tous les silicates, pourvu toutefois que la proportion de silice ne s'élève pas au-dessus d'une certaine limite ; les verres obtenus ne cris-

1. Si $2n$ est le nombre d'atomes de métaux alcalins et m le nombre d'atomes de métaux alcalino-terreux, la proportion de silice la plus avantageuse est $3(m+n)\,SiO^2$.

tallisent pas par refroidissement, mais ils sont plus ou moins attaquables par l'eau. Ainsi avec 1 de silice et 2 ou 3 d'alcali la masse fond au rouge, mais se dissout complètement dans l'eau froide ; avec 1 de silice et 1 d'alcali, la fusion est encore facile, mais le verre n'est plus complètement soluble dans l'eau ; avec 7 parties de silice pour 1 d'alcali, le mélange ne fond plus qu'à un violent feu de forge.

Verre soluble. — On obtient un verre soluble en fondant dans un creuset de terre 15 parties de sable blanc avec 10 parties de carbonate de potasse et 1 partie de charbon. Il se dissout complètement dans 4 ou 5 parties d'eau bouillante. On a proposé d'employer cette dissolution pour rendre les étoffes incombustibles ; l'étoffe ainsi imprégnée se trouve recouverte d'un vernis transparent ; fortement chauffée, elle ne peut s'enflammer, mais se carbonise lentement.

Les *silicates de calcium* sont moins fusibles que les précédents : le plus fusible (3 parties de chaux et 5 de silice) ne fond qu'à un violent feu de forge. Ils ont une grande ten-

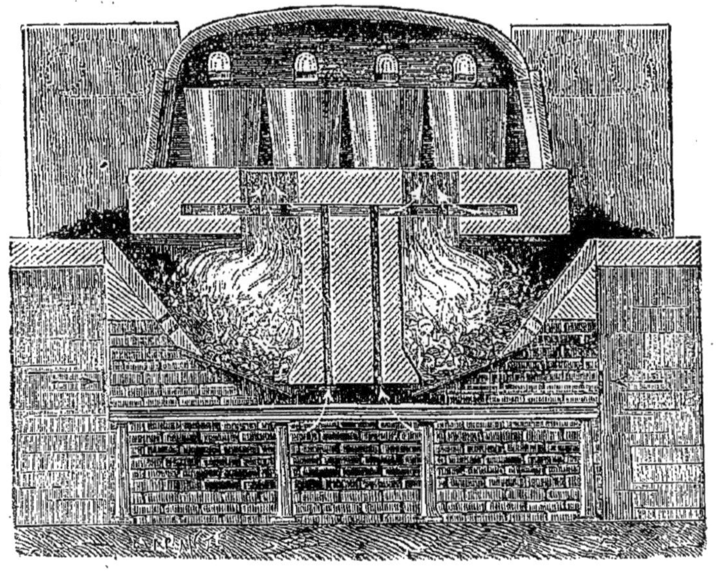

Fig. 32. Fig. 33.

dance à cristalliser lors du refroidissement. Les *silicates de plomb*, au contraire, sont d'autant plus fusibles qu'ils renferment plus d'oxyde de plomb, et ils cristallisent difficilement.

Quant aux *silicates de fer*, ils sont beaucoup plus fusibles que les silicates alcalins et alcalino-terreux; mais ils cristallisent facilement si le refroidissement se fait lentement.

Les *silicates à bases multiples* sont en général plus fusibles que le plus fusible des silicates simples qui entrent dans le mélange, et, en ajoutant à un silicate qui cristallise facilement un silicate incristallisable, on obtient une masse vitreuse non susceptible de cristallisation. C'est en mélangeant des silicates alcalins avec des silicates alcalino-terreux ou métalliques, que l'on obtient des verres renfermant assez de silice pour être inattaquables à l'eau, aux acides, suffisamment fusibles pour la pratique industrielle et incristallisables.

Le verre est une sorte de mélange homogène pourvu qu'on n'y regarde pas de trop près, tout à fait comparable à une solution, avec cette différence qu'il est solide. Aussi dit-on souvent que le verre est une *solution solide.*

Nous distinguerons trois espèces de verres : 1° les *verres incolores*; 2° les *verres colorés ;* 3° le *cristal.*

153. **Verres incolores.** — Le verre blanc destiné à la fabrication des objets de gobeletterie, des vitres, des glaces, est fait avec du sable quartzeux blanc, du carbonate de soude, de la

Fig. 34.

chaux et des débris de verre provenant de fabrications antérieures. Les verres dits de Bohême sont à base de potasse et de chaux.

La figure 32 donne une coupe verticale d'un four de verrerie chauffé à la houille. Les matières, déshydratées par une première chauffe (*fritte*), sont introduites dans les creusets, ou *pots* en argile réfractaire portés au rouge.

L'instrument principal de l'ouvrier verrier est la *canne* (fig. 33) tube de fer de 1 m. 50 environ, percé suivant son axe et enve loppé d'un manchon en bois vers l'extrémité opposée à celle qui doit plonger dans les creusets.

Prenons pour exemple la fabrication des vitres. L'ouvrier, plongeant l'extrémité de la canne, préalablement chauffée, dans le verre fondu, la retire garnie à son extrémité d'une certaine quantité de verre, et, la tournant constamment, l'appuie par son extrémité sur une plaque de fer appelée *marbre*; il la plonge de nouveau dans le creuset, puis dans une cavité en forme de poire pratiquée dans un billot de bois et humectée d'eau, où elle se refroidit. La masse de verre est ensuite portée dans une ouverture pratiquée aux parois du four et appelée *ouvreau*, où elle se réchauffe. Lorsqu'elle est suffisamment molle, l'ouvrier souffle dans la canne, qu'il tourne constamment entre les doigts en l'abaissant et la relevant alternativement et lui donne successivement les formes représentées sur la figure 34. Lorsque la masse a pris une longueur convenable, un ouvrier place à l'extrémité une goutte de verre chaud et, enfonçant cette extrémité dans l'ouvreau, il souffle dans la canne; le verre ramolli se

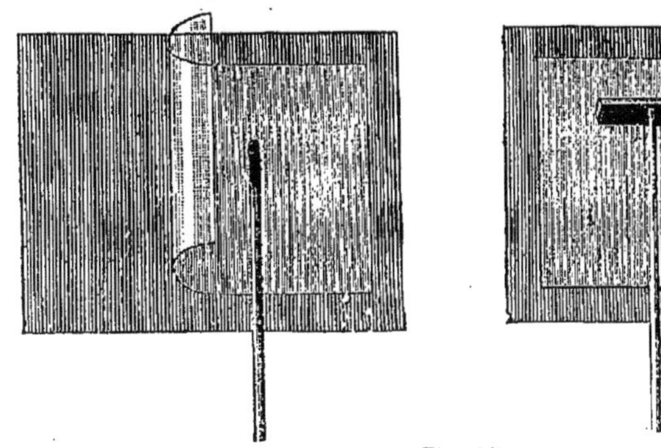

Fig. 35.

boursoufle et crève, puis avec les ciseaux il coupe l'extrémité convexe. Lorsque le verre est devenu solide, on place une goutte d'eau sur le point d'attache avec la canne et d'un coup sec on détache le verre : on obtient un cylindre ouvert à une extrémité et fermé à l'autre. Pour ouvrir celle-ci, on entoure le cylindre, à son extrémité convexe, d'une goutte de verre rouge qui s'allonge en filant et qui détermine immédiatement la séparation. Enfin, plaçant une goutte d'eau en un point de l'une des circonférences de base, on trace à partir de ce point un trait rectiligne avec un fer rouge et l'on coupe ainsi le cylindre suivant une génératrice.

Les cylindres sont introduits lentement dans un four dit d'*éten-*

dage; le verre se ramollit et l'étendeur, armé d'une règle de fer, affaisse le verre de part et d'autre de la coupure (fig. 35); il aplanit ensuite la surface à l'aide d'une règle en forme de T dont la branche transversale est parfaitement polie. Le carreau est alors poussé dans un second compartiment du four moins chauffé: on le soulève en l'appuyant contre une des parois et il se refroidit lentement.

Pour la fabrication des grandes glaces, le mode opératoire est différent. Lorsque le verre est fondu, on soulève les creusets à l'aide d'un chariot et on les amène au-dessus d'une table de

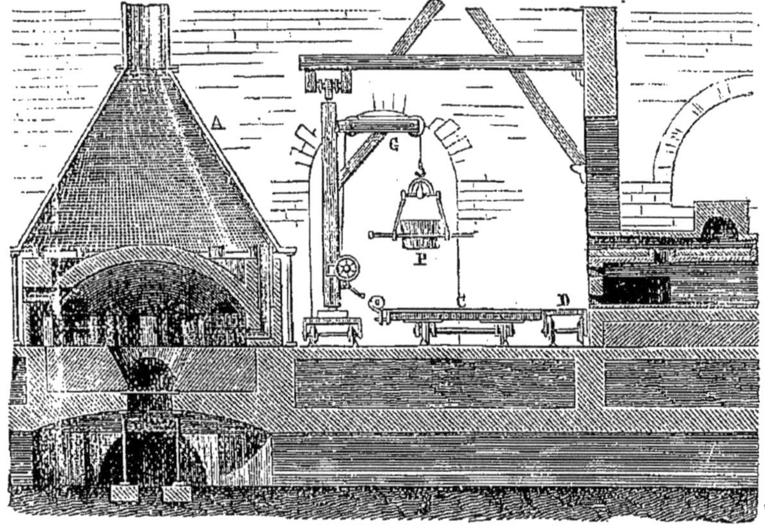

Fig. 36.

bronze (fig. 36) bien dressée et préalablement chauffée. On verse le verre et on l'étend à l'aide d'un rouleau. La glace est alors poussée dans un four, où elle se recuit. On procède ensuite au *polissage*, en la frottant à l'aide d'une autre glace recouverte de sable quartzeux très fin ; la surface plane, mais dépolie, ainsi obtenue, est frottée avec de l'émeri délayé dans de l'eau, puis avec du colcotar.

154. **Verres à bouteilles.** — Les matériaux que l'on emploie à la confection des bouteilles sont de peu de valeur : sables ferrugineux, soudes brutes de varechs et cendres de bois, des *cendres lavées* ou *charrées*, qui introduisent de l'alumine et de la silice, enfin des fragments de verre à bouteilles. Le mélange, très fusible, afin d'économiser le combustible, est fondu dans des creusets de grandes dimensions.

Après avoir amené à l'extrémité de sa canne, à laquelle il imprime un mouvement de rotation continue, une quantité suffisante de verre fondu (fig. 37), l'ouvrier marque le col en l'ap-

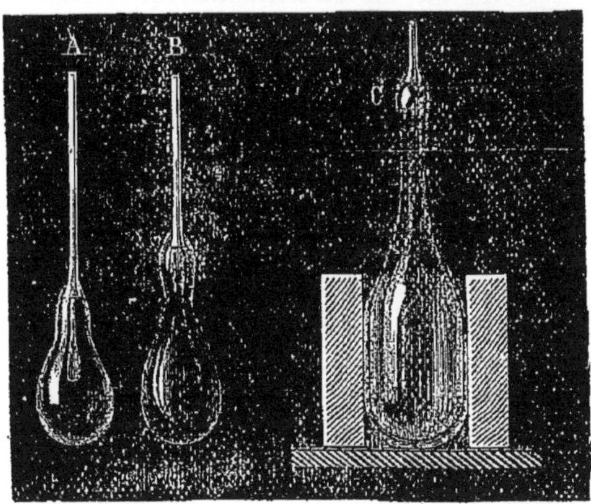

Fig. 37.

puyant sur le *marbre*, lui donne à peu près la forme d'un œuf et, après avoir réchauffé la pièce, le souffle en l'introduisant dans

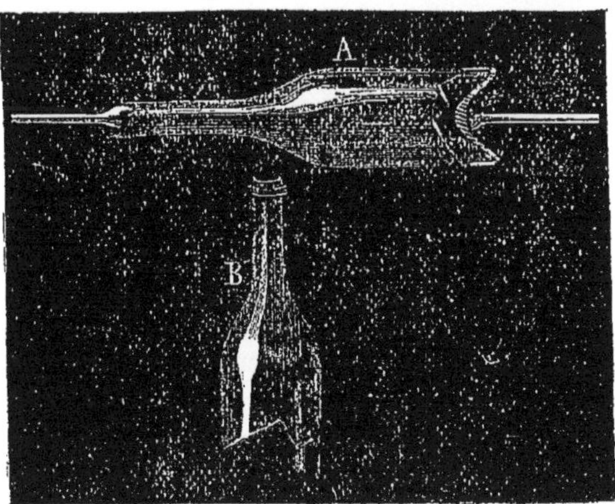

Fig. 38.

un moule destiné à lui donner la forme voulue. Le souffleur la retourne alors, et, à l'aide d'une petite feuille de tôle rectangulaire dont il appuie un des angles au centre de la base de la bouteille, et qu'il enfonce, pendant qu'il tourne la canne, il façonne le fond rentrant (fig. 38). Il porte aussitôt le verre dans une cavité pratiquée dans le fourneau, puis, déposant une goutte d'eau près de l'extrémité du col et donnant une secousse à la canne, il détache la bouteille. Celle-ci est alors retournée, fixée à la canne par sa base; à l'aide d'une petite quantité de verre fondu qui s'allonge en filet, et qu'il présente à l'extrémité du goulot de la bouteille, animée toujours d'un mouvement de rotation, il entoure l'embouchure d'une corde de verre. La bouteille est portée enfin dans un fourneau, où elle se recuit au rouge sombre.

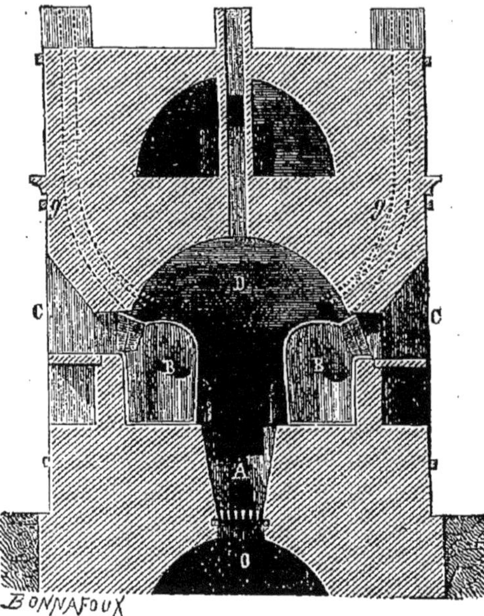

Fig. 39.

155. **Cristal.** — Ce verre, employé pour la fabrication des gobeletteries de luxe, est un silicate double de potasse et d'oxyde de plomb. Comme il doit être tout à fait incolore, on emploie du sable très blanc, du carbonate de potassium raffiné et du minium[1] qui, d'après son mode de préparation, ne peut renfermer de plomb métallique et qui, dégageant de l'oxygène sous l'influence de la chaleur, ne peut être réduit par les fumées ou poussières charbonneuses du foyer.

Pour la gobeletterie, on fond généralement :

300 parties de sable,
200 — — minium,
100 — — carbonate de potassium.

dans les creusets en terre réfractaire qui, lorsqu'ils doivent être chauffés à la houille, sont munis d'un moufle dont l'ouverture correspond à l'ouvreau du four (fig. 39). On évite ainsi la réduction du sel de plomb par les gaz de la houille. On fabrique les objets en cristal par soufflage ou par moulage.

1. En outre, le minium est exempt de cuivre, tandis que la litharge provenant souvent de la coupellation (212) est exposée à en contenir.

Strass. — Le *strass* est un cristal très réfringent et très dense qui, convenablement taillé, imite le diamant. En le colorant avec des oxydes métalliques, on cherche à imiter diverses pierres précieuses.

156. **Verres d'optique.** — Les verres des instruments d'optique sont de deux sortes :

Le *crown*, silicate double de potassium et de calcium, préparé avec des matériaux d'une très grande pureté ;

Le *flint*, qui est une espèce de cristal, beaucoup plus réfringent que le crown.

La fusion s'effectue dans des fours ne renfermant qu'un seul creuset à moufle; afin de rendre l'homogénéité parfaite et de faciliter le départ des bulles de gaz, on brasse, lorsque la fusion est complète, avec un cylindre en argile réfractaire fixé à l'extrémité d'une longue tige de fer recourbée. On laisse refroidir le creuset, on le casse, et l'on débite cette masse en fragments, rejetant les parties défectueuses.

157. **Trempe du verre.** — En refroidissant le verre brusquement, en le *trempant*, on lui communique une dureté, une élasticité, une résistance aux changements brusques de température bien supérieures à celles du verre recuit. Mais, pour peu qu'un fragment de la surface du verre vienne à se détacher, la masse entière vole en éclats.

Fig. 40.

Les effets de la trempe du verre ont été observés très anciennement sur les *larmes bataviques* (fig. 40). Une goutte de verre fondu, prend, en tombant dans l'eau, la forme d'une poire terminée par une longue queue effilée. Il suffit de briser cette pointe, pour que la masse tout entière éclate en une multitude de très petits fragments.

On fabrique des objets en verre trempé en les immergeant, alors qu'ils sont uniformément portés à une température voisine du ramollissement du verre, dans un bain de graisse dont la température oscille entre 60° et 120°. Ces objets peuvent tomber d'une certaine hauteur sans se briser.

CHAPITRE XI

CHROME

158. Métaux du groupe du chrome. — Le chrome se rattache d'une part à l'aluminium, d'autre part aux métaux du groupe du fer par l'isomorphisme des sesquioxydes :

$$Al^2O^3, \quad Cr^2O^3, \quad Fe^2O^3.$$

Il est en outre relié aux métaux magnésiens par l'isomorphisme du sulfate chromeux avec les sulfates de magnésium, de zinc, de fer, de manganèse, de nickel et de cobalt et surtout par l'isomorphisme des sulfates doubles qu'il forme avec les sulfates de potassium et d'ammonium. Le chrome est donc un métal *trivalent* comme le fer, ou *divalent* comme le magnésium.

Comme les métaux du groupe du fer, c'est un métal fondant à température élevée et susceptible de s'unir au carbone pour donner une fonte.

Le *groupe du chrome* comprend quelques métaux plus rares, *molybdène, tungstène, uranium*, qui ont reçu des applications industrielles :

	Chrome.	Molybdène.	Tungstène.	Uranium.
Poids atomique. . .	$Cr = 52{,}0$	$Mo = 95{,}9$	$Tu = 183{,}6$	$U = 239{,}8$
Densité.	6,8	8,6	19	18,4

Le *molybdène* métallique est mal connu. Le *trioxyde* ou anhydride molybdique MoO^3 est volatil; dissous dans les alcalis, il forme les molybdates. Le molybdate d'ammonium $3(AzH^4)^2O, 7MoO^3 + 4H^2O$ dissous dans un excès d'acide azotique est un réactif très précieux de l'acide orthophosphorique. Il donne avec les orthophosphates, en liqueur acide, un précipité jaune à peine soluble dans l'eau de *phosphomolybdate d'ammonium :*

$$2PO^4(AzH^4)^3, 20MoO^3 + 12H^2O.$$

Le *tungstène* introduit en petite quantité dans les fers et les aciers leur donne de la dureté. Le trioxyde ou anhydride tungstique TuO^3 est une poudre jaune, non volatile; le minerai de tungstène principal est le *tungstate ferreux* ou *wolfram* TuO^4Fe. En réduisant au haut fourneau le wolfram mélangé au minerai de fer, on prépare directement des fontes très riches en tungstène qui servent ensuite à la préparation des *aciers au tungstène.*

L'*uranium* forme un certain nombre de composés oxygénés et des sels dont les principaux peuvent être considérés comme renfermant un radical oxygéné divalent, l'*uranyle* UO^2. L'*azotate d'uranyle* $(AzO^3)^2UO^2 + 6H^2O$ est employé comme réactif : le *phosphate d'uranyle* $(PO^4)^2H^4.UO^2 + \frac{3}{2}H^2O$ est un précipité insoluble dans l'eau, caractéristique des orthophosphates.

Le dichroïsme des sels d'uranium est caractéristique ; ils sont jaunes avec reflets verts. Une petite quantité d'oxyde d'uranium introduite dans un verre (*verre d'urane*) lui communique ce dichroïsme.

Tous ces métaux sont *trivalents* comme le chrome.

CHROME, Cr = 52,0.

159. **Propriétés.** — Le chrome pur est un métal gris, blanc, susceptible d'être poli et limé. Sa densité est 6,92. Chauffé dans le chalumeau oxyhydrique il brûle avec éclat en donnant le sesquioxyde Cr^2O^3. Il brûle aussi dans le chlore en formant $CrCl^3$. Avec l'acide chlorhydrique il donne de l'hydrogène. Son point de fusion est voisin de 1515°.

L'acide chlorhydrique le dissout, en donnant, lorsqu'on opère à l'abri de l'oxygène de l'air, un chlorure chromeux $CrCl^2$

COMPOSÉS BINAIRES

CHLORURES.

On connaît deux chlorures de chrome : le *chlorure chromeux* $CrCl^2$ et le *sesquichlorure* ou *chlorure chromique* $CrCl^3$.

160. **Chlorure chromeux.** — Le sesquichlorure anhydre chauffé dans un courant d'hydrogène donne une masse blanche très peu volatile de chlorure chromeux. La dissolution effectuée à l'abri de l'air est bleu clair ; on l'obtient directement en dissolvant le métal dans l'acide chlorhydrique. La dissolution du chlorure chromeux absorbe très rapidement l'oxygène de l'air et la liqueur contient alors un *oxychlorure* Cr^2OCl^4.

161. **Sesquichlorure.** — 1° *Anhydre.* — On obtient le sesquichlorure de chrome sous la forme de lamelles violettes (couleur fleur de pêcher) lorsqu'on fait passer un courant de chlore sur un mélange de sesquioxyde de chrome et de charbon chauffé au rouge. La réaction est identique à celle qui permet de préparer le sesquichlorure d'aluminium (137) :

$$Cr^2O^3 + 3C + 6Cl = 2CrCl^3 + 3CO.$$

2° *Hydrates.* — Le sesquichlorure anhydre est insoluble dans l'eau. Mais il suffit d'ajouter au liquide qui tient en suspension le chlorure chromique quelques gouttes d'une dissolution de chlorure chromeux pour déterminer la dissolution. On obtient le même résultat en ajoutant au liquide quelques gouttes d'acide chlorhydrique et un fragment de zinc ; le chlorure chromeux qui prend naissance détermine comme ci-dessus la dissolution du sesquichlorure. La dissolution du sesquichlorure est verte.

On l'obtient directement en attaquant l'anhydride chromique par l'acide chlorhydrique concentré :

$$2CrO^3 + 12HCl = 2CrCl^3 + 6Cl + 6H^2O.$$

La dissolution est évaporée à sec et desséchée sur une plaque de porcelaine dégourdie ; la masse verte ainsi obtenue est dissoute dans une petite quantité d'eau et la liqueur refroidie aux environs de 0° laisse déposer de petits cristaux verts d'un hydrate $Cr^2Cl^6 + 13H^2O$, quand on y fait passer un courant de gaz chlorhydrique (Recoura).

La dissolution concentrée de ce chlorure est *verte* ; la potasse en précipite l'hydrate normal $Cr(OH)^3$. La dissolution étendue et froide prend peu à peu une teinte violacée; le changement de couleur s'effectue plus rapidement quand on chauffe la dissolution concentrée du chlorure vert à 80°. Refroidie alors à 0°, elle laisse déposer, si l'on y fait passer un courant de gaz chlorhydrique, de petits cristaux *violets* $Cr^2Cl^6 + 15 H^2O$, qui constituent une variété isomérique du chlorure vert de même composition. L'hydrate précipité par les alcalis des dissolutions violettes est le même hydrate normal $Cr(OH)^3$.

162. **Oxychlorures de chrome.** — 1° *Oxychlorure chromique* ou *chlorure de chromyle* CrO^2Cl^2 (acide chlorochromique). — On fond dans un creuset de terre un mélange de 10 parties de sel marin et de 17 parties de bichromate de potassium et l'on coule le liquide sur une dalle. On concasse les plaques ainsi obtenues et on les introduit dans une cornue avec 30 parties d'acide sulfurique concentré. Il se dégage immédiatement des vapeurs rouges qui se condensent dans un récipient refroidi en un liquide d'un rouge foncé que l'eau décompose en anhydride chromique et acide chlorhydrique :

$$CrO^2Cl^2 + H^2O = CrO^3 + 2HCl.$$

2° *Oxychlorure sesquichromique*, Cr^2OCl^4. — La dissolution bleue du chlorure chromeux brunit en absorbant très rapidement l'oxygène, lorsqu'on l'expose au contact de l'air ; 2 molécules de chlorure chromeux fixent 1 atome d'oxygène :

$$2CrCl^2 + O = Cr^2OCl^4.$$

La dissolution du chlorure chromeux est l'absorbant le plus rapide et le réactif le plus sensible de l'oxygène libre.

COMPOSÉS OXYGÉNÉS.

On connaît un *protoxyde* CrO, un *sesquioxyde* Cr^2O^3, un oxyde salin Cr^3O^4, un bioxyde CrO^2, un *anhydride chromique* CrO^3. Le sesquioxyde et l'anhydride chromique ont seuls un intérêt pratique.

163. **Sesquioxyde.** — 1° On prépare le sesquioxyde de chrome anhydre en chauffant dans un creuset de terre 2 parties de bichromate de potassium et 1 partie de soufre :

$$Cr^2O^7K^2 + S = Cr^2O^3 + SO^4K^2.$$

En reprenant par l'eau bouillante, on dissout le sulfate de potassium et le sesquioxyde de chrome reste; c'est une poudre verte, amorphe. On peut remplacer dans cette préparation le soufre par l'amidon.

2° On l'obtient cristallisé en petits rhomboèdres d'un vert foncé, isomorphes du corindon et du sesquioxyde de fer, en faisant passer dans un tube chauffé au rouge des vapeurs d'oxychlorure chromique (169) :

$$2CrO^2Cl^2 = Cr^2O^3 + 4Cl + O.$$

Le sesquioxyde de chrome est indécomposable par la chaleur, irréductible par l'hydrogène ; le charbon le réduit à l'état métallique.

Il communique aux verres une coloration verte utilisée dans la peinture sur porcelaine. On emploie également dans la peinture sur porcelaine une matière colorante rouge à base de chrome (*pink colour*), obtenue en chauffant au rouge un mélange intime de 100 parties de bioxyde d'étain, 34 de craie et 3 de chromate de potassium ; on traite la matière pulvérisée par l'acide chlorhydrique dilué jusqu'à ce qu'elle ait pris une belle nuance rose.

Hydrates chromiques. — On prépare le sesquioxyde de chrome hydraté normal $Cr^2(OH)^6$ en versant de l'ammoniaque ou mieux du carbonate, du sulfhydrate d'ammonium dans la dissolution du sesquichlorure de chrome vert ; c'est un précipité gélatineux verdâtre. On l'obtient également en précipitant le même sel par la potasse ou la soude, mais il se dissout alors dans un excès d'alcali. Si l'on fait bouillir cette dissolution, elle se trouble et laisse de nouveau déposer l'oxyde.

Le sesquioxyde de chrome est donc un oxyde indifférent, comme l'alumine, puisqu'il se dissout dans les alcalis, vis-à-vis desquels il peut être considéré comme jouant le rôle d'acide, et dans les acides, avec lesquels il forme des sels. Il peut d'ailleurs former, par voie sèche, des combinaisons cristallisées qui rentrent dans le type des spinelles : le *fer chromé* FeO, Cr^2O^3 est comparable à l'oxyde de fer magnétique FeO, Fe^2O^3.

Calciné fortement, le sesquioxyde de chrome est, comme l'alumine et le sesquioxyde de fer, très difficilement soluble dans les acides.

Un hydrate $Cr^2O(OH)^4$ se précipite quand on ajoute un alcali à la dissolution de l'oxychlorure Cr^2OCl^4. Tandis que l'hydrate normal réagit sur 6 molécules d'acide chlorhydrique pour former le sesquichlorure, ce nouvel hydrate ne réagit que sur 4 molécules d'acide pour donner l'oxychlorure :

$$Cr^2(OH)^6 + 6HCl = Cr^2Cl^6 + 6H^2O$$
$$Cr^2O(OH)^4 + 4HCl = Cr^2OCl^4 + 4H^2O.$$

On peut l'envisager comme le premier anhydride de l'hydrate normal :

$$Cr^2(OH)^6 - H^2O = Cr^2O(OH)^4.$$

Les dissolutions des sels de chrome modifiés par la chaleur laissent déposer, lorsqu'on y ajoute un alcali, un autre hydrate $Cr^4O(OH)^{10}$, peu stable, qui tend à se dédoubler en hydrate normal $Cr^2(OH)^6$ et en hydrate $Cr^2O(OH)^4$ (Recoura).

Vert Guignet. — Un hydrate ayant aussi la composition $Cr^2O(OH)^4$, mais préparé par une tout autre méthode, constitue une belle couleur verte (*vert émeraude*), employée dans la fabrication des papiers peints et dans l'impression des tissus.

Un mélange intime de bichromate de potassium (1 p.) et d'anhydride borique (3 p.) est chauffé à 500°. On obtient ainsi un borate double de chrome et de potassium, qu'on fait tomber encore chaud dans l'eau où il se désagrège. L'oxyde de chrome hydraté se sépare, tandis qu'un borate alcalin reste dissous.

Le vert Guignet est inaltérable à la lumière ; il conserve sa couleur verte aux lumières artificielles. Il n'est pas vénéneux comme les verts arsenicaux.

164. **Anhydride chromique.** — A une dissolution de bichromate de potassium saturée à 50° ou 60° on ajoute, par portions successives, une fois et demie son volume d'acide sulfurique concentré. Par refroidissement, la liqueur laisse déposer des aiguilles rouges d'anhydride chromique, que l'on dessèche sur de la porcelaine dégourdie. L'acide ainsi obtenu entraîne toujours un peu d'acide sulfurique. On le purifie en le fondant dans une capsule de platine et en décantant la couche supérieure qui contient l'acide sulfurique.

L'anhydride chromique se décompose au rouge en oxygène et sesquioxyde de chrome. C'est un oxydant énergique : quelques gouttes d'alcool absolu que l'on projette sur de l'anhydride chromique bien sec s'enflamment et il reste du sesquioxyde de chrome. Les divers modes de préparation du sesquioxyde de chrome que nous avons décrits (163) s'appuyaient sur la facile réduction de ce composé. Chauffé avec de l'acide chlorhydrique, il se dissout à l'état de sesquichlorure et avec dégagement de chlore :

$$2CrO^3 + 12HCl = Cr^2Cl^6 + 6H^2O + 6Cl.$$

Une solution d'anhydride chromique est colorée en bleu intense par quelques gouttes d'une solution très étendue d'eau oxygénée. Cette coloration bleue, que l'on a attribuée à la formation d'un anhydride perchromique Cr^2O^7, paraît due, d'après les recherches de M. Moissan, à une combinaison d'anhydride chromique et d'eau oxygénée $2CrO^3, H^2O^2$.

Chromates. — Les chromates alcalins et les chromates de strontium, de calcium et de magnésium sont solubles dans l'eau; les autres sont insolubles : aussi les obtient-on par double décomposition entre un chromate alcalin et un sel métallique.

Il y a deux séries de chromates alcalins : avec le potassium, par exemple, on a un chromate neutre CrO^4K^2 et un bichromate $Cr^2O^7K^2$, comparable au pyrosulfate $S^2O^7K^2$.

Le chromate neutre est jaune, très soluble dans l'eau, isomorphe du sulfate de potassium. Au contact des acides, la dissolution jaune devient rouge par suite de la formation du bichromate.

En mélangeant une dissolution d'acétate de plomb et de chromate de potassium, on obtient un précipité jaune très dense de chromate de plomb CrO^4Pb, que l'on utilise dans la peinture et dans la fabrication des toiles peintes sous le nom de *jaune de chrome.*

On trouve dans la nature un chromate de plomb CrO^4Pb et un chromite de fer ou *fer chromé* FeO, Cr^2O^3. C'est généralement du fer chromé que l'on extrait les composés du chrome.

On chauffe le fer chromé pulvérisé avec du carbonate de potassium dans un creuset de terre. Il se forme du chromate de potassium, un silicate et un aluminate alcalin, que l'on sépare, en reprenant par l'eau bouillante, du sesquioxyde de fer et du fer chromé non attaqué. La dissolution est jaune; on ajoute de l'acide acétique jusqu'à réaction acide, de façon à précipiter la silice et l'alumine, et à transformer le chromate neutre en bichromate que l'on fait cristalliser par concentration de la liqueur.

C'est à l'aide du bichromate ou du chromate neutre que l'on prépare tous les composés du chrome.

SELS DE CHROME

Les *sels chromeux* sont avides d'oxygène et par suite peu stables; leurs dissolutions fixent rapidement l'oxygène de l'air pour se transformer en combinaisons chromiques. Le sulfate $SO^4Cr + 7H^2O$ est isomorphe du sulfate de magnésium et du sulfate ferreux. Il forme aussi avec les sulfates de potassium et d'ammonium des sels doubles isomorphes des autres sulfates doubles magnésiens.

Parmi les *sels chromiques* nous n'étudierons que les sulfates.

165. **Sulfates chromiques.** — On obtient un sulfate violet en précipitant la dissolution du sesquichlorure correspondant par le sulfate d'argent :

$$Cr^2Cl^6 + 3SO^4Ag^2 = (SO^4)^3Cr^2 + 6AgCl,$$

ou encore en ajoutant, à une dissolution *froide* d'anhydride chromique, un mélange d'acide sulfurique et d'alcool et en *évitant toute élévation de température.*

La dissolution *abandonnée à l'évaporation spontanée* dans le premier cas, ou la liqueur chargée d'alcool dans le second, laisse déposer des cristaux violets $(SO^4)^3Cr^2 + 15H^2O$.

Quand on porte à l'ébullition une dissolution de sulfate violet, elle devient *verte*; elle renferme alors non une variété isomérique du sulfate violet[1], mais un mélange d'un sulfate basique *vert incristallisable* $(SO^4)^5OCr^4$ et de l'acide sulfurique libre (Recoura) :

$$2(SO^4)^3Cr^2 + H^2O = (SO^4)^5OCr^4 + SO^4H^2.$$

La dissolution verte est en effet incristallisable; abandonnée à elle-même, elle se transforme lentement en une dissolution violette du sulfate normal, par suite de la réaction inverse progressive de l'acide sulfurique libre sur le sulfate basique et laisse déposer peu à peu des cristaux violets de sulfate normal. La dissolution verte ne précipite par addition de chlorure de baryum qu'un SO^4 et non cinq. Sa formule doit donc s'écrire $(Cr^4S^4O^{17})SO^4$.

Tous les sels de sesquioxyde de chrome jouissent de cette propriété que leurs dissolutions *violettes* deviennent *vertes* quand on les chauffe. On ne doit pas considérer, comme on le faisait naguère, les dissolutions *vertes modifiées par la chaleur* comme contenant une variété isomérique du sel violet. Il y a décomposition partielle du sel au contact de l'eau, mise en liberté d'acide et formation d'un sel basique vert; plus ou moins rapidement, selon la nature de l'acide, la réaction inverse se produit lorsqu'on abandonne la liqueur à elle-même, à froid, et la liqueur reprend sa coloration violette primitive. Lorsqu'on veut obtenir des sels chromiques cristallisés, il faut se garder de concentrer leurs dissolutions par la chaleur, et leur couleur normale est la couleur violette.

Le sulfate violet de sesquioxyde de chrome forme avec le sulfate de potassium une combinaison peu soluble dans l'eau; c'est l'*alun de chrome*

$$SO^4K^2 + (SO^4)^3Cr^2 + 24H^2O,$$

qui cristallise, comme l'alun ordinaire, en octaèdres réguliers.

On obtient directement l'alun de chrome en ajoutant peu à peu de l'alcool à une dissolution de bichromate de potassium mélangée d'acide sulfurique; l'alcool C^2H^6O ramène l'anhydride chromique CrO^3 à l'état de sesquioxyde, en s'oxydant lui-même et se transformant en aldéhyde C^2H^4O et acide acétique $C^2H^4O^2$. Si la liqueur ne s'échauffe que faiblement, elle abandonne, par le repos, des cristaux d'alun d'un beau violet; mais si la température s'élève à 80°, la liqueur obtenue est verte et incristallisable.

MÉTALLURGIE

166. Le principal minerai de chrome est le *fer chromé* Cr^2FeO^4, isomorphe de l'oxyde magnétique Fe^3O^4. Mélangé aux minerais de fer et réduit au haut-fourneau, il donne des *ferro-chromes* renfermant de 15 à 67 pour 100 de chrome, très durs, à cassure blanche, cristalline.

Introduit en très petite quantité dans un acier, il lui donne une structure plus homogène, un grain plus fin, une remarquable ténacité.

On prépare aujourd'hui le chrome par le procédé de Goldschmidt (Saint-Michel de Maurienne, Essen). On réduit le sesquioxyde de chrome par l'aluminium. On opère comme dans le cas du manganèse (184). La chaleur développée dans la réaction est voisine de celle du four électrique, aussi est-elle suffisante pour fondre le chrome obtenu.

1. Il existe un autre corps vert dont la composition serait bien celle d'un sulfate de chrome, mais il ne présente ni les réactions des sels de chrome ni celles des sulfates. On lira avec intérêt sur ce sujet et relativement aux acides chromo-sulfuriques les travaux de M. Recoura.

CHAPITRE XII

MANGANÈSE — FER — NICKEL — COBALT

167. **Métaux du groupe du fer.** — Le groupe du fer comprend quatre métaux : *manganèse*, *fer*, *nickel* et *cobalt*, dont les poids atomiques diffèrent peu, et sont très voisins du poids atomique du chrome.

	Manganèse.	Fer.	Nickel.	Cobalt.
Poids atomique p. . .	54,8	55,9	58,6	58,7
Chaleur spécifique c. .	0,122	0,112	0,108	0,107
pc	6,7	6,5	6,5	6,3
Densité.	7,1	7,8	8,6	8,5

Les sulfates de manganèse, de nickel et de cobalt, le sulfate ferreux et les sels doubles qu'ils forment avec les sulfates potassique et ammonique, sont isomorphes des sels correspondants du magnésium et du zinc. Les carbonates de fer et de manganèse naturels sont isomorphes des carbonates de magnésium, de zinc et du carbonate de calcium spathique.

Le sesquioxyde de fer est isomorphe de l'alumine.

Divalents, si on les compare au magnésium et au zinc, ces métaux peuvent aussi jouer le rôle d'éléments *trivalents*. Pour le fer, en particulier, les formules des chlorures ferreux et ferriques seront :

$$Fe\,Cl^2 \qquad \text{et} \qquad Fe\,Cl^3.$$

Ces métaux sont des *métaux réfractaires*; leur température de fusion est supérieure à 1400°; tous ont une grande tendance à s'unir au carbone pour former des carbures plus fusibles que les métaux purs.

MANGANÈSE, Mn = 54,8.

168. **Propriétés.** — Le manganèse pur est gris, dur et cassant; sa densité est 7,1 ; il fond plus difficilement que le fer.

Inaltérable dans l'air sec, il s'oxyde dans l'air humide et se délite s'il contient du carbone. Chauffé dans l'oxygène, il brûle avec éclat. Il décompose l'eau vers 100°.

COMPOSÉS BINAIRES.

169. Chlorure. — On ne connaît qu'un seul chlorure de manganèse, le *chlorure manganeux* $MnCl^2$. Lorsqu'on attaque par l'acide chlorhydrique un oxyde plus oxygéné que le protoxyde, il y a dégagement de chlore :

$$MnO^2 + 4HCl = MnCl^2 + 2Cl + 2H^2O.$$
$$Mn^2O^3 + 6HCl = 2MnCl^2 + 2Cl + 3H^2O.$$

C'est ainsi qu'on prépare le chlore.

Cependant, lorsqu'on mélange du bioxyde de manganèse en poudre fine avec de l'acide chlorhydrique très concentré, l'oxyde se dissout tout d'abord, sans dégagement de chlore, en formant une liqueur brune. On peut admettre, avec M. Berthelot, qu'il y a formation d'un composé perchloruré qui reste uni à l'acide chlorhydrique et qui n'est stable qu'en présence d'un excès de celui-ci, dissociable soit lorsqu'on étend la liqueur, soit lorsqu'on élève la température. La liqueur dégage en effet lentement du chlore à la température ordinaire, et se décolore lorsqu'on l'étend d'eau ou lorsqu'on la chauffe.

Le chlorure hydraté $MnCl^2 + 4H^2O$ cristallise quand on concentre la dissolution obtenue en attaquant le bioxyde naturel par l'acide chlorhydrique. Le résidu de la préparation industrielle du chlore est impur; il renferme du perchlorure de fer, de l'alumine et de la silice. Pour le purifier, on le fait digérer avec du carbonate de calcium pulvérulent, ce qui a pour effet de saturer l'excès d'acide et de précipiter une partie de l'alumine, de la silice et du fer à l'état d'oxyde. On ajoute alors par portions successives du sulfhydrate d'ammonium jusqu'à ce que le sulfure ait la couleur rose chair du sulfure manganeux pur. La liqueur décantée est précipitée à refus par le sulfhydrate d'ammonium, et le sulfure, après lavage, est dissous dans l'acide chlorhydrique. Le chlorure anhydre se prépare en chauffant le produit de l'évaporation de la dissolution dans un courant de gaz chlorhydrique. Il est rose clair.

COMPOSÉS OXYGÉNÉS ET SULFURÉS.

Les composés oxygénés du manganèse sont : le *protoxyde* ou *oxyde manganeux* MnO, l'*oxyde salin* Mn^3O^4, le *sesquioxyde* Mn^2O^3, le *bioxyde* MnO^2 ; l'*anhydride manganique* MnO^3 et l'*acide manganique* MnO^4H^2, l'*anhydride permanganique* Mn^2O^7 et l'*acide permanganique* MnO^4H, mal connus à l'état libre, sont définis par les sels alcalins

$$MnO^4K^2, \qquad MnO^4K.$$

170. Oxyde manganeux, MnO. — Anhydre, c'est une poudre verte, que l'on obtient en réduisant le bioxyde par l'hydrogène ; il brûle, quand on le chauffe à l'air libre, en donnant l'oxyde salin Mn^3O^4.

A l'état d'hydrate on l'obtient sous la forme d'un précipité blanc lorsqu'on verse une dissolution de potasse dans un sel de manganèse. Ce précipité blanc, insoluble dans un excès de réactif, brunit rapidement au contact de l'air en se transformant en sesquioxyde.

171. Sesquioxyde, Mn^2O^3. — Il existe dans la nature à l'état anhydre (*Braunite*) ou hydraté (*Acerdèse*). On le prépare par voie humide en faisant passer un courant de chlore dans de l'eau tenant en suspension du carbonate de manganèse préparé par voie humide. Le carbonate, qui est blanc, noircit ; on arrête l'opération avant que tout le carbonate ait été transformé et l'on enlève l'excès de ce sel en lavant le précipité avec de l'acide sulfurique étendu.

Chauffé, il dégage de l'oxygène et se transforme en oxyde salin.

Le sesquioxyde naturel cristallisé n'est pas isomorphe du sesquioxyde de fer. Il se comporte dans ses réactions comme un manganite de protoxyde : MnO, MnO^2. Il est toutefois faiblement basique ; on connaît le sulfate $Mn^2(SO^4)^3$ et le phosphate correspondant.

172. Bioxyde, MnO^2. — C'est le composé oxygéné du manganèse que l'on trouve le plus communément dans la nature (*Pyrolusite*) ; il est cristallisé[1] ou en masses compactes, terreuses, de

1. La pyrolusite est considérée aujourd'hui comme le résultat de la déshydratation et de l'oxydation des cristaux du sesquioxyde hydraté :

$$Mn^2O^3, H^2O + O = 2MnO^2 + H^2O.$$

Un autre bioxyde cristallisé est la *Polyanite*, quadratique comme le bioxyde d'étain.

couleur noire renfermant du sesquioxyde de fer, du carbonate de calcium, de la silice.

Chauffé au rouge, il perd le tiers de son oxygène et laisse un résidu d'*oxyde rouge* :

$$3MnO^2 = Mn^3O^4 + O^2.$$

Chauffé avec de l'acide sulfurique, il se transforme en sulfate :

$$MnO^2 + SO^4H^2 = SO^4Mn + H^2O + O.$$

Au contact de l'acide chlorhydrique, il dégage du chlore :

$$MnO^2 + 4HCl = MnCl^2 + 2H^2O + Cl^2.$$

Cette dernière réaction est appliquée industriellement à la préparation du chlore et des chlorures décolorants.

Le bioxyde de manganèse doit être regardé comme l'anhydride d'un certain nombre d'acides faibles. Il donne en effet, quand il réagit sur les bases dans les conditions voulues, des sels de plusieurs types qu'on appelle des manganites. On connaît les manganites cristallisés

$$CaO,2MnO^2 \qquad 2CaO,MnO^2.$$

En ajoutant un lait de chaux au résidu de la préparation du chlore par l'acide chlorhydrique, et faisant passer un courant d'air, on obtient un précipité noir de bimanganite de calcium qui peut servir, comme le bioxyde de manganèse naturel, à la préparation du chlore (*procédé Weldon*).

Applications. — On rend les huiles *siccatives* en les chauffant avec une petite quantité de bioxyde de manganèse qui leur cède de l'oxygène. Dans la fabrication du verre, on introduit dans les creusets une petite quantité de bioxyde de manganèse (*savon des verriers*) qui, dégageant de l'oxygène, brûle les matières charbonneuses que le mélange peut renfermer et communique à la masse une légère coloration violacée, destinée à masquer la coloration jaune habituelle des verres. Enfin le bioxyde mélangé au sesquioxyde de fer est réduit dans les hauts fourneaux et sert à la préparation des fontes manganésifères ou *ferromanganèses*.

173. **Oxyde salin.** — Cet oxyde, résidu de la calcination du bioxyde, est rouge brun. On le trouve cristallisé dans la nature (*Haussmannite*), mais il n'est pas isomorphe de l'oxyde de fer magnétique et des spinelles (143) ; on l'envisage comme un manganite dimanganeux $2MnO,MnO^2$.

174. **Manganates et permanganates.** — Si l'on chauffe dans un creuset de la potasse caustique avec du bioxyde de manganèse,

et si l'on reprend par l'eau, on obtient un liquide vert qui est une dissolution de manganate de potassium MnO^4K^2, renfermant un excès de potasse :

$$3MnO^2 + 2KOH = MnO^4K^2 + Mn^2O^3 + H^2O;$$

si l'on fait intervenir l'oxygène de l'air, la réaction est plus complète :

$$MnO^2 + O + 2KOH = MnO^4K^2 + H^2O.$$

L'évaporation à froid de cette solution basique fournit des cristaux verts de manganate de potasse isomorphe du sulfate SO^4K^2.

Ces cristaux sont décomposés par l'eau en solution neutre ou acide. Au lieu du liquide vert de tout à l'heure on obtient un liquide rouge-violacé qui renferme alors en dissolution du permanganate de potassium MnO^4K :

$$3MnO^4K^2 + 2H^2O = 2MnO^4K + MnO^2 + 4KOH,$$

en même temps que des flocons bruns de bioxyde se séparent. Les alcalis ajoutés en grand excès à cette dissolution la ramènent au vert, en reformant du manganate :

$$2MnO^4K + 2KOH = 2MnO^4K^2 + O + H^2O.$$

Ces changements de coloration qu'éprouve la dissolution de manganate lui ont fait donner le nom de *caméléon minéral.*

La transformation du permanganate en manganate sera évidemment facilitée par la présence de matières réductrices, telles que des cyanures, qui existeraient dans l'alcali employé.

On transforme également le manganate en permanganate en ajoutant à la dissolution un acide (acide acétique, acide carbonique) ; le manganate en effet, ne pouvant exister en dissolution qu'en présence d'un excès d'alcali, la transformation en permanganate s'effectue à mesure que l'acide sature la base et le bioxyde de manganèse hydraté se sépare :

$$3MnO^4K^2 + 2CO^2 = 2MnO^4K + MnO^2 + 2CO^3K^2.$$

Le permanganate de potassium, qui est un réactif fréquemment employé dans les laboratoires, se prépare en chauffant dans un creuset de terre poids égaux de bioxyde de manganèse, de chlorate de potassium et de potasse caustique dissoute dans une très petite quantité d'eau. On porte peu à peu au rouge sombre et l'on reprend par l'eau bouillante. En évaporant cette dissolution, on obtient des cristaux d'un violet foncé presque noir.

La dissolution du permanganate de potassium est d'un rouge violacé et son pouvoir tinctorial est considérable; elle cède de l'oxygène à un grand nombre de corps : elle transforme les sels ferreux en sels ferriques; elle transforme l'acide sulfureux en acide sulfurique, les azotites en azotates, l'acide oxalique en acide carbonique, etc. Ainsi, versons goutte à goutte du permanganate de potassium dans une dissolution d'acide sulfureux, nous voyons chaque goutte se décolorer au contact de la dissolution jusqu'au moment où, l'oxydation étant complète, l'addition d'une goutte de réactif colore le liquide en rose :

$$2MnO^4K + 5SO^2 + 2H^2O = SO^4K^2 + 2SO^4Mn + 2SO^4H^2.$$

On fait un fréquent usage de ces réactions dans l'analyse quantitative : on opère généralement en présence d'acide sulfurique dilué. Une molécule de permanganate (158 grammes) permet alors de fixer sur un corps oxydable 5/2 atomes d'oxygène (40 gr.).

$$2MnO^4K + 3SO^4H^2 = SO^4K^2 + 2SO^4Mn + 3H^2O + 5O.$$ [1]

On peut par suite doser un corps oxydable en mesurant la quantité de permanganate nécessaire pour produire son oxydation. Cette mesure est facile : dès qu'il y a un très léger excès de permanganate le liquide se colore fortement en violet rouge.

SELS DE MANGANÈSE

175. Les sels de manganèse les plus stables, ceux que l'on rouve dans le commerce, sont des *sels manganeux* correspondant au chlorure $MnCl^2$ et, d'une façon plus générale, au type MnR^2, R étant un radical monovalent :

Azotate	$Mn(AzO^3)^2$
Sulfate	$MnSO^4$
Carbonate	$MnCO^3$

Ils sont roses lorsqu'ils sont hydratés, presque incolores lors-

1. L'acide sulfurique concentré décompose le permanganate conformément à cette réaction. L'oxygène dégagé est fortement ozonisé.

qu'ils sont anhydres; les dissolutions sont rose pâle, à peu près incolores si elles sont étendues.

176. **Sulfate.** — Le sulfate résulte de la décomposition du bioxyde de manganèse par l'acide sulfurique concentré :

$$MnO^2 + SO^4H^2 = SO^4Mn + O + H^2O.$$

Il cristallise avec $7H^2O$ au-dessous de 6° environ, avec $5H^2O$ entre 7° et 20° (il est alors isomorphe de $SO^4Cu, 5H^2O$); on peut obtenir des hydrates à 4 ou $3H^2O$ à des températures plus élevées et le sel $SO^4Mn + H^2O$ à 200°.

Les sels

$$SO^4Mn + SO^4K^2 + 6H^2O,$$
$$SO^4Mn + SO^4(AzH^4)^2 + 6H^2O,$$

sont isomorphes des sels correspondants du magnésium et du zinc.

177. **Carbonate.** — C'est un précipité blanc, que l'on obtient en versant un carbonate alcalin dans la dissolution du chlorure. Le carbonate naturel CO^3Mn est cristallisé en rhomboèdres isomorphes du *spath calcaire*.

MÉTALLURGIE

178. On prépare le manganèse par le procédé Goldschmidt. On réduit un de ses oxydes par l'aluminium. Les deux corps sont mélangés dans un creuset; on amorce la réaction en enflammant une cartouche d'allumage formée d'aluminium en poudre et de bioxyde de baryum agglutinés autour d'un ruban de magnésium. La réaction se fait très rapidement, mais on peut l'entretenir en rajoutant de nouvelles quantités de mélange. La chaleur produite est telle qu'on atteint la même température qu'au four électrique. Le métal reste fondu sous une couche d'alumine liquide. Le manganèse est exempt de charbon et aussi l'aluminium si l'oxyde était en léger excès.

Le manganèse pur n'a pas d'applications. Mais, en réduisant au haut fourneau des mélanges d'oxyde de fer et de manganèse, on prépare des fontes manganésifères (*ferromanganèses*) très riches en manganèse et utilisées dans la métallurgie du fer.

FER, Fe = 56.

179. Fer pur. — Le fer chimiquement pur peut être obtenu, dans les laboratoires, de diverses façons; un des procédés les plus simples est la réduction à chaud du sesquioxyde de fer pur par l'hydrogène pur.

Propriétés. — Le fer est très malléable, très ductile et très tenace; il peut être facilement limé ou raboté. Il fond à 1575°, mais auparavant il se ramollit et devient pâteux; à cet état, il est facile de le forger, de le laminer et de le souder à lui-même; pour arriver à ce dernier résultat, il suffit de prendre les deux morceaux à réunir, de les chauffer au rouge et de les écraser l'un contre l'autre avec un marteau, une presse ou un laminoir.

Un morceau de fer, soumis à une cause d'aimantation, acquiert presque immédiatement la propriété d'attirer la limaille de fer, mais il la perd presque totalement aussitôt que disparaît la cause d'aimantation.

Métaux doux. — Dans l'industrie, en soumettant la fonte à des traitements capables d'éliminer les éléments autres que le fer (c'est-à-dire le carbone, le silicium, etc.), on tend évidemment vers l'obtention du fer pur. On peut arriver ainsi à des composés ferreux présentant des propriétés mécaniques très voisines de celles du fer pur qu'on utilise sous forme de lames, appelées tôles de fer, et sous forme de fils. Il faut que le fer soit déjà très pur pour être étiré en fils fins; aussi le fer le plus pur du commerce est-il le fil de clavecin.

Les noyaux des électro-aimants (machines, sonnettes, télégraphes) sont en fer doux.

Variétés allotropiques. — Le fer présente au moins trois variétés allotropiques, dont chacune est la plus stable dans des intervalles de température déterminés. Le fer γ, stable depuis la température de fusion jusqu'à 890°, n'est pas magnétique et dissout relativement bien le carbone. Le fer β, stable de 890° à 770°, n'est pas magnétique non plus; au-dessous de 770° la variété stable est le fer dit α, lequel est magnétique et ne dissout pas le carbone.

180. Propriétés chimiques du fer. — Les propriétés chimiques du fer pur, de la fonte et de l'acier, sont à bien peu de chose près les mêmes; ce que nous dirons se rapporte à l'une quelconque de ces substances.

Action de l'air et de l'eau. — Le fer peut se conserver indéfiniment dans l'air ou l'oxygène secs sans subir d'altération. Chauffé au rouge, il s'oxyde et se couvre d'une pellicule qui se détache en écailles d'oxyde magnétique $Fe^3 O^4$ (*battitures*) lorsqu'on le forge. Il brûle dans l'oxygène avec grand éclat (18), en donnant ce même oxyde magnétique.

Il résiste à l'action de l'eau, même lorsque cette dernière est bouillante, aussi l'utilise-t-on pour fabriquer les ustensiles de cuisine; mais à température plus élevée, au rouge sombre, il décompose la vapeur d'eau en hydrogène qui se dégage, et oxygène qui forme encore de l'oxyde magnétique. On peut utiliser cette réaction pour préparer de l'hydrogène (18).

Dans l'air humide, le fer se recouvre d'une couche pulvérulente de sesquioxyde hydraté (*rouille*). On le préserve de l'oxydation en le recouvrant d'étain (*fer-blanc*), ou de zinc (195) (*fer galvanisé*), ou bien encore en le recouvrant de plusieurs couches de peinture.

Chauffé avec du soufre, il forme un sulfure très fusible Fe S.
Le *perchlorure de fer* $Fe Cl^5$, obtenu par l'action du chlore sur le fer, est employé contre les hémorragies, car il a la propriété de coaguler le sang, mais seulement quand il est en solution étendue.

L'acide sulfurique étendu d'eau attaque le fer en donnant de l'hydrogène et du sulfate de fer $S O^4 Fe$.

Poids atomique. — L'isomorphisme du carbonate ferreux (*Fer spathique*) avec le carbonate de magnésium fixe la formule de ce sel et permet par conséquent de choisir parmi les nombres proportionnels du fer celui qu'il convient de prendre comme poids atomique : Fe = 56 (55,9).

Quelques combinaisons du fer sont assez volatiles pour qu'on ait pu mesurer leurs densités de vapeur; d'autres ont pu être ébullioscopées ou cryoscopées. Ces mesures ont conduit à des déterminations de poids moléculaire d'où il résulte que le plus grand commun diviseur des poids de fer contenus dans les molécules des composés de ce métal est 56 (55,9).

La chaleur spécifique moyenne 0,112, qui ne subit que des variations très petites entre 0° et 100°, s'accorde avec le poids atomique 56 :

$$56 \times 0,1126 = 6,3.$$

Mais, au delà de 700°, on observe une variation brusque dans la chaleur spécifique du fer. la loi de Dulong et Petit ne se vérifie plus

$$56 \times 0,218 = 12,2.$$

Composés ferreux et composés ferriques. — Dans un grand nombre de ses combinaisons, le fer se comporte comme un élément bivalent. Citons $Fe Cl^2$, Fe O, $Fe (OH)^2$, $S O^4 Fe$. Ces composés, qu'il est facile de dériver les uns des autres, sont dits composés *ferreux*.

Mais, fréquemment aussi, un atome de fer se comporte comme un radical trivalent. Tel est le cas dans les combinaisons $Fe\,Cl^3$ qu'on nomme combinaisons *ferriques*. On peut admettre que le fer y est trivalent $Fe\,(OH)^3$.

CHLORURES

On connaît un *chlorure ferreux* $Fe\,Cl^2$ et un sesquichlorure de fer ou chlorure ferrique $Fe^2\,Cl^6$ ou $Fe\,Cl^3$.

180. — **Protochlorure,** $Fe\,Cl^2$. — En chauffant du fer dans un courant de gaz chlorhydrique, on obtient le chlorure ferreux en cristaux blancs, solubles dans l'eau. On obtient directement la dissolution en attaquant le fer par l'acide chlorhydrique du commerce ; il se dégage de l'hydrogène et l'on obtient un liquide vert clair qui, par évaporation, donne des cristaux verts

$$Fe\,Cl^2 + 4\,H^2\,O.$$

182. **Sesquichlorure,** $Fe\,Cl^3$. — On prépare le sesquichlorure de fer en chauffant le métal dans un courant de chlore sec ; il cristallise en lamelles brunes. Il se dissout dans l'eau en donnant un liquide brun foncé que l'on prépare plus facilement en dissolvant du sesquioxyde de fer dans l'acide chlorhydrique. En solution sirupeuse il cristallise avec 6 molécules d'eau.

L'hydrogène réduit le sesquichlorure anhydre sous l'action de la chaleur et donne du fer très divisé. Chauffé dans un courant de vapeur d'eau, il se transforme en sesquioxyde cristallisé avec dégagement de gaz chlorhydrique :

$$2\,Fe\,Cl^3 + 3\,H^2\,O = Fe^2\,O^3 + 6\,H\,Cl.$$

En solution éthérée ou alcoolique, la détermination du poids moléculaire du chlorure ferrique correspond à la formule $Fe\,Cl^3$, tandis que la densité de vapeur indique $Fe^2\,Cl^6$.

CYANURES

Les cyanures simples correspondant aux chlorures, $Fe\,Cy^2$ et $Fe\,Cy^3$, sont mal connus et n'ont aucun intérêt pratique ; il n'en est pas ainsi des cyanures doubles.

183. **Ferrocyanure de potassium.** — On trouve dans le commerce un cyanure double de fer et de potassium, désigné sous

les noms de *ferrocyanure de potassium* ou de *prussiate jaune de potassium*, en beaux cristaux jaunes, dont la composition est représentée par la formule

$$Fe\,Cy^6.\,K^4 + 3\,H^2O.$$

On prépare ce sel en décomposant par la chaleur des débris de peau, puis chauffant la matière charbonneuse ainsi obtenue avec du carbonate de potassium dans des chaudières en fer. On reprend par l'eau bouillante et l'on concentre jusqu'à cristallisation.

Le ferrocyanure de potassium donne, avec les dissolutions d'un certain nombre de sels métalliques, des précipités dont la couleur est caractéristique du métal. Avec les sels de cuivre on obtient un précipité *brun* $Fe\,Cy^6, Cu^2$; avec les sels de plomb, un précipité *blanc* $Fe\,Cy^6.\,Pb^2$. Si l'on met ce sel de plomb en suspension dans l'eau et si l'on y fait passer un courant d'hydrogène sulfuré, le plomb est précipité à l'état de sulfure noir et l'on obtient, par évaporation de la liqueur dans le vide, des cristaux dont la composition est $Fe\,Cy^6.\,H^4$ · c'est *l'acide ferrocyanhydrique* [1]

La prussiate jaune de potassium donne avec les sels ferreux un précipité blanc bleuâtre $Fe\,Cy^6\,Fe\,K^2$, et avec les sels ferriques un précipité bleu foncé (bleu de Prusse).

183. **Ferricyanure de potassium.** — Lorsqu'on fait passer un courant de chlore dans une dissolution de prussiate jaune jusqu'à ce que la liqueur ne donne plus de précipité bleu avec les sels ferriques, et qu'on la concentre, on voit se déposer des cristaux volumineux d'un sel rouge foncé, que l'on désigne sous les noms de *ferricyanure de potassium* [2], *prussiate rouge de potassium* $Cy^6\,Fe\,K^3$.

$$Fe\,Cy^6.\,K^4) + 2\,Cl = 2\,K\,Cl + Cy^6\,Fe\,K^3.$$

Le prussiate rouge précipite en bleu les sels ferreux en donnant le corps $(Fe\,Cy^6)^2\,Fe^3$ (*ferricyanure ferreux*) ; avec les sels ferriques, il ne donne pas de précipité, mais le liquide se colore en brun.

184. **Bleu de Prusse**, $Cy^{18}\,Fe^7$ ou $(Fe\,Cy^6)^3\,Fe^4$. — Le bleu de Prusse (*ferrocyanure ferrique*) est un précipité bleu foncé, que l'on obtient en mélangeant les dissolutions de ferrocyanure de potassium et d'un sel ferrique :

$$4\,Fe\,Cl^3 + 3\,Fe\,Cy^6\,K^4 = 12\,K\,Cl + (Fe\,Cy^6)^3\,Fe^4.$$

1. Le groupement $Fe\,Cy^6$ se comporte donc comme un radical *tétravalent*, le *ferrocyanogène* ($Fe\,Cy^6$).
2. Le radical *ferricyanogène* se comporte comme un radical trivalent.

Le bleu de Prusse se trouve dans le commerce en pains d'un bleu foncé avec reflets cuivrés; il est insoluble dans l'eau et dans l'alcool. Il est employé en peinture et en teinture; dissous dans l'acide oxalique étendu, il fournit une belle encre bleue.

COMPOSÉS OXYGÉNÉS

Les composés oxygénés du fer sont :

1° Le protoxyde FeO;

2° L'oxyde salin ou oxyde magnétique Fe^3O^4;

3° Le sesquioxyde Fe^2O^3;

4° Le trioxyde ou anhydride ferrique FeO^3, qui n'est d'ailleurs connu qu'à l'état de combinaison avec les alcalis (*ferrates*) et qui ne présente aucun intérêt pratique.

185. **Protoxyde,** FeO. — Le protoxyde de fer s'obtient à l'état anhydre lorsqu'on chauffe le sesquioxyde dans un courant de gaz hydrogène à 440°. Après refroidissement il se présente sous la forme d'une poudre noire pyrophorique.

Le précipité vert que l'on obtient en versant de la potasse, de la soude ou de l'ammoniaque dans la dissolution d'un sel ferreux est un hydrate ferreux $Fe(OH)^2$. La couleur de ce précipité devient plus foncé et tourne au brun si on l'agite au contact de l'air; il se transforme alors peu à peu en sesquioxyde. L'eau de chlore, les dissolutions des hypochlorites alcalins opèrent rapidement cette transformation.

La précipitation de l'hydrate ferreux n'aura plus lieu par l'ammoniaque si le sel ferreux est additionné d'un sel ammoniacal. Le protoxyde de fer, comme les protoxydes de magnésium, de zinc, et les autres protoxydes métalliques, est en effet soluble dans les sels ammoniacaux, d'où il déplace l'ammoniaque.

186. **Sesquioxyde,** Fe^2O^3. — Le sesquioxyde de fer anhydre Fe^2O^3 se trouve dans la nature en cristaux rhomboédriques, noirs, doués de l'éclat métallique (*Fer oligiste*), ou en masses compactes, fibreuses, d'un rouge foncé (*Hématite rouge*).

A l'état d'hydrate, il se rencontre en masses brunes concrétionnées (*Hématite brune*) ou en grains dans les couches du terrain jurassique (*Fer oolithique*).

On prépare le sesquioxyde de fer anhydre en décomposant par la chaleur le sulfate ferreux (190), ou mieux le sulfate ferrique. C'est une poudre rouge, très divisée, qui, sous le nom de *colcothar* ou de *rouge d'Angleterre*, est employée au polissage des glaces ou dans la peinture à l'huile.

Ainsi préparé, Fe^2O^3 est amorphe; on l'obtient cristallisé en décomposant par la chaleur le sulfate ferreux en présence du sel marin ou en faisant passer un courant de vapeur d'eau sur le sesquichlorure chauffé au rouge sombre. Il a la forme du *fer oligiste*.

L'hydrate $Fe(OH)^3$ s'obtient en versant un sel ferrique dans une dissolution alcaline. C'est un précipité brun, gélatineux, qui perd son eau sous l'action de la chaleur ; si, après sa dessiccation, on continue de le chauffer, il devient incandescent et se transforme en une variété compacte, qui ne se dissout plus que très difficilement dans les acides. Enfin, au rouge blanc il perd de l'oxygène et se transforme en oxyde salin Fe^3O^4.

L'hydrate ferrique mis en suspension dans l'eau et soumis à une ébullition prolongée se déshydrate partiellement et se transforme en une poudre rouge dont la composition est celle d'un hydrate ferrique naturel, la *Gœthite* $2Fe^2O^3, H^2O$ où $Fe^4O^5(OH)^2$. Cet hydrate est insoluble dans l'acide azotique et difficilement soluble dans l'acide chlorhydrique.

Hydrate ferrique soluble. — L'hydrate ferrique récemment précipité est soluble dans une dissolution concentrée de chlorure ferrique ; si l'on soumet à la dialyse une telle dissolution, on obtient comme résidu, sur le dialyseur, une liqueur rouge de sang qui se coagule lorsqu'on la concentre trop fortement par la chaleur ou lorsqu'on ajoute des traces d'acide sulfurique, d'alcali ou de certains sels. La coloration rouge des dissolutions d'oxyde de fer *colloïdal* est tellement intense, qu'une liqueur qui en contient 1 pour 100 possède la couleur rouge sombre du sang veineux et elle peut être extrêmement diluée sans que la coloration cesse d'être perceptible.

Une dissolution de perchlorure de fer diluée au point d'être presque incolore prend cette même coloration rouge lorsqu'on la chauffe vers 70°. On peut admettre que le sesquichlorure s'est décomposé en hydrate soluble et acide chlorhydrique libre ; on sépare en effet celui-ci par la dialyse et la liqueur qui reste sur le dialyseur est coagulable dans les mêmes conditions que l'oxyde de fer soluble.

Mais, si l'on chauffe une dissolution de perchlorure de fer étendue d'eau, à 100°, elle devient rouge et paraît trouble par réflexion ; elle tient alors en suspension l'hydrate basique modifié $Fe^4O^5(OH)^2$, qui se précipite par l'addition de dissolutions salines et qui est insoluble dans les acides.

187. **Oxyde salin** (*oxyde magnétique*), Fe^3O^4. — L'oxyde salin se trouve dans la nature en cristaux noirs dérivant du système cubique ou en masses compactes ; cet oxyde est attirable à l'aimant, et l'aimant naturel a la composition de cet oxyde.

C'est le composé oxygéné du fer le plus stable aux températures élevées : aussi l'obtient-on quand on brûle du fer dans l'oxygène ou quand on décompose la vapeur d'eau par le fer. Lorsqu'on le dissout dans un acide, la liqueur renferme un sel de protoxyde et un sel de sesquioxyde et l'on peut précipiter successivement ces deux oxydes en versant de la potasse goutte à goutte dans la dissolution. Mais si, inversement, on verse cette dissolution dans la solution alcaline, on obtient un précipité noir qui présente la composition de Fe^3O^4. Pour ces motifs, on envisage cet oxyde comme un véritable sel (*oxyde salin*) résultant de la combinaison du protoxyde et du sesquioxyde :

$$Fe^3O^4 = FeO, Fe^2O^3.$$

L'oxyde magnétique de fer est d'ailleurs isomorphe des spinelles et sa formule rentre dans la formule générale $M^2M'O^4$.

SULFURES DE FER

188. **Protosulfure**, FeS. — On prépare un protosulfure de fer en chauffant dans un creuset un mélange de soufre et de limaille de fer, et coulant la masse fondue.

On se sert de ce composé pour préparer l'hydrogène sulfuré dans les laboratoires ; mais on doit se rappeler que le gaz ainsi préparé est impur, parce que le protosulfure préparé comme ci-dessus renferme presque toujours un excès de fer qui, au contact de la liqueur acide, donne de l'hydrogène.

A l'état d'hydrate, on obtient le protosulfure sous la forme d'un précipité noir, lorsqu'on verse une dissolution de sulfhydrate d'ammoniaque dans un sel de fer.

189. **Bisulfure** (*Pyrites*), FeS^2. — La pyrite est dimorphe. Une première variété se rencontre en grande abondance dans la nature sous la forme de cristaux dérivant du système cubique, d'un beau jaune de laiton. C'est la *Pyrite martiale*, très dure, faisant feu sous le briquet.

La seconde variété (*Pyrite blanche* ou *Marcassite*), d'un jaune verdâtre, dérive d'un prisme droit à base rhombe. Celle-ci est beaucoup plus altérable que l'autre : elle s'oxyde lentement au contact de l'eau, se délite et se transforme en sulfate de fer.

Le grillage des pyrites fournit à l'industrie le gaz sulfureux, nécessaire à la fabrication de l'acide sulfurique.

$$2FeS^2 + 11O = Fe^2O^3 + 4SO^2.$$

SELS DE FER OXYGÉNÉS

Il y a deux séries de sels de fer.

Les sels ferreux hydratés et leurs dissolutions sont d'un vert clair, les sels ferriques sont bruns ; ces derniers cristallisent difficilement.

L'oxygène et les oxydants transforment facilement les sels ferreux en sels ferriques ; aussi les sels ferreux jouent-ils le rôle de réducteurs. Inversement les sels ferriques sont fréquemment utilisés comme oxydants.

190. **Sulfates.** — *Sulfate ferreux.* — Le sulfate ferreux (*vitriol vert, couperose verte*) cristallise à la température ordinaire avec 7 molécules d'eau : $SO^4Fe + 7H^2O$; les cristaux sont d'un vert clair. A la température de 15°, 100 parties d'eau en dissolvent 70 parties et 300 parties à 100°. Aussi ce sel cristallise-t-il facilement par refroidissement de ses dissolutions saturées à chaud.

Il perd 6 molécules d'eau à 100°, et la septième à 300°. Le sel sec est incolore. Si on le calcine au rouge, il se décompose en anhydride sulfurique, gaz sulfureux et sesquioxyde de fer, qui reste sous la forme d'une poudre rouge (*rouge d'Angleterre, colcothar*) :

$$2SO^4Fe = Fe^2O^3 + SO^3 + SO^2.$$

Au contact de l'air, les cristaux de sulfate ferreux se recouvrent d'une couche jaune, pulvérulente, de sous-sulfate ferrique :

$$2SO^4Fe + O = (SO^4)^2OFe^2 ;$$

cette transformation est plus facile encore à réaliser lorsque le sel est dissous.

L'acide azotique, le chlore transforment également le sulfate ferreux dissous en sulfate ferrique. A la dissolution du sulfate ferreux qui est d'un vert pâle, ajoutons de l'acide azotique ; il y a, même à froid, réduction du composé azotique et le bioxyde d'azote qui en résulte s'unit à un excès de sulfate ferreux pour former une combinaison brune peu stable. Cette combinaison se dissocie si l'on élève la température, et du bioxyde d'azote se dégage (*préparation du bioxyde d'azote*) ; le sulfate ferreux s'est transformé en sulfate ferrique. On opère toujours en présence d'un excès d'acide sulfurique :

$$6SO^4Fe + 3SO^4H^2 + 2AzO^3H = 3(SO^4)^3Fe^2 + 2AzO + 4H^2O.$$

Avec le chlore on aurait

$$2SO^4Fe + SO^4H^2 + 2Cl = (SO^4)^3Fe^2 + 2HCl.$$

Le sulfate ferreux, tendant ainsi à se suroxyder, sera employé comme réducteur.

Inversement, un courant d'hydrogène sulfuré, passant dans

une dissolution d'un sel de sesquioxyde de fer, ramène celui-ci au minimum d'oxydation.

$$(SO^4)^3Fe^2 + H^2S = 2SO^4Fe + SO^4H^2 + S.$$

On prépare le sulfate ferreux en dissolvant des débris de fer dans l'acide sulfurique impur, résidu d'un certain nombre d'industries (par exemple, l'épuration des huiles), ou en oxydant les pyrites de fer.

Le sulfate de fer est employé dans la teinture en noir, la fabrication de l'encre, du bleu de Prusse (184), de l'acide sulfurique fumant dit de Nordhausen.

Le sulfate ferreux forme avec les sulfates de potassium et d'ammonium des sels doubles isomorphes des combinaisons correspondantes fournies par les sulfates de magnésium, de zinc et de manganèse :

$$SO^4Fe + SO^4K^2 + 6H^2O,$$
$$SO^4Fe + SO^4(AzH^4)^2 + 6H^2O.$$

Sulfates ferriques. — Le sulfate ferrique normal $(SO^4)^3Fe^2$ cristallise difficilement. On le prépare généralement en suroxydant par l'acide azotique la dissolution du sulfate ferreux en présence d'un excès d'acide sulfurique; on évapore à sec et l'on reprend par l'eau. La dissolution est rouge-orangé.

Un sulfate basique $(SO^4)^2OFe^2$, jaune, pulvérulent, se forme à la surface des cristaux de sulfate ferreux exposés à l'air.

Aluns de fer. — La dissolution du sulfate ferrique additionnée de sulfate de potassium ou de sulfate d'ammonium donne par évaporation des octaèdres réguliers d'*aluns de fer* potassique ou ammonique; la couleur de ces aluns est rose ou rose-violacé.

191. **Carbonates ferreux.** — Le carbonate ferreux naturel CO^3Fe est le *Fer spathique*, isomorphe du spath d'Islande et du carbonate manganeux. Il est rose, souvent ocreux. On l'obtient artificiellement sous la forme d'une poudre blanche lorsqu'on ajoute une dissolution de carbonate de sodium à la dissolution du sulfate ferreux; lorsqu'il est humide, il se transforme facilement à l'air en hydrate ferrique.

MÉTALLURGIE DU FER

192. **Minerais de fer.** — Les minerais de fer sont les oxydes et les carbonates.

1° Oxydes anhydres : *L'Oxyde de fer magnétique* ou *Magnétite* Fe^3O^4, qui se rencontre en amas dans les terrains anciens ou disséminé dans les schistes en cristaux nets, donne un fer d'excellente qualité ; la majeure partie des bons fers de Suède est préparée avec ce minerai.

Le sesquioxyde cristallisé ou *Fer oligiste* Fe^2O^3 a quelques gisements importants dans les terrains anciens; le plus célèbre est celui de l'île d'Elbe. Mais il est surtout abondant à l'état amorphe (*Hématite rouge*); il forme des couches dans les terrains secondaires, ou des filons dans les terrains anciens, comme à Framont, dans les Vosges.

2° Oxydes hydratés : *L'Hématite brune* $2Fe^2O^3, 3H^2O$ se trouve en masses fibreuses ou en concrétions, comme dans les Pyrénées; plus fréquemment, le peroxyde de fer hydraté se trouve en petits grains (*minerai de fer en grains*) dans les terrains tertiaires; les usines du centre de la France, de la Champagne et du Berry utilisent ce minerai.

3° Carbonate : Le carbonate ferreux ou *Fer spathique* CO^3Fe, contenant souvent d'assez fortes proportions de manganèse, forme des filons dans les terrains anciens; il accompagne souvent l'hématite brune. C'est, avec l'oxyde magnétique, un des meilleurs minerais de fer. Mélangé à l'argile, on rencontre le carbonate ferreux dans les couches argileuses du terrain houiller, comme en Angleterre.

A côté de ces minerais riches et purs, c'est-à-dire exempts de phosphore et de soufre, autrefois utilisés exclusivement, on trouve aussi un peroxyde hydraté mélangé de phosphate ferreux; tel est le minerai hydraté oolithique des environs de Longwy et de Nancy; tel encore le minerai carbonaté oolithique de Cleveland en Angleterre. Ces minerais donnent des fontes phosphoreuses de mauvaise qualité, mais qui peuvent cependant aujourd'hui être utilisées pour la fabrication de l'acier.

Les minerais riches en manganèse et pauvres en fer sont aujourd'hui très recherchés pour la fabrication des *fontes manganésifères*.

Les minerais riches que l'on rencontre en masses compactes sont broyés et soumis à un grillage préalable qui chasse l'eau, décompose le carbonate, élimine une partie du soufre et facilite le traitement métallurgique ; quant aux minerais en grains, ils sont débarrassés par un lavage des argiles qui les empâtent et grillés.

193. **Principes de la métallurgie du fer.** — ***Les oxydes de fer sont réduits à chaud par l'oxyde de carbone.*** Le carbonate

ferreux, se transformant en oxyde[1] sous l'action de la chaleur, est réduit par ce même gaz.

L'oxyde de carbone utilisé est produit par la combustion d'une masse de charbon disposée en hauteur dans des appareils que l'on appelle les hauts fourneaux (fig. 41). L'air nécessaire arrive en bas d'une colonne de coke, il se produit en cet endroit de l'anhydride carbonique. Ce gaz en montant rencontre du charbon chauffé au rouge, ce qui le transforme en oxyde de carbone :

$$CO^2 + C = 2\,CO.$$

L'oxyde de carbone, ainsi produit, désoxyde le fer et se transforme en acide carbonique.

$$CO + O = CO^2.$$

Le carbone participe d'ailleurs à la réduction des oxydes de fer dans les parties les plus chaudes de l'appareil.

Les minerais de fer, quels que soient les efforts faits en vue de les débarrasser de leur gangue, en renferment encore une certaine quantité. Les matières qui forment cette gangue, argile ou silice, ne fondent qu'à des températures très élevées; il est cependant nécessaire de les éliminer, et cela sous forme de produits fusibles dans l'appareil utilisé, afin de permettre au fer de se rassembler.

Dans ce but on ajoute au minerai du carbonate de chaux qu'on nomme castine; celle-ci à haute température donne de la chaux qui forme, avec la silice et l'alumine[2], un silicate double plus fusible que la gangue, mais cependant peu fusible et qu'on appelle un *laitier*. Pour arriver à fondre le laitier, il faut atteindre des températures élevées.

Or, à ces températures, le fer se transforme en *fonte* au contact du charbon. Ainsi, dans les hauts fourneaux, n'obtient-on pas du fer, mais de la fonte.

FONTES

194. Propriétés des fontes. — Les fontes ordinaires ne sont autre chose que du fer associé à au moins 2,5 pour 100 de carbone, à un peu de silicium et aussi à de minimes quan-

1. Avec départ d'anhydride carbonique.

2. L'argile est un silicate d'aluminium (145). Si la gangue est calcaire on ajoute des silicates.

tités d'autres éléments, tels que le soufre et le phosphore. Ces corps étrangers proviennent des impuretés du minerai et du coke ou bien de la gangue et de revêtement des appareils.

Au point de vue pratique, les fontes se différencient du fer parce qu'elles fondent beaucoup plus bas et qu'elles ne sont pas malléables.

On en distingue deux catégories : la fonte blanche et la fonte grise, entre lesquelles se trouvent tous les intermédiaires.

Dans la *fonte grise*, on voit nettement des lamelles de graphite, ce qui prouve qu'une partie du carbone présent ne se trouve pas à l'état de combinaison.

Dans la *fonte blanche*, au contraire, le carbone est invisible à l'œil nu et l'on a pu retirer des fontes blanches commerciales un composé défini, la cémentite, Fe^3C.

Si la température est très élevée dans le haut fourneau, la fonte obtenue est *grise*; si cette température est moins élevée, la fonte obtenue est blanche. Une surcharge en minerai, pour un appareil donné, fournira de la fonte blanche, et une surcharge en coke, de la fonte grise, toutes choses égales d'ailleurs.

La vitesse avec laquelle se refroidit la fonte liquide a aussi une grande importance : un même liquide, qui par une solidification lente aurait donné de la fonte grise, refroidi brusquement, deviendra de la fonte blanche.

Les propriétés de ces deux sortes de fonte sont bien distinctes.

La **fonte blanche** fond vers 1100° sans jamais prendre une grande fluidité ; elle est, par conséquent, impropre au moulage. Elle est dure et cassante et, par suite, ne peut être travaillée ni à la lime ni au marteau. *On la réserve pour la préparation du fer.*

La **fonte grise** est, comme son nom l'indique, de couleur grise ; elle fond à 1200° et devient très fluide ; elle se laisse limer et tourner avec facilité. *La fonte grise est employée au moulage*, directement au sortir du haut fourneau lorsqu'il s'agit de grosses pièces (cylindres de machines à vapeur) ou des objets grossiers (conduites d'eau, colonnes, etc.) ; c'est un *moulage de première fusion.*

Mais pour les objets de petites dimensions le moulage s'effectue dans des usines spéciales, après une nouvelle fusion dans de petits fourneaux verticaux (*cubilots*) : *moulage de seconde fusion.*

Les moules sont généralement en sable, plus rarement en fer.

Fontes truitées. On appelle ainsi des fontes blanches parsemées de taches isolées de graphite.

Fontes spéciales. — L'industrie fabrique aussi des fontes spéciales renfermant une proportion considérable de divers éléments; on les désigne en faisant suivre le mot ferro du nom du corps associé au fer. Tels sont les ferromanganèse, ferrochrome, ferrotungstène, ferrosilicium. Généralement, on les ajoute en proportion convenable aux fontes ordinaires, afin d'obtenir ultérieurement des aciers doués de qualités spéciales.

Disons, en outre, que l'addition de ferrosilicium à une fonte blanche permet de la transformer en fonte grise.

FERS INDUSTRIELS ET ACIERS

196. **Définition.** — L'industrie utilise sous le nom de fers et d'aciers des produits ferreux *malléables* se soudant à eux-mêmes au rouge et renfermant, outre le fer, un peu de carbone (au plus 1,5 pour 100), moins encore de silicium, et des traces d'autres éléments (exception faite toutefois de ce qu'on appelle les aciers spéciaux).

Actuellement, on tient compte, pour différencier ces deux sortes de produits ferreux, uniquement de leur mode de préparation : s'ils ont été obtenus par un procédé impliquant leur fusion, on les appelle des aciers; s'ils n'ont pas été fondus, mais agglomérés en utilisant la propriété qu'ils ont de se souder à eux-mêmes au rouge, on les appelle des fers.

Métaux doux. — Dans l'industrie, en soumettant la fonte à des traitements capables d'éliminer les éléments autres que le fer (c'est-à-dire le carbone, le silicium, etc.), on tend évidemment vers l'obtention du fer pur. On peut arriver ainsi à des composés ferreux présentant des propriétés mécaniques très voisines de celles du fer pur et qu'on appelle fers ou aciers doux. On les utilise sous forme de lames, appelées tôles, sous forme de fils. Il faut que le fer soit déjà très pur pour pouvoir être étiré en fils fins; aussi le fer le plus pur du commerce est-il le fil de clavecin.

Fers doux. — On classe les fers d'après la façon dont ils supportent certains essais mécaniques, tels que le nombre de pliages qu'ils peuvent, à chaud, supporter sans se rompre. On n'utilise commercialement que ceux de nuance douce, supportant un assez grand nombre de pliages.

Les noyaux des électro-aimants (machines, sonnettes, télégraphes) sont en fer doux.

Aciers. — Les aciers commerciaux contiennent de 0,05 à 1,5 pour 100 de carbone; les plus carburés servent uniquement à faire des outils, ils constituent des métaux extra-durs; par contre, les moins carburés sont des métaux extra-doux utilisés dans la construction et la fabrication des pièces des machines. On les classe d'après leurs résistance à la traction.

Les aciers durs s'aimantent moins facilement que les fers doux mais l'aimantation persiste chez eux à un haut degré, longtemps après la disparition de la cause qui l'a produite.

Trempe. — Tous les composés ferreux, fers, fontes, aciers, peuvent être modifiés quand, après avoir été portés au rouge, ils sont refroidis brusquement, particulièrement par immersion dans l'eau ou dans l'huile.

Cette immersion a reçu le nom de trempe.

Mais son effet, *presque nul avec les métaux doux*, plus marqué avec la fonte grise, est *très marqué lorsqu'on a affaire à des aciers* qui ne sont pas trop doux.

De tels aciers sont après la trempe beaucoup plus durs et plus cassant qu'ils ne l'étaient auparavant.

CONSTITUTION DES PRODUITS FERREUX

La question de la constitution des composés ferreux étant fort complexe et très loin d'être complètement élucidée, nous nous bornerons à donner quelques indications sommaires.

Les produits ferreux peuvent être assimilés aux alliages, au microscope, on peut y voir un certain nombre de constituants, ceux dont l'existence est la plus certaine sont les suivants :

La *ferrite*, qui n'est autre que du fer à peu près pur et cristallisé.

La *cémentite*, carbure de fer Fe^3C.

La *perlite*, eutectique de ferrite et de cémentite.

Le *graphite*.

L'*austénite*. C'est une solution solide (en proportions variables) de carbone dans le fer γ, elle n'est stable qu'à température élevée; par refroidissement lent elle se dédouble en ferrite et graphite. Mais par un refroidissement brusque on évite le dédoublement en ferrite et graphite; il est remplacé par une transformation en martensite.

La *martensite*. Ce constituant, qui se rencontre dans les aciers trempés, se présente sous forme d'aiguilles ; il est très homogène, mais sa composition est variable entre certaines limites. C'est une solution solide de carbone dans le fer α.

On voit d'après cela que le carbone peut exister dans les composés ferreux froids sous trois états au moins : libre (à l'état de graphite), combiné (à l'état de cémentite), et enfin en solution solide.

Constitution de l'acier. — L'acide fondu lorsqu'il est liquide est une solution homogène ; lorsque la solidification a lieu, il conserve au début la même homogénéité et l'on a ce qu'on peut appeler une solution solide (de carbone dans le fer γ), du moins dans le voisinage du point de solidification.

La température s'abaissant, deux cas peuvent se présenter :

1° Le refroidissement est lent ; alors le fer passe finalement à l'état de fer α ; à partir d'un certain moment dans les composés pauvres en carbone (moins de 0,9 pour. 100), il se produit des cristaux de ferrite, lesquels sont finalement cimentés par la solidification de la perlite ; dans les composés plus riches en carbone, mais pas trop riches cependant, il se fait des cristaux de cémentite, lesquels seront finalement cimentés encore par de la perlite.

Cette dernière constitution est celle des aciers durs non trempés (c'est aussi celle des fontes blanches ; seulement, la proportion de carbone augmentant, celui-ci tend de plus en plus à se séparer en partie sous forme de graphite, aussi la fonte grise renferme-t-elle du graphite, de la perlite et de la cémentite).

2° Le refroidissement a été très rapide, du moins à partir d'un certain moment, c'est le cas d'un acier trempé. On a des résultats très différents des précédents et on se les explique, du moins en partie, par les considérations suivantes : le fer carburé, passant de l'état d'équilibre qu'il possède lorsqu'il est fondu à l'état d'équilibre qu'il possède lorsqu'il est froid, traverse une série d'états d'équilibre intermédiaires ; si à un moment donné on le refroidit brusquement, on immobilise pour ainsi dire le fer carburé dans un de ces états d'équilibre intermédiaires ; les constituants qui se seraient modifiés sont pour ainsi dire immobilisés dans la position où ils se trouvaient lorsque le refroidissement brusque s'est produit.

C'est ainsi qu'en trempant un acier peu après le moment où il vient de se solidifier et alors qu'il est encore à l'état de solution solide, on obtient un métal, qui, à froid, offre l'homogénéité d'une solution (martensite) ; si la trempe est effectuée alors que le dépôt de ferrite ou de cémentite est commencé, on immobilise ce dépôt dans une solution solide.

Recuit. — L'acier trempé est trop cassant pour la plupart des usages auxquels on le destine. On lui redonne de l'élasticité en le recuisant, c'est-à-dire en le réchauffant à des températures plus ou moins élevées.

L'effet du recuit suivi de refroidissement lent serait de permettre à l'acier de reprendre un état voisin de celui où il est en équilibre à la température ordinaire alors que la trempe l'immobilise dans un état qui est celui où il est en équilibre au rouge, mais pas à froid.

Les plaques de blindage, les pièces d'artillerie, se font en aciers Bessemer et Martin.

C'est avec des lames d'acier fortement trempé qu'on coupe le verre dans les laboratoires.

On a vu, d'après les nombres inscrits dans le tableau de la page 5, que l'acier est beaucoup plus tenace que le fer doux.

PRODUCTION DE LA FONTE.

198. **Haut fourneau.** — Un haut fourneau (fig. 41 et 42) est formé de deux troncs de cône réunis par la base : le cône supérieur C est la *cuve* et son ouverture supérieure G le *gueulard*; le cône inférieur E porte le nom d'*étalages* et il se continue par une partie cylindrique O (*ouvrage*). Au-dessous se trouve le *creuset* K, dont la section est rectangulaire. Une des parois du creuset est formée par une pierre prismatique (*dame*) qui forme la *paroi antérieure*. Les parois postérieure et latérale de l'ouvrage sont percées d'ouvertures dans lesquelles on engage les *tuyères*, sortes de cônes, par où arrive l'air nécessaire à la combustion. Cet air est envoyé par des machines soufflantes.

Les gaz qui s'échappent par le gueulard sont chauds ; ils renferment de plus de l'oxyde de carbone qui est combustible. On les recueille et on les fait brûler en leur fournissant la quantité d'air voulue. La chaleur ainsi produite est utilisée, dans des appareils appelés récupérateurs, à chauffer l'air avant son arrivée aux tuyères. On insuffle ainsi dans le haut fourneau non plus de l'air froid, mais de l'air à 800°. On obtient, par cet emploi de l'air chaud, une économie de combustible et une marche plus régulière.

Supposons que le fourneau soit en marche depuis quelque temps : on a versé par le gueulard des couches alternatives de combustible et de minerai mélangé de calcaire (*castine*) ; la température est à son maximum dans l'ouvrage un peu au-dessus des tuyères, elle est peu élevée dans la partie supérieure de l'ouvrage. Au voisinage des tuyères et jusqu'à la base de la cuve, le charbon brûle vivement à l'état d'acide carbonique qui, mélangé d'azote et porté à une température élevée, s'élève, et, au contact du charbon incandescent qu'il rencontre à la base de la cuve, se transforme en oxyde de carbone, celui-ci réduit le minerai et passe de nouveau à l'état d'acide carbonique ; le gaz qui se dégage par le gueulard sera donc formé d'acide carbonique, d'oxyde de carbone et d'azote.

Suivons maintenant la marche descendante des matières solides. Elles se dessèchent dans la partie supérieure de la cuve, l'oxyde de fer hydraté perd son eau, puis la réduction du fer se produit et la castine perd son gaz carbonique dans la partie inférieure de la cuve et dans les étalages; le fer réduit reste jusqu'ici disséminé dans la gangue, rien n'est encore fondu. Au bas des étalages, la chaux se combine avec la silice et l'argile, le fer se carbure et se charge de silicium provenant d'une réduction partielle de la silice par le charbon; enfin, dans l'ouvrage, la fusion de la fonte et du laitier se produit, et les deux liquides

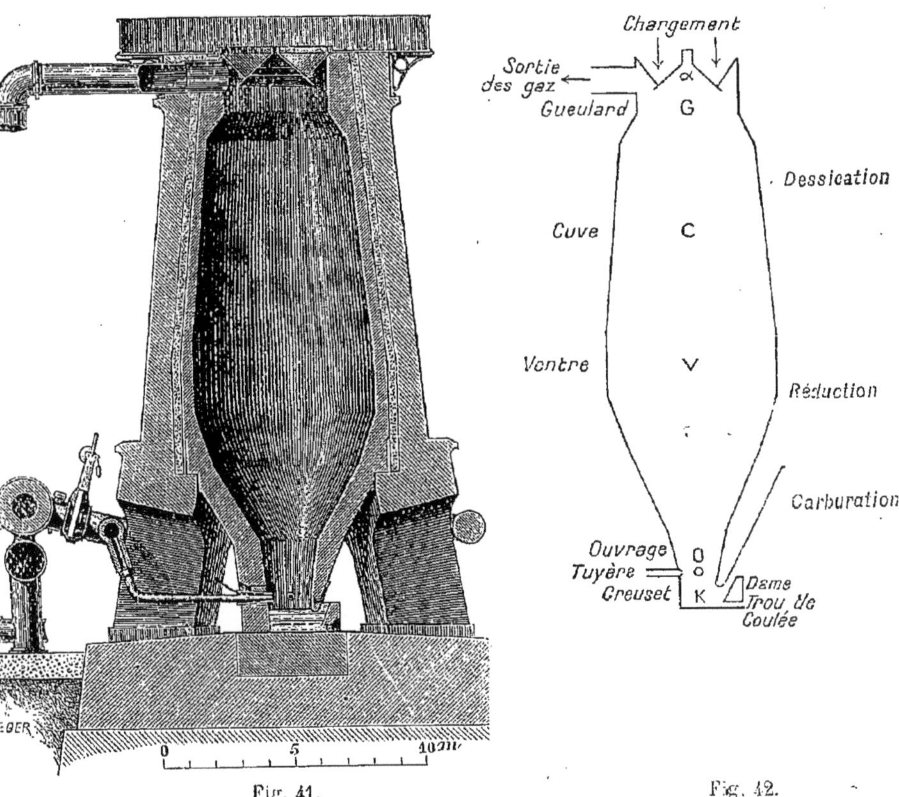

Fig. 41. Fig. 42.

arrivant dans le creuset s'y superposent par ordre de densité, le laitier étant à la partie supérieure.

Dès que le laitier atteint la partie supérieure de la dame, il s'écoule sur un plan incliné, où il se solidifie. Lorsque le creuset est rempli de fonte, on procède à la coulée. Par une ouverture ménagée dans la dame, à la base du creuset, et qu'on appelle *trou de coulée*, fermée pendant l'opération par un tampon d'argile, on fait écouler la fonte dans des canaux pratiqués dans du sable, sur le sol de l'usine, où elle se solidifie. La fonte est alors sous la forme de grosses barres à section demi-circulaire, *gueuses* ou *gueusets* suivant leurs dimensions,

PRODUCTION DU FER DOUX.

199. **Puddlage.**— Il s'agit d'enlever à la fonte le carbone et le silicium ; on peut y arriver par oxydation sans qu'il soit nécessaire d'atteindre la température de fusion du fer. Les particules

Fig. 43.

de fer obtenues sont réunies en utilisant le fait que ce métal se soude à lui-même au rouge. La masse obtenue est imprégnée de scories qu'on peut en majeure partie expulser par *cinglage* sous un marteau-pilon à condition d'être à une température où les scories sont encore liquides.

Voici comment on opère :

Sur la sole d'un four à réverbère (*four à puddler*, fig. 43) porté au rouge blanc par la flamme de la houille qui brûle sur la grille A, on place le métal avec des scories riches en oxyde de fer ou des battitures de fer. Le métal entre en fusion et son carbone est brûlé par l'oxygène des oxydes ; de l'oxyde de carbone se dégage en bouillonnant de toute la masse et brûle avec une flamme

Fig. 44.

bleue. L'ouvrier remue la masse avec un ringard par la porte O, et c'est ce brassage qu'on appelle puddlage. Plus le fer s'affine et plus la masse devient pâteuse, car, si l'on opère au-dessus du point de fusion de la fonte, on se trouve cependant au-dessous du point de fusion du fer. Lorsque l'ouvrier juge que l'affinage est suffisant, il fait écouler les impuretés qui se séparent, et qu'on nomme des scories, par la partie déclive du four, puis soude les parties du fer en formant une boule qui est immédiatement portée sous le marteau-pilon.

Le *marteau-pilon à vapeur* (fig. 44), qu'un ouvrier manœuvre avec une extrême facilité, est destiné à battre dans tous les sens cette boule, espèce d'éponge en fer, à en exprimer les scories et à souder les fragments de fer encore rouge pour en faire une masse compacte. Cette opération ne dure qu'un temps très court, et le fer, encore rouge, est porté au laminoir et transformé en barres.

Le fer puddlé n'est pas homogène, car il n'a pas été fondu, et ses diverses parties ont été seulement agglomérées par le battage. Après l'avoir réduit en barres, on superpose un certain nombre de celles-ci, et, après les avoir portées au rouge, on les lamine; en recommençant cette opération, qui fait l'effet d'une sorte de pétrissage, on obtient des barreaux suffisamment homogènes.

PRODUCTION DE L'ACIER.

200. On prépare l'acier en carburant le fer, en décarburant incomplètement la fonte ou en la décarburant complètement et recarburant ensuite.

201. **Cémentation.** — On prépare l'acier de cémentation en chauffant de minces barres de fer doux au contact du poussier de charbon. L'opération se fait dans des caisses rectangulaires en briques réfractaires disposées dans un four commun et remplies de poussier de charbon de bois mélangé de $\frac{1}{10}$ de son poids de cendres et d'un peu de sel marin. On maintient ces caisses pendant sept à huit jours à la température de fusion du cuivre, vers 1100°. Les barres sont recouvertes de soufflures qui font donner à l'acier de cémentation le nom d'*acier poule*.

La transformation du fer en acier n'est que superficielle : on n'emploie le produit ici qu'après l'avoir *fondu* dans des creusets en plombagine.

202. **Procédé Bessemer.** — Dans le procédé Bessemer, on introduit de la fonte en fusion dans une sorte de cornue en forte tôle protégée par une garniture intérieure de matériaux réfractaires.

La cornue est mobile autour d'un axe horizontal (fig. 45). On injecte ensuite dans cette masse un courant d'air qui brûle le carbone, le silicium, le phosphore et donne du fer pur. Cette première partie de l'opération n'est donc qu'un affinage.

L'air ne peut passer dans la masse que si elle reste liquide ; pour cela, il faut qu'elle soit maintenue à température élevée dans l'appareil ; la combustion du carbone de la fonte ne suffirait pas à amener ce résultat ; mais celle du silicium ainsi que celle du phosphore suffit : aussi utilisera-t-on des fontes riches soit en silicium soit en phosphore ; mais en pratique il faut qu'un seul de ces éléments soit présent en quantité notable, car il faut arriver à les éliminer, or leur élimination dans les scories ne se fait pas de la même façon :

S'il y a du silicium, on garnit le bessemer avec des silicates ; s'il y a du phosphore, on garnit avec de la dolomie (carbonate de calcium et de magnésium). Le silicium s'élimine en partie à l'état d'étincelles de silice, en partie à l'état de silicates, le phosphore à l'état de phosphates.

Après le soufflage, le métal renferme un peu d'oxyde de fer qui nuirait à ses qualités ; on ajoute alors une certaine quantité de ferromanganèse, le manganèse réduit l'oxyde de fer et passe dans les scories ; ce ferromanganèse, de plus, introduit une certaine quantité de carbone.

On fait alors tourner la cornue de façon à faire couler son contenu dans des poches qui transportent l'acier aux endroits voulus.

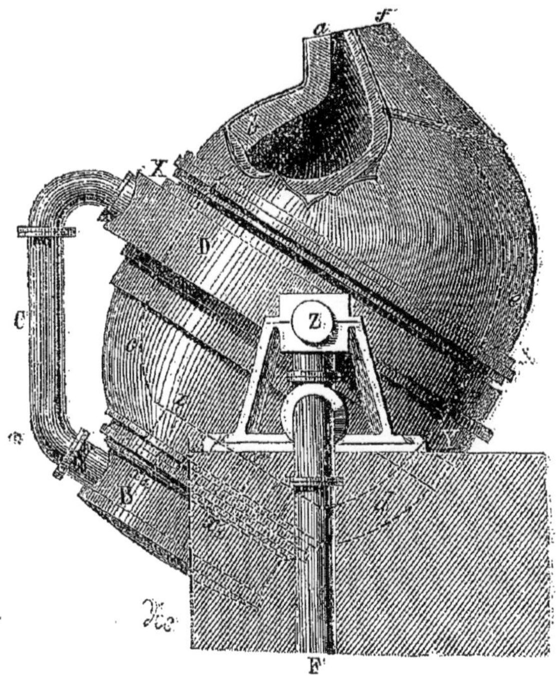

Fig. 45.

205. **Procédé Martin.** — Le procédé Bessemer qui permet d'obtenir d'une seule coulée 10.000 kilogrammes d'acier, n'était déjà plus suffisant pour préparer les énormes pièces métalliques que l'industrie emploie actuellement. Dans le procédé *Martin*, on chauffe sur la sole *c* d'immenses fours à réverbère (fig. 46) de la fonte et des déchets de fer, de façon à obtenir un bain dont la teneur en carbone peut être calculée d'avance. On peut facilement ainsi fondre et couler d'une seule pièce 20 à 25 tonnes de fer aciéreux d'une homogénéité parfaite.

La sole est en fonte, mais elle est refroidie par son contact avec l'air ambiant; elle est d'ailleurs séparée de l'acier par une épaisse garniture qui, comme dans le bessemer, peut être acide ou basique, c'est-à-dire composée de silicates riches en silice ou composée de chaux et magnésie.

Récupérateurs Siemens. — La fusion de l'acier opérée en grand sur la sole d'un four exige que ce four soit maintenu à température élevée. On y arrive en chauffant à l'oxyde de carbone provenant de gazogènes.

Cet oxyde de carbone, avant de pénétrer dans le four, traverse une chambre A (à gauche de la figure) remplie de briques formant cloisons à claire-voie, et préalablement chauffées comme il va être dit. L'air nécessaire à la combustion traverse avant son arrivée une chambre B (à gauche) du même genre.

Dans le four, la combustion se produit avec des gaz arrivant déjà chauds, ce qui permet d'atteindre des températures notablement plus élevées que ces gaz arrivaient froids.

Il sort du four des produits gazeux très chaux; on les fait passer dans des chambres A et B (à droite de la figure) identiques aux précédentes: ces cham-

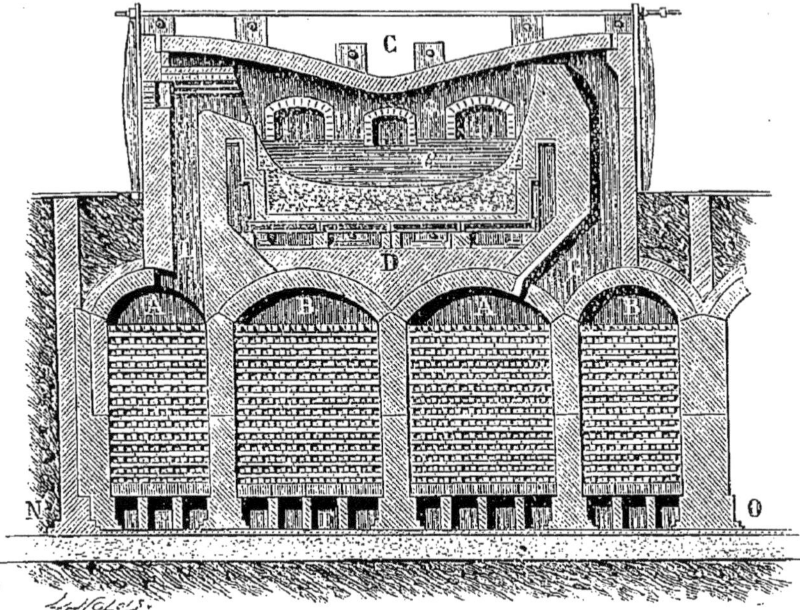

Fig. 46.

bres de droite s'échauffent, et quand leur température est assez élevée on renverse le sens du courant gazeux traversant l'appareil. Les chambres de droite jouent le rôle que jouaient tout à l'heure les chambres de gauche, et réciproquement.

Coulées d'acier. — Lorsqu'on coule de l'acier on se heurte à certaines difficultés : pendant le refroidissement ce métal laisse dégager des gaz qui étaient dissous à chaud; ces gaz étant surtout des oxydes du carbone, on réduit le dégagement gazeux à rien en ajoutant à l'acier liquide un peu d'aluminium ou un peu de silicium, lesquels réduisent les oxydes du charbon.

De plus il tend à se former une cavité suivant l'axe du lingot par suite de la contraction qui se produit lors de la solidification. On y remédie en comprimant l'acier qui se solidifie.

NICKEL, Ni = 58,6.

204. **Propriétés.** — Le nickel est un métal gris comme le fer, un peu moins dur que le manganèse; la densité varie de 8,3 à 8,8; il est ductible, malléable et magnétique. Sa fusibilité est intermédiaire entre celle du manganèse et celle du fer.

Il se comporte comme le fer vis-à-vis des acides; mais il est moins oxydable que le fer.

Chauffé à 60° dans un courant d'oxyde de carbone, le nickel très divisé, tel qu'il résulte de la décomposition de l'oxalate à la plus basse température possible, fixe l'oxyde de carbone donnant un liquide, incolore, bouillant à 46° le *nickel carbonyle* $Ni(CO)^4$.

205. **Chlorure.** — Le chlorure anhydre $Ni Cl^2$ se forme par l'union directe du chlore avec le métal : il se sublime en paillettes jaunes, peu volatiles. Dissous dans l'eau, il forme une liqueur verte et cristallise avec $6 H^2 O$.

COMPOSÉS DU NICKEL

205. **Oxydes.** — Ils sont au nombre de trois : le *protoxyde* $Ni O$, l'*oxyde salin* $Ni^3 O^4$, le *sesquioxyde* $Ni^2 O^3$.

Ce dernier est peu stable; c'est une poudre noire qui se précipite quand on ajoute de l'eau de chlore à une liqueur alcaline tenant l'hydrate nickeleux en suspension; il ne forme pas avec les acides de sels de sesquioxyde : c'est un oxyde singulier.

Le protoxyde s'obtient à l'état d'hydrate lorsqu'on verse une dissolution de potasse ou de soude dans un sel de nickel. C'est un précipité gélatineux vert clair qui, par dessiccation, se transforme en une poudre grise d'oxyde anhydre. L'oxyde de nickel hydraté est soluble dans l'ammoniaque et forme un liquide bleu-violacé. Aussi, lorsqu'on verse de l'ammoniaque dans un sel de nickel, obtient-on un précipité qui se dissout dans un excès de réactif.

207. **Sels.** — On ne connaît qu'une série de sels de nickel correspondant au chlorure $Ni Cl^2$ et dont le type est $Ni R^2$.

Le *sulfate* $S O^4 Ni + 7 H^2 O$, isomorphe du sulfate de fer et du sulfate de magnésium, se prépare directement à l'aide des minerais de nickel, ou en attaquant le métal par l'acide sulfurique. Les sulfates doubles,

$$S O^4 Ni + S O^4 K^2 + 6 H^2 O,$$
$$S O^4 Ni + S O^4 (Az H^4)^2 + 6 H^2 O,$$

sont isomorphes des sels correspondants du magnésium, du zinc, du chrome, du fer et du manganèse.

MÉTALLURGIE DU NICKEL

216. **Minerais.** — Longtemps les seuls minerais exploités pour la préparation industrielle du nickel ont été des arséniures et des arséniosulfures : *Kupfernickel* $Ni As$, *Arséniosulfure* $Ni (As S)^2$.

En 1861, l'ingénieur français J. Garnier découvrait en Nouvelle-Calédonie des gisements abondants d'un silicate double de nickel et de magnésium, qui reçut le nom de *Garniérite*. L'exploitation de ce minerai est devenue rapidement très active.

On exploite actuellement des sulfures de fer nickelifères rencontrés au Canada et en Norvège.

209. **Métallurgie.** — 1° *Traitement des minerais sulfurés et arsenicaux.* — Les arséniures ou arséniosulfures sont grillés; on se débarrasse ainsi de la majeure partie de l'arsenic, qui se sublime à l'état d'anhydride arsénieux (*préparation de l'anhydride arsénieux*). On fond le résidu avec du carbonate de sodium et une petite quantité de nitre; l'arsenic passe à l'état d'arséniate de sodium soluble dans l'eau et il reste un résidu insoluble d'oxyde de nickel. On dissout cet oxyde dans l'acide sulfurique. Pour éliminer de la dissolution une petite quantité de peroxyde de fer, on fait bouillir la liqueur avec du carbonate de calcium, qui ne précipite que le sesquioxyde de fer; le sulfate de calcium peu soluble s'élimine lorsque l'on concentre et que l'on fait cristalliser le sel de nickel. L'oxyde précipité par un alcali est mélangé avec du charbon, façonné en cubes et chauffé dans un creuset fermé; on obtient ainsi un métal aggloméré encore impur, car il contient de l'arsenic, du soufre, du cuivre et du fer.

2° *Traitement de la Garniérite.* — Le minerai riche finement pulvérisé est lavé méthodiquement à l'acide chlorhydrique étendu, qui dissout de la magnésie et du sesquioxyde de fer en entraînant un peu de nickel. Le résidu qui s'est enrichi en nickel est fondu avec un mélange de carbonate de sodium et de charbon. On obtient ainsi directement du nickel ne contenant pas plus de 1 pour 100 de corps étrangers; il est nécessairement carburé.

Le minerai pauvre est fondu au cubilot avec du sulfate de sodium et du charbon, ce qui donne une matte fondue de sulfure de nickel et de fer et une scorie. Cette matte est attaquée par l'acide chlorhydrique; la dissolution jointe à celle qui résulte du lavage des minerais riches est débarrassée du fer par le carbonate de calcium (après peroxydation du fer par un peu de chlorure de chaux), puis précipitée par un lait de chaux. L'oxyde, mélangé de charbon, est façonné en cube ou en lames et réduit dans des creusets fermés.

Nickel pur. — Le métal ainsi préparé est toujours impur; il est de plus fortement carburé.

Pour préparer le nickel pur, H. Sainte-Claire Deville a décomposé par la chaleur, dans un creuset en chaux, l'oxalate de nickel obtenu en précipitant un sel de nickel pur par l'acide oxalique :

$$C^2NiO^4 = Ni + 2CO^2.$$

210. **Alliages du nickel. — Nickelage.** — Un *alliage monétaire*, destiné à remplacer la monnaie de billon en bronze, contient 75 parties de cuivre et 25 parties de nickel : il est gris (Allemagne, Belgique.) Un alliage analogue sert en Suisse.

Les *maillechorts* (*packfong*, *nouvel argent*, *argentan*) sont des alliages gris de composition variable contenant du cuivre, du nickel et du zinc; on ajoute quelquefois de 2 à 3 pour 100 de fer.

Alliage pour couverts : cuivre 60, zinc 25, nickel 15.

Alliage pour orfèvrerie : cuivre 63, zinc 26, nickel 12.

C'est avec le maillechort que l'on fabrique les objets destinés à être argentés.

Les sels de nickel n'étant pas vénéneux, le nickel à peu près pur du commerce peut servir à la fabrication de vases employés dans l'économie domestique (casseroles, cafetières, etc.).

Pour préserver le fer de l'oxydation on le recouvre de nickel. Le *nickelage* s'effectue par voie galvanique en décomposant une dissolution de sulfate de nickel ammoniacal. Le nickel n'est pas déplacé de ses dissolutions en liqueur acide comme le cuivre; aussi peut-on se servir pour le nickelage d'un sulfate renfermant du cuivre et du fer. On électrolyse tout d'abord la solution du sulfate acidulée par un peu d'acide azotique; le cuivre se dépose; puis on ajoute du carbonate d'ammonium ou de l'ammoniaque, ce qui élimine l'hydrate ferrique. La solution du sel de nickel ammoniacal est à son tour électrolysée et donne un dépôt de nickel pur. On peut faire par cette méthode l'analyse d'un alliage contenant du cuivre, du fer, du zinc et du nickel ; le zinc n'est pas déplacé par le courant.

COBALT, Co = 56,7.

211. **Propriétés.** — Les propriétés physiques et chimiques du cobalt diffèrent peu de celles du nickel. Mais, à cause de son prix élevé, le métal n'a pas d'application : il n'en est pas de même de quelques-uns de ses composés.

212. **Chlorure,** $CoCl^2$. — Le *chlorure* cristallise avec 6 molécules d'eau ($CoCl^2 + 6H^2O$) ; sa dissolution, qui est rouge, devient d'un beau bleu lorsqu'on la concentre par la chaleur, ou qu'on l'évapore à sec.

213. **Oxydes de cobalt.** — On connaît trois composés oxygénés : le protoxyde CoO, le sesquioxyde Co^2O^3 et l'oxyde salin Co^3O^4.

Le sesquioxyde est un oxyde singulier : il se décompose au contact des acides oxygénés en protoxyde qui s'unit à l'acide, et en oxygène qui se dégage ; l'acide chlorhydrique le dissout en donnant le chlorure $CoCl^2$ avec dégagement de chlore. On ne connaît pas de sels de sesquioxyde.

Le protoxyde hydraté $Co(OH)^2$ s'obtient lorsqu'on verse de la potasse ou de la soude dans un sel de cobalt dissous (sulfate ou chlorure). Le précipité formé tout d'abord est un sel basique *bleu* qui, en présence d'un excès d'alcali et plus rapidement à chaud, se change en un précipité *rose* d'hydrate.

Il ne faudrait pas employer l'ammoniaque pour effectuer cette précipitation, car le précipité de sous-sel ou d'hydrate formé tout d'abord se redissout dans un excès de réactif en donnant un liquide qui brunit au contact de l'air en s'oxydant et renferme alors une combinaison complexe d'ammoniaque et de sesquioxyde de cobalt.

214. **Sels de cobalt.** — Les sels de cobalt, qui sont tous à base de protoxyde, sont d'un rouge groseille en dissolution ; ils deviennent bleus par dessiccation.

Le *sulfate* cristallise à la température ordinaire avec 7 molécules d'eau ($SO^4Co + 7H^2O$) ; il est isomorphe du sulfate de magnésium et appartient à la série magnésienne.

215. **Applications.** — Lorsqu'on fond de l'oxyde de cobalt avec un silicate fusible, on obtient un verre bleu, qui, pulvérisé finement et mélangé avec de l'essence de térébenthine, est employé dans la peinture sur porcelaine ; c'est une couleur de grand feu.

Le *smalt* ou *bleu d'azur* est un verre bleu qui, réduit en poudre fine, est employé dans les fabriques de papier peint ; il sert encore à azurer le linge et le papier. On prépare le smalt en grillant l'arséniure ou l'arséniosulfure naturels de cobalt, et en fondant le résidu avec du sable blanc et du carbonate de potassium. On pulvérise ce verre et l'on sépare, par lévigation, une poudre impalpable d'un résidu plus grossier que l'on pulvérise de nouveau.

Il reste au fond des creusets où l'on prépare le smalt un résidu métallique d'arséniures de fer et de nickel, le *speiss*, qui est traité comme le minerai de nickel.

On obtient un beau bleu dit *bleu Thénard*, employé en peinture, en mélangeant de 12 à 15 parties en volume d'alumine gélatineuse avec 1 partie de phosphate de cobalt obtenu en précipitant un sel de cobalt par le phosphate de potassium. On dessèche le mélange, qui, par calcination dans un creuset, se transforme en une poudre bleue.

216. **Extraction du cobalt.** — Le cobalt existe à l'état d'arséniures et d'arséniosulfures, qui sont traités par la même méthode que les composés correspondants du nickel. On a ainsi directement le sulfate, à l'aide duquel on prépare l'oxyde,

(172). En ajoutant de l'acide oxalique à la dissolution du sulfate on obtient un précipité cristallin, rose, d'oxalate. Il suffit de calciner cet oxalate dans un creuset fermé pour avoir le métal :

$$C^2CoO^4 = Co + 2CO^2.$$

217. **Séparation du nickel et du cobalt.** — Les sels bruts de nickel préparés à l'aide des arséniures ou des arséniosulfures renferment presque toujours du cobalt, et les sels de cobalt du nickel.

1° La séparation de ces deux métaux peut s'effectuer d'une manière approchée en ajoutant de l'acide oxalique à la dissolution chaude du sel mixte; on précipite le nickel et le cobalt à l'état d'oxalates; on redissout le précipité dans l'ammoniaque et l'on abandonne la liqueur à l'évaporation spontanée.

L'oxalate de nickel se précipite tout d'abord, puis, lorsque le liquide est devenu rose, l'oxalate de cobalt se dépose à son tour. En recueillant les précipités à des moments convenables, on peut donc avoir un sel de nickel pur, un sel de cobalt pur, ou un mélange des deux.

2° Une méthode plus précise qui permet de constater la présence de traces de cobalt dans les sels de nickel consiste à ajouter à la dissolution du carbonate de potassium qui donne un précipité gélatineux de carbonate, puis à redissoudre ce précipité dans l'acide acétique. Si l'on ajoute alors un excès d'azotite de potassium et si l'on agite vivement avec une baguette de verre, on voit la dissolution se troubler si elle contient du cobalt et laisser déposer lentement un précipité jaune d'*azotite double de cobalt et de potassium*; le sel correspondant du nickel est très soluble (pourvu toutefois que la liqueur ne renferme ni métal alcalino-terreux, ni plomb). Le précipité du sel de cobalt lavé avec une dissolution d'azotite alcalin est dissous dans l'acide chlorhydrique et fournit un sel pur de cobalt.

Lorsqu'il s'agit de préparer le nickel destiné aux usages industriels, on ne se préoccupe pas de séparer le cobalt.

CHAPITRE XIII

PLOMB — ÉTAIN — BISMUTH

PLOMB, Pb = 206,4.

218. **Place du plomb dans la classification.** — Normalement le plomb devrait être étudié avec les métaux alcalino-terreux. Comme eux il est divalent; le carbonate est isomorphe du carbonate de calcium (*aragonite*), des carbonates de strontium et de baryum.

La chaleur spécifique est 0,0315, fixant à 206,4 la valeur du symbole Pb :

$$206{,}4 \times 0{,}0315 = 6{,}5.$$

L'analyse du chlorure fixe la formule $PbCl^2$ et définit le métal comme divalent.

219. **Propriétés.** — Le plomb, lorsque sa surface vient d'être mise à nu, est d'un gris bleuâtre et brille d'un vif éclat métallique; sa densité est 11,4. Il fond à 330° environ et se volatilise sensiblement au rouge.

Le plomb est un métal très mou. Il est rayé par l'ongle et peut être facilement coupé au couteau; frotté sur le papier, il laisse une trace grisâtre. Il est très malléable : par le battage, on le réduit en feuilles minces et il s'étire en fils d'une extrême flexibilité; cependant la faible ténacité du métal s'oppose à ce qu'on le réduise en fils aussi fins que ceux de fer ou de cuivre.

Par ces traitements mécaniques, le métal ne *s'écrouit* pas. C'est toujours un métal mou, dépourvu d'élasticité. Il cristallise par fusion dans le système cubique; on obtient des cristaux lamellaires lorsqu'on déplace le métal de ses dissolutions salines par un métal étranger ou par électrolyse.

Au contact de l'air, le plomb se ternit rapidement par suite de la formation d'une couche grise, très mince d'ailleurs, de sous-oxyde de plomb Pb^2O. Mais l'oxydation est rapide lorsqu'on maintient le métal en fusion au contact de l'air; il se forme dans ce cas du protoxyde de plomb PbO.

Dans l'air humide renfermant de l'acide carbonique, le plomb se recouvre d'une couche blanchâtre de carbonate hydraté. Ce même phénomène se produit lorsqu'on laisse séjourner une lame de plomb dans l'eau distillée : cette lame se recouvre peu à peu de petits cristaux d'hydrocarbonate et le liquide dissout une petite quantité de ce composé. Les eaux pluviales produisent le même effet et ces eaux, tombant sur des toitures en plomb ou séjournant dans des réservoirs en plomb, deviennent impropres à l'alimentation, cas les composés du plomb sont toxiques.

Les eaux de sources ou de rivières qui renferment des sulfates

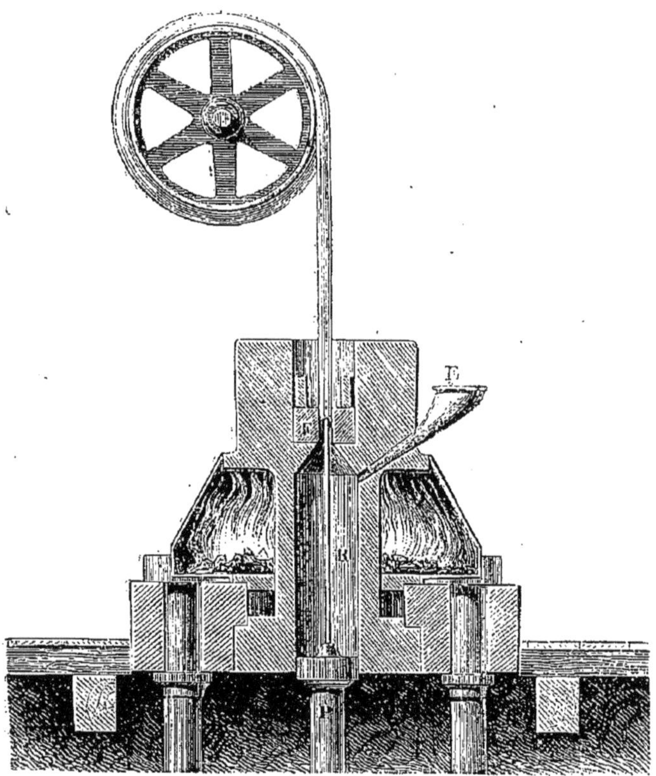

Fig. 47.

solubles n'attaquent pas le plomb ou du moins forment un sulfate insoluble qui recouvre le métal d'un enduit protecteur; aussi ces eaux qui ont séjourné au contact du plomb peuvent servir à l'alimentation, et les tuyaux en plomb sont employés pour conduire les eaux potables.

Le plomb est très lentement attaqué par l'acide chlorhydrique concentré et bouillant. L'acide sulfurique d'une concentration inférieure à 60° Baumé l'attaque à peine; aussi peut-on se servir de feuilles de plomb pour recouvrir les parois internes des chambres où l'on fabrique l'acide sulfurique et des bacs où, dans l'industrie, on produit des réactions dans lesquelles intervient l'acide sulfurique. Mais l'acide sulfurique concentré et bouillant l'attaque avec dégagement d'anhydride sulfureux et formation de sulfate de plomb. L'acide azotique le dissout à la température ordinaire: il se forme du bioxyde d'azote et de l'azotate de plomb qui reste dissous.

220. **Applications.** — Le plomb réduit en feuilles sert à recouvrir les toits, les parois des chambres où l'on fabrique l'acide sulfurique. On en fait des tuyaux pour conduire l'eau et le gaz de l'éclairage; par suite de la mollesse du métal, on peut leur donner facilement à la main les courbures les plus compliquées. Pour obtenir ces tuyaux, on comprime le métal dans un moule en acier chauffé par des foyers latéraux (fig. 47). En soulevant un piston muni d'une tige verticale, on force le métal fondu à s'échapper dans l'espace annulaire compris entre la tige et les parois d'un orifice circulaire que porte le bloc d'acier. Le métal se solidifie au sortir du moule et le tuyau s'enroule sur un tambour.

COMPOSÉS OXYGÉNÉS

On connaît un *sous-oxyde* Pb^2O, un *protoxyde* PbO, un *oxyde salin* Pb^3O^4, un *sesquioxyde* Pb^2O^3, et un *bioxyde* ou *anhydride plombique* PbO^2. Le sous-oxyde et le sesquioxyde ne présentent aucun intérêt pratique.

221. **Protoxyde,** PbO. — Le protoxyde de plomb obtenu en oxydant le plomb à une température inférieure à la température de fusion de l'oxyde porte le nom de *massicot*; c'est une poudre d'un jaune sale qui sert exclusivement à la préparation du minium. On l'obtient à l'état de pureté dans les laboratoires en décomposant par la chaleur le carbonate ou l'azotate de plomb.

La *litharge* est de l'oxyde de plomb fondu que l'on prépare industriellement en coupellant le plomb argentifère (231). Elle se présente sous la forme d'écailles cristallines jaunes ou rougeâtres suivant que le refroidissement a été plus ou moins rapide; il suffit d'ailleurs de pulvériser finement, dans un mortier, de la litharge jaune pour obtenir une poudre rougeâtre; ce changement de coloration est donc dû uniquement à une modification moléculaire.

La litharge fond au rouge et, si l'on fait l'opération dans un creuset de terre, celui-ci est rapidement percé par suite de la formation d'un silicate très fusible qui est un véritable verre (152) La litharge fondue dissout l'oxygène de l'air; par refroidissement, le gaz se dégage en produisant un *rochage* analogue à celui que nous décrirons en étudiant l'argent.

On obtient un hydrate d'oxyde de plomb $2PbO, H^2O$ en versant de la potasse dans un sel de plomb. Ce précipité, comme d'ailleurs l'oxyde anhydre, se dissout facilement dans les dissolutions alcalines; en concentrant ces dissolutions, l'oxyde se dépose sous la forme de petits octaèdres rhombiques jaunes ou rouges.

222. **Minium.** — Le massicot[1] chauffé au contact de l'air, à 300°, se transforme peu à peu en une poudre d'un beau rouge, désignée sous le nom de *minium*. Les miniums du commerce ont des compositions différentes suivant la durée de chauffe; leur couleur varie du jaune du massicot au rouge vif du minium; mais jamais le poids d'oxygène fixé sur l'oxyde de plomb ne dépasse celui qui correspond à la formule $2PbO, PbO^2 = Pb^3O^4$.

Le minium noircit lorsqu'on le chauffe, puis, à une température supérieure à 300°, dégage de l'oxygène et se transforme en oxyde jaune de plomb.

Le minium sert en peinture et dans la fabrication des papiers de tenture, de la cire à cacheter, du cristal; mélangé à la céruse, il forme les joints des machines à vapeur.

223. **Bioxyde, PbO^2.** — En faisant chauffer du minium avec de l'acide azotique, on dissout du protoxyde de plomb et il reste une poudre brune de bioxyde (*oxyde puce*) qu'on lave à l'eau bouillante et que l'on dessèche à une température inférieure à 100°.

Le bioxyde de plomb se décompose, lorsqu'on le chauffe, en oxygène et protoxyde; c'est un oxydant énergique; il absorbe l'anhydrique sulfureux avec dégagement de chaleur en se transformant en sulfate :

$$PbO^2 + SO^2 = SO^4Pb.$$

Chauffé avec l'acide sulfurique concentré, il se transforme en sulfate et perd la moitié de son oxygène. Avec l'acide chlorhydrique, il se comporte comme le bioxyde de manganèse; du chlore est mis en liberté :

$$PbO^2 + 4HCl = PbCl^2 + H^2O + Cl^2.$$

Il se dissout dans les alcalis et forme des *plombates* cristallisés, tels que le plombate PbO^3K^2Aq. L'acide PbO^3H^2 cristallisé

1. Le massicot destiné à la préparation du minium est obtenu par l'oxydation d'un plomb exempt de cuivre.

s'obtient quand on décompose un sel de plomb par un faible courant électrique.

SULFURE, CHLORURE, SELS DE PLOMB

224. **Sulfure,** PbS. — Le sulfure de plomb (*Galène*) est le plus abondant des minerais de plomb. Il forme des cristaux cubiques quelquefois très volumineux, d'un noir bleuâtre ; il fond au rouge, et peut être volatilisé dans un courant d'azote, au rouge blanc.

Par le grillage, il se transforme en un mélange de sulfate de plomb et d'oxyde de plomb, ou même en plomb métallique :

$$PbS + 4O = SO^4Pb,$$
$$PbS + 3O = PbO + SO^2,$$
$$PbS + 2PbO = 3Pb + SO^2.$$

L'acide chlorhydrique bouillant le transforme en chlorure avec dégagement d'hydrogène sulfuré ; l'acide azotique monohydraté le transforme en sulfate.

225. **Chlorure,** $PbCl^2$. — Lorsqu'on verse dans une dissolution concentrée d'un sel de plomb de l'acide chlorhydrique ou un chlorure soluble, on obtient un précipité blanc cristallin de chlorure de plomb. Ce précipité est soluble dans 135 fois son poids d'eau froide et plus soluble à chaud ; aussi, lorsqu'on le chauffe en présence d'une quantité d'eau suffisante, il se dissout pour se déposer de nouveau, par refroidissement, en paillettes cristallines.

Le chlorure de plomb fond au rouge sombre et se solidifie en une masse translucide, ressemblant à de la corne et qui se laisse couper au couteau (*Plomb corné*).

On emploie en peinture, sous les noms de *jaune minéral, jaune de Cassel, jaune de Turner*, des oxychlorures de plomb. On prépare le jaune de Cassel ($PbCl^2,7PbO$), en chauffant 10 de minium et 1 de chlorhydrate d'ammoniaque.

226. **Sulfate,** SO^4Pb. — Le sulfate de plomb existe dans la nature cristallisé en prismes rhomboïdaux droits (*Anglésite*). Il est insoluble dans l'eau : aussi l'obtient-on sous la forme d'une poudre blanche très dense, lorsqu'on verse de l'acide sulfurique ou un sulfate soluble dans un sel de plomb.

227. **Carbonate de plomb. — Céruse.** — Le carbonate neutre de plomb CO^3Pb (*Cérusite*) se rencontre dans la nature en cristaux orthorhombiques isomorphes de l'aragonite. Il est utilisé dans la métallurgie du plomb.

On désigne sous le nom de *céruse* un hydrocarbonate de plomb dont la composition s'écarte peu de celle qui correspond à la formule

$$2CO^3Pb + Pb(OH)^2;$$

la céruse renferme souvent un excès de carbonate neutre.

On prépare industriellement la céruse par deux procédés : le *procédé hollandais* et le *procédé de Clichy*.

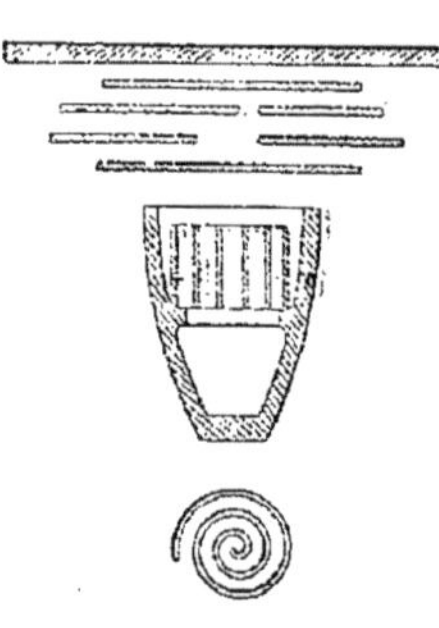

Fig. 48.

1° *Procédé hollandais*. — Dans des pots en grès (fig. 48) on introduit du vinaigre, puis une lame de plomb enroulée en spirale; on recouvre les pots de quatre rangées de lames de plomb. Ces pots sont ensuite disposés sur un lit de fumier par couches (fig. 49), dans une fosse rectangulaire ; sur chaque rangée de pots repose une planche qui supporte un nouveau lit de fumier et une nouvelle rangée de pots, et ainsi de suite.

On remplace avantageusement les lames par des grilles en plomb que l'on pose simplement par couches sur les pots (fig. 50).

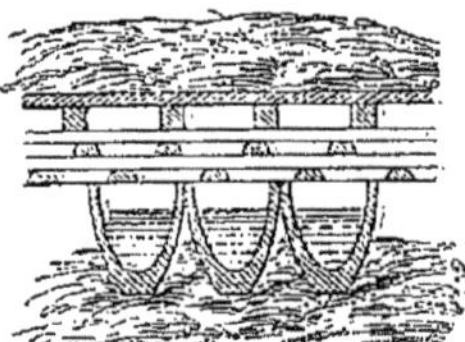

Fig. 49.

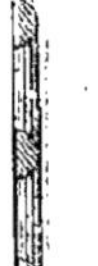

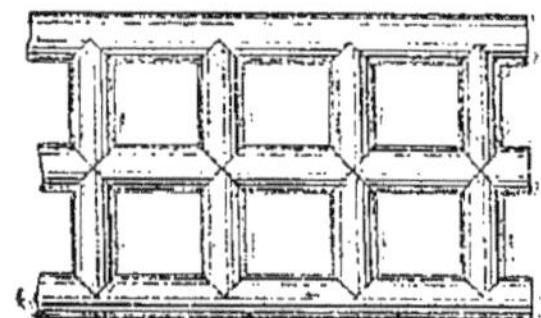

Fig. 50.

Sous l'action de l'oxygène de l'air et de l'acide acétique vaporisé par la chaleur développée par la fermentation du fumier, le plomb se transforme en acétate tribasique, $[(C^2H^3O^2)^2Pb + 2PbO]$, et hydrate plombeux :

$$4Pb + 4O + 2C^2H^4O^2 = [(C^2H^3O^2)^2Pb + 2PbO] + Pb(OH)^2.$$

Mais le gaz carbonique dégagé par la fermentation du fumier réagit sur les produits précédents et forme de l'acétate neutre de plomb et de la céruse :

$$[(C^2H^3O^2)^2Pb + 2PbO] + Pb(OH)^2 + 2CO^2$$
$$= (C^2H^3O^2)^2Pb + [2CO^3Pb + Pb(OH)^2].$$

L'acétate neutre se transforme de nouveau en acétate tribasique, au contact d'un excès de plomb et d'oxygène :

$$(C^2H^3O^2)^2Pb + 2Pb + 2O = [(C^2H^3O^2)^2Pb + 2PbO].$$

Lorsque les lames de plomb se trouvent carbonatées sur une épaisseur suffisante, on les bat, et l'on réduit la céruse en poudre fine.

2° *Procédé de Clichy.* — Le procédé dit *de Clichy*, imaginé par Thénard, consiste à faire passer un courant de gaz carbonique dans une dissolution d'acétate tribasique de plomb. La céruse se sépare en poudre fine et il reste un liquide renfermant de l'acétate neutre, dans lequel il suffit de dissoudre de la litharge pour le transformer de nouveau en acétate tribasique ; la transformation de la litharge en carbonate se fait donc d'une manière continue, par l'intermédiaire de l'acétate.

La céruse est insoluble dans l'eau, mais soluble dans l'eau chargée d'acide carbonique. Chauffée progressivement, elle perd de l'eau, du gaz carbonique et se transforme en *mine orange*, mélange de minium, de protoxyde et d'un peu de carbonate non altéré.

On se sert de la céruse en peinture : mélangée intimement à l'huile, elle forme une peinture blanche opaque qui *couvre* bien ; on la mélange généralement aux autres couleurs pour leur donner de l'opacité. Mais la céruse présente l'inconvénient de noircir par les émanations sulfureuses ; de plus son maniement est dangereux. C'est surtout dans les fabriques de céruse que l'inconvénient se manifeste : les poussières de céruse pénétrant dans le tube digestif déterminent des accidents connus sous le nom de *coliques saturnines*. Pour éviter les accidents, on pulvérise sous l'eau la céruse produite par le procédé hollandais ; puis on imbibe la pâte humide avec de l'huile qui déplace l'eau, et la céruse est livrée aux peintres dans l'état même où elle doit être employée.

MÉTALLURGIE DU PLOMB

228. **Minerais. — Métallurgie.** — Le carbonate de plomb (*Cérusite*) et le sulfure de plomb (*Galène*) sont les seuls composés naturels du plomb utilisés pour l'extraction du métal.

Le traitement du carbonate de plomb est très simple : il suffit en effet de le chauffer avec du charbon dans un four vertical (*four à manche*) pour avoir le métal.

Deux méthodes sont employées pour traiter la galène :

229. 1° *Méthode par réduction.* — Les minerais pauvres, dont la gangue est siliceuse, sont chauffés avec de vieilles ferrailles dans un four à cuve (fig. 33) $PbS + Fe = FeS + Pb$; le plomb coule dans un bassin qui est à la base antérieure du four; le gueulard G est surmonté d'une cheminée sinueuse dans

Fig. 51.

laquelle se condensent des fumées plombifères, que l'on recueille et que l'on traite avec de nouveaux minerais.

230. *Méthode par réaction.* — Lorsque la gangue est peu siliceuse et qu'il n'y a pas à craindre la formation de silicates, on dispose le minerai sur la sole d'un four à réverbère, sole formée d'une argile un peu siliceuse, qui présente, en son milieu, une excavation dans laquelle le plomb viendra se réunir (fig. 52). On grille tout d'abord le minerai, c'est-à-dire qu'on le chauffe en laissant arri-

ver l'air par les ouvertures du fourneau. Il se forme de l'oxyde de plomb et du sulfate de plomb, tandis qu'une partie du soufre se dégage à l'état d'acide sulfureux. Ce grillage est toujours incomplet et il reste par conséquent de la galène. Lorsqu'on juge que le grillage est suffisant, on ferme les ouvertures du

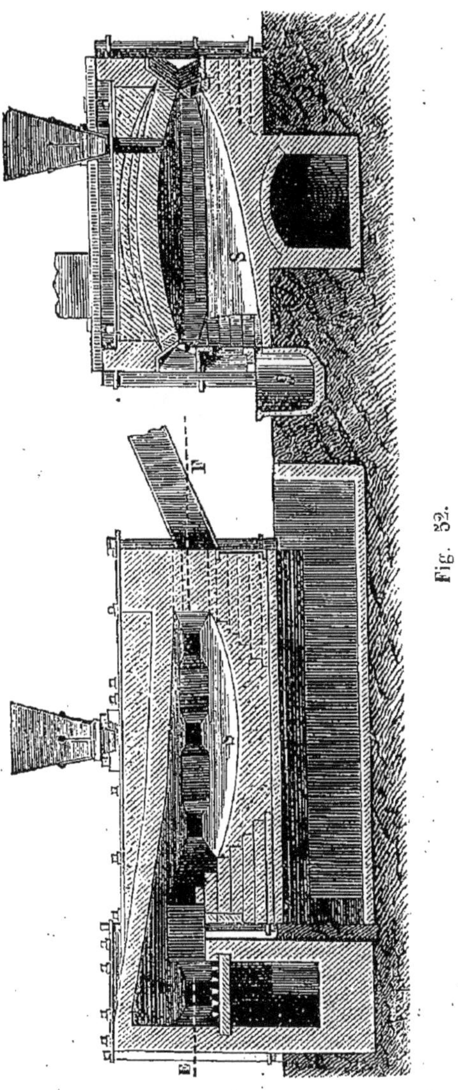

Fig. 32.

fourneau et l'on donne un coup de feu. Les deux réactions suivantes se produisent :

$$PbS + 2PbO = 3Pb + SO^2,$$
$$PbS + SO^4Pb = 2Pb + 2SO^2,$$

et le plomb fondu se rassemble dans le creux de la sole, d'où on le fait écouler à l'extérieur.

231. Traitement du plomb argentifère. — La galène est fréquemment argentifère : le plomb qui en résulte renferme alors de l'argent en quantité souvent assez considérable pour qu'il y ait intérêt à l'en extraire (*plomb d'œuvre*).

On effectue la séparation de l'argent par *coupellation*, opération qui consiste à oxyder complètement le plomb dans un fourneau dit *de coupelle*. Lorsque l'oxydation du plomb est complète, l'argent reste à l'état métallique. La figure 53 représente un fourneau de coupelle employé dans le Hartz. La sole, qui a la forme d'une calotte hémisphérique, est revêtue intérieurement d'une couche de marne C (*coupelle*) ; la voûte du four est formée par un couvercle en forte

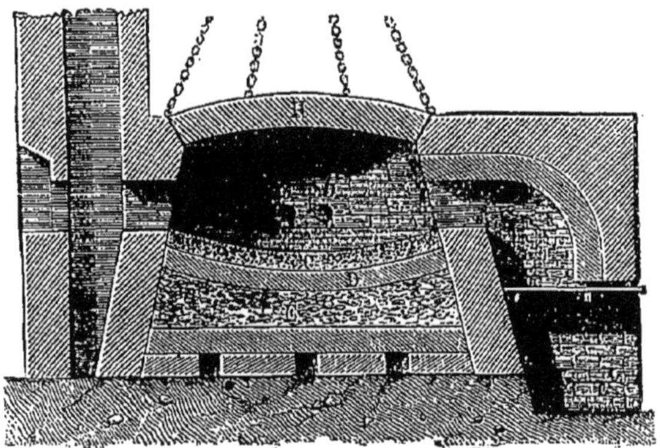

Fig. 53.

tôle H que l'on peut soulever à l'aide d'une grue. Le plomb est fondu sur la coupelle par la flamme d'un foyer latéral ; deux soufflets dont les buses pénètrent par les ouvertures *a* et *b* injectent de l'air à la surface du métal qui s'oxyde, et la litharge formée s'écoule par un orifice latéral fermé au début de l'opération par les bords de la coupelle et que l'on débouche, à mesure que le niveau du plomb fondu s'abaisse, en entaillant peu à peu la couche marneuse. L'argent reste sous la forme d'un disque, et les dernières traces de litharge sont absorbées par la couche poreuse de la coupelle. Vers la fin de l'opération, le bain d'argent est recouvert d'une mince couche de litharge, qui s'amincit rapidement en présentant les couleurs des bulles de savon ; puis le voile disparaît subitement et la surface de l'argent apparaît plus éclatante que la paroi du four ; la température du bain s'est en effet élevée par l'oxydation du plomb, puis elle s'abaisse rapidement au moment où celle-ci est terminée. On donne à ces phénomènes qui signalent la fin de l'opération le nom d'*éclair*.

Une partie des litharges résultant de la coupellation est livrée au commerce ; mais la plus grande partie est *revivifiée*, c'est-à-dire transformée de nouveau en plomb métallique par la calcination avec du charbon.

On ne traite avantageusement par coupellation le plomb argentifère qu'autant qu'il renferme au moins $\frac{1}{5000}$ d'argent. La coupellation doit être précédée d'un enrichissement, d'un *affinage*. L'affinage le plus généralement employé est l'affinage par *cristallisation*, imaginé par Pattinson et désigné aussi sous le nom de *pattinsonage*. Le plomb argentifère est fondu et soumis à un refroidissement lent; des cristaux se forment, retenant très peu d'argent; on les enlève, on les fond et l'on retire de nouveau des cristaux moins riches en argent que le liquide. Les liquides séparés des cristaux, dans ces diverses opérations, sont mélangés et, par des cristallisations successives, enrichis peu à peu. Il reste en fin de compte un plomb argentifère que l'on soumet à la coupellation.

232. **Alliages.** — Les caractères d'imprimerie sont formés par un alliage de plomb et d'antimoine, dont la composition répond sensiblement à la formule Pb^2Sb. L'antimoine donne de la dureté au plomb; on ajoute quelquefois un peu de bismuth pour rendre l'alliage plus fusible.

Les soudures sont formées de 2 parties de plomb et 1 partie d'étain (*soudure des plombiers*) ou de 1 partie de plomb et 1 partie d'étain (*soudure des ferblantiers*). Les alliages pour *vaisselles* et *robinets* contiennent 8 de plomb et 92 d'étain.

Le *plomb de chasse* renferme de 0,3 à 0,9 pour 100 d'arsenic. Pour le fabriquer, on verse le métal fondu dans une sorte d'écumoire en tôle, et le liquide forme, à la sortie des orifices, grâce à la petite quantité d'arsenic introduite, des gouttelettes parfaitement sphériques qui, tombant d'une grande hauteur, se solidifient pendant la chute et sont recueillies dans un réservoir rempli d'eau.

ÉTAIN, Sn = 117,35.

233. **Place de l'étain dans la classification.** — L'étain est défini comme élément *tétravalent* par la formule moléculaire du composé le plus chloruré $SnCl^4$, mais il n'est que bivalent dans nombre de ses composés.

Il appartient à la famille du carbone et du silicium.

On place aussi dans cette famille le *titane* (Ti = 48), le *zirconium* (Zr = 90) et le *thorium* (Th = 232).

Le bioxyde de titane TiO^2 existe dans la nature cristallisé sous trois formes incompatibles; il est donc trimorphe et, sous une de ses formes (*Rutile*), il est isomorphe de SnO^2 (*Cassitérite*).

Les oxydes ZrO^2 (*Zircone*) et ThO^2 (*Thorine*) sont des matières terreuses infusibles qui, introduites dans une flamme, deviennent incandescentes et accroissent son pouvoir éclairant[1].

234. **Propriétés.** — L'étain est un métal blanc très malléable; on peut le réduire en feuilles minces, mais sa ténacité est faible. Lorsqu'on plie un barreau d'étain, on entend un bruit particulier connu sous le nom de *cri* de l'étain, dû à ce que les parties internes, formées de cristaux enchevêtrés, se brisent ou frottent les unes contre les autres. L'étain possède une légère odeur, bien perceptible lorsqu'on frotte ce métal avec la main.

Sa densité est 7,29. Il fond à 232°; c'est le plus fusible des métaux communs. Par refroidissement, l'étain fondu cristallise.

1. Une mèche en coton imbibée d'azotates de zirconium, de thorium et de lanthane, qu'une calcination préalable transforme en oxydes, et placée ensuite dans un brûleur Bunsen, donne une lumière très vive (*bec Auer*).

Si la solidification est complète, les cristaux restent enchevêtrés; mais on met en évidence la structure cristalline du lingot en lavant la surface avec de l'acide chlorhydrique étendu (*moiré métallique*, 259). Si, lorsque la solidification est incomplète, on décante le liquide, on trouve sur les parois du vase des cristaux d'étain.

L'étain n'est pas volatil.

L'étain ne s'oxyde pas sensiblement à la température ordinaire; la surface du métal se ternit cependant un peu. Mais, lorsqu'il est fondu, sa surface se recouvre rapidement d'une couche grisâtre, mélange de protoxyde et de bioxyde d'étain. Chauffé au rouge vif, il brûle en se transformant en bioxyde. Il décompose la vapeur d'eau au rouge et donne encore le bioxyde.

L'étain se dissout à froid dans l'acide chlorhydrique concentré avec dégagement d'hydrogène. L'acide sulfurique étendu le dissout lentement à chaud, avec dégagement d'hydrogène; mais l'acide sulfurique concentré et bouillant l'attaque avec dégagement d'anhydride sulfureux, tandis que le métal se transforme en sulfate.

L'acide azotique ordinaire attaque l'étain avec une très grande énergie à la température ordinaire. A 0° l'acide étendu fournit un azotate stanneux et de l'azotate d'ammoniaque. A la même température un acide plus concentré donne un azotate stannique. Ce dernier est peu stable; si la température s'élève il se fait un azotate basique et de l'acide stannique SnO^3H^2. L'acide azotique fumant n'attaque pas l'étain.

L'étain se dissout avec dégagement d'hydrogène, lorsqu'on le chauffe avec une solution de potasse ou de soude; l'oxyde formé se combine avec les alcalis pour former des stannates.

COMPOSÉS BINAIRES

235. **Chlorures.** — *Chlorure stanneux.* — L'étain est attaqué par l'acide chlorhydrique bouillant avec dégagement d'hydrogène; par concentration, la liqueur laisse déposer des cristaux de chlorure stanneux hydraté : $SnCl^2 + 2H^2O$.

Le chlorure stanneux se dissout sans altération dans l'eau acidulée par l'acide chlorhydrique; mais, en présence de l'eau pure, il se transforme en oxychlorure insoluble et acide chlorhydrique, en même temps qu'une partie du sel se dissout dans le liquide acide.

Lorsqu'on le chauffe, il perd de l'eau et subit une décomposition partielle, puis, au rouge, le chlorure inaltéré distille.

C'est un réducteur énergique, car il tend à se changer en tétrachlorure; il réduit le chlorure d'or et le permanganate de potassium :

$$2\,AuCl^3 + 3\,SnCl^2 = 2\,Au + 3\,SnCl^4.$$

Il enlève les taches de rouille sur le linge, car il ramène le sesquioxyde de fer au minimum et le dissout à l'état de chlorure. Aussi l'emploie-t-on dans la teinture comme *rongeant*, pour enlever, par places, les couleurs brunes formées par les sesquioxydes de fer et de manganèse.

Chlorure stannique. — On obtient le tétrachlorure $SnCl^4$ lorsqu'on fait passer un courant de chlore sec sur de l'étain placé

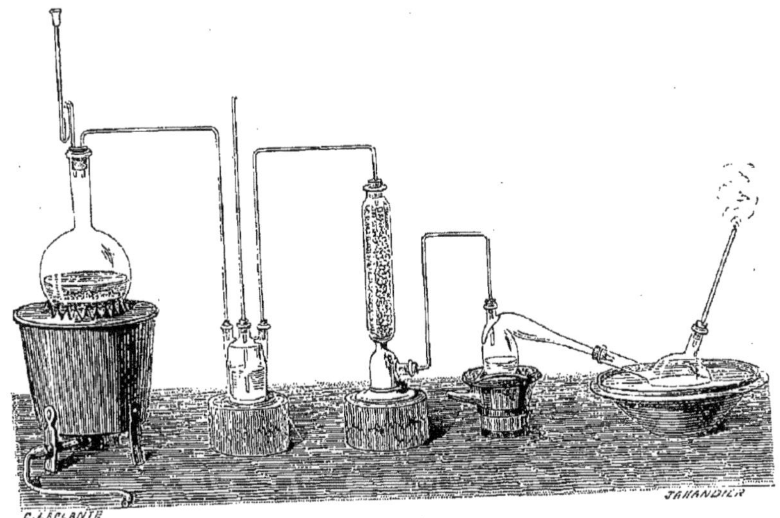

Fig. 54.

dans une petite cornue tubulée (fig. 54). La combinaison est immédiate; et, si l'on chauffe légèrement, le chlorure formé distille dans un récipient refroidi.

Le tétrachlorure d'étain est un liquide incolore qui bout à 120°; densité de vapeur : 9,2 (*poids moléculaire* : 259). Il répand, au contact de l'air, des fumées blanches. Il se combine avec l'eau avec dégagement de chaleur et donne un chlorure hydraté $SnCl^4 + 5H^2O$; on obtient facilement cet hydrate en faisant passer un courant de chlore dans une dissolution concentrée de protochlorure. Le bichlorure se dissout dans l'eau. Les solutions concentrées ne s'altèrent pas. En solution étendue, il se fait une décomposition partielle en acide chlorhydrique et chlorure de métastannyle $Sn^5O^9Cl^2$ blanc insoluble.

Le chlorure stannique forme avec l'acide chlorhydrique un acide chlorostannique $SnCl^4 2HCl$ dont les sels, les chlorostannates sont isomorphes des chloroplatinates (290).

256. **Oxydes.** — Il existe deux composés oxygénés de l'étain : un protoxyde SnO et un bioxyde SnO^2.

Oxyde stanneux. — Lorsqu'on verse de la potasse dans une dissolution de chlorure stanneux, on obtient un précipité blanc gélatineux qui est un hydrate stanneux. Ce précipité disparaît si l'on ajoute un excès d'alcali, avec lequel il forme un sel soluble. La dissolution alcaline absorbe l'oxygène de l'air et se transforme peu à peu en stannate :

$$SnO + 2KOH + O = SnO^3K^2 + H^2O.$$

Si l'on fait bouillir la dissolution alcaline d'oxyde stanneux, l'oxyde d'étain se sépare à l'état anhydre sous la forme de petits cristaux noirs inaltérables à l'air. Cette cristallisation s'effectue également lorsqu'on ajoute quelques gouttes d'acide chlorhydrique, de chlorhydrate d'ammoniaque à de l'eau bouillante tenant en suspension de l'hydrate stanneux. Suivant les circonstances de leur formation les cristaux sont noirs ou vert-olive : ce qui avait fait croire à l'existence de deux variétés isomériques. Il n'en est rien (Ditte). Les cristaux noirs ou verts ont même densité; chauffés au rouge sombre, dans le vide, ils décrépitent et se transforment en étain et oxyde intermédiaire :

$$4SnO = Sn + Sn^3O^4.$$

Lorsqu'on précipite le chlorure stanneux par l'ammoniaque, que l'on fait bouillir le liquide et qu'on évapore à sec, l'oxyde se dépose, en même temps que du chlorhydrate d'ammoniaque, sous la forme d'une poudre rouge; cette poudre, que l'on a considérée, sans preuve sérieuse, comme un isomère de SnO est instable, car il suffit de la frotter avec un corps dur pour la transformer en protoxyde cristallisé.

Le protoxyde d'étain prend feu quand on le chauffe au contact de l'air et brûle comme de l'amadou, en se transformant en bioxyde.

Oxyde stannique (bioxyde). — Le *bioxyde* d'étain cristallisé SnO^2 existe dans la nature : c'est le minerai d'étain (*Cassitérite*). On l'obtient artificiellement, sous la forme d'une poudre blanche amorphe, lorsqu'on oxyde l'étain par l'acide azotique et qu'on calcine le produit de la réaction.

Acides stanniques. — Lorsqu'on décompose le tétrachlorure d'étain par l'ammoniaque, on obtient un précipité blanc qui a pour formule SnO^3H^2; c'est l'*acide stannique*. Ce dernier se dissout dans la potasse et l'on en sépare par cristallisation un sel SnO^3K^2. L'acide stannique est facilement soluble dans les acides azotique et sulfurique étendus; une faible élévation de température, insuffisante pour le déshydrater, le fait passer à l'état d'acide métastannique, insoluble dans les acides étendus.

L'acide métastannique $Sn^5O^{11}H^2 4H^2O$ est insoluble dans l'eau et les acides sulfurique et azotique étendus; l'acide chlorhydrique le transforme en chlorure de métastannyle $Sn^5O^9Cl^2$. Il se dissout dans les dissolutions alcalines et forme des sels cristallisables. Le métastannate de potassium a pour composition

$$Sn^5O^{11}K^2 + 8H^2O.$$

Sous l'action prolongée de l'eau bouillante, l'acide métastannique se transforme en un troisième acide, l'acide parastannique $Sn^5O^{11}H^2, 2H^2O$.

237. **Sulfures.** — On obtient le sulfure stanneux SnS en chauffant dans un creuset de terre un mélange de limaille d'étain et de fleur de soufre. Par voie humide, le protosulfure d'étain se forme lorsqu'on fait passer un courant d'hydrogène sulfuré dans une dissolution de chlorure stanneux. C'est alors un précipité noir, qui se dissout dans le sulfhydrate d'ammoniaque chargé de polysulfure, en se transformant en bisulfure.

L'hydrogène sulfuré forme dans la dissolution chlorhydrique de tétrachlorure d'étain un précipité jaune de bisulfure ou sulfure stannique SnS^2, soluble dans les sulfures alcalins.

On le prépare par voie sèche en introduisant dans un matras à fond plat un amalgame d'étain pulvérisé, de la fleur de soufre et du sel ammoniac. Le matras est chauffé au bain de sable, et du soufre, du sel ammoniac, du sulfure de mercure, du chlorure stanneux viennent se condenser sur la partie supérieure du vase. Il reste au fond une masse jaune, formée par l'enchevêtrement de lamelles cristallines d'un beau jaune.

Le bisulfure anhydre (*or mussif*) est employé pour bronzer le bois, le plâtre; il a servi longtemps à frotter les coussins des machines électriques à plateau de verre.

MÉTALLURGIE DE L'ÉTAIN

238. La métallurgie de l'étain est des plus simples : le seul minerai d'étain est le bioxyde, réductible par le charbon.

On charge, couche par couche, dans un fourneau droit dit *fourneau à manche* (fig. 55), le charbon et le minerai, et on active la combustion par une machine

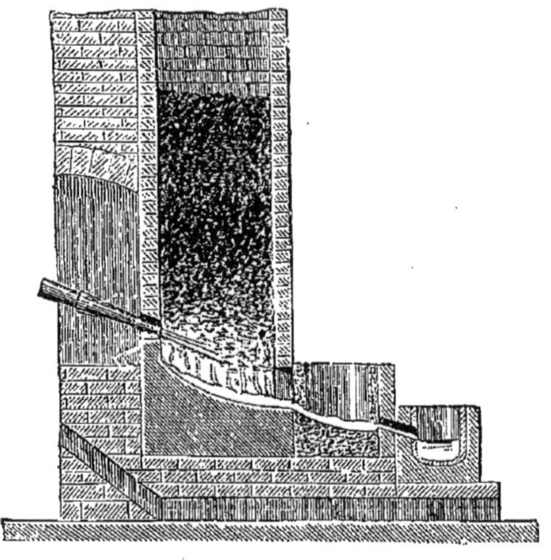

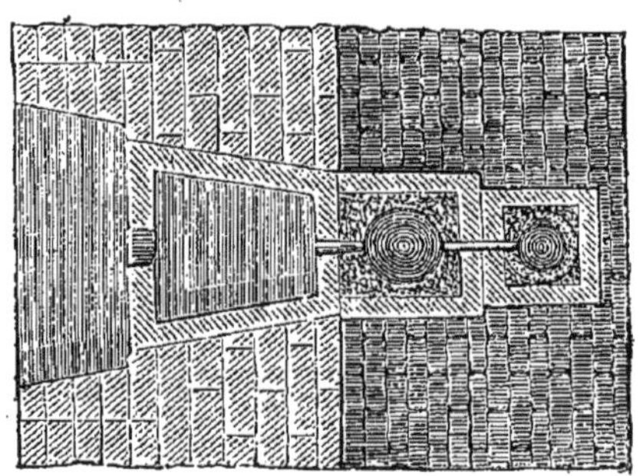

Fig. 55.

soufflante. L'étain et les scories s'écoulent dans un premier bassin ; puis, lorsque celui-ci est plein, on fait couler le métal dans un second, où on l'agite avec du bois vert. On réduit ainsi la petite quantité d'oxyde entraîné, en même temps que les gaz qui se dégagent du bois remuent la masse et font monter les crasses à sa surface ; on coule l'étain en lingots.

On affine le métal en chauffant ces lingots sur la sole d'un four à réverbère ; l'étain fond le premier et se sépare des alliages qu'il forme avec les métaux étrangers.

239. **Applications. — Alliages.** — L'étain est employé en feuilles minces pour envelopper le chocolat, étamer les glaces. Comme les composés de l'étain sont inoffensifs, on étame à l'intérieur les vases de cuivre qui servent à la cuisson des aliments ; on étame également les épingles en laiton.

Le *fer-blanc* est de la tôle étamée. On décape soigneusement la surface du fer avec des acides sulfurique ou chlorhydrique étendus et l'on sèche, en frottant avec du son. On plonge ensuite pendant quelque temps la tôle dans un bain de graisse, puis dans l'étain fondu, et l'on nettoie rapidement la surface avec un pinceau ; la surface du fer s'est, dans ces conditions, alliée à l'étain. En plongeant une dernière fois la lame dans de l'étain pur fondu, on la recouvre d'une couche brillante de ce métal.

En mouillant la surface du fer-blanc avec une eau régale faible (2 parties d'acide chlorhydrique, 1 partie d'acide azotique, 3 parties d'eau) on dissout la couche superficielle, et la surface apparaît *moirée*, c'est-à-dire tapissée de cristaux d'étain enchevêtrés et présentant de vives couleurs à la lumière réfléchie. On recouvre les feuilles de fer-blanc moiré d'un vernis transparent.

Les alliages de plomb et d'étain servent à la fabrication des poteries d'étain ou des soudures.

	Étain.	Plomb.
Alliages pour vaisselle.	92	8
Soudure des plombiers.	33	66
— ferblantiers.	50	50

L'étain entre dans la composition des bronzes.

BISMUTH, Bi = 207,5.

240. **Place du bismuth dans la classification.** — Le bismuth est un élément trivalent comme l'antimoine. Il vient se placer à la suite de ce dernier dans la famille des métalloïdes trivalents dont l'azote est le type.

Poids atomique p.	207,5
Chaleur spécifique c	0,0305
pc.	6,3

241. **Propriétés.** — Le bismuth est d'un blanc jaunâtre ; sa densité est 9,8. Il fond à 264° et cristallise facilement par refroidissement, en rhomboèdres.

Inaltérable à l'air à la température ordinaire, il brûle au rouge vif et forme l'oxyde Bi^2O^3. L'acide azotique l'oxyde et le dissout à l'état d'azotate ; les acides sulfurique et chlorhydrique l'attaquent difficilement.

242. **Composés du bismuth.** — On connaît deux composés oxygénés du bismuth : l'*oxyde* Bi^2O^3 et l'*anhydride bismuthique* Bi^2O^5. Le premier forme avec l'acide azotique une combinaison importante, l'*azotate de bismuth* $(AzO^3)^3Bi + 5H^2O$. Ce sel se dissout dans l'eau en se décomposant partiellement : un précipité blanc, cristallin, de *sous-azotate de bismuth* $AzO^3(OH)^2Bi$ se dépose et le liquide s'enrichit en acide azotique, qui dissout alors sans décomposition une partie de l'azotate primitif. Le sous-azotate ou sous-nitrate de bismuth est employé en médecine.

Le *sulfure* Bi^2S^3 est un minerai du bismuth (*Bismuthine*). On le prépare par voie humide en faisant passer un courant d'hydrogène sulfuré dans une dissolution d'azotate. C'est un précipité noir, insoluble dans les acides étendus et dans les sulfures alcalins.

Le *trichlorure*, $BiCl^3$, est une masse cornée, blanche qu'on obtient par l'action du chlore sur le métal. L'eau le décompose partiellement et donne un précipité blanc d'*oxychlorure* :

$$BiCl^3 + H^2O = BiOCl + 2HCl.$$

243. **Métallurgie.** — Le bismuth existe à l'état natif, mélangé à du quartz et à des matières terreuses; on le sépare de ces matières étrangères par simple fusion. On prépare du bismuth très pur en calcinant le sous-azotate avec un mélange de carbonate de sodium et de charbon.

On trouve aussi le bismuth à l'état d'oxyde Bi^2O^3 et de sulfure Bi^2S^3.

244. **Alliages.** — Le bismuth introduit dans un alliage avec le plomb ou l'étain lui donne de la fusibilité. Citons, comme exemples, les *alliages fusibles* suivants :

	Bi.	Pb.	Sn.	Point de fusion.
Alliage de Newton	8	5	3	94°,5
— Rose	2	1	1	93°,75
— Lichtenberg.	5	3	2	91°,6

Avec 4 parties Bi, 2 parties Pb, 1 partie Sn et 1 partie cadmium, on a l'*alliage de Wood*, fondant à 60°,5.

CHAPITRE XIV

CUIVRE — MERCURE

CUIVRE, $Cu = 63,2$.

245. **Propriétés.** — Le cuivre est d'une couleur rouge caractéristique. C'est, après l'or et l'argent, le métal le plus malléable et le plus ductile; il jouit également d'une assez grande ténacité. La densité du cuivre varie de 8,85 à 8,95, suivant qu'il a été fondu ou martelé. Il fond à 1085°, et au rouge blanc émet des vapeurs qui brûlent au contact de l'air avec une flamme verte.

On l'obtient en cristaux cubiques par le refroidissement lent du métal fondu, ou mieux par dépôt galvanique.

Le cuivre ne s'oxyde pas dans l'air sec à la température ordinaire; mais, dans l'air humide renfermant du gaz carbonique, il se recouvre d'une couche verdâtre d'hydrocarbonate de cuivre (*vert-de-gris*). Lorsqu'on le chauffe au rouge sombre, il noircit en se recouvrant d'une mince couche d'oxyde de cuivre CuO. Il brûle dans le chlore, au rouge; lorsqu'on le chauffe dans la vapeur de soufre, il s'y combine avec dégagement de chaleur et de lumière en donnant un sulfure cuivreux Cu^2S.

Le cuivre ne décompose pas les acides chlorhydrique ou sulfurique étendus d'eau; mais si l'on expose à l'air une lame de ce métal au contact d'un acide étendu, même d'un acide organique, le cuivre s'oxyde aux dépens de l'oxygène de l'air et l'oxyde formé réagit sur l'acide; avec l'acide chlorhydrique dilué, avec l'acide acétique, on aurait :

$$Cu + 2HCl + O = CuCl^2 + H^2O,$$

$$Cu + 2C^2H^4O^2 + O = (C^2H^3O^2)^2Cu + H^2O.$$

Ainsi s'expliquent l'attaque du cuivre par les acides faibles et les dépôts verdâtres appelés communément *vert-de-gris* qui se forment à sa surface, et il faut tenir compte de ce fait, en évitant de laisser des aliments au contact du cuivre, car les sels de cuivre sont toxiques.

Le cuivre est attaqué par l'acide sulfurique concentré et bouillant; il se forme du gaz sulfureux (*préparation du gaz sulfureux*) et du sulfate de cuivre; il se dissout à froid dans l'acide azotique avec dégagement de bioxyde d'azote (*préparation du bioxyde d'azote*) et formation d'azotate de cuivre.

Le cuivre humecté d'ammoniaque absorbe l'oxygène de l'air; de l'oxyde de cuivre ammoniacal (250), de l'azotite et de l'azotate de cuivre ammoniacal se forment et se dissolvent dans l'excès d'ammoniaque, en donnant un liquide bleu appelé liqueur de Schweitzer et capable de dissoudre la cellulose. Il suffit, par exemple, d'agiter pendant quelque temps de la tournure de cuivre et de l'ammoniaque dans un grand flacon pour absorber l'oxygène de l'air qu'il contient; il ne reste bientôt plus que de l'azote, que l'on peut recueillir par déplacement (*préparation de l'azote*).

Au contact d'une dissolution étendue de sel marin, le cuivre est rapidement attaqué.

Poids atomique. — Si l'on cherche quel est, parmi les nombres proportionnels du cuivre, celui qui multiplié par la chaleur spécifique (0,0952) fournit un nombre le plus voisin de 6, on trouve 63,2. On a, en effet :

$$63{,}2 \times 0{,}0952 = 6{,}02\,;$$

$Cu = 63{,}2$ est donc le *poids atomique* du cuivre.

L'analyse du chlorure cuivrique assigne au composé le plus chloruré la formule $CuCl^2$: le cuivre est donc *divalent*.

COMPOSÉS BINAIRES

246. **Chlorures.** — Il existe deux chlorures de cuivre, un *chlorure cuivreux* Cu^2Cl^2 ou $CuCl-CuCl$, et un *chlorure cuivrique* $CuCl^2$.

Chlorure cuivreux. — Le chlorure cuivreux s'obtient en chauffant de la tournure de cuivre avec de l'acide chlorhydrique auquel on ajoute quelques gouttes d'acide azotique. Il se forme d'abord du chlorure cuivrique, qui est réduit en présence d'un excès de métal :

$$CuCl^2 + Cu = Cu^2Cl^2.$$

On obtient ainsi une dissolution chlorhydrique de chlorure cuivreux; en versant le liquide dans une grande quantité d'eau, on voit se déposer un précipité blanc cristallin de ce chlorure; il est en effet insoluble dans l'eau, mais soluble dans l'acide chlorhydrique ou dans l'ammoniaque.

Le chlorure cuivreux dissous dans l'acide chlorhydrique absorbe l'oxygène :

$$Cu^2Cl^2 + 2HCl + O = 2CuCl^2 + H^2O.$$

Avec l'oxyde de carbone, l'hydrogène phosphoré, il forme des produits d'addition. Dissous dans l'ammoniaque, il absorbe l'acétylène et forme l'acétylure cuivreux ($C^2H - Cu^2Cl$).

Chlorure cuivrique. — En dissolvant le cuivre métallique dans l'eau régale ou l'oxyde de cuivre dans l'acide chlorhydrique, on obtient le chlorure cuivrique, qui cristallise, par le refroidissement de ses solutions saturées, en cristaux verts $CuCl^2 + 2H^2O$.

Ces chlorures de cuivre se forment tous deux dans la réaction directe du chlore sur le métal. Si le chlore est en excès, et si la réaction se produit à une température inférieure au rouge sombre, c'est le chlorure cuivrique qui prend naissance : au rouge sombre, il perd du chlore, et se transforme en chlorure cuivreux. Lorsqu'on introduit dans un flacon rempli de gaz chlore une spirale de cuivre préalablement chauffée au rouge, la combinaison est immédiate et c'est le chlorure cuivreux qui se forme.

247. **Iodure.** — L'iodure cuivrique n'existe pas. L'iodure cuivreux Cu^2I^2 se précipite, mélangé d'iode libre lorsqu'on ajoute du sulfate de cuivre à une dissolution d'iodure de potassium :

$$2SO^4Cu + 4KI = 2SO^4K^2 + Cu^2I^2 + 2I.$$

On l'obtient à l'état de pureté, sous la forme d'un précipité *blanc*, lorsqu'on précipite l'iodure alcalin par un mélange de sulfate de cuivre et de sulfate ferreux que l'iode libre transforme en sulfate ferrique :

$$2SO^4Cu + 2SO^4Fe + 2KI = SO^4K^2 + (SO^4)^3Fe^2 + Cu^2I^2.$$

On utilise cette réaction pour retirer l'iode des iodures alcalins ou des iodates impurs qui s'accumulent dans les eaux mères de cristallisation des azotates de soude naturels du Chili et du Pérou, après la réduction des iodates par l'acide sulfureux. Il suffit de chauffer l'iodure cuivreux avec de la potasse caustique pour préparer l'iodure alcalin à l'état de pureté.

248. **Oxydes.** — On connaît deux oxydes de cuivre, l'*oxyde cuivreux* Cu^2O et l'*oxyde cuivrique* CuO.

L'*oxyde cuivreux* se trouve dans la nature en octaèdres réguliers d'un beau rouge (*Cuprite*). On le prépare artificiellement en faisant bouillir avec du sucre ou de la glucose une dissolution d'acétate de cuivre. Ainsi obtenu, c'est une poudre rouge cristalline. On l'obtient à l'état d'hydrate, jaune, amorphe, en précipitant par la potasse le sous-chlorure de cuivre. L'oxyde cuivreux ne forme pas de sel au contact des acides oxygénés : il se dédouble en cuivre qui se sépare, et en oxyde cuivrique qui reste uni à l'acide.

L'*oxyde cuivrique* s'obtient lorsqu'on grille la tournure de cuivre, ou lorsqu'on décompose l'azotate par la chaleur. C'est une poudre noire, amorphe, réductible par l'hydrogène et le charbon. On précipite un hydrate $Cu(OH)^2$ lorsqu'on verse de la potasse dans un sel de cuivre. C'est un précipité bleu, gélatineux, insoluble dans un excès de potasse ou de soude. On obtient le même précipité lorsqu'on verse peu à peu de l'ammoniaque dans un sel de cuivre, mais le précipité se redissout dans un excès d'alcali pour former un liquide d'un beau bleu (*eau céleste, voyez* 250).

L'hydrate de cuivre se dissout dans l'ammoniaque en donnant la liqueur de Schweitzer dont il a été déjà parlé (245). (Voir aussi 250).

On colore les verres en rouge avec l'oxyde cuivreux, en vert avec l'oxyde cuivrique.

Chauffé au rouge, l'oxyde cuivrique perd de l'oxygène et se transforme en oxyde cuivreux. La réaction effectuée en vase clos est limitée par la réaction inverse; c'est un cas très net de *dissociation*.

249. **Sulfures.** — Le sulfure cuivreux Cu^2S existe dans la nature (*Chalcosine*); c'est ce composé qui prend naissance lorsqu'on chauffe du soufre avec de la tournure de cuivre. On l'obtient en cristaux identiques aux cristaux naturels (prismes orthorhombiques) lorsqu'on fait passer des vapeurs de soufre diluées dans un gaz inerte, tel que l'azote, sur du cuivre chauffé au rouge sombre.

Le sulfure CuS est une matière pulvérulente noire, qui se forme lorsqu'on fait passer un courant d'hydrogène sulfuré dans un sel de cuivre. Ce précipité s'oxyde facilement en se transformant en sulfate, lorsqu'on l'abandonne humide au contact de l'air. Chauffé au rouge, à l'abri de l'air, il se transforme en sulfure cuivreux.

SELS DE CUIVRE OXYGÉNÉS

Il n'y a qu'une série de sels de cuivre stables, les *sels cuivriques* qui correspondent au chlorure $CuCl^2$.

250. **Sulfate.** — On obtient du sulfate de cuivre lorsque l'on chauffe du cuivre avec de l'acide sulfurique concentré :

$$Cu + 2SO^4H^2 = SO^4Cu + SO^2 + 2H^2O.$$

On prépare de grandes quantités de sulfate de cuivre dans l'industrie, en grillant les sulfures de cuivre naturels ou artificiels. On utilise à cet effet les plaques de cuivre qui proviennent du doublage des navires et qui ont été mises hors d'usage. On les chauffe au rouge avec du soufre dans des fours à réverbère, puis on grille le sous-sulfure obtenu ; on obtient ainsi un sulfate basique que l'on dissout dans de l'eau aiguisée d'acide sulfurique.

Le sulfate de cuivre du commerce renferme presque toujours du fer ; on le désigne sous le nom de *vitriol bleu, couperose bleue.* Ce sont de beaux cristaux bleus, dérivant d'un prisme doublement oblique et renfermant 5 molécules d'eau de cristallisation : $SO^4Cu + 5H^2O$. Ils se dissolvent dans 3,3 fois leur poids d'eau à 4°, et dans 0,55 à 100°. Le sel perd $4H^2O$ à 100° et la dernière molécule d'eau seulement vers 200° ; il forme alors une poudre blanche qui bleuit immédiatement au contact de l'eau. Au rouge, le sulfate de cuivre se décompose en oxyde de cuivre, et en un mélange d'anhydride sulfurique, d'anhydride sulfureux et d'oxygène.

Le sulfate de cuivre est utilisé en teinture ; on en emploie de grandes quantités pour la galvanoplastie et le cuivrage de la fonte. Lorsqu'on mélange des dissolutions de sulfate de cuivre et d'arsénite de potassium, on obtient un précipité d'un beau vert (*vert de Scheele*), $2CuO, As^2O^3$.

Le sulfate de cuivre forme avec les sulfates de potassium et d'ammonium des combinaisons cristallisées, isomorphes des sulfates doubles de la série magnésienne, $SO^4K^2 + SO^4Cu + 6H^2O$ et $SO^4(AzH^4)^2 + SO^4Cu + 6H^2O$. Le sulfate de cuivre se rapproche ainsi des sulfates magnésiens.

Il ne faut pas confondre le sulfate double $SO^4(AzH^4)^2 + SO^4Cu + 6H^2O$ avec le *sulfate de cuivre ammoniacal* que l'on obtient en ajoutant un excès d'ammoniaque à la dissolution du sulfate de cuivre. La liqueur, qui était d'un *bleu clair*, devient *bleu foncé* (*eau céleste*); un précipité d'hydrate cuivrique qui s'était formé tout d'abord s'est redissous dans un excès d'alcali. Les solutions concentrées laissent déposer des cristaux du *sulfate ammoniacal* :

$$SO^4Cu . 4AzH^3 + H^2O.$$

d'où on a pu retirer une base, l'oxyde de cuivre ammoniacal :

$$Cu(OH)^2 4AzH^3 + 3H^2O.$$

C'est la dissolution de cette base dans l'ammoniaque qui constitue la liqueur de Schweitzer (254). Celle-ci dissout la cellulose, ce que ne fait pas l'eau céleste.

La dissolution du sulfate de cuivre ammoniacal, mélangée d'un lait de chaux, constitue la *bouillie bordelaise*, employée avec succès pour combattre la maladie de la vigne appelée *mildew*.

251. **Carbonates.** — On trouve dans la nature deux hydrocarbonates de cuivre très importants, la *Malachite* $CO^3Cu + Cu(OH)^2$ et l'*Azurite* $2CO^3Cu + Cu(OH)^2$.

La *malachite* est en masses concrétionnées vertes. On taille la malachite et on en fait des objets d'art d'une très grande valeur dont la surface, susceptible d'un beau poli, est nuancée de diverses teintes. En Sibérie, on l'exploite comme minerai de cuivre.

L'*azurite* est en cristaux bleus; réduite en poudre fine, elle a été employée sous le nom de *bleu de montagne* dans la fabrication des papiers peints.

Lorsqu'on verse du carbonate de sodium dans une dissolution de sulfate de cuivre, on obtient un précipité gélatineux bleu qui se transforme peu à peu en un précipité vert, dont la composition est celle de la malachite et qui est employé dans la peinture à l'huile sous le nom de *vert minéral*.

MÉTALLURGIE DU CUIVRE

252. **Minerais de cuivre.** — Les principaux minerais de cuivre sont : les *Pyrites cuivreuses* Cu^2S, Fe^2S^3, presque toujours mélangées d'un excès de pyrite de fer FeS^2; les *Cuivres panachés* $2Cu^2S, FeS^2$ et des sulfures doubles d'antimoine et de cuivre (*Cuivre gris*) ou des sulfures d'antimoine, de cuivre et de plomb (*Bournonites*) renfermant ordinairement de l'argent, le sous-oxyde Cu^2O (*Cuprite*), et les carbonates.

253. **Procédé anglais.** — Les usines anglaises fabriquent la plus grande partie du cuivre que l'on trouve dans le commerce; elles traitent des minerais de Cornouailles et des minerais étrangers provenant du Chili, du Pérou, de l'Océanie, etc.

Les minerais sulfurés sont grillés dans des fours à réverbère (fig. 56); la matière, incomplètement oxydée, est mélangée de scories provenant des opérations précédentes et de minerais sulfurés quartzeux et chauffée dans un fourneau à réverbère dit *four de fusion.* Les oxydes et les sulfures réagissent; il se dégage de l'acide sulfureux, le cuivre reste combiné au soufre, le fer s'oxyde et passe dans les scories à l'état de silicate. On obtient comme produit de cette opération une *matte*[1] *bronze* renfermant 33 pour 100 de cuivre. La matte bronze, insuffisamment riche en cuivre, est traitée comme le minerai, c'est-à-dire soumise à un nouveau grillage, puis à une nouvelle fusion avec des minerais oxydés; la majeure partie du cuivre se concentre dans une *matte blanche* renfermant 75 pour 100 de cuivre et dont la composition diffère peu de celle du sous-sulfure Cu^2S.

Enfin cette matte blanche est grillée à une température voisine de sa tem-

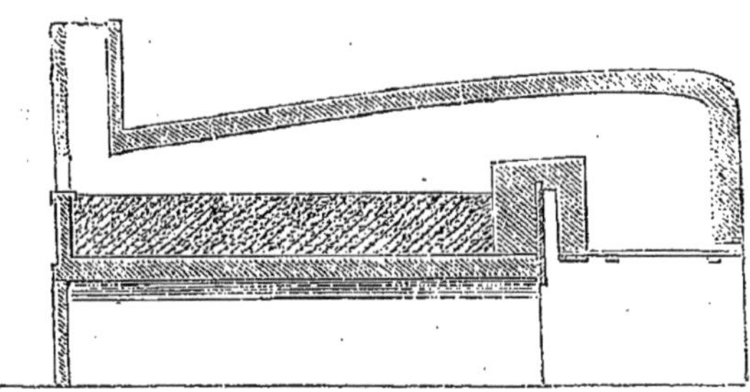

Fig. 56.

pérature de fusion, ce qui transforme une partie du sulfure en oxyde, et, dans une dernière fusion, l'oxyde et le sulfure réagissent pour donner du cuivre métallique et un dégagement de gaz sulfureux.

$$Cu^2S + 2CuO = 4Cu + SO^2.$$

On obtient ainsi le cuivre brut.

On raffine le cuivre brut en le fondant sur la sole siliceuse d'un four à reverbère; le fer qu'il contient est oxydé tout d'abord et forme avec la silice de la sole un silicate fusible.

En remuant le bain métallique avec des branches de bois vert qui dégagent des hydrocarbures sous l'action de la chaleur, on réduit l'oxyde de cuivre que le métal maintenait en dissolution, et on coule dans des moules le cuivre malléable.

254. **Traitement des mattes au convertisseur.** — On abrège aujourd'hui beaucoup la durée des opérations qui permettent de transformer les mattes cuivreuses en cuivre métallique en chauffant celles-ci dans un *convertisseur* analogue au Bessemer (*procédé Manhès*). Le courant d'air qu'on lance dans la masse, fondue préalablement dans un four à cuve et versée liquide dans le con-

1. On appelle mattes des masses fusibles contenant principalement des sulfures de cuivre ou des mélanges de sulfures de cuivre et de fer.

vertisseur, oxyde le soufre, le fer et les éléments qui nuisent à la qualité du cuivre, tel que l'arsenic et l'antimoine ; en ajoutant un peu de sable siliceux, on forme une scorie qui entraîne l'oxyde de fer. Pour traiter 1000 kilogrammes de mattes, il suffit de vingt à trente minutes.

255. **Affinage électrique.** — Le cuivre impur peut être affiné par voie d'électrolyse. Dans un bain de sulfate de cuivre on plonge deux électrodes, la négative faite de cuivre pur, la positive de lames de cuivre impur. Le courant électrique transporte le cuivre de l'anode à la cathode ; les impuretés s'accumulent en boues au fond du vase ou se dissolvent, comme le fer et le zinc, sans être électrolysées, pourvu que la force électromotrice soit convenablement choisie.

On obtient ainsi, sans grande dépense, un cuivre très pur, ne renfermant pas plus de 0,002 de matières étrangères et très malléable.

256. **Alliages renfermant du cuivre.** — Le cuivre fait partie d'un grand nombre d'alliages importants.

Les *bronzes* sont des alliages de cuivre et d'étain renfermant parfois du zinc. Suivant les usages auxquels on les destine, on varie les proportions de ces métaux ; avec ces bronzes on fait des objets d'art (médailles et statues), des miroirs de télescope, des tam-tam et des cymbales, des monnaies de billon, des rouleaux pour l'impression, des cloches, des coussinets de machine, etc.

Voici quelques formules :

	Cu	Sn	Zn	Pb
Bronze des cloches. .	78	22	0	0
Billon	95	4	1	0
Statues	91,4	5,53	1,70	1,37
Miroirs de télescope.	67	33	0	0

Les *bronzes phosphorés* renferment une très petite quantité de phosphore qui leur donne une résistance très considérable.

Les *laitons* sont des alliages de cuivre et de zinc additionnés d'un peu de plomb et d'étain.

Leur couleur varie du blanc au jaune et au rouge. On les utilise pour fabriquer une foule d'ustensiles, car ils peuvent se limer et se tourner ; on peut également les étirer en fils. Voici, d'ailleurs, la composition de quelques-uns et leurs usages :

	Cu	Zn	Sn	Pb
Laiton pour tourner	64,60	33,70	0,20	1,50
— tréfiler.	64,20	35	0,40	0,40
— bronzes dorés	63,70	35,55	2,50	0,25
Chrysocale pour faux bijoux.	90,40	8	0	1,60
— — —	83,08	15,38	1,54	0
Tombac pour instruments de physique.	88,88	5,56	5,56	0
Poudre à bronzer pour peintres. . . .	82,33	16,69	0	0
Métal delta.	55	41 et Fer 2 à 4		

On appelle bronze d'aluminium l'alliage de 90 parties de cuivre avec 10 d'aluminium (voir ce métal).

Le cuivre s'allie également au nickel et au zinc en donnant des alliages utilisés pour la fabrication des couverts.

	Cu	Ni	Zn
Alfénide	59	10	30
Packfung.	50	25	25

Citons encore les *alliages monétaires* (279 et 285).

257. **Cuivrage. — Galvanoplastie.** — Une lame de fer que l'on plonge dans un sel de cuivre se recouvre d'une mince couche de cuivre rouge, pulvérulent; mais l'adhérence est faible. On trouve avantageux de cuivrer le fer par voie

Fig. 57.

Fig. 58.

galvanique pour le soustraire à l'action des agents atmosphériques. On ne pourrait réussir cette opération en plongeant directement l'objet dans un bain de sulfate de cuivre, en le fixant au pôle négatif, car dans ce bain acide le fer est attaqué; entre le cuivre qui s'est déposé et le fer sous-jacent s'établit un circuit électrique qui amène l'attaque du fer et, par conséquent, empêche toute adhérence du dépôt cuivreux.

Le procédé employé pour cuivrer les candélabres, les statues en fonte, etc., consiste recouvrir ceux-ci d'un vernis isolant, puis à rendre la nouvelle surface conductrice en la recouvrant de plombagine. On communique à la surface cuivrée une patine verdâtre en la frottant avec une brosse imbibée d'une dissolution ammoniacale d'acétate de cuivre; la surface du cuivre se trouve ainsi légèrement vert-de-grisée.

La *galvanoplastie* diffère du cuivrage en ce qu'il s'agit ici de déposer sur un moule reproduisant en creux les reliefs de l'objet une couche de cuivre non adhérente. Dans l'industrie, les empreintes sont faites en gutta-percha, qui, ramollie dans l'eau chaude, et comprimée sur le moule, en reproduit exactement les détails et se durcit par le refroidissement. La gutta-percha n'étant pas conductrice de l'électricité, on recouvre celle-ci d'une mince couche de plombagine, puis on suspend le moule à l'aide d'un fil de cuivre dans une dissolution saturée de sulfate de cuivre, en la reliant au pôle négatif d'une pile; au pôle positif est suspendue une plaque de cuivre. Les figures 57 et 58 représentent le moule d'une médaille et la reproduction de celle-ci par la galvanoplastie.

On reproduit par galvanoplastie des bas-reliefs, des objets ciselés d'un travail très délicat; les gravures sur bois sont reproduites en cuivre par voie électrochimique et les clichés typographiques ainsi obtenus peuvent subir les fatigues de nombreux tirages; les planches gravées en creux sur cuivre (*gravure en taille-douce*) sont reproduites par deux épreuves galvaniques successives, la planche type ne subissant ainsi aucune détérioration.

MERCURE, Hg = 200.

258. **Propriétés.** — Le mercure est le seul métal liquide à la température ordinaire. Il se solidifie à — 40° en une masse d'un blanc gris, malléable. On le solidifie facilement à l'aide d'un mélange de neige, d'anhydride carbonique et d'éther. Une solidification partielle effectuée lentement et suivie d'une décantation donne des octaèdres réguliers.

La densité du mercure est 13,596 à 0°; il bout à 357°,25 et sa densité de vapeur est 6,976 (*poids moléculaire* : 200). La tension de la vapeur mercurielle est trop faible aux températures ordinaires de l'atmosphère pour qu'on puisse la mesurer, mais elle est néanmoins sensible; la vapeur de mercure se diffuse en effet dans l'atmosphère, car si, à quelque distance au-dessus d'une cuve à mercure, on expose un papier imbibé d'une dissolution d'azotate d'argent ammoniacal ou de chlorure de platine, le papier noircit par suite de la mise en liberté du métal déplacé par le mercure. Dans les ateliers où l'on manie du mercure, les ouvriers exposés à l'action persistante de cette vapeur éprouvent les accidents caractéristiques de l'intoxication mercurielle; aussi doit-on bannir autant que possible de la pratique industrielle le maniement de ce métal.

Le mercure s'oxyde à peine à la température ordinaire. Cependant sa surface se ternit à la longue, se recouvre d'une couche grisâtre d'oxyde qui se dissémine dans la masse du liquide lorsqu'on l'agite. Tandis que le mercure pur, versé sur une plaque de verre, se divise en globules qui se déplacent rapidement, le mercure oxydé mouille le verre, s'attache à ses parois : on dit qu'il fait la *queue*. Mais le mercure s'oxyde lorsqu'on le porte à l'ébullition au contact de l'air; il se recouvre alors de pellicules rougeâtres de protoxyde. Le chlore attaque le mercure à froid, le soufre s'y combine à une température peu élevée.

L'acide sulfurique attaque le mercure à chaud, avec dégagement d'anhydride sulfureux et formation de sulfate de mercure; l'acide azotique l'attaque à la température ordinaire, avec dégagement de bioxyde d'azote; il se fait en même temps, soit des azotates, soit des azotites mercureux ou mercuriques; l'acide chlorhydrique est sans action.

Poids atomique. — Il résulte de l'étude des combinaisons mercurielles que ce nombre est égal à 200. On remarque également que, multiplié par la chaleur spécifique du mercure *solide*, il donne un produit voisin de 6 :

$$200 \times 0,0319 = 6,38.$$

Comme le poids moléculaire est aussi égal à 200, on dit que la molécule de mercure est *monatomique*.

C'est, ainsi que le cuivre, un élément *divalent*, comme le montre le poids moléculaire du chlorure mercurique comparé à sa composition $HgCl^2$.

Le mercure est employé dans nombre d'instruments de physique : thermomètres, baromètres. La cuve à mercure est fréquemment utilisée dans la manipulation des gaz. Il sert aussi à extraire l'or et l'argent.

COMPOSÉS BINAIRES

259. **Chlorures.** — Le *chlorure mercureux* ou *calomel* Hg^2Cl^2 ou $HgCl-HgCl$ est une poudre blanche insoluble dans l'eau, que l'on obtient en mélangeant des dissolutions de sel marin et d'un sel mercureux. On le prépare généralement par voie sèche, en chauffant au bain de sable, dans un matras en verre, un mélange de sulfate mercureux et de sel marin. Il se forme du sulfate de sodium; le chlorure mercureux se sublime en petits cristaux blancs sur les parois supérieures du vase :

$$SO^4Hg^2 + 2NaCl = Hg^2Cl^2 + SO^4Na^2.$$

Le *chlorure mercureux* est employé en pharmacie; aussi faut-il soigneusement éviter qu'il ne soit mélangé de chlorure mercurique. A cet effet, on opère la distillation du calomel dans un vase à col court relié à un large récipient; les vapeurs de calomel se condensent, au contact de l'air froid de cette chambre, en une poudre impalpable. On fait arriver en même temps dans cette enceinte de la vapeur d'eau; le chlorure mercurique est dissous par l'eau de condensation et le produit est lavé jusqu'à ce que l'eau ne tienne plus de sel de mercure en dissolution.

La vapeur du chlorure mercureux se dissocie en chlorure mercurique et mercure :

$$Hg^2Cl^2 = HgCl^2 + Hg.$$

Chlorure mercurique. — La préparation du chlorure mercurique se fait, comme celle du calomel, en chauffant au bain de sable, dans un matras, du sulfate mercurique et du sel marin :

$$SO^4Hg + 2NaCl = HgCl^2 + SO^4Na^2.$$

Le *chlorure mercurique* ou *sublimé corrosif* se sublime en petits cristaux blancs, solubles dans l'eau et dans l'alcool. La densité de vapeur est 9,8 (*poids moléculaire* : 271). C'est un poison énergique. On l'emploie comme antiseptique dans la proportion de $0^{gr},25$ à 1 gramme par litre d'eau. Il coagule les matières albuminoïdes et les rend imputrescibles.

260. **Iodures.** — L'*iodure mercureux* Hg^2I^2 est sans intérêt; d'ailleurs peu stable. Quant à l'*iodure mercurique* HgI^2, c'est un précipité *rouge* qui se forme lorsqu'on mélange 1 molécule de chlorure mercurique avec 2 molécules d'iodure de potassium dissous. Il est soluble dans un excès soit d'iodure alcalin, soit de sel mercurique. Avec les iodures alcalins, il forme en effet des sels doubles solubles, cristallisables, des *iodomercurates*, par exemple $2HgI^2, KI + 3H^2O$.

Chauffé à 150°, l'iodure change de couleur, il devient *jaune*; ce changement de couleur accompagne une modification dans la forme cristalline. La variété jaune n'est stable qu'au-dessus de 126°; au-dessous elle peut se transformer d'elle-même et se transforme nécessairement par le frottement d'un corps solide ou au contact d'un cristal rouge, en variété rouge. A 250°, l'iodure fond, puis à une température plus élevée se volatilise. Sa vapeur se dissocie au rouge vif en vapeur d'iode et vapeur de mercure.

261. **Oxydes.** — Il existe deux composés oxygénés du mercure : l'*oxyde mercureux* Hg^2O, et l'*oxyde mercurique* HgO. L'un et l'autre forment des sels.

L'*oxyde mercureux* est un précipité noir que l'on obtient en versant de la potasse dans un sel mercureux, l'azotate par exemple. Cet oxyde est peu stable : sous l'action de la lumière ou par une élévation de température, il se décompose en protoxyde et mercure.

L'*oxyde mercurique* se forme lorsqu'on soumet le mercure à une ébullition prolongée au contact de l'air; il se présente alors sous la forme d'écailles d'un *rouge brun*, connues anciennement sous le nom de précipité *per se*. Au rouge sombre, il se décompose en mercure et oxygène.

Par voie humide, on l'obtient sous la forme d'un précipité *jaune*, lorsqu'on verse de la potasse ou de la soude dans la dissolution d'un composé mercurique. Chauffé un peu au-dessus de 300°, il devient *rouge* sans changer de composition. On obtient immédiatement la variété rouge en décomposant par la chaleur l'azotate mercurique.

L'ammoniaque agit tout autrement que la potasse ou la soude sur la dissolution du chlorure mercurique ; on a un précipité *blanc* de chlorure *ammoniomercurique* $HgCl. AzH^2$.

$$HgCl^2 + 2\,AzH^3 = HgCl.\ AzH^2 + AzH^4Cl.$$

262. **Sulfures.** — Le sulfure *mercureux* Hg^2S est un précipité noir qu'on obtient lorsqu'on fait passer un courant d'hydrogène sulfuré dans un sel mercureux.

Lorsqu'on fait agir l'hydrogène sulfuré sur un sel mercurique, on obtient tout d'abord un précipité blanc, qui noircit peu à peu ; la matière noire est le *sulfure mercurique* HgS. Ce sulfure peut être volatilisé sans décomposition. Si l'on dessèche, en effet, ce précipité, et si on le chauffe dans un tube de verre fermé à une extrémité ou dans une petite cornue, il se volatilise sans fondre et se dépose sur les parties froides de l'appareil, sous la forme d'une matière d'un rouge violacé à texture fibreuse. On peut obtenir par voie sèche la combinaison du mercure et du soufre en broyant ensemble 1 partie de soufre en fleur et 6 parties de mercure, et sublimant le produit de cette réaction. Le produit volatilisé est identique au sulfure de mercure naturel (*cinabre*) que l'on trouve en beaux cristaux rouges ou en masses compactes d'un rouge foncé.

Le *vermillon* est une variété du sulfure HgS d'un rouge vif que l'on emploie dans la peinture à l'huile. Pour le préparer, on triture longuement 500 parties de mercure, 114 parties de soufre, 75 parties de potasse et 400 parties d'eau. Puis on élève la température du mélange vers 45°, jusqu'à ce que le précipité noir formé tout d'abord ait pris une belle teinte rouge ; à ce moment, on décante le liquide et on lave le vermillon à l'eau bouillante.

Chauffé au contact de l'air, le sulfure de mercure se change en acide sulfureux gazeux et vapeur de mercure, qui distillent. L'acide azotique concentré et chaud, ou mieux l'eau régale, l'attaque énergiquement.

SELS DE MERCURE OXYGÉNÉS

Il existe deux séries de sels de mercure, les *sels mercureux* et les *sels mercuriques* correspondant au chlorure mercureux et au chlorure mercurique.

263. **Azotates.** — L'acide azotique étendu attaque lentement le mercure à froid ou tout au moins à une température peu élevée en formant un *azotate mercureux* $(AzO^3)^2\,Hg^2$. C'est un réactif souvent employé dans les laboratoires; on doit conserver sa

dissolution au contact d'un excès de mercure. Lorsque ses dissolutions se concentrent ainsi en présence d'un excès de mercure et que la liqueur s'appauvrit en acide azotique, on voit se déposer des cristaux blancs ou jaunes de divers azotates.

Si l'acide azotique est concentré et chaud, on prépare l'azotate mercurique $(AzO^3)^2Hg$, dont il existe plusieurs hydrates. L'eau bouillante le décompose, forme un précipité blanc ou blanc jaunâtre d'azotate basique $(AzO^3)^2Hg + 2HgO$, qui se détruit par des lavages plus prolongés et laisse enfin un résidu d'oxyde HgO.

264. **Sulfates.** — Le mercure est attaqué par l'acide sulfurique concentré et chaud, avec dégagement de gaz sulfureux. Si le mercure est en excès et si la température est inférieure à 328°, température d'ébullition de l'acide sulfurique, le sel formé est du sulfate mercureux SO^4Hg^2.

Mais au-dessus de 300°, en présence d'un excès d'acide sulfurique, ce sel se transforme en sulfate mercurique :

$$SO^4Hg^2 + 2SO^4H^2 = 2SO^4Hg + SO^2 + 2H^2O.$$

Lorsqu'on prépare le gaz sulfureux par le mercure et l'acide sulfurique bouillant, on ne peut donc obtenir que du sulfate mercurique.

L'eau bouillante décompose le sulfate mercurique en acide sulfurique et sulfate basique jaune $SO^4Hg, 2HgO$ (*turbith minéral*).

MÉTALLURGIE DU MERCURE

265. Le minerai de mercure est le sulfure ou *cinabre*, que l'on exploite à Almaden (Espagne), à Idria (Illyrie) et à San-José (Californie).

En grillant ce sulfure, on élimine le soufre à l'état d'anhydride sulfureux et l'on condense les vapeurs métalliques :

$$HgS + 2O = Hg + SO^2.$$

Les appareils utilisés pour l'extraction du mercure sont de vastes appareils distillatoires dans lesquels les vapeurs de mercure, ayant un long parcours à effectuer, se condensent en totalité. La figure 58 représente les appareils employés à Idria. Le cinabre pulvérisé est grillé sur la sole d'une sorte de four à réverbère A ; les vapeurs métalliques et l'acide sulfureux parcourent des chambres en maçonnerie et des cylindres métalliques inclinés, refroidis par l'eau.

On transporte le mercure dans des bouteilles en fer forgé.

266. **Amalgames.** — Les alliages du mercure portent le nom d'*amalgames*. Le mercure s'allie directement avec la plupart des métaux ; il est sans action sur le fer, le manganèse, le nickel, le cobalt et le platine.

Le potassium et le sodium se dissolvent dans le mercure avec dégagement de chaleur, et des alliages cristallisés se séparent lorsqu'on laisse refroidir et que l'on décante l'excès du liquide.

On étame les glaces avec un amalgame d'étain qui porte le nom de *tain*. Pour effectuer l'étamage, on étend sur une surface bien plane et disposée horizontalement une mince feuille d'étain dont les dimensions sont celles de la glace : on l'imbibe de mercure, et on la recouvre d'une couche de mercure de 4 à 5 millimètres d'épaisseur. On fait glisser la lame de verre sur la feuille d'étain, de façon à l'appliquer exactement sur celle-ci, en chassant l'excès de mercure ;

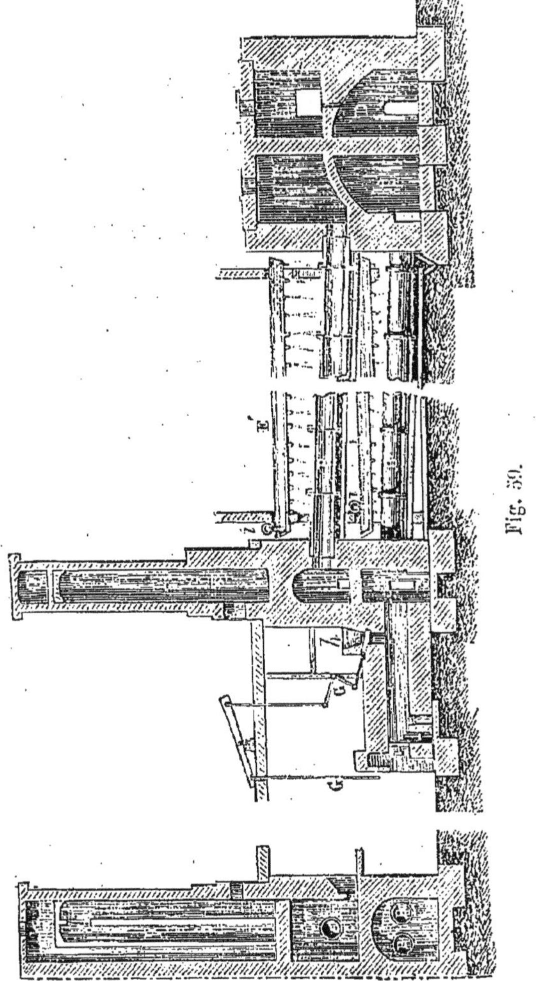

Fig. 39.

on charge la glace avec des poids et on incline la table de façon à faciliter l'écoulement du métal. Au bout d'une quinzaine de jours, l'adhérence de l'alliage est complète.

Un certain nombre d'amalgames ne se préparent que par voie indirecte (amalgames des métaux du groupe du fer), en électrolysant un composé métallique avec une électrode de mercure. Ce procédé d'amalgamation par électrolyse est d'ailleurs général ; il a permis à Davy d'isoler les métaux alcalins.

CHAPITRE XV

ARGENT

267. **Place de l'argent dans la classification.** — L'argent n'est pas assez volatil pour qu'on puisse déterminer sa densité de vapeur. La chaleur spécifique 0,0570 lui assigne un poids atomique voisin de 108 :

$$108 \times 0,0570 = 6,16.$$

L'analyse du chlorure AgCl le définit comme un élément *monovalent*. Il se rapproche donc des métaux alcalins ; son oxyde Ag^2O, légèrement soluble dans l'eau, réagit comme une base forte ; ses sels sont neutres au tournesol comme les sels alcalins ; l'azotate est même isomorphe de l'azotate de potassium.

La détermination précise du poids atomique de l'argent présente une importance capitale ; c'est en engageant un métalloïde dans une combinaison avec ce métal qu'on détermine le plus souvent la valeur numérique du poids atomique d'un métalloïde. Les expériences si précises et si concordantes de Marignac et de Stas ont donné, pour la valeur arbitraire, O = 16 :

$$Ag = 107,915.$$

Si l'on rapporte ce poids atomique à l'hydrogène pris comme unité, on obtient des nombres qui varieront suivant que l'on attribue à l'eau telle ou telle composition en poids :

Pour O = 15,93. 107,66
— O = 15,88. 107,11

ARGENT, Ag = 108 (107,66).

268. **Propriétés.** — L'argent pur est blanc et remarquable par son éclat ; il ne se ternit au contact de l'air que si celui-ci renferme des traces de gaz sulfhydrique. Lorsqu'il est poli, son pouvoir réfléchissant pour la lumière et la chaleur est plus grand que pour tout autre métal ; son pouvoir émissif est par consé-

quent très faible, et un liquide contenu dans un vase en argent poli se refroidit très lentement.

La densité de l'argent est 10,5. C'est, après l'or, le métal le plus malléable; on le réduit en feuilles minces ou en fils fins. Il fond à 954°, et se volatilise lorsqu'on le chauffe au chalumeau oxyhydrique; il peut même être distillé dans un appareil en chaux et purifié ainsi (Stas).

Lorsqu'on laisse refroidir de l'argent qui a été fondu au contact de l'air, on observe qu'au moment de la solidification la surface se soulève par suite d'un dégagement de gaz oxygène que le métal avait absorbé à l'état liquide; ce phénomène est connu sous le nom de *rochage*. L'argent fondu peut absorber ainsi 22 fois son volume d'oxygène, mais la totalité de l'oxygène n'est pas expulsée au moment de la solidification; le métal solide en dégage encore lorsqu'on le chauffe au rouge sombre, dans le vide.

Il cristallise en octaèdres réguliers par fusion ou par l'électrolyse de ses sels.

L'argent solide ne réagit sur l'oxygène à aucune température, à la pression ordinaire[1]; toutefois, l'ozone l'oxyde à froid; l'eau est sans action. Tous les métalloïdes, l'azote excepté, s'y combinent facilement.

L'acide azotique dissout l'argent en formant de l'azotate d'argent et du bioxyde d'azote; l'acide sulfurique concentré et chaud l'attaque avec formation de gaz sulfureux; l'acide chlorhydrique gazeux n'agit que superficiellement, lorsqu'on les chauffe ensemble vers 500°, en vase clos; l'acide chlorhydrique dissous est sans action. Mais l'acide bromhydrique et surtout l'acide iodhydrique gazeux l'attaquent; dissous, ces hydracides le dissolvent avec dégagement d'hydrogène et formation de bromure et d'iodure d'argent solubles dans un excès d'hydracide. Ces différences que l'on constate dans les actions exercées par les trois hydracides sont en rapport avec leurs chaleurs de formation :

$$Ag + HCl \text{ gaz} = AgCl + H \qquad + 7^{C},2$$
$$Ag + HBr \text{ gaz} = AgBr + H \qquad + 14^{C},2$$
$$Ag + HI \text{ gaz} = AgI + H \qquad + 20^{C},5$$

1. Cependant, lorsqu'on le volatilise au chalumeau oxyhydrique, on condense de l'oxyde d'argent sur un corps froid. Il semble donc que sa *vapeur* soit susceptible de s'oxyder aux températures élevées et, comme on l'a constaté dans certains cas, la condensation sur un corps froid aurait pour effet de soustraire l'oxyde formé à une décomposition ultérieure, par abaissement de température.
M. Le Chatelier a pu réaliser l'union directe du métal *solide* et de l'oxygène à 300° sous une pression supérieure à 15 atm.

L'attaque par l'acide iodhydrique dissous est rendue plus facile par ce fait que l'iodure est très soluble dans un excès d'acide iodhydrique et forme des iodhydrates d'iodure AgI, HI et 3AgI, HI + 7 H^2O cristallisés dont la chaleur de formation positive s'ajoute au second membre de la réaction.

L'acide fluorhydrique est sans action, qu'il soit gazeux ou dissous.

L'hydrogène sulfuré noircit l'argent, surtout lorsqu'il est humide; la surface du métal se recouvre d'une mince couche de sulfure d'argent.

L'argent n'est attaqué ni par les alcalis, ni par les azotates alcalins fondus; dans les laboratoires, on se sert fréquemment de petits creusets ou de capsules d'argent pour fondre la potasse ou la soude, ou encore pour attaquer une substance par un alcali fondu.

COMPOSÉS BINAIRES

269. **Chlorures.** — On trouve dans la nature le chlorure AgCl, en cristaux octaédriques ou cubiques. On l'obtient sous la forme d'un précipité blanc, ressemblant à du lait caillé, lorsqu'on verse de l'acide chlorhydrique ou un chlorure soluble dans une dissolution d'azotate d'argent. Le chlorure d'argent est en effet insoluble dans l'eau (l'eau n'en dissout que 0,0000001, d'après Stas); la solubilité n'est plus aussi faible quand l'eau tient en dissolution du sel marin, de l'acide chlorhydrique ou de l'azotate d'argent; mais il est soluble dans l'ammoniaque et dans une dissolution d'hyposulfite de sodium.

L'évaporation de la dissolution ammoniacale, réalisée à l'abri de la lumière, laisse des octaèdres réguliers de chlorure d'argent.

Le chlorure d'argent fond vers 250° en un liquide jaune qui se solidifie en une masse semi-transparente (*argent corné*). Il se décompose partiellement sous l'action de la lumière en argent métallique et chlore qui se dégage; il noircit alors et ne se dissout plus qu'incomplètement dans l'ammoniaque et l'hyposulfite de sodium.

L'hydrogène réduit le chlorure d'argent sous l'action de la chaleur; le zinc ou le fer, mis au contact du chlorure d'argent humecté de quelques gouttes d'acide chlorhydrique, le ramènent à l'état métallique. Le gaz ammoniac est absorbé par le chlorure d'argent sec, avec lequel il forme deux combinaisons, AgCl, 3 AzH^3 et 2AgCl, 3 AzH^3, utilisées pour la liquéfaction du gaz ammoniac.

L'action exercée par la lumière sur le chlorure d'argent est utilisée en photographie.

Le sous-fluorure d'argent (271) est transformé par le gaz chlorhydrique en sous-chlorure Ag^2Cl, corps solide rouge-violacé que la lumière décompose en argent et chlore (Guntz).

270. **Bromure et iodure.** — Le bromure AgBr et l'iodure d'argent AgI sont insolubles comme le chlorure. On les obtient également en précipitant une dissolution d'azotate d'argent par un bromure ou un iodure alcalin. Le bromure est blanc-jaunâtre, l'iodure d'un jaune pâle; ils sont tous deux solubles dans l'hyposulfite de sodium; mais le bromure est moins soluble que le chlorure dans l'ammoniaque, et l'iodure est insoluble dans ce réactif; altérables à la lumière, ils sont employés en photographie.

271. **Fluorure.** — Le fluorure d'argent AgF se distingue des autres composés haloïdes; il est soluble dans l'eau. On le prépare en dissolvant l'oxyde d'argent dans l'acide fluorhydrique. Les cristaux sont hydratés : $AgF + H^2O$ ou $AgF + 2H^2O$.

L'argent très divisé chauffé au-dessous de 90° avec une dissolution saturée de fluorure d'argent est transformé en une poudre cristalline ressemblant à de la limaille de bronze. C'est un sous-fluorure Ag^2F, inaltérable à l'air sec, mais que l'eau et l'air humide décomposent (Guntz).

272. **Oxyde.** — On connaît plusieurs composés oxygénés de l'argent, mais le seul qui présente de l'intérêt est le protoxyde Ag^2O. On l'obtient sous la forme d'une poudre brune lorsqu'on verse de la potasse dans une dissolution d'azotate d'argent.

L'oxyde d'argent est peu soluble dans l'eau, à laquelle il communique une réaction alcaline. Beaucoup de matières organiques le réduisent; chauffé, il se décompose à une température peu élevée (300°), il se décompose, même à basse température, lorsqu'on l'expose à la lumière solaire.

Au contact de l'ammoniaque, le protoxyde d'argent se transforme en une poudre noire, dont le maniement est très dangereux (*argent fulminant*). Ce corps détone en effet, lorsqu'il est sec, au moindre frottement; il détone même sous l'eau, lorsqu'on porte celle-ci à 100°.

273. **Sulfures.** — Le sulfure Ag^2S (*Argyrose*) se trouve dans la nature en cristaux noirs du système cubique. On le prépare en cristaux cubiques en faisant passer lentement des vapeurs de soufre diluées par un gaz inerte, tel que l'azote, sur des lamelles d'argent légèrement chauffées. Ce sulfure est très fusible et indécomposable par la chaleur. L'hydrogène le réduit : lorsque la réduction est faite lentement, elle donne de l'argent en fils très fins

analogues à certains échantillons d'argent natif (*argent filiforme*).

Par voie humide, c'est-à-dire en précipitant un sel d'argent par l'hydrogène sulfuré, on obtient un précipité noir pulvérulent de sulfure d'argent, insoluble dans les sulfures alcalins.

SELS D'ARGENT

274. **Azotate.** — On prépare l'azotate ou nitrate d'argent en dissolvant l'argent pur dans l'acide azotique chaud; si la liqueur est convenablement concentrée, elle dépose par refroidissement des lamelles rhomboïdales (prismes orthorhombiques), incolores et transparentes du sel anhydre AzO^3Ag.

Il est soluble dans une dissolution ammoniacale; si celle-ci est concentrée, elle donne des cristaux d'un sel ammoniacal $AzO^3Ag, 2AzH^3$.

L'azotate d'argent fond à une température peu élevée, mais il se décompose au rouge, en laissant un résidu d'argent métallique.

L'azotate d'argent fondu est employé par les chirurgiens pour ronger les chairs : il porte alors le nom de *pierre infernale*.

275. **Sulfate.** — Le sulfate se prépare directement en dissolvant l'argent dans l'acide sulfurique concentré et bouillant. Il est peu soluble dans l'eau froide; aussi peut-on le préparer par double décomposition en mélangeant des dissolutions d'azotate d'argent et de sulfate alcalin. Les cristaux, qui sont anhydres, SO^4Ag^2, sont isomorphes du sulfate de sodium anhydre.

276. **Phosphates.** — L'*orthophosphate triargentique* PO^4Ag^3 est un précipité jaune que l'on obtient en ajoutant du nitrate d'argent à une dissolution d'un orthophosphate soluble. Le précipité est soluble dans l'ammoniaque et l'acide azotique. Il est soluble aussi dans une dissolution convenablement concentrée et chaude d'acide orthophosphorique qui dépose, par le refroidissement, des octaèdres réguliers du sel triargentique.

Dissous dans un grand excès d'acide phosphorique, le sel triargentique se change en sel *diargentique* PO^4HAg^2, qui forme de grands cristaux incolores, décomposables immédiatement au contact de l'eau pure :

$$3PO^4HAg^2 + Aq = 2PO^4Ag^3 + PO^4H^3 + Aq.$$

Le *pyrophosphate* $P^2O^7Ag^4$ est le précipité blanc que donne l'azotate d'argent avec les pyrophosphates dissous. Il est soluble dans l'ammoniaque et dans l'acide azotique.

MÉTALLURGIE DE L'ARGENT

277. L'argent natif se rencontre dans certains filons de plomb et de cuivre argentifères. A Kongsberg (Norvège), on a trouvé des masses d'argent qui pesaient jusqu'à 280 kilogrammes. Mais les minerais le plus ordinairement exploités sont le sulfure d'argent Ag^2S (*argyrose*) pur ou associé au sous-sulfure de cuivre et des sulfures doubles d'argent et d'arsenic ou d'antimoine; plus rarement on trouve l'argent à l'état de chlorure. Les galènes et les sulfures de cuivre sont fréquemment argentifères.

Les minerais riches en argent sont traités par amalgamation.

A Freiberg, en Saxe, et plus généralement dans les usines de l'Europe, on grille le minerai mélangé à des pyrites de fer et du sel marin sur la sole de fours à réverbère. De l'anhydride sulfureux se dégage, et les sulfates formés réagissent sur le sel marin pour donner du sulfate de sodium et de l'acide chlorhydrique qui transforme l'argent en chlorure.

On introduit le produit de ce grillage dans des tonneaux mobiles autour d'un axe horizontal, avec de l'eau et des lames de fer. Le chlorure d'argent se dissout dans l'eau chargée de sel marin, et le fer déplace l'argent. Au bout de quelque temps, on ajoute du mercure qui s'unit à l'argent à mesure que celui-ci est mis en liberté. On recueille l'amalgame, on le filtre dans des toiles pour éliminer l'excès de mercure, et on distille l'alliage solide. L'argent qui reste comme résidu contient du cuivre et du plomb. On l'oxyde sur la sole poreuse d'un four à réverbère qui absorbe les métaux étrangers. L'argent purifié renferme encore 25 pour 100 de cuivre environ.

Au Chili et au Mexique, l'amalgamation est produite à froid. On étend le minerai pulvérisé sur une aire plane après l'avoir additionné de sel marin et l'on fait piétiner le tout par des mules. Au bout de quelque temps, on ajoute des pyrites de cuivre grillées, c'est-à-dire partiellement transformées en sulfate. Il se forme du sulfate de sodium et du chlorure de cuivre, et ce dernier, réagissant sur le sulfure d'argent, le transforme en chlorure. On ajoute alors du mercure, qui déplace l'argent et se transforme partiellement en chlorure, tandis qu'une autre partie de ce métal forme avec l'argent libre un amalgame. Lorsqu'on juge l'opération terminée, on lave à grande eau, et il reste un amalgame que l'on distille.

On extrait une notable quantité d'argent des plombs argentifères.

278. **Affinage. — Préparation de l'argent pur.** — L'argent du commerce n'est jamais pur; il contient du cuivre, du fer, de l'or et du platine. On l'*affine* en le dissolvant dans l'acide sulfurique concentré, qui laisse l'or et le platine inattaqués. Dans la dissolution qui contient les autres métaux à l'état de sulfates, on introduit des lames de cuivre qui précipitent l'argent seul. Cet argent lavé, calciné, fondu, contient encore du cuivre entraîné mécaniquement, ce qui n'a aucun inconvénient si l'argent doit servir à faire des monnaies ou des bijoux.

Pour extraire l'argent pur soit de l'argent affiné, soit des alliages commerciaux, on dissout ceux-ci dans l'acide azotique concentré et chaud; la liqueur est bleue s'il y a du cuivre. On évapore à sec et on amène doucement à fusion. L'azotate de cuivre est détruit par la chaleur et laisse un résidu d'oxyde noir de cuivre; on reprend par l'eau, qui dissout l'azotate d'argent. C'est ainsi que l'on prépare ce sel habituellement. Il peut renfermer cependant encore un peu de cuivre.

En ajoutant de l'acide chlorhydrique à l'azotate d'argent on précipite la totalité de l'argent à l'état de chlorure, qui, lavé, est soumis à l'ébullition dans une capsule de porcelaine avec de la soude caustique et un peu de sucre. Le chlorure est ainsi transformé en oxyde que le sucre réduit; l'argent est sous forme spongieuse, gris (*chaux d'argent*); on le lave à l'eau bouillante, on le sèche et on le fond. On a ainsi l'*argent vierge*.

279. **Alliages.** — Les alliages que forme l'argent avec le cuivre sont plus durs que le métal pur et sont employés à la fabrication des monnaies, des objets de bijouterie et d'orfèvrerie :

		Argent.	Cuivre.
Monnaies	Pièces de 5 fr.	900	100
	Pièces de 2, 1 et 0,50 fr.	835	165
Médailles, vaisselle, argenterie		950	50
Bijouterie, vaisselle au 2e titre		800	200

On accorde une tolérance[1] de $\frac{2}{1000}$ au-dessous du titre pour les monnaies et les médailles, de $\frac{5}{1000}$ pour la vaisselle, l'argenterie et la bijouterie.

Le mercure dissout l'argent avec une extrême facilité et forme des amalgames cristallisés. Il le déplace de ses sels. Ainsi, lorsqu'on verse un sel d'argent sur du mercure, on voit se former à la surface du métal des arborescences cristallines d'un alliage Hg^2Ag, connu anciennement sous le nom d'*arbre de Diane*.

280. **Argenture.** — On recouvre fréquemment les métaux, et particulièrement le laiton, le maillechort, d'une mince couche d'argent, leur communiquant

Fig. 60.

ainsi la couleur, l'éclat et l'inaltérabilité du métal précieux. Le procédé d'argenture le plus employé aujourd'hui est l'*argenture galvanique*.

L'objet, soigneusement décapé, est suspendu à l'extrémité d'un fil métallique relié au pôle négatif d'une pile dans une dissolution renfermant, par kilogramme d'eau, 20 grammes de cyanure de potassium et 10 grammes de cyanure

1. L'alliage monétaire n'est pas homogène; au moment de sa solidification, il se *liquate*, c'est-à-dire que la masse se fractionne en combinaisons ou mélanges dont les températures de solidification sont différentes. De tous les alliages d'argent et de cuivre, l'*alliage de Levol* Ag^3Cu^2 est le seul qui se solidifie à une température constante; c'est le plus fusible : il fond à 748°, l'argent à 950°, le cuivre à 1035°.

d'argent (fig. 60). Attachée au pôle négatif de la pile, dans le même bain, plonge une plaque d'argent qui sert d'électrode soluble. Après un séjour convenable dans le bain d'argenture, on lave l'objet à grande eau et on le sèche. La surface est alors d'un blanc mat; on la polit à l'aide d'un pinceau en fil de laiton et d'un outil portant, enchâssé à son extrémité, un fragment d'hématite.

L'argenture à la feuille était pratiquée avant la découverte de la pile, et s'applique encore aux objets de grandes dimensions. Sur la surface décapée de l'objet on applique à l'aide du brunissoir une mince feuille d'argent, puis on chauffe au rouge naissant de façon à déterminer l'adhérence par la formation d'un alliage superficiel de l'argent et du métal sous-jacent.

On communique une argenture légère et peu coûteuse à de petits objets (agrafes, boutons, etc.) en les plongeant pendant quelques instants dans un liquide bouillant (*bouillitoire*) obtenu en projetant dans l'eau une petite quantité d'une pâte formée de 4 grammes de chlorure d'argent, 250 grammes de crème de tartre et 250 grammes de sel marin.

Argenture du verre. — En déposant à la surface du verre une couche très mince d'argent, susceptible d'acquérir un beau poli, on obtient de petits miroirs plans souvent utilisés dans les expériences de physique ou des miroirs courbes de grandes dimensions que Foucault a substitués aux miroirs de bronze pour la construction des télescopes.

Parmi les diverses recettes proposées pour l'argenture du verre, nous citerons la suivante (procédé Martin), qui donne des résultats très nets.

On prépare quatre solutions :

1° 40 grammes d'azotate d'argent cristallisé par litre d'eau;

2° 6 grammes d'azotate d'ammonium dans 100 grammes d'eau;

3° 10 grammes de potasse caustique dans 100 grammes d'eau;

4° Dans 250 grammes d'eau, on dissout 25 grammes de sucre, 3 grammes d'acide tartrique; on fait bouillir pendant dix minutes pour intervertir le sucre et, après refroidissement, on ajoute 50^{cc} d'alcool, pour empêcher la fermentation, et l'on étend à 500^{cc}.

La surface à argenter est lavée à l'acide azotique, à l'eau distillée, puis frottée avec un tampon de coton imbibé de potasse et d'alcool. On mélange d'autre part volumes égaux des liqueurs 1 et 2, puis séparément volumes égaux des liqueurs 3 et 4; on mêle enfin le tout et l'on verse sur la surface à argenter.

L'argenture se fait à froid; elle est plus rapide en été qu'en hiver; elle se termine lorsque la liqueur, qui est grise et trouble, s'est recouverte de plaques d'argent brillant. On lave à l'eau distillée, on sèche et il suffit de frotter la surface du miroir avec un tampon de peau de chamois imprégné de rouge d'Angleterre pour enlever un léger voile et voir apparaître la surface métallique avec tout son éclat.

CHAPITRE XVI

OR — PLATINE

OR, Au = 196,2

281. **Propriétés.** — L'or pur est d'une belle couleur jaune ; sa densité est 19,5. Il fond au rouge vif, à 1045° et émet des vapeurs violettes à une température plus élevée.

C'est le plus malléable de tous les métaux ; on peut le réduire en feuilles dont l'épaisseur ne dépasse pas $\frac{1}{10000}$ de millimètre et qui laissent percer une lumière verte. L'or cristallise par fusion dans le système régulier, en cubes plus ou moins modifiés, comme certains échantillons d'or natif.

L'oxygène est sans action sur l'or à toutes les températures. Les acides sulfurique, azotique et chlorhydrique réagissant isolément ne l'attaquent pas ; mais le mélange d'acide chlorhydrique et d'acide azotique (*eau régale*) le dissout aisément à l'état de trichlorure $AuCl^3$. Le chlore l'attaque à une température peu élevée ; l'eau de chlore le dissout très rapidement lorsqu'il est en feuilles minces.

La chaleur spécifique de l'or 0,0324 conduit à prendre 196,2 comme poids atomique. On a en effet

$$196{,}2 \times 0{,}0324 = 6{,}4.$$

L'analyse du chlorure d'or $AuCl^3$ définit le métal comme trivalent.

COMPOSÉS DE L'OR

282. **Chlorures d'or.** — On connaît un *protochlorure* $AuCl$ et un *trichlorure* $AuCl^3$.

On prépare le trichlorure en dissolvant l'or dans l'eau régale. En évaporant lentement le liquide acide, on obtient des cristaux jaunes d'une combinaison de ce chlorure avec l'acide chlorhydrique $AuCl^3.HCl$. En chauffant ces cristaux, on chasse l'acide, et il reste une poudre brune, déliquescente, soluble dans l'eau, l'alcool et surtout l'éther. On arrive plus facilement au même résultat en enfermant de l'or et du chlore liquide dans un tube scellé qu'on chauffe de temps en temps (M. Meyer).

Le chlorure d'or forme avec les chlorures alcalins des chlorures doubles cristallisés, très solubles dans l'eau :

$$AuCl^3, KCl + 2H^2O,$$
$$AuCl^3, NaCl + 2H^2O.$$

Lorsqu'on chauffe le trichlorure vers 200°, il perd du chlore et se transforme en une poudre verte, insoluble dans l'eau, qui est le protochlorure AuCl.

283. **Composés oxygénés et sulfurés.** — Les composés oxygénés de l'or sont l'*oxyde aureux* Au^2O et l'*oxyde aurique* Au^2O^3.

Le premier est une poudre violette que l'on obtient en décomposant le chlorure aureux par la potasse. Il est peu stable; l'acide chlorhydrique le décompose en trichlorure et métal.

L'*oxyde aurique* Au^2O^3 est une poudre brune que l'on prépare en chauffant l'hydrate à 100°; il se décompose à 240° en or et oxygène. L'hydrate $Au(OH)^3$ ou *acide aurique* forme des sels alcalins cristallisables. Un aurate de potassium $Au^2O^3, K^2O + 6H^2O$ s'obtient quand on ajoute de la potasse en excès à la dissolution du trichlorure; l'acide sulfurique précipite de la dissolution de ce sel l'acide aurique, poudre jaune.

Mis en digestion avec de l'ammoniaque, l'acide aurique donne une poudre grise qui détone par le choc; c'est l'*or fulminant* $Au^2O^3(AzH^3)^4$.

La dissolution du chlorure d'or donne avec l'hydrogène sulfuré un précipité brun foncé de sulfure d'or Au^2S^3, soluble dans les sulfures alcalins.

284. **Métallurgie de l'or.** — L'or est disséminé à l'état natif dans des filons quartzeux ou dans des terrains d'alluvion (*placers*) provenant de la désagrégation de ces terrains par l'eau ou les agents atmosphériques (Oural, Australie, Californie). L'or natif se trouve en cristaux du système cubique, en filaments, en paillettes ou en grains irréguliers (*pépites*) dont le poids peut s'élever à plusieurs kilogrammes.

Lorsque l'or est disséminé dans des sables d'alluvion, on désagrège ceux-ci sous l'action de puissants jets d'eau et l'on dirige les matières pulvérulentes sur des planchers inclinés portant de petites rainures transversales où l'or, plus dense que le sable quartzeux, se rassemble. On dissout l'or dans le mercure, on filtre l'amalgame liquide et il reste un amalgame solide dont on sépare l'or par distillation. Les minerais quartzeux sont broyés, enrichis par lavage et amalgamés.

Au Transvaal, l'or est inclus en fines paillettes dans un conglomérat quartzeux riche en pyrites ou à l'état de combinaisons sulfurées. Les minerais extraits de la tête des filons, où la pyrite est oxydée, sont traités après broyage par amalgamation. Les poussières et les boues qui renferment encore de notables quantités d'or sont traitées par le chlore (*chloruration*) et le chlorure d'or décomposé par le sulfate ferreux. Les minerais sulfurés sont grillés et l'or métallique très divisé dissous par le cyanure de potassium à l'état de cyanure double alcalin (*cyanuration*) :

$$2Au + 4KCy + O + H^2O = 2[AuCy, KCy] + 2KOH;$$

l'or est ensuite précipité par le zinc, l'aluminium ou par électrolyse.

L'or ainsi obtenu renferme de l'argent et du cuivre ; on l'*affine* en le fondant avec un poids d'argent tel, que l'or n'entre que dans la proportion de 20 po 100 dans l'alliage, et on l'attaque dans des vases de platine par l'acide sulfurique concentré et bouillant qui dissout le cuivre et l'argent. L'or pulvérulent q reste comme résidu est lavé, fondu et coulé en lingot.

285. **Alliage.** — L'or ne s'emploie jamais pur, parce qu'il est trop mou ; i est presque toujours allié au cuivre qui lui donne de la dureté, quelquefois l'argent.

	Or.	Cuivre.
Monnaies	900	100
Médailles	916	84
Orfèvrerie	920	80
	840	160
	750	250
Bijoux	750	250

La tolérance est 0,002 pour les monnaies et 0,005 pour les bijoux.

Les alliages d'or et de cuivre donnent l'*or rouge*; l'alliage avec l'argent donne l'*or vert*; en combinant ces trois métaux, on obtient des couleurs intermédiaires.

L'or s'allie au mercure par simple contact et forme un amalgame gris que la chaleur décompose.

286. **Dorure.** — *Dorure au mercure.* Le métal est décapé, puis frotté avec une brosse trempée dans un amalgame obtenu en alliant 1 partie d'or et 8 parties de mercure. On chauffe ensuite au rouge de façon à volatiliser le mercure sous des cheminées ayant un bon tirage. Le métal se trouve recouvert ainsi d'une couche d'or très adhérente, que l'on polit ensuite si cela est nécessaire.

Dorure galvanique. L'objet est fixé au pôle négatif d'une pile et plongé dans une dissolution chaude renfermant pour 100 grammes d'eau 1 gr. de chlorure d'or et 10 gr. de cyanure de potassium. On suspend au pôle positif de la pile une électrode soluble formée d'une lame d'or.

Dorure au trempé. Elle est employée pour les objets de peu de valeur. Après les avoir décapés, on les plonge dans une dissolution d'azotate de mercure, ce qui les *blanchit* en les recouvrant d'une mince couche de mercure, puis dans un bain renfermant 10 gr. d'or à l'état de chlorure, 750 gr. de bicarbonate de potassium et 2 litres d'eau. Après une immersion d'une minute à peine dans ce bain porté à l'ébullition, les objets sont retirés recouverts d'une mince couche d'or.

287. **Pourpre de Cassius.** — L'or déplacé d'une dissolution étendue de chlorure d'or par le sulfate ferreux ou le chlorure stanneux est en poudre impalpable. Lorsqu'on produit cette précipitation en introduisant dans une dissolution de chlorure d'or neutre de la grenaille d'étain, on obtient une liqueur pourpre qui laisse déposer des flocons très ténus de *pourpre de Cassius.* C'est une laque de bioxyde d'étain coloré par de l'or très divisé. Broyé avec de l'essence de térébenthine et un fondant, le pourpre de Cassius est employé pour la dorure sur porcelaine.

MÉTAUX DE LA FAMILLE DU PLATINE

288 Classification. — On groupe autour du platine un certain nombre de métaux qui l'accompagnent constamment dans son minerai et qui sont reliés entre eux par un grand nombre de propriétés communes et des relations d'isomorphisme.

La famille des métaux du platine comprend trois métaux lourds et trois métaux légers :

	Platine.	Iridium.	Osmium.
Poids atomique. . .	194	192	190
Densité.	21,5	22,4	22,5

	Palladium.	Rhodium.	Ruthénium.
Poids atomique. . .	106,5	103,2	101,4
Densité.	11,4	12,1	11,0

Le *palladium* se rapproche de l'argent par ses propriétés physiques; c'est le plus fusible des métaux du groupe, car il fond à 1500°; il est oxydable au rouge sombre et son oxyde se décompose à une température plus élevée. Les chloropalladates de potassium et d'ammonium,

$$PdCl^4, 2KCl, \qquad PdCl^4, 2AzH^4Cl,$$

sont isomorphes des chloroplatinates; mais ils sont peu stables dans l'eau bouillante, dégagent du chlore et donnent les chloropalladites,

$$PdCl^2, 2KCl, \qquad PdCl^2, 2AzH^4Cl,$$

isomorphes des combinaisons correspondantes du platine.

Le palladium allié au cuivre forme des alliages employés dans l'horlogerie.

L'*iridium* est caractérisé comme le platine par un chloro-iridate potassique ou ammonique très peu soluble dans l'eau et dans les chlorures alcalins,

$$IrCl^4, 2KCl, \qquad IrCl^4, 2AzH^4Cl,$$

isomorphe des combinaisons correspondantes du platine et du palladium ; mais il a en outre des sesquichlorures, tel est le sel sodique

$$Ir^2Cl^6, 6NaCl, Aq.$$

L'iridium est plus infusible encore que le platine: il fond à 1900°. Allié au platine (platine 90, iridium 10), il forme un alliage très dur, inaltérable, avec lequel on a construit les types internationaux du mètre et du kilogramme.

Le *rhodium*, beaucoup plus rare que les métaux précédents, n'a pas jusqu'ici reçu d'application. Il est plus difficilement attaquable que l'iridium et même que le platine par les agents chimiques. Le rhodium laminé est inattaquable par le chlore et par l'eau régale. On ne connaît pas de combinaison du rhodium appartenant au type des chloroplatinates; les chlorures doubles caractéristiques sont des sesquichlorures, tels que $Rh^2Cl^6, 6NaCl$, isomorphes des combinaisons correspondantes de l'iridium.

Le *ruthénium* et l'*osmium*, qui n'existent qu'en quantités relativement faibles dans la mine de platine (osmiures d'iridium), sont caractérisés par des peroxydes volatils RuO^4 et OsO^4 (improprement appelés acide *hyperruthénique* et acide *osmique*), qui sont des oxydants énergiques.

PLATINE, Pt = 194.

289. **Propriétés.** — Le platine[1] fondu est d'un blanc gris; il est malléable, ductile et d'une ténacité presque égale à celle du fer lorsqu'il est pur. La densité du métal martelé ou laminé est 21,5.

La température de fusion du platine est d'environ 1775°. Sainte-Claire Deville et Debray n'ont réussi à le fondre en grande masse qu'à l'aide du chalumeau oxyhydrique. Dans un morceau de chaux vive A (fig. 61), on pratique une cavité dans laquelle s'effectuera la fusion; on recouvre ce fragment d'un second B disposé en forme de voûte et, par des ouvertures cylindriques, on introduit soit un, soit deux chalumeaux à gaz oxygène

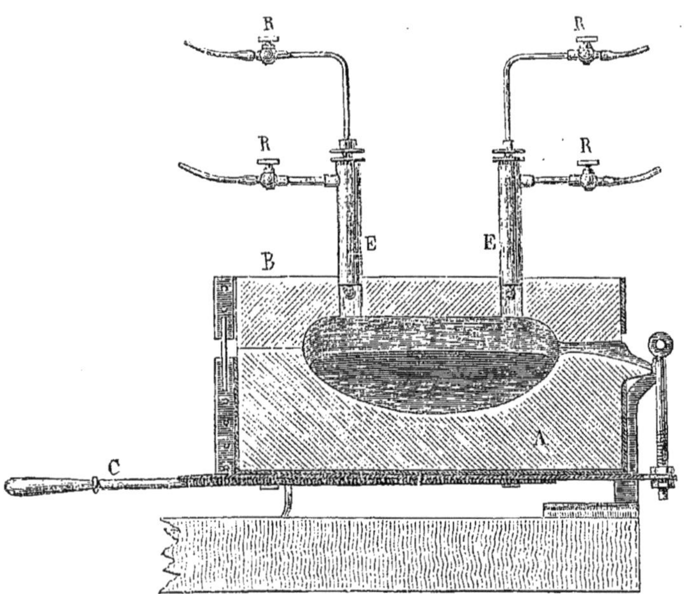

Fig. 61.

1. De l'espagnol *platina*, diminutif de *plata*, argent; découvert en 1735 dans les sables aurifères de la Colombie. Le palladium et le rhodium ont été découverts par Wollaston, l'osmium et l'iridium par Tennant en 1803, le ruthénium par le chimiste russe Claus en 1845.

et gaz de l'éclairage EE, suivant la masse qu'il s'agit de fondre. Le four ayant été préalablement chauffé au rouge blanc, on introduit le platine par une ouverture antérieure. Lorsque le métal est fondu, on soulève la voûte du four et on coule le platine dans une lingotière.

Le platine peut être forgé et soudé à lui-même à la chaleur blanche.

Avant qu'on sût fondre le platine en grandes masses, on comprimait fortement la *mousse* ou *éponge de platine* que fournit le traitement du minerai dans un cylindre en acier. Puis le disque ainsi obtenu était porté au rouge et martelé; en répétant cette opération on soudait les particules métalliques les unes aux autres et on obtenait une plaque qui pouvait être laminée.

Le platine ne s'oxyde à aucune température; le chlore l'attaque à une température peu élevée; le soufre, le phosphore, le silicium, le bore se combinent lorsqu'on les chauffe au contact de ce métal, et les produits formés sont très fusibles. Le zinc, le plomb, l'étain, l'argent forment des alliages très fusibles; aussi faut-il éviter de chauffer ces métalloïdes ou ces métaux au contact du platine, qui serait facilement fondu. On ne peut chauffer des creusets de platine au contact du charbon, car les silicates contenus dans les cendres du combustible, chauffés en présence d'une matière réductrice telle que le carbone, l'hydrogène, ou les carbures d'hydrogène, sont réduits et forment un siliciure très fusible. Aussi protège-t-on toujours les creusets de platine du contact direct du combustible en les introduisant dans un creuset en terre réfractaire et séparant les deux vases par une couche d'alumine calcinée ou de magnésie.

La potasse ne peut être fondue dans le platine, qu'elle attaque.

Les acides sulfurique, azotique et chlorhydrique sont sans action sur le platine; mais l'eau régale le dissout facilement.

Le platine possède à un haut degré la propriété d'absorber les gaz et de les condenser, même lorsqu'il a été laminé ou martelé. Ainsi, chauffons au rouge un creuset de platine, au-dessus d'un brûleur, puis interrompons l'arrivée du gaz; lorsque le creuset s'est un peu refroidi, laissons arriver le gaz d'éclairage : le creuset rougit de nouveau par suite de la combustion lente du gaz qui s'effectue dans ses pores. L'éponge de platine jouit de cette même propriété; si l'on projette sur de la mousse de platine un jet d'hydrogène, le métal rougit et le gaz s'enflamme. Disposons à l'extrémité d'un fil métallique une certaine quantité d'éponge de platine et introduisons-la rapidement dans une éprouvette renfermant un mélange de 2 volumes d'hydrogène et 1 volume d'oxygène; au bout de quelques instants le métal devient incandescent et le mélange fait explosion.

Poids atomique. — La chaleur spécifique du platine est 0,0324; en adoptant 194 comme *poids atomique*, on a

$$194 \times 0,0324 = 6,3.$$

Comme tous les autres métaux du groupe, c'est un élément *tétravalent* ou *divalent* :

$$PtCl^4, \qquad PtCl^2.$$

Applications. — On fait avec le platine impur du commerce des creusets, des capsules, des tubes qui peuvent supporter sans altération des températures élevées, pourvu que l'on ait soin de n'y point chauffer les quelques substances que nous avons énumérées ci-dessus. Les grands appareils distillatoires dans lesquels on concentre l'acide sulfurique, sont en platine.

Allié au cuivre, il forme un alliage (*platine dur*) employé par les bijoutiers pour faire les montures de diamants. D'ailleurs les objets fabriqués en platine ne sont pas en platine pur, qui est trop mou; l'iridium, le rhodium, le cuivre, le fer qui se trouvent toujours dans le platine commercial, lui donnent de la dureté.

L'alliage à 10 pour 100 d'iridium a servi à la confection des mètres et des kilogrammes types internationaux.

Noir de platine. C'est un précipité noir très tenu que l'on obtient en chauffant avec de l'alcool une dissolution fortement alcaline de chlorure platinique ou en décomposant cette même liqueur à froid par l'aldéhyde formique. Le noir de platine jouit de propriétés oxydantes très énergiques; il oxyde l'alcool absolu qu'il enflamme ou transforme en aldéhyde et acide acétique. Il détermine un grand nombre de réactions chimiques, par exemple la formation de l'anhydride sulfurique par l'union directe de l'anhydride sulfureux et de l'oxygène.

COMPOSÉS DU PLATINE.

290. **Chlorures.** — *Chlorure platinique* $PtCl^4$. — On le prépare en dissolvant le platine dans l'eau régale, évaporant à sec et reprenant par l'acide chlorhydrique étendu. La dissolution est jaune foncé; évaporée, elle donne des cristaux rouge-orangé d'un *chlorhydrate de chlorure* ou *acide chloroplatinique* $PtCl^4, 2HCl + 6H^2O$, ou $PtCl^6H^2 + 6H^2O$ qui est le chlorure de platine du commerce.

On n'obtient le chlorure anhydre $PtCl^4$ qu'assez difficilement, en chauffant le chlorhydrate de chlorure dans un courant de gaz chlorhydrique ou de chlore secs à une température inférieure à 360°

Le chlorure de potassium, ajouté à la dissolution de l'acide chloroplatinique, donne un précipité jaune formé de petits octaèdres réguliers de *chloroplatinate de potassium* $PtCl^4, 2KCl$, peu solubles dans l'eau froide, insolubles dans un excès de chlorure alcalin. Le *chloroplatinate d'ammonium* $PtCl^4, 2AzH^4Cl$, insoluble dans un excès de chlorure d'ammonium, sert à caractériser ou à séparer le platine. Il suffit de le calciner pour avoir du platine en mousse. Le *chloroplatinate de sodium* $PtCl^4, 2NaCl + 6H^2O$ est par contre très soluble et le chlorure de platine servira à séparer le sodium du potassium et des autres métaux alcalins (52).

Chlorure platineux. — Chauffé à 200°, le tétrachlorure $PtCl^4$ perd du chlore et donne le chlorure platineux $PtCl^2$, insoluble dans l'eau, décomposable par la chaleur à une température plus élevée.

L'acide sulfureux réduit partiellement l'acide chloroplatinique et donne une liqueur rouge qui, additionnée d'un excès de chlorure de potassium ou d'ammonium, forme les *chloroplatinites*

$$PtCl^2, 2KCl, \qquad PtCl^2, 2AzH^4Cl.$$

Les chloroplatinites sont d'un rouge foncé; ils sont très solubles dans l'eau.

291. **Composés oxygénés et sulfurés.** — L'*hydrate platineux* $Pt(OH)^2$ est un précipité noir qui se forme lorsque, après avoir additionné une dissolution de chloroplatinite de potassium de deux molécules de potasse, on porte à l'ébullition :

$$PtCl^2, 2KCl + 2KOH = Pt(OH)^2 + 4KCl.$$

L'*hydrate platinique* ou *acide platinique* $Pt(OH)^4$ est soluble dans les dissolutions alcalines et forme des *platinates*. On obtient un tel platinate en faisant bouillir du chlorure de platine avec un excès de potasse. En ajoutant ensuite de l'acide acétique, on déplace l'hydrate platinique jaune-brun; une calcination ménagée transforme celui-ci en oxyde platinique noir PtO^2.

Ces composés oxygénés sont ramenés à l'état métallique par l'action de la chaleur seule.

Les dissolutions des chloroplatinites additionnées d'hydrogène sulfuré se troublent lentement à froid, plus rapidement vers 60°; un précipité noir de *sulfure platineux* PtS se forme, insoluble dans les sulfures alcalins. La précipitation de l'acide chloroplatinique et des chloroplatinates n'a lieu que plus difficilement en présence d'un excès d'hydrogène sulfuré et sous l'action de la chaleur; le précipité n'a pas de composition bien déterminée; il est d'ailleurs insoluble dans les sulfures alcalins.

MÉTALLURGIE DU PLATINE

292. On trouve le platine à l'état natif dans les mêmes terrains de transport que l'or et le diamant. On le sépare du sable par lévigation en profitant de sa

grande densité; mais il est toujours mélangé de quartz, de fer chromé et d'autres matières minérales denses.

On fait digérer à chaud le minerai de platine avec une eau régale formée de 6 parties d'acide chlorhydrique pour 1 partie d'acide azotique. On évapore à sec de façon à chasser l'excès d'acide, on reprend par l'eau qui dissout le chlorure platinique et l'on ajoute à cette liqueur du chlorure d'ammonium qui précipite le platine à l'état de chloroplatinate. Ce précipité, calciné au rouge, laisse comme résidu l'*éponge* ou *mousse de platine*; nous avons dit plus haut (250) comment on l'agglomérait.

La mine de platine renferme de l'or, du fer, du cuivre et des grains d'une matière cristallisée, l'*osmiure d'iridium*, combinaison du métal *l'iridium* avec l'*osmium*, qui renferme aussi du *rhodium* et du *ruthénium*. L'osmiure d'iridium est insoluble dans l'eau régale et le procédé de préparation que l'on a employé ne laisse avec le platine qu'un peu d'iridium, de rhodium et des métaux communs entraînés mécaniquement.

CHAPITRE XVII

CARACTÈRES ANALYTIQUES DES MÉTAUX

293. **Classification des métaux en groupes.** — Un métal peut être caractérisé par l'ensemble des réactions que forment ses dissolutions salines avec divers réactifs convenablement choisis. Parmi ces réactifs, les uns (*réactifs généraux*) permettent de classer les métaux en un petit nombre de groupes; les autres (*réactifs secondaires*) servent à les différencier dans chaque groupe, et fournissent à l'analyse d'utiles vérifications.

L'action des réactifs généraux permet de classer les métaux en 7 groupes.

1er Groupe. — *Métaux dont les chlorures sont insolubles dans l'eau et les acides étendus.*

Ces métaux sont précipités de leurs solutions par l'acide chlorhydrique.

2e Groupe. — *Métaux dont les chlorures sont solubles, dont les sulfures sont insolubles dans l'eau et les acides étendus, mais solubles dans les sulfures alcalins.*

L'acide chlorhydrique n'agit pas sur les solutions de ces métaux: l'hydrogène sulfuré donne un précipité qui se dissout dans les sulfures alcalins.

3e Groupe. — *Métaux dont les chlorures sont solubles, dont les sulfures sont insolubles dans l'eau, les acides étendus et les sulfures alcalins.*

L'acide chlorhydrique est sans action; l'hydrogène sulfuré donne un précipité qui ne se dissout pas dans les sulfures alcalins.

4e Groupe. — *Métaux dont les chlorures sont solubles, dont les sulfures ne se forment pas par voie humide, et dont les oxydes sont insolubles.*

L'acide chlorhydrique et l'hydrogène sulfuré sont sans action; les sulfures alcalins et les alcalis donnent un précipité d'hydrate.

5e Groupe. — *Métaux dont les chlorures sont solubles, dont les sulfures sont insolubles dans l'eau et les sulfures alcalins, solubles dans les acides étendus.*

L'acide chlorhydrique et l'hydrogène sulfuré sont sans action:

les sulfures alcalins donnent, dans les dissolutions neutres, un précipité de sulfure.

6e GROUPE. — *Métaux dont les chlorures et les sulfures sont solubles dans l'eau, dont les carbonates sont insolubles.*

L'acide chlorhydrique, l'hydrogène sulfuré, les sulfures alcalins, sont sans action ; le carbonate de sodium donne un précipité.

7e GROUPE. — *Métaux dont les chlorures, les sulfures, les carbonates et les oxydes, sont solubles dans l'eau.*

Les solutions de ces métaux ne précipitent par aucun des réactifs généraux qui viennent d'être cités.

Les réactifs généraux applicables à la recherche du métal d'un sel dissous dans l'eau sont donc, dans l'ordre où ils doivent être employés :

1° L'acide chlorhydrique.

2° L'hydrogène sulfuré, la liqueur étant légèrement acidulée par le réactif précédent.

3° Les sulfures alcalins, la liqueur étant neutre. On emploie généralement comme sulfure alcalin un liquide jaune plus ou moins foncé contenant des polysulfures, connu sous le nom de sulfhydrate d'ammoniaque.

4° Le carbonate de sodium, la liqueur étant neutre.

Les réactifs précédents nous indiquent le groupe du métal ; souvent la couleur du précipité qu'ils ont fourni permet de caractériser le métal dans son groupe. S'il n'en est pas ainsi, on aura recours à quelques réactions complémentaires ; on trouvera ci-après les caractères généraux des principaux sels ; ceux qui achèvent de déterminer le métal sont écrits en lettres grasses.

RÉACTIONS CARACTÉRISTIQUES DES DISSOLUTIONS SALINES NE CONTENANT PAS **D'ACIDE ORGANIQUE**[1]

1er GROUPE

294. **Plomb** — *Réactifs généraux :*

Acide chlorhydrique. — En solution concentrée, précipité *blanc*, **soluble dans l'eau bouillante**, cristallisant par le refroidissement. Rien en solution étendue.

1. Voir *Acides organiques*.

Hydrogène sulfuré. — Pr. *noir*, insol. dans les sulfures alcalins.
Sulfures alcalins. — Pr. *noir*, insol. dans un excès de réactif.
Carbonates alcalins. — Précipité *blanc* d'hydrocarbonate, soluble dans un grand excès de potasse.

Réactifs secondaires :

Potasse. — Pr. *blanc*, soluble dans un excès de réactif.
Ammoniaque. — Pr. *blanc*, insoluble dans un excès de réactif.
Acide sulfurique. — Pr. *blanc*, soluble dans la potasse ou le tartrate d'ammoniaque, noircissant par les sulfures alcalins.
Chromate de potassium. — Pr. *jaune*.
Iodure de potassium. — Pr. *jaune d'or*, soluble dans l'eau bouillante, cristallisant par le refroidissement; soluble dans un grand excès de réactif et dans la potasse, à chaud.
Zinc. — Dépôt *gris noirâtre* de plomb métallique.
Dissolutions incolores[1].

295. **Argent.** — *Réactifs généraux :*

Acide chlorhydrique. — Pr. *blanc* caillebotté, noircissant à la lumière, **soluble dans l'ammoniaque** et les hyposulfites alcalins.
Hydrogène sulfuré. — Pr. *noir*, insoluble dans les sulfures alcalins et dans l'ammoniaque.
Sulfures alcalins. — Pr. *noir*, insoluble dans un excès de réactif.
Carbonates alcalins. — Pr. *blanc* légèrement jaunâtre, insoluble dans un excès de réactif, mais soluble dans l'ammoniaque

Réactifs secondaires :

Potasse. — Pr. *brun*, noircissant à l'ébullition, insoluble dans un excès de réactif.
Ammoniaque. — Pr. *brun*, soluble dans un excès de réactif.
Chromate de potassium. — Pr. *brun-rouge*.
Iodure de potassium. — Pr. *jaune-paille*, insol. dans l'ammoniaque.
Phosphate de sodium. — Pr. *jaune*.
Cuivre. — Dépôt *gris* non volatil d'argent métallique.

1. Les couleurs indiquées pour les dissolutions métalliques sont celles d'un chlorure, d'un sulfate, d'un azotate ou plus généralement d'un sel dont l'acide est *incolore*. Les acides colorés forment en effet avec les bases incolores des sels colorés.

Sels incolores.

Tous les sels d'argent, sauf le sulfure et l'iodure, sont solubles dans l'ammoniaque.

296. **Mercure** (SELS MERCUREUX). — *Réactifs généraux :*

Acide chlorhydrique. — Pr. *blanc*, soluble dans l'eau de chlore et l'acide azotique, noircissant par l'ammoniaque.

Hydrogène sulfuré. — Pr. *noir*, insoluble dans les sulfures alcalins (les premières bulles donnent d'abord un précipité blanc).

Sulfures alcalins. — Pr. *noir*.

Carbonate de sodium. — Pr. *jaune sale*, noircissant par la chaleur.

Carbonate d'ammoniaque. — Pr. *noir* ou *gris-noirâtre*.

Réactifs secondaires :

Potasse, ammoniaque. — Pr. *noir* ou *gris-noirâtre*, insoluble dans un excès de réactif.

Chromate de potassium. — Pr. *rouge*.

Iodure de potassium. — Pr. *vert-jaunâtre*.

Phosphate de sodium. — Pr. *blanc*.

Cuivre. — Amalgame *gris* que la chaleur détruit.

Les sels mercureux sont incolores, volatils ou décomposables par la chaleur en éléments volatils.

2e GROUPE

Acide chlorhydrique. — Rien.

297. **Or** (Chlorure $AuCl^3$). — *Réactifs généraux.*

Hydrogène sulfuré. — Pr. *noir-brunâtre*, soluble dans les polysulfures alcalins.

Sulfures alcalins. — Pr. *noir-brunâtre*, soluble dans un excès de réactif.

Carbonate de sodium. — Rien à froid; à chaud, pr. *brun*.

Carbonate d'ammonium. — Ppté *jaune-rougeâtre* (or fulminant).

Réactifs secondaires :

Potasse. — Pr. *jaune-rougeâtre*, soluble dans un excès de réactif

Ammoniaque. — Pr. *jaune-rougeâtre* (or fulminant), insoluble dans un excès de réactif.

Sulfate ferreux. — **Même à froid, pr. brun d'or métallique.**

Acide oxalique. — A chaud, pr. *brun* d'or métallique.

Mélange de chlorures stanneux et stannique. — Précipité ou coloration *rouge-pourpre* (pourpre de Cassius).

La dissolution du chlorure d'or, qui est la seule combinaison usuelle de ce métal, est colorée en *jaune*.

298. **Antimoine** (Trichlorure $SbCl^3$). — *Réactifs généraux :*

Hydrogène sulfuré. — **Pr. orangé,** soluble dans les sulfures alcalins et dans l'acide chlorhydrique de concentration $HCl + nH^2O$ ($n \leqslant 6$); insoluble dans l'ammoniaque.

Sulfures alcalins. — Pr. *orangé,* soluble dans un excès de réactif et dans l'acide chlorhydrique de concentration $HCl + nH^2O$ ($n \leqslant 6$).

Carbonate de sodium. — Pr. *blanc,* soluble à chaud dans un excès de réactif.

Carbonate d'ammonium. — Pr. *blanc,* insoluble dans un excès de réactif.

Réactifs secondaires :

Eau. — Rien, ou un *trouble blanchâtre* qui disparaît par l'acide chlorhydrique.

Potasse. — Pr. *blanc,* soluble dans un grand excès de réactif.

Ammoniaque. — Pr. *blanc,* soluble dans un excès de réactif.

Cuivre, fer, zinc. — Pr. *noir* d'antimoine.

Dissolutions incolores.

299. **Étain** (Chlorure stanneux $SnCl^2$). — *Réactifs généraux :*

Hydrogène sulfuré. — **Pr. brun-marron,** soluble dans les sulfures alcalins.

Sulfures alcalins. — Pr. *brun-marron,* soluble dans un excès de réactif[1].

1. Le sulfure stanneux *brun* n'est soluble dans un sulfure alcalin que si celui-ci est le sulfhydrate d'ammoniaque *jaune* des boites à réactifs. Le sulfure contient alors des polysulfures qui font passer le sulfure stanneux à l'état de sulfure stannique. En saturant, en effet, par l'acide chlorhydrique la dissolution du sulfosel, on obtient un précipité *jaune*, mélange de sulfure stannique et de soufre.

Carbonates alcalins. — Pr. *blanc*, insoluble dans un excès de réactif; dégagement de gaz carbonique.

Réactifs secondaires :

Potasse. — Pr. *blanc*, soluble dans un excès de réactif, devenant noir à l'ébullition.

Ammoniaque. — Pr. *blanc*, insoluble dans un excès de réactif, devenant *olive*, à l'ébullition.

Chlorure mercurique. — Pr. *blanc* de chlorure mercureux.

Chlorure d'or, avec quelques gouttes d'acide azotique. — Pr. *rouge-pourpre* (pourpre de Cassius).

Zinc. — Masse *grise* spongieuse d'étain métallique.

Dissolutions incolores.

Étain (Chlorure stannique ($SnCl^4$). — *Réactifs généraux :*

Hydrogène sulfuré. — **Pr. jaune sale**, soluble dans les sulfures alcalins, **insoluble dans le carbonate ammoniaque.**

Sulfures alcalins. — Pr. *jaune sale*, soluble dans un excès de réactif.

Carbonates alcalins. — Pr. *blanc*, peu soluble dans un excès de réactif; dégagement d'acide carbonique.

Réactifs secondaires :

Potasse, ammoniaque. — Pr. *blanc*, soluble dans un excès de réactif.

Chlorure mercurique. — Rien.

Chlorure d'or et chlorure stanneux. — Pr. *rouge-pourpre* (pourpre de Cassius).

Zinc. — Masse *grise* spongieuse d'étain métallique.

Dissolutions incolores.

300. **Arsenic.** — *Réactifs généraux :*

Hydrogène sulfuré. — En liqueur chlorhydrique, pr. *jaune-serin* (lent à se former surtout à froid, dans le cas des arséniates), **soluble dans les sulfures alcalins et dans l'ammoniaque.**

Sulfures alcalins. — Pr. *jaune-serin*, soluble dans un excès de réactif.

Carbonates alcalins. — Rien.

Réactifs secondaires :

Potasse, ammoniaque. — Rien.

Azotate d'argent. — Pr. *jaune-paille* avec les arsénites, *rouge-brique* avec les arséniates; soluble dans l'ammoniaque et l'acide azotique.

Sulfate de cuivre. — Pr. *vert* avec les arsénites, *bleu-verdâtre* avec les arséniates.

Chlorure d'or. — A chaud, précipité *brun* d'or métallique avec les arsénites; rien avec les arséniates.

En analyse, l'arsenic se présente généralement sous la forme d'arsénites ou d'arséniates. Les dissolutions sont incolores.

5e GROUPE.

Acide chlorhydrique. — Rien.

301. **Cadmium.** — *Réactifs généraux :*

Hydrogène sulfuré. — **Pr. jaune-serin**, insoluble dans les sulfures alcalins.

Sulfures alcalins. — Pr. *jaune*, insoluble dans un excès de réactif.

Carbonates alcalins. — Pr. *blanc*, insoluble dans un excès de réactif.

Réactifs secondaires :

Potasse. — Pr. *blanc*, insoluble dans un excès de réactif.

Ammoniaque. — Pr. *blanc*, soluble dans un excès de réactif.

Dissolutions incolores.

302. **Cuivre** (Composés cuivriques). — *Réactifs généraux :*

Hydrogène sulfuré. — Pr. *noir*, insoluble dans les sulfures alcalins, **soluble dans l'acide azotique.**

Sulfures alcalins. — Pr. *noir*, insoluble dans un excès de réactif.

Carbonate de sodium. — Pr. *bleu-verdâtre*, insoluble dans un excès de réactif.

Carbonate d'ammonium. — Pr. *bleu-verdâtre*, soluble dans un excès de réactif en donnant une liqueur bleue.

Réactifs secondaires :

Potasse. — Pr. *bleu* d'hydrate, insoluble dans un excès de réactif, devenant noir à l'ébullition (oxyde anhydre).

Ammoniaque. — **Pr. bleu, soluble dans un excès de réactif en donnant une liqueur bleue** (bleu céleste).

Cyanure jaune. — Pr. *rouge-brun*.

Cyanure rouge. — Pr. *jaune-verdâtre*.

Fer, zinc. — Dépôt *rouge* de cuivre métallique.

Les dissolutions des sels de cuivre sont *bleues* ou *vertes*.

Elles colorent en *vert* la flamme d'un bec Bunsen.

303. **Platine.** — *Réactifs généraux :*

Hydrogène sulfuré. — Pr. *noir* se formant à chaud, insoluble dans les sulfures alcalins **et dans l'acide azotique.**

Sulfures alcalins. — Pr. *noir*, insoluble dans un excès de réactif.

Carbonate de sodium. — Rien.

Carbonate de potassium ou d'ammonium. — **En liqueur chlorhydrique concentrée, pr. jaune de chloroplatinate.**

Réactifs secondaires :

Potasse, ammoniaque. — En liqueur chlorhydrique concentrée, pr. *jaune* cristallin de chloroplatinate.

Chlorure de potassium ou d'ammonium. — En liqueur concentrée, pr. *jaune* de chloroplatinate.

Soude, chlorure de sodium. — Rien.

Les composés les plus usuels du platine sont les chlorures : leurs dissolutions sont colorées en *jaune* (chlorure platinique) ou en *rouge* (chlorure platineux).

304. **Bismuth.** — *Réactifs généraux :*

Hydrogène sulfuré. — Pr. *noir*, insoluble dans les sulfures alcalins, **soluble dans l'acide azotique.**

Sulfures alcalins. — Pr. *noir*, insoluble dans un excès de réactif.

Carbonates alcalins. — Pr. *blanc*, insoluble dans un excès de réactif.

Réactifs secondaires :

Eau. — Rien, ou un pr. *blanc* insoluble dans l'acide tartrique.

Potasse, ammoniaque. — **Pr. blanc, jaune à l'ébullition, insoluble dans un excès de réactif.**

Chromate de potassium. — Pr. *jaune.*

Phosphate de sodium. — Pr. *blanc.*

Iodure de potassium. — Pr. *brun.*

Cuivre, zinc, étain. — Dépôt *noir* de bismuth métallique.

Dissolutions incolores.

305. **Mercure** (SELS MERCURIQUES). — *Réactifs généraux :*

Acide chlorhydrique. — Rien.

Hydrogène sulfuré. — Pr. lent à se former, d'abord *blanc*, puis passant au *brun* et enfin au *noir* ; insoluble dans les sulfures alcalins **et l'acide azotique.**

Sulfures alcalins. — Agissent comme l'hydrogène sulfuré.

Carbonate de sodium. — Pr. *rouge-brun.*

Carbonate d'ammonium. — Agit comme l'ammoniaque.

Réactifs secondaires :

Potasse. — Pr. **jaune, insoluble dans un excès de réactif.**

Ammoniaque. — Pr. *blanc* (composé ammonio-mercurique), soluble dans un grand excès de réactif.

Chromate de potassium. — Pr. *rouge.*

Iodure de potassium. — Pr. *rouge*, dans un excès de réactif et dans un excès de sel mercurique.

Cuivre. — Amalgame *gris* que la chaleur détruit.

Sels mercuriques incolores, volatils ou décomposables par la chaleur en éléments volatils.

4e GROUPE.

Acide chlorhydrique. — Rien.

306. **Aluminium.** — *Réactifs généraux :*

Hydrogène sulfuré. — En liqueur acide, rien, excepté dans le cas d'un sel ferrique.

Sulfures alcalins. — **Pr. blanc gélatineux** d'alumine hydratée, insoluble dans un excès de réactif.

Carbonates alcalins. — Pr. *blanc* gélatineux d'alumine, insoluble dans un excès de réactif.

Réactifs secondaires :

Potasse. — Pr. *blanc* gélatineux d'alumine, soluble dans un excès de réactif.

Ammoniaque. — Pr. *blanc* gélatineux d'alumine, insoluble dans un excès de réactif.

Sulfate de potassium. — En liqueur concentrée, précipité cristallin d'alun.

Dissolutions incolores.

507. **Fer** (SELS FERRIQUES). — *Réactifs généraux :*

Hydrogène sulfuré. — Pr. *blanc laiteux* de soufre (le sel ferrique est ramené à l'état de sel ferreux).

Sulfures alcalins. — Pr. *noir* de sulfure.

Carbonates alcalins. — Pr. *rouille.*

Réactifs secondaires :

Potasse, ammoniaque. — **Pr. rouille d'hydrate ferrique** insoluble dans un excès de réactif.

Cyanure jaune. — Pr. *bleu foncé* (bleu de Prusse).

Cyanure rouge. — Pas de précipité, coloration *brune.*

Sulfocyanure de potassium. — Coloration *rouge-sang*, même en liqueur très étendue ; cette liqueur doit être neutre ou très légèrement acide.

Les dissolutions des sels ferriques sont *jaunes* ou *rouges.*

508 **Chrome.** — *Réactifs généraux :*

Sulfures alcalins. — **Pr. verdâtre** d'oxyde de chrome, insoluble dans un excès de réactif ; dégagement d'hydrogène sulfuré.

Carbonates acalins. — Même précipité.

Réactifs secondaires :

Potasse. — Pr. *verdâtre*, soluble à froid dans un excès de réactif, se précipitant de nouveau à l'ébullition.

Ammoniaque. — Pr. *verdâtre* ou *violacé*, insoluble dans un excès de réactif.

Le sel solide, fondu avec un mélange de carbonate et de nitrate de potassium, donne du chromate de potassium qui se dissout dans l'eau en la colorant en *jaune.*

Les dissolutions des sels de chrome sont *vertes* ou *violettes.*

5e GROUPE.

Acide chlorhydrique. — Rien.
Hydrogène sulfuré. — En liqueur acide, rien[1].

509. **Fer** (SELS FERREUX). — *Réactifs généraux :*

Sulfures alcalins. — Pr. *noir*, insoluble dans un excès de réactif.

Carbonates alcalins. — Pr. *blanc-verdâtre*, devenant *vert*, puis *brun* sous l'action de l'air[2].

Réactifs secondaires :

Potasse. — Pr. blanc-verdâtre devenant brun à l'air.

Ammoniaque. — Même précipité. En présence de chlorure d'ammonium, pas de précipité.

Cyanure jaune. — Pr. *blanc*, bleuissant à l'air.

Cyanure rouge. — Pr. *bleu foncé*.

Chlorure d'or. — Dépôt d'or métallique.

Permanganate de potassium. — En liqueur légèrement acide, décoloration.

Les dissolutions des sels ferreux sont *vertes* et jaunissent sous l'action de l'air.

510. **Zinc.** — *Réactifs généraux :*

Sulfures alcalins. — Précipité blanc, insoluble dans un excès de réactif.

Carbonate de sodium. — Précipité *blanc*, insoluble dans un excès de réactif.

Carbonate d'ammonium. — Précipité *blanc*, soluble dans un excès de réactif.

1. L'hydrogène sulfuré est sans action sur les dissolutions salines des métaux du 5e groupe, pourvu toutefois que l'acide du sel soit un des trois acides forts, acide chlorhydrique, acide azotique, acide sulfurique, et que la liqueur soit franchement acide. Il pourrait y avoir précipitation partielle de sulfure si la liqueur était neutre dans le cas où l'acide serait l'acide sulfurique et où le métal serait le zinc ou le nickel. Si l'acide du sel était un acide organique, comme l'acide acétique, la précipitation du zinc, du manganèse, du nickel et du cobalt à l'état de sulfure serait complète.

2. Comme les sels ferreux sont rarement exempts de sels ferriques, les couleurs des précipités ne sont pas franches; en chauffant les sels ferreux avec quelques gouttes d'acide azotique jusqu'à disparition totale des vapeurs rutilantes, on les transforme en sels ferriques et on applique les réactifs de ces derniers.

Réactifs secondaires :

Potasse, — Précipité *blanc*, soluble dans un excès de réactif.

Ammoniaque. — Précipité *blanc*, soluble dans un excès de réactif. En présence de chlorure d'ammonium, pas de précipité.

Phosphate de sodium. — Précipité *blanc*.

Dissolutions incolores.

311. **Manganèse.** — *Réactifs généraux :*

Acide chlorhydrique. — Rien.

Sulfures alcalins. — **Pr. rose-chair, insoluble dans un excès de réactif.**

Carbonates alcalins. — Pr. *blanc* brunissant à l'air.

Réactifs secondaires :

Potasse. — Pr. *blanc* brunissant à l'air, insoluble dans un excès de réactif.

Ammoniaque. — Pr. *blanc*, brunissant à l'air, insoluble dans un excès de réactif. En présence d'un excès de chlorure d'ammonium, pas de précipité ; mais la liqueur abandonnée au contact de l'air se trouble peu à peu, par suite de la formation d'un précipité d'hydrate peroxydé.

Oxyde puce de plomb. — En liqueur nitrique, après quelques minutes d'ébullition, coloration *rouge-violacé* (pourvu que la liqueur ne renferme pas de chlore) qui se manifeste quand on étend d'eau et qu'on laisse déposer l'excès d'oxyde de plomb.

Le sel solide, fondu avec un mélange de carbonate et d'azotate de potassium, donne du manganate de potassium, qui se dissout dans l'eau en la colorant en *vert*. Cette solution passe au *rouge* sous l'action des acides (caméléon minéral).

Les sels de manganèse sont *roses*.

312. **Nickel.** — *Réactifs généraux :*

Hydrogène sulfuré. — Pr. *noir* en liqueur neutre ou acétique.

Sulfures alcalins — Pr. *noir*, insoluble dans un excès de réactif.

Carbonate de sodium. — Pr. *vert-pomme*, insoluble dans un excès de réactif.

Carbonate d'ammonium. — Agit comme l'ammoniaque.

Réactifs secondaires :

Potasse. — Pr. *vert-pomme*, insoluble dans un excès de réactif;

les oxydants comme le chlore, le brome, les hypochlorites, transforment l'hydrate en sesquioxyde *noir*.

Ammoniaque. — **Pr. vert-pomme soluble** dans un excès de réactif en donnant une liqueur *bleue*. En présence de chlorure d'ammonium, pas de précipité, liqueur *bleue*.

Azotite de potassium, en liqueur acétique. — Rien.

Les dissolutions des sels de nickel sont *vertes* ; les sels anhydres sont *jaunes*.

313. **Cobalt.** — *Réactifs généraux :*

Sulfures alcalins.— Pr. *noir*, insoluble dans un excès de réactif.

Carbonate de sodium. — Pr. *rose*, insoluble dans un excès de réactif.

Carbonate d'ammonium. — Pr. *rose*, soluble dans un excès de réactif.

Réactifs secondaires :

Potasse. — Précipité *bleu* tout d'abord (sel basique), devenant *verdâtre*, puis *rose*, au contact d'un excès d'alcali ; la transformation est plus rapide à chaud; le précipité rose d'hydrate est insoluble dans un excès de réactif. Quelques gouttes d'eau de chlore, d'eau de brome ou d'un hypochlorite transforment le précipité d'hydrate en sesquioxyde *noir*.

Ammoniaque. — **Pr. bleu, soluble dans un excès de réactif en donnant une liqueur brune**; en présence d'un excès de chlorure d'ammonium, pas de précipité.

Azotite de potassium en liqueur acétique. — Précipité *jaune*.

Les dissolutions des sels de cobalt sont *roses*; elles deviennent *bleues* en présence d'un grand excès d'acide. Les sels solides déshydratés sont *bleus*.

6e GROUPE.

Acide chlorhydrique. — Rien.
Hydrogène sulfuré. — Rien.
Sulfures alcalins. — Rien.

314. **Calcium.** — *Réactifs généraux :*

Carbonates alcalins. — Pr. *blanc*, insol. dans un excès de réactif.

Réactifs secondaires :

Potasse (non carbonatée). — Pr. *blanc*, sol. dans beaucoup d'eau.
Ammoniaque. — Rien en liqueur étendue.
Acide sulfurique et sulfates. — Pr. *blanc*, soluble dans beaucoup d'eau et dans l'acide chlorhydrique. **Rien avec le sulfate de calcium.**
Oxalate d'ammonium. — Pr. *blanc*, soluble dans les acides minéraux, insoluble dans les acides organiques.
Phosphate de sodium. — Précipité *blanc*.
Acide hydrofluosilicique. — Rien.
Chromate neutre ou bichromate de potassium. — Rien.
Sels incolores; colorent la flamme en *rouge-jaune*.

515. **Strontium.** — *Réactifs généraux :*

Carbonates alcalins. Pr. *blanc*, insol. dans un excès de réactif.

Réactifs secondaires :

Potasse (non carbonatée). — Pr. *blanc*, sol. dans beaucoup d'eau.
Ammoniaque. — Rien en liqueur étendue.
Acide sulfurique et sulfates. — Pr. *blanc*, sol. dans H Cl.
Oxalate d'ammonium. — Pr. *blanc*, soluble dans les acides minéraux, insoluble dans les acides organiques.
Sulfate de calcium en solution saturée. — Pr. blanc, Sulfate de strontium. — Rien.
Phosphate de sodium. — Pr. *blanc*.
Acide hydrofluosilicique. — Rien.
Chromate neutre de potassium. — Rien en solution étendue.
Bichromate de potassium. — Rien.
Sels incolores; **colorent la flamme en rouge vif.**

516. **Baryum.** — *Réactifs généraux :*

Carbonates alcalins. — Pr. *blanc*, insol. dans un excès de réactif.

Réactifs secondaires :

Potasse (non carbonatée). — Pr. *blanc*, sol. dans beaucoup d'eau.
Ammoniaque. — Rien en liqueur étendue.
Acide sulfurique et sulfates. — Pr. *blanc*, insol. dans H Cl.
Oxalate d'ammonium. — Pr. *blanc*, soluble dans les acides minéraux, insoluble dans les acides organiques.

Sulfate de calcium en solution saturée. — Pr. *blanc*. **Id.** avec **sulfate de strontium.**

Phosphate de sodium. — Pr. *blanc.*

Acide hydrofluosilicique. — Pr. *blanc* opalin.

Chromate neutre ou bichromate de potassium. — Pr. *jaune*, même en liqueur étendue.

Sels incolores; **colorent la flamme en vert.**

317. **Magnésium.** — *Réactifs généraux :*

Carbonate de sodium ou de potassium. — Pr. *blanc*, insoluble dans un excès de réactif.

Carbonate d'ammonium. — Rien.

Réactifs secondaires :

Potasse. — Pr. *blanc*, insoluble dans un excès de réactif.

Ammoniaque. Pr. *blanc*, insol. dans un excès de réactif.

Acide sulfurique et sulfates. — Rien.

Oxalate d'ammonium. — Rien.

Phosphate de sodium. — En présence de chlorure d'ammonium et d'ammoniaque, pr. *blanc* cristallin de phosphate ammoniaco-magnésien.

Les sels de magnésium sont incolores.

318. **Lithium.** — *Réactifs généraux :*

Carbonate de sodium ou de potassium. — Pr. grenu *blanc* de carbonate (en liq. concentrée). En présence d'un excès de sels ammoniacaux, rien.

Carbonate d'ammonium. — Rien.

Réactifs secondaires :

Potasse, soude, ammoniaque, acide oxalique, acide chloroplatinique. — Rien.

Sels incolores; **colorent la flamme en rouge carmin.**

7e GROUPE.

Métaux alcalins.

Acide chlorhydrique. — Rien.

Hydrogène sulfuré. — Rien.

Sulfures alcalins. — Rien.

Carbonates alcalins. — Rien.

319. **Ammonium.** — *Réactifs secondaires :*

Potasse. — **A chaud, dégagement de gaz ammoniac.**

Acide chloroplatinique (chlorure de platine). — Pr. *jaune* en liqueur concentrée.

Acide hydrofluosilicique. — Pr. *blanc* opalin.

Acide tartrique. — En liqueur concentrée, pr. *blanc*, soluble dans la potasse.

Sulfate d'aluminium. — En liqueur concentrée, pr. *blanc* cristallin d'alun.

Dissolutions incolores et alcalines au tournesol.

320. **Potassium.** *Réactifs secondaires :*

Acide chloroplatinique (chlorure de platine). — **En liqueur concentrée, pr. jaune cristallin de chloroplatinate.**

Acide hydrofluosilicique. — Pr. *blanc* opalin.

Acide tartrique. — En liqueur concentrée, pr. *blanc*, soluble dans la potasse et les acides minéraux.

Sulfate d'aluminium. — En liqueur concentrée, pr. *blanc* cristallin d'alun.

Acide picrique. — En liqueur concentrée, pr. *jaune*.

Sels incolores; colorent la flamme en *violet pâle*.

321. **Sodium.** — *Réactifs secondaires :*

Tous les réactifs du potassium sont sans action[1].

Sels incolores ; colorent la flamme en *jaune vif*.

1. Le *periodate* et le *pyro-antimoniate de potassium* donnent seuls des précipités de sels sodiques presque insolubles dans l'eau froide.

CHIMIE ORGANIQUE

322. **Généralités.** — La chimie organique n'est qu'un chapitre de la chimie, celui qui a trait aux combinaisons du carbone, mais il est à lui seul plus étendu que les autres réunis. On ne saurait donner exactement le nombre des composés organiques actuellement connus, mais on est certain[1] qu'il approche de cent mille.

Ce n'est point seulement par leur multiplicité que ces corps sont remarquables, c'est aussi par les applications de toutes sortes dont ils sont susceptibles. Pour nous éclairer et nous chauffer, nous utilisons le pétrole, l'alcool, le gaz; pour nous alimenter, les sucres, les graisses, les albumines; pour nous blanchir, les savons; pour teindre nos étoffes, les couleurs d'aniline. Toutes les substances que nous venons d'énumérer sont du domaine de la chimie organique; encore aurions-nous pu y joindre des médicaments, tels que la quinine, la morphine, la cocaïne, des parfums tels que la vanilline, l'héliotropine, le musc, etc., etc.

Le nom de combinaisons organiques fut primitivement réservé aux espèces chimiques qu'on pouvait extraire des *êtres organisés*, animaux ou végétaux, et qu'on ne rencontrait pas dans le règne minéral. Mais on s'aperçut peu à peu que ces substances renfermaient toutes du carbone, que les méthodes habituelles de la chimie permettaient de passer de ces corps à d'autres combinaisons carbonées d'origine artificielle et réciproquement, aussi futon amené par généralisation à qualifier d'organiques tous les composés du carbone.

1. Il existe des sortes de « dictionnaires » datant déjà de plusieurs années, où sont énumérées 75000 combinaisons carbonées: chaque jour on en découvre de nouvelles.

Les composés organiques d'origine végétale ou animale, ainsi que nous l'apprend leur analyse, ne renferment habituellement qu'un petit nombre d'éléments toujours les mêmes : le carbone, l'hydrogène, l'oxygène, l'azote, et plus rarement le soufre ou le phosphore. Malgré ce caractère apparent de simplicité, on fut longtemps avant d'arriver à reproduire une seule de ces combinaisons en partant des corps simples eux-mêmes.

323. **Synthèse.** — *Définition.* — On dit qu'on a fait la *synthèse totale* d'une combinaison, lorsqu'on est arrivé à reproduire cette dernière en partant des éléments qui la composent.

Il est entendu qu'on a pu utiliser les divers agents physiques (chaleur, lumière, électricité, pression), ainsi d'ailleurs que tout composé chimique, dont la synthèse totale aura été faite précédemment.

Mais si l'on avait dû employer une combinaison dont la synthèse totale n'aurait pas encore été réalisée, on dirait qu'on a fait seulement une *synthèse partielle.*

Comme exemples très simples de synthèses totales du domaine de la chimie organique, nous pouvons citer :

La *synthèse de l'anhydride carbonique* CO^2, qu'on obtient en faisant simplement brûler du charbon dans l'oxygène.

La *synthèse de l'acétylène* C^2H^2, qu'on obtient en faisant jaillir l'arc électrique entre deux charbons plongés dans une atmosphère d'hydrogène (M. Berthelot).

La *synthèse du sulfure de carbone* CS^2, qu'on obtient en faisant passer de la vapeur de soufre sur du charbon porté au rouge, etc.

De ces composés très simples, on a pu remonter à de plus compliqués :

Synthèse du benzène. — Il suffit de chauffer vers le rouge de l'acétylène pour obtenir du benzène : $3C^2H^2 = C^6H^6$.

Synthèse de l'alcool, C^2H^5OH. — Ainsi que l'a montré M. Berthelot, en chauffant modérément un mélange d'acétylène et d'hydrogène, on obtient une certaine quantité d'éthylène C^2H^4. Ce dernier carbure, agité avec de l'acide sulfurique concentré, se dissout ; en ajoutant de l'eau à la solution obtenue et soumettant le tout à la distillation, on obtient de l'alcool C^2H^6O.

Synthèse de l'acide acétique CH^3COOH. — Réalisée pour la première fois par Kolbe, qui partit du sulfure de carbone, mais suivit une voie un peu trop compliquée pour être décrite ici, la synthèse de l'acide acétique peut être considérée comme faite, quand on a obtenu l'alcool, puisque ce dernier, sous l'action de l'oxygène, s'acétifie en présence de platine très divisé.

Synthèse de la glycérine $CH^2OH - CHOH - CH^2OH$. — La distillation sèche de l'acétate de calcium fournit de l'acétone $CH^3.CO.CH^3$; l'hydrogénation de celle-ci par le sodium et l'eau conduit à l'alcool isopropylique $CH^3-CHOH-CH^3$; de ce dernier on passe facilement au propylène $CH^2=CH-CH^3$, ne serait-ce qu'en distillant en présence d'un déshydratant, P^2O^5 par exemple ; or le propylène fixe directement le chlore en donnant le corps $CH^3-CHCl-CH^2Cl$ qui, traité à nouveau par le chlore, mais cette fois en présence d'iode, fournit la trichlorhydrine de la glycérine $CH^2Cl-CHCl-CH^2Cl$; il suffit de chauffer cette dernière avec de l'eau pour obtenir la glycérine dont la première synthèse fut ainsi réalisée par Friedel et Silva.

Synthèse des sucres. — Partant de la glycérine, E. Fischer a su faire la synthèse d'un grand nombre de matières sucrées : il oxyde, par exemple, la glycérine à l'aide du brome, ce qui fournit un mélange d'aldéhyde glycérique et de dioxycétone. Or ces deux corps, laissés au contact en présence d'une lessive de soude caustique, s'unissent en donnant plusieurs corps de formule $C^6H^{12}O^6$, isomériques par suite avec le glucose, conformément à la formule :

$$\underbrace{CH^2OH-CHOH-CHO}_{\text{aldéhyde glycérique}} + \underbrace{CH^2OH-CO-CH^2OH}_{\text{dioxycétone}} = C^6H^{12}O^6$$

De ces corps Fischer a pu passer au glucose, au lévulose et à divers autres sucres.

— Les synthèses organiques ne sont dues uniquement à des hasards heureux que d'une façon tout à fait exceptionnelle ; en général, l'étude des produits que fournit un composé en se détruisant indique de quel côté il faut porter ses efforts pour arriver à le reproduire.

Il faut envisager les composés organiques comme des mécanismes plus ou moins compliqués ; avant d'essayer de les reproduire, il est utile de commencer par les démonter, on apprend ainsi de quelles pièces ils sont composés et comment ces pièces sont assemblées.

C'est ainsi que Graebe et Liebermann, ayant observé qu'une matière colorante extraite de la garance, l'alizarine, mélangée à de la poudre de zinc, puis soumise à l'action d'une forte chaleur, fournit de l'anthracène, en ont conclu que l'alizarine est un dérivé de l'anthracène ; partant alors de ce carbure, ils ont en effet pu reproduire la matière colorante en question ; c'est d'ailleurs une synthèse totale, puisque l'anthracène a pu être obtenu en partant des éléments.

Ajoutons que les synthèses de corps rencontrés dans la nature ne sont point les seules qui s'effectuent dans les laboratoires : tous les jours on fabrique des composés jusqu'alors inconnus.

— La réalisation d'une synthèse a toujours un certain intérêt philosophique, soit parce qu'elle confirme certaines de nos théories, soit au contraire parce qu'elle les infirme; mais ce peut être aussi un gros événement économique. Voici deux exemples montrant ce double rôle : d'une part, la synthèse des sucres de Fischer a apporté de telles vérifications à la théorie du carbone asymétrique qu'il est difficile aujourd'hui de ne pas accorder à cette théorie une réelle valeur scientifique; d'autre part, la culture de la garance était très rémunératrice pour divers départements du midi de la France; la synthèse de l'alizarine à partir de l'anthracène, carbure fourni à bon compte par la distillation du goudron de houille, est venu porter un coup mortel à cette culture qui a dû être abandonnée.

— Le nom de matières organiques ayant été donné primitivement aux composés rencontrés chez les végétaux ou chez les animaux, mais non dans le règne minéral, on put penser que leur absence de ce règne tenait à ce que ces matières ne pouvaient s'élaborer qu'au sein d'êtres vivants, et que, par suite, on serait impuissant à les produire de toutes pièces dans un laboratoire.

En 1844, un chimiste de haute valeur écrivait les lignes suivantes : « Le chimiste fait tout l'opposé de la nature vivante : il brûle, détruit, opère par analyse ; la force vitale seule opère par synthèse: elle reconstruit l'édifice abattu par les forces chimiques. »

Nous savons aujourd'hui que cette opinion est erronée ; on a réussi au laboratoire la synthèse totale, c'est-à-dire à partir des éléments, d'un nombre très considérable de matières organiques, les unes d'une structure simple, les autres d'une structure très compliquée ; il reste encore beaucoup à faire, notamment dans le groupe si mal connu des matières albuminoïdes, mais les résultats acquis nous permettent de penser que tout composé chimique défini sera tôt ou tard synthétisé.

La première synthèse organique fut faite en 1828 par Wohler, qui reproduisit l'urée, composé existant normalement dans presque tous les organes du corps humain ; la seconde fut faite en 1845 par Kolbe, qui obtint l'acide acétique, produit constant de nombreuses fermentations.

CHAPITRE XVIII

ANALYSE ORGANIQUE

324. Généralités. — La chimie organique est cette partie de la chimie qui étudie les combinaisons renfermant du carbone. Celles-ci sont extrêmement nombreuses, on en connaît actuellement plus de cent cinquante mille et l'on en découvre tous les jours de nouvelles.

Pourtant, en outre du carbone, l'immense majorité des combinaisons organiques bien connues ne renferme qu'un petit nombre d'éléments, d'ailleurs peu variés : l'hydrogène, l'oxygène, l'azote, auxquels il convient d'ajouter les halogènes, puis le soufre et le phosphore, bien que ce dernier soit déjà relativement rare.

Nous allons exposer brièvement comment on constate qu'une combinaison renferme du carbone, et comment, dans un composé organique, on recherche la présence des éléments cités plus haut. Nous verrons ensuite la façon de les doser.

ANALYSE ORGANIQUE QUALITATIVE

325. — Voici comment on reconnaît la présence des différents éléments que l'on rencontre communément dans les composés organiques :

Carbone. — 1° Presque toutes les matières carbonées portées à température suffisamment élevée, à l'abri d'une trop grande quantité d'air, se décomposent en donnant, outre des produits volatils, un résidu de charbon.

Il est facile de s'en assurer en chauffant du sucre ou de l'amidon dans un petit tube de verre fermé à une extrémité.

Le fait est moins simple à observer lorsque la substance n'est pas décomposée à une température inférieure à son point d'ébullition ; il faudrait faire passer sa vapeur dans un tube porté au rouge.

2° Un corps carboné chauffé en présence d'oxygène fournit de l'anhydride carbonique facile à reconnaître. Le plus souvent, on remplace avantageusement l'oxygène par de l'oxyde de cuivre.

Chauffons, par exemple, dans un tube de verre de l'oxyde de

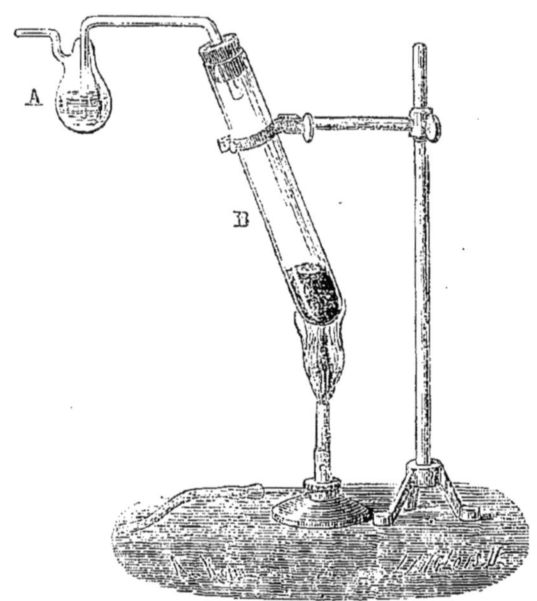

Fig. 62. — Recherche du carbone dans une combinaison.

cuivre avec de l'amidon. Il se dégagera un gaz qui troublera l'eau de chaux placée dans un barboteur (fig. 62).

Hydrogène. — Si, après avoir desséché une substance carbonée à 100° dans une étuve, de façon à chasser l'humidité qui peut l'imprégner, on observe, en la chauffant avec de l'oxyde de cuivre sec dans le fond d'un tube de verre soigneusement desséché et un peu long, un dépôt de gouttelettes d'eau sur les parties froides du tube, c'est que la substance était hydrogénée.

Azote. — 1° Beaucoup de matières organiques azotées, chauffées dans un tube de verre avec de la potasse ou mieux avec de la chaux sodée, donnent lieu à un dégagement d'ammoniaque qu'il est facile de reconnaître à son odeur et à la réaction alcaline qu'elle exerce sur un papier rouge de tournesol.

2° Une substance organique azotée chauffée avec du potassium fournit du cyanure de potassium; or, il est facile de caractériser celui-ci : on reprend par l'eau, on ajoute un mélange de sels ferreux et ferriques, puis quelques gouttes d'acide chlorhydrique et l'on voit apparaître une couleur bleue (bleu de Prusse).

Oxygène. — Il est plus difficile de reconnaître si une matière est oxygénée; quelquefois la substance chauffée en vase clos, dans une petite cornue, par exemple, laisse dégager un composé oxygéné, de l'oxyde de carbone, du gaz carbonique ou de la vapeur d'eau. Nous n'accuserons cependant la présence de l'oxygène d'une façon certaine qu'en déterminant exactement les poids de carbone, d'hydrogène et d'azote contenus dans un poids connu de la substance et en calculant l'oxygène par différence, après avoir vérifié soigneusement qu'il n'existe pas d'autres éléments, tels que du soufre, du phosphore, des matières minérales, etc.

Chlore, brome, iode. — 1° Un fil de cuivre, maintenu dans la flamme non éclairante d'un bec Bunsen jusqu'à ce qu'il ne communique aucune coloration à cette flamme, plongé dans une substance organique chlorée, bromée ou iodée, puis reporté dans la flamme, colore celle-ci en bleu ou en vert.

2° Une substance organique chlorée ou bromée chauffée en tube scellé avec de l'acide azotique fumant et un peu de nitrate d'argent fournit quantitativement du chlorure ou du bromure d'argent.

Soufre, phosphore. — L'oxydation d'une matière organique sulfurée ou phosphorée poussée assez loin, par exemple en chauffant avec de l'acide nitrique fumant en tube scellé, fournit des acides sulfurique ou phosphorique que l'on reconnaît à l'aide de leurs réactifs habituels.

ANALYSE ORGANIQUE QUANTITATIVE

326. **Dosage du carbone et de l'hydrogène.** — On prend quelques décigrammes du composé à analyser, après les avoir pesés bien exactement[1], on les soumet à une oxydation énergique, en utilisant pour cela l'oxyde de cuivre et l'oxygène à la température du rouge; cette oxydation a pour effet de trans-

1. Au dixième de milligramme près.

former tout l'hydrogène en eau et tout le carbone en gaz carbonique ; on conduit ces produits dans un tube renfermant de la pierre ponce imbibée d'acide sulfurique qui absorbe l'eau, puis dans un tube contenant de la potasse qui absorbe l'anhydride carbonique; ces tubes étaient préalablement tarés; appelons p et p' leurs augmentations de poids à la fin de l'opération.

$$\frac{p}{9} \text{ sera le poids de l'hydrogène.}$$

$$\frac{3}{11}p' \text{ sera le poids du carbone.}$$

que renfermait le poids de matière sur lequel on a opéré.

On sait en effet que 9 grammes d'eau renferment 1 gramme d'hydrogène, et que 44 grammes d'anhydride carbonique renferment 12 grammes de carbone.

Voici comment on conduit l'analyse lorsque le corps ne contient aucun élément autre que le carbone, l'hydrogène et l'oxygène, ce dernier pouvant d'ailleurs manquer.

On prend un tube de verre peu fusible (verre d'Iéna) de 80 centimètres de long et de 1 centimètre et demi de diamètre

Fig. 65. — Tube pour analyse organique.

environ, on l'étire d'un côté comme l'indique la figure 65, puis on le remplit à moitié d'oxyde de cuivre CuO en planures qui viennent d'être grillées et sont encore chaudes; on ajoute alors 2 à 3 centimètres d'oxyde de cuivre plus fin et froid (qu'on a aussi préalablement calciné, mais qu'on a laissé refroidir à l'abri de l'humidité atmosphérique), puis le corps à analyser est placé dans un petit tube de verre. On rajoute alors un peu d'oxyde de cuivre fin, puis avec une baguette de verre on broie le tube renfermant la matière et l'on mélange bien celle-ci avec l'oxyde. On achève de remplir le tube avec le même oxyde qu'au début, en laissant cependant un espace vide entre l'extrémité de cet oxyde et le bouchon de caoutchouc qui se placera à l'origine du tube. Le tube de verre est alors placé dans une gouttière de fer qu'on pourra chauffer à l'aide d'une rampe de becs de gaz. Entre le tube et la gouttière on intercale une lanière de toile d'amiante. La partie effilée *b* est reliée aux tubes *h i j* (fig. 64) destinés à absorber l'eau et le gaz carbonique, lesquels ont été tarés avec soin ; le tube *a* est relié à un gazomètre plein d'oxygène, par l'intermédiaire de tubes renfermant des matières qui arrêteront

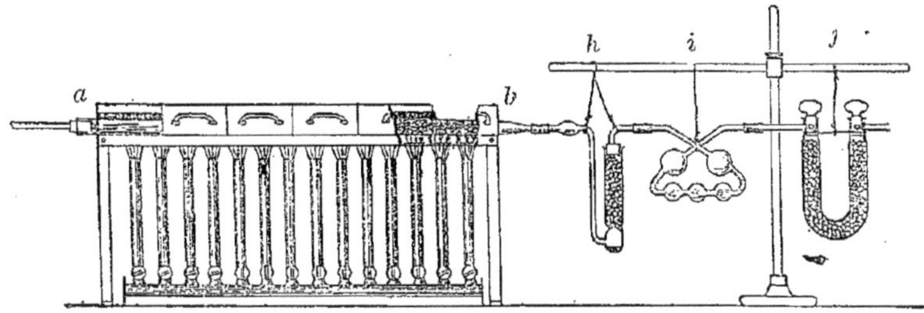

Fig. 64. — Dosage de carbone et d'hydrogène.

au passage la vapeur d'eau et l'anhydride carbonique mêlés à l'oxygène qui les traversera.

On allume peu à peu tous les becs de la grille en commençant par ceux voisins de *b* et se rapprochant de la matière ; on n'allume les becs placés sous celle-ci qu'après que les deux colonnes d'oxyde situées à droite et à gauche sont à la température du rouge.

Pendant toute l'opération (ou seulement vers la fin) on fait passer dans le tube un courant lent d'oxygène ; on pousse ainsi les produits de la combustion dans les tubes qui doivent les retenir.

Quand, à divers indices, on juge l'opération terminée, on remplace le courant d'oxygène par un courant d'air (privé d'eau et d'acide carbonique), puis on reporte les tubes *h i j* à la balance, après les avoir laissés prendre la température ambiante.

Le tube *h* contient de la pierre ponce imbibée d'acide sulfurique, c'est lui qui retient l'eau ; le tube *i* contient une solution concentrée de potasse, elle retient l'acide carbonique, mais le courant d'oxygène qui la traverse peut lui enlever un peu de vapeur d'eau ; on arrête celle-ci dans le tube *j* qui renferme de la chaux sodée. La somme des augmentations de poids des tubes *i* et *j* représente le poids d'acide carbonique obtenu.

— Si la matière à analyser renfermait des halogènes, on opérerait comme il vient d'être dit, mais en plaçant en *b* quelques centimètres de lamelles d'argent qu'on porterait au rouge sombre, l'argent donnerait avec les halogènes des sels non volatils au rouge sombre.

— Si la matière renfermait de l'azote, on remplacerait l'argent par une dizaine de centimètres de cuivre réduit (mais on ne ferait passer d'oxygène qu'à la fin de l'opération). L'azote se dégagerait en nature sans être absorbé; il n'en serait pas de même s'il se formait des oxydes de l'azote car les tubes à potasse ou à acide sulfurique les retiendraient, mais ces oxydes ne résistent pas, on le sait, à l'action du cuivre porté au rouge.

527. **Dosage de l'azote.** — On brûle la matière à l'aide de l'oxyde de cuivre; son azote se dégage alors à l'état gazeux, on le recueille et l'on mesure son volume.

Voici le mode opératoire. On prend un tube de verre peu fusible, de 85 centimètres de long environ, le ferme à une extrémité α, y introduit dans l'ordre indiqué : une dizaine de centimètres de bicarbonate de sodium pur, un tampon d'amiante, un

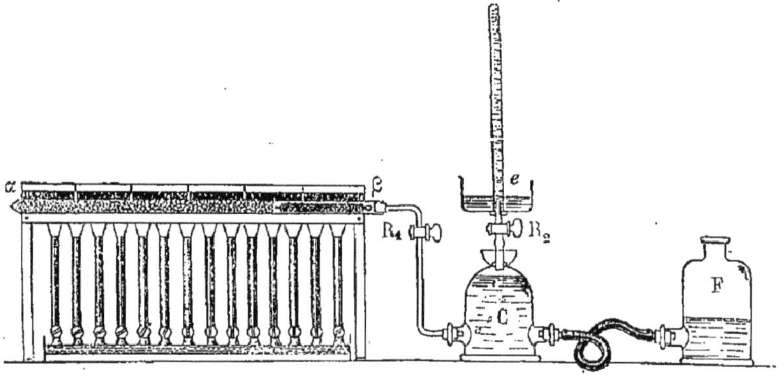

Fig. 65. — Dosage d'azote.

peu d'oxyde de cuivre grossier, de l'oxyde fin, le corps (qu'on mélange à l'oxyde), de l'oxyde grossier, et enfin 10 centimètres de cuivre réduit; on ferme avec un bouchon traversé par un tube de verre β.

Le tube est placé sur une grille à combustion et le tube β est relié à un petit gazomètre (appareil Dupré) (fig. 65) rempli d'une solution de potasse.

Au début on chauffe modérément le bicarbonate vers l'extrémité α. Il se produit du gaz carbonique qui balaye l'air renfermé dans le tube; quand le gaz qui se rend sous la cloche C est totalement absorbable par la potasse, on ferme le robinet R_1, soulève le flacon F et ouvre R_2 de façon à expulser tout le gaz contenu en C; on ferme alors R_2, remet F en place et ouvre R_1. On porte au rouge le cuivre, puis la matière ; il se fait de l'eau, du gaz carbonique et de l'azote qui se rendent dans la cloche C; seul l'azote y conserve l'état gazeux, il s'accumule en C; quand toute la matière est brûlée, il faut envoyer dans le gazomètre l'azote contenu encore, dans le tube α β. On y parvient en chauffant à nouveau le bicarbonate, jusqu'à ce que le gaz arrivant dans la cloche C s'y montre totalement absorbé par la potasse.

On place alors en *e* une éprouvette graduée et pleine d'eau, ferme R_1, soulève F et ouvre R_2 doucement; le gaz accumulé en C se rend dans l'éprouvette; quand il s'y est totalement rendu on soulève légèrement l'éprouvette, sans la sortir de l'eau, la bouche avec le pouce et la transporte avec son contenu dans une grande éprouvette pleine d'eau où on l'immerge; on attend une demi-heure; puis saisissant l'éprouvette graduée avec une pince en bois, on la place de façon que le niveau de l'eau y soit le même que dans la grande éprouvette. Le volume lu est celui qu'occupe le gaz saturé de vapeur d'eau à la température de l'eau et sous la pression qui règne dans la salle.

Des tables à double entrée, donnant le poids de 1 centimètre cube d'azote aux diverses températures et pressions usuelles, permettent de calculer rapidement le poids de l'azote qu'on a recueilli.

328, 329, 330. **Dosage du chlore, du brome et de l'iode.** — On dose le chlore, le brome et l'iode, en plaçant la substance avec de la chaux pure dans le fond d'un tube de verre peu fusible, long et de faible diamètre, qu'on achève de remplir avec de la chaux. On porte au rouge, en commençant à chauffer les parties les plus éloignées de sa substance. Dans ces conditions les halogènes passent à l'état de chlorure, bromure, ou iodure de calcium. Après refroidissement le contenu du tube est versé dans de l'eau qu'on additionne ensuite d'acide azotique jusqu'à acidité persistante; on dissout ainsi le sel de calcium et la chaux (qui passe à l'état de nitrate) : on filtre pour se débarrasser du charbon qui s'est produit et dans la solution filtrée on ajoute du nitrate d'argent; on recueille les précipités de chlorure, bromure ou iodure d'argent qui sont lavés, calcinés et pesés; on en déduit le poids de l'élément halogène (66).

331, 332. **Dosage du soufre et du phosphore.** — La matière est chauffée à 150 degrés dans un tube scellé, avec de l'acide azotique de densité 1,2; le soufre ou le phosphore sont oxydés et transformés en acide sulfurique ou en acide phosphorique. On précipite l'acide sulfurique à l'état de sulfate de baryum, que l'on pèse et dont la composition est connue; l'acide phosphorique est précipité à l'état de phosphate ammoniaco-magnésien (41, p. 59).

355. *Dosage du potassium dans un sel organique.* — On porte au rouge le sel additionné d'acide sulfurique; le potassium passe à l'état de sulfate SO^4K^2 que l'on pèse. Du poids trouvé on déduit la quantité de potassium présente.

CHAPITRE XIX

CLASSIFICATION DES MATIÈRES ORGANIQUES

354. **Homologie.** — Le nombre des composés organiques actuellement connus est extrêmement considérable, il dépasse notablement cent mille; la meilleure mémoire ne permet de garder le souvenir que d'un nombre assez restreint de ces corps, aussi tout procédé capable de suppléer, ne fût-ce dans une faible mesure, à l'insuffisance de notre mémoire, est-il d'une grande utilité en chimie organique.

Tel est le rôle d'une bonne classification, or, il en existe une satisfaisante, qui est en grande partie l'œuvre de Gerhardt.

Gerhardt, afin de classer les composés organiques, les dispose de façon qu'ils occupent des lignes horizontales et des colonnes verticales. Il écrit à la suite les uns des autres sur une même ligne les composés que l'on peut faire « résulter » les uns des autres. Nous ajouterons néanmoins cette restriction de ne faire figurer dans une même ligne que des corps renfermant le même nombre d'atomes de carbone dans leur molécule; nous verrons alors que dans une même ligne nous pouvons faire figurer à peu près tous les corps en C^1, dans une deuxième à peu près tous les corps en C^2, etc.

En comparant ces différentes *lignes*, nous verrons qu'il est possible d'ordonner chacune d'elles de façon qu'en écrivant ces lignes les unes sous les autres on se trouve en présence de *colonnes* dont chacune renferme des corps de propriétés extrêmement voisines.

Exemples : Prenons comme point de départ, comme pivot, l'alcool méthylique HCH^2OH; en oxydant cet alcool nous obtenons l'aldéhyde formique $HCHO$: une oxydation plus avancée fournit l'acide formique $HCOOH$. L'alcool méthylique traité par l'acide chlorhydrique donne le chlorure de méthyle CH^3Cl, lequel hydrogéné se transforme en méthane CH^4..., etc. Nous pouvons écrire sur une même ligne ces corps dérivant de l'alcool méthylique; ce sera notre ligne I.

I HCH^2OH $H.CHO$ $H.CO^2H$ CH^3Cl CH^4

Prenons maintenant comme pivot d'une deuxième ligne l'alcool éthylique CH^3CH^2OH. Écrivons à la suite les corps qu'il donne lorsqu'on le soumet aux actions dont il vient d'être question à propos de l'alcool méthylique, en conservant le même ordre.

Une oxydation modérée donne l'aldéhyde acétique $CH^3.CHO$. Une oxydation plus avancée conduit à l'acide acétique $CH^3.COOH$; l'acide chlorhydrique transforme l'alcool en chlorure d'éthyle C^2H^5Cl, lequel hydrogéné fournit l'éthane, etc. D'où une deuxième ligne :

II $CH^3.CH^2OH$ $CH^3.CHO$ $CH^3.COOH$ $CH^3.CH^2Cl$ $CH^3.CH^3$.

Or, nous pouvons écrire la ligne n° 2 sous la ligne n° 1 de façon que l'alcool éthylique soit écrit sous l'alcool méthylique, l'aldéhyde acétique sous l'aldéhyde formique et ainsi de suite. Nous observerons alors que les corps placés dans une même colonne présentent les plus grandes ressemblances chimiques. Et il pourra en être toujours ainsi quel que soit le nombre des séries envisagées.

D'abord on pourra choisir le corps considéré comme pivot, c'est-à-dire dont on peut faire dériver tous les autres, de façon que tous les pivots aient des analogies chimiques extrêmement marquées.

« Lorsqu'on passe en revue les composés organiques dont les métamorphoses sont connues, on est frappé de l'analogie extrême que certains d'entre eux présentent autant sous le rapport des caractères que sous celui de la composition et des métamorphoses. Ces composés, qui obéissent aux mêmes lois de transformation, sont comme des pivots autour desquels viennent se grouper une foule d'autres combinaisons résultant de la métamorphose des premières, ou susceptibles de s'y transformer par des réactions inverses. »

On voit combien ces phrases de Gerhardt s'appliquent à l'exemple qui vient d'être cité où les deux corps jouant le rôle de pivots sont l'alcool méthylique et l'alcool éthylique.

Mais il y a plus : si nous portons notre attention sur l'un des corps groupés autour d'un pivot, nous verrons que son analogue existe dans les corps groupés autour du deuxième pivot, de même autour du troisième et ainsi de suite. Exemple : au méthane correspond l'éthane, à l'acide formique l'acide acétique, etc.

Nous pourrons donc écrire nos lignes au-dessous les unes des autres de façon à constituer des colonnes telles que les corps d'une même colonne se ressemblent beaucoup au point de vue chimique, se transforment sous l'action du même réactif en d'autres se ressemblant beaucoup, proviennent par une même réaction de corps extrêmement semblables; et nous constaterons alors que de tels rapports n'existent qu'entre des composés organiques dont la composition ne diffère que par n fois CH^2. On dira de ces composés qu'ils sont homologues entre eux, et de nos colonnes verticales qu'elles sont occupées par les termes dont l'ensemble forme une série homologue.

Voici à titre d'exemple comment débutent quelques séries homologues : ces séries ont été écrites verticalement.

Carbures saturés linéaires.	Alcools prim. linéaires.		Points d'ébullition.	Acides linéaires.		Points d'ébullition.
—	—		— Ébull.	—		— Ébull.
Méthane CH^4	Méthylique	$H\text{-}CH^2OH$	66	Formique	$H\text{-}CO^2H$	106
Éthane C^2H^6	Éthylique	CH^3- »	78	Acétique	CH^3- »	116
Propane C^3H^8	Propylique	C^2H^5- »	97	Propionique	C^2H^5- »	141
Butane C^4H^{10}	Butylique	C^3H^7- »	117	Butyrique	C^3H^7- »	162
Pentane C^5H^{12}	Amylique	C^4H^9- »	137	Valérique	C^4H^9 »	185
Hexane C^6H^{14}	Hexylique	C^5H^{11}- »	157	Caproique	C^5H^{11}- »	205
Heptane C^7H^{16}	Heptylique	C^6H^{13}- »	175	Œnanthylique	C^6H^{13}- »	222

Dans une même série homologue les propriétés chimiques restent très semblables; mais les propriétés physiques se modifient d'une façon assez régulière quand on passe d'un terme au suivant : ainsi les points d'ébullition vont en augmentant assez régulièrement (environ 20° par CH^2 en plus dans la série des alcools comme dans celle des acides.

De même d'après M. Berthelot (*Traité de chimie organique*, p. 54, 4e éd.), la chaleur de combustion des composés homologues augmente de 157,5 calories par chaque CH^2 en plus. Elle est par exemple pour les carbures saturés C^nH^{2n+2} donnée par la formule :

$$a + 157{,}5\,n.$$

L'avantage de ces séries homologues, c'est qu'elles finissent par être connues à ce point qu'on n'a pas besoin d'étudier tous les corps qui en feraient partie : on peut prévoir leurs propriétés sans les avoir préparés, en se fondant uniquement sur l'allure des termes connus. En voici un exemple : en 1850, Gerhardt écrivait : « On ignore le point d'ébullition de l'acide propionique, mais on connaît les points d'ébullition de ses homologues; d'après eux on peut prédire avec certitude que le point d'ébullition de l'acide propionique sera aux environs de 140° dans les conditions de pression ordinaire. » Nous connaissons aujourd'hui cette température : elle est 141°.

Remarque. — Deux corps ne peuvent être considérés comme homologues pour cette seule raison que leurs formules diffèrent par n fois CH^2. Cette condition nécessaire n'est pas suffisante; il faut y ajouter la similitude de propriétés.

On sait en effet que deux corps peuvent avoir la même formule et différer par leurs propriétés : ils sont alors isomériques; or, les homologues de l'un ne seront point des homologues de l'autre.

Ainsi l'acide propionique $CH^3CH^2CO^2H$ homologue de l'acide acétique est isomérique de l'acétate de méthyle $CH^3CO^2CH^3$, leurs propriétés sont très différentes et, malgré la différence de CH^2, on ne saurait considérer l'acétate de méthyle comme homologue de l'acide acétique.

335. **Fonctions.** — On ne considère comme homologues que des corps dont toutes les propriétés chimiques sont extrêmement semblables.

Or, il peut se faire que, parmi les propriétés chimiques importantes de deux corps, il y en ait un certain nombre qui leur soient communes, les autres n'appartenant qu'à l'un des deux corps en question.

Ainsi l'alcool allylique $CH^2{=}CH{-}CH^2OH$, comme l'alcool éthylique, est susceptible de perdre deux atomes d'hydrogène pour donner une aldéhyde, de s'oxyder plus encore pour donner un acide, car deux alcools sont éthérifiables par les acides, etc., etc., ils ont en commun un ensemble considérable de propriétés importantes.

Mais tandis que l'alcool éthylique ne fixe pas le brome, l'alcool allylique se combine vivement à deux atomes de cet élément; par beaucoup de ses propriétés, l'alcool allylique rappelle l'éthylène dont il diffère notablement d'ailleurs à d'autres égards; par contre l'alcool éthylique ne ressemble en rien à ce carbure non saturé.

L'étude des cas de ressemblances, pour ainsi dire totales, a conduit à la notion d'homologie, l'étude des cas de ressemblances partielles a conduit à la notion de fonction.

L'attention a été attirée sur les divers ensembles de propriétés importantes que l'on a vu pouvoir être communs à plusieurs corps sans entraîner pour ces corps une identité pour ainsi dire complète de leurs autres propriétés chimiques. Ces divers ensembles ont servi à définir autant de fonctions.

Ce qui définit, en effet, une fonction, c'est un ensemble de propriétés; et lorsqu'on dit d'un corps qu'il présente une fonction donnée, on veut dire qu'il possède un ensemble de propriétés donné.

Ainsi l'alcool éthylique et l'alcool allylique ont en commun les propriétés qui caractérisent la fonction alcool « primaire »; mais l'alcool allylique présente en outre une fonction éthylénique que ne possède pas l'alcool ordinaire.

Groupements fonctionnels. — Les formules développées sont destinées à rappeler les réactions des corps; si elles remplissent effectivement ce rôle, lorsque deux corps auront en commun un ensemble important de propriétés chimiques, leurs formules développées devront posséder une ressemblance partielle marquée, il devra y avoir quelque chose de commun à leurs deux formules; c'est, en effet, ce qui arrive : à chaque fonction correspond un groupement particulier d'atomes, qu'on appelle le groupement fonctionnel (de cette fonction); ce groupement rappelle l'ensemble de propriétés en question, en sorte qu'on le retrouve chez tous les corps présentant cette fonction et que réciproquement, lorsqu'on est amené par une raison quelconque à l'explication dans la formule développée du corps, ce corps possède la fonction en question.

L'énumération des propriétés qui servent à définir chaque fonction sera faite après l'étude d'un corps présentant cette fonction; mais nous pouvons donner déjà le nom des fonctions les plus importantes, ainsi que les groupements fonctionnels leur correspondant. Citons :

La fonction		caractérisée par le groupe		
La fonction alcool	primaire caractérisée	par le groupe	$-CH^2.OH$	univalent.
—	secondaire	—	$-CH.OH-$	bivalent.
—	tertiaire	—	$-\underset{\vert}{C}.OH-$	trivalent.
—	aldéhyde	—	$-\underset{\underset{O}{\Vert}}{C}-H$	univalent.
—	acétone	—	$-\underset{\underset{O}{\Vert}}{C}-$	bivalent.
—	acide	—	$-\underset{\underset{O}{\Vert}}{C}-O-H-$	univalent.
—	chlorure d'acide	—	$-\underset{\underset{O}{\Vert}}{C}-Cl$	univalent.
—	amide	—	$-\underset{\underset{O}{\Vert}}{C}-AzH^2$	univalent.
—	nitrile	—	$-C\equiv Az$	univalent.
—	amine primaire	—	$-AzH^2$	
—	— secondaire	—	$-AzH-$	
—	— tertiaire	—	$-\underset{\vert}{Az}-$	

Aucun de ces groupements n'était supposé lié à autre chose qu'à du carbone ou à de l'hydrogène et encore les groupes fonctionnels des alcools, acides, amines secondaires et tertiaires ne doivent-ils pas être liés à de l'hydrogène.

Il nous arrivera également de parler d'une fonction éthylénique caractérisée par la présence d'une double liaison entre deux atomes de carbone et aussi d'une fonction acétylénique caractérisée par la présence d'une triple liaison de ce genre.

CHAPITRE XX

HYDROCARBURES ACYCLIQUES

HYDROCARBURES SATURÉS LIMITES.

336. **Définition.** — L'expérience a appris que les carbures d'hydrogène renfermant *n* atomes de carbone dans leur molécule ne contenaient jamais plus de 2n+2 atomes d'hydrogène ; ou si l'on veut que les carbures en C^n les plus riches en hydrogène répondent à la formule C^nH^{2n+2}.

Par définition, ces carbures ne sauraient fixer d'hydrogène ; mais il y a plus, l'expérience a appris également qu'ils ne fixaient aucun autre corps.

Aussi pour rappeler cette propriété appelle-t-on souvent carbures saturés les carbures C^nH^{2n+2} ; mais il ne semble pas qu'ils soient seuls à mériter cette appellation[1], et l'expression d'hydrocarbures limites, c'est-à-dire hydrocarbures où la limite d'hydrogénation est atteinte, caractérise mieux ces composés.

Le plus simple de ces hydrocarbures est le méthane CH^4.

METHANE, $CH^4 = 16$.

Point de fusion	?	Densité	3,559
— d'ébullition.....	— 164°	Solubilité (eau).	150 cm. par litre.

337. **État naturel.** — Mélangé d'hydrogène, d'azote, d'oxygène et d'acide carbonique, le méthane se dégage spontanément de la vase des marais où il a pris naissance, dans la décomposition lente des matières végétales effectuée au sein de l'eau par des êtres microscopiques ; en remuant cette vase avec un bâton, on provoque le dégagement immédiat des bulles qui étaient res-

[1] Elle paraît s'appliquer en effet à l'hexaméthylène, par exemple. Voy. 356.

tées adhérentes à des particules solides. On peut recueillir ces bulles et les enflammer à l'air.

— Par suite d'une origine analogue à la précédente, les gaz qui distendent l'intestin peuvent, dans le cas d'une alimentation végétale, renfermer jusqu'à 55 pour 100 de méthane.

— Cet hydrocarbure prend aussi naissance lors de la décomposition sous l'action de la chaleur (décomposition dite *pyrogénée*) d'un certain nombre de substances carbonées, parmi lesquelles la houille; c'est pourquoi le gaz d'éclairage ordinaire en contient de 30 à 40 pour 100.

— Dans certaines contrées, en Perse, en Italie, en France, dans le Dauphiné, il se dégage des fissures du sol. Plusieurs villes d'Amérique utilisent pour l'éclairage et le chauffage un gaz s'échappant naturellement du sol; ce gaz est composé principalement de méthane : celui utilisé à Pittsburg en renferme 77 à 92 pour 100.

— Dans les mines de houille on a à redouter le dégagement subit de ce gaz; emprisonné et comprimé dans les fissures du charbon, à de grandes profondeurs, il se dégage subitement sous le coup de pic du mineur, quelquefois même sans cause apparente. Avec l'air des galeries il forme des mélanges détonants, capables de prendre feu au contact d'une flamme et de produire de terribles explosions. Les mineurs le désignent sous le nom de *grisou*.

338. **Préparation.** — 1° *Par les acétates et les bases.* — On chauffe, assez fortement pour qu'il soit nécessaire d'avoir une cornue en verre peu fusible ou mieux en grès, un mélange d'acétate de sodium et de chaux sodée.

$$CH^3.COONa + NaOH = CH^4 + CO^3Na^2.$$

La chaux sodée s'obtient en éteignant de la chaux vive dans une lessive de soude caustique et chauffant fortement le produit. En fait, la soude agirait seule, mais elle se liquéfierait sous l'action de la chaleur, l'acétate aussi; les deux liquides se superposeraient, le contact serait défectueux et de plus la couche de soude fondue qui gagnerait le fond attaquerait rapidement la cornue, tandis que la chaux sodée ne devient pas liquide.

Cette réaction donne aussi de l'hydrogène, des carbures et même des composés plus complexes. Le méthane ainsi obtenu est donc impur et, de plus, presque impossible à purifier.

On arrive à un résultat un peu meilleur en chauffant de l'acétate de sodium avec de la baryte.

2° *Par l'iodure de méthyle* CH^3I; on prépare cet iodure qu'on purifie par distillation, on en fait de l'iodure de méthylmagnésium CH^3MgI (en faisant tomber goutte à goutte l'iodure sur des copeaux de magnésium surmontés d'éther sec), puis on ajoute de l'eau avec précaution.

$$CH^3MgI + HOH = CH^4 + MgIOH.$$

On lave le gaz dégagé à l'acide sulfurique pour arrêter l'éther entraîné (Grignard).

Synthèses. — A 1200° le carbone se combine à l'hydrogène en donnant surtout du méthane.

— La décomposition par l'eau de divers carbures, notamment du carbure d'aluminium C^3Al^4, donne du méthane

$$C^3Al^4 + 12HOH = 4Al(OH)^3 + 3CH^4.$$

— L'hydrogénation de CO ou de CO^2 par l'hydrogène sous l'action catalytique du nickel réduit, chauffé vers 230°, fournit également le méthane.

— Citons encore l'hydrogénation du sulfure de carbone par l'hydrogène ou l'acide sulfhydrique dans un tube de fer chauffé au rouge.

339. **Propriétés physiques.** — Le méthane est un gaz incolore et sans odeur.

340. **Propriétés chimiques.** — *Action de l'oxygène.* — Le méthane, comme tous les carbures d'hydrogène, brûle au contact de l'air, quand on le porte à une température suffisamment élevée, en donnant de l'eau et du gaz carbonique :

$$CH^4 + 4O = CO^2 + 2H^2O.$$

La flamme qui se produit alors n'est pas très éclairante.

Un mélange de 1 volume de ce gaz et de 2 volumes d'oxygène détone au contact d'une flamme avec une grande violence; mais lorsque la quantité d'oxygène est moindre que celle indiquée ci-dessus, lorsqu'on brûle, par exemple, le méthane dans une éprouvette étroite, l'hydrogène brûle tout d'abord et du carbone très divisé se dépose sur les parois du vase.

Action du chlore. — 1° Un mélange de 1 volume de méthane et de 2 volumes de chlore brûle avec une flamme fuligineuse quand on l'enflamme :

$$CH^4 + 4Cl = C + 4HCl.$$

2° Le chlore peut exercer en outre sur le protocarbure d'hydrogène une action très différente de la précédente : si on expose à la lumière solaire diffusée par un mur blanc un mélange de ces deux gaz, la couleur verdâtre du chlore disparaîtra, et on observera la production d'acide chlorhydrique, lequel, en présence de la vapeur d'eau atmosphérique, donnera des fumées blanches; mais, cette fois, il n'apparaîtra pas de charbon, il se formera un mélange de quatre composés qui différeront du méthane par la ***substitution*** d'un, deux, trois ou quatre atomes de chlore à un, deux, trois ou quatre atomes d'hydrogène.

Ici le chlore, conformément à ses habitudes, s'empare de l'hydrogène pour faire de l'acide chlorhydrique; mais chaque atome d'hydrogène enlevé est remplacé par un atome de chlore. Voici la formule exprimant la réaction initiale :

$$CH^4 + 2Cl = CH^3Cl + HCl.$$

Le corps CH^3Cl s'appelle le chlorure de méthyle.

Bien qu'il s'en fasse ainsi, ce n'est pas là son mode de préparation, car on l'obtient bien plus facilement par l'action de l'acide chlorhydrique sur l'esprit de bois.

Le chlore attaque le chlorure de méthyle de la même façon qu'il attaque le méthane, il se fait aussi de l'acide chlorhydrique et du *chlorure de méthylène* CH^2Cl^2 :

$$CH^3Cl + 2Cl = CH^2Cl^2 + HCl.$$

L'action du chlore se poursuivant donne en outre les réactions que voici :

$$CH^2Cl^2 + 2Cl = CHCl^3 + HCl,$$
$$CHCl^3 + 2Cl = CCl^4 \quad + HCl.$$

Le corps $CHCl^3$ est le *chloroforme* qu'on fabrique tout autrement. CCl^4 est le tétrachlorure de carbone.

Stabilité du méthane. — Le méthane présente une très grande résistance aux agents chimiques. Nous venons, il est vrai, de mentionner deux corps, l'oxygène et surtout le chlore, qui l'attaquent sans peine, mais ce sont à peu près les seuls [1]. Les autres n'ont aucun effet ou n'agissent que très difficilement; ainsi l'acide sulfurique concentré reste sans action sur le méthane [2]. Or cet acide attaque sans difficulté la plupart des matières organiques.

1. Le fluor décompose violemment les carbures; le brome donne, comme le chlore, des produits de substitution, mais moins facilement.

2. L'acide fumant paraît absorber le méthane avec une extrême lenteur.

341. **Composition.** — On la trouve par combustion dans l'eudiomètre : 2 volumes de méthane additionnés de 6 volumes d'oxygène donnent après explosion un mélange gazeux occupant 4 volumes; mais en introduisant de la potasse dans l'eudiomètre on verra disparaître 2 volumes; les 2 volumes restants seront absorbés à leur tour si, à l'excès de potasse introduit, on ajoute de l'acide pyrogallique, il s'ensuit que ces 4 volumes sont formés par 2 volumes de CO^2 + 2 volumes d'O.

La combustion de 2 volumes de méthane exige donc 4 volumes d'oxygène ; comme 2 volumes de ce gaz servent à former les 2 volumes de CO^2, il a donc fallu 2 volumes d'oxygène pour transformer l'hydrogène en eau, ce qui implique la présence de 4 volumes d'hydrogène.

Par la considération des densités, connaissant d'ailleurs la composition de CO^2, on trouve la composition cherchée.

— On peut encore raisonner ainsi : la formule d'un carbure gazeux étant C^xH^{2y}, sa combustion fournira $xCO^2 + yH^2O$. On sait que les formules moléculaires des combinaisons correspondent à des volumes égaux. Donc le volume de C^xH^{2y} étant 2 volumes, celui de xCO^2 sera 2 x volumes. Si donc la formule d'un carbure contient x atomes de carbone, sa combustion donnera un volume d'anhydride carbonique égal à x fois le sien. Dans l'exemple précédent $x = 1$; donc la formule est C^1H^{2y}.

D'autre part le volume de l'oxygène nécessaire pour brûler l'hydrogène sera y volumes. Or ici $y = 2$. Donc l'exposant de H qui est $2y$ égale 4.

ÉTHANE, C^2H^6 ou $CH^3 - CH^3 = 30$.

342. **Propriétés.** — La description de l'éthane rappelle tout à fait celle du méthane : ces deux corps sont deux gaz incolores, qui présentent la même résistance à la plupart des agents chimiques, et qui sont attaqués de la même façon par le chlore.

L'éthane est un peu plus soluble que le méthane, soit dans l'eau, soit dans l'alcool; il bout à 94° au-dessous de zéro sous la pression atmosphérique.

22^l,3 d'éthane pèsent 30^{gr} à 0° et 1^{at}.

Ce gaz brûle avec une flamme peu éclairante en consommant trois fois et demie son volume d'oxygène :

$$C^2H^6 + 7O = 2CO^2 + 3H^2O.$$

Le chlore agissant brutalement sur l'éthane peut donner du charbon et de l'acide chlorhydrique; mais une action plus modérée donne comme avec le méthane des produits de substitution: on obtient ainsi du chlorure d'éthyle :

$$C^2H^6 + 2Cl = HCl + \underset{\text{chlorure d'éthyle}}{C^2H^5Cl}.$$

et aussi les corps qui proviennent du remplacement de 2, 3, 4, 5 et 6 atomes d'hydrogène par le même nombre d'atomes de chlore. Le produit ultime de cette action est l'éthane hexachloré; il a pour formule C^2Cl^6.

Préparation. — On trouve de l'éthane dissous dans le pétrole brut. Il s'en forme dans l'électrolyse d'une solution aqueuse d'acide acétique.

$$\underset{\text{acide acétique.}}{2CH^3.CO^2H} = \underset{\text{à l'anode}}{\underbrace{CH^3\text{-}CH^3 + 2CO^2}} + \underset{\text{à la cathode}}{2H}.$$

PÉTROLES.

343. **Pétroles**. — Les pétroles sont des mélanges d'hydrocarbures de volatilités très différentes qui existent au sein de la terre et sont utilisés pour le chauffage et l'éclairage.

Des sources de pétrole d'une très grande richesse sont exploitées aux États-Unis (Pensylvanie, Virginie occidentale, haut Canada), en Russie (sur les bords de la mer Caspienne), en Galicie, etc.

Depuis 1859, le principal centre d'exploitation des pétroles américains est la vallée d'Oil-Creek en Pensylvanie. En creusant des puits, on a rencontré, à des profondeurs très diverses, d'immenses poches renfermant de l'eau, du pétrole et des gaz combustibles. Lorsque le forage atteint la couche d'hydrocarbures liquides, la pression du gaz fait jaillir le liquide jusqu'à la surface; mais, peu à peu la pression du gaz diminuant, on est obligé d'extraire celui-ci avec des pompes. Les pétroles russes sont surtout abondants aux environs de Bakou, dans la région du Caucase.

Le pétrole brut est généralement une huile de couleur brun foncé paraissant verdâtre à la lumière réfléchie; un litre pèse de 780 à 920 grammes, la consistance est un peu épaisse. On ne l'emploie pas tel quel, mais par des distillations fractionnées on en extrait divers produits commerciaux. Voici les noms des principaux :

	POIDS DU LITRE EN GRAMMES	USAGES
Rhigolène	610	Anesthésique, dissolvant.
Gazoline.	650	Carburation.
Motonaphta	680	Automobiles.
Essence de pétrole	700-710	Dégraissage, éclairage.
Ligroine (benzine de pétrole[1]).	715	Dissolvant.
Huile pour éclairage	785	Éclairage.
Huiles de graissage.	905	Graissage des machines.
Paraffines diverses.	870 à 930	Imperméabilisation des bois, des tissus. Isolants électriques. Bougies.
Résidus. Vaselines.	»	Usages pharmaceutiques.
Résidus. Coke de pétrole. .	»	Fabrication des charbons électriques.

1. Il ne faut pas confondre la benzine de pétrole avec la benzine proprement dite étudiée plus loin (529).

Les résidus de la distillation sont des *goudrons*; ceux-ci, soumis à l'action de la chaleur rouge, se décomposent en carbures volatils utilisés comme les produits de la distillation directe des pétroles bruts et en composés solides, charbonneux, appelés cokes de pétrole et servant au chauffage.

Les pétroles légers émettant, à la température ordinaire, des vapeurs qui prennent feu très facilement, on ne doit jamais les manier à proximité d'une flamme.

On utilise, il est vrai, l'essence de pétrole pour l'éclairage; mais on se sert alors de lampes spéciales dites lampes à éponge; malgré cela leur emploi n'est pas sans exiger quelques précautions, notamment au moment du remplissage.

Il n'en est pas de même de l'huile de pétrole, si elle a été convenablement rectifiée. Un décret du 19 mai 1873 exige en effet que ce liquide n'émette pas de vapeur inflammable tant qu'il n'est pas porté à la température de 35°, il ne brûle, comme les huiles végétales, qu'à l'extrémité d'une mèche, et son maniement est sans danger.

Paraffine. — *Vaseline.* — Lorsqu'on laisse refroidir les huiles lourdes de pétrole immédiatement après leur distillation, il s'en sépare une matière solide, blanche, cristalline, qui porte le nom de *paraffine.* La paraffine est purifiée par expression, fondue et filtrée sur du noir animal; on obtient ainsi des masses blanches, translucides, avec lesquelles on fait des bougies. Ses propriétés isolantes sont utilisées en électricité.

L'*ozokérite* est une paraffine naturelle imprégnée de matières bitumineuses, que l'on rencontre sur les bords de la mer Caspienne; après purification, elle sert aux mêmes usages que la paraffine.

La *vaseline* est une matière blanche, onctueuse et inodore, utilisée aujourd'hui dans la pharmacie et d'une façon plus générale dans beaucoup d'industries, où elle tient avantageusement la place de matières grasses d'origine végétale et animale, car elle ne rancit pas comme celles-ci. On obtient la vaseline en arrêtant la distillation des pétroles bruts avant d'avoir éliminé tous les produits volatils : on évapore ensuite lentement à l'air libre et enfin on décolore par le noir animal.

344. **Composition chimique des pétroles.** — Si nous avons étudié les pétroles à la suite du méthane et de l'éthane, c'est parce qu'ils ne renferment guère que des hydrocarbures dont les propriétés chimiques ressemblent beaucoup à celles de ces deux corps.

Les hydrocarbures extraits des pétroles du Caucase et ceux provenant des pétroles d'Amérique diffèrent, il est vrai, par leur composition, mais ici cette différence n'influe que très peu sur les propriétés chimiques.

Ce qui distingue ces carbures, c'est qu'ils présentent une stabilité qu'on rencontre rarement à ce degré chez les composés organiques. Ils sont peu aptes à entrer en réaction[1]. La plupart des combinaisons du carbone sont facilement attaquées par l'acide sulfurique concentré ; sur les hydrocarbures en question cet acide est presque sans action. Des oxydants aussi énergiques que l'acide chromique ou le permanganate de potassium restent sans effet à froid.

Quand on veut obtenir des dérivés de ces carbures on s'adresse au chlore qui les attaque comme il attaque le méthane : il ne se combine pas au carbure, il se divise en deux parties égales ; tandis que l'une enlève de l'hydrogène et forme de l'acide chlorhydrique, l'autre remplace cet hydrogène atome à atome, c'est ce qu'on exprime en disant qu'il se fait des *produits de substitution,* mais jamais des *produits d'addition.* En étudiant l'éthylène et l'acétylène on verra des carbures qui se comportent différemment.

Les composés définis, que l'on peut extraire des pétroles de Pensylvanie par la distillation fractionnée, aidée de quelques traitements chimiques, sont surtout des carbures répondant à la formule générale C^nH^{2n+2}. La gazoline, par exemple, renferme principalement l'hexane normal C^6H^{14}.

Cyclanes. — Pour les carbures extraits des pétroles du Caucase, il s'en trouve

1. De là le nom de paraffines donné à certains d'entre eux, *parum affinitatis,* peu d'affinité.

répondant à la formule C^nH^{2n}; ils sont isomériques avec les homologues de l'éthylène (345) mais n'ont pas les propriétés de ces derniers. Ils forment une série à part, la série des *cyclanes* (p. 356).

HYDROCARBURES ÉTHYLÉNIQUES.

345. Définition. — On appelle ainsi des hydrocarbures qui fixent facilement deux atomes d'hydrogène et donnent ainsi des hydrocarbures saturés; on voit qu'ils répondent à la formule générale C^nH^{2n}; mais la réciproque n'est pas vraie, nous verrons ultérieurement des cyclanes, l'hexaméthylène C^6H^{12} par exemple, qu'on n'a pu hydrogéner.

Les hydrocarbures éthyléniques donnent facilement des produits d'addition non seulement avec l'hydrogène mais encore avec les halogènes, les hydracides, l'acide sulfurique, etc., comme nous allons le voir à propos de l'éthylène.

ÉTHYLÈNE, $C^2H^4 = 28$.

Point de fusion	— 160°	Densité	0,97
— d'ébullition	— 105°	Solubilité (eau)	1/6 de l. par litre.

346. Préparation. — L'alcool éthylique $CH^3\text{-}CH^2.OH$, ou $C^2H^5\text{-}OH$ se décompose, lorsqu'on le chauffe avec de l'acide sulfurique concentré à une température d'environ 170°, en éthylène C^2H^4 et en eau. La réaction pourrait être écrite ainsi :

$$CH^3\text{-}CH^2.OH = CH^2\text{=}CH^2 + H^2O.$$

En réalité, il y a d'abord formation d'un éther acide, l'acide sulfovinique $SO^2(OH)(OC^2H^5)$, qui, en présence d'un excès d'acide sulfurique bouillant, se détruit et régénère l'acide sulfurique :

$$SO^2(OH)(OC^2H^5) = SO^2(OH)^2 + C^2H^4.$$

On introduit dans un ballon de verre (fig. 68) un mélange de 1 partie d'alcool et de 6 parties d'acide sulfurique, fait en versant lentement et en agitant constamment l'acide sulfurique dans l'alcool, de façon à éviter une élévation trop brusque de température. On ajoute ensuite du sable dans le ballon, ce qui permet d'obtenir un dégagement de gaz plus régulier. On élève peu à peu la température et le gaz se dégage sur la cuve à eau [1].

347. **Propriétés.** — L'éthylène est un gaz doué d'une légère odeur empyreumatique, due peut-être à des traces d'impuretés.

Fig. 68. — Préparation de l'éthylène.

Carbure non saturé. — Tandis que le méthane ne donne jamais de produits d'addition, l'éthylène fixe avec facilité soit deux atomes univalents, soit deux groupes d'atomes univalents, provenant de la dislocation d'une molécule complexe.

Nous allons en citer quelques exemples :

La formule $CH^2 = CH^2$ rend très bien compte de cette propriété; lors de la fixation de ces atomes, ou groupes d'atomes univalents, une des deux liaisons qui rattachent les deux atomes de carbone se rompt, ce qui met en liberté 2 valences aptes à s'unir à 2 valences issues d'ailleurs, sans que les deux atomes de carbone soient désunis. $CH^2 = CH^2$ agit alors comme $\overset{|}{C}H^2 - \overset{|}{C}H^2$.

1. Le gaz qui se dégage peut contenir une petite quantité d'éther $(C^2H^5)^2O$ qui prend naissance lorsque la température est inférieure à 160°, il peut contenir aussi du gaz carbonique et du gaz sulfureux résultant de l'action exercée sur l'acide sulfurique par le carbone et l'hydrogène de l'alcool, surtout si l'on dépasse notablement 160°. Aussi, avant de recueillir le gaz sur la cuve à eau, doit-on lui faire traverser deux flacons laveurs, le premier renfermant de la potasse destinée à retenir les gaz carbonique et sulfureux, et le second de l'acide sulfurique qui dissout l'éther entraîné.

Action du chlore. — 1° Cette action peut être brutale : L'action exercée par le chlore sur l'éthylène, au contact d'une flamme, est la même que celle qui a été observée avec le méthane.

Si l'on introduit dans une grande éprouvette 1 volume d'éthylène et 2 volumes de chlore, et qu'on approche une bougie de l'orifice, une flamme rouge descend lentement jusqu'au fond de l'éprouvette, et un nuage de noir de fumée s'élève. Un papier de tournesol bleu humide, que l'on expose aux vapeurs qui se dégagent de l'éprouvette lorsque la combustion est terminée, rougit, accusant la formation de l'acide chlorhydrique. Le gaz a été décomposé par le chlore qui s'est uni à l'hydrogène, tandis que le carbone a été mis en liberté :

$$C^2H^4 + 4Cl = 2C + 4HCl.$$

2° Mais on peut modérer l'action du chlore et obtenir un résultat bien différent.

Dans une éprouvette que l'on renverse sur une assiette remplie d'eau, on introduit un volume d'éthylène puis un volume de chlore. A la lumière diffuse, les deux gaz réagissent immédiatement pour donner un liquide huileux qui ruisselle sur les parois de l'éprouvette et tombe au fond du vase, tandis que le niveau de l'eau monte peu à peu. Le corps qui prend naissance ici est une *combinaison* des deux gaz, le *chlorure d'éthylène*, $C^2H^4Cl^2$ ou $CH^2Cl.CH^2Cl$, appelée aussi liqueur des Hollandais. Ainsi, ***tandis que le méthane ne donnait avec le chlore que des produits de substitution et jamais de produit d'addition, ici on obtient très facilement un produit d'addition.***

L'éthylène fixe également 2 atomes de *brome* ou *d'iode* en donnant le bromure ou l'iodure d'éthylène $C^2H^4Br^2$ et $C^2H^4I^2$. Cette action du brome est utilisée dans l'analyse chimique pour éliminer l'éthylène et les carbures non saturés d'un mélange de gaz.

Les *hydracides* chlorhydrique, bromhydrique, iodhydrique se *fixent sur l'éthylène* ; c'est avec le dernier que la fixation est le plus facile. On obtient ainsi des corps identiques avec les produits monosubstitués par le chlore, le brome ou l'iode de l'éthane, c'est-à-dire le chlorure, le bromure ou l'iodure d'éthyle

$$CH^2 = CH^2 + HI = CH^3\text{-}CH^2I.$$

L'acide sulfurique se fixe également sur l'éthylène. Il faut pour cela le prendre concentré, prolonger l'action et multiplier la surface de contact. L'acide sulfurique se dédouble en deux groupes univalents H et SO^4H qui se fixent à l'éthylène.

On arrive ici encore à un éther de l'alcool ordinaire, le sulfate acide d'éthyle nommé aussi acide sulfovinique:

$$SO^2 \Big\langle \begin{matrix} O\text{-}CH^2 - CH^3 \\ OH \end{matrix}$$

— Ces éthers de l'alcool ordinaire, l'iodure d'éthyle ou le sulfate acide d'éthyle sont saponifiables par l'eau ; ils donnent alors de l'alcool CH^3CH^2OH ; en sorte que la synthèse de l'éthylène ayant été faite, celle de l'alcool en découle : on agite de l'éthylène et de l'acide sulfurique concentré ; il y a peu à peu absorption ; on distille avec de l'eau et on recueille un peu d'alcool.

L'acide hypochloreux se fixe également en donnant la monochlorhydrine du glycol

$$\begin{matrix} CH^2Cl \\ | \\ CH^2OH \end{matrix}$$

On peut fixer deux oxhydriles, grâce à l'action à 0° du permanganate de potassium dilué. On arrive ainsi au glycol :

$$\begin{matrix} CH^2OH \\ | \\ CH^2OH \end{matrix}$$

Fixation d'hydrogène. — A 30° ou 40°, *en présence de nickel réduit*, l'éthylène mélangé d'hydrogène se transforme intégralement en éthane C^2H^6 ; à haute température il peut aussi se faire C^2H^6, mais la réaction est alors complexe parce que la chaleur détruit l'éthylène.

Action de l'oxygène. — L'éthylène brûle avec une flamme très éclairante.

$$C^2H^4 + 6O = 2H^2O + 2CO^2$$

Il forme avec l'oxygène ou l'air des mélanges détonants.

348. **Propriétés analytiques.** — L'absorption par le brome caractérise les carbures non saturés. Si l'éthylène est en quantité suffisante on pourra purifier le bromure obtenu et observer ses points de fusion et d'ébullition ; $C^2H^4Br^2$ fond à 9° et bout à 131°.

349. **Composition.** — On la trouve par l'eudiomètre. 2 volumes d'éthylène exigent pour brûler complètement 6 volumes d'oxygène. On en met 8 ou 10; en absorbant l'anhydride carbonique formé par la potasse et l'oxygène par l'acide pyrogallique et la potasse on arrive à trouver la composition, d'une façon tout à fait analogue à celle indiquée à propos du méthane.

HYDROCARBURES ACÉTYLÉNIQUES.

350. **Définition.**— Parmi les hydrocarbures capables de donner un hydrocarbure saturé après fixation de quatre atomes d'hydrogène (et passage intermédiaire par ce carbure éthylénique) et répondant par suite à la formule $C^{n2}H^{2n-2}$, il en est qu'on appelle carbures acétyléniques.

Ils sont capables de fixer les mêmes corps que l'éthylène, mais deux fois; ainsi l'éthylène ne fixe qu'une molécule d'acide bromhydrique et l'acétylène en peut fixer deux.

Nous allons étudier le plus important, l'acétylène.

ACÉTYLÈNE. $C^2H^2 = 26$.

Point de sublimation. . . . — 85° Densité. 0,92
Solubilité. . . . . . . 1¹ par litre.

351. **Préparation.** — On traite le carbure de calcium par l'eau.

$$C^2Ca + 2H^2O = Ca(OH)^2 + C^2H^2$$

L'action de l'eau ne tarde pas à se ralentir parce que la chaux formée, peu soluble dans l'eau, empâte le carbure de calcium, mais comme l'eau se diffuse peu à peu, la réaction continue lentement, alors même qu'on voudrait la voir s'arrêter; c'est là un inconvénient; on le diminue en utilisant de l'eau glucosée ou du carbure additionné de glucose, la chaux se dissolvant beaucoup mieux dans l'eau sucrée que dans l'eau pure.

Il est donc plus pratique de laisser tomber peu à peu de petits morceaux de carbure dans l'eau, que de laisser tomber goutte à goutte de l'eau sur de gros morceaux de carbure.

Purification. — Le carbure de calcium courant est impur, par suite l'acétylène qu'il donne l'est aussi : on y trouve de l'acide sulfhydrique et de l'hydrogène phosphoré. Pour le débarrasser de ces deux gaz on le lave avec une solution de soude puis avec une de bichlorure de mercure additionné d'acide chlorhydrique.

352. **Propriétés physiques.** — L'acétylène est un gaz incolore d'une odeur désagréable; toutefois il faut tenir compte de ce

qu'on l'a difficilement pur; l'odeur alliacée qu'il possède souvent est due en grande partie aux matières étrangères qui l'accompagnent.

Liquéfaction de l'acétylène. — Elle n'offre guère de difficultés : à la température de 0°, ce gaz se liquéfie quand on le soumet à une pression dépassant 26 atmosphères. Dans un récipient renfermant de l'acétylène liquide, la pression est :

26^{at}	à la température de	0°
43^{at}	— —	20°
68^{at}	— —	37°

Quand on ouvre à l'air un tube renfermant de l'acétylène liquide, une partie de ce dernier se vaporise, il s'ensuit un refroidissement du reste qui se solidifie. Le phénomène est identique à celui que nous décrirons à propos de l'acide carbonique. L'acétylène solide se volatilise petit à petit sans fondre, sa température se maintenant à 85° au-dessous de zéro.

Solubilité. — A 15° et sous la pression d'une atmosphère :

1^{l} d'eau	dissout 1^{l}	d'acétylène.
1^{l} d'alcool	dissout 6^{l}	—
1^{l} d'acétone[1]	dissout 25^{l}	—

Propriétés explosives de l'acétylène. — L'acétylène est un puissant explosif, et, ce disant, nous n'avons point en vue le mélange d'acétylène et d'oxygène dont il sera question tout à l'heure, il s'agit de l'acétylène lui-même; toutefois l'explosion n'est pas à craindre sous la pression atmosphérique. Voici quelques données relatives à cette question.

Si l'on fait jaillir une étincelle électrique, ou si l'on fait éclater une capsule de fulminate de mercure au sein d'une masse d'acétylène soumise à une pression inférieure à 2 atmosphères, il pourra, dans le voisinage immédiat de l'étincelle ou de la capsule, se produire une décomposition du carbure, mais celle-ci ne se propagera pas dans toute la masse; il en est tout autrement si l'acétylène gazeux ou liquide est à une pression supérieur à 2 atmosphères, ainsi que nous l'apprennent les recherches de MM. Berthelot et Vieille. Citons ici une de leurs expériences :

Une bouteille de fer d'un litre renfermait 250 grammes d'acétylène liquide. Un dispositif particulier permit d'y faire éclater une amorce de fulminate de mercure, il y eut une détonation violente et la bouteille vola en éclats. La fragmentation de la

1. Liquide retiré des produits de distillation du bois.

bouteille présentait les caractères observés dans l'emploi des explosifs habituels.

On voit qu'il faut éviter soigneusement, lorsqu'on fait usage de récipients renfermant de l'acétylène comprimé, toute cause susceptible d'élever fortement la température d'un point de ce corps ; le maniement de ces appareils exige donc certaines précautions.

L'acétylène au moment de ces explosions, se décompose en ses constituants, et cette décomposition est accompagnée d'une production de chaleur considérable ; 26 grammes d'acétylène fournissent ainsi 24 grammes de charbon et 2 grammes d'hydrogène, en dégageant assez de chaleur pour élever de 0° à 1° la température de 51 kil. 4 d'eau. On écrira donc cette décomposition :

$$C^2H^2 = C^2 + H^2 \qquad + 51^{cal},4.$$

On peut rapprocher, au point de vue de l'effet produit, l'action de l'étincelle sur l'acétylène comprimé et l'action de l'étincelle sur le mélange d'oxygène et d'hydrogène. Mais, au point de vue chimique, on ne doit pas oublier que, dans le premier cas, c'est la décomposition d'une combinaison C^2H^2, qui fournit de la chaleur, tandis que dans le second c'est la formation d'une combinaison, H^2O, qui en dégage.

Noir d'acétylène. — En provoquant, par l'étincelle électrique, l'explosion de l'acétylène comprimé à 4 ou 5 atmosphères, on obtient un charbon très pur et très divisé pouvant remplacer le noir de fumée.

355. **Propriétés chimiques.** — ***Combustion.*** — Comme tous les carbures d'hydrogène, l'acétylène brûle quand on l'allume en présence d'oxygène ; il se fait de l'acide carbonique et de l'eau

$$C^2H^2 + 5O = 2CO^2 + H^2O.$$

Cette formule rappelle que 2 litres d'acétylène exigeront pour brûler complètement 5 litres d'oxygène.

Si l'oxygène arrive en quantité insuffisante, la combustion sera incomplète, il se fera un dépôt de charbon.

L'acétylène forme avec l'oxygène des mélanges détonant violemment et relativement très inflammables.

Éclairage. — La flamme est jaune ou rouge, plus ou moins fuligineuse, et la combustion est incomplète lorsque l'acétylène brûle à la sortie d'un bec papillon ordinaire ou à l'ouverture d'une éprouvette. Mais on peut faire brûler le gaz à l'orifice d'un tube effilé ou mieux de deux petits tubes très fins inclinés l'un vers l'autre et très rapprochés ; on obtient dans ce cas une flamme plate en forme de papillon dans un plan perpendiculaire à celui des deux tubes, la flamme est très blanche et la combustion complète ; le pouvoir éclairant est alors douze fois plus grand que celui du gaz d'éclairage.

Depuis que l'on sait produire l'acétylène à peu de frais, on l'utilise fréquemment pour l'éclairage.

L'acétylène est un carbure non saturé; l'éthylène l'est aussi, mais tandis qu'une molécule d'éthylène est apte à fixer seulement 2 atomes (ou groupes d'atomes) univalents, l'acétylène est capable de fixer 2 puis encore 2 atomes (ou groupes d'atomes) de ce genre.

La formule $CH \equiv CH$ s'accorde bien avec ces faits : imaginons que la triple liaison se change en une double, l'acétylène fixera 2 atomes univalents en réagissant comme s'il avait la formule $-CH=CH-$. Et le composé formé $CHBr=CHBr$ par exemple, pourra agir (comme l'éthylène) comme $\underset{|}{CHBr}-\underset{|}{CHBr}$ fixant encore 2 atomes univalents.

Fixation d'hydrogène. — L'acétylène fixe deux atomes d'hydrogène en donnant l'éthylène et quatre en donnant l'éthane.

Il est difficile de s'arrêter à l'éthylène; on y parvient indirectement en hydrogénant le chlorure cuivreux ammoniacal par le zinc et l'ammoniac. Le passage à l'éthane d'un mélange C^2H^2+4H est facile à réaliser en présence du nickel réduit légèrement chauffé.

Action du chlore. — Avec l'acétylène pur on a des *produits d'addition*; cette propriété rapproche l'acétylène de l'éthylène, mais, tandis qu'une molécule d'éthylène fixe deux atomes de chlore seulement, une molécule d'acétylène, après en avoir fixé deux, peut en fixer deux autres, en donnant un dichlorure et un tétrachlorure, conformément aux formules :

$$C^2H^2 + 2Cl = C^2H^2Cl^2$$
$$C^2H^2Cl^2 + 2C = C^2H^2Cl^4.$$

Si on enflamme un mélange d'acétylène et de chlore on aura un dépôt de charbon avec formation d'acide chlorhydrique

$$C^2H^2 + 2Cl = 2Cl + 2HCl.$$

Le *brome* donne de même deux bromures $CHBr=CHBr$ et $CHBr^2-CHBr^2$; mais l'acétylène ne fixe que deux atomes d'iode.

— *Hydracides.* — L'acétylène s'unit également aux hydracides, mais il en fixe deux molécules. Avec l'acide iodhydrique il donne ainsi $CH^3.CHI^2$, l'iodure d'éthylidène, isomérique de l'iodure d'éthylène $CH^2I.CH^2I$.

L'acide sulfurique concentré absorbe aussi l'acétylène, mais la réaction étant assez complexe nous ne la détaillerons pas.

L'acétylène possède deux atomes d'hydrogène, tous deux remplaçables par des métaux. — Le remplacement peut s'effectuer par voie directe ou par voie indirecte.

Avec les métaux alcalins, le sodium par exemple, le remplacement est facile ; il n'y a qu'à envoyer de l'acétylène sur du sodium pour obtenir ce remplacement. Toutefois, on arrive à des composés mieux définis en opérant autrement :

Si, par exemple, on dissout du sodium dans de l'ammoniaque liquéfiée et qu'on envoie dans ce liquide à — 40° un courant d'acétylène, on a, par évaporation du gaz ammoniac, le composé $CH \equiv CNa$ cristallisé et incolore[1]. Lorsqu'on le chauffe, ce composé perd de l'acétylène et donne le carbure C^2Na^2.

On connaît le carbure de calcium C^2Ca, obtenu par voie indirecte. (Action du charbon sur la chaux, au four électrique.)

354. **Propriétés analytiques.** — L'acétylène se reconnaît au précipité *rouge brun* qu'il donne lorsqu'on le met en présence d'une solution de chlorure cuivreux $CuCl$ dans l'ammoniaque.

Ce précipité, traité par l'acide chlorhydrique étendu, régénère l'acétylène.

— Une solution de nitrate d'argent dans un excès d'ammoniaque, ou dans l'alcool, donne avec l'acétylène un précipité jaune.

355. **Composition.** — On peut la trouver par une mesure eudiométrique; mais il ne faut opérer que sur peu de carbure à la fois, sinon l'appareil pourrait voler en éclats. On trouve que 2^v d'acétylène fournissent 4^v d'anhydride carbonique et consomment 5^v d'oxygène, ce qui conduit à la formule C^2H^2.

356. **Synthèses et modes de formation.** — 1° M. Berthelot a réalisé la synthèse de l'acétylène en faisant éclater l'arc électrique, entre deux charbons maintenus dans une atmosphère d'hydrogène. On utilise pour cela le ballon en verre de la fig. 69. L'hydrogène arrive par A ; il sort par C un mélange gazeux qui donne avec le chlorure cuivreux ammoniacal le précipité rouge brun.

2° La décomposition du carbure de calcium par l'eau est aussi une synthèse totale ; puisque ce carbure est fait à partir du carbone et de la chaux.

— *On obtient de l'acétylène lorsqu'on décompose par la chaleur*

1. Ce corps fixe CO^2 en donnant le sel $CH \equiv C—CO^2Na$, ce ne peut donc être que $CH \equiv CNa$.

une matière organique volatile, ou lorsqu'on fait passer dans un tube de porcelaine chauffé au rouge beaucoup de matières organiques, en particulier, un des deux autres carbures d'hydrogène que nous avons étudiés. Le gaz d'éclairage provenant de la décomposition de la houille par la chaleur renferme de petites quantités d'acétylène, que l'on met en évidence en versant, dans

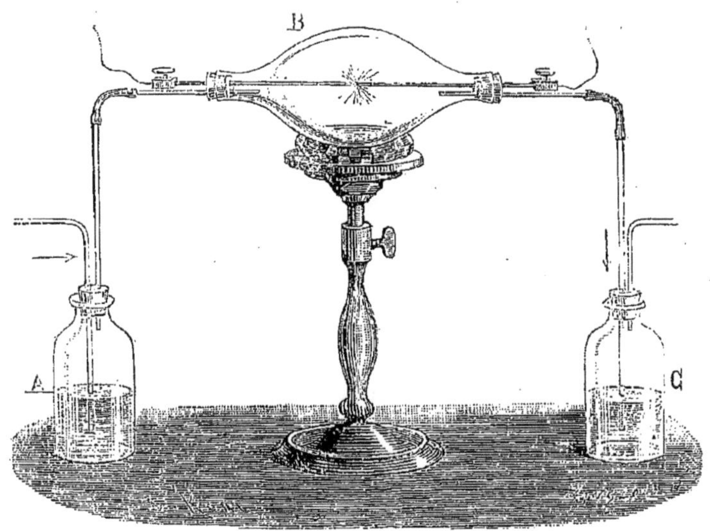

Fig. 69. — Synthèse de l'acétylène.

un flacon de 3 à 4 litres rempli de gaz, quelques gouttes de la dissolution de sous-chlorure de cuivre dans l'ammoniaque.

— *Combustions incomplètes.* — Il se forme également de l'acétylène toutes les fois qu'un carbure d'hydrogène ou un composé carburé quelconque brûle en présence d'un volume d'oxygène insuffisant pour transformer tout le carbone en acide carbonique. Ainsi, lorsque dans une éprouvette longue et étroite (fig. 78) on introduit quelques centimètres cubes d'éther et quelques gouttes de sous-chlorure de cuivre ammoniacal, et qu'on enflamme l'éther à l'orifice, en tenant l'éprouvette couchée presque horizontalement et la faisant tourner entre les doigts autour de son axe, on voit se former sur les parois un dépôt rougeâtre d'acétylure de cuivre. Ce mode de formation rentre d'ailleurs dans le précédent, car c'est la chaleur dégagée par la combustion d'une partie de la matière qui en décompose une autre partie, et l'acétylène apparaît.

On démontre que la combustion incomplète de l'éthylène, du

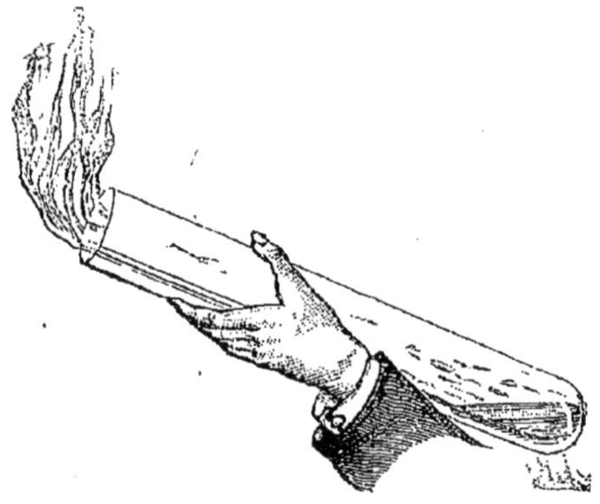

Fig. 70. — Combustion incomplète donnant de l'acétylène.

méthane ou du gaz de la houille donne de l'acétylène en les envoyant dans un bec Bunsen, qu'on fera brûler « en dedans ». Si l'on aspire les produits qui s'échappent de l'orifice supérieur, et qu'on fasse traverser une solution de chlorure cuivreux, on verra apparaître le précipité rouge caractéristique.

AUTRES CARBURES.

357. **Cyclanes.** — On appelle ainsi des hydrocarbures répondant à la formule C^nH^{2n} et distincts néanmoins des hydrocarbures éthyléniques.

Alors que ces derniers se transforment facilement en hydrocarbures saturés quand on les fait passer en même temps que de l'hydrogène sur du nickel (obtenu par réduction de son oxyde à basse température) légèrement chauffé, les cyclanes ne s'hydrogènent pas ainsi; plusieurs d'entre eux ne fixent pas le brome et ceux qui le fixent le font moins facilement que leurs isomères éthyléniques. Le nom qu'on leur a donné tient à ce qu'on leur attribue une structure cyclique.

Le plus important d'entre eux est l'hexaméthylène C^6H^{12} qui se rencontre dans les pétroles du Caucase et qu'on peut obtenir en faisant passer un mélange d'hydrogène et de vapeur de benzène sur du nickel réduit modérément chauffé.

358. **Hydrocarbures benzéniques.** — Ces hydrocarbures répondent à la formule C^nH^{2n-6}; nous les étudierons ultérieurement. Disons seulement qu'on représente le plus simple d'entre eux, la benzine C^6H^6, par le schéma suivant :

```
      CH
    //  \
  HC     CH
   |     ||
  HC     CH
    \\  /
      CH
   Benzène.
```

```
            CH³
             |
             C
           /   \\
       CH          CH
       | CH³-C-CH³ |
      CH²    |     CH²
        \    |    /
             CH
          Pinène.
```

359. **Hydrocarbures terpéniques.** — Les plus importants de ces hydrocarbures répondent à la formule C^nH^{2n-4}; c'est le cas du pinène $C^{10}H^{16}$ qui forme la majeure partie de l'essence de térébenthine et qu'on écrit comme ci-dessus.

CHAPITRE XXI

HYDROCARBURES
INTERPRÉTATION PAR LA NOTION DE VALENCE

La notion de valence rend parfaitement compte de l'existence et des propriétés des hydrocarbures connus; elle en fournit une classification tout à fait en accord avec celle à laquelle on a été conduit par l'étude des propriétés de ces hydrocarbures.

Nous savons que la théorie de la valence conduit à envisager les molécules des corps composés comme formées par un assemblage d'atomes reliés les uns aux autres par des échanges de valences issues de ces atomes.

Admettons ce point de vue.

CARBURES D'HYDROGÈNE

360. Classification. — L'étude des carbures a montré que pour nombreux qu'ils soient, l'étude de quatre d'entre eux, le méthane, l'éthylène, l'acétylène et le benzène, fait connaître les principales propriétés des autres; car un carbure d'hydrogène quelconque se comporte toujours, à très peu près, comme un de ces quatre corps ou comme une association de plusieurs d'entre eux. C'est, en effet, ce que nous apprend l'expérience.

Nous allons arriver à la même conclusion et nous la compléterons même en partant de l'idée de valence.

Rappelons que le carbone est quadrivalent et l'hydrogène univalent.

1° Ceci admis, *on ne peut concevoir d'autre carbure ne renfermant qu'un atome de carbone dans sa molécule* (ou par abréviation d'autre carbure en C^1) *que le carbure* CH^4.

Cette conclusion est pleinement d'accord avec l'expérience; on n'a jamais pu, en effet, obtenir en C^1 d'autre carbure que le méthane.

Cela est à remarquer, car il existe des méthodes d'une très

grande généralité permettant d'arriver à un carbure C^nH^{2n} en partant d'un carbure C^nH^{2n+2} ou d'un alcool $C^nH^{2n+1}OH$; ces moyens réussissent quelle que soit la valeur de n, cependant ils échouent quand on part de CH^4 ou de CH^3OH.

2° *L'expérience nous a appris à connaître trois carbures en* C^2 : l'éthane C^2H^6, l'éthylène C^2H^4, l'acétylène C^2H^2. *La notion de valence permet de prévoir leur existence, ainsi que le fait que seuls les deux derniers peuvent donner des produits d'addition, le premier ne donnant que des produits de substitution.*

En effet : deux atomes de carbone faisant partie d'une même molécule doivent être rattachés l'un à l'autre soit directement, soit par un intermédiaire ; mais le second cas ne saurait se présenter ici, puisque l'hydrogène, le seul corps présent autre que le carbone, étant univalent ne peut servir de trait d'union entre deux atomes; les deux atomes de carbone sont donc liés ensemble.

On ne peut imaginer ici qu'ils sont liés l'un à l'autre par leurs quatre valences, car on se trouverait en présence d'une variété de carbone $C \equiv C$ et non d'un hydrocarbure.

Nous avons alors trois cas à envisager :

a) Les deux atomes de carbone sont liés entre eux de façon que chacun d'eux perde une seule valence (une valence de l'un vient se relier à une valence de l'autre); chacun d'eux reste alors muni de trois valences, ce qui fait donc six en tout. Ces six valences ne pouvant être ici reliées qu'à des valences issues d'atomes d'hydrogène lesquels sont univalents, on voit que les deux atomes de carbone fixeront six atomes d'hydrogène à eux deux; on se trouvera donc en présence du carbure C^2H^6 :

```
     H   H
     |   |
 H — C — C — H
     |   |
     H   H
```

b) Les deux atomes de carbone se lient entre eux en utilisant pour cela chacun deux valences, sont doublement liés comme on dit. Chaque atome de carbone n'a conservé que deux valences, soit quatre pour les deux; le carbure sera donc C^2H^4 :

```
 H   H
 |   |
 C = C
 |   |
 H   H
```

c) Enfin le dernier carbure prévu renfermera une triple liaison: les deux atomes de carbone seront liés par trois de leurs quatre valences, chacun n'en aura conservé qu'une pour se lier à l'hydrogène; le carbure sera donc $C^2 H^2$:

$$H - C \equiv C - H$$

Convention. — En vue de simplifier l'écriture, on néglige souvent d'écrire les valences reliant un atome de carbone aux atomes d'hydrogène qui lui sont rattachés; on écrit simplement ces atomes d'hydrogène à côté de lui. Quand on voit écrit par exemple $C H^3 - C H^3$, qu'on écrit aussi $C H^3 . C H^3$, on sait bien que les 3 H écrits entre les deux atomes de carbone ne servent pas à relier ces deux atomes et que ces derniers sont liés l'un à l'autre.

Les 3 schémas auxquels nous conduit la notion de valence s'accordent très bien avec les propriétés des trois carbures en C^2 :

Le composé $C^2 H^6$, l'éthane, ne peut, non plus que la méthane, donner de produit d'addition; toutes les valences sont rattachées à d'autres, et l'on ne saurait en détacher une d'une autre sans que la molécule ne soit scindée en deux portions indépendantes qui s'iraient rattacher à autre chose.

Si, par exemple, on imagine qu'une des valences du carbone cesse d'être rattachée à une valence issue d'un des six atomes d'hydrogène, cet atome ne sera plus relié au reste $C^2 H^5$, que nous sommes convenus d'appeler éthyle.

Ce groupe éthyle ne correspond à aucun composé réel puisqu'il présente une valence libre, mais on conçoit très bien l'existence du groupe éthyle relié à un atome de chlore lequel est univalent, donnant ainsi le chlorure d'éthyle $C^2 H^5 Cl$.

Ainsi, nous ne pouvons imaginer un produit d'addition tel que $C^2 H^6 Cl^n$ quel que soit n; mais $C^2 H^5 Cl$ se conçoit très bien c'est:

```
     H   H
     |   |
H — C — C — Cl
     |   |
     H   H
```

l'atome du chlorure d'éthyle n'est pas un atome *ajouté* à l'éthane; c'est un atome *substitué* à un des atomes d'hydrogène de ce carbure. Quant à l'hydrogène déplacé, il s'est lié à un autre atome de chlore en donnant de l'acide chlorhydrique:

$$C H^3 . C H^3 + Cl . Cl = H . Cl + C H^3 . C H^2 Cl$$

Le deuxième carbure, l'éthylène, $C^2 H^4$, se comporte autrement on sait que, mis en présence de chlore, il en fixe deux atomes en donnant le chlorure d'éthylène (liqueur des Hollandais) $C^2H^4Cl^2$.

La formule

$$\begin{array}{ccc} H & & H \\ | & & | \\ C & = & C \\ | & & | \\ H & & H \end{array}$$

permet d'interpréter le fait très simplement ; les deux atomes de carbone, qui utilisent chacun deux de leurs quatre valences pour se lier l'un à l'autre, pourraient n'en utiliser qu'une en vue de ce résultat ; c'est la modification qui se produit quand l'éthylène est mis en présence du chlore : la double liaison se change en une simple et les deux valences issues des deux atomes de carbone qui primitivement se rattachaient l'une à l'autre, se rattachent alors chacune à un atome univalent.

La transformation se représente ainsi :

$$\begin{array}{ccc} H & & H \\ | & & | \\ C & = & C \\ | & & | \\ H & & H \end{array} + Cl - Cl \quad \text{devient} \quad \begin{array}{ccccccc} & & H & & H & & \\ & & | & & | & & \\ Cl & - & C & - & C & - & Cl \\ & & | & & | & & \\ & & H & & H & & \end{array}$$

Le composé obtenu, étant représenté par une formule qui ne présente pas de liaison multiple, devra être saturé, ne donner aucun composé d'addition, et c'est là ce qu'on observe.

Le troisième carbure, l'acétylène, C^2H^2, peut fixer deux, puis encore deux (en tout quatre) atomes univalents, des atomes de brome, par exemple.

Nous l'expliquons ainsi : La triple liaison que renferme l'acétylène $CH \equiv CH$ peut, sans que les deux atomes de carbone deviennent indépendants, se transformer en une double liaison.

A ce moment chacun des deux atomes de carbone présents fixe un atome univalent, mais le composé obtenu, le dibromure d'acétylène possédant une double liaison (qui peut se transformer en une simple sans que les deux atomes de carbone cessent d'être liés) peut fixer encore deux atomes univalents.

$$H - C \equiv C - H + Br^2 \quad \text{devient} \quad \begin{array}{ccccccc} & & Br & & Br & & \\ & & | & & | & & \\ H & - & C & = & C & - & H \end{array}$$

$$\begin{array}{ccccccc} & & Br & & Br & & \\ & & | & & | & & \\ H & - & C & = & C & - & H \end{array} + Br^2 \quad \text{devient} \quad \begin{array}{ccccccc} & & Br & & Br & & \\ & & | & & | & & \\ H & - & C & - & C & - & H \\ & & | & & | & & \\ & & Br & & Br & & \end{array}$$

composé saturé, nommé le tétrabromure d'acétylène.

On comprend alors comment l'éthylène fixe 2H, ou 2Cl, ou H et Cl en présence de HCl, ou H et SO^4H en présence de SO^4H^2, etc : on comprend également que l'acétylène puisse fixer successivement 2H, puis encore 2H, 2Br puis encore 2Br, etc.

Carbures homologues des précédents — Le groupe d'atomes CH^3, constitué comme ceci :

```
    H
    |
  — C — H
    |
    H
```

est un radical univalent, on le nomme méthyle.

Il n'existe pas, mais on est conduit à l'expliciter souvent dans les formules développées.

Puisqu'il possède la même valence que l'hydrogène, on ne commettra aucune faute de logique en le substituant dans une formule à un atome d'hydrogène quelconque.

Il ne s'agit ici que d'une substitution dans « l'écriture », d'une substitution faite sur un symbole écrit sur le papier ; mais en fait on peut arriver à opérer une telle substitution par des moyens indirects.

Par exemple en utilisant la **méthode de Wurtz :**

Soit un carbure d'hydrogène :

Faisons agir le chlore, nous pourrons avoir un produit de substitution. Représentons le carbure par le symbole RH, H étant l'atome d'hydrogène substitué, R le reste de la molécule du carbure (reste forcément univalent) ; le dérivé chloré sera RCl. Enfermons dans un tube de verre, que nous scellerons ensuite, le chlorure RCl, de l'iodure de méthyle ICH^3 et du sodium, puis chauffons, nous obtiendrons la réaction

$$RCl + Na + Na + ICH^3 = NaCl + NaI + R - CH^3.$$

Nous serons donc arrivés à remplacer un atome d'hydrogène du carbure RH par le groupe CH^3.

Carbures saturés. — Si nous substituons le groupe CH^3 à un des atomes d'hydrogène du méthane CH^4 nous obtenons l'éthane C^2H^6, nous pourrons passer de même de l'éthane au propane C^3H^8 lequel sera bâti comme ceci :

```
    H   H   H
    |   |   |
H — C — C — C — H
    |   |   |
    H   H   H
```

et nous pourrons continuer ainsi de proche en proche.

Les carbures ainsi imaginés ne posséderont jamais d'autres liaisons que des liaisons simples, ce seront donc tous des carbures saturés ne pouvant donner de produits d'addition.

Il est facile de voir que tous ces carbures répondront à la formule C^nH^{2n+2} dans laquelle on donnera successivement à n les valeurs entières 1, 2, 3,... (Il suffit pour cela de montrer que, si c'est vrai pour l'un quelconque d'entre eux, c'est vrai pour le suivant; or, on passe d'un de ces carbures au suivant en enlevant H et ajoutant CH^3, ce qui revient à ajouter CH^2 et $C^nH^{2n+2} + CH^2 = C^{n+1}H^{2(n+1)+2}$; comme CH^4 est de la forme C^nH^{2n+2}, la proposition est démontrée).

La théorie de la valence nous conduit donc à concevoir l'existence d'une série de carbures tous saturés, répondant d'une façon générale à la formule C^nH^{2n+2} et ne pouvant donner de produits d'addition.

Or ces carbures sont connus ; nous avons vu qu'il en existe un grand nombre dans les pétroles de Pensylvanie, on en a fait des synthèses et on connaît aujourd'hui de tels carbures jusqu'à $n = 60$, $C^{60}H^{122}$.

Carbures éthyléniques. — La substitution du radical méthyle CH^3 à un atome d'hydrogène, nous pouvons imaginer qu'elle se produise dans l'éthylène. On arriverait ainsi au carbure C^3H^6 soit $CH^2 = CH - CH^3$.

En fait, on arriverait à ce corps à partir du propane $CH^3 - CH^2 - CH^3$, en substituant du chlore, ce qui donnerait $CH^3 - CH^2 - CH^2Cl$, puis traitant par une solution concentrée de potasse dans l'alcool :

$$CH^2Cl - CH^2 - CH^3 + KOH = KCl + CH^2 = CH - CH^3,$$

ou, en faisant agir un déshydratant sur l'alcool $CH^3 . CHOH - CH^3$.

Du carbure $CH^2 = CH - CH^3$ on passerait de même au carbure C^4H^{10}, et ainsi de suite.

Nous prévoyons ainsi l'existence d'une série de carbures possédant tous une double liaison, susceptibles de fixer 2 H, 2 Br, 2 Cl, H et Cl, etc., et répondant à la formule générale C^nH^{2n}.

On connaît en effet un assez grand nombre de tels carbures qu'on appelle les carbures éthyléniques.

Carbures acétyléniques. — On verrait facilement que la théorie prévoit de même une série de carbures C^nH^{2n-2} possédant tous une triple liaison et dont la plus simple est l'acétylène C^2H^{2n}.

Ici encore l'expérience nous a appris à connaître des carbures analogues à l'acétylène et de formule C^nH^{2n-2}.

Ainsi la théorie de la valence nous a permis de retrouver ce fait expérimental qu'il existe :

1° *Des carbures saturés répondant à la formule* $C^n H^{2n+2}$;
2° *Des carbures éthyléniques répondant à la formule* $C^n H^{2n}$;
3° *Des carbures acétyléniques répondant à la formule* $C^n H^{2n-2}$.

Carbures à plusieurs liaisons multiples. — Il semblerait qu'il ne puisse y avoir d'autres carbures, car on ne peut imaginer entre les atomes de carbone que des liaisons simples, doubles ou triples, nous l'avons vu.

Mais d'abord rien ne s'oppose à ce qu'il existe dans un carbure, renfermant un nombre suffisant d'atomes de carbone, plusieurs liaisons multiples. Ainsi, on connaît un corps dont les propriétés sont fidèlement représentées par le schéma :

$$CH^2 = C = CH^2 \text{ (allène).}$$

Ce carbure répond à la formule $C^n H^{2n-2}$ et n'est pas pourtant acétylénique; il est deux fois éthylénique.

Mais ce n'est pas tout ce que nous pouvons imaginer :

Carbures cycliques. — Il existe des carbures répondant à la formule $C^n H^{2n}$ l'hexamétylène $C^6 H^{12}$ par exemple, qui se comportent très fréquemment, sinon toujours, comme s'ils étaient saturés; ils ne ressemblent pas à l'éthylène et, pour ces deux raisons, il ne serait pas naturel de leur donner une formule comportant une double liaison.

Pour ne faire figurer dans leurs formules que de simples liaisons, il est alors nécessaire d'imaginer que les atomes de carbone se reliant les uns aux autres forment une chaîne qui se ferme sur elle-même. En particulier l'hexaméthylène se représente par la formule :

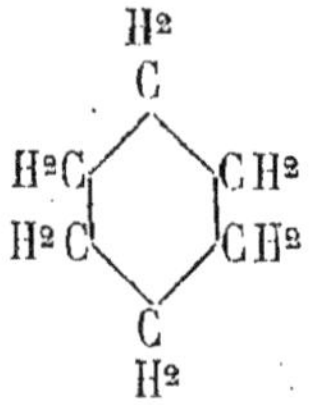

```
          H²
          C
        /   \
   H²C       CH²
   H²C       CH²
        \   /
          C
          H²
```

De tels carbures sont dits *cycliques*.

Nous avons signalé la présence, dans les pétroles du Caucase, des carbures $C^n H^{2n}$ ressemblant beaucoup aux carbures saturés $C^n H^{2n+2}$ et que nous nommions des *cyclanes* ; l'hexaméthylène est un de ces carbures.

D'un autre côté, nous pouvons imaginer dans une chaîne fermée la présence de liaisons multiples.

Le carbure sera cyclique et non saturé.

Bien qu'on ne soit pas absolument d'accord sur la formule qu'il faudrait attribuer à la benzine on regarde habituellement le schéma de Kékulé :

H
|
C
H — C   C — H
H — C   C — H
C
|
H

comme le plus propre à représenter ce carbure.

La naphtaline est un carbure bicyclique à liaisons multiples

H   H
C   C
C
CH   CH
CH   CH
C
C   C
H   H

RÉSUMÉ

Ainsi la théorie de la valence nous conduit à diviser les carbures d'hydrogène en deux grandes catégories :

Les carbures acycliques — Les carbures cycliques.

Chacune de ces catégories peut comprendre :

Des carbures saturés, des carbures éthyléniques, des carbures acétyléniques.

Un même carbure peut d'ailleurs appartenir à la fois à plusieurs catégories :

Le toluène

H
C
HC   C — CH^3
CH   CH
CH

participera des propriétés de la benzine, carbure cyclique, et du méthane, carbure acyclique. Le nom de *méthybenzine* rappelle tout à fait cette manière de se comporter.

On voit que la classification des carbures établie à l'aide de la notion de valence rend fort bien compte des variétés de carbures connus.

361. **Carbone tétraédrique.** — Dans le méthane CH^4 les 4 atomes d'hydrogène jouent le même rôle, aucun d'eux ne peut être différencié des autres par ses réactions chimiques.

M. Henry en a donné une preuve directe; en accord avec ce fait on peut rappeler qu'un dérivé monosubstitué du méthane n'existe jamais que sous une forme : ainsi on ne connaît qu'un corps répondant à la formule CH^3Cl, le chlorure de méthyle, tandis que dans le chlorure d'éthyle, par exemple, C^2H^5Cl, tous les atomes d'hydrogène ne jouent pas le même rôle, car on connaît deux corps répondant à la formule $C^2H^4Cl^2$, c'est-à-dire à la formule d'un chlorure d'éthyle dont un atome d'hydrogène a été remplacé par un atome de chlore.

Il est donc naturel de chercher à représenter le méthane par un schéma où les 4 atomes d'hydrogène soient disposés d'une façon identique.

La formule plane

$$\begin{array}{c} H \\ | \\ H - C - H \\ | \\ H \end{array}$$

satisfait à cette condition ; quel que soit l'atome d'hydrogène qu'on y remplace par du chlore on aura toujours le même schéma. Par exemple :

$$\begin{array}{c} H \\ | \\ H - C - Cl \\ | \\ H \end{array} \text{ est superposable à } \begin{array}{c} Cl \\ | \\ H - C - H \\ | \\ H \end{array}$$

mais si on fait une 2ᵉ substitution, on aura deux schémas différents

$$\begin{array}{c} Cl \\ | \\ H - C - Cl \\ | \\ H \end{array} \text{ n'est pas superposable à } \begin{array}{c} Cl \\ | \\ H - C - H \\ | \\ Cl \end{array}$$

Or, l'expérience apprend qu'un dérivé disubstitué du méthane CH^2AB n'est jamais connu que sous une forme; il n'existe qu'un corps répondant par exemple à la formule CH^2Cl^2.

Notre représentation plane est donc défectueuse.

Tétraèdre. — Imaginons au contraire l'atome de carbone occupant le centre de gravité d'un tétraèdre régulier, ses valences se dirigeant vers les 4 sommets où nous plaçons les 4 atomes d'hydrogène (fig. 71).

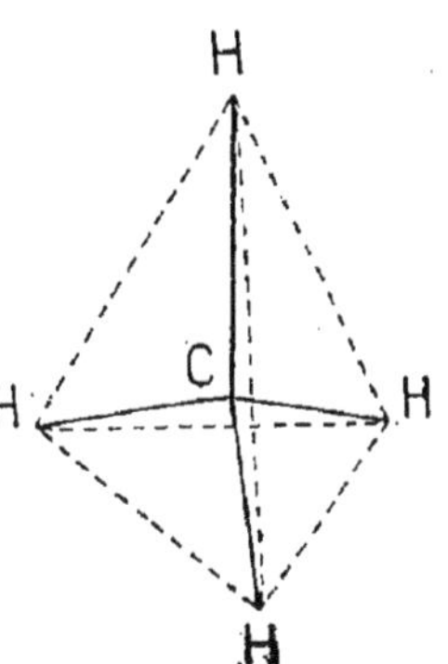

Fig. 72. — (Les traits pleins représentent ici les valences. Mais dorénavant nous n'indiquerons plus que les côtés du tétraèdre.)

Ces 4 atomes d'hydrogène sont placés tous de la même manière. Quels que soient les atomes d'hydrogène substitués, on n'arrive qu'à un seul mode de représentation pour les corps monosubstitués comme CH^3Cl ou disubstitués comme CH^2Cl^2.

Seulement on arrive à deux représentations différentes quand à un atome de carbone sont rattachés 4 atomes ou 4 radicaux univalents différents (fig. 72 et 73).

(Nous désignerons dorénavant un tel atome de carbone sous le nom de ***carbone asymétrique***.)

On a en effet 2 tétraèdres auxquels sont rattachés les mêmes atomes ou radicaux, qui sont l'image l'un de l'autre vu dans une glace, et qu'on ne peut superposer de façon que les radicaux identiques viennent se recouvrir.

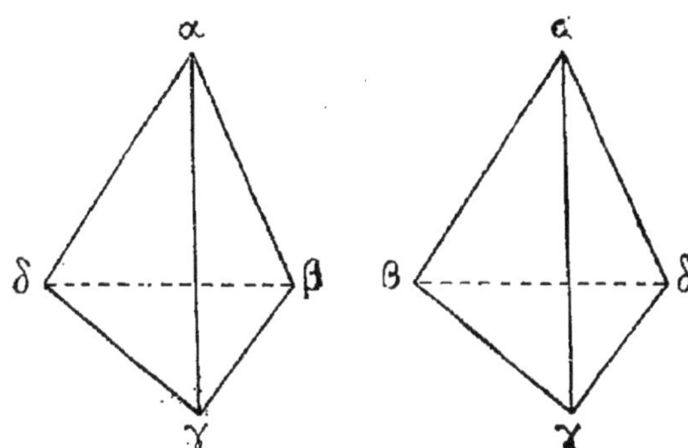

Fig. 72 et 73. — Deux inverses optiques.

Or, une étude attentive de certains corps isomériques auxquels, avec la formule plane du carbone, on n'arrivait pas à donner des représentations différentes, a montré qu'ils renfermaient un (ou plusieurs) carbones asymétriques et qu'on arrivait avec le tétraèdre à leur donner des formules différentes.

On a vu de plus, en étudiant certains corps qui paraissaient être uniques, mais pour lesquels la présence d'un carbone asymétrique faisait prévoir deux formes différentes, que l'on se trouvait, en réalité, en présence d'un mélange de deux isomères.

Nous adopterons donc le schéma tétraédrique.

Principe de la liaison mobile. — Lorsque 2 atomes de carbone sont liés par une seule valence nous sommes conduits au mode de représentation de la figure 74, deux tétraèdres ayant un sommet commun :

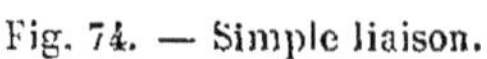

Fig. 74. — Simple liaison.

Si nous supposions les deux tétraèdres immobilisés l'un par rapport à l'autre, nous pourrions imaginer une infinité d'isomères, obtenus en laissant un des tétraèdres fixe et faisant tourner l'autre d'un angle quelconque.

Or un corps $C\alpha\beta, \gamma - C\alpha'\beta'\gamma'$ n'est jamais connu que sous une forme ; aussi admettons-nous que tous les schémas obtenus en laissant les deux tétraèdres liés par un sommet commun représentent le même corps, ce que l'on traduit parfois en disant que les deux tétraèdres peuvent tourner l'un par rapport à l'autre.

Convention. — Il serait pénible d'écrire à chaque instant les tétraèdres ; on convient de projeter ces schémas sur un plan et d'utiliser ces projections.

Seulement les deux schémas différents constituant les figures 72 et 73, donnent en projection deux schémas superposables :

d'autre part, deux schémas plans non superposables

$$\begin{array}{ccc} & \alpha & \\ & | & \\ \gamma - & C & - \alpha \\ & | & \\ & \beta & \end{array} \qquad \begin{array}{ccc} & \alpha & \\ & | & \\ \gamma - & C & - \beta \\ & | & \\ & \alpha & \end{array}$$

sont la projection de deux tétraèdres identiques.

Aussi est-il nécessaire de faire les conventions suivantes :

En l'absence de double liaison et de chaîne fermée : deux formules planes dans lesquelles les atomes de carbone ont leurs valences satisfaites par les mêmes atomes (ou groupes d'atomes, représentent un seul et même corps, à moins qu'il

n'y ait un des atomes de carbone qui soit asymétrique.

Quand, par suite de la présence d'un carbone asymétrique, nous aurons deux schémas tétraèdriques différents donnant deux projections planes superposables, ces deux projections planes ne pourront être superposées par des mouvements effectués uniquement dans leurs plans. Aussi considérons-nous deux formules planes, qui ne diffèrent que par la disposition des atomes autour d'un carbone asymétrique, comme représentant deux corps différents, si on ne peut les faire coïncider que par des mouvements effectués en dehors du plan où on les a écrites.

Avec ces conventions

$$\begin{array}{c} H \\ | \\ Cl - C - Cl \\ | \\ H \end{array} \quad \text{est } \textit{identique} \text{ à} \quad \begin{array}{c} Cl \\ | \\ H - C - Cl \\ | \\ H \end{array}$$

$$\begin{array}{c} H \\ | \\ F - C - Cl \\ | \\ Br \end{array} \quad \text{est } \textit{différent} \text{ de} \quad \begin{array}{c} H \\ | \\ Cl - C - F \\ | \\ Br \end{array}$$

Remarque. — Deux corps possédant un ou plusieurs carbones asymétriques auxquels on affecte deux formules planes ***superposables, mais non superposables par des mouvements dans le plan sont dits inverses optiques l'un de l'autre.*** Ils ne diffèrent que par quelques propriétés physiques sur lesquelles nous ne pouvons insister ici[1]. Les réactions chimiques les donnent souvent simultanément; on peut souvent isoler l'un d'eux en profitant de ce que certains ferments mis en présence du mélange détruisent l'un des deux composés de préférence à l'autre (Pasteur).

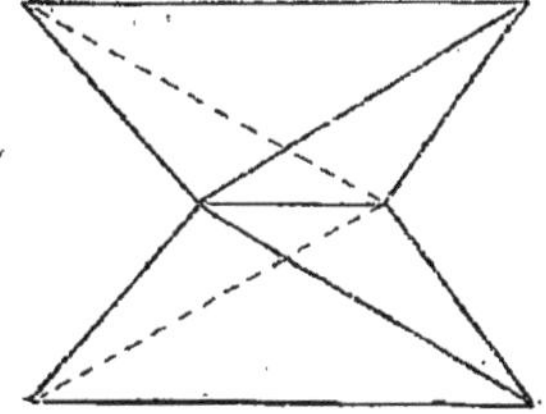

Fig. 75. — Double liaison.

Cas de doubles liaisons. — Si deux atomes de carbone sont doublement liés ensemble, nous sommes conduits à les représenter par le schéma de la figure 75 : les deux tétraèdres ont une arête commune, mais les valences qui se neutralisent deux à deux ne peuvent être deux à deux dans le prolongement l'une de l'autre, elles partent des atomes de carbone pour aboutir aux sommets communs aux deux tétraèdres.

1. L'un dévie le plan de polarisation à droite, on le dit dextrogyre ou droit, l'autre le dévie à gauche de la même quantité, on le dit lévogyre ou gauche.

Nous prévoyons alors deux isomères, lorsque aucun des deux atomes de carbone doublement liés n'est lié par ses deux autres valences à deux atomes ou deux groupes d'atomes identiques. Voici comment sont représentés les deux isomères :

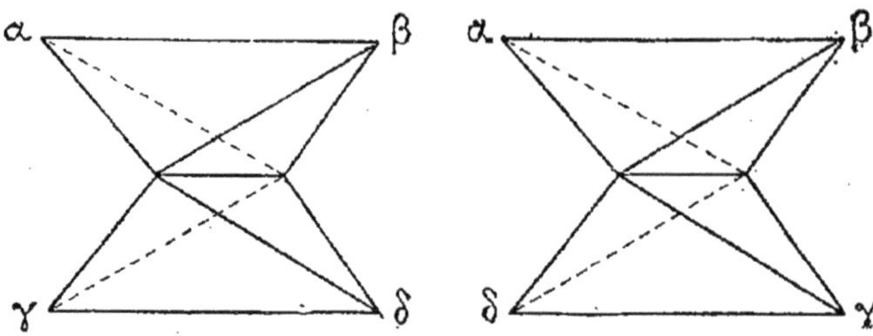

Fig. 76 et 77. — Isomérie cis et trans.

Nous les représenterons différemment sur le plan de la façon suivante :

$$\begin{matrix} \alpha - C - \gamma \\ \| \\ \beta - C - \delta \end{matrix} \qquad \begin{matrix} \alpha - C - \gamma \\ \| \\ \delta - C - \beta \end{matrix}$$

Ces deux corps deviendraient identiques si γ par exemple devenait identique à α.

Il existe en effet des corps dont l'isomérie est convenablement interprétée par des formules de ce genre.

Le cas d'une triple liaison se représente dans l'espace par deux tétraèdres ayant une face commune; il ne nous fournit aucune isomérie que nous n'eussions prévue par des formules planes telles que celle-ci :

$$\alpha - C \equiv C - \beta.$$

Cas des chaînes fermées. — Nous laisserons au lecteur le soin de l'examiner, il n'offre pas de difficultés spéciales et ne nous est pas nécessaire pour ce qui va suivre.

362. Isoméries. — Ces conventions admises, nous pouvons trouver les isomères prévus répondant à une formule donnée à l'avance.

Voici une application aux carbures :

Les corps CH^4, C^2H^6 et C^3H^8 n'ont pas d'isomères prévus ; ils répondent aux formules :

$$CH^4 \qquad \begin{matrix} CH^3 \\ | \\ CH^3 \end{matrix} \qquad \begin{matrix} CH^3 \\ | \\ CH^2 \\ | \\ CH^3 \end{matrix}$$

mais pour passer du carbure C^3H^8, nommé propane au carbure

C^4H^{10}, nous allons substituer le groupe CH^3 à un atome d'hydrogène. Or les atomes d'hydrogène des 2 groupes CH^3 du propane jouent le même rôle; mais les deux atomes d'hydrogène du groupe CH^2 sont disposés dans la molécule autrement que les six atomes d'hydrogène précédents. Aussi prévoyons-nous deux isomères :

$$\begin{array}{c} CH^3 \\ | \\ CH^2 \\ | \\ CH^2 \\ | \\ CH^3 \end{array} \quad \text{et} \quad \begin{array}{l} CH^3 \\ | \\ CH - CH^3 \\ | \\ CH^3 \end{array}$$

Or, on connait deux carbures C^4H^{10} et rien que deux.

On prévoit de même trois carbures C^5H^{12}

$$CH^3 - CH^2 - CH^2 - CH^2 - CH^3 \qquad CH^3 - CH^2 - \underset{\displaystyle CH^3}{\underset{|}{CH}} - CH^3$$

$$\begin{array}{c} CH^3 \\ | \\ CH^3 - C - CH^3 \\ | \\ CH^3 \end{array}$$

et l'on connaît 3 carbures C^5H^{12}.

De même on prévoit et on connaît 5 carbures C^6H^{14}.

Ce sont là des coïncidences absolument remarquables, et nous en pourrions citer beaucoup d'autres ; elles sont de nature à donner confiance dans les résultats auxquels conduit la notion de valence.

Remarque. — On voit de suite qu'on ne rencontre pas d'atomes de carbone asymétriques dans les exemples précédents.

CHAPITRE XXII

ALCOOLS — ÉTHERS SELS — ÉTHERS OXYDES

ALCOOL ÉTHYLIQUE, C^2H^6O ou C^2H^5-OH.

Toutes les boissons fermentées contiennent de l'alcool que l'on sait depuis longtemps isoler par distillation. Obtenu tout d'abord par la distillation du vin, on l'a désigné et on le désigne encore quelquefois sous le nom d'*esprit-de-vin.*

505. **Préparation.** — On extrait l'alcool par distillation des liquides fermentés, le vin notamment ; mais depuis que le prix du vin s'est élevé et que les usages industriels de l'alcool se sont multipliés, on prépare industriellement des quantités considérables d'alcool en faisant fermenter les mélasses, résidus de la préparation du sucre de betterave, et les jus sucrés obtenus en saccharifiant les fécules.

L'industrie livre au commerce des *alcools rectifiés* marquant 90° et 95° à l'alcoomètre centésimal de Gay-Lussac, des *esprits* marquant de 60° à 70°, et des *eaux-de-vie* dont le titre est inférieur à 50°[1].

L'*alcool absolu* est l'alcool exempt d'eau. Pour le préparer, on fait digérer l'alcool le plus concentré du commerce (alcool 95°) avec

1. On s'est servi pendant longtemps, pour apprécier la richesse alcoolique d'un mélange d'eau et d'alcool, d'un aréomètre à graduation empirique, l'aréomètre ou *œnomètre* de Cartier. Il marquait 0° dans l'eau pure et 44° dans l'alcool absolu. Les indications de cet instrument sont encore données quelquefois et employées concurremment avec celles de l'alcoomètre, et quelques expressions commerciales se sont conservées qu'il est bon d'expliquer. Voici, pour quelques mélanges alcooliques, la comparaison des deux indications :

	Degrés Cartier.	Degrés centésimaux.
Alcool absolu.	44°	100°
Alcool dit à 40°.	40°	95°,9
Esprit *trois-six*	33°	85°,9
Eau-de-vie (preuve de Hollande).	19°	50°,1

L'expression du *trois-six* vient de ce que le mélange de 3 volumes d'esprit 33° avec 3 volumes d'eau donne immédiatement 6 volumes d'eau-de-vie à 18° Cartier.

de la chaux vive dans un ballon muni d'un réfrigérant ascendant; puis, au bout de vingt-quatre heures, on distille au bain-marie, en déplaçant le réfrigérant de façon à faire couler le liquide condensé dans un ballon refroidi.

Mais on n'enlève jamais ainsi les dernières traces d'eau. Pour déshydrater entièrement l'alcool, on fait digérer celui que l'on a obtenu dans l'opération précédente avec de la baryte, puis on distille au bain-marie.

364. **Propriétés physiques.** — L'alcool est un liquide incolore, doué d'une odeur caractéristique, d'une saveur brûlante; sa densité à 15° est 0,794. Il bout à 78° sous la pression normale. Il n'a été solidifié que dans ces dernières années, à la température de — 140° produite par l'évaporation rapide de l'éthylène liquide (Wroblewski et Olzewski); aussi l'alcool peut-il servir à la construction des thermomètres destinés à l'étude d'assez basses températures.

L'alcool est, après l'eau, le dissolvant le plus généralement employé. Les gaz sont en général plus solubles dans l'alcool que dans l'eau : en particulier le protoxyde d'azote, le gaz carbonique. Il dissout la potasse, la soude, la plupart des acides minéraux, un grand nombre de chlorures : les chlorures de calcium, de strontium, de zinc, par exemple. Il dissout les azotates de calcium et de magnésium, mais l'azotate de potassium y est insoluble. Tous les carbonates et tous les sulfates sont insolubles dans l'alcool.

Il dissout les acides et les bases organiques, les essences, les corps gras. Parmi les corps simples solubles dans l'alcool, nous citerons l'iode; la solution alcoolique d'iode est employée en pharmacie sous le nom de *teinture d'iode*.

L'alcool est miscible à l'eau en toutes proportions. Le mélange se fait avec dégagement de chaleur, et le volume du mélange refroidi est plus petit que la somme des volumes de l'eau et de l'alcool employés : il y a *contraction*. Le maximum de contraction a lieu lorsqu'on mélange 52,3 volumes d'alcool et 47,7 volumes d'eau, ce qui correspond sensiblement à la composition

$$C^2H^6O \quad 3H^2O\,;$$

la contraction est de 0,036.

L'alcool absolu attire l'humidité atmosphérique; aussi doit-on le conserver en tube scellé.

365. **Propriétés chimiques.** ***Éthylates.*** — Il y a chez l'alcool de l'hydrogène remplaçable par des métaux. C'est ainsi que le sodium ou le potassium réagissent directement sur l'alcool conformément à la formule :

$$C^2H^5OH + Na = C^2H^5ONa + H$$

on obtient ainsi l'éthylate de sodium. La réaction est assez vive, beaucoup moins cependant que celle du sodium sur l'eau.

En faisant agir l'amalgame d'aluminium sur l'alcool on arrive à l'éthylate d'aluminium $(C^2H^5O)^3Al$.

Avec la baryte anhydre on arrive à l'éthylate de baryum; il se fait en même temps de la baryte.

$$BaO + C^2H^5OH = Ba(OH)^2 + (C^2H^5O)^2Ba$$

L'éthylate de baryum reste dissous dans l'alcool, la baryte y est insoluble.

Si donc on met de l'oxyde BaO dans de l'alcool industriel à 96° on verra se faire un précipité blanc de baryte $Ba(OH)^2$. Le couche surnageante sera de l'alcool absolu tenant en dissolution de l'éthylate de baryum.

Cette solution est un réactif permettant de reconnaître si un alcool est absolu ou non : il suffit d'ajouter un peu de cette solution à l'alcool envisagé; s'il n'est pas rigoureusement exempt d'eau on aura aussitôt un précipité blanc; car il se sera fait de la baryte.

Les éthylates sont en effet décomposés par l'eau, même à froid.

$$C^2H^5ONa + HOH = C^2H^5OH + NaOH$$

$$(C^2H^5O)^2Ba + 2\,HOH = 2\,C^2H^5OH + Ba(OH)^2$$

On n'a pu remplacer dans l'alcool qu'un seul atome d'hydrogène par un métal, aussi sommes-nous autorisés à dire que, dans l'alcool, un des 6 atomes d'hydrogène a des propriétés qui n'appartiennent pas aux 5 autres, et autorisés par suite à écrire un atome d'hydrogène à part, par exemple C^2H^5OH.

Le pentachlorure de phosphore agit à froid sur l'alcool de la façon suivante en donnant du chlorure d'éthyle :

$$PCl^5 + C^2H^5OH = POCl^3 + HCl + C^2H^5Cl$$

Dans cette réaction l'alcool s'est scindé en deux groupes : le groupe C^2H^5, qui est allé s'unir au chlore et le reste OH s'est rendu ailleurs. Ceci conduit à écrire l'alcool C^2H^5OH.

L'atome d'hydrogène du groupe oxhydrile est d'ailleurs celui remplaçable par les métaux, car dans C^2H^5Cl il n'y a pas d'hydrogène remplaçable ainsi.

Nous écrirons donc l'alcool C^2H^5OH, et au besoin CH^3CH^2OH pour rappeler les relations si étroites de l'alcool avec l'éthane[1].

1. On pourrait indiquer beaucoup d'autres raisons venant s'ajouter aux précédentes pour faire adopter ces formules développées; pour abréger nous ne le ferons pas, le lecteur pourra les trouver lui-même ou se borner à constater que l'ensemble des formules développées usuelles forme un tout cohérent.

366. **Actions sur les acides. Éthers sels.** — Si on laisse un certain temps l'alcool en contact avec un acide, ces deux corps réagissent, il se fait de l'eau et un autre corps qu'on appelle un *éther sel* et qui est formé par l'union d'une molécule d'alcool avec une molécule d'acide (s'il s'agit d'un monoacide) union accompagnée cependant de la perte d'une molécule d'eau.

Ainsi avec l'acide chlorhydrique :

$$C^2H^5OH + HCl = C^2H^5Cl + HOH$$

avec l'acide acétique :

$$C^2H^5OH + CH^3COOH = CH^3COOC^2H^5 + HOH$$

On peut rapprocher l'action de l'alcool sur les acides de celle des monobases, la potasse par exemple :

$$KOH + HCl = KCl + HOH$$
$$KOH + CH^3COOH = CH^3COOC^2H^5 + HOH$$

dans les deux cas il y a union des deux molécules (base + acide ou alcool + acide) avec perte d'une molécule d'eau.

Le rôle que joue dans la potasse le symbole K du potassium est joué chez l'alcool par le radical C^2H^5 nommé éthyle.

C^2H^5OH	C^2H^5Cl	$CH^3COOC^2H^5$
hydrate d'éthyle	chlorure d'éthyle	acétate d'éthyle.
KOH	KCl	CH^3COOK
hydrate de potassium	chlorure de potassium	acétate de potassium.

Les produits fournis par l'union de l'alcool avec un acide accompagné de départ d'eau sont appelés des éthers, mais, comme ce mot s'applique aussi à des composés de nature différente, ceux dont il est question ici sont désignés plus spécialement sous le nom d'*éthers sels*.

Voici le parallélisme qu'on peut faire entre les sels et les éthers sels.

Le mode de formation est analogue, l'alcool tenant la place d'une monobase.

Acide + base = sel + eau.
Acide + alcool = éther sel + eau.

Avec un biacide une monobase donne deux sels.
— l'alcool — deux éthers :

ainsi nous pouvons mettre en parallèle SO^4HNa et $SO^4HC^2H^5$ puis SO^4Na^2 et $SO^4(C^2H^5)^2$.

Avec un triacide, de même qu'on a trois sels de sodium, on a trois éthers de l'alcool ordinaire, par exemple $PO^4H^2C^2H^5$, $PO^4H(C^2H^5)^2$, $PO^4(C^2H^5)^3$.

Ici l'alcool joue un rôle analogue à celui d'une monobase, c'est, à certains égards, celui d'une base forte puisque les éthers sels C^2H^5Cl, $AzO^2OC^2H^5$, $SO^4(C^2H^5)^2$ sont neutres aux réactifs colorés, mais, à d'autres égards, le rôle de l'alcool celui d'une base faible ; en effet les éthers sels sont décomposés par l'eau d'une façon limitée avec régénération de l'acide et de l'alcool, or, seuls les sels de bases très faibles (hydrate de bismuth par exemple) sont décomposés partiellement par l'eau avec régénération de l'acide et de la base.

367. **Fonction alcool.** — Les propriétés que nous venons de rencontrer chez l'alcool servent à définir la fonction alcool dans sa plus grande généralité.

On appellera *alcools* les composés renfermant de l'hydrogène, de l'oxygène et du carbone où l'on trouvera de l'hydrogène remplaçable par des métaux, qui, sous l'influence du pentachlorure de phosphore, perdront cet atome d'hydrogène ainsi qu'un atome d'oxygène mais prendront à la place un seul atome de chlore, et surtout qui réagiront sur les acides à la façon de l'alcool ordinaire, c'est-à-dire s'uniront aux acides avec perte d'eau en donnant les composés neutres aux réactifs colorés et que l'eau décomposera partiellement avec régénération de l'alcool et de l'acide.

Ces réactions conduisent à expliciter dans les formules un groupe oxydrile OH uni à du carbone. C'est là tout le groupement fonctionnel des alcools [1].

368. **Actions oxydantes.** — L'alcool allumé à l'air brûle avec une flamme pâle en donnant de l'anhydride carbonique et de l'eau :

$$C^2H^6O + 6O = 2CO^2 + 3H^2O$$

mais on peut obtenir, par une oxydation plus ménagée, deux composés en C^2 desquels il est facile par hydrogénation de remonter à l'alcool.

Le premier de ces composés est l'aldéhyde CH^3CHO, l'action oxydante qui le produit a eu simplement pour effet d'enlever à l'alcool 2 atomes d'hydrogène.

$$CH^3CH^2OH + O = HO^2 + CH^3CHO.$$

1. Encore faut-il cependant que ce groupe ne soit pas uni à un atome de carbone lié à autre chose que du carbone ou de l'hydrogène, ni lié à un autre atome de carbone par plus d'une valence.

(ce mot d'aldéhyde est une abréviation signifiant al*cool* déhyd*ro-géné*).

L'oxydation se poursuivant on obtient le deuxième composé, l'acide acétique $CH^3CO\,OH$

$$CH^3CHO + O = CH^3CO\,OH,$$

En fait, les actions oxydantes fournissant de l'aldéhyde la donnent mêlée d'acide acétique, mais ces deux corps sont faciles à séparer. Parmi ces actions citons celles du bioxyde de manganèse (ou du bichromate de potassium) en présence d'acide sulfurique.

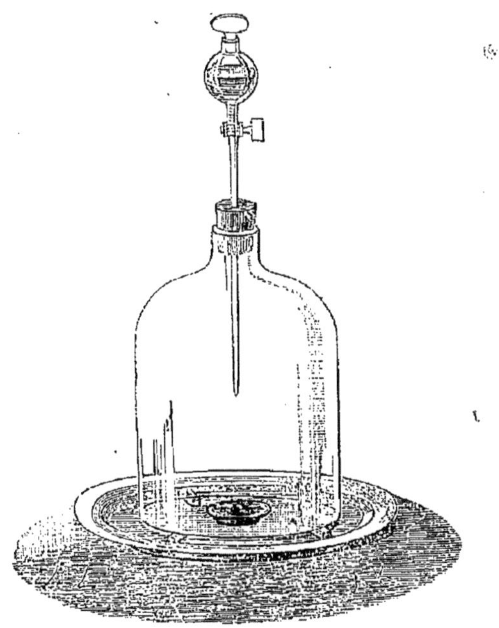

Fig. 78.

L'oxygène de l'air agit sur l'alcool à froid en présence de noir de platine.

Si l'on fait tomber goutte à goutte de l'alcool (fig. 78) sur du noir de platine, ce liquide subit une combustion lente ; il se forme de l'*aldéhyde* C^2H^4O, dont l'odeur est facile à reconnaître, et des vapeurs d'*acide acétique* $C^2H^4O^2$; un papier bleu de tournesol que l'on a collé sur les parois de la cloche ou suspendu à quelque distance au-dessus de la coupelle ne tarde pas en effet à rougir :

$$C^2H^6O + O = C^2H^4O + H^2O,$$

$$C^2H^6O + 2O = C^2H^4O^2 + H^2O,$$

Des corps très riches en oxygène, tels que l'anhydride chromique, peuvent déterminer l'inflammation de l'alcool; il suffit, par exemple, de verser quelques gouttes d'alcool absolu sur l'anhydride chromique bien sec pour observer l'inflammation du liquide. Dans cette réaction, l'anhydride chromique CrO^3 perd la moitié de son oxygène et se change en sesquioxyde de chrome Cr^2O^3.

369. **Usages.** — L'alcool éthylique est employé comme dissolvant dans un grand nombre d'industries, mais, à cause de son prix élevé, on tend à le remplacer par des substances moins coûteuses, telles que l'alcool méthylique par exemple pour la fabrication des vernis, ou comme combustible. L'alcool incomplètement rectifié est employé en grande quantité pour la fabrication des matières colorantes artificielles.

L'alcool rectifié, ou *alcool bon goût*, sert presque exclusivement à la fabrication des liqueurs, du vinage des vins, à la préparation des alcoolats et extraits pharmaceutiques; la parfumerie en consomme de grandes quantités.

370. **Définition des alcools primaires.** — On appelle ainsi les alcools qui au point de vue de l'oxydation se comportent comme l'alcool éthylique, c'est-à-dire fournissent deux produits : l'un, une aldéhyde, fourni par perte de deux atomes d'hydrogène, l'autre, un acide, fourni par perte de deux atomes d'hydrogène avec remplacement de ces deux atomes par un atome d'oxygène.

D'après cela cette aldéhyde et cet acide sont des composés renfermant dans leurs molécules autant d'atomes de carbone que l'alcool qui les a fournis.

On est amené à considérer le groupement univalent CH^2OH comme étant le groupement fonctionnel des alcools primaires.

FONCTIONS OXYGÉNÉES ET QUADRIVALENCE DU CARBONE

371. **Fonction alcool.** — Nous avons vu que les alcools sont des composés ternaires oxygénés; qu'on était conduit à mettre en évidence un groupe d'atomes OH dans leurs formules et qu'on distinguait trois catégories d'alcool.

Voici comment on retrouve ces résultats à l'aide de la notion de valence.

Nous avons dit que le méthane ne donne aucun composé d'addition; pourtant le corps CH^4O, l'alcool méthylique, existe. C'est que ce n'est point pour nous du méthane auquel s'est ajouté de l'oxygène, mais bien du méthane dont un atome d'hydrogène a été remplacé par le groupe OH. Sa formule est

CH^3OH. Ce n'est évidemment là qu'une manière de parler, mais elle correspond à des faits. On est arrivé à cette conclusion sans faire appel à la notion de valence, mais en examinant la façon dont l'alcool méthylique se comporte vis à vis des hydracides, des chlorures de phosphore, etc.

La notion de valence nous conduit au même résultat :

Dans une molécule CH^4O, les atomes C et O sont liés ensemble directement, l'hydrogène ne pouvant leur servir de trait d'union. C et O à eux deux possédaient 6 valences ; il y a deux au moins de ces 6 valences qui seront utilisées à lier C et O ; il n'y en aura pas plus car, dans cette hypothèse, il n'en reste plus que quatre, ce qui est nécessaire et suffisant pour fixer 4 H.

La formule est donc :

```
      H
      |
  H — C — O — H
      |
      H
```

Pour l'alcool éthylique la formule brute est C^2H^6O. La notion de valence nous conduit à ceci :

Dans C^2H^6O :

1° Les deux atomes de carbone sont liés ensemble, ou bien :

2° Les deux atomes de carbone sont reliés par l'atome d'oxygène.

1er Cas. — L'ensemble C — C possède 6 valences ; il ne pourrait donc fixer 6 atomes d'hydrogène et 1 d'oxygène, qui à eux sept possèdent au total 8 valences, si tous ces atomes étaient indépendants les uns des autres ; mais si l'atome d'oxygène est lié à un des atomes d'hydrogène, aux 6 valences du groupe C^2 on a à fixer 5 atomes d'hydrogène et un groupe oxhydrile univalent OH, ce qui est possible. On arrive au schéma :

```
      H   H
      |   |
  H — C — C — O — H
      |   |
      H   H
```

2e Cas. — L'ensemble C — O — C possède 6 valences il a à fixer 6 atomes d'hydrogène univalents, la formule est évidemment :

```
      H       H
      |       |
  H — C — O — C — H
      |       |
      H       H
```

A priori, on ne peut dire quelle est celle de ces formules qui correspond à l'alcool si on ne connaît sur le corps que sa composition centésimale.

Mais si on sait qu'un des atomes d'hydrogène s'y différencie des autres, ou si on sait que sous l'influence de l'acide chlorhydrique l'alcool se scinde en deux groupes C^2H^5 et OH

$$C^2H^6O + HCl = C^2H^5Cl + HOH$$

il est évident que c'est la première formule qu'il faut adopter.

De même si on sait les ressemblances que présentent les alcools méthylique et éthylique, on doit chercher à leur donner des formules semblables. Or la première formule

$$CH^3 . CH^2OH$$

ressemble à la formule de l'alcool méthylique

$$\begin{array}{c} \phantom{H - {}}H \\ \phantom{H - {}}| \\ H - C - O - H = HCH^2OH \\ \phantom{H - {}}| \\ \phantom{H - {}}H \end{array}$$

la deuxième

$$CH^3 - O - CH^3$$

ne lui ressemble pas.

La valence nous aurait appris, si nous ne l'avions su, que l'alcool C^2H^6O a un isomère, l'oxyde de méthyle, $CH^3 - O - CH^3$ dont les propriétés sont fort différentes de celles de l'alcool.

372. **Classification des alcools en primaires, secondaires et tertiaires. — Aldéhydes, Acétones, Acides.** — Les propriétés communes à tous les alcools nous conduisent à les considérer comme formés tous par la substitution d'un oxhydrile à un atome d'hydrogène d'un hydro-carbure (néanmoins cet atome d'hydrogène ne doit pas être lié à un atome de carbone faisant partie d'un noyau, voir phénols).

Les alcools les plus simples correspondent à la formule

$$C^nH^{2n+1}OH$$

Mais on distingue 3 classes d'alcools :

1° *Les alcools primaires.* — Susceptibles par oxydation de perdre 2 atomes d'hydrogène formant alors les aldéhydes (alcools déhydrogénés) lesquelles par une oxydation plus avancée donnent des acides renfermant dans leurs molécules autant d'atomes de carbone que l'alcool d'où l'on est parti.

2° *Les alcools secondaires* susceptibles par oxydation de perdre 2 atomes d'hydrogène, formant alors les acétones, composés assez voisins des aldéhydes, mais s'en différenciant par ce fait qu'une oxydation ultérieure les détruit ; il peut se faire des acides, mais ces acides ne renfermeront pas autant d'atomes de carbone que l'alcool d'où l'on est parti.

3° *Les alcools tertiaires*, qui, par oxydation, se détruisent en donnant des composés renfermant dans leurs molécules moins d'atomes de carbone qu'eux-mêmes.

L'alcool méthylique est un alcool primaire car oxydé il donne une aldéhyde, l'aldéhyde formique, puis un acide, l'acide formique. Sa formule est :

$$\begin{array}{c} \mathrm{H} \\ | \\ \mathrm{H}-\mathrm{C}-\mathrm{O}-\mathrm{H} \\ | \\ \mathrm{H} \end{array}$$

l'aldéhyde formique CH^2O ne peut être représenté que par le schéma :

$$\begin{array}{l} \mathrm{H} \\ | \\ \mathrm{C}=\mathrm{O} \\ | \\ \mathrm{H} \end{array}$$

Ce qui nous fait dire que les deux atomes d'hydrogène perdus par l'alcool ont été : 1° l'atome d'hydrogène de l'oxhydrile ; 2° un autre précédemment lié au même atome de carbone que l'oxhydrile.

Il y a lieu de supposer que les choses se passent de même avec tous les alcools susceptibles de perdre 2 atomes d'hydrogène par oxydation car les aldédydes et, jusqu'à un certain point, les acétones obtenues ressemblent beaucoup à l'aldéhyde formique et doivent être représentées comme elle.

Mais il faut alors que l'atome de carbone auquel est lié l'oxhydrile soit lié d'autre part à un atome d'hydrogène pour que les choses puissent se passer ainsi.

Le groupe $-\overset{|}{\underset{|}{\mathrm{C}}}-\mathrm{OH}$ non lié à de l'hydrogène ne pourra donc se rencontrer dans les alcools primaires ou secondaires. Il correspondra aux alcools tertiaires qui renfermeront le groupe trivalent $\gt\mathrm{C}-\mathrm{OH}$ lié à 3 atomes de carbone mais jamais à de l'hydrogène.

Quant aux aldéhydes et aux cétones nous sommes conduits à y admettre la présence d'un oxygène doublement lié au carbone $\overset{|}{\underset{|}{C}}=O$ et cette manière de voir sera d'accord avec des faits : le pentachlorure de phosphore permet de remplacer dans ces composés l'atome d'oxygène par deux atomes de chlore, ce qui s'explique facilement avec un oxygène doublement lié au carbone ; en outre, les aldéhydes et les cétones donnent souvent des composés d'addition, ce que permet d'expliquer l'existence d'une double liaison.

D'autre part, ce qui différencie les aldéhydes des cétones c'est que les premières peuvent donner des acides sans destruction et qu'il n'en est pas de même des secondes. Or, les acides auxquels on arrive renferment un groupe CO.OH, comme il sera vu à propos de l'acide acétique : en particulier l'acide formique est H^2CO^2, mais, comme ses réactions indiquent l'existence d'un oxhydrile nous ne pouvons le formuler que

$$H-\underset{\underset{O}{\|}}{C}-O-H$$

Pour qu'un alcool déhydrogéné renfermant le groupe $C=O$ puisse donner par oxydation un acide renfermant le groupement $-\underset{\underset{O}{\|}}{C}-OH$ sans que les atomes de carbone présents se séparent, il faut que l'atome de carbone auquel est doublement lié l'oxygène ne soit lié qu'à un seul atome de carbone et, par suite, soit lié à un atome d'hydrogène. Les aldéhydes doivent donc renfermer le groupe $-\underset{\underset{H}{|}}{C}=O$ lié à du carbone ; les cétones renferment alors le groupe $\overset{|}{\underset{|}{C}}=O$ non lié à de l'hydrogène mais lié à deux atomes de carbone.

On en déduit immédiatement les conclusions suivantes :

Les groupements fonctionnels sont pour :

Les alcools primaires	secondaires	tertiaires.
$-\overset{\overset{H}{|}}{\underset{\underset{H}{|}}{C}}-O-H$	$H-\overset{|}{\underset{|}{C}}-O-H$	$-\overset{|}{\underset{|}{C}}-O-H$

Les aldéhydes.	Les cétones.	Les acides.
$-\overset{\displaystyle H}{\overset{\vert}{C}}=O$	$\overset{\vert}{\underset{\vert}{C}}=O$	$-\underset{\underset{\displaystyle O}{\Vert}}{C}-O-H$

(les valences libres se rattachant toujours à des valences issues d'atomes de carbone).

On peut considérer les alcools comme dérivés tous du plus simple d'entre eux, l'alcool méthylique par substitution de groupes hydrocarbonés univalents à des atomes d'hydrogène.

Pour les alcools primaires il n'y a qu'une substitution de ce genre.

Pour les alcools secondaires il y a deux substitutions de ce genre.

Pour les alcools tertiaires il y a trois substitutions de ce genre.

En voici des exemples :

Alcools primaires $H-CH^2OH$, CH^3-CH^2OH, $CH^3-CH^2-CH^2OH$, etc.

Alcools secondaires $CH^3-CHOH-CH^3$, $CH^3-CH^2-CHOH-CH^3$, etc.

Alcools tertiaires $(CH^3)^3COH$, etc.

La valence nous conduit à des conclusions en accord avec les faits, telles celles-ci :

Le premier alcool secondaire sera en C^3.

Le premier alcool tertiaire sera en C^4.

Exemples des trois sortes d'alcool. — L'alcool éthylique CH^3CH^2OH est primaire ; oxydé, il donne l'aldéhyde CH^3CHO et, par une oxydation plus avancée, l'acide CH^3COOH.

L'alcool isopropylique $CH^3CHOHCH^3$ est secondaire ; oxydé, il donne l'acétone CH^3COCH^3, laquelle oxydée se détruit en donnant de l'acide acétique CH^3COOH et de l'acide carbonique.

Enfin, l'alcool $(CH^3)^3COH$ ou triméthyl carbinol, oxydé se détruit en donnant de l'acétone CH^3COCH^3 et de l'acide carbonique.

Exercice. — *On peut, à titre d'exercice, rechercher combien on peut prévoir d'alcools répondant à la formule* $C^5H^{12}O$.

Voici la réponse :

Alcools primaires.

I. $CH^3-CH^2-CH^2-CH^2-CH^2OH$

II. $(CH^3)^2 = CH - CH^2 - CH^2OH$

III. $CH^3 - \underset{\displaystyle CH^2OH}{\underset{|}{CH}} - CH^2 - CH^3$

IV. $(CH^3)^3 \equiv C - CH^2OH$

Alcools secondaires.

V. $CH^3 - CH^2 - CH^2 - CHOH - CH^3$

VI. $CH^3 - CH^2 - CHOH - CH^2 - CH^3$

VII. $CH^3 - \underset{\displaystyle CH^3}{\underset{|}{CH}} - CHOH - CH^3$

Alcool tertiaire.

VIII. $(CH^3)^2 = COH - CH^2 - CH^3$

mais il y a lieu de tenir compte de la présence de carbones asymétriques dans les formules III, V, VII. De ce fait chacune de ces formules représente deux alcools, inverses optiques.

On prévoit donc quatre formules d'alcools primaires représentant cinq alcools en réalité, trois formules d'alcools secondaires représentant cinq corps, et un alcool tertiaire. On connaît en effet onze alcools $C^5H^{12}O$ dont cinq primaires, cinq secondaires et un tertiaire. Ici encore la théorie de la valence rend admirablement compte des faits connus.

L'alcool amylique rencontré dans la fermentation alcoolique est un mélange des alcools répondant aux formules :

$CH^3 - \underset{\displaystyle CH^3}{\underset{|}{CH}} - CH^2 - CH^2OH$ et $CH^3 - CH^2 - \underset{\displaystyle CH^3}{\underset{|}{CH}} - CH^2OH$

ÉTHERS SELS.

373. **Procédés généraux de préparation.** — 1° Le procédé de préparation le plus simple consiste à chauffer directement l'acide avec l'alcool. Mais ce procédé est applicable surtout aux acides minéraux et à quelques acides organiques.

2° Dans le cas de la plupart des acides organiques, il est préférable de chauffer l'alcool avec un mélange d'acide sulfurique et d'acide, ou bien encore d'un sel alcalin de cet acide. Les éthers des acides organiques sont en effet facilement décomposables par l'eau (366), et, comme l'éthérification est nécessairement accompagnée d'une mise en liberté d'eau, on s'explique aisément que l'éthérification soit plus facile en présence d'un corps avide d'eau comme l'acide sulfurique.

Le rôle de l'acide sulfurique n'est pas seulement de déshydrater l'alcool et l'acide, mais de former surtout un *acide éthylsulfurique* (379), sur lequel l'acide réagit ensuite par double décomposition :

$$C^2H^5.OH + SO^2(OH^2) = SO^2.OH.OC^2H^5 + H^2O,$$
$$SO^2(OH)(OC^2H^5) + C^2H^3O^2H = C^2H^3O^2C^2H^5 + SO^2(OH)^2.$$

3° Si l'acide à éthérifier est un acide organique solide, on le dissout dans l'alcool et on fait passer un courant de gaz chlorhydrique. Il suffit de traiter par l'eau la liqueur pour isoler l'éther, que l'on déshydrate et que l'on distille.

4° On prépare quelques éthers par double décomposition entre un sel de l'acide que l'on veut éthérifier et l'éthylsulfate de potassium :

$$SO^2.OK.OC^2H^5 + C^2H^3O^2K = C^2H^3O^2(C^2H^5) + SO^2(OK)^2,$$

ou bien encore l'éther iodhydrique avec un sel d'argent :

$$C^2H^5.I + C^2H^3O^2Ag = C^2H^3O^2(C^2H^5) + AgI.$$

Les synthèses de l'éther iodhydrique et de l'acide éthylsulfurique pouvant être obtenues à partir de l'éthylène ou du méthane, on voit que la synthèse des éthers peut être effectuée, en même temps que celle de l'alcool, à partir des éléments

374. **Action de l'eau sur les éthers.** — L'eau tend à décomposer les éthers et à régénérer l'acide et l'alcool. Cette action, lente à température ordinaire, devient plus rapide quand on chauffe l'éther et l'eau, en vase clos, à 200°. Aussi, quand on veut conserver des éthers pendant un certain temps, il est indispensable de les déshydrater soigneusement.

Cette réaction de l'eau sur les éthers est inverse de celle qui se produit quand on mélange l'acide et l'alcool. Aussi l'éthérification directe de l'alcool sera-t-elle toujours limitée ; elle sera d'autant plus considérable que l'alcool et l'acide seront plus déshydratés. Inversement la décomposition de l'éther par l'eau sera toujours limitée, mais elle sera d'autant plus complète que la masse d'eau employée est plus grande.

375. **Action des alcalis.** — Les alcalis fixes, potasses ou soudes, exercent sur les éthers une action comparable à celle de l'eau, mais comme ici l'acide est saturé par la base au fur et à mesure de sa mise en liberté, on conçoit que la réaction devienne bientôt complète. Elle n'est pas immédiate ; ainsi, pour décomposer l'éther acétique, il faut faire bouillir pendant quelques heures cet éther avec l'alcali :

$$C^2H^3O^2(C^2H^5) + KOH = C^2H^5.OH + C^2H^3O^2K.$$

On donne à cette décomposition des éthers par les alcalis le nom de *saponification*, par analogie avec l'opération qui consiste à décomposer les corps gras (*éthers de la glycérine*) par les alcalis pour former des sels alcalins employés sous le nom de *savons*.

376. **Chlorure d'éthyle** C^2H^5Cl. — Pour préparer l'éther chlorhydrique ou chlorure d'éthyle, on sature l'alcool à 95° centésimaux de gaz chlorhydrique, puis on distille au bain-marie dans un ballon qui communique avec un flacon laveur dont l'eau doit être maintenue à une température supérieure à + 15°. Cette eau retient l'acide chlorhydrique : les vapeurs d'éther se dessèchent en traversant un tube rempli de chlorure de calcium, puis se condensent dans un matras refroidi par un mélange de glace et de sel.

Au lieu de saturer l'alcool par l'acide chlorhydrique, on peut encore distiller avec du sel marin (2 parties) un mélange de parties égales d'alcool et d'acide sulfurique.

L'éther chlorhydrique est un liquide neutre, très mobile, incolore, doué d'une odeur éthérée, bouillant à + 11°. Il est soluble dans l'eau et dans l'alcool. Mélangé avec une dissolution de nitrate d'argent, il ne donne, s'il est bien pur, aucune trace de précipité de chlorure d'argent; mais la précipitation du chlorure d'argent a lieu si on chauffe l'éther en vase clos avec une dissolution alcoolique de nitrate d'argent.

Il brûle avec une flamme verdâtre :

$$C^2H^5.Cl + 6O = 2CO^2 + 2H^2 + HCl;$$

et si l'on effectue cette combustion à l'orifice d'une petite éprouvette renfermant l'éther et quelques gouttes d'une dissolution de nitrate d'argent, on voit apparaître bientôt le précipité blanc, caillebotté, de chlorure d'argent.

Le chlore et le chlorure d'éthyle, sous l'influence de la lumière solaire réfléchie, réagissent pour former des produits de substitution

$$C^2H^4Cl^2 \qquad C^2H^3Cl^3 \qquad C^2H^2Cl^4 \qquad C^2HCl^5.$$

Le chlorure d'éthyle monochloré CH^3-CHCl^2 a la même composition que la liqueur des Hollandais CH^2Cl-CH^2Cl (363) ; il est isomérique et non identique avec ce dernier.

Enfin, en épuisant l'action du chlore, on obtient le *chlorure d'éthyle perchloré* ou *sesquichlorure de carbone* C^2Cl^6, qui est aussi le dernier terme de l'action du chlore sur l'*éthylène bichloré*.

377. **Iodure d'éthyle** C^2H^5I. — On pourrait obtenir l'éther iodhydrique comme l'éther chlorhydrique en saturant l'alcool par l'acide iodhydrique et distillant. Mais il est plus simple de faire réagir sur l'alcool un mélange d'iode et de phosphore, corps qui, par leur réaction mutuelle, donnent de l'acide iodhydrique et de l'acide phosphoreux ;

$$3(C^2H^5.OH) + P + 3I = 3C^2H^5I + PO^3H^3.$$

On introduit dans un ballon 1 partie d'alcool et 1 partie d'iode, puis, par petites portions successives, 0,2 partie de phosphore rouge. On laisse digérer pendant quelques heures dans le ballon relié à un réfrigérant ascendant, puis on distille.

On verse le liquide distillé dans un excès d'eau ; l'éther se sépare et tombe au fond du vase : on décante le liquide surnageant, qu'on remplace par une solution alcaline étendue, on fait digérer l'éther avec du chlorure de calcium et l'on distille.

C'est un liquide neutre, incolore lorsqu'il a été récemment préparé, mais qui se colore en rose, par suite d'une mise en liberté d'iode, à la lumière diffuse. Il possède une odeur légèrement alliacée ; sa densité est 1,975 ; il bout à 72°,2.

Il est insoluble dans l'eau. Il décompose instantanément et à froid une dissolution d'azotate d'argent, en donnant un précipité jaune d'iodure d'argent.

On emploie fréquemment l'éther iodhydrique pour effectuer des réactions importantes. L'iode qu'il renferme est en effet très apte à entrer en réaction ; on en jugera par les quelques exemples suivants :

1° On peut l'enlever en faisant agir le sodium, on obtient ainsi un butane $2C^2H^5I + 2Na = 2NaI + C^2H^5 - C^2H^5$.

2° On peut facilement le remplacer par de l'hydrogène et obtenir ainsi l'éthane : C^2H^6.

3° Traité par le zinc ou le magnésium, l'iodure d'éthyle fournit des dérivés tels que $C^2H^5Zn - I$ $C^2H^5Mg - I$ et aussi le zinc éthyle $Zn(C^2H^5)^2$. Ces dérivés *organo-métalliques* sont utilisés dans de nombreuses synthèses.

4° L'iodure d'éthyle réagissant sur un sel de sodium, de potassium ou d'argent fournit un iodure métallique en même temps que le groupe éthyle se substitue au métal. On obtient ainsi un éther éthylique, par exemple l'acétate d'éthyle

$$CH^3CO^2K + IC^2H^5 = KI + CH^3CO^2C^2H^5.$$

On a d'ailleurs des réactions tout à fait analogues avec les composés organiques renfermant les mêmes métaux.

Ainsi avec l'alcool sodé on obtient l'oxyde d'éthyle

$$C^2H^5ONa + IC^2H^5 = C^2H^5OC^2H^5 + NaI.$$

Avec le cyanure de potassium on aura un nitrile, le propionitrile

$$C^2H^5I + KCAz = KI + C^2H^5CAz.$$

5° Chauffé avec de l'ammoniaque l'iodure d'éthyle fournit l'iodhydrate d'éthylamine

$$C^2H^5I + AzH^3 = AzH^2C^2H^5, HI.$$

La synthèse de l'éther iodhydrique a été donnée en même temps que celle de l'alcool (370).

378. **Éther acétique** $C^2H^3O^2(C^2H^5)$. — On prépare l'éther acétique en distillant (fig. 79) un mélange de 3 parties d'acétate de

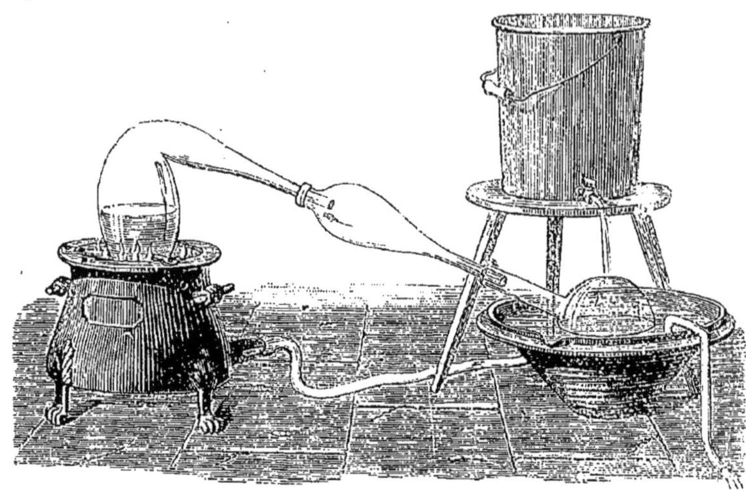

Fig. 79.

potassium, 3 parties d'alcool concentré et 2 parties d'acide sulfurique.

C'est un liquide incolore, doué d'une odeur éthérée très agréable. Il est plus léger que l'eau ($D = 0,911$); mais il est soluble dans 7 parties d'eau et se mêle en toutes proportions à l'alcool et à l'éther. Il bout à 74°.

La potasse le dédouble facilement en alcool et acétate alcalin :

$$C^2H^3O^2(C^2H^5) + KOH = C^2H^5.OH + C^2H^3O^2K.$$

L'ammoniaque le transforme en *acétamide* :

$$C^2H^3O^2(C^2H^5) + AzH^3 = C^2H^5.OH + C^2H^3O(AzH^2).$$

L'éther acétique existe dans certains vins et dans le vinaigre de vin.

379. **Éthers de l'acide sulfurique.** — L'acide sulfurique forme avec l'alcool deux éthers :

1° L'alcool et l'acide sulfurique réagissent lentement à 75° pour donner, avec élimination de H^2O, l'*acide éthylsulfurique* :

$$SO^2 \left\langle \begin{matrix} OH \\ O.C^2H^5. \end{matrix} \right.$$

Cet éther se comporte comme un acide monobasique. En satusant en effet le liquide par le carbonate de baryum, on obtient un sel cristallisé, l'éthylsulfate de baryum :

$$(SO^2.OC^2H^5.O)^2Ba,$$

à l'aide duquel il est facile de préparer l'acide éthylsulfurique.

2° L'*éther neutre*

$$SO^2 < \begin{matrix} O.C^2H^5 \\ O.C^2H^5 \end{matrix}$$

s'obtient en distillant dans le vide un mélange à volumes égaux d'acide sulfurique concentré et d'alcool absolu.

Mais l'acide sulfurique peut agir différemment sur l'alcool. Nous savons qu'au-dessus de 140° il forme de l'éthylène; au-dessous de 140° la réaction de ces deux corps fournit un composé important, l'éther ordinaire.

ÉTHERS-OXYDES

ÉTHER ÉTHYLIQUE, $(C^2H^5)^2O$.

Oxyde d'éthyle.

380. Fonction éther-oxyde. — Si les alcools monatomiques sont comparables aux hydrates métalliques, il existe des corps analogues aux anhydrides de ces hydrates, c'est-à-dire analogues aux oxydes métalliques ; ce sont des *éthers-oxydes*. Ainsi, à l'alcool éthylique ou hydrate d'éthyle C^2H^5-OH correspond un anhydride qui est l'éther éthylique :

$$\begin{matrix} C^2H^5-O\,H \\ C^2H^5-OH \end{matrix} = \begin{matrix} C^2H^5 \\ C^2H^5 \end{matrix}\!>O + H^2O,$$

comme à la potasse KOH correspond l'anhydride K^2O :

$$\begin{matrix} K-O\,H \\ K-OH \end{matrix} = \begin{matrix} K \\ K \end{matrix}\!>O + H^2O.$$

381. Préparation. — On chauffe dans un ballon (fig. 89) un mélange de 9 parties d'acide sulfurique et de 5 parties d'alcool à 90°, et l'on fait arriver dans le liquide un filet continu d'alcool que l'on règle de façon que l'ébullition ne soit pas interrompue et que la température ne dépasse pas notablement 140°. Le ballon est chauffé au bain de sable et un thermomètre qui plonge dans le liquide sert à régler la marche de l'expérience. Les vapeurs d'éther se condensent dans un réfrigérant et sont recueillies dans un ballon refroidi.

On condense ainsi un mélange d'éther, d'eau et d'alcool. Prati-

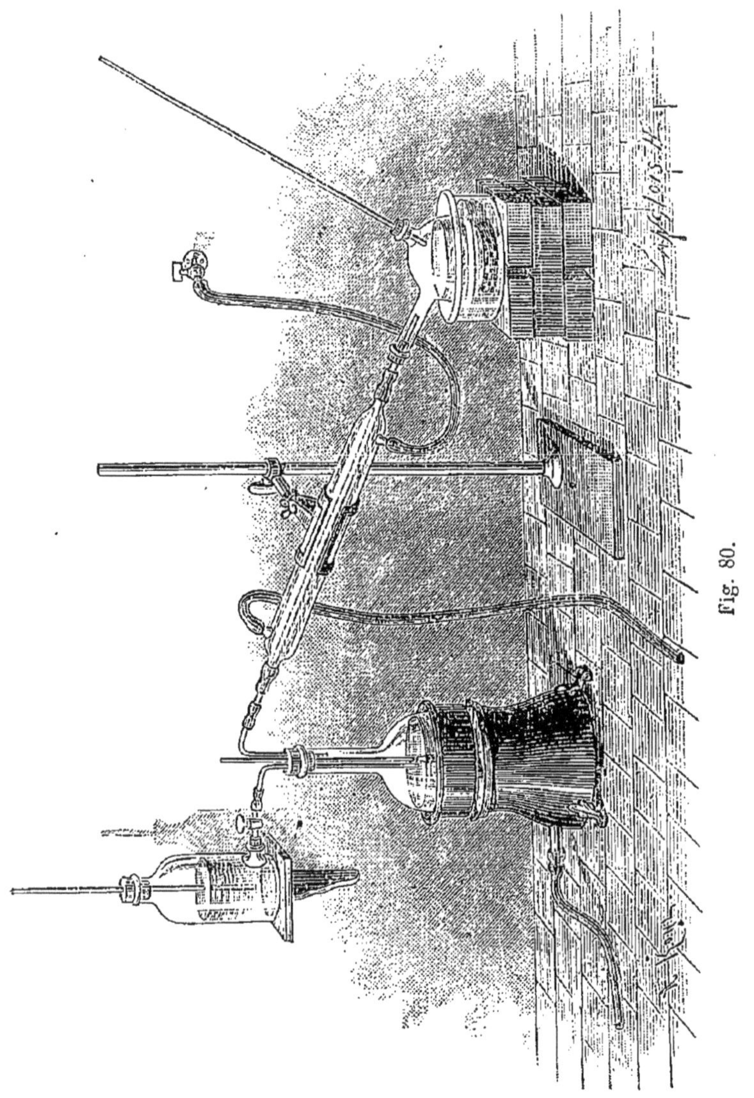

Fig. 80.

quement, l'acide sulfurique introduit peut éthérifier 30 fois environ son poids d'alcool. Mais à la longue le mélange noircit et il se dégage vers la fin de l'opération un peu d'acide sulfureux.

On agite le produit de la réaction avec son volume d'eau; on décante l'éther qui surnage; on le mélange avec un lait de chaux et on distille au bain-marie. On peut le rectifier, si on tient à l'avoir anhydre, sur du chlorure de calcium, ou, s'il ne renferme que des traces d'eau, y projeter du sodium et distiller.

382. **Théorie de l'éthérification. — Éthers mixtes.** — La théorie de l'éthérification telle qu'elle a été donnée par Williamson, justifie la formule de constitution adoptée pour l'éther éthylique. La réaction se divise en deux phases : dans la première il se forme de l'acide éthylsulfurique (381) :

$$C^2H^5-OH + SO^2 \begin{smallmatrix}OH\\OH\end{smallmatrix} = SO^2 \begin{smallmatrix}OH\\OC^2H^5\end{smallmatrix} + H^2O\,;$$

dans la seconde, l'acide éthylsulfurique réagit sur l'alcool pour former l'éther :

$$SO^2 \begin{smallmatrix}OH\\OC^2H^5\end{smallmatrix} + C^2H^5-OH = \begin{smallmatrix}C^2H^5\\C^2H^5\end{smallmatrix} > O + SO^2 \begin{smallmatrix}OH\\OH\end{smallmatrix}$$

et l'acide éthylsulfurique régénéré peut agir de nouveau sur l'alcool. Théoriquement, la réaction serait indéfinie; nous avons vu que pratiquement elle ne l'est pas, parce qu'il y a toujours carbonisation des matières organiques contenues dans l'alcool et de l'alcool lui-même par l'acide sulfurique.

On peut établir directement que l'éther résulte bien de l'action de l'alcool sur l'acide éthylsulfurique; en chauffant en effet un mélange de ces deux substances, on recueille de l'éther. Il y a plus : en substituant à l'acide éthylsulfurique un *acide amylsulfurique* $SO^2(OH)(OC^5H^{11})$ obtenu par la réaction de l'acide sulfurique sur l'*alcool amylique* (390) dans des conditions analogues à celles où l'on se place pour obtenir l'*acide éthylsulfurique*, et chauffant cet *acide amylsulfurique* avec l'alcool ordinaire, Williamson a obtenu un *éther mixte amyléthylique* :

$$SO^2 \begin{smallmatrix}OH\\OC^5H^{11}\end{smallmatrix} + C^2H^5-OH = \begin{smallmatrix}C^2H^5\\C^5H^{11}\end{smallmatrix} > O + SO^2 \begin{smallmatrix}OH\\OH.\end{smallmatrix}$$

On peut préparer d'ailleurs l'éther ordinaire ou des éthers mixtes par une méthode différente, mais qui montre tout aussi nettement que l'éther et les éthers mixtes résultent de la réactio de deux molécules d'un même alcool ou d'alcools différents.

Williamson a obtenu en effet l'éther et les éthers mixtes en distillant un éther iodhydrique avec un alcoolate alcalin :

$$C^2H^5\text{-}I + C^2H^5\text{-}ONa = \begin{matrix}C^2H^5\\C^2H^5\end{matrix}\!>O + NaI,$$

$$C^5H^{11}\text{-}I + C^2H^5\text{-}ONa = \begin{matrix}C^2H^5\\C^5H^{11}\end{matrix}\!>O + NaI.$$

383. **Propriétés physiques.** — L'éther est un liquide incolore, très mobile, d'une saveur brûlante, d'une odeur agréable; sa densité est 0,736 à 0°. Il bout à 34°,5 et se solidifie à — 117°. La densité de vapeur est 2,575. (*poids moléculaire* : 74.)

Mélangé à l'eau, l'éther surnage en raison de sa faible densité; il se dissout cependant en petite quantité : 9 parties d'eau dissolvent 1 partie d'éther. Il est soluble en toutes proportions dans l'alcool.

L'éther dissout l'iode, un certain nombre de chlorures métalliques, les graisses, les huiles, les alcalis organiques.

384. **Propriétés chimiques.** — L'éther brûle avec une flamme très éclairante :

$$[C^2H^5]^2O + 12O = 4CO^2 + 5H^2O.$$

Il est dangereux de manier un flacon d'éther près d'une flamme, car ses vapeurs forment avec l'air un mélange détonant.

Comme l'alcool, il se transforme par oxydation lente en aldéhyde et en acide acétique. C'est ainsi qu'un fil de platine rougi au feu et qu'on suspend à quelque distance au-dessus d'une couche d'éther demeure incandescent par suite de la combustion de la vapeur qui s'effectue dans les pores du métal (*lampe sans flamme*).

Le chlore peut déterminer la décomposition et l'inflammation de l'éther s'il réagit sur ce liquide bien déshydraté et non refroidi. Si l'on modère la réaction en refroidissant, on obtient des produits de substitution :

Éther bichloré.	$C^4H^8Cl^2O$
— tétrachloré.	$C^4H^6Cl^4O$
— perchloré	$C^4Cl^{10}O.$

Ce dernier corps est solide, fusible à + 69°.

L'éther réagit sur les acides pour donner des éthers-sels. Ainsi il est absorbé par l'acide sulfurique hydraté et forme l'acide éthylsulfurique (379). L'anhydride sulfurique se combine directement à l'éther pour former l'éther sulfurique neutre :

$$(C^2H^5)^2O + SO^3 = SO^4(C^2H^5)^2.$$

ALCOOLS MONOATOMIQUES

ALCOOL MÉTHYLIQUE, CH^4O ou CH^3-OH.

385. **Préparation.** — Les produits les plus volatils de la distillation du bois renferment un liquide que l'on désigne sous le nom d'*esprit de bois*. Dumas et Peligot ont établi, en 1835, que les réactions de cette substance étaient comparables à celles de l'alcool ordinaire et lui ont donné le nom d'*alcool* méthylique.

Pour isoler l'esprit de bois, on distille les produits liquides séparés des goudrons et on fait arriver les vapeurs, mélange d'eau, d'acide acétique, d'acétone et d'esprit de bois, dans une chaudière renfermant un lait de chaux; l'acide acétique est retenu à l'état d'acétate, et les vapeurs d'alcool méthylique traversent un récipient refroidi où elles se condensent. On rectifie l'alcool par une nouvelle distillation sur de la chaux vive.

On obtient ainsi l'esprit de bois du commerce. Pour préparer l'esprit de bois pur, on mélange le produit brut avec du chlorure de calcium, qui forme un composé solide $CaCl^2 + 4CH^4O$; en chauffant cette combinaison avec de la chaux vive vers 65°, on sépare l'alcool méthylique.

On prépare l'alcool méthylique chimiquement pur en saponifiant un de ses éthers, l'éther oxalique par exemple, qui est solide et que l'on peut purifier lui-même par cristallisation.

M. Berthelot a fait la synthèse de l'alcool méthylique à partir du méthane CH^4. Le chlorure de méthyle CH^3Cl est identique en effet à l'éther méthylchlorhydrique. Il suffit de chauffer ce dernier avec un grand excès d'eau en tube scellé pour le transformer en alcool :

$$CH^3-Cl + H-OH = HCl + CH^3-OH.$$

Cette synthèse justifie la formule développée que l'on attribue à l'alcool méthylique.

386. **Propriétés.** — L'alcool méthylique est un liquide incolore, doué d'une odeur spiritueuse lorsqu'il est pur. Sa densité est 0,814 à 0°; il bout à 65°. Il est miscible à l'eau en toutes proportions.

Il brûle avec une flamme pâle, avec production d'eau et d'acide carbonique :

$$CH^3.OH + 3O = CO^2 + 2H^2O$$

En présence du noir de platine il s'oxyde et donne de l'acide formique :

$$CH^3 . OH + 2O = H . CO^2H + H^2O.$$

387. **Éthers de l'alcool méthylique.** — L'*éther méthylchlorhydrique* $CH^3 . Cl$ peut s'obtenir en chauffant dans un ballon 1 partie d'esprit de bois, 3 parties d'acide sulfurique et 3 parties de sel marin. L'éther se dégage à l'état gazeux : on le recueille sur le mercure ou on le condense dans un mélange réfrigérant.

C'est un gaz incolore, qu'il est facile de liquéfier par compression ou par refroidissement. Le liquide ainsi obtenu bout à — 23°; sa tension maxima est $4^{atm},11$ à 15° ; évaporé rapidement dans un courant d'air, sa température s'abaisse à — 55°. Ce liquide est un réfrigérant d'un maniement facile. On le conserve dans des bouteilles en cuivre fermées par des bouchons à vis. C'est un produit secondaire de la distillation des vinasses de betteraves (428).

Les *éthers méthylbromhydrique* et *méthyliodhydrique* se préparent en chauffant l'alcool avec du brome ou de l'iode en présence du phosphore rouge.

L'*éther méthyloxalique* $C^2(CH^3)^2O^4$ est solide. On le prépare en chauffant dans une cornue parties égales d'esprit de bois, d'acide oxalique et d'acide sulfurique. Il passe tout d'abord à la distillation de l'eau et de l'alcool, puis, lorsqu'on voit se déposer sur les parties froides de la cornue des lamelles cristallines, on change le récipient. Les cristaux sont débarrassés par compression, avec du papier à filtre, des liquides qui les baignent. L'éther méthyloxalique sert à préparer l'alcool méthylique pur (387).

L'*éther méthylique* proprement dit, ou *oxyde de méthyle* $(CH^3)^2O$, est isomère de l'alcool ordinaire. On le recueille à l'état gazeux lorsqu'on chauffe à 125° un mélange de 1 partie d'esprit de bois et de 2 parties d'acide sulfurique. Par compression ou refroidissement on le réduit en un liquide qui bout à — 24°. On a utilisé le froid produit par l'évaporation rapide de l'éther méthylique liquéfié pour la conservation des matières alimentaires (procédé Tellier).

388. **Alcools monoatomiques dérivés des carbures saturés.** — On connaît aujourd'hui un grand nombre d'alcools monoatomiques dérivés des carbures saturés, homologues de l'alcool méthylique et, par conséquent, de l'alcool éthylique :

Alcool méthylique.	CH^4O
— éthylique	C^2H^6O

Alcools propyliques.	C^3H^8O
— butyliques.	$C^4H^{10}O$
— amyliques.	$C^5H^{12}O$
— caproïques	$C^6H^{14}O$
— œnanthyliques.	$C^7H^{16}O$
— cétyliques.	$C^{16}H^{34}O$
— céryliques.	$C^{27}H^{56}O$
— myriciques	$C^{30}H^{62}O$

A partir du troisième terme, on connait plusieurs alcools monoatomiques ayant même composition, mais dont les propriétés physiques et quelquefois les propriétés chimiques diffèrent. Ainsi, il y a :

2 alcools propyliques;
4 alcools butyliques;
7 alcools amyliques.

Tous sont susceptibles d'éthérification, et sont par conséquent des alcools.

Quelques-uns de ces alcools prennent naissance en même temps que l'alcool ordinaire dans la fermentation des jus sucrés. Les alcools d'industrie sont toujours souillés de matières moins volatiles, doués d'une odeur et d'un goût désagréables qu'on cherche soigneusement à éliminer. L'huile essentielle qu'on élimine de l'eau-de-vie de marc de raisin par distillation contient des alcools *propylique*, *amylique*, *caproïque* et *œnanthylique*. *L'huile de pommes de terre*, qu'on sépare des alcools de grains et de pommes de terre, renferme des alcools *amyliques*; l'huile essentielle qui souille l'alcool de betteraves contient des *alcools butyliques* et *amyliques*.

Les *cires* sont des éthers solides formés par les alcools *cérylique* et *myricique* avec l'acide palmitique.

Le *blanc de baleine* ou *spermaceti* est également un éther palmitique de *l'alcool cétylique*.

389. Alcools monoatomiques de diverses séries. — Indépendamment des alcools de la série grasse, on connait un grand nombre de corps susceptibles d'éthérification et doués par conséquent de la fonction alcoolique.

Quelques-uns de ces alcools ou leurs dérivés entrent dans la composition d'huiles aromatiques.

Ainsi, l'essence d'ail est un éther sulfuré de *l'alcool allylique* C^3H^5-OH. Cet alcool dérive du propylène, homologue supérieur de l'éthylène, comme l'alcool éthylique dérive de l'éthane :

$$(CH^2=CH)-CH^3 \qquad (CH^2=CH)-CH^2-OH$$
$$CH^3-CH^3 \qquad CH^3-CH^2-OH$$

L'alcool allylique existe en très petite quantité dans l'esprit de bois.

L'alcool mentholique $C^{10}H^{19}-OH$ se sépare à l'état solide quand on fait cristalliser l'essence de menthe.

CHAPITRE XXIII

ALCOOLS POLYATOMIQUES — GLYCÉRINE — CORPS GRAS

ALCOOLS POLYATOMIQUES

590. **Définition.** — Les alcools polyatomiques sont des composés oxygénés susceptibles de former des éthers avec les acides, mais qui se distinguent de l'alcool ordinaire en ce qu'ils peuvent donner avec un même acide monobasique, tel que l'acide chlorhydrique ou l'acide azotique, deux, trois... éthers différents, avec élimination de $2H^2O$, $3H^2O$.... On peut dire qu'ils se comportent dans leurs réactions comme s'ils résultaient de l'union de 2, 3... alcools monatomiques.

Les formules développées des alcools polyatomiques contiendront 2, 3... fois le groupe fonctionnel OH.

Alcools diatomiques ou *glycols.* — Le type de ces alcools est le *glycol éthylénique* $C^2H^4(OH)^2$, obtenu synthétiquement par Wurtz en 1856[1].

Alcools triatomiques ou *glycérines.* — La *glycérine* $C^3H^5(OH)^3$, extraite des corps gras par Scheele, a été caractérisée par M. Berthelot, en 1854, comme un alcool triatomique.

Alcools tétratomiques. — L'*érythrite* $C^4H^6(OH)^4$ est contenue dans certains lichens à l'état d'éther.

Alcools pentatomiques : pinite et *quercite* $C^6H^7(OH)^5$; les *glucoses*, matières sucrées de la plus haute importance, jouent le rôle d'alcools pentatomiques mais possèdent en outre une fonction alhéhyde.

Alcools hexatomiques. — La *mannite*, la *dulcite*, la *sorbite* $C^6H^8(OH)^6$ tirent leur importance de leurs relations avec les glucoses.

La *cellulose* se comporte vis-à-vis des acides comme un alcool polyatomique.

1. La découverte du glycol est postérieure, comme on le voit, aux études de M. Berthelot sur la *glycérine* : le mot *glycol*, formé de la première syllabe du mot glycérine et de la dernière du mot alcool, était destiné à rappeler que les propriétés du nouvel alcool étaient intermédiaires entre celles de l'alcool et celles de la glycérine.

ALCOOLS DIATOMIQUES OU GLYCOLS

391. Glycol éthylique, $(CH^2)^2(OH)$. — La synthèse du glycol éthylique réalisée par Wurtz à partir de l'éthylène définit le glycol comme alcool diatomique.

Le bibromure d'éthylène CH^2Br-CH^2Br se comporte comme un éther dibromhydrique du glycol; chauffé avec de l'acétate d'argent en tube scellé, il se change en un éther diacétique :

$$CH^2(C^2H^3O^2)-CH^2(C^2H^3O^2)$$

qui, saponifié par la potasse, donne le glycol :

$$CH^2(C^2H^3O^2)-CH^2(C^2H^3O^2)+2KOH = CH^2.OH-CH^2.OH+2C^2H^3KO^2.$$

Le glycol éthylique est un liquide sirupeux bouillant à 197°, soluble dans l'eau en toutes proportions, insoluble dans l'éther.

Par oxydation, il se transforme en aldéhydes et en acides :

CH^2OH-CO^2H . . . . *acide glycolique*;
$CHO-CO^2H$ . . . . *acide glyoxylique*;
CO^2H-CO^2H . . . . *acide oxalique*.

Le 1er terme de l'oxydation est alcool monatomique et acide monobasique, le 2e est aldéhyde[1] et acide monobasique, le 3e est acide bibasique.

Avec un acide, on a deux éthers-sels, l'un éther-alcool et l'autre éther neutre :

$$CH^2.OH-CH^2.Cl, \quad CH^2.OH-CH^2(C^2H^3O^2),$$
$$CH^2.Cl-CH^2.Cl, \quad CH^2(C^2H^3O^2)-CH^2(C^2H^3O^2).$$

Le glycol dichlorhydrique ou dichlorhydrine du glycol est identique à la liqueur des Hollandais.

Chauffé avec de la potasse, le glycol monochlorhydrique donne un corps très volatil, bouillant à 13°,5, l'*oxyde d'éthylène* :

$$\begin{matrix} CH^2-OH \\ | \\ CH^2-Cl \end{matrix} + KOH = \begin{matrix} CH^2 \\ | \\ CH^2 \end{matrix}\!\!>O + KCl + H^2O.$$

Formé par déshydratation du glycol, l'oxyde d'éthylène est un éther-oxyde, comparable à l'oxyde anhydre d'un métal divalent, tel que le calcium :

$$(CH^2)^2(OH)^2-H^2O = (CH^2)^2O.$$
$$Ca(OH)^2-H^2O = CaO.$$

1. Le *glyoxal* $COH-COH$, qui se trouve parmi les produits de l'oxydation ménagée de l'alcool par l'acide azotique étendu, est la dialdéhyde du glycol.

ALCOOL TRIATOMIQUE

GLYCÉRINE, $C^3H^8O^3$ ou $C^3H^5(OH)^3$.

392. **Préparation.** — Les corps gras (*graisses, huiles, beurres*), chauffés avec un alcali ou un oxyde métallique en présence de l'eau, se dédoublent en glycérine qui reste en dissolution dans le liquide et en une matière saline (*savon*) formée par la combinaison de la base avec un *acide gras*.

Scheele préparait la glycérine en chauffant de l'axonge ou de l'huile avec de l'eau et de l'oxyde de plomb[1]. Le savon de plomb ainsi obtenu étant à peu près insoluble dans l'eau, il suffisait de décanter le liquide, d'évaporer et de concentrer doucement par la chaleur pour avoir la glycérine, que l'on dénommait alors, en raison de son origine, *principe doux des huiles*.

Actuellement la *glycérine* est fournie en grande quantité par l'industrie; sa préparation est corrélative de la fabrication des *savons* et des *bougies stéariques*.

La glycérine brute telle qu'on la trouve dans le commerce est simplement décolorée par du noir animal. On la purifie par distillation dans le vide, ou mieux encore dans un courant de vapeur d'eau surchauffée.

393. **Synthèse.** — Le propylène $CH^2=CH-CH^3$ fixe directement deux atomes de chlore, comme le fait l'éthylène et donne un bichlorure $CH^2Cl-CHCl-CH^3$ qui, sous l'action du chlore, en présence de l'iode cette fois, donne un produit de substitution chloré :

$$\begin{array}{c} CH^2Cl \\ | \\ CHCl \\ | \\ CH^2Cl \end{array}$$

Il suffit de chauffer ce produit avec de l'eau en tube scellé à 180° et avec de la craie pour obtenir la glycérine, dont on écrira la formule développée :

$$\begin{array}{c} CH^2.OH \\ | \\ CH.OH \\ | \\ CH^2.OH \end{array}$$

ce qui en fait un alcool triatomique, deux fois alcool primaire puisqu'elle contient deux fois le groupement caractéristique $(CH^2.OH)'$, une fois alcool

[1] Le savon de plomb porte dans les pharmacies le nom d'*emplâtre simple*.

secondaire, car elle contient aussi le groupement (CH . OH)''. La réaction qui lui donne naissance ici est une véritable saponification d'un éther trichlorhydrique ou trichlorhydrine; la craie agit seulement pour saturer l'acide chlorhydrique au fur et à mesure de sa production.

Quant au propylène, il est obtenu synthétiquement à partir de l'acétone CH^3-CO-CH^3 qui est transformé tout d'abord en alcool isopropylique, et celui-ci donne le propylène quand on le chauffe avec un corps déshydratant tel que le chlorure de zinc.

394. **Propriétés physiques.** — La glycérine est un liquide sirupeux, incolore, déliquescent. Sa densité à + 15° est 1,264. Elle distille entre 275° et 280°, mais, vers la fin de l'opération, une certaine quantite de la matière se décompose; elle distille plus facilement dans le vide.

Fortement refroidie, elle reste en surfusion. On a obtenu cependant de la glycérine solide, et il suffit du contact d'un cristal pour déterminer la solidification de la glycérine refroidie au-dessous de 0°; les cristaux ne fondent plus qu'à 20° au-dessus de 0°.

Elle est soluble dans l'eau et l'alcool; mais l'éther n'en dissout que de très faibles quantités. La dissolution aqueuse dissout un certain nombre d'oxydes métalliques; l'addition de glycérine à une dissolution de perchlorure de fer empêche la précipitation du sesquioxyde de fer par la potasse.

La glycérine est neutre. Sa vapeur brûle avec une flamme pâle, en donnant de l'eau et du gaz carbonique.

395. **Propriétés chimiques.** — Si la synthèse permet de passer d'un corps renfermant 3 atomes de carbone, c'est-à-dire de l'acétone, à la glycérine, inversement un certain nombre de réactions permettent de passer de la glycérine à des corps en C^3. D'autres établissent sa fonction alcool triatomique, et par conséquent définissent sa formule moléculaire, qui peut être fixée aussi par la cryoscopie

1° La glycérine chauffée avec de l'iodure de phosphore donne l'iodure d'allyle ou éther allyliodhydrique C^3H^5I; par double décomposition avec l'acétate d'argent, ce composé se transforme en un éther acétique qui, saponifié par la potasse, donne l'alcool allylique $C^3H^5.OH$.

Chauffé avec du zinc et de l'acide chlorhydrique, ce qui revient à faire agir l'hydrogène, l'iodure d'allyle donne le propylène :

$$C^3H^5I + H^2 = C^3H^6 + HI.$$

2° La glycérine est alcool, car par oxydation elle peut donner des acides, et en réagissant sur les acides elle peut donner des éthers.

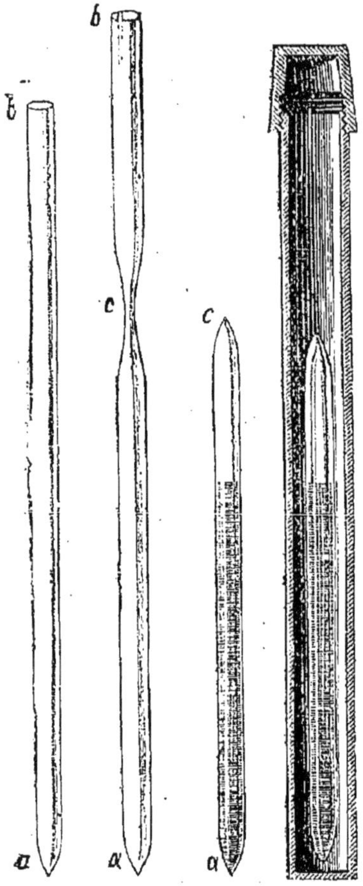

Par oxydation lente, elle se transforme en *acide glycérique* $C^3H^6O^4$:

$$C^3H^8O^3 + O^2 = C^3H^6O^4 + H^2O.$$

Cette réaction s'effectue lorsqu'on abandonne pendant quelques jours des couches superposées de glycérine et d'un acide azotique de densité 1,5. L'acide ainsi obtenu est un acide monobasique, mais il présente aussi les réactions d'un alcool diatomique :

$$CH^2.OH - CH.OH - CO^2H.$$

b b c c a a a

Fig. 81.

396. Éthers de la glycérine. — Chauffée avec les acides, en tubes scellés (fig. 81), la glycérine forme des éthers avec élimination d'eau. Soit, par exemple, un acide monobasique R.OH ; suivant les proportions des matières réagissantes et la durée de l'opération, on peut obtenir *trois* éthers :

$$(1) \quad C^3H^5(OH)^3 + R.OH = C^3H^5(OH)^2(OR) + H^2O,$$
$$(2) \quad C^3H^5(OH)^3 + 2R.OH = C^3H^5(OH)(OR)^2 + 2H^2O,$$
$$(3) \quad C^3H^5(OH)^3 + 3R.OH = C^3H^5(OR)^3 + 3H^2O.$$

Le produit de la réaction (1) se comporte encore comme un alcool diatomique; celui de la réaction (2) est encore alcool monatomique; la réaction (3) donne un éther neutre.

Si, en particulier, l'acide est l'acide acétique $C^2H^4O^2$ ou $(CH^3-CO)-OH$, on aura les *acétines*, en remplaçant dans les formules précédentes R par le radical acétyle $(CH^3-CO)'$.

Une *monoformine* dérivée de l'acide formique $HCO-OH$ s'obtient quand on chauffe l'acide oxalique avec la glycérine :

$$C^3H^5(OH)^3 + CO^2(OH)^2 = C^3H^5(OH)^2(O.HCO) + CO^2 + H^2O.$$

Cette monoformine $C^3H^5(OH)^2(O.HCO)$ est instable; elle peut subir deux décompositions différentes.

A 110°, en présence de l'eau, elle dégage de l'acide formique (*Préparation de l'acide formique*) et du gaz carbonique, en régénérant la glycérine :

$$C^3H^5(OH)^2(O.HCO) + H^2O = C^3H^5(OH)^3 + HCO-OH.$$

C'est cette réaction que l'on obtient, si on chauffe de la glycérine commerciale, qui contient toujours de l'eau, avec l'acide oxalique cristallisé.

Si la glycérine est anhydre et l'acide oxalique desséché, la monoformine formée tout d'abord se décompose à 250° en dégageant de l'alcool allylique :

$$C^3H^4(OH)^2(O.HCO) = C^3H^5.OH + CO^2 + H^2O.$$

L'acide chlorhydrique donne des éthers chlorhydriques ou *chlorhydrines*[1]; avec l'acide azotique on a trois éthers, dont l'un, l'éther triazotique, mérite une mention spéciale : c'est la *nitroglycérine* $C^3H^5(O.AzO^2)^3$.

Pour préparer la nitroglycérine, on additionne la glycérine de trois fois son poids d'acide sulfurique concentré et on mélange, après refroidissement, avec de l'acide nitrique fumant additionné de son poids d'acide sulfurique. Après quelques heures, la nitroglycérine est tombée au fond du vase; on la lave à l'eau, puis avec une lessive alcaline étendue, et on la sèche. On obtient ainsi un liquide huileux qui se solidifie au voisinage de 0°. Sous l'influence d'un choc ou d'une élévation brusque de température, la nitroglycérine détone, en donnant du gaz carbonique, de l'eau, de l'azote et de l'oxygène :

$$2C^3H^5Az^3O^9 = 6CO^2 + 6Az + 5H^2O + O.$$

On atténue la sensibilité de la nitroglycérine et on rend son maniement plus facile en la mélangeant avec de la silice pulvé-

1. Il y a deux *monochlorhydrines* isomériques :

$$CH^2.OH-CH.Cl-CH^2.OH, \qquad CH^2.Cl-CH.OH-CH^2.OH;$$

deux *dichlorhydrines* :

$$CH^2.Cl-CH.OH-CH^2.Cl, \qquad CH^2.Cl-CH.Cl-CH^2.OH,$$

et une seule *trichlorhydrine* :

$$CH^2.Cl-CH.Cl-CH^2.Cl.$$

L'acide chlorhydrique agissant directement sur la glycérine ne donne qu'une monochlorhydrine ou une dichlorhydrine; il faut employer le perchlorure de phosphore pour avoir la trichlorhydrine.

rulente, qui l'absorbe sans cesser d'être solide; on obtient ainsi la *dynamite*, qui produit, lorsqu'on détermine son explosion à l'aide d'une capsule fulminante, des effets de dislocation qui l'ont fait adopter, à la place de la poudre, dans les travaux des mines.

CORPS GRAS

397. Les corps gras neutres que l'on extrait des cellules végétales ou animales par des traitements mécaniques sont des mélanges de principes immédiats, éthers neutres de la glycérine. C'est ce qu'ont mis en évidence les célèbres travaux de Chevreul sur l'analyse immédiate des corps gras, et les recherches synthétiques de M. Berthelot.

398. **Analyse immédiate des corps gras.** — En soumettant les huiles, les beurres ou les graisses à un traitement méthodique par divers dissolvants, on peut en distraire quelques principes immédiats, dont les principaux sont la *stéarine*, la *palmitine*, l'*oléine*, la *butyrine*.

La *stéarine* est contenue dans la plupart des corps gras solides, le suif et la graisse de mouton notamment. On l'obtient en dissolvant le suif dans l'éther, laissant refroidir, comprimant la partie solide, dissolvant de nouveau dans l'éther. En répétant ces traitements un certain nombre de fois, on obtient de petites lamelles d'un éclat micacé fondant vers 70°.

L'huile de palme, qui offre la consistance du suif, est formée principalement de *palmitine*; on l'extrait de l'huile de palme, en comprimant celle-ci, épuisant le résidu solide par l'alcool bouillant, puis faisant cristalliser dans l'éther. La palmitine est en petits cristaux fusibles à 60°.

La *butyrine* a été extraite par Chevreul du beurre de vache, où elle se trouve mélangée avec la stéarine, la palmitine et l'oléine; c'est un liquide huileux, soluble dans l'alcool et dans l'éther, mais insoluble dans l'eau.

L'*oléine* est liquide à + 10° et même un peu au-dessous; elle est insoluble dans l'eau, peu soluble dans l'alcool, soluble dans l'éther. Elle est mélangée dans les huiles d'olive à la stéarine et à la palmitine et forme la partie principale de la masse qui reste liquide quand on refroidit l'huile.

Tous ces principes immédiats, chauffés avec de l'eau et un alcali, *se saponifient*, c'est-à-dire se dédoublent en un liquide, la glycérine, et en un acide qui reste uni à la base. Les acides mis en liberté sont des homologues supérieurs de l'acide acétique, que nous étudierons sous le nom d'*acides gras* (acides *stéarique*, *palmitique*, *butyrique*) et un acide appartenant à une série différente, l'acide *oléique*. Chevreul a montré nettement que ce dédoublement s'opérait avec fixation d'eau et que par conséquent la réaction était analogue à celle qui se produit quand on traite un éther-sel de l'alcool ordinaire, l'éther acétique par exemple, par les alcalis; ainsi on a :

$$\underset{\text{Éther acétique.}}{C^4H^8O^2} + H^2O = \underset{\text{Alcool.}}{C^2H^6O} + \underset{\text{Acide acétique.}}{C^2H^4O^2}.$$

$$\underset{\text{Stéarine.}}{C^{57}H^{110}O^6} + 3H^2O = \underset{\text{Glycérine.}}{C^3H^8O^3} + \underset{\text{Acide stéarique.}}{3C^{18}H^{36}O^2}.$$

399. Synthèse des principes immédiats des corps gras. — Bien que les recherches analytiques précédentes conduisissent, par analogie, à envisager la glycérine comme un alcool et les corps gras neutres comme des éthers, la démonstration précise de la fonction alcoolique de la glycérine et la caractéristique des alcools polyatomiques sont dues à M. Berthelot.

En chauffant en effet, en tubes scellés, la glycérine avec des proportions croissantes d'acide stéarique, M. Berthelot a obtenu trois stéarines qui renferment les éléments de la glycérine et de l'acide moins H^2O, $2H^2O$, $3H^2O$; la *tristéarine* est identique à la stéarine naturelle.

L'expérience a montré de même que la palmitine était l'éther neutre de l'acide palmitique, une *tripalmitine*, l'oléine, une *trioléine*, éther neutre de l'acide oléique, et la *butyrine* une *tributyrine*, résultant de l'éthérification de la glycérine par trois molécules d'acide butyrique.

400. Corps gras naturels. — Les corps gras naturels sont des *huiles*, des *beurres*, des *graisses*, suivant leur consistance.

1° *Corps gras d'origine végétale.* — Les matières grasses d'origine végétale sont extraites des graines ou des fruits par compression, à froid tout d'abord, puis entre des plaques chauffées, à l'aide de presses hydrauliques.

Les huiles d'olive et d'œillette sont employées comme aliment.

L'*huile d'olive*, jaune-verdâtre, de densité 0,919 à + 12°, se fige à quelques degrés au-dessous de 0°.

L'*huile d'œillette* s'extrait des graines du pavot; elle se solidifie à — 18°.

Les *huiles de colza* et *de navette*, extraites des semences des *Brassica campestris* et *Brassica napellus*, s'emploient plus particulièrement pour l'éclairage. On les épure en les battant avec 2 ou 3 pour 100 de leur poids d'acide sulfurique qui charbonne les matières mucilagineuses et les débris de parenchymes, entraînés par le pressage à chaud, puis on lave à l'eau.

L'*huile de palme*, de consistance butyreuse, s'extrait des fruits du *Cocos butyracea* ; l'*huile d'arachide* est fournie par les semences de l'*Arachis hypogæa*. Ces huiles servent à la fabrication des savons et des bougies.

Un certain nombre d'huiles sont employées en thérapeutique, telles que l'*huile d'amandes douces*, très fluide, inodore, insipide ; l'*huile de ricin*, extraite des semences du *Ricinus communis*, employée comme purgatif ; l'*huile de croton tiglium*, extraite d'une Euphorbiacée des Moluques et douée de propriétés vésicantes.

Au point de vue de la façon dont les huiles se comportent vis-à-vis de l'oxygène et par conséquent de l'air, on peut les partager en deux groupes : les *huiles siccatives* et les *huiles non siccatives* ou *grasses*.

Les premières s'épaississent en absorbant l'oxygène de l'air et se transforment en une sorte de vernis un peu élastique résultant de l'oxydation d'une oléine qu'elles renferment. Le type des huiles siccatives est l'*huile de lin*, employée pour la préparation des couleurs à l'huile. Les huiles d'œillette et de ricin sont également siccatives. Les huiles siccatives sèchent plus rapidement encore lorsqu'on les cuit avec de la litharge ou du bioxyde de manganèse. L'huile de lin lithargirée sert à la fabrication des toiles cirées.

Les huiles d'olive, d'amandes douces, de navette ne se comportent pas de même au contact de l'air : elles absorbent peu à peu l'oxygène et dégagent du gaz carbonique, tout en conservant l'état liquide ; elles acquièrent une réaction acide et un goût désagréable : elles *rancissent*. Une partie de l'oléine est alors décomposée, de la glycérine est mise en liberté et s'oxyde, en même temps que l'acide oléique se transforme, par oxydation, en acides volatils doués d'une odeur désagréable, tels que les acides *butyrique* et *valérique* (479).

2° *Corps gras d'origine animale*. — La *graisse de bœuf*, le *suif de mouton*, fusibles entre 40° et 52° environ, sont séparés par fusion des enveloppes cellulaires qui les contiennent. Les suifs liquides sont décantés, tamisés et clarifiés par quelques millièmes d'alun.

Le suif est formé principalement de stéarine. Fondu et coulé en cylindres, au centre desquels on a placé une mèche de coton, il forme les *chandelles*.

Le *beurre*, obtenu par le battage du lait de vache non écrémé, fond entre 26° et 27° ; il renferme de l'oléine, de la margarine et de la butyrine.

401. Action de la chaleur sur les corps gras. — Les corps gras ne sont pas volatils sans décomposition. Au-dessus de 100° ils sont le siège d'un dégagement gazeux qui simule une ébullition. De l'eau, du gaz carbonique, des carbures d'hydrogène, des acides gras se séparent, en même temps que l'on perçoit une odeur désagréable due à la formation de l'*acroléine*, substance formée aux dépens de la glycérine par déshydratation :

$$\underset{\text{Glycérine.}}{C^3H^8O^3} - 2H^2O = \underset{\text{Acroléine.}}{CH^2 = CH - CHO.}$$

Cette réaction est plus facilement réalisée quand on chauffe la glycérine ou un corps gras avec du bisulfate de potassium ; l'odeur si caractéristique de l'acroléine permet de déceler des traces de glycérine ou d'un corps gras.

CHAPITRE XXIV

ALDÉHYDES — CÉTONES

ALDÉHYDES

402. Fonction aldéhyde. — Une adhéhyde dérive d'un alcool monatomique par perte d'une molécule d'hydrogène :

$$R-CH^2.OH+O=R-CHO+H^2O.$$

Par une oxydation plus complète, l'aldéhyde est elle-même transformée en un acide qui renferme le même nombre d'atomes de carbone :

$$R-CHO+O=R-CO.OH.$$

Le groupement $(CHO)'$ ou $\left(C\begin{smallmatrix}\diagup H\\ \diagdown\!\diagdown O\end{smallmatrix}\right)'$ est le groupement fonctionnel des aldéhydes.

Le type des aldéhydes monatomiques est *l'aldéhyde acétique* C^2H^4O, qui dérive de l'alcool éthylique :

$$CH^3-CH^2.OH+O^2=CH^3-CHO,$$

et que l'oxydation transforme en *acide acétique* $CH^3-CO.OH$.

403. Modes généraux de formation. — 1° Action catalytique, à température convenable du cuivre ou du nickel (obtenus en réduisant leurs oxydes, à température aussi peu élevée que possible, par l'hydrogène) sur les alcools.

$$CH^3\,CH^2\,OH=H^2+CH^3\,CHO$$

2° Oxydation ménagée et directe des alcools, que l'oxygène agisse directement, en présence du noir de platine, à la température ordinaire, ou au contact de platine incandescent (*lampe sans flamme*).

3° Oxydation de l'alcool par un mélange oxydant, généralement le bichromate de potassium et l'acide sulfurique.

4° Réduction d'un acide ou plûtôt d'un de ses sels. Le sel de calcium d'un acide monobasique chauffé avec du formate de calcium donne l'aldéhyde correspondante :

$$R\text{-}CO.OH + H\text{-}CO.OH = R\text{-}CHO + H^2O;$$

la base fixe CO^2.

404. **Propriétés générales.** — Les aldéhydes se comportent comme des composés incomplets; elles tendent à se polymériser. L'oxygène libre les transforme facilement en acides, et elles agissent comme réducteurs vis-à-vis des sels d'or, d'argent et de cuivre.

Elles donnent avec l'ammoniaque le bisulfite de soude, la phénylhydrazine et l'hydroxylamine des combinaisons souvent cristallisées utilisées fréquemment pour caractériser les aldéhydes et les isoler.

$$RCHO + C^6H^5AzH^2 = H^2O + RCH = Az\text{-}AzHC^6H^5.$$

Aldéhyde. Phénylhydrazine. Hydrazone.

ALDÉHYDE ACÉTIQUE, C^2H^4O ou $CH^3\text{-}CHO$

Hydrure d'acétyle.

405. **Modes de formation. Préparations.** — 1° On fait passer des vapeurs d'alcool dans un tube contenant du cuivre obtenu par réduction de CuO à basse température et maintenu à une température comprise entre 200 à 300°. La majeure partie de l'alcool se dédouble et cela intégralement en aldéhyde et hydrogène qui se dégagent tous deux.

$$C^2H^6O = C^2H^4O + 2H.$$

Le reste de l'alcool a passé inaltéré et peut être utilisé à nouveau. Quant au cuivre, il est inaltéré et peut servir indéfiniment.

Cette excellente méthode, due à MM. Sabatier et Senderens, est destinée à remplacer complètement la suivante plus ancienne;

2° On oxyde l'alcool par un mélange de bichromate de potassium et d'acide sulfurique.

On introduit dans une cornue tubulée du bichromate de potassium concassé, et l'on verse peu à peu, par un tube à entonnoir, un mélange, fait à l'avance, d'alcool, d'eau et d'acide sulfurique en proportions convenables ; on chauffe légèrement ; de l'aldéhyde mélangée d'alcool, d'eau et de divers autres produits se condense dans le récipient de l'appareil distillatoire, que l'on refroidit soigneusement en l'enveloppant de glace. On distille de nouveau ce mélange en ne recueillant que les produits les plus volatils, qui contiennent l'aldéhyde.

Purification. — On ajoute 2 volumes d'éther et l'on fait passer dans le liquide un courant de gaz ammoniac. L'aldéhyde se précipite sous la forme d'une combinaison cristalline (*aldéhydate d'ammoniaque*) C^2H^4O, AzH^3. L'aldéhydate séparé du liquide, lavé à l'éther et séché, est décomposé par l'acide sulfurique étendu dans un appareil distillatoire, et l'aldéhyde condensée dans le réfrigérant est distillée de nouveau sur du chlorure de calcium.

406. **Propriétés.** — L'aldéhyde est un liquide incolore, d'une odeur forte et caractéristique, bouillant à + 21°. Sa densité à 0° est 0,805. Elle se dissout dans l'eau, l'alcool et l'éther.

Mise en contact avec de l'eau acidulée par l'acide sulfurique et de l'amalgame de sodium, l'aldéhyde fixe de l'hydrogène et reproduit l'alcool :

$$C^2H^4H + H^2 = C^2H^6O.$$

Elle brûle au contact d'un corps incandescent, en donnant de l'eau et du gaz carbonique ; à froid et en présence de la mousse de platine, elle fixe l'oxygène et se transforme en acide acétique.

Hydrogénation. — L'aldéhyde fixe deux atomes d'hydrogène en donnant de l'alcool lorsqu'on la fait passer avec de l'hydrogène dans un tube renfermant du cuivre ou mieux du nickel réduits maintenus à 300°.

Sa facile oxydabilité rend compte des réactions qu'elle exerce sur certains sels métalliques. Si l'on chauffe dans un petit tube à essais une dissolution de nitrate d'argent additionnée d'une petite quantité d'aldéhyde et de quelques gouttes d'ammoniaque, on voit bientôt se déposer sur les parois du tube un enduit d'argent métallique. L'aldéhyde réduit les dissolutions des sels de cuivre additionnées d'acide tartrique et d'alcali (*liqueur de Fehling*), avec formation d'un dépôt rouge d'oxyde cuivreux Cu^2O.

En agitant l'aldéhyde avec une dissolution concentrée de bisulfite de sodium, on obtient une combinaison cristalline :

$$C^2H^4O, SO^3HNa.$$

Ces propriétés réductrices et cette combinaison avec les bisulfites sont caractéristiques des aldéhydes.

L'aldéhyde s'unit à l'alcool avec élimination d'eau pour donner l'*acétal* :

$$2\,(C^2H^5-OH) + CH^3-COH = \underset{\text{Acétal.}}{CH^3-CH\,(OC^2H^5)^2} + H^2O.$$

L'acétal, liquide bouillant à 104°, se trouve en même temps que l'aldéhyde parmi les produits de l'oxydation de l'alcool par le mélange d'acide sulfurique et de bichromate de potassium.

Action du chlore. — Le chlore forme avec l'aldéhyde des produits de substitution qui ont conservé la fonction aldéhyde. Ce sont les composés :

$$CH^2Cl.CHO \qquad CHCl^2.CHO \qquad CCl^3CHO.$$

Mais on peut également, dans des conditions peu différentes, obtenir une série de corps isomériques avec les précédents :

$$CH^4COCl \quad CH^2Cl.COCl \quad CHCl^2COCl \quad CCl^3COCl.$$

Ces derniers sont transformés par l'eau en acide acétique ou en acides acétiques chlorés; on les appelle des *chlorures d'acides*.

Le premier terme est le *chlorure d'acétyle*.

$$C^2H^3O.Cl + H.OH = C^2H^3O.OH + HCl.$$

Acide acétique.

Les autres composés isomères sont les véritables *aldéhydes chlorées* ; ils peuvent, en effet, fixer 2 atomes d'oxygène pour donner les acides acétiques chlorés. L'un d'eux mérite d'être étudié : c'est le *chloral*, C^2HCl^3O.

407. **Chloral,** C^2HCl^3O **ou** CCl^3-CHO. — On prépare le chloral en faisant passer un courant de chlore dans l'alcool concentré refroidi ; quand l'absorption du chlore paraît se ralentir, on chauffe peu à peu au bain-marie. On agite le produit brut de la réaction avec de l'acide sulfurique et on le distille sur de l'acide sulfurique concentré.

On peut admettre que la réaction s'est produite en deux phases : dans la première, l'alcool est déshydrogéné :

$$C^2H^6O + 2Cl = C^2H^4O + 2HCl ;$$

dans la seconde, le chlore se substitue à l'hydrogène de l'aldéhyde :

$$C^2H^4O + 6Cl = C^2HCl^3O + 3HCl.$$

Le chloral est un liquide qui bout à 99°. Il se combine directement avec l'eau pour former l'*hydrate de chloral* $C^2HCl^3O + H^2O$, corps cristallisé soluble dans l'eau, qui est actuellement très employé en thérapeutique comme calmant.

Les alcalis transforment le chloral et l'hydrate de chloral en chloroforme et formiate :

$$C^2HCl^3O + KOH = CHO^2K + CHCl^3.$$

Cette réaction est importante, en ce qu'elle permet d'expliquer la transformation de l'alcool en chloroforme par le mélange de chaux et d'hypochlorite de calcium qui constitue le chlorure de chaux du commerce. Elle rend compte également des propriétés anesthésiques du chloral, qui, dans des milieux alcalins comme le sang, donne du chloroforme.

L'acide azotique fumant cède de l'oxygène au chloral et à son hydrate pour le transformer en *acide trichloracétique* $C^2HCl^3O^2$, dont la formule doit être écrite $CCl^3-CO.OH$, ce qui justifie la formule adoptée pour le chloral, envisagé comme aldéhyde trichlorée ; en comparant à la transformation de l'aldéhyde en acide acétique, on a, en effet :

$$CCl^3-CHO+O=CCl^3-CO.OH,$$
$$CH^3-CHO+O=CH^3-CO.OH.$$

408. **Polymères de l'aldéhyde. — Aldol.** — Au contact de l'eau et de réactifs divers, tels que des chlorures métalliques (chlorure de calcium, chlorure de zinc), l'aldéhyde se transforme en un produit polymère, la *paraldéhyde*, liquide solidifiable à + 10°, qui ne bout plus qu'à 124° et dont la densité de vapeur, triple de celle de l'aldéhyde, fixe la formule moléculaire $(C^2H^4O)^3$.

La *métaldéhyde* se forme dans des circonstances analogues aux précédentes, mais à des températures inférieures à 0°. Elle est cristallisée, mais ne peut être volatilisée sans se transformer spécialement en aldéhyde. La transformation en aldéhyde est complète quand on chauffe la métaldéhyde à 115° en tube scellé. On n'a pu en fixer la formule moléculaire.

L'*aldol*, découvert par Wurtz, a pour formule brute $(C^2H^4O)^2$; il se forme quand on maintient un mélange d'aldéhyde et d'acide chlorhydrique à température peu élevée. C'est un liquide incolore, qu'on ne peut distiller à la pression atmosphérique sans décomposition.

L'aldol est à la fois aldéhyde et alcool secondaire. Comme les aldéhydes, il peut se polymériser et jouit de propriétés réductrices ; il peut être transformé en acide par oxydation ; comme alcool, il peut former des éthers-sels.

La formule de constitution adoptée pour l'aldol symbolise ces deux fonctions :

$$CH^3-CH.OH-CH^2-CHO,$$

et on peut admettre que sa formation à partir de l'aldéhyde a été précédée de la formation d'un composé chloré CH^3-CHO, HCl, qui a donné avec une molécule d'aldéhyde non transformée la réaction :

$$CH^3-CHO.HCl+CH^3-CHO=HCl+CH^3-CH.OH-CH^2-CHO.$$

Cette réaction est assez générale chez les aldéhydes. On lui a donné le nom d'aldolisation. Elle a pris dans ces derniers temps une importance exceptionnelle, comme point de départ de la synthèse des glucoses (426).

409. **Aldéhydes des alcools monatomiques.** — A chaque alcool monatomique de la série forménique correspond une aldéhyde dont la formule générale générale sera $C^nH^{2n}O$.

L'*aldéhyde formique* ou *oxyméthylène* CH^2O ou $H-CHO$ se forme lorsqu'on répète avec l'alcool méthylique l'expérience de la lampe sans flamme ; elle a une odeur piquante caractéristique. Elle est très instable et se transforme facilement en un polymère solide $(CH^2O)^3$, le *trioxyméthylène*. La synthèse des glucoses est venue donner à l'aldéhyde formique un grand intérêt.

L'aldéhyde de l'alcool allylique est l'*acroléine* ou *aldéhyde acrylique* $(CH^2=CH)-CHO$, liquide doué d'une odeur désagréable et irritante. Elle résulte aussi de la déshydratation de la glycérine :

$$C^3H^8O^3=C^3H^4O+2H^2O.$$

L'acroléine se rencontre parmi les produits de la décomposition des matières grasses (éthers de la glycérine) par la chaleur.

410. **Aldéhydes polyatomiques.** — Un alcool diatomique aura deux aldéhydes. Ainsi au glycol éthylique correspondent :

$$\begin{array}{c} CH^2-OH \\ | \\ CHO \end{array} \qquad \begin{array}{c} CHO \\ | \\ CHO \end{array}$$

Aldéhyde glycolique. Glyoxal ou aldéhyde oxalique.

Le premier composé est une aldéhyde à fonction mixte : aldéhyde et alcool monatomique.

Aux aldéhydes alcools se rattachent les matières sucrées

CÉTONES

411. **Fonction cétone.** — Les *cétones* diffèrent des aldéhydes en ce qu'elles ne donnent pas, par oxydation, un acide contenant le même nombre d'atomes de carbone.

Par hydrogénation, elles donnent un *alcool secondaire* (392).

La synthèse de l'*acétone* ou *cétone acétique* a fixé la formule schématique par laquelle il convient de la représenter :

$$CH^3-CO-CH^3,$$

ce qui en fait une *diméthylcétone*.

D'une manière générale toute cétone pourra se mettre sous la forme :

$$R-CO-R,$$

R et R étant deux radicaux monovalents identiques ou différents ; (CO)″ sera le groupement fonctionnel des cétones.

ACÉTONE, $CH^3-CO-CH^3$.

412. **Préparation.** — 1° En chauffant au rouge sombre, dans une cornue en grès, de l'acétate de calcium desséché, on recueille dans le récipient refroidi des produits liquides doués d'une odeur désagréable. En soumettant ces liquides à une distillation fractionnée et recueillant ce qui passe à 56°, on isole un liquide éthéré soluble dans l'eau, l'alcool et l'éther, auquel on a donné le nom d'*acétone*.

La réaction qui lui donne naissance peut être formulée :

$$\left.\begin{array}{l} CH^3-CO.O \\ CH^3-CO.O \end{array}\right> Ca = CO^3Ca + \left.\begin{array}{l} CH^3 \\ CH^3 \end{array}\right> CO.$$

Acétate de calcium. Acétone.

2° Industriellement, on retire de grandes quantités d'acétone des produits de la distillation sèche du bois; elle accompagne l'alcool méthylique dans les produits volatils neutres désignés sous le nom d'*esprit de bois*.

413. **Propriétés.** — L'acétone se rapproche des aldéhydes par la propriété qu'elle possède de se combiner aux bisulfites alcalins. Mais elle s'en distingue en ce que les oxydants la transforment en *deux* acides monobasiques, l'*acide acétique* et l'*acide formique* :

$$CH^3 - CO - CH^3 + 3O = CH^3 - CO.OH + H - CO.OH.$$

Cette réaction lui a fait donner le nom d'*aldéhyde secondaire*.

La composition de l'acétone est celle d'un homologue supérieur de l'aldéhyde ordinaire, l'*aldéhyde propionique* $C^2H^5 - CHO$; mais cette dernière, en fixant de l'oxygène, se transforme en un acide monobasique, l'*acide propionique* $C^2H^5 - CO^2H$. Tandis que l'amalgame de sodium, en présence de l'eau, fixe de l'hydrogène sur l'aldéhyde propionique et la convertit en un *alcool propylique* qui jouit de propriétés extrêmement semblables à celles de l'alcool ordinaire, la même réaction appliquée à l'acétone donne un alcool isomère, l'*alcool isopropylique*, qui est un *alcool secondaire*.

414. **Synthèse.** — On a fait la synthèse de l'acétone en chauffant en tube scellé le zinc-méthyle avec le chlorure d'acétyle :

$$\underset{\text{Zinc-méthyle.}}{(CH^3)^2Zn} + \underset{\text{Chlorure d'acétyle.}}{CH^3 - CO - Cl} = CH^3 - Zn - Cl + \underset{\text{Acétone.}}{CH^3 - CO - CH^3};$$

l'acétone ne diffère donc du chlorure d'acétyle que par la substitution du groupe méthyle CH^3 à un atome de chlore.

415. **Modes généraux de formation des cétones.** — Les procédés de préparation ou de synthèse de l'acétone sont des cas particuliers des méthodes générales.

1° La distillation sèche du sel de calcium ou de baryum d'un acide monobasique qui contient un radical hydrocarboné R donne la cétone, qui contient deux fois ce même radical :

$$\begin{matrix}R - CO.O \\ R - CO.O\end{matrix}\!\!>Ca = CO^3Ca + \begin{matrix}R \\ R\end{matrix}\!\!>CO.$$

En calcinant un mélange à molécules égales de deux sels alcalino-terreux, contenant les radicaux R et R', on trouve parmi les produits de la réaction une cétone contenant ces deux radicaux :

$$\begin{matrix}R - CO.O \\ R - CO.O\end{matrix}\!\!>Ca + \begin{matrix}R' - CO.O \\ R' - CO.O\end{matrix}\!\!>Ca = 2CO^3Ca + 2\begin{matrix}R \\ R'\end{matrix}\!\!>CO.$$

2° Action d'un chlorure d'acide sur un composé organométallique analogue au zinc-méthyle :

$$R - CO - Cl + ZnR^2 = R - Zn - Cl + R - CO - R.$$

Ici encore, les deux radicaux R et R' peuvent être différents.

CHAPITRE XXV

SUCRES

416. **Classification.** — On trouve dans l'organisme des végétaux un certain nombre de matières sucrées qui jouent un rôle important dans le développement des plantes. Ces matières sucrées ne sont pas moins indispensables à l'alimentation de l'homme et quelques-unes d'entre elles sont l'objet d'un traitement industriel.

Nous diviserons les sucres en :

Glucoses ou *monoses* ;
Saccharoses ou *bioses* ;
Trioses.

Les *monoses* sont des corps à fonctions mixtes, $(n-1)$ fois alcools et une fois aldéhyde ou cétone; par hydrogénation ils fournissent des alcools n fois alcools. Ils ont une même composition centésimale représentée par la formule $(CH^2O)^n$.

Les plus importants sont les *hexomonoses* ou *glucoses*, dont la formule brute est

$$(CH^2O)^6 \quad \text{ou} \quad C^6H^{12}O^6.$$

Les *bioses* dérivent de la soudure de deux monoses avec perte de H^2O; on peut les assimiler à des éthers oxydes des monoses.

Les seules bioses connues sont les *hexobioses* ou *saccharoses* :

$$2\,C^6H^{12}O^6 = C^{12}H^{22}O^{11} + H^2O.$$

Les *trioses* dérivent de la soudure de trois monoses avec perte de deux molécules d'eau.

GLUCOSES

417. **Définition.** — Les *hexoses* ou *glucoses* proprement dites, desséchées à 100°, ont pour formule générale $C^6H^{12}O^6$; réduisent

à l'ébullition la liqueur cupropotassique ; enfin, chauffées avec des dissolutions alcalines, elles sont détruites plus ou moins rapidement. Les *glucoses* fonctionnent comme alcools pentatomiques et ont encore une fois la fonction aldéhyde ou cétone ; par hydrogénation, elles reproduisent un alcool hexatomique $C^6H^8(OH)^6$ tel que la *mannite*, la *dulcite* ou la *sorbite*, etc.

Les principales glucoses sont :

La *glucose* proprement dite ou *dextrose* ;
La *fructose* ou *lévulose* ;
La *galactose* ou *glucose lactique*.

GLUCOSE

Dextrose, Sucre de raisin.

418. État naturel. — Préparation. — La glucose ou sucre de raisin est le type du groupe des glucoses. On la trouve à l'état solide dans les raisins secs, le miel ; elle forme des efflorescences blanches à la surface des figues, des prunes desséchées ; c'est la matière sucrée contenue dans l'urine des diabétiques.

Pour la préparer industriellement, on s'appuie sur la transformation de la fécule et de l'amidon en glucose en présence de l'acide sulfurique étendu et sous l'action de la chaleur.

On introduit dans de grands cuviers en bois de 1600 hectolitres environ de capacité (fig. 82), 15 hectolitres d'eau, 140 kilogrammes d'acide sulfurique, puis, par un tuyau en cuivre qui plonge au fond de la cuve et se contourne en demi-cercle vers le fond, on fait arriver de la vapeur. On verse peu à peu dans le liquide de la fécule délayée dans une petite quantité d'eau ; on peut saccharifier ainsi, en une seule opération, 10 000 kilogrammes de fécule.

Lorsque l'iode libre ne colore plus le liquide froid en violet, la réaction est terminée. On sature alors l'acide sulfurique avec de la craie pulvérisée et on laisse reposer ; du sulfate de calcium se dépose ; on décante le liquide et on le décolore par filtration sur du noir animal dans des appareils analogues à ceux dont on se sert dans les sucreries.

On concentre le liquide jusqu'à 30° B. (27° B. lorsqu'il est bouillant), et le sirop de fécule ainsi obtenu est livré aux brasseurs et aux fabricants de pain d'épice. Un sirop plus blanc, plus concentré que celui-ci, dit *impondérable*, ainsi nommé parce que sa viscosité est telle qu'on ne peut y plonger l'aréomètre, est livré aux confiseurs pour la préparation des fruits confits, des sirops, des confitures, etc.

Le sirop concentré jusqu'à 30° B., et abandonné au repos dans des tonneaux pendant 8 à 10 jours, laisse déposer de petits cristaux de glucose; on décante l'eau mère, on dessèche et on a la *glucose granulée.*

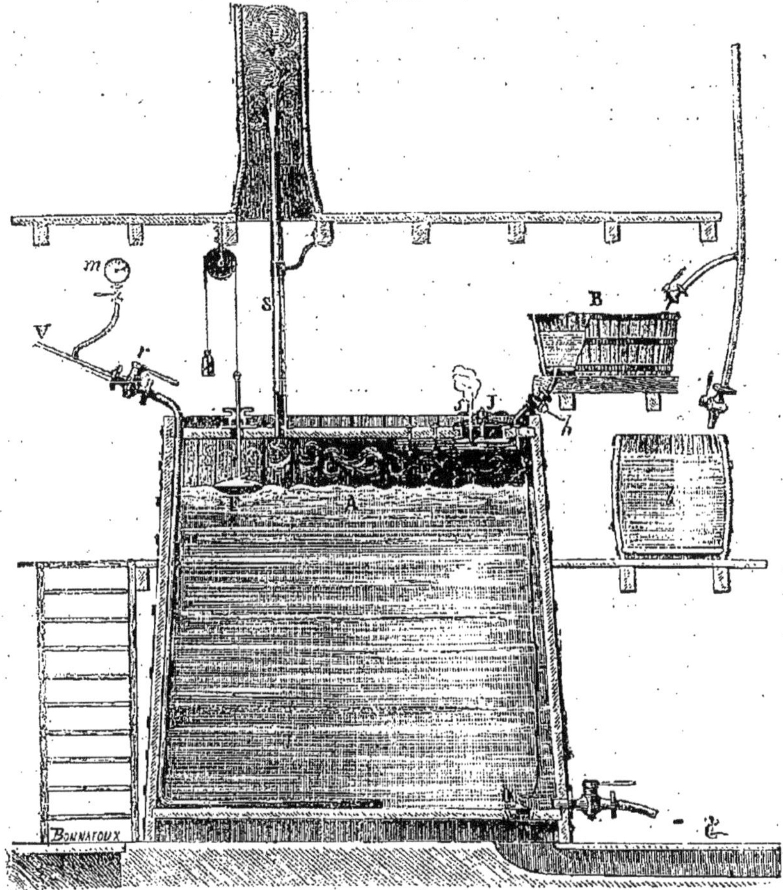

Fig. 82.

Enfin, lorsqu'on concentre le sirop jusqu'à 41° B., il se prend peu à peu par le refroidissement en une masse dure, blanche, dite *glucose en masse* ou *sucre de fécule massé.*

419. **Propriétés.** — Les petits cristaux mamelonnés de glucose

ont comme composition $C^6H^{12}O^6 + H^2O$; ils se ramollissent à 60°, fondent, puis perdent une molécule d'eau de cristallisation à 100°. Par dissolution dans l'alcool absolu bouillant et refroidissement, on obtient des cristaux anhydres qui ne fondent plus qu'à 196°.

Une partie de glucose se dissout dans une partie et demie d'eau à 17°, mais elle est beaucoup moins soluble dans l'alcool. La dissolution aqueuse de glucose dévie à droite le plan de polarisation, ce qui l'a fait désigner aussi sous le nom de *dextrose*.

Chauffée à 170°, la glucose se transforme en *glucosane*, en perdant H^2O :

$$C^6H^{12}O^6 = H^2O + C^6H^{10}O^5.$$

A une température plus élevée, on obtient des produits bruns analogues au caramel.

L'acide sulfurique concentré et froid s'unit à la glucose pour former un acide glucoso-sulfurique ; mais si la température s'élève, la glucose se carbonise et du gaz sulfureux se dégage.

L'acide azotique étendu et bouillant la transforme en acide oxalique.

Les bases alcalines détruisent la glucose, lentement à froid, rapidement à l'ébullition. Ainsi, si l'on ajoute de la potasse concentrée à une solution de glucose, le liquide jaunit dès que l'on chauffe, puis prend une teinte brune très foncée. Cette réaction est assez sensible pour permettre de reconnaître la glucose mélangée à du sucre de canne dans les produits commerciaux falsifiés.

Mais la glucose peut s'unir aux bases alcalino-terreuses et à l'oxyde de plomb pour former des produits cristallisés.

Un glucosate de baryum $4C^6H^{12}O^6, 3BaO + 4H^2O$ s'obtient sous la forme d'une poudre cristalline blanche lorsqu'on mélange une dissolution alcoolique de glucose à une dissolution d'hydrate de baryte dans l'alcool faible. Un glucosate basique de plomb $C^6H^2O^6, 3PbO + 2H^2O$ se précipite quand on ajoute de l'ammoniaque à un mélange des dissolutions de glucose et d'acétate de plomb.

Elle s'unit également avec certains sels. Ainsi une solution de glucose additionnée de sel marin et abandonnée à l'évaporation spontanée laisse déposer, suivant les proportions réagissantes, diverses combinaisons cristallisées :

$$2C^6H^{12}O^6, NaCl,$$
$$C^6H^{12}O^6, NaCl,$$
$$C^6H^{12}O^6, 2NaCl.$$

Propriétés réductrices. — Les propriétés réductrices de la glucose la différencient nettement du sucre : les dissolutions des sels de cuivre, d'argent, de mercure, de chlorure d'or en particulier sont réduites par la glucose à l'ébullition.

Une dissolution d'acétate de cuivre à laquelle on ajoute de la glucose et qu'on porte à l'ébullition laisse déposer une poussière cristalline rouge d'oxyde cuivreux Cu^2O.

Une dissolution de sulfate de cuivre, additionnée de glucose, ne précipite plus par la potasse, mais prend une couleur bleue intense, analogue à celle que l'on obtient en ajoutant un excès d'ammoniaque; mais si l'on chauffe, la liqueur jaunit, laisse déposer un précipité rouge d'oxyde cuivreux et se décolore. La dissolution de sulfate de cuivre, acide au tournesol, ne précipiterait après l'addition de la glucose que par une longue ébullition, et encore la réaction serait-elle incomplète; la réduction n'est facile qu'en liqueur alcaline.

On emploie pour la recherche de la glucose et son dosage une liqueur alcaline de cuivre (*liqueur de Fehling*), obtenue de la façon suivante : On dissout dans 500 grammes d'eau 75 grammes de carbonate de sodium cristallisé et 100 grammes de tartrate acide de potassium ou crème de tartre; on mélange cette liqueur avec une dissolution de 40 grammes de sulfate de cuivre cristallisé dans 160 grammes d'eau; on ajoute enfin 600 centimètres cubes d'une dissolution de soude caustique de densité 1,12 [1]. Il suffit de porter à l'ébullition cette liqueur et d'y ajouter une petite quantité d'un liquide sucré dans lequel on soupçonne la présence de la glucose, pour obtenir immédiatement un précipité rouge.

Comme les aldéhydes, la glucose s'unit à l'acide cyanhydrique CAzH et donne un nitrile qui, saponifié par la potasse, conduit à un acide monobasique contenant un atome de carbone de plus que le glucose :

$$C^6H^{12}O^6 + CAzH = C^6H^{13}O^6 - CAz,$$

$$C^6H^{13}O^6 - CAz + 2H^2O = C^6H^{13}O^6 - CO.OH + AzH^3.$$

Elle réagit également sur 2 molécules de phénylhydrazine $H^2Az - AzH\,C^6H^5$, employée en solution acétique, pour former, avec élimination de $2H^2O$ et de H^2, une combinaison cristalline (*osazone*) [2].

1. L'addition d'acide tartrique ou d'un tartrate à la dissolution d'un sel cuivrique empêche la précipitation de l'hydrate de cuivre par un alcali.

2. La *phénylglucosazone* ou *osazone* de la glucose est formée d'après l'équation :

$$C^6H^{12}O^6 + 2C^6H^5AzH - AzH^2 = C^{18}H^{22}Az^4O^4 + 2H^2O + H^2.$$

Ces propriétés réductrices de la glucose la rapprochent des aldéhydes. Par hydrogénation, on peut, en effet, la transformer en un alcool hexatomique, la *sorbite*, $C^6H^8(OH)^6$. Cette réaction s'effectue en ajoutant de l'amalgame de sodium à une dissolution de glucose.

Un courant de chlore traversant une dissolution froide de glucose l'oxyde et donne un acide monobasique, l'*acide gluconique*

$$C^6H^{12}O^6 + O = C^6H^{12}O^7.$$

L'acide azotique étendu produit une oxydation plus avancée et forme un acide bibasique, l'*acide saccharique*,

$$C^6H^{12}O^6 + 3O = H^2O + C^6H^{10}O^8.$$

Avec l'acide azotique concentré, on aurait une oxydation plus profonde encore et formation d'*acide oxalique*.

Éthers de la glucose. — La glucose fonctionne comme un alcool vis-à-vis des acides. Elle forme avec élimination de $H^2O, 2H^2O, 3H^2O, 4H^2O$ et même $5H^2O$ de véritables éthers, auxquels M. Berthelot a donné le nom de *glucosides*. Ces combinaisons s'obtiennent en chauffant la glucose en tube scellé avec un acide; mais, les acides minéraux exerçant une action destructive sur la glucose aux températures de 100° à 120° auxquelles s'effectuent les réactions, on n'obtient facilement ainsi que les glucosides dérivés des acides organiques (acides tartrique, acétique, stéarique, etc.). En dissolvant cependant la glucose dans l'acide nitrique fumant, on prépare un composé cristallisable, le *glucoside pentanitrique*, qui suffit à établir la fonction alcoolique pentatomique :

$C^6H^7O(OH)^5$	$C^6H^7O(O.AzO^2)^5$.
Glucose.	Glucose pentanitrique.

Tous ces glucosides se dédoublent, en présence des acides étendus, en glucose et acide générateur; quelques-uns des glucosides des acides organiques existent dans les fruits acides.

420. **Glucosides.** — Un grand nombre de principes cristallisables neutres se rencontrent dans les végétaux et se dédoublent, comme les glucosides précédents, en une glucose fermentescible; mais un des produits de la réaction est un alcool ou un alcool-phénol.

Telles sont la *salicine*, principe amer contenu dans diverses espèces de saules, de peupliers; l'*esculine*, contenue dans l'écorce du marronnier d'Inde; la *coniférine*[1], extraite des conifères. Ces glucosides neutres peuvent être considérés

1. La coniférine, oxydée par un mélange de bichromate de potassium et d'acide sulfurique, a fourni la *vanilline*, principe odorant de la vanille.

comme résultant de l'union de la glucose avec un alcool et élimination d'eau. Ainsi :

$$C^{13}H^{18}O^7 + H^2O = C^6H^{12}O^6 + C^7H^8O^2.$$

Salicine. Glucose. Saligénine.

La saligénine est un alcool-phénol $C^6H^4<\begin{smallmatrix}OH\\CH^2-OH\end{smallmatrix}$. Ces glucosides sont donc assimilables à des *éthers mixtes*.

Les saccharoses elles-mêmes, bien qu'on n'ait pu faire leur synthèse à partir de deux glucoses, rentrent aussi, d'après leur mode de dédoublement, dans cette catégorie de *glucosides*.

Enfin on connaît des glucosides qui se dédoublent, en absorbant les éléments de l'eau, en une glucose, un acide et un alcool ou une aldéhyde. Telle est l'*amygdaline*, contenue dans les amandes amères et les amandes d'un grand nombre de fruits à noyaux, et qui fournit, par dédoublement en présence de l'eau, de l'*acide cyanhydrique* et de l'*aldéhyde benzoïque* :

$$C^{20}H^{27}AzO^{11} + 2H^2O = 2C^6H^{12}O^6 + C^7H^6O + CAzH.$$

Amygdaline. Glucose. Aldéhyde benzoïque. Acide cyanhydrique.

C'est cette réaction de l'amygdaline qui fournit l'essence d'amandes amères.

FRUCTOSE

Lévulose, Sucre des fruits.

421. Préparation. — La fructose accompagne la glucose dans la plupart des fruits sucrés et acides (raisins, cerises, groseilles). Ces deux glucoses se rencontrent généralement à poids égaux, comme si elles résultaient du dédoublement du sucre de canne sous l'influence des acides; on obtient un tel mélange (*sucre interverti*) en chauffant une dissolution de sucre de canne avec les acides étendus. La fructose forme la partie incristallisable du miel.

On l'extrait de la solution du sucre interverti (433) en agitant celui-ci avec de la chaux éteinte; on filtre et, par refroidissement, on obtient des cristaux incolores d'une combinaison calcique $C^{12}H^{18}Ca^3O^{12}$, qui, décomposée par l'acide oxalique, donne la fructose pure.

422. Propriétés. — La fructose a été appelée pendant longtemps *sucre incristallisable des fruits* : elle cristallise en effet difficilement. Cependant, en la déshydratant par des lavages à l'alcool absolu et la dissolvant à l'aide d'une douce chaleur dans ce liquide, elle cristallise par refroidissement. Il suffit d'introduire un cristal ainsi obtenu dans une masse sirupeuse de lévulose pour en déterminer la cristallisation.

On obtient ainsi de longues aiguilles brillantes de lévulose, déliquescentes, très solubles dans l'alcool absolu.

La dissolution dévie à gauche le plan de polarisation : elle est donc *lévogyre*, ce qui la distingue de la glucose, qui est *dextrogyre*.

Quant aux réactions chimiques de la fructose, elles sont sensiblement les mêmes que celles de la glucose.

423. **Constitution des glucoses. — Classification.** — L'étude de la dextrose a montré que cette substance se comportait comme une aldéhyde et qu'elle était cinq fois alcool. Comme elle fournit d'autre part par une hydrogénation complète, lorsqu'on la chauffe avec de l'acide iodhydrique en tube scellé, un hydrocarbure saturé en C^6, l'hexane normal, on conçoit qu'on puisse dériver ces diverses fonctions de cet hydrocarbure saturé.

On rend compte de toutes les propriétés de la glucose en écrivant sa formule développée :

$$CH^2.OH-(CH.OH)^4-CHO;$$

une fois alcool primaire, quatre fois alcool secondaire, une fois aldéhyde. En effet :

1° Un même acide monobasique peut donner au plus cinq éthers;

2° Une oxydation ménagée donne un acide monobasique encore cinq fois alcool :

$$CH^2.OH-(CH.OH)^4-CO\ OH;$$

3° Une oxydation plus avancée donne un acide bibasique, encore quatre fois alcool (*acide saccharique*) :

$$CO.OH-(CH.OH)^4-CO.OH;$$

4° L'amalgame de sodium transforme la dextrose en un alcool hexatomique (*sorbite*)

$$CH^2.OH-(CH.OH)^4-CH^2.OH.$$

La fructose, isomère de la *dextrose*, diffère de celle-ci en ce qu'elle se comporte comme une cétone; elle est deux fois alcool primaire, trois fois alcool secondaire, une fois cétone; on écrit sa formule développée :

$$CH^2.OH-(CH.OH)^3-CO-CH^2.OH.$$

On connaît aujourd'hui plusieurs sucres dont la formule générale est $C^6H^{12}O^6$; les uns se comportent comme la dextrose, ce sont des *aldoses*: les autres comme la fructose, ce sont des *cétoses* :

Aldoses.		*Cétoses.*
2 Glucoses,	2 Taloses,	1 Sorbose[3],
2 Mannoses[1],	2 Guloses,	2 Fructoses.
2 Galactoses[2],	2 Idoses.	

Toutes ces matières sucrées qui contiennent 6 atomes d'oxygène sont des

1. Aldéhyde de la mannite, alcool hexatomique.
2. La *galactose* résulte du dédoublement de la *lactose* ou *sucre de lait* par les acides étendus.
3. Acétone de la sorbite, existe dans le suc fermenté de la baie du sorbier.

hexoses; on doit y joindre d'autres matières sucrées, dont les propriétés chimiques sont analogues à celles de la dextrose, mais qui contiennent moins ou plus d'oxygène. On a ainsi :

Trioses	Glycérose[1] . .	$C^3H^6O^3$.
Tétroses	Érythrose[2] . .	$C^4H^8O^4$.
Pentoses[3]	Arabinose. . . Xylose . . . . Ribose	$C^5H^{10}O^5$.
Hexoses		$C^6H^{12}O^6$.

On a préparé synthétiquement des *heptoses*, des *octoses* et des *nonoses*.

Tous ces corps, qui jouissent de fonctions aldéhydique ou acétonique, ont comme formule générale

$$(CH^2O)^n.$$

Le premier terme de la série ou *monose*, correspondant à $n = 1$, serait l'aldéhyde méthylique :

$$CH^2O \quad \text{ou} \quad H-CHO;$$

le deuxième terme ou *biose*[4], correspondant à $n = 2$, aldol du précédent, est l'aldéhyde glycolique (412) :

$$(CH^2O)^2 \quad \text{ou} \quad H-CH.OH-CHO.$$

Les divers termes de la série sont donc des polymères de la *monose*; on les appelle des *monoses*

Les hexoses qui sont, de ces sucres, ceux sur lesquels l'attention doit être particulièrement appelée, existent sous trois états caractérisés par leur action sur la lumière polarisée :

hexose *droite*, hexose *gauche*, hexose *inactive* par compensation.

Ainsi, indépendamment de la *glucose droite* ou *dextrose* anciennement con-

1. Acétone glycérique, mêlée d'aldéhyde glycérique :

$$CH^2.OH-CO-CH^2OH$$

et

$$CH^2.OH-CH.OH-CHO.$$

2. Aldéhyde d'un alcool tétratomique, l'érythrite :

$$CH^2.OH-(CH.OH)^2-CHO;$$

ou acétone isomérique :

$$CH^2.OH-CH.OH-CO-CH^2.OH.$$

On n'a obtenu jusqu'ici qu'un mélange de tétroses isomériques, ou plutôt leurs combinaisons avec la phénylhydrazine.

3. Dérivés aldéhydiques des alcools pentatomiques.

La *rhamnose* $C^6H^{12}O^5$ est un homologue supérieur de l'arabinose; elle en diffère par CH^2 :

$$C^6H^{12}O^5 = C^5O^{10}(CH^2)O^5.$$

4. Les mots *biose* et *triose* sont pris dans deux sens différents. Ici ils signifient sucres en C^2 et en C^3. D'habitude le mot *biose* est pris dans l'acception qu'on lui a donnée page 335; il désigne les saccharoses.

nue, on a obtenu par synthèse une *glucose gauche* et une *glucose inactive*. A la *fructose*, anciennement dénommée *lévulose*, parce que la dissolution dévie à gauche le plan de polarisation de la lumière, on doit joindre aujourd'hui une *fructose droite* et une *fructose inactive*. Les expressions *dextrose* et *lévulose* ont donc cessé d'avoir aujourd'hui une signification précise ; elles doivent être abandonnées.

424. Synthèse des glucoses. — L'aldéhyde formique peut être considérée comme le générateur commun des glucoses. La découverte de l'*aldol* (420) par Wurtz devait conduire à la synthèse des glucoses, qui n'a été réalisée que beaucoup plus tard et à laquelle le nom de E. Fischer doit rester attaché.

Si deux molécules d'aldéhyde formique s'unissent pour former un *aldol*,

$$H-CHO + H-CHO = H-CH.OH-CHO \text{ ou } CH^2.OH-CHO,$$

la condensation de six molécules de cette même aldéhyde doit former une hexose ou glucose proprement dite :

$$(H-CHO)^6 = C^6H^{12}O^6.$$

De même, le produit de la condensation de deux molécules d'aldéhyde glycérique (glycérose) a la composition d'une hexose :

$$(CH^2.OH-CH.OH-CHO)^2 = C^6H^{12}O^6.$$

La condensation de ces aldéhydes s'effectue d'elle-même au contact d'une base faible, telle que l'hydrate de calcium (lait de chaux). Les produits de la réaction sont fermentescibles ; ils réduisent la liqueur cupropotassique, forment avec la phénylhydrazine une combinaison cristallisée, présentent en un mot toutes les réactions des glucoses. C'est en s'appuyant sur les différences de propriétés physiques que présentent les produits de condensation de la glycérose lorsqu'ils agissent sur la phénylhydrazine, que E. Fischer a réussi à isoler plusieurs glucoses isomériques (V. p. 539).

SACCHAROSES OU BIOSES

425. Définition. — Le type des saccharoses ou *bioses*[1] est le *sucre de canne*, ou *saccharose proprement dite*. Le caractère chimique essentiel des saccharoses est leur dédoublement en deux glucoses sous l'influence des acides étendus ou des ferments ; ils se rattachent par conséquent au groupe des *glucosides* (4 0). D'une façon plus générale, on peut dire que ce sont des éthers mixtes, formés par l'association de deux glucoses, fonctionnant comme alcools pentatomiques, avec élimination de H^2O.

On distingue :

Le *sucre de canne* ou *saccharose proprement dite*,
La *lactose* ou *sucre de lait*,
La *maltose*,

1. Comme formées de deux *glucoses* ou *monoses*.

et un certain nombre d'autres matières sucrées moins importantes retirées des végétaux. Leur formule générale est $C^{12}H^{22}O^{11}$.

SUCRE DE CANNE.

Saccharose.

426. **Extraction du sucre de la betterave.** — Le sucre ou saccharose a été retiré tout d'abord de la canne à sucre. Mais beaucoup d'autres végétaux, et particulièrement le sorgho, l'érable à sucre et la betterave, en renferment. En majeure partie, le sucre consommé dans les pays d'Europe est extrait de la betterave dont la culture s'est largement développée à cet effet.

La fabrication du sucre extrait de la canne s'est faite tout d'abord par des

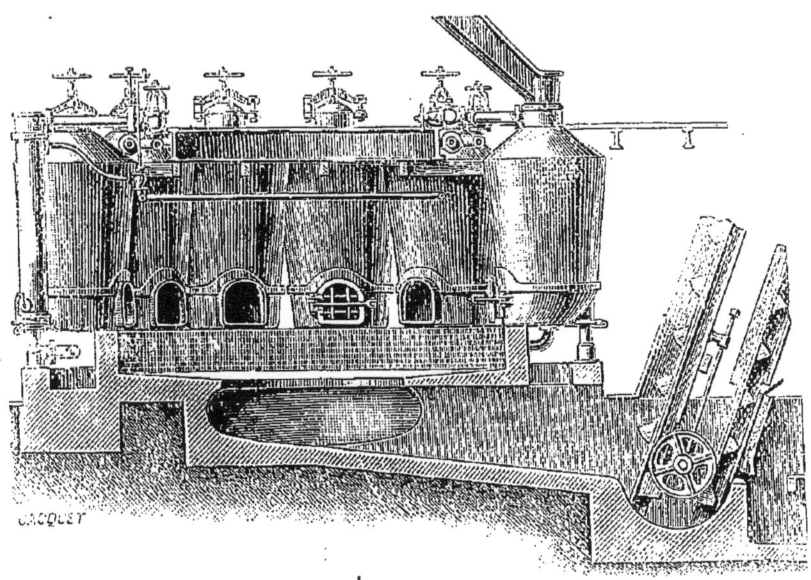

Fig. 85.

procédés expéditifs et à l'aide d'appareils simples. Dans les colonies on tend aujourd'hui à adopter les perfectionnements apportés successivement à la fabrication des sucres indigènes. Pour ces motifs, nous décrirons tout d'abord, très brièvement d'ailleurs, les procédés actuellement employés pour l'extraction du sucre de betterave[1].

La betterave la plus riche en sucre est la betterave blanche à collet rose, ou betterave de Silésie : améliorée par une culture rationnelle et une sélection rigoureuse, une de ses variétés, la betterave améliorée de Vilmorin, générale-

1. Consulter pour plus de détails *le Sucre et l'Industrie sucrière*, par P. Horsin-Déon. — J.-B. Baillière.

ment cultivée en France, contient en moyenne de 14 à 15 pour 100 de sucre; cette teneur peut s'élever exceptionnellement à 18 pour 100. Dès qu'elles atteignent leur maturité, c'est-à-dire dès que les feuilles principales se fanent, on arrache les betteraves, on supprime les feuilles et la tête ou tige unique qui porte les feuilles, et on les met en tas dans les champs; si l'on doit les conserver plus longtemps, on les enferme dans des silos, où, recouvertes de terre, elles seront à l'abri des gelées.

Dès son entrée dans le cours de la fabrication la betterave est lavée, épierrée et desséchée[1]. Elle est ensuite découpée par des machines spéciales (*coupe-racines*) en fines lanières de 4 à 5 millimètres de côté (*cossettes*).

Diffusion. L'extraction du sucre de la betterave se fait généralement aujourd'hui par la *méthode de diffusion* qui, imaginée en 1830 par Mathieu de Dombasle, puis abandonnée, a subi dans ces dernières années des perfectionnements qui l'ont rendue pratique et économique.

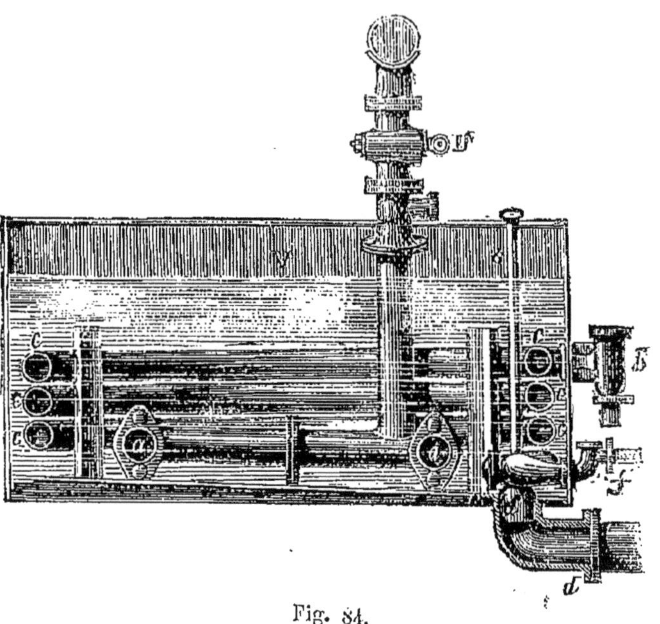

Fig. 84.

Supposons une cuve séparée en deux compartiments par une cloison formée par du papier parchemin perméable aux liquides; si de part et d'autre de cette cloison sont placées deux dissolutions salines ou sucrées de concentration différente, un équilibre tend à s'établir et, au bout d'un temps plus ou moins long, les deux liqueurs acquièrent la même concentration. On conçoit donc que si l'on fait circuler un courant d'eau pure dans l'un des compartiments, la totalité du sucre ou des sels contenus dans l'autre passera peu à peu au travers de la paroi. La cellulose qui forme les parois des cellules végétales se comporte

1. En France, l'impôt est payé par le fabricant d'après le poids de la matière première qui entre en fabrication. A cet effet, les betteraves sont pesées dans une benne supportée par une bascule qui enregistre automatiquement le poids du contenu de la benne et le nombre des pesées faites journellement.

comme une paroi perméable aux dissolutions des corps cristallisables (*corps cristalloïdes*); elle ne laisse passer que très difficilement, au contraire, les substances gélatineuses comme les matières albuminoïdes (*corps colloïdes*), et c'est en faisant circuler un courant d'eau autour des cossettes que l'on épuise celles-ci de tout le sucre que contiennent leurs cellules.

Les *diffuseurs* (fig. 85) sont des cylindres verticaux en tôle de 3 à 4 mètres cubes de capacité. Ils sont généralement disposés en cercle autour d'une cuve en maçonnerie qui recevra les cossettes épuisées. Dans ces cylindres on fait circuler de l'eau à la température de 75°-80° et, à des intervalles de temps déterminés, on vide l'une d'elles que l'on remplit de cossettes fraîches. C'est alors

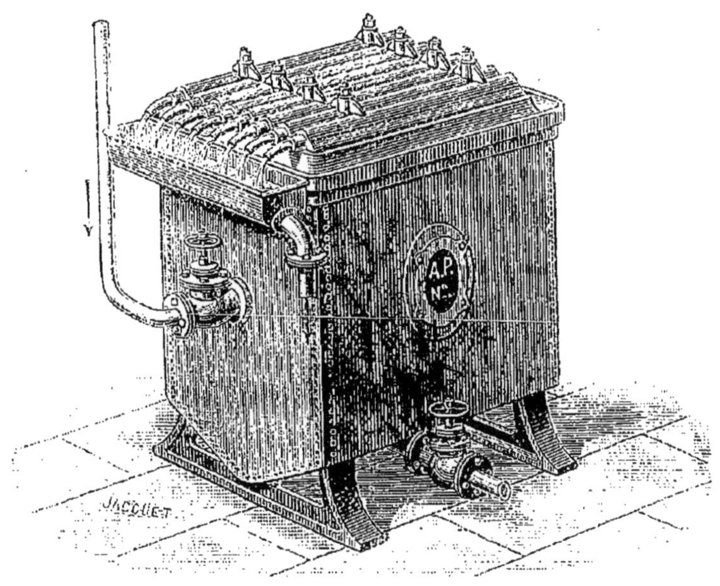

Fig. 85.

cette cuve qui reçoit en dernier lieu le liquide chargé de sucre, le liquide le plus riche baignant ainsi toujours les cossettes neuves, tandis que l'eau pure arrive au contact des cossettes épuisées qu'elle soumet à un dernier lavage. La vitesse du courant liquide est telle que, au sortir d'un diffuseur, sa teneur en sucre est égale à celle du liquide contenu dans les cellules; ce liquide contient du sucre et des matières salines, mais il contient peu de matières albuminoïdes et pectiques.

Défécation. Double carbonatation. Le *jus cru* contient cependant assez de composés pectiques pour qu'il soit impossible de le concentrer directement; il se prendrait en gelée.

La *défécation* a pour but de saturer à l'aide de la chaux les acides libres, et de former, avec les matières albuminoïdes, les matières grasses et les matières colorantes, des combinaisons insolubles. En employant un léger excès de chaux, on est certain d'éliminer toutes les substances étrangères, mais en même temps on forme avec le sucre une combinaison insoluble, le sucrate de chaux (357), ce qui entraînerait des pertes si l'on ne déplaçait cet excès de chaux par un courant de gaz carbonique.

Lorsqu'on opère, comme on le fait généralement aujourd'hui, par *double carbonatation*, on additionne le jus sucré au sortir des diffuseurs d'un lait de chaux dans un *bac malaxeur*, puis on porte à 80° dans un *réchauffeur*, enfin on introduit le liquide dans des bacs rectangulaires V (fig. 84). On fait circuler de la vapeur dans le serpentin *cc* de façon à porter rapidement la température à 80° en même temps qu'on fait arriver du gaz carbonique par un tube vertical *u*; le gaz carbonique[1] s'échappe par de nombreuses ouvertures pratiquées dans un tube *aa* disposé en carré et décompose le sucrate de chaux. Les jus déféqués laissent déposer, par le repos, du carbonate de calcium pulvérulent; dès qu'ils se sont éclaircis, on les décante; les dépôts boueux sont comprimés dans des *filtres-presses* et tous les liquides clarifiés sont introduits dans des

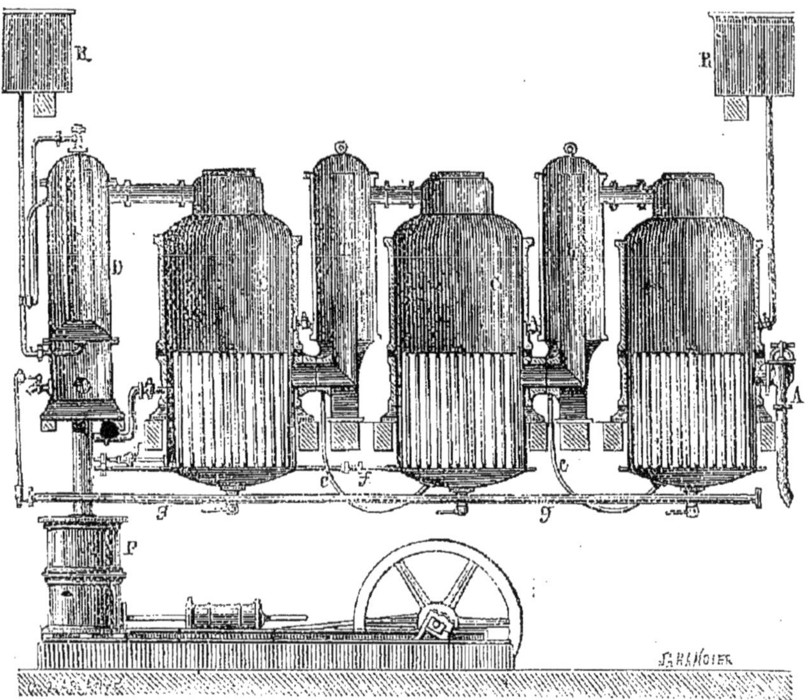

Fig. 86.

appareils identiques aux précédents. On injecte cette fois du gaz carbonique de façon à saturer complètement la chaux, puis on chauffe de façon à chasser l'excès de gaz. Les jus clarifiés par le repos sont passés au filtre-presse.

Filtration mécanique. Les jus qui s'écoulent des filtres-presses sont encore légèrement troubles; on les soumet à un *filtrage mécanique* en les forçant à

1. On produit économiquement ce gaz carbonique par la calcination du calcaire, qui fournit en même temps la chaux indispensable à ces opérations. Les fours à chaux annexés à une sucrerie sont couverts et munis, à leur partie supérieure, d'un large conduit par lequel les gaz se rendent dans des laveurs et de là dans les appareils.

traverser sous pression des sacs en tissus tendus sur une tôle ondulée. Un certain nombre de ces sacs sont disposés dans une caisse rectangulaire et le liquide traverse les sacs de dehors en dedans pour s'écouler ensuite à l'extérieur (fig. 85).

Évaporation et cuite. — La concentration des liqueurs sucrées s'est faite tout d'abord à l'air libre; elle s'effectue aujourd'hui dans une atmosphère raréfiée.

Le type des appareils à évaporation dans le vide est *l'appareil à triple effet* de Cail.

Un appareil à triple effet (fig. 86) se compose de trois caisses cylindriques en fonte, vers la partie inférieure desquels se trouvent des assemblages de tubes verticaux faisant communiquer la partie inférieure et la partie supérieure de l'appareil; les jus occupent la partie inférieure des caisses, les tubes verticaux, et s'élèvent de 0^m,20 environ au-dessus de l'orifice supérieur de ceux-ci; la vapeur qui sert au chauffage circule dans les espaces libres compris entre les

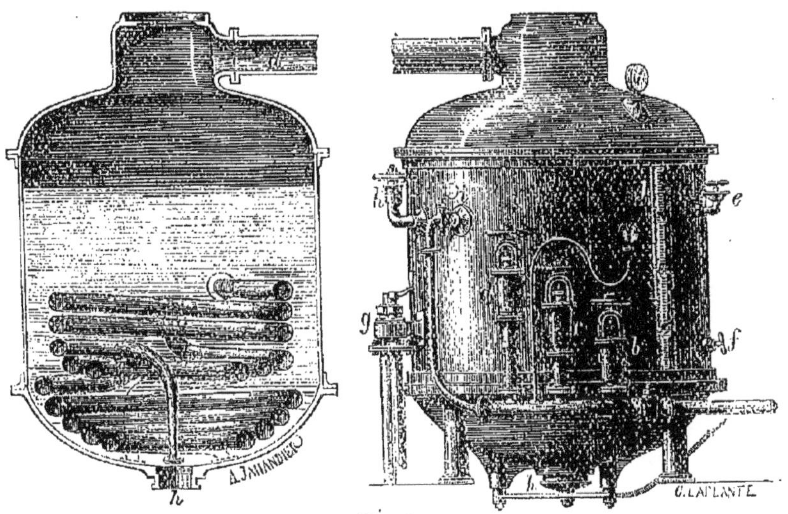

Fig. 87.

tubes. On fait passer successivement les jus de la caisse n° 1 dans la caisse n° 2, enfin dans la caisse n° 3, par des robinets et des tuyaux *cc'*. La chaudière n° 1 est chauffée par de la vapeur qui arrive en A. se condense autour des tubes et retourne, après liquéfaction, aux générateurs. Les vapeurs émises par les jus sucrés de la caisse n° 1 s'échappent par le tuyau T et pénètrent dans les intervalles des tubes de la caisse n° 2; les vapeurs émises par celle-ci servent à échauffer les tubes de la caisse n° 3. Une pompe fait un vide partiel dans les trois chaudières de façon que l'ébullition ait lieu à 96° dans la caisse n° 1, à 82° dans la seconde et à 54° seulement dans la troisième. Les jus se trouvent ainsi portés, à mesure qu'ils se concentrent, à des températures de plus en plus basses, ce qui diminue les causes d'altérabilité du sucre.

Au sortir de la première caisse le jus doit marquer 10° Baumé, de 15° à 16° au sortir de la seconde, et 22° environ au sortir de l'appareil.

La concentration définitive ou *cuite en grains* s'effectue également dans une atmosphère raréfiée; la figure 87 représente une chaudière à *cuire en grains* dans le vide. On fait arriver de la vapeur provenant du générateur de l'usine dans un des trois serpentins superposés ou dans les trois serpentins simultanément par trois robinets *b, c, d*; un large tube placé à la partie supérieure fait communiquer l'intérieur de l'appareil avec une pompe à faire le vide; le sirop est amené par le tube *g* et retiré à la fin de l'opération par la soupape *h*. La cuite est terminée lorsque la chaudière se trouve remplie d'une masse sirupeuse formée de petits cristaux imprégnés d'un liquide épais ou *mélasse* qui retient toutes les impuretés du sucre. La masse ne retient plus alors que 5 à 6 pour 100 d'eau.

Au sortir de la chaudière à cuire, le sirop est versé dans des bacs refroidisseurs et agité; les cristaux précédemment formés continuent de se développer régulièrement et restent détachés les uns des autres. Lorsque, au bout de quelques jours, la cristallisation est terminée, on essore le sucre à l'aide d'une *turbine à force centrifuge* (fig. 88). Le vase LL est mobile autour d'un axe vertical et peut être animé d'un mouvement de rotation de 1000 tours à la minute; ses parois latérales sont formées d'une toile métallique en cuivre, contre laquelle viennent s'appliquer les cristaux. Les liquides s'échappent et viennent sortir en O. On débarrasse les cristaux de la mélasse interposée en les *clairçant*, c'est-à-dire en projetant sur les cristaux, dans les turbines mêmes, du sirop de sucre, de l'eau, ou même de la vapeur qui, pénétrant entre les interstices, déplace la mélasse.

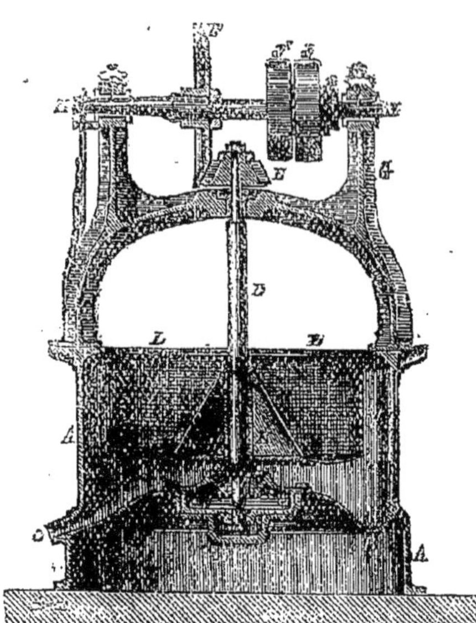

Fig. 88.

Le sucre ainsi obtenu est le sucre de *premier jet* : c'est le plus pur et le plus blanc; en concentrant de nouveau les eaux mères toujours plus ou moins colorés, on obtient les sucres de *deuxième* et de *troisième jet*.

Les dernières eaux mères ou *mélasses* proprement dites renferment encore 50 pour 100 de sucre cristallisable, ce qui correspond à environ 1,5 pour 100 du sucre de la betterave; mais elles contiennent aussi des glucoses, des sels et des produits d'altération des matières sucrées. Divers procédés ont été employés pour en extraire du sucre cristallisable (précipitation du sucre par l'alcool, transformation en sucrate, osmose) ou pour diminuer, par une cristallisation et un turbinage plus rationnels, la masse de ces sirops incristallisables: mais le plus souvent on se borne à les faire fermenter et à distiller le liquide alcoolique. Les résidus solides de cette opération (*vinasses*) sont incinérés et le salin résultant, soumis à des traitements méthodiques, fournit de grandes quantités de sels de potassium employés en agriculture.

Sucre de canne. — Le jus de la canne contient de 18 à 20 pour 100 de sucre que l'on extrayait tout d'abord en broyant la canne entre des cylindres cannelés et concentrant le jus directement à feu nu; on emploie aujourd'hui la méthode de diffusion comme dans les pays d'Europe. La canne est découpée en minces

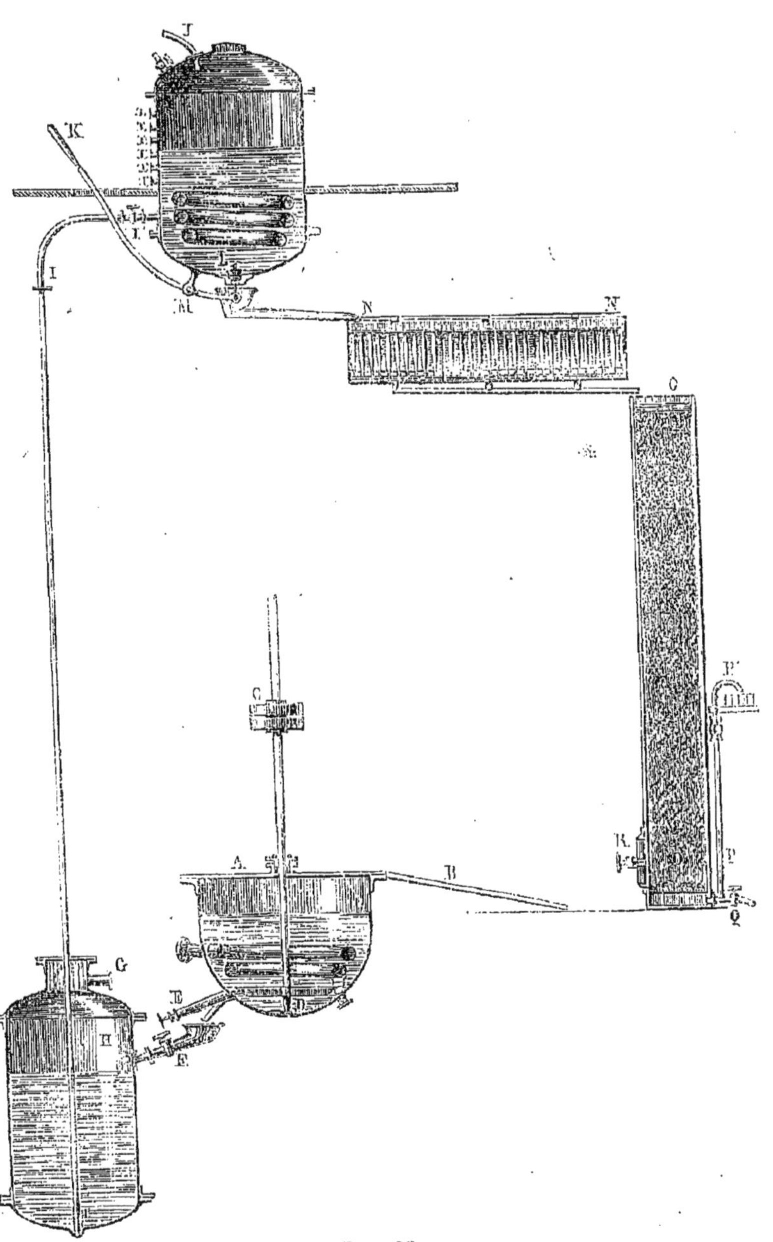

Fig. 89

rondelles obliquement à son axe et ces rondelles sont épuisées dans des diffuseurs. Le jus qui sort des diffuseurs renferme beaucoup moins de matières albuminoïdes que le jus de la betterave. Il suffit de le concentrer après l'avoir additionné de quelques millièmes de chaux destinés à saturer l'acidité naturelle de la liqueur sucrée pour obtenir un sirop cristallisable. La suite des opérations, dans les usines modernes, s'effectue dans des appareils identiques avec ceux qui servent en Europe au traitement du jus de la betterave[1].

427. **Raffinage.** — L'industrie sucrière est aujourd'hui assez perfectionnée pour qu'on obtienne directement un sucre parfaitement blanc qui pourrait être livré directement à la consommation : les sucres cristallisés blancs de premier jet contiennent de 98 à 99 pour 100 de saccharose. Mais les sucres bruts colorés de canne ou de betterave (*cassonades*) renferment généralement du *sucre incristallisable*, des *matières azotées*, des *débris organiques*, des *sels minéraux*, du *sucrate de calcium* et quelquefois aussi des *acides libres* qui préexistent (acide malique) ou qui se développent pendant le séjour en magasins et dans les navires (acides acétique, lactique). On ne les livre généralement à la consommation qu'après les avoir soumis à une épuration, ou *raffinage*.

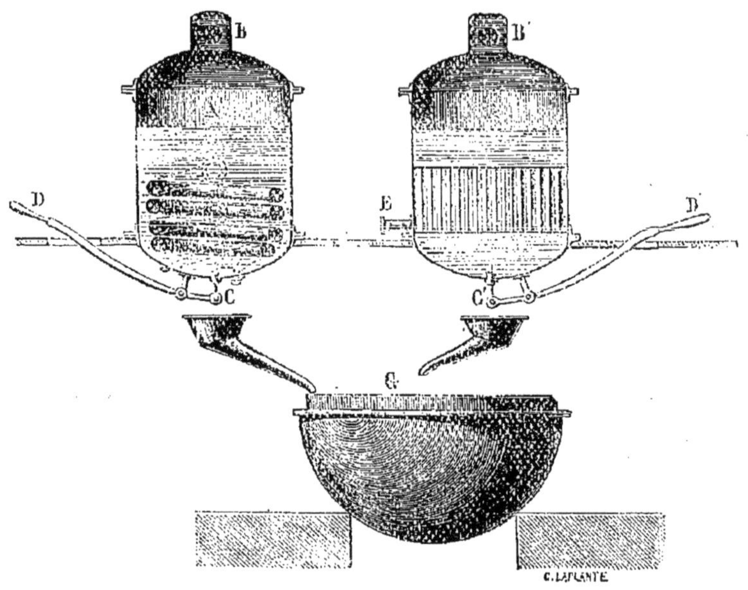

Fig. 90.

La disposition générale des appareils destinés au raffinage est représentée par la figure 89. Les sucres sont dissous dans environ 30 pour 100 de leur poids d'eau;

1. Les mélasses de canne à sucre ont un goût spécial très estimé des indigènes qui en consomment une certaine quantité; mais la plus grande partie, soumise à la fermentation et distillée, fournit le *tafia* et le *rhum*. Autrefois le rhum résultait uniquement de la fermentation du *vesou* ou jus sucré extrait de la canne par compression.

cette fusion s'opère dans des chaudières A chauffées à la vapeur. On ajoute au liquide du noir animal fin (2 à 4 pour 100) et du sang de bœuf (1,5 à 2 pour 100). On brasse avec un agitateur CD, puis on fait passer le mélange, à l'aide d'un monte-jus HI, dans une chaudière close B'; à l'aide d'un courant de vapeur qui traverse un serpentin, on élève la température de façon à coaguler l'albumine du sang qui entraîne les particules en suspension. Le liquide s'écoule de là dans des filtres

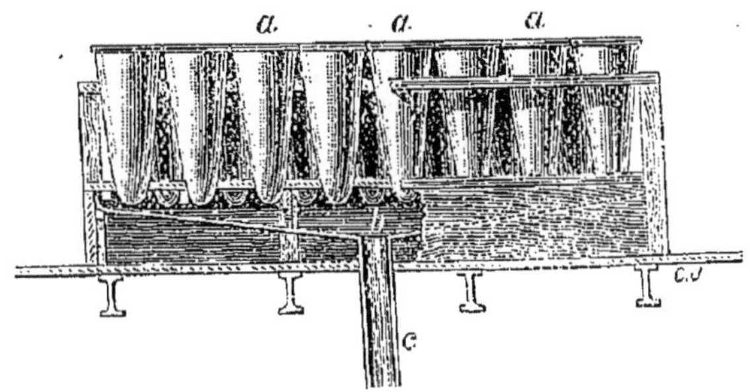

Fig. 91.

en toile (*filtres Taylor*) NN, puis dans des filtres à noir O[1]. Les jus sont ensuite évaporés jusqu'à commencement de cristallisation (*cuite en grains*) dans des chaudières A (fig. 99), où la concentration s'effectue dans une atmosphère raréfiée; puis, lorsque la concentration est à son terme, on fait couler le sirop dans un réchauffoir à double fond G où le grainage s'effectue et se régularise par une agitation lente pratiquée à la main. Enfin on coule dans des formes coniques en

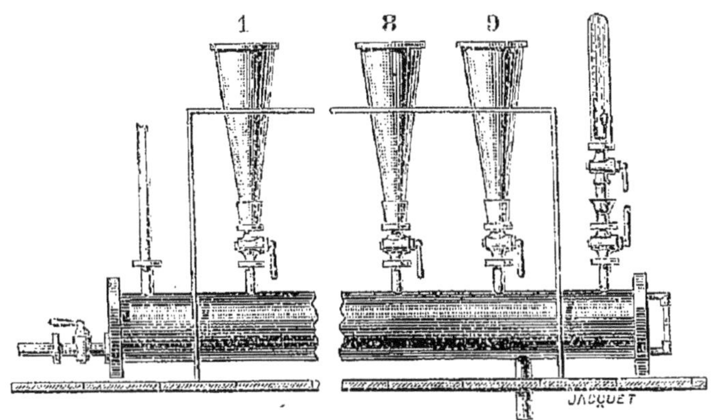

Fig. 92 *bis*.

1. Les boues qui restent sur les filtres (*noirs de raffinerie*) sont achetées comme engrais par les cultivateurs; elles contiennent en effet les matières azotées du sang, les phosphates du noir animal et des sels minéraux.

fer, émaillées intérieurement et dont la pointe porte une petite ouverture que l'on ferme, au moment du remplissage, avec une cheville en bois. Le sirop est brassé jusqu'à ce que la cristallisation se soit propagée dans toute la masse. On abandonne alors les pains à eux-mêmes dans des greniers dont la température ne doit pas dépasser 20°, sur des tables percées de trous (*lits de pains*, fig. 91).

Dès que la prise en masse s'est effectuée, on ouvre la pointe des formes et on laisse égoutter pendant plusieurs jours.

Lorsque l'égouttage est terminé, on enlève la base des pains, on tasse du sucre blanc en petits cristaux et on procède au *terrage*. Cette opération se pratiquait autrefois en plaçant à la base du pain une bouillie d'argile blanche; l'eau qui imbibe l'argile dissolvait le sucre et, pénétrant peu à peu dans la masse, déplaçait les jus colorés. Actuellement on verse à la base du pain un sirop de sucre pur ou *clairce* et on répète cette opération à plusieurs reprises; lorsque le pain est d'une blancheur parfaite et que les liquides qui s'écoulent par la pointe (*sirops d'égoût*) sont incolores, on porte les formes sur les *sucettes*. Les pointes

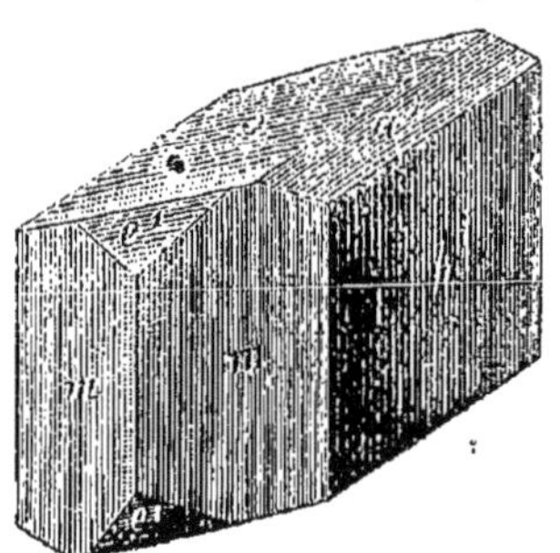

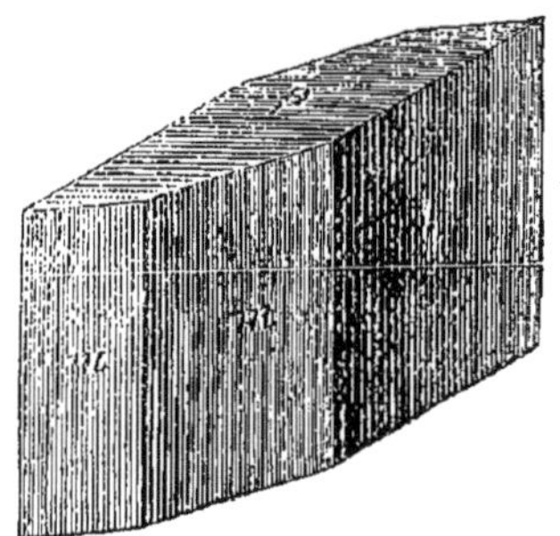

Fig. 93.

des formes sont engagées dans des cavités coniques garnies de joints en caoutchouc et pratiquées dans un tuyau horizontal en cuivre dans lequel on fait le vide. Enfin, les pains sont séchés à l'étuve à une température que l'on élève peu à peu à 50°.

428. **Sucre candi.** — Le sucre en cristaux volumineux, ou sucre candi, s'obtient en concentrant les sirops jusqu'à 37° B. Ces sirops sont placés dans des bassines en cuivre aux travers desquelles sont tendus des fils et évaporés lentement dans des étuves chauffées à 30°.

429. **Propriétés physiques.** — Les cristaux de saccharose sont des prismes rhomboïdaux obliques (fig. 93); ils sont très durs et répandent des lueurs dans l'obscurité quand on les brise. Ils sont inaltérables à l'air.

Le sucre se dissout dans la moitié de son poids d'eau froide et forme un liquide épais, un sirop : dans le quart de son poids d'eau à 80°, dans un cinquième à 100°. Cette dissolution dévie à *droite* le plan de polarisation. Le sucre est insoluble dans l'éther et dans l'alcool absolu froid; l'alcool absolu et surtout l'alcool ordinaire le dissolvent à l'ébullition, et le laissent déposer par le refroidissement en petits cristaux distincts.

430. Propriétés chimiques. — Le sucre fond à 160° et se prend par le refroidissement en une masse vitreuse (*sucre d'orge*); peu à peu cette masse perd sa transparence et devient trouble en se transformant en un magma de petits cristaux accolés.

Mais si on maintient longtemps le sucre à cette température de 160°, il se dédouble en *glucose* et *lévulosane* :

$$C^{12}H^{22}O^{11} = \underset{\text{Glucose.}}{C^6H^{12}O^6} + \underset{\text{Lévulosane.}}{C^6H^{10}O^5}.$$

A une température plus élevée, il se transforme en produits mal définis, jaunes ou bruns (*caramel*), puis il laisse dégager de l'eau, des gaz combustibles, et il reste enfin, lorsque tous les produits volatils ont été chassés, un charbon volumineux, très léger (*charbon de sucre*).

Les alcalis ne peuvent altérer le sucre, même à 100°, ce qui le distingue du glucose. Avec les métaux alcalino-terreux le sucre forme des combinaisons qui jouent un rôle important dans la fabrication du sucre.

On obtient une masse cristalline de sucrate de baryum $C^{12}H^{20}BaO^{11} + H^2O$ en ajoutant une solution saturée et bouillante d'hydrate de baryum à une dissolution aqueuse de sucre.

L'eau sucrée dissout la chaux; si on porte le liquide à l'ébullition, celui-ci se prend en masse, pour peu qu'il soit concentré; la combinaison calcique primitivement formée s'est dédoublée sous l'action de la chaleur en un sucrate basique $C^{12}H^{16}Ca^3O^{11} + 3H^2O$, tandis qu'il reste en dissolution une combinaison calcique plus riche en sucre. Par le refroidissement, les deux composés réagissent l'un sur l'autre et la liqueur redevient limpide. Un courant de gaz carbonique traversant la masse forme du carbonate de calcium qui se précipite et le sucre reste en dissolution.

En ajoutant de l'acétate de plomb à la dissolution du sucrate de calcium, on précipite un sucrate de plomb $C^{12}H^{18}Pb^2O^{11}$.

Le sucre forme avec le sel marin un composé cristallisé $C^{12}H^{22}O^{11} + NaCl$.

431. Sucre interverti. — Les acides minéraux étendus et bouillants transforment rapidement le sucre en un mélange à poids égaux de glucose et de fructose (*sucre interverti*) :

$$C^{12}H^{22}O^{11} + H^2O = C^6H^{12}O^6 + C^6H^{12}O^6.$$

La dissolution primitive déviait *à droite* le plan de polarisation de la lumière ; après l'action des acides étendus et refroidissement, la liqueur dévie *à gauche*, car le pouvoir rotatoire gauche de la lévulose est plus grand en valeur absolue que celui de la glucose.

Les acides organiques produisent le même effet à l'ébullition, mais à la température ordinaire leur action est d'une lenteur extrême et on s'explique ainsi la coexistence du sucre de canne et des acides acétique, malique, tartrique dans certains fruits acides.

Une ébullition prolongée dans l'eau pure suffit pour déterminer l'inversion. Enfin, nous verrons qu'elle se produit encore sous l'influence d'un ferment soluble, l'*invertine* (456).

432. **Éthers de la saccharose.** — Fonctionnant comme alcool, le sucre peut former des éthers avec les acides ; mais il est difficile de les séparer des éthers des glucoses résultant du dédoublement du sucre.

On obtient cependant une *saccharose tétranitrique* $C^{12}H^{14}O^{7}(AzO^{3}H)^{4}$ en ajoutant du sucre en poudre à un mélange d'acide nitrique et d'acide sulfurique refroidi à 0°. On obtient ainsi un liquide incristallisable, explosif comme le sont généralement les combinaisons nitriques des alcools.

LACTOSE.

433. **Préparation.** — La *lactose* ou sucre de lait s'obtient en évaporant le petit-lait, résidu de la préparation du fromage. La solution sirupeuse abandonnée dans un endroit frais laisse déposer de petits cristaux très durs, qu'on purifie par de nouvelles cristallisations et qu'on décolore par le noir animal

434. **Propriétés.** — Les cristaux de lactose renferment une molécule d'eau de cristallisation, qu'ils abandonnent à 150° ; leur formule est donc $C^{12}H^{22}O^{11} + H^{2}O$. La dissolution est *dextrogyre* :

La dissolution de lactose additionnée d'un acide minéral se dédouble à l'ébullition en deux glucoses, la glucose ordinaire et une glucose particulière, la *galactose*, qui est également *dextrogyre* :

$$C^{12}H^{22}O^{11} + H^{2}O = \underset{\text{Glucose.}}{C^{6}H^{12}O^{6}} + \underset{\text{Galactose.}}{C^{6}H^{12}O^{6}}.$$

Traitée par l'amalgame de sodium, la lactose fixe de l'hydrogène et se transforme en un mélange à poids égaux de deux alcools hexatomiques isomériques $C^{6}H^{8}(OH)^{6}$, la *mannite* et la *dulcite* :

$$C^{12}H^{22}O^{11} + 4H + H^{2}O = C^{6}H^{14}O^{6} + C^{6}H^{14}O^{6}.$$

L'acide azotique transforme, à l'ébullition, la lactose en acides mucique, saccharique, oxalique et tartrique.

Elle réduit, comme les glucoses, la liqueur cupropotassique. Sous l'influence de ferments spéciaux la lactose subit la fermentation alcoolique ; mais elle subit plus facilement la fermentation lactique.

MALTOSE.

435. **Préparation.** — **Propriétés.** — La *maltose* se produit lorsqu'on chauffe vers 60° les matières amylacées avec de l'eau de l'orge germée. Sous l'influence de la *diastase* (458), la matière amylacée se transforme en dextrine, puis en maltose :

$$\underset{\text{Dextrine.}}{C^{12}H^{20}O^{10}} + H^2O = \underset{\text{Maltose.}}{C^{12}H^{22}O^{11}}.$$

La maltose cristallisée a pour formule $C^{12}H^{22}O^{11} + H^2O$; chauffée avec de l'acide sulfurique étendu, elle se transforme en glucose :

$$C^{12}H^{22}O^{11} + H^2O = 2\,(C^6H^{12}O^6).$$

Elle est *dextrogyre* et réduit, quoique plus difficilement que les glucoses, la liqueur cupropotassique ; elle fermente dans les mêmes conditions que le sucre de canne.

TRIOSES.

D'autres matières sucrées telles que la *mélitose* extraite de la manne d'Australie et la *mélézitose* retirée par M. Berthelot de la manne de Briançon exsudée par le mélèze, sont des trioses. Ces sucres se ramènent à 3 glucoses quand on chauffe leur dissolution avec de l'acide sulfurique étendu :

$$C^{18}H^{32}O^{16} + 2H^2O = 3\,(C^6H^{12}O^6).$$

436. **Raffinose.** — Les mélasses de sucreries contiennent un sucre, la *raffinose*, qui est identique avec la *mélitose*. On l'extrait par l'alcool, dans lequel elle est moins soluble encore que la saccharose, sous la forme de petits cristaux :

$$C^{18}H^{32}O^{16} + 5H^2O.$$

La solution est *dextrogyre*; elle ne réduit pas la liqueur de Fehling.

Par une inversion suffisante la raffinose donne 3 hexoses : la glucose, la lévulose et la galactose.

CHAPITRE XXVI

AMIDON ET FÉCULES — DEXTRINES — GOMMES — CELLULOSES

437. **Polysaccharides.** — Un grand nombre de principes immédiats neutres retirés des organismes vivants, particulièrement des végétaux, peuvent être, comme les glucoses et les sucres, désignés sous le nom d'*hydrates de carbone*; en fixant les éléments de l'eau, ces substances reproduisant des glucoses doivent être considérées comme des éthers de ces alcools polyatomiques, c'est-à-dire formées par l'union de *n* molécules de glucose avec perte de *n* molécules d'eau :

$$nC^6H^{12}O^6 - nH^2O = (C^6H^{10}O^5)^n :$$

ce sont des *polysaccharides*.

Comme ces principes ne sont pas volatils, très peu solubles sinon pas du tout et sont susceptibles de réactions très compliquées, on n'a pu déterminer avec précision leurs poids moléculaires.

AMIDON ET FÉCULES.

438. **Origine. — Extraction.** — Les cellules végétales renferment des petits grains microscopiques d'une matière à laquelle on a donné le nom de *matière amylacée* ou *amylose*. Cette matière se rencontre dans les graines des céréales, les tiges, les tubercules et les racines d'un grand nombre de végétaux; elle est particulièrement abondante dans les tubercules de la pomme de terre. On désigne plus spécialement sous le nom d'*amidon* la matière amylacée des *céréales*; la *fécule* est la matière amylacée de la pomme de terre.

439. **Amidon.** — Lorsqu'on réduit la farine en pâte et qu'on soumet celle-ci à un malaxage sous un filet d'eau, il reste entre les doigts une matière grise élastique, le *gluten* : l'eau entraîne

l'amidon et le laisse déposer, au bout de quelques instants de repos.

On exécute cette opération dans l'industrie en pétrissant mécaniquement la pâte de farine sous un grand nombre de filets d'eau dans une auge allongée demi-cylindrique, dont le fond est formé d'une toile métallique (fig. 94 et 95). Comme l'amidon ainsi pré-

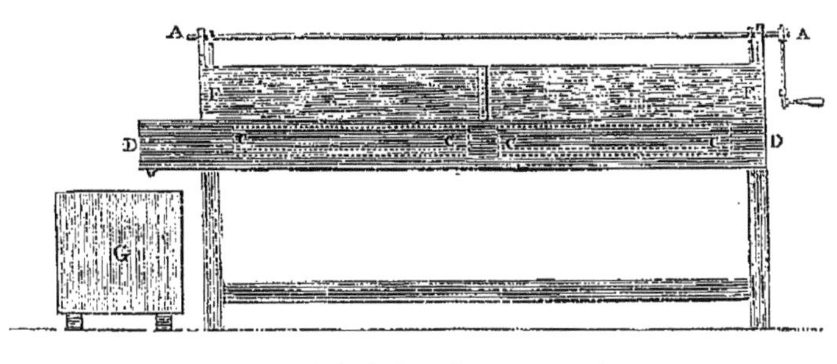

Fig. 94.

paré entraine toujours quelques traces de gluten qui, en se putréfiant ultérieurement, altérerait l'amidon, on fait fermenter le produit brut dans des cuves en ajoutant une petite quantité d'eau provenant d'opérations antérieures (*eau sure*). Au bout de quelques jours, on lave l'amidon, on l'égoutte sur des toiles, puis sur des carreaux de plâtre, enfin on le dessèche dans une étuve. La masse subit un retrait par la dessiccation et se divise en prismes irréguliers : c'est l'*amidon en aiguilles* du commerce. Cette forme est pour l'acheteur une garantie de pureté ; car la fécule, dont les grains sont globuleux et plus volumineux que ceux de l'amidon, ne pourrait prendre cette forme.

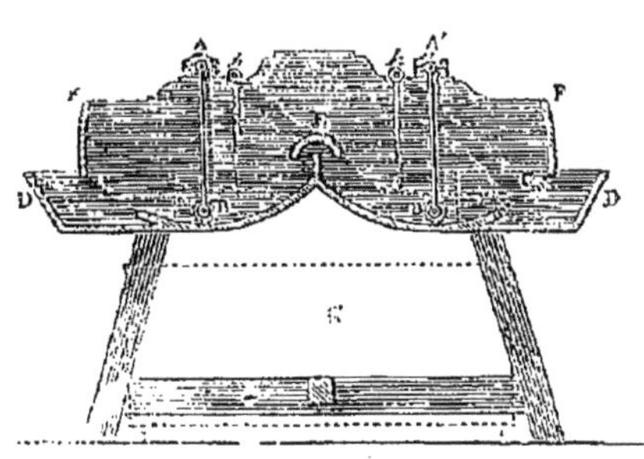

Fig. 95.

Un autre procédé consiste à soumettre directement le grain grossièrement moulu à la fermentation en l'arrosant, dans de grandes cuves en bois, avec de l'eau mélangée d'*eau sure* des opérations précédentes. Les matières sucrées contenues dans le grain éprouvent la fermentation alcoolique et le gluten se putréfie en dégageant de l'ammoniaque, de l'hydrogène sulfuré et autres produits odorants. On lave ensuite l'amidon et l'on termine l'opération comme ci-dessus.

Ce procédé, applicable surtout aux farines avariées dont le gluten ne peut être employé, tend à être abandonné par suite des odeurs infectes qui se répandent autour des usines et rendent cette fabrication insalubre.

440. **Fécule de pommes de terre.** — En râpant une pomme de terre au-dessus d'un tamis et sous un mince filet d'eau, on déchire les cellules : l'eau entraîne la fécule qu'il dépose par le repos et

Fig. 96.

qu'on sépare par lévigation des débris de cellulose qui ont pu traverser les mailles du tamis.

Dans l'industrie, toutes ces opérations s'effectuent mécaniquement (fig. 96 et 97) : C, laveur mécanique ; R, râpe ; F, eau entraînant la fécule ; T et T', tamis séparant la fécule ; UUU, tables où elle se dépose ; on dessèche la fécule à l'aide d'une turbine.

La fécule humide ou *fécule verte* est employée directement à la fabrication des glucoses. La fécule qui doit être conservée est séchée à l'étuve, dans un courant d'air chaud dont la température ne dépasse pas 60°.

441. **Propriétés physiques**: — Les propriétés physiques de la matière amylacée dépendent de son origine.

L'amidon du blé se présente sous la forme de petits grains lenticulaires; les grains de fécule de pomme de terre sont plus gros et plus allongés (fig. 98). D'après Payen, les grosseurs des

Fig. 97.

grains de matière amylacée de diverses origines sont, en millièmes de millimètre :

Pommes de terre de Rohan	185
Sagou	70
Lentilles	67
Haricots	56
Gros pois.	50
Blé.	50
Maïs	30

L'amidon du blé, dont les grains sont très petits, est doux au toucher; la fécule de pomme de terre est rugueuse. Les grains de la matière amylacée sont formés d'enveloppes concentriques qu'on aperçoit nettement lorsqu'on fait gonfler les grains dans l'eau chaude; les diverses couches se séparent alors et se déchirent. Au centre du grain se trouve une cellule, la dernière formée, dont le contenu transparent apparaît, lorsqu'on examine la matière amylacée au microscope, comme une sorte de dépression qu'on nomme le *hile*.

La matière amylacée est insoluble dans l'alcool et dans l'éther. Elle est insoluble dans l'eau froide; cependant, lorsqu'on la triture avec de l'eau, elle forme une sorte de dissolution qui traverse les filtres; mais vers 60° ou 70° elle se gonfle de façon que chaque grain occupe environ 50 fois son volume primitif. Si la quantité d'eau n'est pas trop considérable, les grains se soudent en une masse semi-transparente de consistance gélatineuse (empois).

Fig. 98.

Soumis à l'ébullition avec un grand excès d'eau, l'amidon se transforme partiellement en *amidon soluble*, en même temps que la liqueur tient en suspension des fragments assez ténus pour traverser les filtres.

L'empois, la dissolution d'amidon dévient à droite le plan de polarisation de la lumière.

L'empois d'amidon et l'amidon lui-même se colorent en bleu au contact de l'iode libre. Cette coloration disparaît lorsqu'on chauffe à 90°, pour reparaître par le refroidissement. La liqueur bleue se décolore lorsqu'on y verse du sulfate de sodium ou du chlorure de calcium, et laisse déposer des flocons bleus (iodure d'amidon).

442. **Propriétés chimiques.** — L'amidon desséché à 100° a pour composition $C^6H^{10}O^5$ ou un multiple $(C^6H^{10}O^5)^n$; l'amidon sec du commerce contient 18 pour 100 d'eau, ce qui correspond à la formule $C^6H^{10}O^5 + 2H^2O$ ou à un multiple.

Maintenu longtemps à 100°, il se transforme en une variété d'*amidon soluble* qui, insoluble dans l'eau froide, se dissout totalement quand on élève la température à 50° et que l'addition d'alcool précipite sous la forme d'une poudre blanche. A 160°, l'amidon se transforme en dextrine et en glucose; à 210°, la matière brunit, devient cassante, soluble dans l'eau : c'est un mélange de dextrine et de glucose (*fécule torréfiée*) ou *léiocome*.

Au contact des alcalis, les grains de matière amylacée se gonflent et, par l'ébullition, se transforment en *amidon soluble*, puis en dextrine.

Les acides minéraux étendus transforment l'amidon, sous l'action de la chaleur, en amidon soluble, puis en un mélange de dextrine et de glucose, puis enfin en glucose. On observe ces faits en délayant dans l'eau une petite quantité d'amidon et faisant arriver dans le liquide de la vapeur d'eau qui, en se condensant, élève peu à peu la température jusque vers 100° (fig. 99);

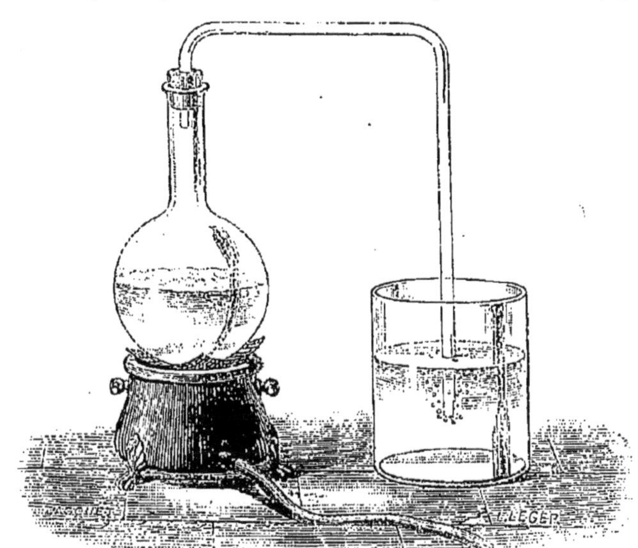

Fig. 99.

lorsque la liqueur cesse de se colorer par l'iode, elle ne renferme plus que de la glucose.

Chauffé à 70° environ, avec de l'eau et de l'orge germée, l'amidon se transforme sous l'influence de la *diastase* en amidon soluble, puis en un mélange de *maltose* et de *dextrine*. C'est sur cette transformation que l'on s'appuie pour fabriquer la bière.

Les acides concentrés peuvent former avec l'amidon des combinaisons, parmi lesquelles nous ne citerons que celles que l'on obtient avec l'acide azotique :

$$C^{12}H^{18}O^{9}(AzO^{3}H),$$
$$C^{12}H^{17}O^{11}(AzO^{3}H)^{2},$$
$$C^{12}H^{14}O^{5}(AzO^{3}H)^{5}.$$

On obtient un mélange de ces combinaisons (*xyloïdine. pyroxame*) en dissolvant l'amidon dans l'acide azotique fumant et ajoutant de l'eau, qui la précipite. C'est un corps blanc, insoluble dans l'eau, l'alcool et l'éther, qui détone faiblement par le choc et brûle avec déflagration à 180°.

Mais lorsqu'on chauffe l'amidon avec de l'acide azotique étendu d'eau, il se transforme en acide oxalique, en même temps qu'il se dégage des torrents de vapeurs rutilantes.

L'amidon n'est pas soluble dans la liqueur de Schweitzer (453).

443. **Applications.** — L'amidon gonflé par l'eau (*empois d'amidon*) est employé par les blanchisseuses pour empeser le linge; il a aussi quelques applications en pharmacie.

La fécule de pomme de terre sert à préparer les dextrines, les glucoses; elle est employée dans l'économie domestique.

On trouve dans le commerce quelques fécules d'origines diverses qui servent comme aliments. Ainsi, la fécule extraite de la racine du *manihot*, autrement dit la *moussache*, séchée sur des plaques chaudes, se gonfle et s'agglomère en petites masses irrégulières qui constituent le *tapioca*. On imite le tapioca en projetant la *fécule verte* sur des plaques métalliques chauffées à 150°. Le *sagou* est une fécule qui s'extrait de la moelle de divers palmiers.

444. **Farine. — Panification.** — Les matières féculentes comme les matières sucrées jouent un rôle important dans l'alimentation. Celles que l'on emploie plus spécialement pour l'alimentation des hommes et des animaux sont contenues dans les graines des céréales (*blé* ou *froment, seigle, maïs, avoine, orge*); les graines renferment en outre de la cellulose, des matières azotées que l'on comprend sous le nom de gluten, des matières sucrées (dextrine, glucose), des matières grasses et des matières minérales.

Le blé est plus spécialement appliqué à l'alimentation de l'homme. Par la mouture, on sépare le *son*, constitué par les couches épidermiques riches en cellulose, en matières minérales et en matières azotées, de la partie centrale (*farine*) où prédomine l'amidon.

Les *blés durs* sont surtout riches en matières azotées; ils sont en général cultivés dans les contrées méridionales (blés d'Odessa, d'Égypte, d'Italie); les *blés tendres* sont cultivés dans les régions tempérées.

Pour faire le pain, on forme une pâte consistante, rendue bien homogène par le pétrissage, avec de la farine, de l'eau, et l'on ajoute de la levure de bière, ou mieux du levain, c'est-à-dire de la pâte fermentée provenant d'une opération antérieure. Abandonnée à elle-même dans des paniers garnis de toile destinés à donner au pain sa forme, la pâte subit une fermentation alcoolique (455); des vapeurs d'alcool, du gaz carbonique se dégagent en bulles dans la matière pâteuse et la gonflent. On introduit alors le pain dans des fours chauffés préalablement vers 300°; les parties externes subissent une torréfaction légère et forment la croûte.

Les farines de seigle, d'orge, de riz, de maïs, peu riches en gluten, ne peuvent donner du pain semblable à celui du blé.

Les *pâtes d'Italie*, le *macaroni*, le *vermicelle*, sont faits avec des farines très riches en gluten, comme les farines des blés durs; on les réduit en une pâte à laquelle on donne par compression, dans des moules, la forme voulue. On imite les bonnes pâtes d'Italie en ajoutant à la farine de blé tendre des pâtes de gluten provenant des amidonneries.

445. **Inuline.** — C'est la matière amylacée des tubercules des topinambours et des dahlias. Séchée à 100°, elle a pour formule $(C^6H^{10}O^5)^6 + H^2O$. Elle est soluble dans l'eau, surtout à chaud; sa dissolution est *lévogyre*. L'ébullition avec l'eau ou les acides étendus la transforme en fructose. L'iode ne donne pas avec l'inuline la coloration bleue qu'il donne avec l'amidon; par contre la liqueur de Schweitzer la dissout. La levure de bière et les ferments solubles sont sans action.

DEXTRINES.

446. **État naturel. — Préparation.** — Les dextrines sont des matières gommeuses incristallisables, solubles dans l'eau; elles tirent leur nom de cette propriété qu'offrent leurs dissolutions aqueuses de dévier à droite le plan de polarisation. Elles existent dans un certain nombre de produits végétaux et dans la chair musculaire.

Nous savons, en effet, que l'amidon peut se transformer en dextrine ou en un mélange de dextrine et de glucose sous l'influence de la chaleur, des acides étendus ou d'un ferment soluble, la diastase. Par des procédés très divers, mais qui rentrent tous dans les précédents, on prépare dans le commerce des dextrines impures, applicables à différents usages: la *léiocome* ou *fécule grillée*, la *gomméline*, la *gomméine*, la *gomme indigène*.

La fécule grillée ou léiocome se prépare en torréfiant la fécule dans des étuves à air chaud; la fécule se colore en rouge et devient partiellement soluble.

Payen a préparé une dextrine soluble, blanche, pulvérulente, en formant, avec de la fécule et de l'acide sulfurique étendu, une pâte que l'on sèche à l'air libre. Lorsque la dessiccation est assez avancée, la pâte se divise en pains que l'on brise à la pelle, et l'on étend la matière sur le fond de tiroirs en laiton disposés dans une étuve à air chaud maintenue à 110° ou 120°. En deux heures et demie la transformation est complète. La dextrine ainsi obtenue a conservé l'aspect de la fécule, mais elle contient de la glucose et de l'amidon soluble. Elle est d'ailleurs employée telle quelle dans l'industrie.

La *gomméline* s'obtient en remplaçant l'acide sulfurique par l'acide chlorhydrique. On prépare une *dextrine sucrée* en chauffant à 75° de l'amidon délayé dans l'eau et mélangé d'orge germée (malt) qui fournit la diastase. Lorsque l'iode communique au liquide une coloration vineuse, la transformation est achevée. On porte alors à 100° pour détruire la diastase et on concentre dans des chaudières chauffées à la vapeur. On obtient ainsi des sirops ou liqueurs applicables aux mêmes usages que les sirops de glucose.

On peut éliminer la majeure partie de la glucose et de l'amidon soluble en dissolvant dans l'eau la dextrine blanche, pulvérulente, obtenue par le procédé de Payen et la versant dans un excès d'alcool. On précipite ainsi la dextrine : en réitérant ce traitement, on obtient des produits de composition constante.

447. **Propriétés.** — On a distingué, suivant leur pouvoir rotatoire, leur réaction sur l'iode, leur plus ou moins grande altérabilité par la diastase et leur précipitation d'une solution aqueuse par l'alcool de plus en plus concentré, diverses dextrines qui ne sont peut-être encore elles-mêmes que des mélanges. Leur composition centésimale est la même, et leurs formules, établies d'après leurs réactions de dédoublement, sont comprises dans la formule générale[1] : $(C^6H^{10}O^5)^n$.

Ainsi on peut, dans une première approximation, distinguer :

Les amylodextrines : colorées en bleu par l'iode, précipitées par l'alcool à 40 pour 100 ; les érythrodextrines : colorées en rouge par l'iode, précipitées par l'alcool à 65 pour 100 ; les achroodextrines : non colorées par l'iode, solubles même dans l'alcool à 70 pour 100. Toutes peuvent être transformées en glucose par les acides minéraux étendus, sous l'action de la chaleur.

448. **Applications.** — Les dextrines obtenues par la diastase sont employées dans la fabrication des pains de luxe, la préparation des tisanes mucilagineuses, la fabrication de la bière, du cidre, des liqueurs.

1. La cryoscopie a indiqué pour quelques dextrines la formule probable $n = 40$, c.-à-d. $C^{250}H^{400}O^{200}$ (Brown et Moriss).

La dextrine pulvérulente, préparée par les acides et rendue plus épaississante par l'addition de fécule hydratée, est utilisée pour l'apprêt des tissus de coton, la fabrication des papiers peints et enfin pour la préparation de bandes agglutinatives employées par les chirurgiens pour maintenir les fractures.

D'une façon générale, on peut dire que les dextrines, d'un prix moins élevé que les gommes, remplacent celles-ci dans la plupart de leurs applications.

GOMMES.

449. **État naturel.** — On désigne sous le nom de *gommes* ou *mucilages* des matières incristallisables sécrétées par divers végétaux, solubles dans l'eau ou se gonflant au contact de ce liquide. Les matières solubles portent plus spécialement le nom de gommes ; les matières mucilagineuses sont insolubles.

On distingue diverses espèces de gommes commerciales, qui ne sont évidemment que des mélanges.

450. **Gomme soluble ou arabine.** — La gomme qui s'écoule de certains acacias croissant en Arabie ou au Sénégal porte le nom de *gomme arabique*. La gomme arabique est formée d'une combinaison avec la chaux ou la potasse d'un principe soluble, l'*arabine*. On isole cette substance en dissolvant dans l'eau la gomme arabique, acidulant avec l'acide chlorhydrique, et versant le liquide dans l'alcool. L'arabine insoluble dans l'alcool se précipite et prend un aspect vitreux par la dessiccation.

Ce corps a comme composition $C^{12}H^{10}O^{10} + H^2O$ après dessiccation à 100° et $C^{12}H^{20}O^{10}$ lorsqu'on l'a maintenu quelque temps à 120°.

La dissolution dans l'eau est *lévogyre*.

L'acide azotique l'oxyde et la transforme en *acide mucique*.

451. **Gommes insolubles. — Mucilages.** — La *gomme adragante*, qui s'écoule d'astragales du Levant, la *gomme de Bassora*, qui provient d'une espèce de cactus, et la *gomme de pays*, qui découle de nos arbres fruitiers, sont insolubles. L'eau les gonfle et les transforme en une gelée transparente.

Les graines de lin ou de coing, les feuilles et les racines de la guimauve donnent, quand on les traite par l'eau chaude, un mélange insoluble et une gomme soluble dont la composition est la même que celle de l'arabine.

Les gommes sont employées surtout en pharmacie pour fabriquer des tablettes, des pastilles, des sirops ; les infusions de certaines plantes médicinales doivent leurs propriétés émollientes aux mucilages qu'elles contiennent.

CELLULOSES.

452. **Origine. — Préparation.** — Les parois des cellules et des fibres végétales sont formées de diverses substances solides dont la composition centésimale est la même et peut être représentée par un multiple de $C^6H^{10}O^5$. Payen a désigné sous le nom de *cellulose* une matière qui présente des propriétés chimiques bien définies et qui résulte d'une transformation de ces divers principes sous l'action des acides ou des alcalis étendus. La moelle de sureau, le coton, le papier non collé et le vieux linge sont de la cellulose presque pure. On l'obtient à l'état de pureté en faisant bouillir ces substances avec une solution alcaline étendue, lavant à l'eau, puis, après les avoir mises en suspension dans l'eau, faisant passer un courant de chlore. Après de nouveaux lavages, on les traite successivement par l'acide acétique, l'alcool, l'éther, l'eau, et enfin on fait sécher à 100°.

453. **Propriétés.** — La cellulose est solide, blanche; sa densité est 1,45. Elle est insoluble dans l'eau, l'alcool, l'éther, les acides et les alcalis étendus.

Sa propriété caractéristique est de se dissoudre dans la *liqueur cupro-ammoniacale* de Schweitzer. On obtient très facilement cette liqueur en agitant du cuivre en tournure avec une solution ammoniacale au contact de l'air; le liquide bleuit rapidement. Au contact de ce liquide, la cellulose se gonfle, puis se dissout; les flocons de cellulose se séparent de nouveau lorsqu'on verse cette dissolution dans un grand excès d'eau.

On peut régler l'arrivée de la solution dans l'eau de façon à lui faire donner naissance à un fil continu; on fabrique ainsi une espèce de soie artificielle connue sous le nom de viscose.

L'action des acides sur la cellulose est importante à considérer.

Trempée dans l'acide sulfurique concentré, puis lavée presque aussitôt à grande eau, la cellulose se transforme en une matière qui, comme l'amidon, se gonfle au contact de l'eau et colore l'amidon en bleu; cette réaction est appliquée à la fabrication d'un parchemin végétal. Le papier non collé (*papier à filtre*), immergé dans l'acide sulfurique étendu de son volume d'eau, puis lavé et séché, se transforme en une masse translucide très résistante, qui, par son aspect et sa ténacité, rappelle le parchemin.

Si l'on prolonge l'action de l'acide sulfurique concentré, la cellulose se désagrège et se dissout en se transformant en *cellulose soluble*, qui se distingue de l'amidon soluble en ce qu'elle ne possède pas de pouvoir rotatoire.

Enfin, si l'on prolonge encore l'action des acides, on transforme la cellulose en un mélange d'une dextrine et d'un glucose et finalement de deux glucoses fermentescibles (*sucre de chiffon*).

L'acide azotique concentré et bouillant transforme la cellulose en acide oxalique (487); mais en ménageant l'action de l'acide azotique on obtient les *celluloses nitriques*.

434. **Celluloses nitriques.** — Les celluloses nitriques sont des éthers de la cellulose $(C^6H^{10}O^5)^4$ ou $C^{24}H^{40}O^{20}$ fonctionnant comme alcool polyatomique. Elles résultent de la réaction exercée par un mélange d'acide azotique et d'acide sulfurique sur le coton, dans des conditions variées de température et de concentration.

Leur formule générale est :

$$C^{6n}H^{10n-p}O^{5n-p}(AzO^5)^p$$

En attribuant à n des valeurs comprises entre 11 et 4 on a les divers produits de substitution connus.

Les celluloses nitriques sont, comme le coton, insolubles dans l'eau, l'alcool, l'éther; elles sont insolubles dans la liqueur de Schweitzer. Au contact d'un sel ferreux, elles dégagent à l'état de bioxyde d'azote tout l'azote qu'elles contiennent et le taux de gaz dégagé sert à les différencier. A l'exception des derniers termes qui sont pulvérulents, les celluloses nitriques ont conservé l'aspect extérieur du coton; elles sont plus rudes au toucher, cependant.

Coton-poudre. Les *celluloses endécanitrique* (n = 11) et *décanitrique* (n = 10) sont solubles dans l'éther acétique, insolubles dans un mélange d'alcool et d'éther; elles forment le *coton-poudre* ou *fulmi-coton*. Celui-ci s'enflamme au contact d'un corps incandescent et brûle sans laisser de résidu solide. Réduit à un petit volume par compression (*coton-poudre comprimé*), il détone par le choc ou par l'explosion d'une amorce. On le prépare en immergeant pendant dix minutes le coton cardé dans un mélange de 1 vol. d'acide azotique fumant et de 3 vol. d'acide sulfurique concentré; on lave à grande eau et l'on fait sécher.

Collodion. Les *celluloses ennéanitrique* (n = 9) et *octonitrique* (n = 8), solubles dans l'éther acétique et dans un mélange d'alcool et d'éther, servent à la préparation du collodion. On les obtient en maintenant pendant 24 heures le coton cardé dans un mélange de 2 parties d'acide sulfurique monohydraté et de 1 partie d'acide azotique de densité 1,37. La solution visqueuse dans le mélange d'alcool et d'éther versée sur une surface plane, une lame de verre par exemple, laisse, par suite de l'évaporation du dissolvant, une pellicule très mince. On emploie le collodion pour préserver les plaies du contact de l'air, et en photographie pour la préparation des plaques sensibles.

En comprimant les celluloses nitrées avec du camphre entre des cylindres métalliques légèrement chauffés, on obtient une matière translucide (*celluloïd*) qui peut être facilement travaillée au tour, rabotée, découpée, et sert à la fabrication d'objets translucides ou opaques, diversement colorés, imitant l'ivoire, l'écaille, etc.; le celluloïd est très combustible et son emploi n'est pas sans présenter quelque danger.

— Certaines *soies artificielles* sont une espèce de collodion filé. On a dissous à chaud de la cellulose octonitrique dans un mélange d'alcool et d'éther (additionné d'un peu de chlorure ferreux et d'aniline) et on a forcé ce liquide à sortir du récipient qui le renferme par un tube étroit (8 centièmes de millimètre de diamètre). Le filet de liquide qui sort se solidifie immédiatement, du moins à sa surface, et constitue un fil très brillant pouvant remplacer les fils de soie

CHAPITRE XXVII

FERMENTATIONS — BOISSONS FERMENTÉES ALCOOLS D'INDUSTRIE

FERMENTATIONS.

455. Fermentation alcoolique. — Les solutions étendues de glucose, abandonnées à elles-mêmes à une température de 25° ou 30°, sont le siège d'une réaction tumultueuse qu'on a désignée sous le nom de *fermentation*; de l'acide carbonique se dégage et le liquide renferme de l'alcool, tandis que le glucose disparaît.

Les travaux de Pasteur ont établi d'une façon décisive que

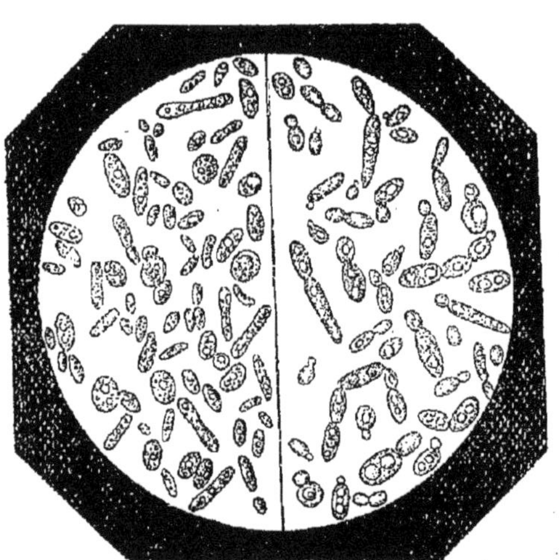

Fig. 100. — Une levure de bière (grossissement 400 diamètres).

cette transformation est due au travail d'organismes microscopiques vivants, appelés pour cette raison des *ferments alcooliques*. C'est parmi ceux-ci que se rangent les levures de bière; par exemple la levure (*Saccharomices cerevisiæ*) que représente la figure 100. Voici une expérience relative à cette question :

Un liquide sucré très apte à subir la fermentation alcoolique est placé dans le ballon de la figure 101, puis chauffé quelque temps à l'ébullition afin de tuer les êtres vivants qu'il pourrait contenir. On le laisse ensuite refroidir : le mercure dans lequel plonge le tube T ne permet pas aux germes de l'air de pénétrer dans le ballon ; le contenu de celui-ci ne fermente pas, quelque temps que l'on attende. Mais si, par le robinet R, on introduit de la levure de bière, fût-ce en quantité très minime, la fermentation s'établit.

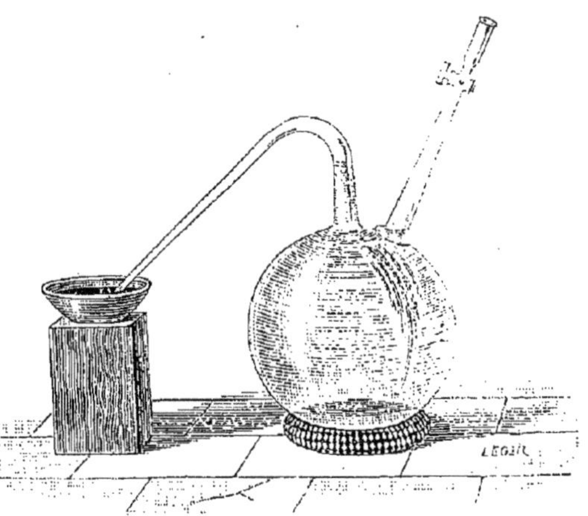

Fig. 101.

Cette levure est un végétal : si, dans le milieu sucré où on l'a mis, il se trouve en contact avec une quantité d'air suffisante, il se développe beaucoup, se nourrit avec le glucose qu'il détruit pour former ses tissus, mais ne donne pas d'alcool ; il n'y a pas fermentation. Si, au contraire, la levure n'a pas à sa disposition une quantité d'air suffisante pour y puiser l'oxygène dont elle a besoin, elle subit une sorte d'asphyxie, se développe peu, mais produit alors beaucoup d'alcool aux dépens du glucose.

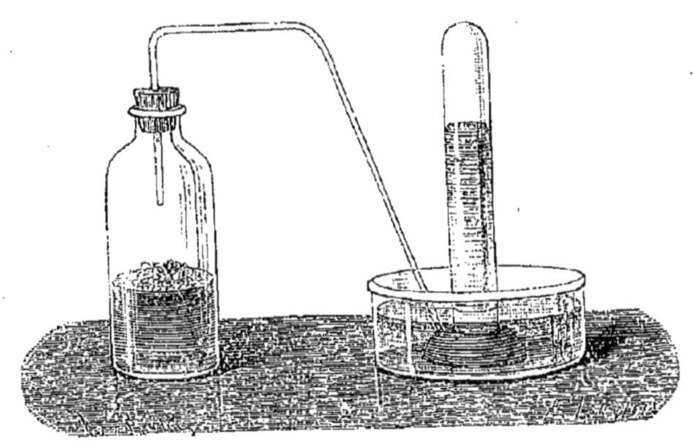

Fig. 102.

Pour étudier la fermentation du glucose, on peut opérer simplement comme il suit. On introduit dans un flacon (fig. 102) une dissolution de glucose et une petite quantité de *levure de bière*. Si la température ambiante n'est pas trop basse, on voit bientôt se dégager de l'acide carbonique que l'on recueille sur la cuve à eau, et, lorsque le dégagement de gaz a cessé, on reconnaît que tout le glucose a disparu et a été remplacé par de l'alcool; M. Pasteur a constaté, en outre, qu'il s'était formé en très petites quantités d'autres substances, par exemple de la glycérine. Si on laisse de côté ces substances, afin de considérer la réaction *grosso modo*, on peut écrire :

$$\underset{\text{Glucose}}{C^6H^{12}O^6} = \underset{\text{Alcool}}{2C^2H^6O} + \underset{\text{Anhydride carbonique}}{2CO^2}.$$

La levure a besoin pour vivre d'autres aliments que le glucose, il lui faut aussi de petites quantités de matières azotées et de phosphates.

456. **Fermentations en général.** — La fermentation alcoolique du glucose n'est point un phénomène isolé; beaucoup de substances sont susceptibles d'éprouver des transformations dues à l'influence d'êtres microscopiques qu'on a introduits ou qui se sont introduits d'eux-mêmes. Nous avons déjà signalé que la production d'ammoniaque dans les urines putréfiées était due à des êtres de ce genre; nous verrons le changement du vin en vinaigre opéré par un végétal excessivement petit.

Les transformations que nous venons de citer et toutes celles analogues portent le nom de fermentations. Voici ce qui les caractérise : le microscope permet d'y reconnaître la présence d'êtres vivants et l'introduction de ceux-ci dans un milieu analogue à celui où ils se trouvent provoque chez ce dernier la transformation dont le premier était le siège. C'est ainsi qu'une levure extraite d'une solution de glucose en fermentation introduite dans une solution de glucose au repos la fait fermenter.

Diastases. — On a pu extraire de la levure de bière des liquides renfermant un produit de sécrétion de ce végétal et capables de transformer le glucose en alcool et acide carbonique, en l'absence de tout être vivant.

De ce fait et d'autres analogues on conclut que les ferments agissent par des produits qu'ils sécrètent et qu'on nomme des diastases. On n'a pas isolé ces diastases à l'état de pureté, on sait seulement obtenir des liquides ou des solides qui en renferment des quantités inconnues.

La diastase, extraite de la levure de bière et qui est capable de transformer le glucose en alcool et gaz carbonique, s'appelle la *zymase* de Buchner.

Celle-ci n'agit point sur le sucre de canne, mais la levure de bière sécrète aussi une diastase nommée *sucrase* ou *invertine* capable d'intervertir ce sucre (274); or le sucre interverti est un mélange de deux corps transformables en alcool sous l'action de la zymase.

Il est remarquable qu'un poids minime de diastase peut transformer un poids considérable de la matière sur laquelle elle agit. Ainsi on connait une diastase qui a la propriété de faire coaguler plus de 600 000 fois son poids de lait.

Il ne faudrait pas, de ce qui précède, conclure à l'existence de diastases seulement chez les êtres microscopiques. De telles substances jouent un rôle capital dans la nutrition et sont sécrétées par tous les êtres vivants.

Ainsi le grain d'orge, au moment de la germination, sécrète une diastase nommée *amylase*; celle-ci réagit sur l'amidon surtout vers 60° en donnant d'abord des dextrines, puis du maltose.

La salive de l'homme renferme une diastase nommée ptyaline produisant les mêmes effets que l'amylase.

Pepsine. — Le suc gastrique exerce une action diastasique sur les matières albuminoïdes qu'il transforme en peptones (525). Cela tient à ce qu'il renferme une diastase nommée pepsine.

457. **Fermentations lactique, butyrique, visqueuse.** — La fermentation alcoolique n'est pas la seule que puisse éprouver la glucose. En semant dans des dissolutions de glucose des mycodermes différents des précédents et en faisant varier les conditions de l'expérience, on obtient des *fermentations* caractérisées par des produits différents de la transformation des glucoses.

1° La glucose additionnée de caséine et de carbonate de calcium se transforme en *lactate de calcium* (491) sous l'influence du développement d'un ferment formé de globules plus petits que le ferment alcoolique, le *ferment lactique*. La transformation peut être formulée simplement

$$C^6H^{12}O^6 = 2(C^3H^6O^3).$$

Le ferment lactique est *aérobie*; l'oxygène libre lui est nécessaire et il ne se développe pas dans un milieu acide.

2° La glucose peut être transformée en *acide butyrique*, ou, pour mieux dire, le lactate de calcium précédemment formé peut être transformé en butyrate par un ferment *anaérobie*, le *Bacillus amylobacter*, qui vit et se développe dans des milieux privés d'oxygène libre et pour respirer doit nécessairement décomposer des corps oxygénés dont il s'approprie une partie de l'oxygène. Dans cette fermentation butyrique, il se dégage du gaz carbonique et de l'hydrogène :

$$2C^3H^6O^3 = C^4H^8O^2 + 2CO^2 + 2H^2.$$

Acide lactique. Acide butyrique.

3° Si les milieux précédents deviennent acides, un autre ferment peut se développer, le *ferment visqueux*; la glucose est alors hydrogénée et transformée en un alcool hexatomique, la mannite

$$C^6H^{12}O^6 + H^2 = C^6H^{14}O^6,$$

Glucose. Mannite.

en même temps que le liquide contient une matière gommeuse dextrogyre, distincte des gommes proprement dites en ce qu'elle ne fournit pas d'acide mucique par oxydation.

Les ferments qui déterminent ces diverses réactions sont des êtres vivants, des *ferments figurés*.

BOISSONS FERMENTÉES

La fermentation alcoolique de la glucose contenue dans divers fruits à l'époque de leur maturité ou produite artificiellement en

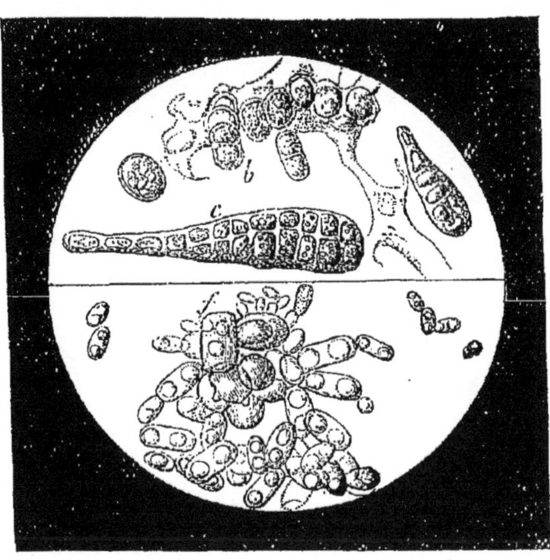

Fig. 103. — *b*, corpuscules et *c*, spores recueillies à la surface du raisin. *f*, développement des spores.

saccharifiant l'amidon des céréales, fournit diverses boissons dont les principales sont le *vin*, le *cidre* ou le *poiré* et la *bière*.

459. **Vin.** — Les raisins mûrs foulés dans de grandes cuves en bois donnent un jus sucré ou *moût* renfermant du sucre interverti, de l'albumine végétale, des matières colorantes, des acides tartrique et malique libres, des tartrates, enfin des sels, tels que le sulfate de potassium, le chlorure de sodium, le phosphate de calcium.

Abandonné dans un cellier à la température de 20° à 25°, le moût fermente. Une mousse épaisse (*chapeau*) se forme à la surface; on la brise de temps en temps et on l'immerge de façon à empêcher le liquide alcoolique qui le baigne et qui est librement exposé à l'air de s'acidifier. Lorsque la fermentation tumultueuse est terminée, le chapeau s'affaisse, la température baisse et le liquide versé dans un verre n'est plus le siège d'un dégagement gazeux; on le soutire alors dans des tonneaux, où il continue encore à fermenter, puis s'éclaircit en laissant déposer la lie, mélange de tartrate acide de potassium (*crème de tartre*, 496) et de matières organisées. Le liquide ainsi extrait directement de la cuve est le *vin de goutte*. Le résidu solide ou *marc* égoutté, puis soumis à l'action du pressoir, fournit le *vin de presse*, que l'on mélange au vin de goutte ou que l'on consomme séparément.

Pour la fabrication des vins blancs, les raisins sont foulés aussi-

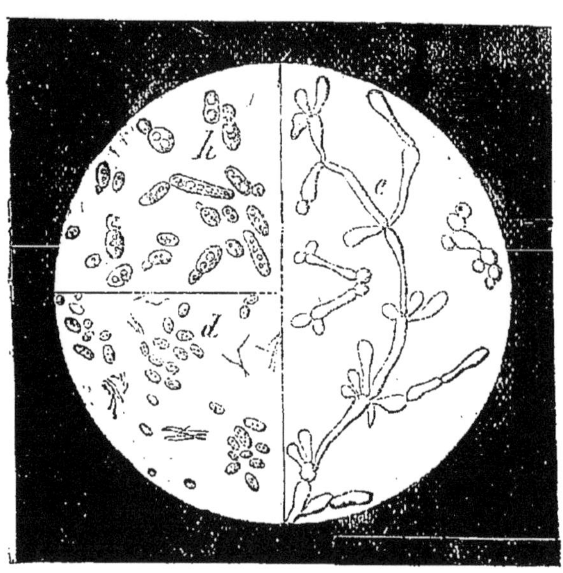

Fig. 104. — *d*, ferment alcoolique trouvé dans le vin. — *e*, variété de levure alcoolique. — *h*, levure de bière.

tôt la cueillette, le jus est extrait par pression et soumis imme-diatement à la fermentation.

Indépendamment d'une partie des matières contenues dans l mout, le vin renferme des matières sucrées, de l'alcool, un matière colorante provenant des pellicules du raisin, du tani provenant des parties vertes de la grappe et des pépins, de l'ald hyde et de l'acide acétique, de la glycérine, de l'acide succiniqu et des éthers composés qui donnent au vin son *bouquet* et qui n se développent qu'à la longue.

Il n'est pas nécessaire ici, comme dans la fabrication de

bière, d'ensemencer le liquide sucré : les ferments se trouvent sur les grains et sur la grappe au moment de la vendange. Les figures 103 et 104 représentent divers ferments recueillis et étudiés par Pasteur.

460. **Maladies des vins.** — Le vin peut subir de nombreuses altérations qui sont dues à des fermentations distinctes de la fermentation alcoolique. (Pasteur, Duclaux.)

Les *fleurs du vin* apparaissent à la surface du vin lorsqu'on abandonne celui-ci dans un vase incomplètement rempli, c'est-à-dire au contact de l'oxygène de l'air. Le ferment ou *Mycoderma vini* brûle l'alcool en le transformant en eau et anhydride carbonique. Le vin devient plat, mais cette maladie est peu redoutable, car, à moins de renouveler l'air, le ferment cesse bientôt d'agir, puisque l'oxygène se trouve remplacé par du gaz carbonique.

Le *Mycoderma aceti*, dont il sera question plus loin (465), transforme l'alcool en acide acétique.

Ces deux ferments sont *aérobies* ; ceux dont il sera question maintenant sont *anaérobies*.

La maladie des *vins poussés* consiste en une fermentation du tartre qui est transformé en gaz carbonique, en acide acétique et en acide propionique.

Les vins du Midi sont surtout sujets à la *pousse*, qui se produit pendant les chaleurs de l'été. Un excès de pression dû à l'acide carbonique se manifeste dans les tonneaux, et lorsqu'on pratique un fausset, le vin jaillit avec force : *il a la pousse* ; le tartre disparait des tonneaux : on dit qu'ils *se nettoient*. Le vin se trouble à l'air, de petites bulles gazeuses s'en dégagent, sa couleur se fonce et, une fois le gaz dégagé, la saveur est fade.

Cette maladie est identique, d'après M. Guyon, à celle des vins provenant de vignes atteintes du *mildew*.

Dans les *vins tournés* du Midi, il n'y a pas de dégagement de gaz carbonique ; le tanin et le tartre disparaissent et laissent de l'acide acétique et de l'acide lactique. Le vin se trouble à l'air, la matière colorante passe du rouge au violet bleu et se précipite en gris sale, tandis que la liqueur claire est d'un brun jaune et sa saveur devient acidulée et amère (A. Gautier).

Les vins blancs jeunes et faibles, principalement ceux du bassin de la Loire, deviennent quelquefois *gras* ou *filants* ; le liquide se trouble, prend une consistance visqueuse ; il file comme de l'huile lorsqu'on le transvase. Ici le sucre que contiennent encore les vins blancs est altéré.

L'amertume s'attaque aux vieux vins de Bourgogne ; leur saveur devient amère, en même temps qu'ils se dépouillent et virent au jaune. Les bouteilles contiennent un dépôt formé de filaments très ténus empâtés par des cristaux de matière colorante : la maladie est probablement due à une fermentation de la glycérine ; il y a développement d'acides fixes et d'acides volatils.

Certains vins d'Algérie contiennent des quantités notables de *mannite*. On avait attribué tout d'abord la présence de cet alcool à une falsification du vin par addition de *vin de figues* ; certains jus sucrés, comme ceux que l'on extrait de la figue, de la betterave, de la carotte, subissent la fermentation mannitique et deviennent visqueux. La présence de la mannite dans certains vins est normale lorsque la température s'est élevée pendant la fermentation à 40-45° ; la levure alcoolique s'affaiblit et le ferment mannitique se développe. Le ferment mannitique pur a été isolé par M. Gayon.

461. **Cidre, poiré.** — Dans les pays où la vigne ne peut être cultivée et où les pommiers ou les poiriers abondent (Normandie,

Picardie), on fait une boisson alcoolique en soumettant à la fermentation le jus des pommes (*cidre*) ou des poires (*poiré*). Les cidres et poirés renferment moins d'alcool que le vin.

462. **Bière.** — Sous l'influence des amylases qu'elle sécrète au moment de sa germination, l'orge germée transforme son amidon en dextrine, maltose et finalement en glucose. Cette dernière soumise à l'action de la levure de bière agissant par sa zymase subit la fermentation alcoolique. Le liquide obtenu qui renfermera de la dextrine, des sucres, de l'alcool et de l'acide carbonique, aromatisé par du houblon, constitue une boisson (*bière*) d'un usage très répandu.

La fabrication de la bière comprend quatre opérations : le *maltage*, la *saccharification*, le *houblonnage* et la *fermentation*.

L'orge humide est tout d'abord soumise à la germination, afin d'y développer une certaine quantité de diastase; puis, lorsque le germe a atteint des dimensions déterminées, on arrête son développement en desséchant les grains dans des étuves à air chaud (*tourailles*). Les grains, séparés par le tamisage des radicelles desséchées, sont concassés et constituent le *malt*.

La *saccharification* s'effectue en maintenant l'orge germée à 70° ou 75° pendant quelque temps avec de l'eau; puis le liquide est soutiré et chauffé dans des chaudières closes avec du houblon (fig. 105). Enfin le liquide (*moût*), rapidement refroidi, est soumis à la fermentation par addition de levure de bière; la fermentation principale ou *fermentation tumultueuse* a lieu généralement dans des cuves; lorsque celle-ci se ralentit, on introduit le liquide dans des tonneaux, où la fermentation s'achève (*fermentation complémentaire*). Les écumes de fermentation comprimées dans des sacs constituent la levure de bière.

Les levures de brasserie, qui sont toujours des *Saccharomyces*, appartiennent à deux types distincts :

Les unes déterminent la fermentation du moût à des températures comprises entre 0° et 7° : ce sont les *levures basses*; les cellules sont petites, elles se séparent de la cellule mère au moment du bourgeonnement et tombent au fond des vases.

La fermentation basse est appliquée en Allemagne et dans l'est de la France; elle est lente et exige l'emploi de glacières ou d'appareils frigorifiques et de cuves spéciales, elle fournit une bière plus fine mais d'une conservation difficile. Elle tend à remplacer complètement en France la fermentation haute.

Les *levures hautes* se distinguent des précédentes par les dimen-

Fig. 105.

sions plus grandes des cellules, qui sont arrondies et forment, en bourgeonnant, des paquets rameux. Elles agissent au-dessus de 10°, plus rapidement que les levures basses, et forment bientôt à la surface du liquide une mousse persistante. Les bières du Nord, les bières de Lyon, sont des bières à fermentation haute.

Ces deux modes de fermentation fournissent des bières très différentes de goût. Celles-ci contiennent, indépendamment des produits ordinaires de la fermentation alcoolique, des tannins et des principes amers apportés par le houblon, des éthers qui les aromatisent, de l'acide carbonique dissous et un excès de dextrine grâce à laquelle le liquide mousse au moment où le gaz carbonique se dégage.

On ajoute souvent au moût houblonné des sirops, des mélasses, des glucoses ou plutôt des *dextrines sucrées* obtenues avec la diastase, afin d'augmenter la quantité de matière sucrée soumise à la fermentation.

Le malt qui a été épuisé par l'eau est égoutté (*drèches*) et sert à l'alimentation des vaches laitières.

ALCOOLS D'INDUSTRIE

465. **Généralités.** — On prépare aujourd'hui dans le nord de la France, en Belgique, en Hollande, en Angleterre et en Allemagne une grande quantité de liquides alcooliques par la saccharification des matières amylacées (seigle, orge, maïs, blés avariés, pommes de terre) et la fermentation des matières sucrées ainsi obtenues. Cette fabrication, qui tend à se répandre et à s'annexer aux grandes exploitations agricoles, présente cet avantage que le prix de l'alcool est assez élevé pour compenser largement les frais du traitement et que les résidus en sont applicables à la fumure des terres ou à la nourriture des bestiaux.

Les produits volatils formés par la fermentation sont séparés par distillation. Mais ces alcools de grains et de betteraves (alcools d'industrie) sont souillés de diverses substances qui se sont formées en même temps que l'alcool pendant la fermentation et qui lui communiquent un goût désagréable et sont plus ou moins toxiques; il importe d'en débarrasser l'alcool.

L'industrie de l'alcool comprend donc les opérations suivantes:

1° La *saccharification*;

2° La *fermentation*;

3° La *distillation*;

4° La *rectification*.

464. **Saccharification.** — 1° La saccharose, la glucose, la maltose sont soit directement fermentescibles, soit susceptibles d'être transformées en un sucre fermentescible par une diastase soluble, l'invertine, sécrétée par le ferment alcoolique; elles ne demandent donc aucune préparation spéciale.

2° D'autres hydrates de carbone, comme l'inuline, ont besoin d'être hydratés soit par la vapeur d'eau surchauffée, soit par l'action des acides étendus à la température de 100°, pour pouvoir fermenter.

3° Enfin l'amidon et les dextrines ne sont pas fermentescibles; mais on les saccharifie, c'est-à-dire qu'on les transforme soit en dextrose par l'action des acides étendus sous pression (5 d'acide pour 100 de grain à la pression de 5 kilogrammes), soit par la diastase contenue dans l'orge germée, à une température de 12°: on en emploie environ 25 parties pour 100 d'amidon à saccharifier, soit encore par l'action des mucors (Seclin, Nord).

465. **Fermentation.** — La transformation de toutes ces matières sucrées en alcool a lieu sous l'influence d'un ferment figuré, appartenant à la nombreuse classe des *Saccharomyces*.

Une des difficultés que présente la fermentation industrielle est donc de produire constamment une végétation suffisante du saccharomyces choisi. Mais cette plante ne se développe qu'autant qu'elle rencontre, à côté des matières minérales et azotées nécessaires à sa reproduction, une quantité convenable de matières hydrocarbonées fermentescibles; si cette quantité est trop faible, elle ne se reproduit plus et perd rapidement son pouvoir ferment; si elle est très forte, elle se reproduit très abondamment, au détriment de l'industriel qui vise non la production du saccharomyces, mais celle de l'alcool que cette plante doit produire. Si l'on songe que 1 gramme de saccharomyces demande pour se produire au moins 1 gramme de sucre, on conçoit qu'une opération conduite de façon à produire trop de ferment devient une opération ruineuse.

Il faut donc régénérer constamment une quantité convenable de levure pour pousser la fermentation jusqu'au bout, mais ne pas en régénérer davantage et utiliser complètement la levure produite.

Il faut également éviter la présence d'autres ferments figurés qui non seulement utilisent inutilement une partie des sucres mis en œuvre, mais produiront soit des corps nuisibles à la qualité de l'alcool, soit des corps toxiques capables de paralyser et de tuer la levure.

Fort heureusement, les plus fréquents de ces organismes dangereux (ferments de maladie) sont beaucoup plus fragiles que la levure alcoolique. Les uns, sans être franchement anaérobies, redoutent la présence de l'oxygène; on peut donc les combattre en oxydant ou oxygénant les moûts avant la fermentation; les autres sont très sensibles à l'existence d'un acide ou d'un antiseptique, incapable, aux doses employées, de gêner sérieusement le développement et l'activité de la levure alcoolique.

Dès lors, toutes les fois que le résidu de la fermentation ne doit pas être directement consommé par les animaux (fermentation du jus de cannes, du jus de betteraves, mélasses, etc.), on peut éviter le développement des ferments de maladie en oxygénant les moûts et en introduisant une dose d'acides minéraux (sulfurique ou chlorhydrique) ou d'acides organiques (provenant de l'action des premiers sur les sels organiques) contenus dans la matière mise en œuvre, capable de paralyser les ferments de maladie, sans paralyser le ferment alcoolique. C'est ainsi que, dans la fermentation du jus de betterave, on règle l'acidité du moût de façon que 1 litre titre environ 2gr,5 d'acide sulfurique.

D'autres corps peuvent être nuisibles à la levure : ce sont les acides supérieurs de la série grasse, tels que les acides butyrique, caproïque, etc., et surtout l'acide nitreux et leurs composés, qui existent, par exemple, dans beaucoup de mélasses de betteraves : on les élimine en faisant bouillir les mélasses étendues avec un excès léger d'acide sulfurique; ensuite on neutralise l'excès d'acide employé pour retomber dans le cas précédent.

Certaines matières extractives sont de même éliminées par l'action du son animal.

Quand le résidu de la fermentation doit être directement consommé par les animaux (c'est le cas des tubercules et des céréales dont l'amidon est saccharifié par le malt), le procédé précédent n'est pas applicable : les acides minéraux déterminent des troubles du système digestif. Jusqu'à ces dernières années, on recourait à l'acide lactique produit aux dépens du sucre par une fermentation spéciale pratiquée sur une portion de la matière fermentescible (456) Cet acide lactique est en effet un poison pour le *Clostrodyum butyricum* si dangereux et atténue par son existence même le ferment lactique ; mais sa production exige des soins méticuleux et cause une perte notable de sucre. Aujourd'hui on tend, surtout en France, à lui substituer l'acide fluorhydrique employé à petites doses.

Levure. — Toutes les fois qu'on opère par fermentation discontinue, il faut produire la quantité nécessaire pour ensemencer chaque cuve, mais se mettre ensuite dans les conditions voulues afin d'éviter de produire aux dépens du sucre une quantité de levure inutile et de faire donner à la levure en voie de régression des produits de désassimilation nuisibles à la qualité de l'alcool. Il faut de plus se placer dans des conditions telles, que la levure puisse vivre sans laisser envahir son champ d'action par les ferments étrangers.

On y arrive en surveillant soigneusement la température à toutes les phases de l'opération.

La plupart des ferments de maladie ne se développent en effet rapidement qu'à une température supérieure à 30°. Quelques-uns peuvent même, comme le ferment lactique des distillateurs, prospérer à la température de 50°, qui en paralyse beaucoup d'autres. La levure, au contraire, peut vivre et prospérer à des températures notablement inférieures, 15° à 18° par exemple[1].

D'autre part, dans l'activité de la levure haute de distillerie, on peut distinguer deux phases : 1° la phase d'abondant développement : celui-ci est le plus actif jusqu'à la température de 25° à 26° ; 2° la phase de pouvoir ferment prédominant à des températures plus élevées.

Quand on veut développer la levure pour former ce qu'on appelle le *levain* ou le *pied de cuve*, on opère à une température relativement basse, ne dépassant jamais 25°, et en se tenant dans un milieu à la fois riche en aliments minéraux et azotés et riche en sucres fermentescibles. On maintient par des additions successives de moûts sucrés un taux élevé de sucre dans la masse. Dans ces conditions, on fait beaucoup de levure jeune, capable encore de proliférer abondamment. C'est ainsi que, pour faire fermenter les moûts concentrés de pommes de terre et de grains saccharifiés par le malt, on prépare des levains titrant jusqu'à 18 et même 22 pour 100 de maltose, et on ne laisse pas tomber le taux de sucre au-dessous de 9 : arrivé à ce taux, on introduit dans le levain de nouveaux moûts saccharifiés jusqu'à ce qu'on juge suffisant le développement de la levure.

Une fois ce levain ou pied de cuve mis en œuvre, on laisse la température de la masse totale s'élever jusqu'à 28-29°, de façon que la levure exalte son pouvoir de ferment sans se développer outre mesure, mais n'arrive pas à la phase de régression où elle paraît sécréter des produits nuisibles à la bonne qualité de l'alcool. On a complètement renoncé aux températures de 32° à 34° adoptées autrefois.

Cette opération, dans le cas des moûts riches, est très délicate. En effet, on admet en pratique que 1 pour 100 de sucre transformé en alcool élève la température de la masse de 0°,9 centigrade. Il faut donc ou veiller attentivement

1. On sait que les levures basses de brasserie agissent, lentement il est vrai, au voisinage de 0°.

sur la température des moûts à ensemencer ou recourir à l'emploi de réfrigérants. C'est ce dernier procédé qui prend de plus en plus faveur dans le traitement des moûts très riches.

L'emploi du pied de cuve se retrouve également dans la fermentation du jus de mélasse, mais à un point de vue différent. Il a pour but d'introduire dans la masse la quantité de matières alimentaires nécessaire à la vie de la levure.

Dans le cas où les matières fermentescibles, comme le jus de betteraves, peuvent être rendues réfractaires aux ferments de maladie par l'addition d'une dose convenable d'acides forts, et apportent avec elles non seulement le sucre, mais une dose convenable de matières minérales nutritives et de matières azotées assimilables, on simplifie singulièrement l'opération en prenant pour ensemencer une cuve une partie du contenu d'une cuve précédente, en pleine fermentation.

On ne fait un pied de cuve qu'au début de la campagne, ou quand on veut renouveler la levure envahie par des ferments étrangers.

En marche normale, une cuve étant ensemencée, et son contenu entrant en pleine fermentation, on y fait arriver lentement du jus neuf à la densité 1,0035 à 1,004 environ, en réglant le coulage de façon que la fermentation absorbe constamment le sucre introduit et que la densité, dans la cuve, soit 1,0015 au maximum. Le titre acidimétrique est tenu à 2gr,5 d'acide sulfurique normal par litre. — Dans ces conditions, il se forme encore une abondante production de levure. La cuve pleine, on la coupe, c'est-à-dire qu'on en fait couler un tiers dans une cuve vide : on a ainsi le pied de cuve de la nouvelle fermentation; puis on fait couler du jus dans les deux cuves pour les remplir; mais dans la cuve mère on maintient la densité non plus à 0,0015, mais à 0,00075 pour gêner le développement maintenant inutile de la levure, et utiliser autant que possible son pouvoir ferment. La cuve mère une fois pleine est épuisée de sucre en 4 heures.

On compte généralement une durée de fermentation de 24 heures pour le jus de betteraves ainsi traité, 48 heures pour les mélasses, 52 heures pour les moûts de grains saccharifiés par les acides sous pression, 72 heures pour les moûts épais de grains ou de tubercules saccharifiées par le malt.

466. **Distillation.** — On sépare l'alcool par distillation, en le soumettant à des distillations fractionnées dans des appareils très perfectionnés qui permettent d'extraire du mélange d'eau et d'alcool que fournit la fermentation la totalité de l'alcool qu'il contient; l'alcool aqueux recueilli doit être d'un degré assez élevé pour être immédiatement commerçable.

La figure 106 représente un des plus parfaits de ces appareils, l'appareil Savalle, et la description succincte que nous en ferons suffira pour faire comprendre le principe des appareils du même genre.

La partie essentielle est une *colonne* formée de tronçons rectangulaires ou *plateaux* disposés de telle sorte que la vapeur qui s'élève ne peut passer d'un plateau à l'autre sans barboter dans une certaine quantité du liquide condensé; les figures 107 et 108 représentent une coupe verticale et une coupe horizontale de ces plateaux.

Les vapeurs les plus volatiles s'élèvent seules, atteignent le sommet de la colonne et s'échappent par un tuyau vertical, traversant un réfrigérant où elles se condensent et s'écoulent dans l'éprouvette-jauge où plonge un alcoomètre.

Le liquide alcoolique, après avoir traversé un *chauffe-vin* tubulaire où il s'échauffe aux dépens de la vapeur d'alcool qui le parcourt en sens inverse, se déverse sur le second plateau de la colonne; lorsqu'il arrive au bas de l'appareil, où débouche en même temps un courant de vapeur d'eau, il doit être dépouillé d'alcool, et s'écoule à l'extérieur. La fabrication est donc continue[1].

1. Une colonne à 24 plateaux peut fournir en vingt-quatre heures 16800 litres de flegmes à 50 degrés centésimaux.

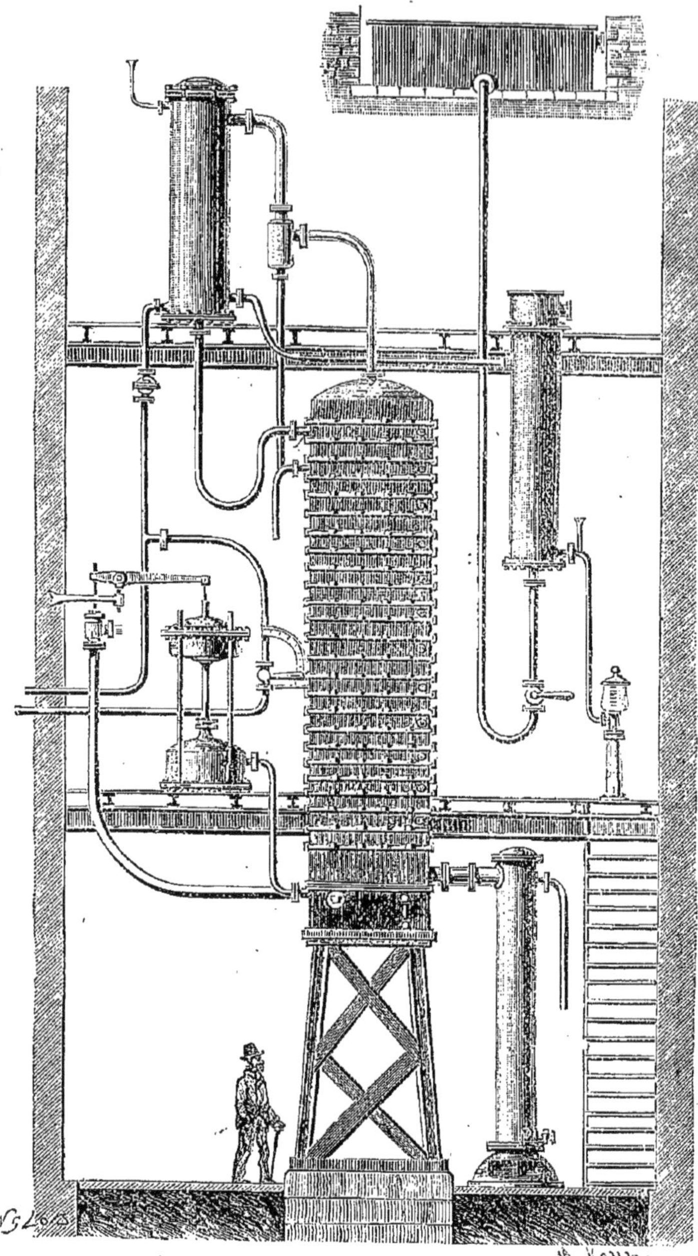

Fig. 106.

On n'obtient ce résultat, bien entendu, qu'en réglant les dimensions de l'appareil et la vitesse d'écoulement du liquide fermenté.

467. **Rectification.** — La distillation doit être suivie d'une *rectification*, dans laquelle on se propose d'éliminer des eaux-de-vie brutes ou *flegmes* tous les principes odorants qui les souillent. Cette opération s'exécute dans les appareils (*rectificateurs*) construits sur le même principe que les appareils à distillation.

Les principales impuretés qui accompagnent l'alcool dans les flegmes sont :

1° L'aldéhyde acétique et ses homologues;

2° Les homologues supérieurs de l'alcool éthylique et quelques alcools secondaires : alcools propylique, isobutylique, amylique, caproïque, etc.;

3° Des acides provenant de l'oxydation de ces alcools;

4° Des éthers résultant de l'action réciproque des alcools et des acides;

5° L'acroléine ou aldéhyde acrylique;

6° Le furfurol[1];

7° L'ammoniaque et diverses amines.

Ces corps sont dissous dans un très grand excès d'alcool éthylique concentré

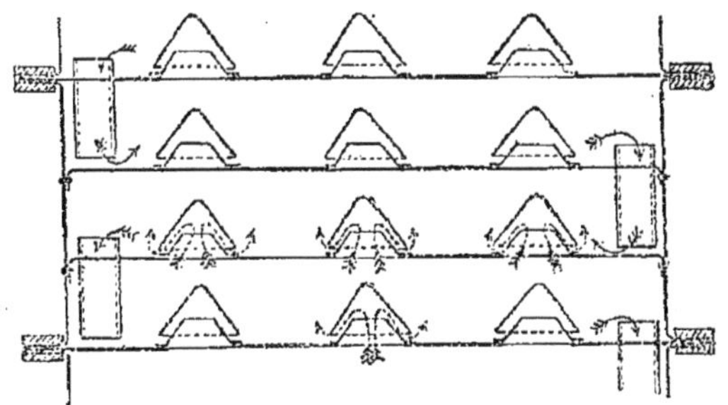

Fig. 107.

quelques-uns sont en quantité minime, et, pour tous, les proportions dépendent des conditions dans lesquelles on a effectué la saccharification, la fermentation et la distillation.

La volatilité des diverses impuretés qu'on rencontre le plus fréquemment dans les flegmes varie dans des limites assez étendues, comme le montre le tableau ci-dessous.

TEMPÉRATURES D'ÉBULLITION

Alcool éthylique	78°
Eau	100°

Alcools.		Acides.	
Alcool propylique	97°,4	Acide acétique	118°
— isobutylique	108°,4	— propionique	141°
— amylique	130°	— isobutyrique	154°
— caproïque	158°	— valérique	175°

Éthers.		Aldéhydes.	
Acétate d'éthyle	77°	Aldéhyde acétique	21°
Propionate —	98°,8	Acroléine	52°
Butyrate —	121°	Furfurol	162°

1. Le furfurol $C^5H^4O^2$ est une aldéhyde pyromucique qui prend naissance dans la distillation sèche du sucre et par la distillation du son avec de l'acide sulfurique étendu.

Ce n'est pas en se basant sur les écarts qu'offrent les points d'ébullition de ces différents corps que l'on peut songer à effectuer la séparation par une simple distillation des flegmes, les composés les plus volatils se trouvant dans les premières parties condensées, les composés moins volatils s'accumulant dans la chaudière. Le mécanisme de la rectification est plus compliqué.

« Il repose sur ce que les vapeurs de la plupart des impuretés qui accompagnent l'alcool dans les flegmes sont différemment solubles dans l'alcool « concentré et bouillant[1]. Si un produit déterminé est peu soluble dans l'alcool « concentré et bouillant, il est clair que 1 kilogramme de vapeur dégagée par « le mélange en contiendra plus que 1 kilogramme de liquide bouillant; si « donc on distille le mélange, le taux du produit considéré ira en décroissant « rapidement dans la chaudière et finalement il n'en restera plus qu'une quan-

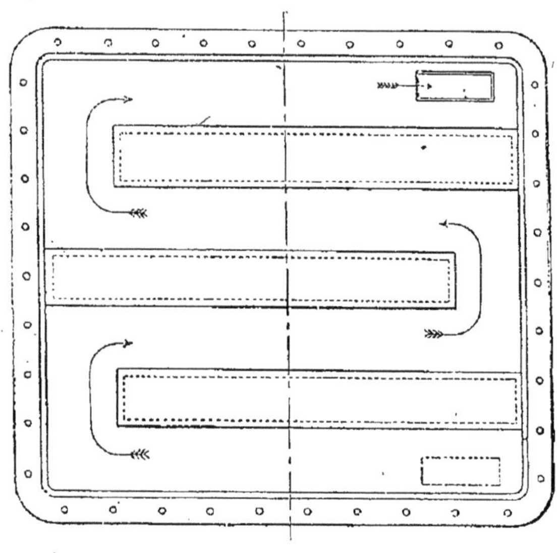

Fig. 108.

« tité indosable. Mais on conçoit aussi qu'on aura dû sacrifier une notable pro- « portion du liquide mis en œuvre pour arriver à cette élimination.

« Au contraire, si la volatilité est très notable, il est clair que 1 kilogramme « de la vapeur dégagée contiendra beaucoup moins de l'impureté considérée « qu'un kilogramme de liquide bouillant; il passera donc au début peu de cette « impureté dans le produit condensé; mais, l'impureté se concentrant dans la « chaudière, les vapeurs dégagées s'en chargeront de plus en plus; d'autre part, « le liquide s'épuisant d'alcool, la température s'élèvera, la solubilité dimi- « nuera et l'impureté envahira les vapeurs. Il pourra même arriver qu'elle « soit entraînée en totalité avant que tout l'alcool soit extrait.

« Ainsi, par distillation simple d'un liquide riche en alcool, on peut, en sacri-

1. Nous dirons, pour simplifier, qu'une impureté est peu soluble quand elle est difficilement retenue par le liquide et facilement entraînée par la vapeur; il y a une analogie lointaine avec la solubilité du gaz, mais le mot topique manque en français.

Fig. 109

« fiant une notable proportion d'alcool, éliminer du liquide restant et accu-
« muler dans les *têtes* les produits peu solubles dans l'alcool concentré bouil-
« lant, mais on ne peut retenir complètement les *queues*[1] ».

La rectification met en œuvre un flegme étendu d'eau (de 38 à 50 pour 100 d'alcool); elle s'effectue dans un appareil à plateaux, dont le nombre devra être d'autant plus élevé que l'on cherchera à obtenir un produit plus pur.

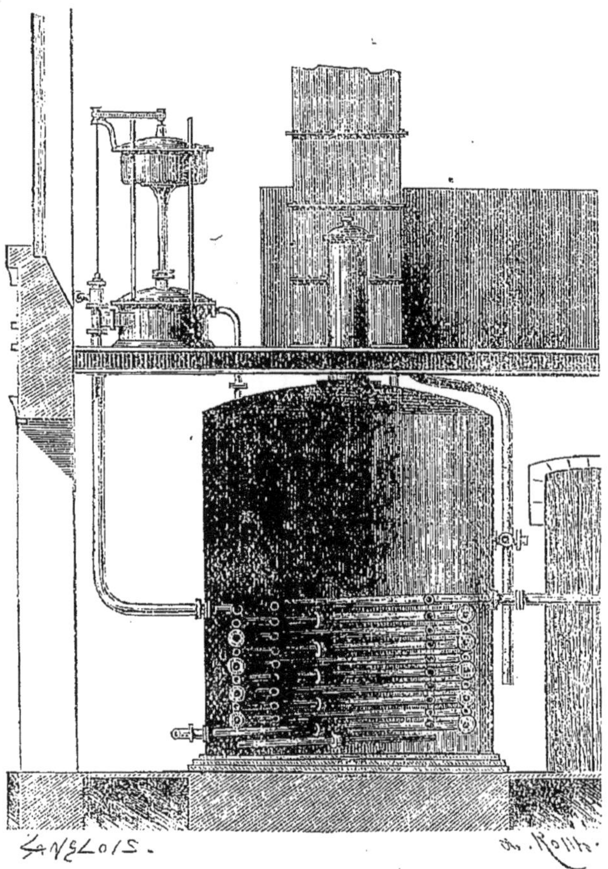

Fig. 110.

Le rectificateur Savalle, le type le plus parfait des rectificateurs discontinus, est représenté par la figure 109. Il se compose d'une chaudière (fig. 110), dans laquelle les flegmes sont chauffés par un serpentin dans lequel circule de la vapeur d'eau, d'un régulateur de vapeur, et d'une colonne à plateaux rectangulaires.

1. E. Sorel, *Rectification de l'alcool*. Gauthier-Villars et fils, G. Masson.

Le liquide introduit dans la chaudière est un flegme marquant de 40 à 45 degrés centésimaux. La vapeur qui circule dans le serpentin porte ce liquide à l'ébullition et les vapeurs alcooliques s'élèvent dans la colonne. Elles se condensent tout d'abord en grande partie dans le premier plateau dont elles élèvent ainsi la température, et au bout d'un certain temps tous les plateaux se trouvent chargés d'un liquide alcoolique dont les températures vont en décroissant et dont les titres alcooliques vont au contraire en croissant de bas en haut. Les vapeurs d'alcool arrivent enfin au condenseur; si celui-ci est soigneusement refroidi, tout s'y condensera; mais pendant cette première partie de l'opération les impuretés les moins solubles dans l'alcool ont dû nécessairement s'accumuler dans les plateaux supérieurs, dont le titre alcoolique est plus élevé, tandis que les impuretés les plus solubles sont retenues dans les plateaux inférieurs. Les liquides formés dans le condenseur rétrogradent dans le régulateur et la pression s'élève peu à peu dans la colonne. Lorsque la sou-

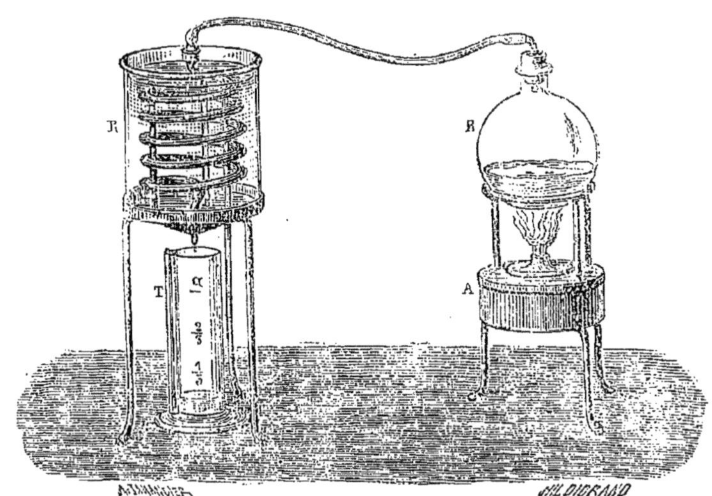

Fig. 111.

pape du régulateur se soulève, on dit que les plateaux sont *garnis*; on arrive alors à la période de marche.

On diminue l'arrivée de l'eau dans le réfrigérant, celui-ci se refroidit et une partie de l'alcool distille dans l'éprouvette jauge; en réglant l'arrivée de l'eau, on peut ainsi maintenir dans le condenseur une température constante et le liquide condensé peut avoir à volonté un titre alcoolique déterminé.

Les premiers produits recueillis (*mauvais goûts de tête*)[1] ont une odeur forte et désagréable; ils contiennent surtout de l'aldéhyde acétique et de l'éther acétique; ils marquent environ 94° à l'alcoomètre de Gay-Lussac. On les envoie dans un bac spécial.

Puis viennent les *mauvais goûts à retravailler*, qui sont mis de côté et traités à nouveau, puis les *moyens goûts*.

Les *alcools fin goût* et les *alcools de cœur*, les plus purs qui se condensent ensuite, représentent 72 à 80 pour 100 de l'alcool mis en œuvre.

En poursuivant la distillation, on aurait les *alcools de queue*, que l'on peut subdiviser en moyens goûts de *queue* que l'on retravaille, et les *huiles*. Dans un appareil bien construit, la fin de la distillation des alcools purs est caractérisée par ce fait que le thermomètre de la chaudière marque de 99° à 100°; celle-ci ne contient que de l'eau : les plateaux sont chargés des alcools mauvais goût de queue et des huiles; ils sont disposés de telle sorte qu'on puisse en effectuer la vidange.

468. **Alcoométrie.** — La richesse en alcool d'une boisson fermentée, ou d'un mélange d'eau et d'alcool tel que le fournissent les appareils distillatoires, est un des éléments principaux sur lesquels on s'appuie pour en établir la valeur commerciale.

L'alcoomètre centésimal de Gay-Lussac fournit immédiatement, par son immersion dans un mélange d'eau et d'alcool, le volume d'alcool contenu dans 100 parties du mélange pris à la température de 15°,5. Lorsqu'on opère à une

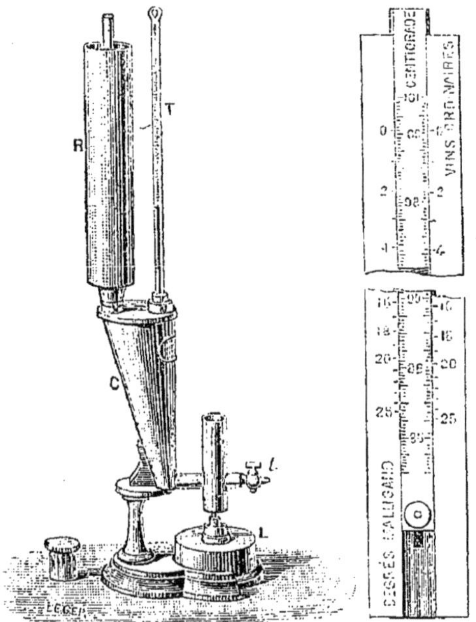

Fig. 112.

température différente, on corrige les indications de l'instrument en consultant des tables construites par Gay-Lussac à cet effet.

L'immersion d'un alcoomètre dans un liquide alcoolique de composition aussi complexe que le vin, le cidre, la bière ne donnerait aucune indication précise. Pour déterminer la richesse de ces liquides en alcool, on se sert généralement soit de l'*appareil Salleron*, soit d'un *ébullioinètre*.

Appareil Salleron. — Un volume du liquide mesuré dans l'éprouvette graduée A jusqu'au trait supérieur est chauffé à l'aide d'une lampe à alcool dans le petit ballon B (fig. 111); les vapeurs se condensent dans le serpentin, et lorsqu'on a recueilli un tiers du volume primitif, on arrête la distillation. L'expérience a montré que ce tiers recueilli renferme tout l'alcool, lorsqu'il s'agit d'un vin ou d'une boisson d'une richesse alcoolique comparable. On étend d'eau le liquide recueilli de façon à reproduire le volume primitif, et on détermine le titre de ce liquide à l'aide de l'alcoomètre.

Les richesses alcooliques des boissons fermentées (volume d'alcool contenu dans 100 volumes du liquide) sont très variables, suivant les origines. Voici quelques indications approchées :

Vins de Madère, Porto		20	
— de Malaga		16	
— de Sauterne blanc		15	
— de Bordeaux	de	11	à 7,5
— de Bourgogne rouge		8	
Bières anglaises	de	8	à 4
— dites de Strasbourg	de	4,5	à 5,5
— de Paris	de	2,5	à 1

Les alcools de vin sont en grande partie employés à la fabrication des boissons alcooliques dites *eaux-de-vie*. Cependant on fabrique aujourd'hui de grandes quantités d'eaux-de-vie en additionnant d'eau les alcools bon goût livrés par l'industrie. Les eaux-de-vie marquent de 40° à 50° à l'alcoomètre centésimal.

Ébullioméetre. — La température d'ébullition d'une dissolution alcoolique est moins élevée que celle de l'eau; elle s'abaisse lorsque le taux pour 100 de l'alcool augmente.

L'ébulliomètre Salleron (fig. 112) se compose d'une petite chaudière C que l'on chauffe au moyen d'un thermo-siphon; un réfrigérant à reflux B ramène constamment les vapeurs dans la chaudière, et maintient ainsi constante la composition du liquide soumis à l'essai. Un thermomètre T indique la température d'ébullition. Comme la température d'ébullition d'un même liquide varie avec la pression, les indications thermométriques doivent subir une correction : elles sont ensuite converties en degrés alcoométriques. La correction et la conversion se font à l'aide d'une règle à coulisse annexée à l'instrument; la règle mobile porte les indications thermométriques, la règle fixe[1] le degré alcoométrique. Si la pression était exactement 760 millimètres, on ferait coïncider le degré 100 avec le point 0 de l'échelle alcoométrique lorsque le liquide qui bout est de l'eau pure; si le liquide essayé est une dissolution alcoolique bouillant à 90° par exemple, il suffit de relever le trait de la règle fixe qui coïncide avec le trait 90 de la règle mobile pour avoir le degré alcoométrique. Mais, le plus souvent la pression différant de 760 mm., on fait bouillir de l'eau dans l'appareil et si la température d'ébullition est t, on amène le trait t de la règle mobile en coïncidence avec le trait 0 de la règle fixe. Remplaçant alors l'eau par le liquide alcoolique à étudier, on observe sa température d'ébullition t', et, sans toucher à la règle mobile, on lit immédiatement sur la règle fixe le degré alcoométrique correspondant.

1. La règle fixe porte à gauche, sur la figure, les *degrés Malligand*. L'ébullioscope Malligand, qui diffère peu de l'appareil décrit ici et est fondé sur le même principe, portait une graduation déterminée empiriquement et qui diffère un peu de l'échelle alcoométrique.

CHAPITRE XXVI

MONOACIDES ACYCLIQUES

469. **Distillation du bois.** — Le bois, soumis à l'action de la chaleur, subit comme la houille une décomposition fournissant des gaz, des liquides et un résidu de charbon, mais les produits de distillation du bois ne sont pas les mêmes que ceux donnés par la houille. C'est ainsi que le résidu ne distillant pas est ici du charbon de bois et non du coke.

L'appareil utilisé est représenté par la figure 115 : c'est un cylindre vertical en tôle où l'on place le bois; en l est un tube en zigzag autour duquel circule de l'eau froide venue par *r*, il sert de réfrigérant; on recueille en *u* les liquides condensés; les gaz sont envoyés dans le foyer par le tube *i*.

Les liquides recueillis dans les vases *u* se séparent en deux couches : la couche inférieure formée par des goudrons sert à la fabrication de la créosote, liquide antiseptique utilisé contre les maux de dents et pour la conservation des bois. La couche supérieure s'appelle *acide pyroligneux brut*. C'est un liquide très aqueux, d'où l'on peut retirer principalement de l'esprit de bois, et un acide, l'acide acétique. Pour cela on soumet le mélange à la distillation. Les parties qui passent au début constituent l'esprit de bois, puis vient l'acide acétique, mais la séparation complète ne peut guère être obtenue par distillation : on fait en réalité passer les vapeurs distillées dans une chaudière renfermant un lait de chaux. L'acide acétique réagissant sur la chaux fournit un sel, l'acétate de calcium, non susceptible à la température de la chaudière de fournir de produit volatil; il y reste donc. Les vapeurs d'esprit de bois, au contraire, traversent la chaudière sans réagir sur la chaux et sans se condenser; on les arrête ensuite dans des récipients refroidis.

Le nom d'esprit de bois rappelle celui d'esprit-de-vin, et, en fait, les deux substances ont souvent des usages analogues; on peut souvent les employer indifféremment comme dissolvants ou comme combustible dans les lampes à alcool. Tous deux sont des mélanges. De l'esprit-de-vin nous avons extrait une espèce himique définie, l'alcool éthylique ; de l'esprit de bois, nous pou-ons retirer une autre espèce chimique définie, dont les pro-riétés seront si voisines de celles de l'alcool de vin que nous erons amenés à lui donner un nom rappelant ces analogies si

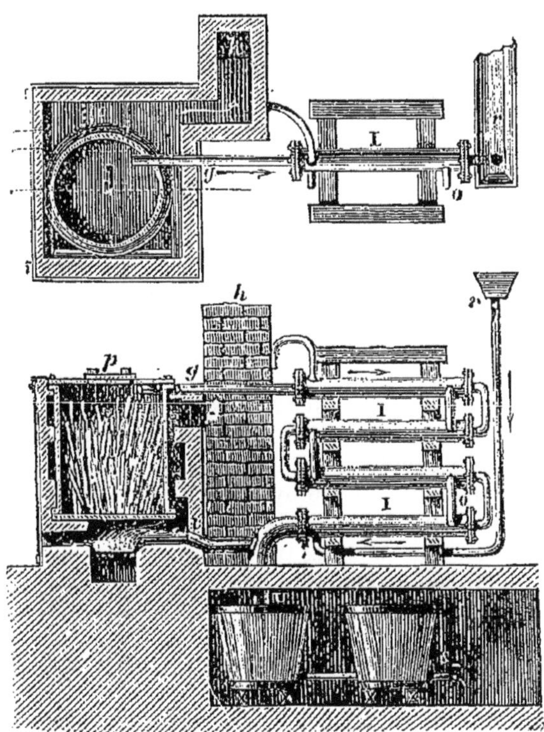

Fig. 115.

frappantes : nous lui donnerons aussi le nom d'*alcool*, seulement ce sera l'alcool méthylique.

ACIDE ACÉTIQUE, $C^2H^4O^2$ ou $CH^3 - CO.OH = 60$.

470. **Modes de formation.** — **Préparation.** — L'acide acétique est de tous les acides le plus anciennement connu. Il résulte, en effet, de l'oxydation de l'alcool, et le *vinaigre* (*acetum* en latin) lui doit ses propriétés acides.

On prépare l'acide acétique assez pur en chauffant l'acétate de sodium fondu avec de l'acide sulfurique :

$$CH^3CO^2Na + SO^4H^2 = CH^3CO^2H + SO^4HNa.$$

On le purifie par congélation fractionnée.

L'acétate de sodium se fait à l'aide de l'acétate de calcium obtenu lors du traitement des produits de distillation du bois. On peut dans ce but dissoudre l'acétate de calcium dans l'eau et ajouter du sulfate de sodium. Les deux métaux permutent.

Tenant compte de ce qu'un atome de calcium, corps bivalent, permute avec 2 atomes de sodium, corps univalent, on écrit la réaction :

$$SO^4Na^2 + (CH^3.CO.O)^2Ca = SO^4Ca + 2CH^3CO.OH.$$

471. **Propriétés.** — L'acide acétique est un liquide incolore, d'une odeur piquante, fondant à + 16°,6 et bouillant à 118° ; sa densité est 1,080 à 0°. Il est miscible à l'eau et à l'alcool en toutes proportions.

Acétates. — L'acide acétique est un acide monoacide ; le quart seulement de son hydrogène est remplaçable par des métaux ; une autre propriété des acides monacides, souvent beaucoup plus nette que la précédente, est de ne donner qu'un seul éther avec les alcools éthylique ou méthylique ; c'est le cas ici.

Puisque sur les quatre H que comporte la formule $C^2H^4O^2$, il s'en trouve un qui n'a pas les propriétés des trois autres, il sera avantageux de mettre ce fait en évidence. On y arrive en le séparant des trois autres en écrivant

$$C^2H^3O^2.H. \qquad (\alpha)$$

Les acétates sont, en général, solubles dans l'eau. Les acétates alcalins, chauffés avec un excès d'alcali, dégagent du méthane :

$$CH^3\text{-}CO.ONa + NaOH = CH^4 + CO^3Na^2.$$

Dans cette réaction, on voit que les deux atomes de carbone, renfermés dans la molécule de l'acétate de sodium, se sont séparés l'un de l'autre, l'un emmenant avec lui tout l'hydrogène, l'autre tout l'oxygène et le sodium. Pour rappeler la possibilité d'une telle scission on est conduit à écrire l'acétate de sodium

$$CH^3 - CO^2Na \qquad (\beta)$$

Les acétates les plus importants sont :

L'acétate de sodium $C^2H^3O^2Na + 3H^2O$, qui fond au-dessous de 100° dans son eau de cristallisation, se maintient facilement en surfusion et cristallise en une masse lamelleuse ;

L'*acétate neutre de cuivre* ou *verdet* $(C^2H^3O^2)^2Cu + H^2O$, en cristaux volumineux d'un vert bleuâtre, que l'on prépare en dissolvant l'acétate basique dans l'acide acétique;

L'*acétate basique de cuivre* (*vert-de-gris, verdet de Montpellier*), mélange de diverses combinaisons d'acétate neutre avec l'oxyde de cuivre, que l'on prépare en abandonnant à l'oxydation des plaques de cuivre imbibées d'acide acétique;

L'*acétate neutre de plomb* $(C^2H^3O^2)^2Pb + 3H^2O$ ou *sel de Saturne*, que l'on prépare en saturant l'acide acétique par la litharge; il est soluble dans l'eau, et cette dissolution peut dissoudre un excès de litharge; la liqueur, qui renferme alors des acétates basiques, combinaisons d'acétate neutre avec l'oxyde de plomb, précipite par l'acide carbonique (*préparation de la céruse*);

L'*acétate d'aluminium*, obtenu par décomposition entre l'acétate de plomb et le sulfate d'aluminium, est employé en teinture, pour le mordançage des tissus; les acétates de fer et de chrome servent au même usage.

472. **Chlorure d'acétyle**, $CH^3.CO,Cl$. — En chauffant dans une cornue un mélange d'acide acétique et de trichlorure de phosphore on obtient de l'acide phosphoreux qui reste dans la cornue et un liquide qui distille et qui représente de l'acide acétique auquel on aurait enlevé un atome d'oxygène et un d'hydrogène mais auquel on aurait ajouté du chlore :

$$3\,C^2H^4O^2 + PCl^3 = 3\,C^2H^3OCl + PO^3H^3;$$

ce liquide est appelé le chlorure d'acétyle.

Dans cette réaction une molécule d'acide acétique se scinde en deux portions, un groupe d'atomes C^2H^3O qui va s'unir à du chlore et un groupe OH qui se porte sur le phosphore. Pour rappeler ce mode de dédoublement on peut écrire l'acide acétique

$$C^2H^3O - OH. \qquad (\gamma)$$

Le chlorure d'acétyle C^2H^3OCl ne renferme pas d'hydrogène remplaçable par des métaux; pour cette raison et d'autres encore on peut dire que c'est l'atome d'hydrogène du groupe OH qui, dans l'acide acétique, est remplaçable par des métaux.

On aura une formule rassemblant les avantages des formules α, β, γ en écrivant l'acide acétique

$$CH^3 - CO - OH$$

et par suite le chlorure d'acétyle $CH^3 - CO - Cl$. Ce dernier est un liquide incolore, fumant au contact de l'air et bouillant à 55°.

473. Anhydride acétique, $C^4H^6O^3$ ou $(CH^3-CO)^2O$. — En distillant du chlorure d'acétyle sur de l'acétate de sodium desséché, on recueille un liquide incolore, bouillant à 139°,5, qui se combine à l'eau en se transformant en acide acétique ordinaire : c'est l'*acide acétique anhydre* ou *anhydre acétique* :

$$\begin{matrix} CH^3-CO.Cl \\ CH^3-CO.ONa \end{matrix} = NaCl + \begin{matrix} CH^3-CO \\ CH^3-CO \end{matrix} > O.$$

474. Action du chlore. — Sous l'action de la lumière solaire le chlore agit sur l'acide acétique pour donner trois produits de substitution :

$$C^2H^4O^2 + 2Cl = C^2H^3ClO^2 + HCl$$
$$C^2H^3O^2Cl + 2Cl = C^2H^2Cl^2O^2 + HCl$$
$$C^2H^2O^2Cl^2 + 2Cl = C^2HCl^3O^2 + HCl.$$

Les composés $C^2H^3ClO^2$, $C^2H^2Cl^2O^2$, $C^2HCl^3O^2$ ainsi obtenus sont appelés respectivement acides mono, di et trichloracé tique. Leurs propriétés chimiques principales sont celles de l'acide acétique; ainsi l'acide monochloracétique est un monoacide, il ne renferme qu'un atome d'hydrogène remplaçable par des métaux, et cet atome s'en va en même temps qu'un des deux atomes d'oxygène quand on fait agir le trichlorure de phosphore ou l'acide monochloracétique; comme pour l'acide acétique on est donc conduit à développer la formule $C^2H^3ClO^2$ ainsi :

$$C^2H^2ClO - OH$$

et de même pour les deux autres acides chlorés qui s'écrivent

$$C^2HCl^2O - OH$$
$$C^2Cl^3O - OH.$$

Dans l'action du chlore sur l'acide acétique

$$C^2H^4O^2 + 2Cl = C^2H^3ClO^2 + HCl$$

la molécule de l'acide acétique se scinde en deux groupes $C^2H^3O^2$ qui s'unit à Cl et H qui s'unit à un autre Cl.

Or, cette molécule nous l'avons écrite

$$CH^3 - CO - OH.$$

L'hydrogène qui est remplacé par du chlore n'est pas celui du groupe OH puisque ce groupe subsiste. C'est donc un H du groupe CH^3. Pour représenter ce dédoublement, en tenant compte du fait qu'il s'observe successivement avec les 3 H du groupe CH^3, on sera conduit à écrire l'acide acétique

$$\begin{array}{c} H \\ | \\ H - C - CO - OH. \\ | \\ H \end{array}$$

475. **Vinaigre.** — On sait depuis longtemps que le vin, la bière sont susceptibles de s'acidifier pour donner du vinaigre, et le vinaigre de vin notamment est employé comme condiment.

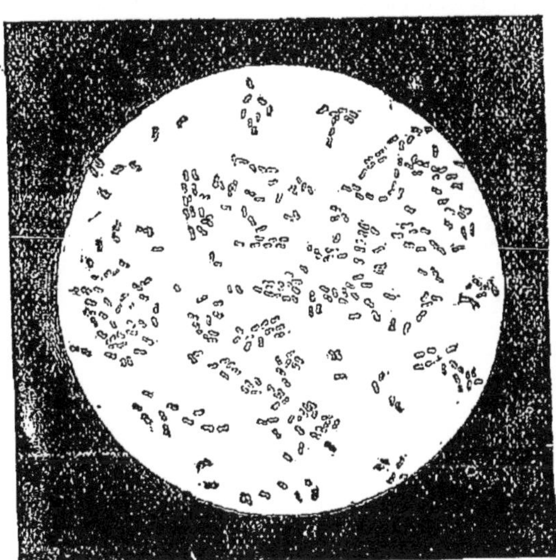

Fig. 114.

L'acidification des liquides alcooliques s'effectue par oxydation de l'alcool, mais elle ne se fait pas d'elle-même : c'est une fermentation due à un être vivant nommé *Mycoderma aceti* (fig. 114).

Ce mycoderme est, comme l'a démontré Pasteur, l'agent de cette transformation ; il vit au contact de l'oxygène dont il provoque la fixation sur l'alcool et se développe à la surface du liquide, en formant une sorte de voile qu'on appelle *mère du vinaigre*. Ce végétal doit trouver d'ailleurs, comme toutes les plantes, dans le milieu où il se développe, des matières azotées et des phosphates ; les liquides fermentés qui servent à la préparation du vinaigre, le vin notamment, renferment les éléments nécessaires au développement du mycoderme ; il est nécessaire en outre que la température soit comprise entre 25° et 30°.

Voici un appareil permettant d'avoir du vinaigre en se plaçant dans les conditions indiquées par Pasteur comme les plus favorables.

Dans des cuves plates peu profondes (fig. 115), on met sous une épaisseur de 20 centimètres un mélange de 2 kilogr. d'alcool, 100 kilogr. d'eau et 1 kilogr. de vinaigre, plus un peu de phosphates. On y sème du mycoderma aceti et l'on opère à la température de 30°. Par un tube coudé on ajoute chaque jour une quantité d'alcool égale à celle qui a été acétifiée. L'air nécessaire a accès par A et B ; la cuve est couverte pour éviter une évaporation trop rapide. On obtient ainsi 5 à 6 litres de vinaigre par jour.

C'est en s'appuyant sur ces principes que l'on procède dans certaines fabriques de l'Orléanais. Mais généralement on opère plus grossièrement. L'acidification s'effectue (*procédé d'Orléans*) en introduisant dans des futailles à vin de 230 litres environ de capacité, et dont le fond est percé d'un large trou de 10 centimètres pour le renouvellement de l'air, du vinaigre au tiers de leur capacité, puis 10 litres de vin. Ces fûts sont disposés sur des chantiers et superposés en plusieurs rangées dans un cellier dont la température est de 25 ou 30°. Tous les huit jours on ajoute 10 litres de vin jusqu'à addition totale de 40 litres ; on soutire 40 litres de vinaigre et l'on ajoute de nouveau le vin par 10 litres ; aux mêmes intervalles. Le vinaigre ainsi préparé conserve les principes aromatiques du vin qui a servi à le préparer ; c'est le meilleur vinaigre.

Fig. 115. Cuve Pasteur.

Le vinaigre préparé par le *procédé allemand* est de moins bonne qualité. On l'obtient en faisant couler peu à peu les alcools provenant de la fermentation du moût de malt sur des copeaux de hêtre entassés dans un tonneau et reposant sur un double fond. Des ouvertures nombreuses pratiquées aux parois du tonneau permettent à l'air de circuler librement. On fait passer trois fois le liquide alcoolique sur les copeaux, qui, imprégnés de *Mycoderma aceti* et permettant, par leur porosité, un libre accès à l'oxygène atmosphérique, déterminent une acidification rapide.

Le vinaigre n'est point, comme on le voit, une simple solution d'acide acétique dans l'eau ; il renferme un peu de cet acide, mais en outre de l'alcool inaltéré, des éthers tels que l'acétate d'éthyle et beaucoup d'autres composés ; c'est un liquide fort complexe.

FONCTION ACIDE

476. *Acides minéraux.* — Après avoir défini les acides comme les composés renfermant de l'hydrogène remplaçable par des métaux, nous avons dû apporter une restriction : les corps renfermant de l'hydrogène remplaçable par des métaux, directement ou non, sont en effet très nombreux. Citons-en quelques-uns : l'acide chlorhydrique, l'hydrate de zinc, le gaz ammoniac, l'acétylène, l'alcool. Même en se bornant à ces exemples, on voit combien les corps possédant de l'hydrogène remplaçable par des métaux peuvent différer à tous autres égards.

L'obligation imposée aux acides de donner des sels en présence d'une base, la potasse par exemple, nous a permis d'éliminer du groupe des acides un certain nombre de corps, par exemple l'ammoniaque ou l'acétylène ; malgré cela, on ne saurait dire qu'un groupe renfermant l'acide sulfurique, l'acide hypochloreux, l'acide permanganique et l'acide iodhydrique soit très homogène.

Mais puisqu'on qualifie tous ces corps du nom d'acides, on est bien obligé, pour définir la fonction acide telle qu'on l'envisage en chimie minérale, de rechercher quelles sont les propriétés communes à *tous* les acides minéraux. Or il ne semble pas qu'il y en ait d'autres que celles indiquées ci-dessus.

Acides organiques. — En chimie organique, il arrive qu'on dise d'un corps renfermant de l'hydrogène remplaçable par un métal, qu'il a des propriétés acides. On dira par exemple que les phénols (552) ont des propriétés acides plus marquées que les alcools, mais on ne qualifiera un corps d'acide que s'il a, en commun avec l'acide acétique, certaines propriétés.

De même que l'alcool éthylique n'est pas un corps isolé, auquel aucun autre ne ressemble, mais au contraire se trouve le représentant le plus important de toute une série de composés assez analogues qu'on rassemble dans un même groupe, la fonction alcool, de même l'acide acétique est le représentant le plus important d'une série de corps, les acides organiques. On dira d'un composé organique qu'il présente la fonction acide[1] si :

1° Comme l'acide acétique, c'est un composé ternaire renfermant du charbon, de l'hydrogène et de l'oxygène.

1. Nous n'envisageons ici que le cas le plus simple, celui où la fonction acide n'est point associée à des fonctions dont la présence amènerait des perturbations.

2° Comme l'acide acétique, il renferme de l'hydrogène remplaçable par des métaux. Cette propriété est particulièrement commode à mettre en évidence, s'il y a lieu, en mettant l'acide en présence de soude ou d'oxyde d'argent. Le sel formé ne devra pas se décomposer totalement si on le met en présence d'eau

$$CH^3COOH + NaOH = CO^3COONa + HOH.$$

3° Comme l'acide acétique, il réagit sur le pentachlorure de phosphore en perdant un oxhydrile qui est remplacé par du chlore, le composé chloré obtenu restant oxygéné et pouvant régénérer l'acide sous l'action de l'eau. Ce genre de composé est appelé un chlorure d'acide

$$CH^3COOH + PCl^5 = POCl^3 + HCl + CH^3COCl$$
$$CH^3COCl + HOH = HOCl + CH^3COOH.$$

4° Comme l'acide acétique, il réagit sur l'alcool en donnant un produit résultant de l'union de ces deux corps avec perte d'eau (éther)

$$CH^3COOH + C^2H^5OH = CH^3COOC^2H^5 + H^2O.$$

5° Comme l'acide acétique, il donne un sel de sodium qui chauffé avec de la soude, donne du carbonate de sodium et un carbure

$$CH^3COONa + NaOH = CH^4 + CO^3Na^2.$$

On pourrait exiger aussi la formation d'amides, de nitriles et d'anhydrides.

Remarque. — La réaction 1, étant donnée la monoacidité de l'acide acétique, conduit à dire qu'un de ses quatre atomes a des propriétés différentes des autres; pour mettre le fait sous une forme frappante, il sera commode de le séparer des autres dans la formule de l'acide. Dans la réaction 2, l'acide se sépare en un groupe OH qui va d'un côté et un groupe C^2H^3O qui va de l'autre. On met le fait en évidence en écrivant $C^2H^3O.OH$. Enfin, dans la réaction 5, les deux atomes de carbone se séparent, l'un emmenant tout l'oxygène, l'autre tout l'hydrogène non remplaçable par un métal, ce qui conduit à écrire le sel CH^3CO^2Na et par suite l'acide CH^3CO^2H.

On voit que l'ensemble de ces réactions sera fidèlement représenté par la formule $CH^3CO.OH$ qu'on appelle la ***formule développée*** de l'acide acétique.

Les mêmes réactions étant celles de toutes les acides organiques, on sera de même conduit à écrire tous les acides organiques

R.CO.OH, R représentant ici un groupe d'atomes de carbone et d'hydrogène, c'est-à-dire un radical hydrocarboné.

C'est ainsi que l'acide butyrique $C^4H^8O^2$, que l'on peut extraire du beurre, s'écrira C^3H^7COOH. Sous cette forme, on voit de suite qu'il réagira comme un acide acétique dans lequel CH^3 serait remplacé par C^3H^7. Ainsi PCl^5 donne avec l'acide acétique CH^3COCl, avec l'acide butyrique il donnera le chlorure C^3H^7COCl.

La formule $\begin{array}{c} \mathrm{H} \\ | \\ \mathrm{H - C - CO - OH} \\ | \\ \mathrm{H} \end{array}$ à laquelle nous sommes arrivés par la simple interprétation des faits est conforme à la notion de valence ; le carbone étant quadrivalent, l'oxygène bivalent, l'hydrogène univalent, cette formule s'écrit

$$\begin{array}{ccccccc} & & \mathrm{H} & & & & \\ & & | & & & & \\ \mathrm{H} & - & \mathrm{C} & - & \mathrm{C} & - \mathrm{O} - & \mathrm{H} \\ & & | & & \| & & \\ & & \mathrm{H} & & \mathrm{O} & & \end{array}$$

et le groupement fonctionnel des acides est le groupe univalent

$$\begin{array}{c} -\mathrm{C}-\mathrm{O}-\mathrm{H} \\ \| \\ \mathrm{O} \end{array}$$

ACIDES GRAS

Les acides monoacides dérivent par oxydation des monoalcools primaires. Ainsi, aux alcools primaires de formule générale $C^nH^{2n+2}O$, dont les premiers termes sont l'alcool méthylique et l'alcool éthylique, et qui dérivent des hydrocarbures saturés C^nH^{2n}, correspondent des acides de formule générale $C^nH^{2n}O^2$.

Hydrocarbures.

Méthane.	$H\text{-}CH^3$
Éthane	$H\text{-}CH^2\text{-}CH^3$
Propane.	$H\text{-}CH^2\text{-}CH^2\text{-}CH^3$

Alcools.

Alcool méthylique.	$H\text{-}CH^2.OH$
— éthylique.	$H\text{-}CH^2\text{-}CH^2.OH$
— propylique.	$H\text{-}CH^2\text{-}CH^2\text{-}CH^2.OH$

Acides.

Acide formique.	$H\text{-}CO.OH$
— acétique	$H\text{-}CH^2\text{-}CO.OH$
— propionique	$H\text{-}CH^2\text{-}CH^2\text{-}CO.OH$

Cette série, la plus importante des acides monoacides, est la série des *acides gras*, ainsi dénommée parce que, parmi les termes les plus élevés, se trouvent des acides que l'on rencontre dans les corps gras (*graisses, huiles*) à l'état d'éthers de la glycérine.

ACIDE FORMIQUE, CH^2O^2 ou $H-CO.OH$.

477. **Modes de formation. — Préparation.** — 1° L'acide formique a été découvert tout d'abord dans les fourmis rouges.

2° Il se forme lorsque l'alcool méthylique s'oxyde, aux dépens de l'oxygène de l'air, en présence du noir de platine, et dans un grand nombre de réactions oxydantes.

3° Le procédé de préparation le plus simple repose sur le dédoublement de l'acide oxalique en acide formique et gaz carbonique, lorsque l'on chauffe cet acide en présence de la glycérine.

$$(CO.OH)^2 = CO^2 + H-CO.OH.$$

On chauffe à cet effet, dans une cornue de verre tubulée, de la glycérine avec un poids égal d'acide oxalique cristallisé. La cornue est disposée dans un bain-marie contenant de l'eau additionnée de chlorure de calcium, de façon que la température s'élève un peu au-dessus de 100°. Des bulles de gaz carbonique se dégagent et on condense dans le récipient de l'acide formique étendu d'eau. Dès que le dégagement gazeux se ralentit, on ajoute par petites portions de l'acide oxalique et, la glycérine ne subissant dans cette réaction aucune altération, on peut préparer ainsi des quantités considérables d'acide formique. L'acide recueilli dans le récipient serait plus concentré si on remplaçait l'acide oxalique cristallisé par l'acide oxalique sublimé.

Pour obtenir l'acide formique à son maximum de concentration, on sature l'acide étendu par du carbonate de plomb à l'ébullition et on filtre. Le formiate de plomb, peu soluble dans l'eau froide, cristallise par le refroidissement. On le sèche et on le décompose à 120° par un courant d'hydrogène sulfuré.

Synthèse. — M. Berthelot a effectué la synthèse de l'acide formique ou plutôt d'un formiate en chauffant, en tube scellé, de l'oxyde de carbone avec une dissolution alcaline

$$CO + KOH = H-CO.OK.$$

478. — **Propriétés.** — L'acide formique à son maximum de concentration, c'est-à-dire répondant exactement à la formule CH^2O^2, est un liquide incolore, caustique, doué d'une odeur caractéristique. La densité est 1,223 à 0°. Refroidi aux environs de 0°, il cristallise et les cristaux ne fondent plus qu'à + 8°,6. Il bout à + 104°.

Chauffé à 250° en vase clos, il se décompose en oxyde de carbone et eau :

$$H-CO.OH = CO + H^2O.$$

Cette réaction s'effectue plus facilement quand on chauffe l'acide formique avec de l'acide sulfurique concentré (*Préparation de l'oxyde de carbone*). C'est la réaction inverse de celle qui a été appliquée pour effectuer la synthèse.

L'acide formique est un réducteur; un grand nombre de composés oxygénés lui cèdent de l'oxygène et le transforment en eau et gaz carbonique :

$$H-CO.OH + O = CO^2 + H^2O.$$

Ainsi il réduit à chaud l'azotate d'argent, l'azotate de mercure.

Le chlore lui enlève de l'hydrogène :

$$H-CO.OH + Cl^2 = CO^2 + 2HCl.$$

En présence de l'eau la réaction est la même, et les dissolutions de certains chlorures (chlorures d'or, chlorures des métaux du platine) sont réduites à chaud par l'acide formique.

Chauffé au rouge en présence d'un excès d'alcali, l'acide formique se dédouble en gaz carbonique qui reste uni à l'alcali et en hydrogène :

$$H-CO.OK + KOH = CO(OK)^2 + H^2O.$$

Formiates. — L'acide formique est un acide énergique qui décompose les carbonates et forme des sels bien cristallisés, dont les formules générales sont

$$H-CO.OM', \qquad (H-CO.O)^2M'',$$

suivant que le métal est monovalent ou divalent; il ne forme avec les alcools monatomiques, comme l'alcool ordinaire et l'alcool méthylique, qu'un seul éther :

$$H-CO.O.CH^3, \qquad H-CO.O.C^2H^5,$$

ce qui le caractérise comme acide monobasique.

On prépare ces éthers en distillant un mélange de l'alcool à éthérifier et d'acide sulfurique sur du formiate de sodium.

479. **Acides acétiques chlorés.** — Sous l'action de la lumière solaire, le chlore réagit sur l'acide acétique pour donner trois produits de substitution qui conservent la fonction acide

Acide acétique monochloruré. . . .	$CH^2Cl\text{-}CO.OH$
— bichloré.	$CHCl^2\text{-}CO.OH$
— trichloré.	$CCl^3\text{-}CO.OH.$

Le plus important est l'acide acétique trichloré ou *acide trichloracétique*, que l'on obtient en épuisant l'action du chlore sur l'acide acétique. On le prépare plus facilement en oxydant le chloral ou l'hydrate de chloral par l'acide azotique fumant (409) Il est solide, fusible à + 52°, et bout à 200° environ.

C'est un acide monobasique, qui forme avec les bases des sels bien définis, isomorphes des acétates.

Chauffé avec un excès d'alcali, il se décompose en gaz carbonique et chloroforme :

$$CCl^3 - CO.OH = CO^2 + CHCl^3,$$

réaction qui doit être rapprochée de celle que donne l'acide acétique :

$$CH^3 - CO.OH = CO^2 + CH^4.$$

480. **Homologues supérieurs de l'acide formique.** — Considérée dans son ensemble, la série des acides gras dont nous venons d'étudier les deux premiers termes, comprend les corps suivants, qui ont pour formule générale $C^nH^{2n}O^2$.

		Point de fusion.	Point d'ébullition.
Acide formique. . . .	CH^2O^2	8°,6	99°
— acétique.	$C^2H^4O^2$	17°,0	120°
— propionique. . .	$C^3H^6O^2$		143°
Acides butyrique . . .	$C^4H^8O^2$		141°
— palmitique. . .	$C^{16}H^{32}O^2$	62°,2	
— stéarique. . . .	$C^{18}H^{36}O^2$	69°	
— arachique . . .	$C^{20}H^{40}O^2$		

Les premiers termes de cette série sont liquides; les termes les plus élevés sont solides. Les acides gras correspondent terme pour terme aux *alcools monoatomiques primaires* renfermant un même nombre d'atomes de carbone; ils n'en diffèrent que par le remplacement de deux atomes d'hydrogène par un atome d'oxygène. Les trois premiers alcools ne pouvaient avoir d'isomères : les acides correspondants sont uniques. Mais, à partir du quatrième terme $C^4H^8O^2$, aux deux alcools butyliques qui sont des alcools primaires correspondent deux acides :

$CH^3 - CH^2 - CH^2 - CH^2 . OH$
Alcool butylique normal.

$CH^3 - CH^2 - CH^2 - CO . OH$
Acide butyrique normal.

$\left.\begin{matrix}CH^3\\CH^3\end{matrix}\right> CH - CH^2 . OH$
Alcool isobutylique.

$\left.\begin{matrix}CH^3\\CH^3\end{matrix}\right> CH - CO . OH$
Acide isobutyrique.

Il y a 7 alcools amyliques, mais 4 seulement sont des alcools primaires; il y aura théoriquement 4 acides en C^6, les *acides valériques* ou *valérianiques* : on les connaît tous les quatre. L'un de ces acides existe dans la racine de valériane et l'angélique officinale : c'est le produit d'oxydation de l'alcool amylique de fermentation.

On doit réserver le nom d'homologues de l'acide formique aux acides *normaux* correspondant aux hydrocarbures normaux.

L'*acide butyrique normal*, $C^4H^8O^2$, forme avec la glycérine un éther neutre (*tributyrine*), corps gras neutre que l'on trouve dans le beurre. On l'obtient en laissant se prolonger la fermentation lactique; liquide incolore doué d'une odeur fétide, bouillant à 165°; se solidifie un peu au-dessous de 0° en petits cristaux nacrés.

L'*acide palmitique*, $C^{16}H^{32}O^2$, existe à l'état d'éther de la glycérine (*palmitine* ou *margarine*) dans tous les corps gras solides, et principalement dans l'huile de palme. C'est un corps solide, blanc, fondant à 62°. Insoluble dans l'eau, il se dissout facilement dans l'alcool et l'éther bouillants.

L'*acide stéarique*, $C^{18}H^{36}O^2$, à l'état de *tristéarine*, forme la partie la plus importante des corps gras solides. Il se présente sous la forme de petits cristaux nacrés, fondant à 70°; il est insoluble dans l'eau, très soluble dans l'alcool bouillant, et à peine soluble à froid dans ce liquide.

L'acide margarique, $C^{17}H^{34}O^2$, ne se rencontre que tout à fait exceptionnellement dans les corps gras naturels. Le nom de margarine donné à certaines graisses n'est pas justifié.

On extrait les acides palmitique et stéarique, en même temps que l'*acide oléique*, des graisses dans la fabrication des *bougies stéariques*; leurs sels sont des *savons*.

Les acides palmitique et stéarique ne sont pas volatils sans décomposition ; on peut néanmoins les distiller dans un courant de vapeur d'eau surchauffée.

480. **Modes généraux de formation.** — 1° L'oxydation d'un alcool primaire, soit par l'oxygène de l'air en présence de la mousse de platine, soit par le mélange de bichromate de potassium et d'acide sulfurique, donne l'acide correspondant.

2° Les *chlorures d'acides* se distinguent nettement des éthers chlorhydriques par la facilité avec laquelle ils réagissent sur les éléments de l'eau pour former des acides :

$$R-CO.Cl+H-OH=R-CO.OH+HCl.$$

Cette réaction est toujours exothermique, la réaction inverse, c'est-à-dire la formation de ce chlorure par l'action de l'acide chlorhydrique sur l'acide avec formation d'*eau liquide*, étant endothermique (Berthelot et Louguinine).

On conçoit par conséquent que ce chlorure d'acide ne puisse s'obtenir par l'action de l'acide chlorhydrique sur l'acide : on le prépare par la réaction du perchlorure ou de l'oxychlorure de phosphore sur l'acide ou sur ses sels ou plus rarement par l'action du chlore sur l'aldéhyde ou sur l'anhydride.

3° Le *nitrile* (522) d'un acide monobasique fixe facilement les éléments de l'eau et donne le sel ammoniacal de l'acide considéré :

$$R-CAz+2H^2O=R-CO.OH+AzH^3.$$

Cette réaction est fort importante : elle permet de passer d'un carbure saturé à un carbure saturé renfermant 1 atome de carbone en plus, ou d'une façon générale d'un composé en C^n à un composé en C^{n+1}.

Le carbure C^nH^{2n+2} est transformé en dérivé chloré ou bromé (éther chlorhydrique ou bromhydrique) $C^nH^{2n+1}Cl$ ou $C^nH^{2n+1}Br$. Chauffé en tube scellé avec du cyanure de potassium, celui-ci donne le cyanure ou nitrile :

$$C^nH^{2n+1}-Cl+K-CAz=C^nH^{2n+1}-CAz+KCl ;$$

la décomposition par l'eau du cyanure donne

$$C^nH^{2n+1}-CAz+2H^2O=C^nH^{2n+1}-CO.OH+AzH^3.$$

Il est facile de revenir de cet acide soit au carbure, soit à l'aldéhyde, soit à l'alcool correspondants.

482. **Propriétés générales.** — 1° Chauffés avec un hydrate alcalin, les sels alcalins d'un acide monobasique en C^n forment l'hydrocarbure saturé en C^{n-1} :

$$R-CO.OK+KOH=R-H+CO(OK)^2 ;$$

ainsi :

$$\underset{\text{Formiate.}}{H-CO.OK}+KOH=H^2+CO^3K^2,$$

$$\underset{\text{Acétate.}}{CH^3-CO.OK}+KOH=CH^4+CO^3K^2.$$

Cette dernière réaction a été appliquée à la préparation du méthane.

2° Calciné avec du formiate de calcium, le sel de calcium d'un acide monobasique en C^n donne l'aldéhyde en C^n : symboliquement, on peut écrire

$$R-CO.OH+H-CO.OH=R-COH+CO(OH)^2 ;$$

l'aldéhyde est transformée en alcool par l'amalgame de sodium, c'est-à-dire par fixation d'hydrogène :

$$R-COH + H^2 = R-CH^2 . OH.$$

Cet alcool peut être facilement changé en un éther chlorhydrique, puis en éther cyanhydrique, enfin en un acide contenant C^{n+1}. Si l'acide pris comme point de départ est un acide normal, l'acide formé sera aussi un acide normal.

Ces réactions permettent, on le voit, de passer facilement d'un hydrocarbure, d'un alcool, ou d'un acide en C^n à un acide, un alcool ou un hydrocarbure en C^{n+1}. On a donc ainsi un moyen très simple de s'élever progressivement dans la série.

3° Le chlore réagit directement sur les acides pour donner des produits de substitution, des *acides chlorés*. On a vu que l'acide acétique $CH^3-CO.OH$, dont le radical contient 3 atomes d'hydrogène, donnait trois acides chlorés.

Considérons le dérivé monochloré $CH^2Cl-CO.OH$: il peut être transformé en un cyanure $CH^2.CAz-CO.OH$, qui, par la réaction de l'eau en présence de la potasse, donne un acide bibasique[1] :

$$CH^2.CAz-CO.OH + 2H^2O = CH^2 \begin{matrix} < CO.OH \\ < CO.OH \end{matrix} + AzH^3.$$

On peut ainsi passer d'un acide monobasique à un acide bibasique.

ACIDES MONOBASIQUES DÉRIVÉS DES HYDROCARBURES NON SATURÉS

Aux hydrocarbures de la série éthylénique C^nH^{2n} ou *oléfines* correspondent des alcools monoatomiques $C^nH^{2n}O$, dont le premier terme est l'*alcool allylique* C^3H^6O et des acides monobasiques $C^nH^{2n-2}O^2$, dont le premier terme est l'*acide acrylique* $C^3H^4O^2$. A cette série appartient un acide important, l'*acide oléique*.

ACIDE OLÉIQUE, $C^{18}H^{34}O^2$.

483. **Propriétés.** — L'acide oléique, liquide à la température ordinaire, ne se solidifie qu'au-dessous de 0° : mais ses cristaux fondent à + 14°. Les oléates alcalins sont solubles, les autres sont insolubles.

L'acide oléique n'appartient pas à la série des acides gras saturés, il renferme 2 atomes d'hydrogène en moins que l'acide stéarique Il répond à la formule linéaire :

$$CH^3(CH^2)^7 - CH = CH - (CH^2)^7 CO^2H.$$

Chauffé avec un excès d'alcali, il se transforme en acide palmitique et acide acétique :

$$C^{18}H^{34}O^2 + 2KOH = C^{16}H^{31}KO^2 + C^2H^3O^2K + 2H.$$

1. En réalité il faut, avant de transformer le chlorure en cyanure, éthérifier l'acide chloracétique, afin d'empêcher que le cyanure de potassium ne réagisse sur le groupe $CO.OH$ pour former un sel alcalin et de l'acide cyanhydrique :

$$CH^2.Cl-CO.OH + K-CAz = CH^2Cl-CO.OK + H-CAz.$$

L'acide oléique forme, à l'état d'éther neutre de la glycérine (*trioléine*), la partie liquide des huiles; il accompagne dans les corps gras solides d'origine animale les acides palmitique et stéarique. On l'obtient en grande quantité, à l'état impur, dans la fabrication des acides gras; on le purifie en le refroidissant, ce qui détermine le dépôt d'une certaine quantité d'acides gras solides, puis on le transforme en oléate de sodium, et par double décomposition en oléate de baryum. Ce sel est purifié par des cristallisations répétées dans l'alcool, puis décomposé par l'acide tartrique.

SAVONS — BOUGIES — FABRICATION DES ACIDES GRAS

Saponification des corps gras. — Les corps gras neutres, et principalement la palmitine, la stéarine et l'oléine, qui par leur mélange constituent les graisses ou les huiles, sont traités industriellement pour la fabrication des bougies stéariques et des savons.

Ces deux industries ont comme point de départ le dédoublement des éthers de la glycérine en glycérine et acide avec fixation des éléments de l'eau (524). Cette décomposition effectuée par les alcalis donne un corps solide soluble dans l'eau, un *savon*, sel alcalin d'un acide gras, et la glycérine est mise en liberté. Cette décomposition porte le nom de *saponification*.

Si l'on se propose, au contraire, d'extraire les acides gras, on effectue la saponification à l'aide d'une base alcaline terreuse, la chaux par exemple, qui forme un savon insoluble, à l'aide duquel on isole facilement les acides gras.

Par extension, on appelle saponification le dédoublement des éthers de la glycérine de quelque façon qu'on l'effectue, et nous avons vu, en étudiant les éthers de l'alcool ordinaire, que cette expression désigne maintenant, d'une façon générale, la décomposition d'un éther quelconque en alcool et acide.

484. **Bougies stéariques.** — On prépare les bougies stéariques, formées principalement d'acide stéarique, en saponifiant les suifs de bœuf ou de mouton par trois méthodes principales :

1° Saponification calcaire;
2° Saponification sulfurique;
3° Saponification par la vapeur d'eau surchauffée.

Les suifs frais de bœuf ou de mouton (*suifs en branches*) sont fondus dans des chaudières à feu nu, ou chauffés dans des chaudières closes avec de l'eau acidulée par l'acide sulfurique. Dans le premier cas, les membranes qui enveloppent la matière grasse se séparent; on les comprime à la presse hydraulique pour en extraire toute la graisse, et il reste une sorte de gâteau (*pains de cretons*) qui peut être employé comme engrais ou pour la nourriture des chiens. Dans le second cas, les membranes sont désagrégées et impropres à tout usage.

Les matières grasses fondues peuvent être, au sortir des chaudières, coulées dans des moules analogues à ceux qu'on emploie pour la fabrication des bougies, en vue de fabriquer les chandelles.

Saponification calcaire. — Employée tout d'abord par de Milly et perfectionnée par ce savant industriel, elle est aujourd'hui effectuée de la façon suivante :

Le suif est chauffé dans un autoclave (fig. 116) avec de l'eau et de la chaux

(2000 kilogrammes de suif, 1000 kilogrammes d'eau et 60 kilogrammes de chaux délayée dans l'eau). Par un tuyau on fait arriver de la vapeur, qui élève peu à peu la température à 172°, ce qui correspond à une pression de 8 atmosphères. Dès que l'opération est terminée, on ouvre le robinet C et on fait arriver la masse demi-fluide dans de l'acide sulfurique étendu d'eau et chauffé par un courant de vapeur. L'acide sulfurique décompose le savon calcaire et les acides

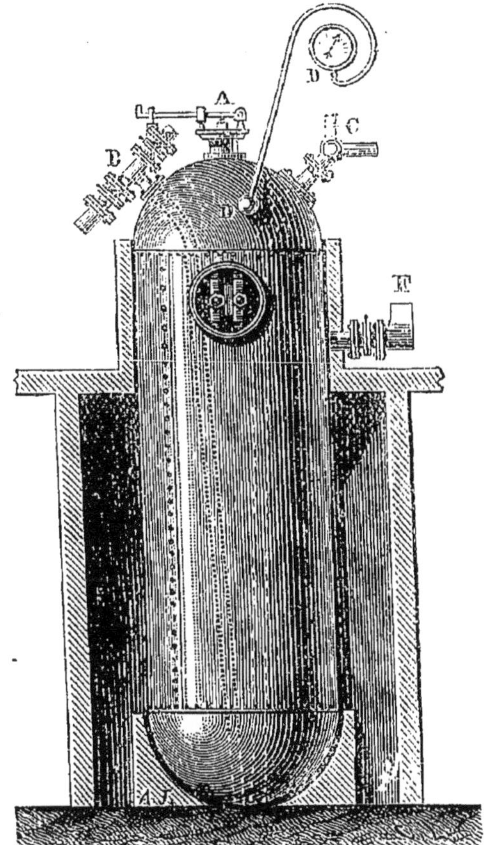

Fig. 116.

gras surnagent; on les décante et on les coule dans des moules rectangulaires, où ils cristallisent.

Saponification sulfurique. — L'acide sulfurique chauffé avec les corps gras les décompose en glycérine et acides gras, qui contractent avec l'acide sulfurique des combinaisons facilement décomposables par l'eau bouillante (*acides sulfo-gras*).

Les matières grasses ainsi traitées sont les suifs et l'huile de palme. L'opération s'exécute dans une chaudière fermée en cuivre doublée de plomb (fig. 117) et chauffée à la vapeur. Un agitateur mécanique remue la masse et les vapeurs infectes qui se dégagent sont dirigées, pour être brûlées, dans le cendrier des générateurs. On lave les produits de cette réaction à l'eau bouillante; les acides surnagent, la glycérine et l'acide sulfurique restent dissous.

Saponification par l'eau ou la vapeur surchauffée. — L'eau seule chauffée sous pression avec des corps gras, ou la vapeur d'eau surchauffée à 300° et dirigée à travers les graisses fondues, suffisent pour en déterminer la saponification. Ce procédé n'est plus appliqué qu'en Angleterre à la saponification de l'huile de palme, plus fusible que les suifs et plus facile à décomposer.

Distillation des acides gras. — Les acides gras obtenus par ces méthodes, surtout ceux qui ont été chauffés avec de l'acide sulfurique, sont colorés en brun; on les blanchit en les distillant dans un courant de vapeur d'eau surchauffée (fig. 118). La vapeur se surchauffe en parcourant un serpentin AA plongé dans le foyer, puis pénètre dans la chaudière B qui contient les acides gras. Les matières volatilisées sont condensées dans le réfrigérant CC.

Cristallisation et pressage des acides gras. — Les acides gras sont alors

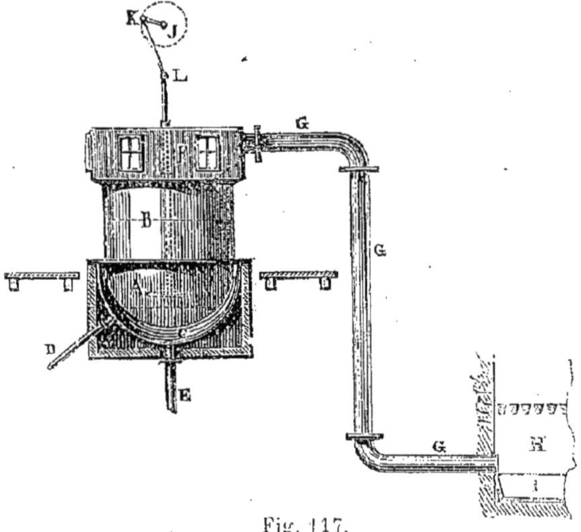

Fig. 117.

coulés dans des moules rectangulaires en fer-blanc et abandonnés à cristallisation. Les cristaux d'acide stéarique sont imprégnés d'acide oléique liquide, dont il importe de les débarrasser; à cet effet, les pains sont enveloppés dans une étoffe de laine et soumis à l'action d'une presse hydraulique (fig. 119); pour les débarrasser aussi complètement que possible d'acide oléique, on termine par un pressage à une température d'environ 35 à 40° dans une presse à chaud (fig. 120).

Moulage des bougies. — Les mèches tressées en coton et préalablement trempées dans une dissolution faible d'acide borique sont disposées suivant l'axe d'un moule légèrement conique fait d'un alliage de plomb et d'étain. Ces moules sont groupés au-dessous d'une cuvette commune (fig. 121) dans laquelle on verse l'acide stéarique fondu. Après solidification, les bougies sont coupées de longueur et polies par le frottement. Dans les grandes usines, le moulage s'effectue mécaniquement d'une façon continue; les bougies sont rognées, polies et marquées à la machine.

485. **Savons.** — On désigne sous le nom général de *savons* les sels des acides

gras. Ces combinaisons sont solubles dans l'eau et dans l'alcool lorsqu'elles sont à base de potasse ou de soude : ce sont les savons employés aux usages domestiques; les savons à base de chaux, d'alumine, d'oxyde de fer sont insolubles;

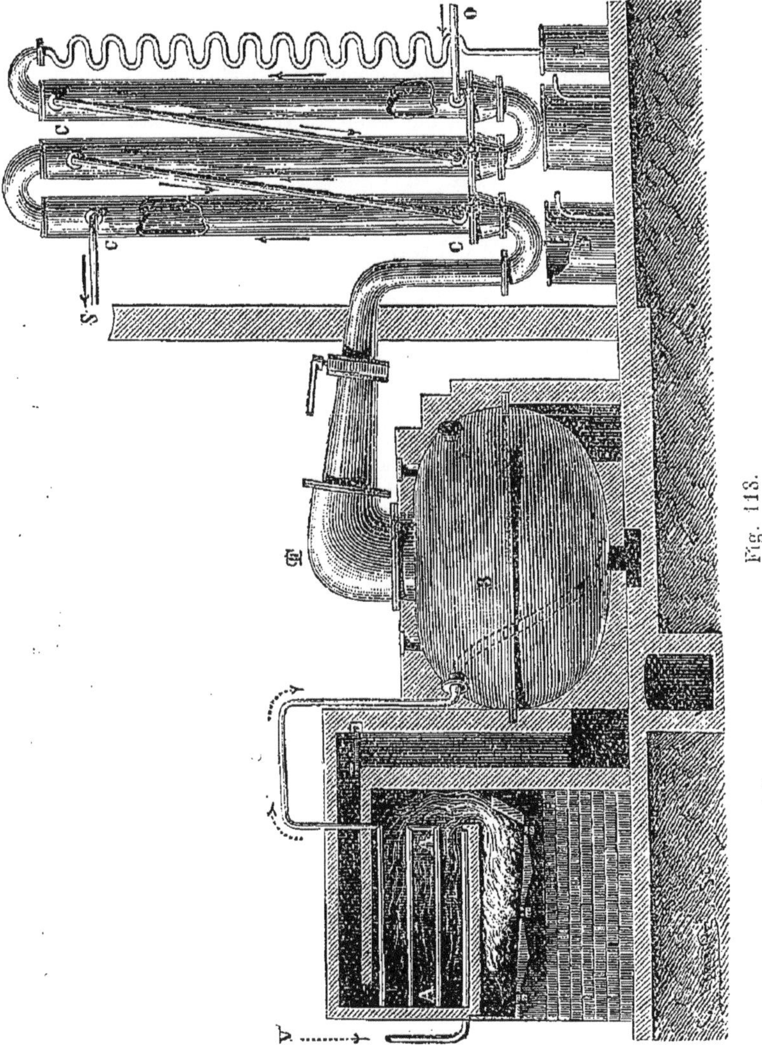

Fig. 113.

aussi, lorsqu'on délaye un savon alcalin dans une eau calcaire, obtient-on un précipité grenu, dur au toucher, qui rend cette eau peu propre au savonnega.

La fabrication des savons a été pendant longtemps centralisée à Marseille; on utilise pour cela les huiles de palme, les huiles d'olive de mauvaise qualité et les graisses. Cette même fabrication s'est développée à Nantes dans ces dernières années, et aux environs de Paris, où l'on emploie plus particulièrement l'acide oléique, résidu de la fabrication des bougies stéariques.

Les savons sont d'autant plus durs qu'ils sont fabriqués avec des acides gras moins fusibles; les savons d'acide oléique sont les plus mous. Mais, toutes choses égales d'ailleurs, les savons à base de soude sont plus mous que les savons à base de potasse.

La fabrication du savon dur, dit de Marseille, comprend les opérations suivantes : On fait bouillir dans de grandes chaudières la matière grasse avec une lessive alcaline faible, et l'on obtient ainsi une saponification partielle; puis on ajoute une lessive plus concentrée, qui complète la saponification en formant

Fig. 119.

un savon soluble (*empâtage*). On ajoute alors des lessives alcalines salées qui précipitent le savon (*relargage*), le savon étant insoluble dans une dissolution de sel marin. On fait écouler le liquide, on ajoute des lessives salées plus concentrées, et on fait bouillir (*coction*). La saponification se trouve ainsi terminée sans que le savon puisse se dissoudre dans la liqueur salée. Le savon ainsi préparé est noir; il doit sa couleur à de l'oxyde de fer qui est sulfuré partiellement par les sulfures alcalins contenus dans les lessives impures employées à cette fabrication.

Pour préparer le *savon blanc*, on délaye le savon brut dans une lessive alcaline faible et on laisse reposer; l'alumine et l'oxyde de fer se déposent et l'on coule le savon blanc, qui surnage dans des moules où il se prend en masse.

En délayant le savon brut dans une quantité d'eau beaucoup plus faible, on obtient une séparation partielle des savons à base de fer partiellement sulfuré,

Fig. 120.

qui se distribuent dans la masse en veines irrégulières, et l'on prépare ainsi le *savon marbré*.

Ce savon marbré est plus estimé que le savon blanc, parce que l'on ne réussit à obtenir ces marbrures que si la masse saponifiée renferme moins de 34 pour 100 d'eau.

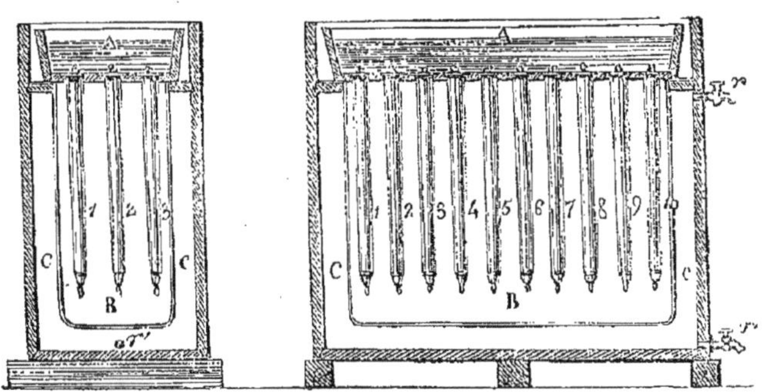

Fig. 121.

CHAPITRE XXIX

ACIDES POLYACIDES — ACIDES A FONCTION COMPLEXE

BIACIDES BASIQUES

Au glycol éthylénique, corps deux fois alcool, correspondent un biacide, l'*acide oxalique*, et un acide-alcool qui joue le rôle d'alcool et d'acide, l'*acide glycolique* :

$$\begin{array}{ccc} CH^2-OH & CH^2-OH & CO-OH \\ | & | & | \\ CH^2-OH & CO-OH & CO-OH \\ \text{Glycol.} & \text{Acide glycolique.} & \text{Acide oxalique.} \end{array}$$

Les biacides à fonction simple les plus importants sont ceux qui correspondent aux glycols et dont la formule générale est $C^nH^{2n-2}O^4$.

ACIDE OXALIQUE, $C^2H^2O^4$ ou $(CO.OH)^2$.

486. **État naturel. — Modes de formation.** — L'acide oxalique se rencontre dans un grand nombre de végétaux, soit à l'état de liberté, soit principalement à l'état d'oxalate acide de potassium. L'oxalate de calcium forme des dépôts cristallins dans les cellules végétales; il constitue certains calculs vésicaux (*calculs mûraux*).

L'acide oxalique se forme toutes les fois qu'on oxyde une matière organique par l'acide azotique ou par le permanganate de potassium.

C'est le produit de l'oxydation complète d'un alcool diatomique, le glycol éthylénique :

$$\begin{array}{c} CH^2-OH \\ | \\ CH^2-OH \\ \text{Glycol.} \end{array} + 4O = \begin{array}{c} CO-OH \\ | \\ CO-OH \\ \text{Acide oxalique.} \end{array} + 2H^2O.$$

487. **Préparation.** — 1° On prépare l'acide oxalique en oxydant par l'acide azotique la glucose, le sucre ou l'amidon. On évapore le liquide acide, et l'acide oxalique cristallise par le refroidissement.

2° Industriellement, on prépare l'acide oxalique en s'appuyant sur une réaction différente : la cellulose, chauffée avec de la potasse caustique, s'oxyde et donne un oxalate alcalin. On fait avec de la sciure de bois et une lessive alcaline concentrée une pâte que l'on chauffe à 200° dans des tubes de tôle. De l'hydrogène et des carbures divers se dégagent et il reste comme résidu solide une masse noire poreuse renfermant des oxalates alcalins. On lessive ce résidu et, en ajoutant aux liquides un lait de chaux, on précipite l'acide oxalique à l'état d'oxalate de calcium insoluble dans l'eau. Il suffit ensuite de traiter ce précipité par de l'acide sulfurique étendu pour former du sulfate de calcium insoluble et mettre en liberté l'acide oxalique. La liqueur est évaporée jusqu'à cristallisation.

488. **Propriétés.** — L'acide oxalique cristallise en prismes rhomboïdaux obliques renfermant 2 molécules d'eau de cristallisation : $C^2H^2O^4 + 2H^2O$. Il se dissout dans 17 parties d'eau à 0° et dans 10 parties à 20°. Il est soluble dans l'alcool.

A la température de 98° les cristaux d'acide oxalique fondent dans leur eau de cristallisation, perdent leur eau, puis se subliment à une température plus élevée, non sans éprouver une décomposition partielle en anhydride carbonique, oxyde de carbone, acide formique et eau. On effectue commodément cette sublimation en chauffant l'acide dans une grande cornue de verre dont le fond est chauffé à feu nu ou bien au bain de sable : l'acide non décomposé se sublime dans le col. C'est le moyen le plus simple de débarrasser l'acide du commerce des sels alcalins ou alcalino-terreux qu'il renferme généralement.

Chauffé avec l'acide sulfurique, il se décompose en eau, anhydride carbonique et oxyde de carbone (*Préparation de l'oxyde de carbone*) :

$$(CO \,.\, OH)^2 = CO^2 + CO + H^2O.$$

Chauffé avec de la glycérine, il donne de l'acide formique (*Préparation de l'acide formique*, 470) :

$$(CO \,.\, OH)^2 = CO^2 + H - CO \,.\, OH.$$

En présence de l'acide sulfurique étendu, les oxydants, tels que le permanganate de potassium et le bioxyde de manganèse, transforment l'acide oxalique en acide carbonique, soit à froid, soit plus facilement à l'ébullition. Il suffit, par exemple, de verser dans une dissolution d'acide oxalique additionnée d'acide sulfurique quelques gouttes de permanganate de potassium pour voir ce réactif, dont le pouvoir colorant est si intense, se décolorer instantanément.

Quelques gouttes d'une dissolution d'acide oxalique ajoutées à une dissolution de chlorure d'or déterminent, lorsqu'on chauffe légèrement le liquide, une précipitation d'or métallique très divisé, en même temps qu'un dégagement de gaz carbonique :

$$3(CO . OH)^2 + 2AuCl^3 = 2Au + 3CO^2 + 6HCl.$$

Les oxalates des métaux monovalents sont

$$C^2HMO^4, \qquad C^2M^2O^4.$$

Parmi ces sels nous citerons l'*oxalate neutre d'ammonium* $C^2(AzH^4)^2O^4 + H^2O$, fréquemment employé comme réactif des sels de calcium; l'*oxalate acide de potassium* (*bioxalate de potassium*) $C^2HKO^4 + H^2O$, et une combinaison de ce sel avec l'acide oxalique qu'on désigne sous le nom de *quadroxalate de potassium* $C^2HKO^4 + C^2H^2O^4 + 4H^2O$; le *sel d'oseille*, qui se dépose par la concentration du jus de l'oseille, est un mélange de bioxalate et de quadroxalate.

L'oxalate neutre de calcium $C^2CaO^4 + H^2O$ est insoluble dans l'eau. Aussi on reconnaît un sel de calcium en versant dans la liqueur une dissolution d'oxalate d'ammonium : on voit se former par l'agitation un précipité cristallin. Mais le précipité est soluble dans les acides : aussi convient-il de neutraliser la liqueur avec de l'ammoniaque. Inversement on reconnaît l'acide oxalique en versant du chlorure de calcium dans sa dissolution neutralisée par une base.

L'acide oxalique est vénéneux; c'est un poison énergique à la dose de 8 à 10 grammes.

On ne connaît pas d'anhydride de l'acide oxalique; quand on essaye de le déshydrater, il se dédouble en oxyde de carbone et anhydride carbonique :

$$\begin{array}{l} CO - OH \\ | \\ CO - OH \end{array} = CO + CO^2 + H^2O.$$

489. Homologues supérieurs de l'acide oxalique. — Les acides bibasiques qui correspondent aux glycols sont :

Acide oxalique	$C^2H^2O^4$
— malonique	$C^3H^4O^4$
— succinique	$C^4H^6O^4$

L'*acide succinique*, qui a été retiré tout d'abord des produits de la distillation sèche d'une résine fossile, l'*ambre* ou *succin*, se forme en petite quantité pendant la fermentation alcoolique (455). On l'a reproduit synthétiquement, et nous citerons cette synthèse parce qu'elle montre nettement les relations qui existent entre les acides bibasiques et les alcools diatomiques ou glycols.

La liqueur des Hollandais bromée, ou bibromure d'éthylène $C^2H^4Br^2$, peut être envisagée comme l'éther bromhydrique du glycol :

$$\begin{array}{l} CH^2-Br \\ | \\ CH^2-Br \end{array}$$

Le cyanure de potassium transforme cet éther en un *éther dicyanhydrique* :

$$\begin{array}{l} CO^2-Br \\ | \\ CH^2-Br \end{array} + (K-CAz) = 2(K-Br) + \begin{array}{l} CH^2-CAz \\ | \\ CH^2-CAz \end{array}$$

il suffit de chauffer ce dernier avec de la potasse pour faire du *succinate de potassium* :

$$\begin{array}{l} CH^2-CAz \\ | \\ CH^2-CAz \end{array} + 2KOH + 2H^2O = 2AzH^3 + \begin{array}{l} CH^2-CO.OK \\ | \\ CH^2-CO.OK \end{array}$$

Cette synthèse présente cet autre intérêt, qu'elle conduit à réaliser la synthèse totale à partir des éléments de deux acides végétaux des plus importants, l'*acide malique* (494) et l'*acide tartrique* (496).

Le brome donne avec l'acide succinique deux dérivés de substitution, l'*acide monobromosuccinique* $C^4H^5BrO^4$, et l'*acide dibromosuccinique* $C^4H^4Br^2O^4$.

En traitant le premier de ces dérivés par l'eau, on obtient l'*acide malique* :

$$CO^2H.CHBr.CH^2CO^2H + HOH = HBr + CO^2H.CHOH.CH^2CO^2H.$$

Le second, chauffé avec l'oxyde d'argent humide, donne l'*acide tartrique* :

$$C^4H^4Br^2O^4 + 2AgOH = 2AgBr + CO^2H.CHOH.CHOH.CO^2H.$$

Ces réactions mettent en relief ce fait que les acides malique et tartrique seront des acides bibasiques comme l'acide succinique dont ils dérivent, et qu'ils joueront, en outre, le premier le rôle d'un alcool monoatomique, et le second le rôle d'un alcool diatomique.

ACIDES MONOBASIQUES A FONCTION COMPLEXE CORRESPONDANT AUX GLYCOLS

Si l'oxydation complète d'un alcool polyatomique conduit à un acide polybasique, une oxydation incomplète fournit un corps à fonction complexe (*acide-alcool*) jouissant encore des réactions des alcools, bien qu'il se comporte vis-à-vis des bases comme un acide.

490. **Acide glycolique.** — L'oxydation ménagée du glycol éthylénique donne un acide, l'*acide glycolique*, alcool monatomique et acide monobasique :

$$\underset{\text{Glycol.}}{\begin{matrix} CH^2-OH \\ | \\ CH^2-OH \end{matrix}} + 2O = \underset{\text{Acide glycolique.}}{\begin{matrix} CH^2-OH \\ | \\ CO\ -OH \end{matrix}} + H^2O.$$

On le prépare en réalité en oxydant l'alcool éthylique par l'acide azotique.

L'*acide monochloracétique* (475) peut être considéré comme un éther chlorhydrique de l'acide glycolique ; saponifié par la potasse, il fournit en effet un glycolate :

$$\begin{matrix} CH^2-Cl \\ | \\ CO\ -OH \end{matrix} + 2KOH = \begin{matrix} CH^2-OH \\ | \\ CO\ -OK \end{matrix} + KCl + H^2O.$$

ACIDES LACTIQUES, $CH^3.CHOH.COOH$.

491. **Préparation. — Propriétés.** — Le plus important des acides correspondant à la formule $C^3H^6O^3$ est celui qui prend naissance dans une fermentation particulière de la glucose (*fermentation lactique*, 456) : c'est l'*acide lactique de fermentation*.

On prépare le lactate de calcium en abandonnant à lui-même, à la température de 30° à 35°, un mélange de glucose, de lait aigri, de vieux fromage et de craie pulvérisée ; sous l'influence du ferment lactique qui se développe dans ce milieu, riche en matières azotées, et maintenu toujours à l'état neutre par la présence du carbonate de calcium, la glucose se dédouble suivant la réaction

$$C^6H^{12}O^6 = 2(C^3H^6O^3).$$

Le lactate de calcium cristallise et remplit bientôt la masse entière ; on le purifie par cristallisation et on le décompose par l'acide sulfurique étendu. On purifie l'acide lactique en le saturant par le carbonate de zinc et en faisant cristalliser. Le lactate de zinc, dissous de nouveau, est décomposé par l'hydrogène sulfuré; la liqueur, débarrassée du sulfure de zinc par filtration, est concentrée au bain-marie.

L'acide lactique existe à l'état de liberté dans le *petit-lait* et dans le jus aigri de la betterave, dans la choucroute.

L'acide lactique est un liquide sirupeux, incolore, incristallisable. C'est un acide monobasique, et ses sels, solubles dans l'eau, cristallisent facilement. Il se comporte en outre comme un alcool secondaire monatomique, car il peut former des éthers; cette double fonction est mise en relief lorsqu'on développe sa formule :

$$\begin{array}{l} CH^3 \\ | \\ CH-OH \\ | \\ CO-OH \end{array} \qquad \begin{array}{l} CH^3 \\ | \\ CH-O(CH^3-CO) \\ | \\ CO-OH \end{array}$$

Acide acétolactique.

il dérive en effet du propylglycol par oxydation incomplète :

$$\begin{array}{l} CH^3 \\ | \\ CH-OH \\ | \\ CH^2-OH \end{array} \qquad \begin{array}{l} CH^3 \\ | \\ CH-OH \\ | \\ CO-OH \end{array}$$

Propylglycol. Acide lactique.

L'acide lactique de fermentation est *inactif par compensation.*

Des liquides qui baignent les muscles on peut isoler un acide lactique *dextrogyre* : c'est *l'acide paralactique* ou *sarcolactique.*

L'existence de 2 acides $CH^3-CHOH-CO^2H$ optiquement inverses est bien d'accord avec la théorie stéréochimique : il y a, en effet, dans cette formule, un atome de carbone asymétrique, celui du milieu.

492. **Lactide.** — La lactide est un anhydride interne de l'acide lactique dont la fonction acide a éthérifié la fonction alcool.

$$\begin{array}{l} CH^3 \\ | \\ CH-O\boxed{H} \\ | \\ CO-\boxed{OH} \end{array} = \begin{array}{l} CH^3 \\ | \\ CH\diagdown \\ | \quad\;\; O \\ CO\diagup \end{array} + H^2O.$$

On désigne sous le nom général de *lactones* les corps qui résultent ainsi de la déshydratation d'un acide-alcool.

ACIDES POLYBASIQUES A FONCTION COMPLEXE

ACIDES MALIQUES, $C^4H^6O^5$.

493. **Préparation.** — L'acide malique a été extrait par Scheele du jus des pommes acides; on le trouve encore dans les baies du sorbier, dans les fraises et les cerises.

On exprime le jus des baies du sorbier avant leur maturation; on coagule les matières albuminoïdes par l'ébullition et on filtre; on sature par la chaux et, en portant à l'ébullition, puis en ajoutant de l'acide azotique, on transforme le sel neutre en un sel acide que l'on purifie par cristallisation; on transforme enfin, par l'addition d'un sel de plomb, le sel soluble en un sel de plomb insoluble qui, mis en suspension dans l'eau, est décomposé par l'hydrogène sulfuré.

494. **Synthèse.** — La synthèse de l'acide malique a été effectuée à partir de l'acide succinique (414). L'acide monobromosuccinique saponifié par la potasse donne l'acide malique :

$CH^2-CO.OH$ | $CH^2-CO.OH$	$CHBr-CO.OH$ | $CH^2-CO.OH$	$CH.OH-CO.OH$ | $CH^2-CO.OH$
Acide succinique.	Acide bromosuccinique.	Acide malique.

Cette synthèse met en évidence les fonctions multiples de l'acide malique : *acide bibasique* comme l'acide succinique d'où il dérive, puisqu'il contient deux groupements $(CO.OH)'$; *alcool monatomique secondaire*, car il a le groupement caractéristique $(CH.OH)''$.

On connaît trois acides maliques, qui ne diffèrent que par l'action exercée par leurs dissolutions sur la lumière polarisée : l'acide malique *droit*, peu connu, l'acide malique *gauche*, extrait des produits naturels, et l'acide malique *inactif* par compensation, obtenu par synthèse.

On remarque la présence d'un atome de carbone asymétrique dans la formule de l'acide malique, celui du groupe CHOH.

495. **Propriétés.** — Les cristaux de l'acide malique gauche, très solubles dans l'eau, déliquescents, fondent vers 100°.

En le chauffant en vase clos avec de l'acide iodhydrique, à 130°, on revient à l'acide succinique :

$$C^4H^6O^5 + H^2 = C^4H^6O^4 + H^2O.$$

Les solutions d'acide malique ne se troublent par l'eau de chaux ni à froid, ni à l'ébullition; elles ne précipitent pas par l'azotate d'argent ou l'azotate de plomb; mais l'acétate de plomb donne un précipité dense, cristallin.

ACIDES TARTRIQUES, $C^4H^6O^6$.

$$CO^2H.CHOH.CHOH.CO^2H.$$

Il existe quatre acides tartriques.

Le plus anciennement connu a été extrait par Scheele en 1769 du *tartre* ou *crème de tartre* qui se dépose sur les parois des tonneaux où l'on conserve le vin; cet acide tartrique, dont la dissolution dévie à droite le plan de polarisation de la lumière, est l'*acide tartrique droit* ou acide tartrique ordinaire. On a découvert successivement un *acide tartrique inactif dédoublable* en acide tartrique droit et en un acide lévogyre ou *acide tartrique gauche*, et enfin un *acide tartrique inactif non dédoublable*.

496. **Acide tartrique droit.** — Le tartre brut que l'on recueille sur les parois des tonneaux est imprégné de la matière colorante du vin. On le décolore en le dissolvant dans l'eau bouillante, ajoutant de l'argile qui précipite la matière colorante et filtrant; le tartre, quoique peu soluble dans l'eau froide, cristallise par refroidissement.

Le tartre est un sel acide de potassium, $C^4H^5KO^6$; on le dissout dans l'eau bouillante et par une addition de craie finement pulvérisée on le transforme en tartrate neutre de potassium soluble et en tartrate de calcium insoluble qui se précipite :

$$2C^4H^5KO^6 + CO^3Ca = C^4H^4K^2O^6 + C^4H^4CaO^6 + CO^2 + H^2O.$$

En ajoutant du chlorure de calcium à la dissolution, on transforme le tartrate dissous en tartrate neutre insoluble :

$$C^4H^4K^2O^6 + CaCl^2 = 2KCl + C^4H^4CaO^6.$$

En chauffant ce tartrate de calcium avec de l'acide sulfurique dilué, on précipite du sulfate de calcium et il reste de l'acide tartrique en dissolution.

Par concentration, l'acide tartrique cristallise en prismes rhomboïdaux obliques. Ces cristaux fondent vers 170°; la masse gommeuse ainsi obtenue devient peu à peu cristalline et constitue un isomère de l'acide tartrique, l'*acide métatartrique*, dont les sels diffèrent des tartrates ordinaires par la forme cristalline.

Vers 200°, l'acide tartrique perd de l'eau et se change en une masse spongieuse déliquescente d'*anhydride tartrique* :

$$C^4H^6O^6 = C^4H^4O^5 + H^2O.$$

La dissolution d'acide tartrique dévie à droite le plan de polarisation de la lumière. Elle précipite en blanc l'eau de chaux, l'eau de baryte, et les précipités obtenus sont solubles dans un excès d'acide chlorhydrique ou d'acide acétique. Elle ne précipite la dissolution des chlorures de calcium et de baryum qu'après neutralisation par l'ammoniaque.

497. **Tartrates.** — Les tartrates appartiennent à deux types,

$$C^4H^5MO^6 \quad \text{et} \quad C^4H^4M^2O^6,$$

ce qui définit l'acide tartrique comme acide bibasique.

La crème de tartre ou tartrate acide de potassium $C^4H^5KO^6$ appartient au premier type. C'est un sel assez peu soluble dans l'eau froide (1 partie se dissout dans 240 parties d'eau à 10°) pour que l'addition d'acide tartrique à une dissolution concentrée d'un sel de potassium en détermine la formation et la précipitation, accusant ainsi la présence du potassium. Le tartrate neutre est très soluble dans l'eau.

En faisant bouillir la crème de tartre avec du carbonate de sodium on obtient de magnifiques cristaux d'un sel double (tartrate de potassium et de sodium), désigné sous le nom de *sel de Seignette*.

L'*émétique*, employé en pharmacie, est un tartrate double d'antimoine et de potassium : $2[C^4H^4K(SbO)O^6] + H^2O$. On l'obtient en faisant bouillir une dissolution de crème de tartre (10 parties dans 70 parties d'eau) avec de l'oxyde d'antimoine (7,5 parties), et il cristallise par refroidissement de la liqueur en octaèdres à base rhombe.

L'addition d'acide tartrique ou d'un tartrate alcalin à un grand nombre de dissolutions métalliques, empêche la précipitation de l'oxyde métallique par les alcalis. C'est ainsi qu'une dissolution de sulfate de cuivre ne précipite pas par la potasse en présence de l'acide tartrique (liqueur de Fehling, 421).

498. **Acide racémique. — Acide tartrique gauche.** — Un acide tartrique, qui diffère du précédent en ce que sa dissolution est sans action sur la lumière polarisée, l'*acide racémique*, a été découvert par Kestner, en 1822, parmi les produits du traitement d'une crème de tartre. Ses cristaux, qui contiennent une molécule d'eau $C^4H^6O^6 + H^2O$, appartiennent au système triclinique. M. Pasteur a transformé l'acide droit en acide racémique en

chauffant son sel de cinchonine à 170°. Cet acide se forme en grande quantité lorsqu'on chauffe l'acide tartrique ordinaire additionné de 1 dixième de son poids d'eau, en vase clos, à 175° (Jungfleisch).

M. Pasteur a montré que l'acide racémique[1] pouvait être considéré comme résultant de la combinaison de l'acide tartrique ordinaire avec un poids égal d'un acide tartrique dont la dissolution dévie à gauche le plan de polarisation de la lumière et nommé pour cette raison *acide tartrique gauche*.

En cherchant à faire cristalliser le racémate double de sodium et d'ammonium, M. Pasteur a obtenu deux sortes de cristaux

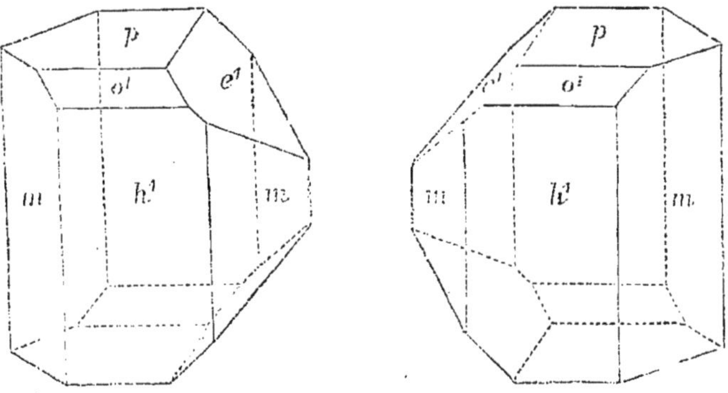

Fig. 122.

(prismes rhomboïdaux droits) : les uns sont *hémièdres à droite*, les autres sont *hémièdres à gauche*[2]. Ces cristaux peuvent être séparés par un triage à la pince; leurs dissolutions dévient respectivement le plan de polarisation de la lumière *à droite* ou *à gauche*.

Des cristaux droits on a pu extraire un acide tartrique droit, et des cristaux gauches un nouvel acide tartrique dont la dissolution dévie à gauche le plan de polarisation. Les cristaux de ces deux acides (fig. 122) sont l'image l'un de l'autre dans un miroir : ils ne peuvent être superposés. En mélangeant leurs dissolutions en proportions équivalentes, on reproduit l'acide racémique qui est dit *inactif par compensation*.

499. **Acide tartrique inactif**, $C^4H^6O^6 + H^2O$. — Un quatrième acide tartrique a été découvert par M. Pasteur; ses dissolutions

1. Cette propriété que possèdent certains corps *inactifs* de se dédoubler en un corps *droit* et un corps *gauche*, a été découverte, depuis les recherches de Pasteur, dans un grand nombre de composés organiques. Le composé *inactif dédoublable* est fréquemment désigné sous le nom de *racémique*.

2. Voir, à la fin du volume, la note sur la *Polarisation rotatoire*.

sont sans action sur la lumière polarisée, mais on ne peut le dédoubler en deux acides *droit* et *gauche*. On l'obtient quand on chauffe l'acide tartrique avec une petite quantité d'eau vers 160°, c'est-à-dire à une température un peu inférieure à celle où on forme l'acide racémique. On forme d'ailleurs en même temps de l'acide racémique.

C'est cet acide inactif que l'on obtient par synthèse. Il se transforme partiellement en acide racémique par la chaleur, en présence de l'eau.

L'existence des acides tartriques droit, gauche, inactif par compensation, inactif indédoublable, répondant tous à la formule plane $CO^2H - CHOH - CHOH - CO^2H$, est en parfait accord avec la stéréochimie.

Il y a dans la formule en question deux atomes de carbone asymétriques, ceux du milieu; cela entraînerait en général l'existence de quatre corps qu'on pourrait répartir en deux groupes renfermant chacun deux corps optiquement inverses l'un de l'autre, mais ici deux des quatre corps en question se réduisent à un, présentant un plan de symétrie passant par le sommet commun aux deux tétraèdres représentant les deux atomes de carbone du centre.

Si on projette sur un plan on aura les 3 représentations suivantes :

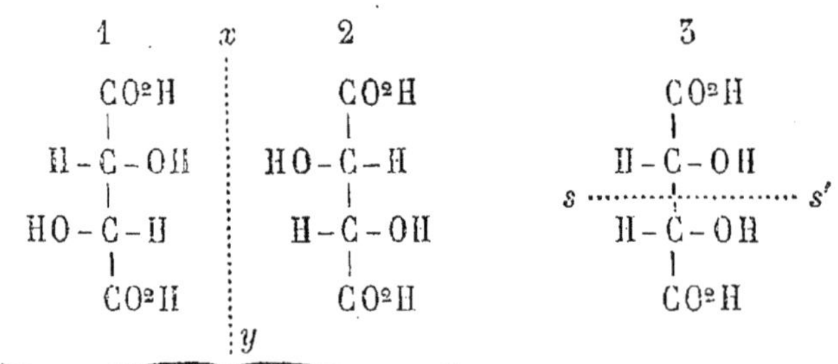

Formules représentant les deux acides actifs, le droit et le gauche.

Formule de l'acide inactif indédoublable.

On pourrait superposer les deux projections 1 et 2, mais il n'en est pas de même des figures dont elles sont les projections : il faudrait, en effet, faire tourner la figure 2 de 180° autour de xy comme charnière; dans ce mouvement les figures dans l'espace ne coïncideraient pas plus que ne coïncident la main droite et la main gauche quand on applique les deux paumes l'une contre l'autre, bien que les deux mains fournissent alors la même projection sur un plan défini par trois points communs aux deux paumes.

Les figures 1 et 2 représentent deux édifices qui sont l'image l'un de l'autre par rapport au plan dont xy est la trace sur le plan du tableau. L'un dévie la lumière polarisée à droite, l'autre à gauche et tous deux de la même quantité.

Le mélange équimoléculaire des corps 1 et 2 est inactif par compensation ; c'est l'acide racémique.

La figure 3 est celle d'un corps présentant un plan de symétrie dont le tracé sur le plan du tableau est s–s'. Ce corps est inactif par nature.

ACIDE CITRIQUE, $C^6H^8O^7$.

500. **Préparation.** — L'acide citrique existe à l'état de liberté dans certains fruits acides, tels que les oranges, les citrons, les groseilles.

Pour le préparer, on sature le jus du citron par la craie pulvérisée. Le citrate de calcium, soluble dans l'eau froide, se sépare lorsqu'on porte le liquide à l'ébullition. On décompose le sel par l'acide sulfurique étendu et on fait cristalliser par évaporation les cristaux ont comme composition

$$C^6H^8O^7 + H^2O.$$

501. **Propriétés.** — L'acide citrique cristallise en prismes orthorhombiques volumineux, renfermant 1 molécule d'eau. Il est très soluble dans l'eau et la liqueur est sans action sur la lumière polarisée.

L'acide citrique est un acide tribasique ; en mettant en évidence ces trois fonctions acides, on peut écrire :

$$C^3H^5O \begin{cases} CO^2H \\ CO^2H \\ CO^2H \end{cases}$$

Le citrate acide de magnésium $C^6H^6MgO^7$ est employé en pharmacie comme purgatif. Le citrate de calcium, qui se précipite par une ébullition prolongé lors de la préparation de l'acide citrique, est un sel tribasique :

$$(C^6H^5O^7)^2Ca^3.$$

On reconnaît l'acide citrique à ce caractère qu'il ne précipite pas l'eau de chaux à froid, mais donne un précipité blanc de citrate de calcium à l'ébullition.

L'acide citrique est en outre une fois alcool tertiaire et sa formule développée mettant ses fonctions multiples en évidence serait :

$$\begin{array}{l} CH^2-CO^2H \\ | \\ COH-CO^2H \\ | \\ CH^2-CO^2H \end{array}$$

Il a été obtenu synthétiquement par M. Grimaux à partir de la dichlorhydrine de la glycérine :

$$\begin{array}{l} CH^2-Cl \\ | \\ CH-OH \\ | \\ CH^2-Cl \end{array}$$

par une série de transformations qui sont des applications des méthodes générales.

CHAPITRE XXX

AMINES DE LA SÉRIE GRASSE — AMIDES — NITRILES

AMINES.

502. Fonction amine. — Les *amines* ou *ammoniaques composées* sont des composés azotés dont la constitution est comparable à celle de l'ammoniaque et qui sont susceptibles de se combiner avec les acides pour former des sels.

Les amines les plus simples, les *monamines*, peuvent être considérées comme dérivant de l'ammoniaque AzH^3 par la substitution de 1, 2 ou 3 radicaux hydrocarburés monovalents à 1, 2 ou 3 atomes d'hydrogène[1].

Si R est un radical monovalent, on a ainsi :

$$Az \begin{array}{l} \diagup R \\ - H \\ \diagdown H \end{array} \qquad Az \begin{array}{l} \diagup R \\ - R \\ \diagdown H \end{array} \qquad Az \begin{array}{l} \diagup R \\ - R \\ \diagdown R \end{array}$$

Amine primaire. Amine secondaire. Amine tertiaire.

Ces amines sont des composés volatils dont les dissolutions jouissent des propriétés alcalines de la solution ammoniacale. Elle s'unissent aux hydracides ou aux oxacides pour former des sels. Avec l'amine primaire, on aura par exemple :

$$AzH^2 . R + HCl = AzH^2 . R, HCl,$$
$$AzH^2 . R + AzO^3H = AzH^2 . R, AzO^3H.$$

Dans l'amine secondaire et dans l'amine tertiaire, les deux ou les trois radicaux R ne sont pas nécessairement identiques.

A l'hydrate d'ammonium hypothétique

$$OH - Az \equiv H^4$$

correspondent des *hydrates d'ammonium composés*,

$$OH - Az \equiv R^4,$$

1. Wurtz a fait connaître, en 1848, un mode général de formation des amin de la série grasse, et a montré leurs relations avec les alcools.

qui, pour la plupart, sont des composés bien définis, jouissant de propriétés basiques puissantes, analogues à celles de la potasse et de la soude.

503. Modes généraux de formation. — *Méthode d'Hoffmann.* — L'éther iodhydrique d'un alcool monatomique, chauffé en vase clos avec de l'ammoniaque en solution alcoolique, donne un mélange des iodhydrates des trois amines. S'agit-il, par exemple, de former les éthylamines, on fait réagir l'ammoniaque sur l'iodure d'éthyle : on peut concevoir que l'on ait les réactions successives :

$$C^2H^5 . I + AzH^3 = AzH^2 . C^2H^5, HI,$$
$$C^2H^5 . I + AzH^2 . C^2H^5 = AzH(C^2H^5)^2, HI,$$
$$C^2H^5 . I + AzH(C^2H^5)^2 = Az(C^2H^5)^3, HI.$$

L'amine, qui est volatile, sera préparée à l'aide de l'iodhydrate comme le gaz ammoniac est séparé de l'un de ses sels, le chlorhydrate par exemple, par un alcali ou un oxyde alcalino-terreux :

$$2(AzH^3, HCl) + CaO = CaCl^2 + 2AzH^3 + H^2O,$$
$$2(AzH^2 . C^2H^5, HI) + CaO = CaI^2 + 2(AzH^2 . C^2H^5) + H^2O.$$

Le triéthylamine peut réagir sur une nouvelle molécule d'iodure d'éthyle et donner l'*iodure de tétréthylammonium* :

$$C^2H^5 . I + Az(C^2H^5)^3 = Az(C^2H^5)^4I.$$

Cette fois, la potasse, la soude, la chaux ne séparent de ce composé aucun élément volatil ; mais si l'on fait réagir l'*hydrate d'oxyde d'argent* Ag(OH), on obtient, après séparation de l'iodure d'argent insoluble, un composé solide doué de propriétés basiques énergiques et soluble dans l'eau, l'*hydrate de tétréthylammonium* :

$$Az(C^2H^5)^4I + Ag(OH) = AgI + Az(C^2H^5)^4 . OH.$$

La réaction

$$C^2H^5 . I + AzH^3 = AzH^2 . C^2H^5, HI$$

permet de considérer l'amine primaire comme dérivant soit de la substitution de C^2H^5 à H dans l'ammoniaque, soit de la substitution de AzH^2 à I dans l'éther iodhydrique ou au groupe OH dans l'alcool :

Alcool	$C^2H^5 . OH$
Iodure	$C^2H^5 . I$
Amine	$C^2H^5 . AzH^2$

On peut préparer l'amine primaire par des procédés différents de celui d'Hoffmann.

Modes de formation particuliers aux amines primaires. — 1° L'ammoniaque transforme en amine primaire l'éther azotique d'un alcool monatomique; on a ainsi l'azotate de l'amine :

$$AzO^3 . C^2H^5 + AzH^3 = AzH^2 . C^2H^5, AzO^3H.$$

Les éthers des acides minéraux se comportent ainsi; avec les éthers des acides organiques il se fait des *amides* (508).

2° La décomposition par la potasse d'un *éther isocyanique*; c'est la méthode générale de Wurtz :

$$\underset{\text{Éther isocyanique.}}{CO = Az - C^2H^5} + 2KOH = \underset{\text{Éthylamine.}}{AzH^2 . C^2H^5} + CO^3K^2.$$

réaction comparable à celle que la potasse exerce sur l'acide isocyanique :

$$CO = Az - H + 2KOH = AzH^3 + CO^3K^2.$$

3° L'hydrogénation d'un *nitrile* (522) par le mélange de zinc et d'acide sulfurique étendu dans une amine primaire.

$$\underset{\text{Acétonitrile.}}{CH^3 - CAz} + 2H^2 = \underset{\text{Éthylamine.}}{CH^3 - CH^2 - AzH^2}.$$

Amines secondaires et tertiaires. — Une amine primaire chauffée en tube scellé avec un iodure alcoolique donne une amine secondaire et une amine tertiaire. Ainsi l'éthylamine, réagissant sur l'iodure d'éthyle, donnera un mélange des amines secondaire et tertiaire ou même l'iodure de tétréthylammonium.

Une amine secondaire peut contenir deux radicaux alcooliques différents :

Méthyléthylamine. . . . . . . $AzH \begin{cases} CH^3 \\ C^2H^5 \end{cases}$

Obtenue par la réaction de l'éthylamine, par exemple, sur l'iodure de méthyle.

Une amine tertiaire peut aussi contenir trois radicaux différents :

Méthyléthylpropylamine . . . . $Az \begin{cases} CH^3 \\ C^2H^5 \\ C^3H^7 \end{cases}$

504. **Méthylamines. — Éthylamines.** — Les méthylamines primaire, secondaire et tertiaire, et même l'iodure de tétraméthylammonium, se forment simultanément lorsqu'on chauffe vers 100°, en tube scellé, l'éther méthyliodhydrique avec une solution alcoolique d'ammoniaque; leur séparation est très délicate.

La *monométhylamine* $AzH^2 . CH^3$ est gazeuse un peu au-dessous de 0°; la *diméthylamine* $AzH(CH^3)^2$ est un gaz liquéfiable à + 8°; la *triméthylamine* $Az(CH^3)^3$ bout à + 9°; quant à l'*hydrate de tétraméthylammonium* $Az(CH^3)^4, OH$, il n'est pas volatil.

Les méthylamines ont une odeur repoussante, qui rappelle celle que dégage la saumure de harengs.

On prépare aujourd'hui des quantités considérables de triméthylamine en distillant en vase clos les vinasses de betteraves. On obtient ainsi des eaux ammoniacales qui, additionnées d'acide sulfurique et concentrées, laissent déposer tout d'abord du sulfate d'ammoniaque. En distillant les eaux-mères avec de la chaux, on dégage de l'ammoniaque et de la triméthylamine, que l'on condense dans l'acide chlorhydrique; on extrait du liquide, par concentration, du chlorhydrate d'ammoniaque, puis du chlorhydrate de triméthylamine (Vincent).

Sous l'action de la chaleur ce chlorhydrate peut se décomposer partiellement, en donnant du chlorhydrate de diméthylamine, de la triméthylamine et du chlorure de méthyle :

$$3[Az(CH^3)^3, HCl] = 2Az(CH^3)^3 + AzH^2 . CH^3, HCl + 2CH^3Cl.$$

Cette réaction est appliquée industriellement à la préparation du chlorure de méthyle (489).

Les éthylamines se forment aussi simultanément quand on chauffe l'éther éthyliodhydrique avec de l'ammoniaque.

La *monoéthylamine* $AzH^2 . C^2H^5$ est un liquide bouillant à 18°,5; la *diéthylamine* $AzH(C^2H^5)^2$ bout à 57°,5 et la *triéthylamine* $Az(C^2H^5)^3$ à 91°. L'*hydrate de tétréthylammonium* $Az(C^2H^5)^4 . OH$ est un corps solide, blanc, déliquescent, très soluble dans l'eau, que la chaleur décompose en éthylène, eau et triéthylamine.

Comme l'ammoniaque, l'éthylamine déplace les oxydes métalliques de leurs combinaisons salines. Ainsi elle précipite l'oxyde de cuivre et, employée en excès, elle redissout le précipité en donnant une liqueur bleue. Mais elle précipite les sels de nickel sans redissoudre le précipité et elle déplace l'alumine, qu'un excès d'alcali dissout, se comportant ainsi dans les deux cas comme la potasse et non comme l'ammoniaque.

AMINES DES ALCOOLS POLYATOMIQUES — AMINES A FONCTION COMPLEXE

505 **Diamines.** — Des alcools diatomiques dérivent des amines primaires par la substitution de AzH^2 à un ou deux groupes OH.

Soit le bromure d'éthylène $CH^2Br - CH^2Br$; on aura, en appliquant la méthode d'Hoffmann, une *diamine* :

$$CH^2Br - CH^2Br + 2AzH^3 = CH^2 . AzH^2 - CH^2 . AzH^2, 2HBr.$$

L'*éthylénamine* $CH^2 . AzH^2 — CH^2 . AzH^2$ dérive donc de l'alcool diatomique ou glycol $CH^2 . OH — CH^2 . OH$, comme l'éthylamine dérive de l'alcool éthylique.

S'unissant à 2 molécules d'acide bromhydrique pour former un bromhydrate, l'éthylénamine est *diacide*.

506. **Amines à fonction complexe. — Glycocolle ou glycocolamine.** — Si la substitution de l'ammoniaque ne s'effectue que dans un seul groupement OH, le corps obtenu sera une fois amine et conservera encore la réaction d'un alcool monatomique. Ainsi du glycol dérive une *amine-alcool*,

$$CH^2 . OH - CH^2 . AzH^2.$$

Si la substitution s'effectue dans *l'acide glycolique*, qui est un acide-alcool $CH^2 . OH - CO . OH$, on obtient le corps $CH^2 . AzH^2 - CO . OH^2$, qui sera à la fois *base* et *acide* : ce sera une *amine-acide*.

Cette *amine-acide* est le *glycocolle* ou *sucre de gélatine*.

On obtient en effet ce glycocolle, ou plutôt son chlorhydrate, en faisant réagir l'ammoniaque sur l'éther monochlorhydrique du glycol, qui est identique à *l'acide monochloracétique* $CH^2 . Cl - CO . OH$ (400) :

$$CH^2 . Cl - CO . OH + AzH^3 = CH^2 . AzH^2 - CO . OH , HCl.$$

Il joue le rôle de base, puisqu'il se combine aux acides pour former des sels; mais il se combine également aux bases, à l'oxyde d'argent, par exemple, et agit alors comme un acide.

On prépare le glycocolle en chauffant la gélatine avec deux fois son poids d'acide sulfurique étendu, saturant avec du carbonate de baryum et évaporant la liqueur filtrée. C'est un corps solide, fondant à + 170°, soluble dans l'eau ou mieux dans l'alcool et l'éther.

AMIDES.

507. **Fonction amide.** — Les *amides* sont des composés azotés qui ont avec les acides les mêmes relations que les amines avec les alcools.

Une *monamide primaire* dérive d'un acide monobasique par la substitution du radical AzH^2 à OH dans le groupement caractéristique des acides :

Acide acétique.	$CH^3 - CO . OH$
Acétamide.	$CH^3 - CO . AzH^2$

Le groupement monovalent $(CO - AzH^2)$ est le groupement caractéristique des amides primaires.

On peut dire encore que cette amide résulte de la substitution d'un radical acide dans un atome d'hydrogène de l'ammoniaque :

$$Az \begin{cases} H \\ H \\ H \end{cases} \qquad\qquad Az \begin{cases} (CH^3 . CO) \\ H \\ H \end{cases}$$

Ammoniaque. — Acétamide.

Ce dernier mode de génération fait comprendre immédiatement qu'il puisse exister des amides *secondaires* et *tertiaires* :

$$Az \begin{cases} (CH^3 . CO) \\ H \\ H \end{cases} \qquad Az \begin{cases} (CH^3 . CO) \\ (CH^3 . CO) \\ H \end{cases} \qquad Az \begin{cases} (CH^3 . CO) \\ (CH^3 . CO) \\ (CH^3 . CO) \end{cases}$$

Amide primaire. Amide secondaire. Amide tertiaire.

AMIDES DES ACIDES MONOBASIQUES

508. **Modes généraux de formation des monamides primaires.** — 1° Le sel ammoniacal d'un acide monobasique, en perdant H^2O, donne une monamide primaire :

$$CH^3 - CO . OAzH^4 = H^2O + CH^3 - CO . AzH^2.$$

Acétate d'ammonium. Acétamide.

Cette réaction se produit soit par l'action de la chaleur seule, soit en chauffant le sel ammoniacal avec un déshydratant, tel que l'anhydride phosphorique.

2° L'ammoniaque, en réagissant sur les éthers-sels, donne des monamides :

$$CH^3 - CO . OC^2H^5 + AzH^3 = CH^3 - CO . AzH^2 + C^2H^5 - OH.$$

Acétate d'éthyle. Acétamide. Alcool éthylique.

3° L'ammoniaque peut réagir sur un chlorure d'acide :

$$CH^3 - CO . Cl + 2AzH^3 = CH^3 - CO . AzH^2 + AzH^4Cl.$$

Chlorure d'acétyle. Acétamide.

En substituant dans ces deux réactions une amine primaire à l'ammoniaque, on aurait une *amide amine*. Ainsi

$$CH^3 - CO . OC^2H^5 + AzH^2 . CH^3 = CH^3 - CO . AzH . CH^3 + C^2H^5 - OH.$$

Acétate d'éthyle. Méthylamine. Méthylformiamide.

509. **Propriétés générales.** — Les monamides sont des corps neutres ou jouissant de propriétés basiques faibles : on ne peut en général les distiller à la pression ordinaire sans les transformer, avec perte d'eau, en nitriles (521) :

$$R - CO . AzH^2 = H^2O + R - C \equiv Az.$$

Amide. Nitrile.

Chauffées avec de l'eau et un alcali, elles dégagent de l'ammoniaque et forment le sel alcalin de l'acide générateur :

$$CH^3 - CO \,.\, AzH^2 + KOH = CH^3 - CO \,.\, OK + AzH^3.$$

Acétamide. Acétate de potassium.

510. **Acétamide**, $CH^3 - CO \,.\, AzH^2$. — On prépare généralement l'acétamide en distillant l'acétate d'ammonium vers 200°. C'est un corps solide, incolore, fondant à 78° et bouillant à 221°, soluble dans l'eau et dans l'alcool, insoluble dans l'éther.

Ce corps prend également naissance quand on décompose un éther acétique par l'ammoniaque ou par l'action de l'ammoniaque sur le chlorure d'acétyle, comme il a été dit ci-dessus. Mais, comme l'acétamide est soluble dans l'eau, ces dernières réactions ne permettent pas de l'isoler facilement.

AMIDES DES ACIDES BIBASIQUES

511. **Modes généraux de formation.** — Un acide bibasique forme deux sels ammoniacaux :

Un sel neutre ou biammoniacal ;

Un sel acide ou monoammoniacal.

Ainsi l'acide oxalique donne l'*oxalate neutre* $C^2H^2O^4, 2AzH^3$ ou

$$CO \,.\, OAzH^4 - CO \,.\, OAzH^4,$$

et l'*oxalate acide* $C^2H^2O^4, AzH^3$ ou

$$CO \,.\, OAzH^4 - CO \,.\, OH.$$

Le sel neutre, en perdant H^2O, donne une *diamide*.

Le sel acide, en perdant H^2O, donne un *acide amidé*.

Par exemple :

Acide oxalique.	$CO \,.\, OH - CO \,.\, OH$
Oxamide.	$CO \,.\, OAzH^2 - CO \,.\, OAzH^2$
Acide oxamique	$CO \,.\, OAzH^2 - CO \,.\, OH$

Les procédés généraux de préparation des diamides sont d'ailleurs ceux des monamides. Ainsi on trouve l'*oxamide* parmi les produits de la décomposition de l'oxalate neutre d'ammonium par la chaleur. Mais on l'obtient plus facilement en additionnant l'éther oxalique d'un excès d'ammoniaque ; elle se précipite sous la forme d'une poudre blanche, insoluble dans l'eau. Chauffée avec de la potasse dissoute dans l'eau, elle dégage de l'ammoniaque et donne l'oxalate neutre de potassium.

L'acide oxamique se trouve parmi les produits de la décomposition par la chaleur de l'oxalate acide d'ammonium. C'est une poudre blanche cristalline, difficilement soluble dans l'eau froide; au contact de l'eau bouillante, il se transforme en oxalate acide d'ammonium. C'est un acide monobasique; car il forme avec les alcools des éthers; tel est *l'oxamate d'éthyle* :

$$CO.OAzH^2 - CO.OC^2H^5.$$

L'acide carbonique $CO \begin{matrix} \diagup OH \\ \diagdown OH \end{matrix}$ fonctionne comme un acide bibasique. Au carbonate neutre d'ammoniaque $CO \begin{matrix} \diagup OAzH^4 \\ \diagdown OAzH^4 \end{matrix}$, correspond une diamide, la *diamide carbonique* ou *carbamide* $CO \begin{matrix} \diagup AzH^2 \\ \diagdown AzH^2 \end{matrix}$, qui est identique à *l'urée*.

URÉE, $CO(AzH^2)^2$.

L'urée est le principe immédiat le plus important de l'urine de l'homme et des animaux carnivores. C'est une des formes sous lesquelles l'azote est éliminé de l'organisme.

512. **Préparation.** — 1 litre d'urine humaine renferme de 25 à 30 grammes d'urée. On réduit l'urine fraîche au dixième environ de son volume, on ajoute un volume égal d'acide azotique et, par refroidissement, l'urée se sépare à l'état d'azotate. On égoutte les cristaux, et on les purifie en les faisant cristalliser de nouveau dans l'eau bouillante. Pour extraire l'urée de ce sel, on ajoute à sa dissolution un petit excès de carbonate de baryum précipité; l'acide carbonique se dégage et le liquide renferme de l'azotate de baryum et de l'urée. On sépare celle-ci en reprenant par l'alcool le résidu de l'évaporation de cette liqueur; l'azotate de baryum est en effet insoluble dans l'alcool.

513. **Synthèse.** — L'urée peut être obtenue synthétiquement en appliquant les procédés généraux de préparation des amides (508).

En effet, on obtient l'urée en faisant réagir l'ammoniaque sur l'oxychlorure de carbone $COCl^2$ (*chlorure de carbonyle*) :

$$CO \begin{matrix} \diagup Cl \\ \diagdown Cl \end{matrix} + 4AzH^3 = CO \begin{matrix} \diagup AzH^2 \\ \diagdown AzH^2 \end{matrix} + 2AzH^4Cl,$$

ou bien en décomposant par l'ammoniaque l'éther carbonique

$$CO \begin{cases} OC^2H^5 \\ OC^2H^5 \end{cases} + 2AzH^3 = CO \begin{cases} AzH^2 \\ AzH^2 \end{cases} + 2C^2H^5 . OH.$$

Mais la synthèse de l'urée a été effectuée par Wöhler par une méthode tout autre. L'acide cyanique CO . AzH saturé par l'ammoniaque donne le cyanate d'ammonium $COAz(AzH^4)$, isomère de l'urée, qui se transforme en urée lorsqu'on chauffe sa dissolution.

514. **Propriétés.** — L'urée cristallise de ses dissolutions en longs prismes striés, incolores. Elle fond à 120° et se décompose un peu au-dessus de cette température avec dégagement d'ammoniaque. Chauffée plus fortement dans une petite cornue, elle laisse un résidu blanc d'acide cyanurique $(CO . AzH)^3$, polymère de l'acide cyanique[1] :

$$3\left[CO \begin{cases} AzH^2 \\ AzH^2 \end{cases}\right] = (CO . AzH)^3 + 3AzH^3.$$

Le chlore, le brome, les vapeurs nitreuses détruisent l'urée avec dégagement d'azote et d'anhydride carbonique :

$$CO(AzH^2)^2 + H^2O + 6Cl = CO^2 + 2Az + 6HCl,$$
$$CO(AzH^2)^2 + Az^2O^3 + H^2O = CO^2 + 4Az + 3H^2O.$$

Ces réactions sont utilisées pour déterminer, d'après les volumes d'azote et d'anhydride carbonique recueillis, la proportion d'urée contenue dans un volume donné d'urine.

Chauffée à 140° en tube scellé, la dissolution d'urée se transforme en carbonate d'ammonium :

$$CO(AzH^2)^2 + 2H^2O = CO(OAzH^4)^2.$$

Cette réaction, générale pour les amides, permet ainsi de remonter à l'acide générateur, qui est ici l'acide carbonique hypothétique $CO(OH)^2$.

1. La formule de l'urée ou diamide carbonique étant fixée, celle du composé anciennement connu sous le nom d'*acide cyanique*, est déterminée par la formule de décompositon de l'urée par la chaleur. Cet acide cyanique est donc un hydrure du radical monovalent (CO . Az); un isomère serait l'acide oxygéné

CAz . OH,

correspondant au chlorure de cyanogène CAz . Cl. Ce dernier acide devrait être le véritable acide cyanique; le composé CO . AzH est distingué quelquefois de celui-ci sous le nom d'*acide isocyanique*. Le corps CAz . OH est instable.

Cette transformation de l'urée qui, fixant les éléments de l'eau, donne du carbonate d'ammonium, se produit lorsque l'urine subit la putréfaction. L'agent de la transformation est un être organisé[1] formé de globules sphériques très petits, réunis en chapelets (Pasteur, Van Tieghem).

L'urée forme avec les acides, les bases ou certains sels des combinaisons bien définies et cristallisées.

L'azotate d'urée $CO(AzH^2)^2, AzO^5H$ prend naissance quand on verse de l'acide azotique dans une dissolution un peu concentrée d'urée; celle-ci se prend en un magma cristallin. Nous citerons encore le chlorhydrate d'urée $CO(AzH^2)^2, HCl$.

On connaît de nombreuses combinaisons de l'urée avec l'oxyde de mercure et l'oxyde d'argent.

Lorsqu'on mélange des dissolutions faites en poids équivalents d'urée et de sel marin, on obtient, en évaporant à consistance sirupeuse, des cristaux d'une combinaison très soluble dans l'eau :

$$CO(AzH^2)^2, NaCl + H^2O.$$

L'urée se combine de même avec l'azotate d'argent et avec l'azotate de mercure.

515. **Acide urique,** $C^5H^4Az^4O^3$. — On doit rapprocher de l'urée une autre substance azotée, l'*acide urique*, que l'on rencontre également dans l'urine humaine, où elle se développe même quelquefois abondamment sous certaines influences pathologiques; l'acide urique forme, en combinaison avec les bases alcalines ou alcalino-terreuses, des sédiments et des calculs vésicaux; les urates alcalins constituent la majeure partie des excréments des oiseaux, des serpents; on les trouve abondamment dans le guano.

L'acide urique est une poudre cristalline blanche, très peu soluble dans l'eau; c'est un acide bibasique; ses sels acides sont également très peu solubles dans l'eau froide. On peut l'extraire du guano en le lavant à l'acide chlorhydrique faible, qui laisse l'acide urique; on dissout celui-ci dans une lessive alcaline bouillante et on précipite l'acide urique par un acide.

L'acide urique présente une réaction remarquable et caractéristique. En le dissolvant dans l'acide azotique concentré et chaud et en évaporant de façon à chasser l'excès d'acide, on obtient une coloration rouge; si l'on ajoute de l'ammoniaque, on obtient

1. Le *Micrococcus ureæ* sécrète une diastase au contact de laquelle s'effectue la réaction. Celle-ci, qui consiste en effet en une fixation d'eau, rentre dans le groupe de ces réactions que réalisent les diastases (Pasteur, Joubert).

une liqueur d'un pourpre foncé qui, convenablement concentrée, laisse déposer des cristaux à reflets verdâtres de *murexide* $C^8H^8Az^6O^6$.

AMIDES A FONCTION COMPLEXE

516 Amides-acides. — Les acides *amidés* dérivant d'un sel ammoniacal acide d'un acide bibasique sont à la fois acides et amides : ce sont des *amides-acides*.

Citons, en raison de sa présence dans un grand nombre de sucs végétaux et en particulier dans les jeunes pousses formées à l'abri de la lumière (pousses d'asperge, racines de guimauve), l'*asparagine*,

$$\begin{array}{l} CH \,.\, AzH^2 - CO \,.\, AzH^2 \\ | \\ CH^2 - CO \,.\, OH \end{array}$$

Ses solutions aqueuses sont *lévogyres*.

On a trouvé cependant dans une eau mère de cristallisation d'asparagine des cristaux *dextrogyres*. Chacune de ces variétés, chauffée avec de l'acide chlorhydrique à 170°, donne une asparagine *inactive* non dédoublable.

Chauffée avec de l'acide chlorhydrique, l'asparagine donne du chlorure d'ammonium et l'acide bibasique générateur, l'*acide aspartique* ou *amido-succinique* :

$$\begin{array}{l} CH^2 - CO \,.\, OH \\ | \\ CH^2 - CO \,.\, OH \end{array} \qquad\qquad \begin{array}{l} CH \,.\, AzH^2 - CO \,.\, OH \\ | \\ CH^2 - CO \,.\, OH \end{array}$$

Acide succinique. Acide aspartique.

L'acide aspartique dérivé de l'asparagine gauche est lui-même *lévogyre* : celui que l'on prépare avec l'asparagine droite est *dextrogyre*. Ces deux acides inverses peuvent se combiner à molécules égales pour former un acide aspartique *inactif par compensation*.

Cet acide inactif parait identique avec celui qui avait été préparé anciennement par Dessaignes en décomposant par la chaleur le malate acide d'ammonium, et en hydratant le composé amidé ainsi produit par l'ébullition avec une solution chlorhydrique.

La réaction peut se décomposer ainsi :

1° L'acide malique chauffé à 180° en vase clos avec un peu d'eau se change en *acide fumarique* :

$$\begin{array}{l} CH \,.\, OH - CO \,.\, OH \\ | \\ CH^2 - CO \,.\, OH \end{array} = H^2O + \begin{array}{l} CH - CO \,.\, OH \\ \| \\ CH - CO \,.\, OH \end{array}$$

Acide malique. Acide fumarique.

2° Le *fumarate acide d'ammonium* chauffé perd de l'eau :

$$\begin{array}{l} CH - CO \,.\, OAzH^4 \\ \| \\ CH - CO \,.\, OH \end{array} = 2H^2O + \begin{array}{l} CH - CO \diagdown \\ \| \qquad\qquad AzH \\ CH - CO \diagup \end{array}$$

3° Le dérivé amidé fixe les éléments de l'eau :

$$\begin{array}{l} CH - CO \diagdown \\ \| \qquad\qquad AzH \\ CH - CO \diagup \end{array} + 2H^2O = \begin{array}{l} CH \,.\, AzH - CO \,.\, OH \\ | \\ CH^2 - CO \,.\, OH \end{array}$$

Acide aspartique.

517. Amides-alcools. — Il existe aussi des *amides-alcools*. Ainsi, à l'*acide glycolique* (490) correspond un sel ammoniacal, le glycolate d'ammonium, et une amide, la *glycolamide*, isomère du glycocolle (506) :

$$\begin{array}{l} CH^2 - OH \\ | \\ CO \,.\, OAzH^4 \end{array} = \begin{array}{l} CH^2 - OH \\ | \\ CO \,.\, AzH^2 \end{array} + H^2O$$

La glycolamide peut former avec l'acide chlorhydrique un éther et par conséquent se comporte comme un alcool.

Il est un autre mode de génération très important des amides à fonction complexe. Les *amines-acides* peuvent former des sels dans lesquels elles jouent le rôle de l'ammoniaque; la *glycolamine* $\begin{array}{l} CH^2 - AzH^2 \\ | \\ CO - OH \end{array}$, par exemple, peut former avec un acide monobasique un sel analogue à un sel ammoniacal ; si l'on enlève à ce sel H^2O, on aura une amide d'un nouveau genre qui, comme son générateur la glycolamine, jouera le rôle d'acide. Tel sera l'*acide hippurique*.

518. Acide hippurique, $C^9H^9AzO^3$. — Ce corps peut être envisagé en effet comme un benzoate de glycocolle auquel on a enlevé H^2O :

$$\underset{\text{Acide benzoïque.}}{C^6H^5 - CO . OH} + AzH^3 = \underset{\text{Benzoate d'ammonium.}}{C^6H^5 - CO . OAzH^4};$$

$$C^6H^5 - CO . OH + \underset{\text{Glycocolle.}}{C^2H^5AzO^2} = \underset{\text{Benzoate de glycocolle.}}{C^6H^5 - CO . O(C^2H^5AzO^2)H};$$

$$C^6H^5 - CO . O(C^2H^5AzO^2)H = \underset{\text{Acide hippurique.}}{C^6H^5 - CO(C^2H^4AzO^2)} + H^2O.$$

En mettant en évidence la fonction acide, on peut écrire

$$\begin{array}{l} CH^2 - AzH(C^6H^5 - CO) \\ | \\ CO . OH \end{array}$$

Si on le fait bouillir en effet avec un acide étendu, l'acide hippurique reprend les éléments de l'eau ; l'acide benzoïque est régénéré et la glycolamine reste unie à l'acide réagissant. Il éprouve la même réaction en présence des alcalis ou par fermentation.

L'acide hippurique existe à l'état de sel dans l'urine des herbivores. Pour le préparer, on concentre de l'urine fraîche de cheval au sixième de son volume, puis on ajoute un excès d'acide chlorhydrique concentré à la liqueur refroidie. L'acide hippurique, peu soluble à froid, se dépose et cristallise. Comme l'urée des carnivores et sous l'influence du même ferment, l'acide hippurique se putréfie, et donne, en fixant les éléments de l'eau, de l'acide hippurique et du glycocolle.

IMIDES.

519. Définition. — Un sel ammoniacal acide d'un acide bibasique en perdant H^2O donne un *acide amidé*; il peut perdre encore H^2O et donne alors une *imide*. Prenons comme exemple les dérivés de l'acide succinique :

$$\begin{array}{l} CH^2 - CO . OH \\ | \\ CH^2 - CO . OH \end{array} \qquad \text{Acide succinique.}$$

$$\begin{array}{l} CH^2 - CO . OAzH^4 \\ | \\ CH^2 - CO . OH \end{array} \qquad \text{Succinate acide d'ammonium.}$$

$$\begin{array}{l} CH^2 - CO . AzH^2 \\ | \\ CH^2 - CO . OH \end{array} \qquad \text{Acide succinamique.}$$

$$\begin{array}{l} CH^2 - CO \diagdown \\ | \qquad\qquad AzH \\ CH^2 - CO \diagup \end{array} \qquad \text{Succinimide ou imide succinique.}$$

Le groupement divalent $\left(\begin{matrix}CO\\CO\end{matrix}{>}AzH\right)''$ est donc le groupement fonctionnel des imides.

La succinimide se trouve parmi les produits de la distillation sèche du succinate acide d'ammonium. Chauffée avec de l'eau ammoniacale, elle donne la succinamide.

L'hydrogène de la succinimide peut être remplacé par un métal tel que l'argent.

NITRILES.

520. **Fonction nitrile.** — En perdant non plus H^2O, mais $2H^2O$, le sel ammoniacal neutre d'un acide monobasique donne un *nitrile* :

$$CH^3 - CO.OAzH^4 = 2H^2O + CH^3 - C \equiv Az.$$

Acétonitrile.

Le sel ammoniacal neutre d'un acide bibasique perdra $4H^2O$:

$$\begin{matrix}CO.OAzH^4\\|\\CO.OAzH^4\end{matrix} = 4H^2O + \begin{matrix}C\equiv Az\\|\\C\equiv Az\end{matrix}$$

Oxalonitrile.

Le groupement monovalent $(C\equiv Az)$ est caractéristique des nitriles, qui peuvent être considérés comme les cyanures des radicaux alcooliques correspondant aux cyanures métalliques.

521. **Modes généraux de formation.** — 1° C'est par déshydratation des sels ammoniacaux ou des amides que l'on prépare les nitriles; on chauffe ces composés avec de l'anhydride phosphorique.

2° Le cyanure de potassium $K - CAz$, distillé avec le sulfate acide de potassium d'un radical alcoolique, donne un nitrile :

$$K - CAz + SO^2\begin{matrix}\diagup OK\\ \diagdown OC^2H^5\end{matrix} = SO^2\begin{matrix}\diagup OK\\ \diagdown OK\end{matrix} + C^2H^5 - CAz,$$

Propionitrile.

3° On chauffe en tube scellé du cyanure de potassium avec un bromure ou un iodure alcoolique :

$$K - CAz + C^2H^5 - I = KI + C^2H^5 - CAz.$$

Propionitrile.

$$2[K - CAz] + \begin{matrix}CH^2 - Br\\|\\CH^2 - Br\end{matrix} = 2KBr + \begin{matrix}CH^2 - CAz\\|\\CH^2 - CAz\end{matrix}$$

Dicyanure d'éthylène.

522. **Propriétés générales.** — En présence de l'eau et des

acides ou des alcalis, les nitriles reprennent les éléments de l'eau et donnent un sel ammoniacal et l'acide dont ils dérivent ou un dégagement d'ammoniaque et un seul alcalin de cet acide :

$$\underset{\text{Acétonitrile.}}{CH^3 - CAz} + 2H^2O + HCl = \underset{\text{Acide acétique.}}{CH^3 - CO \cdot OH} + AzH^4Cl,$$

$$CH^3 - CAz + H^2O + KOH = \underset{\text{Acétate de potassium.}}{CH^3 - CO \cdot OK} + AzH^3.$$

Cette réaction des nitriles sur l'eau est des plus importantes: elle permet de passer d'un alcool monatomique de la série éthylique, par exemple, à un acide monobasique renfermant un atome de carbone de plus. Ainsi, l'alcool éthylique est transformé en iodure; celui-ci, chauffé en vase clos avec du cyanure de potassium, donne le nitrile (propionitrile); le propionitrile, chauffé avec une solution concentrée de potasse, donne le propionate :

$$C^2H^5 - OH + HI = C^2H^5 - I + H^2O,$$

$$C^2H^5 - I + K - CAz = C^2H^5 - CAz + KI,$$

$$C^2H^5 - CAz + KOH + H^2O = C^2H^5 - CO \cdot OK + AzH^3.$$

Il est possible de revenir de l'acide propionique à l'alcool propylique $C^3H^7 - OH$ (481).

525. **Formionitrile.** — Le nitrile le plus simple est le nitrile de l'acide formique ou *formionitrile*,

$$H - CAz;$$

il est identique avec l'*acide cyanhydrique*.

On peut l'obtenir en effet par la méthode générale de formation des nitriles, c'est-à-dire en déshydratant par l'anhydride phosphorique le formiate d'ammonium :

$$H - CO \cdot OAzH^4 = 2H^2O + H - C \equiv Az.$$

Inversement, l'eau transforme l'acide cyanhydrique en acide formique et ammoniaque; cette réaction s'effectue facilement en présence des acides forts et des bases fortes :

$$H - C \equiv Az + 2H^2O = \underset{\text{Acide formique.}}{H - CO \cdot OH} + AzH^3.$$

En présence du zinc et de l'acide chlorhydrique étendu, l'acide cyanhydrique fixe de l'hydrogène et donne la méthylamine:

$$H - C \equiv Az + 4H = CH^3 - AzH^2.$$

L'hydrogène du formionitrile peut être remplacé par une

valence métallique, formant des *cyanures* simples; c'est donc par ce côté un acide, mais un acide faible[1] :

$K - CAz$	Cyanure de potassium.
$Ag - CAz$	Cyanure d'argent.
$Hg^2 = (CAz)^2$	Cyanure de mercure.

L'acide cyanhydrique se prépare soit à partir du cyanure de mercure, soit à partir d'un cyanure complexe, le ferrocyanure de potassium $(FeCy^6)K^4$. Il a été étudié à la suite des métalloïdes.

524. **Acétonitrile.** — Chauffés avec de l'anhydride phosphorique, l'acétamide et même l'acétate d'ammonium perdent de l'eau et se transforment en *acétonitrile*, liquide incolore, bouillant à 82°. En présence des acides ou des bases, il reproduit l'acide acétique et l'ammoniaque :

$$CH^3 - CAz + 2H^2O = CH^3 - CO \cdot OH + AzH^3.$$

525. **Oxalonitrile ou Cyanogène.** — Le nitrile de l'acide oxalique s'obtient en déshydratant l'oxalate neutre d'ammonium par la chaleur en présence de l'anhydride phosphorique :

$$\begin{matrix} CO - OAzH^4 \\ | \\ CO - OAzH^4 \end{matrix} = 4H^2O + \begin{matrix} CAz \\ | \\ CAz \end{matrix}$$

Le corps ainsi obtenu est le *cyanogène*. Celui-ci, en présence des dissolutions des acides forts ou des alcalis caustiques, reprend en effet les éléments de l'eau et forme de l'oxalate d'ammonium; c'est la réaction inverse de la précédente.

526. **Carbylamines.** — Les nitriles ont des isomères qui ont été découverts et décrits par M. A. Gautier : ce sont les *carbylamines*.

Tandis que l'acétonitrile $CH^3 - CAz$ donne, en reprenant les éléments de l'eau, de l'acide acétique et de l'ammoniaque,

$$CH^3 - C \equiv Az + 2H^2O = CH^3 - CO \cdot OH + AzH^3,$$

la carbylamine de même composition donne de l'acide formique et de l'éthylamine. On rend compte de ces faits en écrivant

$$CH^3 - Az \equiv C + 2H^2O = CH^4 - AzH^2 + H - CO \cdot OH.$$

Le groupement caractéristique des carbylamines est alors $(Az \equiv C)'$, dans lequel l'azote est pentavalent.

Les carbylamines prennent naissance dans les mêmes réactions que les nitriles, qu'elles accompagnent toujours; elles se forment de préférence quand on remplace le cyanure de potassium par le cyanure d'argent. Les carbylamines ont une odeur caractéristique, très désagréable.

1. En dissolution, une molécule d'acide cyanhydrique réagissant sur une molécule de potasse ne dégage que 3 Calories; on a, dans les mêmes conditions, 13^c,7 avec les acides chlorhydrique et azotique, 10^c,1 avec l'acide carbonique.

CHAPITRE XXXI

HYDROCARBURES AROMATIQUES

Autour de la benzine C^6H^6 viennent se grouper de nombreux dérivés dont l'ensemble constitue la SÉRIE AROMATIQUE.

GOUDRONS DE HOUILLE

527. **Extraction.** — La plupart des matières organiques soumises à l'influence d'une température rouge donnent de l'acétylène, du méthane et de l'éthylène; mais elles donnent aussi de la benzine et de nombreux carbures d'hydrogène liquides ou solides, tels que la naphtaline et l'enthracène.

Ces mêmes carbures prennent naissance pendant la distillation de la houille; les carbures d'hydrogène gazeux forment le gaz de l'éclairage; les carbures liquides ou solides constituent les *goudrons* de houille, soigneusement condensés dans les usines à gaz et exploités pour la préparation des hydrocarbures aromatiques.

Ce sont des mélanges très complexes, dont la composition dépend de la nature des houilles qui les a fournis, ainsi que de la température à laquelle celles-ci ont été portées.

Par des distillations fractionnées, aidées de traitements chimiques assez simples, on extrait de ces goudrons une foule de produits se prêtant à de nombreuses applications.

Le goudron entraîne un peu d'eau ammoniacale et s'en sépare difficilement à froid par suite de sa viscosité; mais à 80-90°, le goudron rendu fluide par la chaleur se réunit à la partie supérieure, l'eau à la partie inférieure; on peut donc soutirer cette dernière. Ce traitement s'effectue dans un appareil distillatoire parce que le goudron ainsi chauffé laisse déjà partir quelques produits volatils.

Le goudron déshydraté est introduit dans un appareil distillatoire en tôle de forme cylindrique (fig. 125) relié à trois serpentins munis chacun d'un robinet permettant d'intercepter la communication avec la chaudière. Il n'y a qu'un de ces robinets ouvert à la fois.

On envoie dans le premier serpentin bien refroidi les vapeurs qui passent entre 60 et 150°; dans le second, celles qui passent de 150 à 200°; dans le troisième, celles qui passent au-dessus

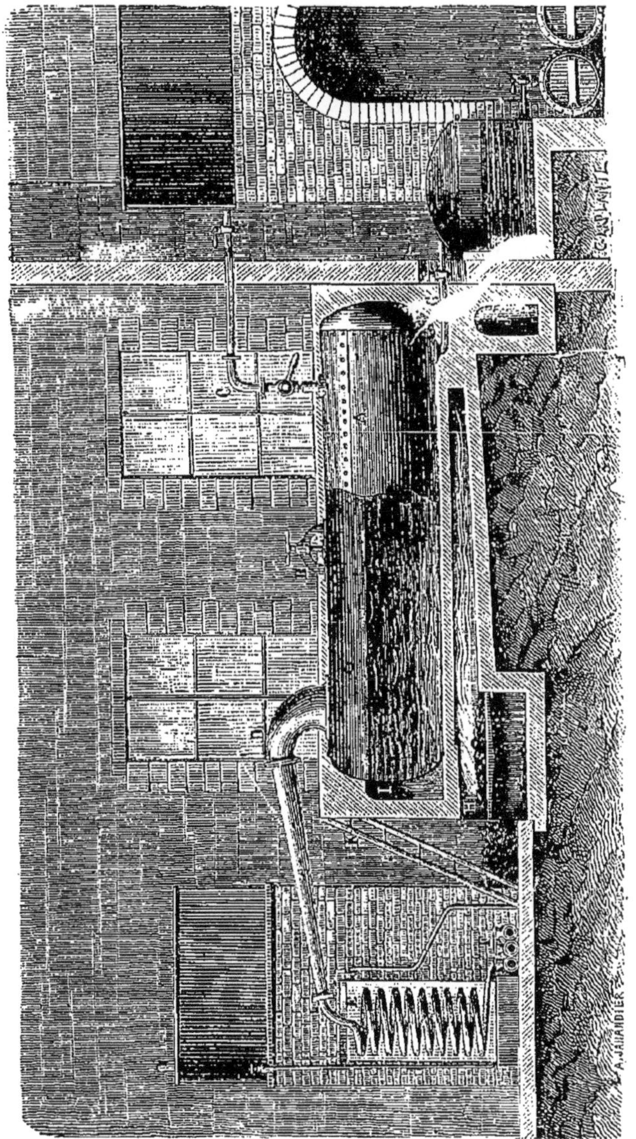

Fig. 143.

de 200; on pousse la distillation plus ou moins loin, mais guère au delà de 300 à 360° ; on obtient alors trois fractions liquides et un résidu solide non distillé :

1° Les *huiles légères*, qui ont distillé de 50 pour 100°, et dont un litre pèse 800 à 900 grammes;

2° Les *huiles moyennes*, qui ont distillé de 150 à 200°, et dont un litre pèse 960 à 970 grammes;

3° Les *huiles lourdes*, qui ont distillé au-dessus de 200°, et dont un litre pèse plus de 1000 grammes;

4° Le *brai*, résidu de la distillation.

Le *brai* est une masse noire; on en distingue deux espèces : le brai gras et le brai sec. On obtient le premier en ne poussant pas la distillation du goudron beaucoup au delà de 200°; chauffé de 200 à 360°, il laisse partir des huiles lourdes dites *huiles vertes* et devient le brai sec.

Le brai mélangé à du poussier de charbon sert à fabriquer les combustibles agglomérés qui, sous forme de briquettes, servent au chauffage des chaudières des locomotives et des navires. Il sert aussi à faire l'asphalte artificiel.

Des huiles moyennes on retire des phénols (554), et dans les huiles lourdes se trouvent des carbures dont les plus importants sont la naphtaline (547) et l'anthracène; ce dernier se tire également des huiles vertes.

Les *huiles légères* renferment des carbures d'hydrogène mêlés à de petites quantités de composés azotés et à des composés phénoliques.

On les soumet aux traitements suivants :

Pour éliminer les composés azotés et les carbures analogues à l'éthylène, on agite les huiles légères avec 5 pour 100 de leur poids d'acide sulfurique concentré. Par le repos, l'acide sulfurique gagne la partie inférieure, entraînant les produits qu'il a absorbés ; on le soutire et l'on soumet l'huile surnageante à un traitement analogue, mais en remplaçant l'acide sulfurique par une solution de soude caustique à 30° B. On élimine alors les composés acides ou phénoliques.

Benzols. — L'huile ainsi purifiée est soumise à une nouvelle distillation; on recueille ce qui passe entre 80° et 120° ou 150°, et le liquide obtenu porte le nom commercial de benzol.

Les benzols sont la matière première d'où l'on tire la benzine.

528. **Synthèses des hydrocarbures aromatiques.** — L'acétylène peut être envisagé comme le générateur des hydrocarbures aromatiques.

Soumis à l'action de la chaleur dans une cloche courbe en verre peu fusible, dont la partie supérieure a été enveloppée d'une toile métallique (fig. 124), l'acétylène se transforme peu à peu en produits liquides et solides (*hydrocarbures pyrogénés*); le

Fig. 124.

produit dominant est la benzine $C^6 H^6$, qui résulte de la soudure de 3 molécules d'acétylène :

$$3\, C^2 H^2 = C^6 H^6.$$

L'acétylène peut éprouver, sous l'action de la chaleur, des condensations plus avancées; on obtient ainsi :

Le styrolène	$C^8 H^8$	$= 4\, C^2 H^2$
L'hydrure de naphtaline.	$C^{10} H^{10}$	$= 5\, C^2 H^2$

L'acétylène ou ses produits de condensation peuvent, au rouge vif, perdre de l'hydrogène; ainsi l'hydrure de naphtaline se transforme en *naphtaline* $C^{10} H^8$:

$$C^{10} H^{10} = C^{10} H^8 + 2H.$$

L'hydrogène libre s'unit à l'acétylène et l'on obtient ainsi du *méthane* : $C^2 H^2 + 6H = 2\, CH^4$.

La méthane à son tour est susceptible de se combiner avec la benzine pour donner le *toluène* $C^7 H^8$:

$$C^6 H^6 + C H^4 = C^7 H^8 + 2H.$$

De même, des hydrocarbures pyrogénés peuvent s'unir directement pour former un autre hydrocarbure; témoin la benzine et le styrolène, qui se soudent pour former l'*anthracène* $C^{14} H^{10}$:

$$C^6 H^6 + C^8 H^8 = C^{14} H^{10} + 4H.$$

L'acétylène, le méthane, l'hydrogène, la benzine, la naphtaline, l'anthracène et bien d'autres carbures d'hydrogène apparaissent parmi les produits de la décomposition par la chaleur des matières organiques. Les réactions que nous venons de signaler, et qui ont été mises en relief par M. Berthelot, permettent de comprendre la présence de tous ces corps dans les produits de la distillation de la houille, soit que quelques-uns de ces produits prennent naissance simultanément, soit qu'ils réagissent les uns sur les autres dans les diverses parties des appareils portés à des températures différentes.

BENZÈNE, $C^6H^6 = 78$.

Syn. *Benzine.*

Point de fusion.	5°,4	Densité.	8
— d'ébullition	80		

529. *Préparation.* — Le benzène se retire des goudrons de houille ; ou plus spécialement des huiles légères que donne la distillation fractionnée de ces goudrons. Ces huiles ont distillé entre 50° et 150° ; un litre en pèse de 890 à 900 grammes : elles renferment des carbures d'hydrogène mêlés à de petites quantités de composés azotés ou phénoliques. On les agite avec 5 pour 100 de leur poids d'acide sulfurique ; par repos, l'acide gagne la partie inférieure entrainant les produits azotés et les carbures auxquels il s'est combiné. L'huile surnageante lavée à l'eau est agitée avec une solution de soude caustique à 36°B qui s'empare des composés acides ou phénoliques. L'huile ainsi purifiée porte le nom commercial de benzol. On en extrait le benzène par distillation fractionnée, dans des appareils analogues à ceux où on effectue la rectification de l'alcool.

Purification. — Le benzène rectifié peut être purifié par cristallisation fractionnée, mais on ne peut éliminer ainsi un composé sulfuré le thiophène C^4H^4S qui est isomorphe du benzène. On arrive à l'enlever par l'action d'une faible quantité d'acide sulfurique concentré, ce corps attaquant le thiophène plus facilement que le benzène.

530. **Synthèse.** — En chauffant au rouge sombre l'acétylène on obtient plusieurs carbures, parmi lesquels du benzène

$$3C^2H^2 = C^6H^6.$$

On réalise facilement cette expérience en introduisant dans une cloche courbe pleine de mercure, une certaine quantité d'acétylène. On chauffe quelque temps au rouge en prenant la précaution d'entourer la cloche courbe d'une toile métallique qui soutient le verre s'il se ramollit. On ne tarde pas à voir le volume gazeux diminuer, malgré l'élévation de température. Quand la diminution est de quatre cinquièmes environ, on laisse refroidir. La quantité de benzine formée est trop faible pour être isolée par distillation, mais en versant dans le tube un peu d'acide azotique fumant, on obtient de la nitrobenzine, reconnaissable à son odeur. On peut d'ailleurs transformer ce dérivé en aniline, puis en matières colorantes (452).

531. **Propriétés physiques.** — Le benzène est un liquide incolore, très mobile, d'une odeur forte. Insoluble dans l'eau il se dissout dans l'alcool ou l'éther.

C'est un dissolvant assez général ; comme tel il rend des services en cryoscopie : en particulier il dissout l'iode, le soufre, le phosphore, les essences, les graisses, les résines, le caoutchouc.

532. **Propriétés chimiques.** — *Combustion.* — La benzine brûle avec une flamme blanche un peu fuligineuse ; si la combustion était complète, on aurait la réaction :

$$C^6H^6 + 15\,O + = 6\,CO^2 + 3H^2O;$$

mais une certaine quantité de carbone échappe à la combustion et il apparaît du *noir de fumée.*

— La benzine se distingue nettement des carbures analogues au méthane, à l'éthylène ou à l'acétylène par un certain nombre de réactions, telles que celles que nous allons énumérer :

Action du chlore. — La benzine donne avec le chlore tantôt des composés d'addition comme l'hexachlorure de benzine $C^6H^6Cl^6$, tantôt des composés de substitution comme le chlorure de phényle C^6H^5Cl. Cela dépend des circonstances dans lesquelles on se place : le premier corps résulte de l'action du chlore au soleil, le second de l'action du chlore à la lumière diffuse en présence du chlorure d'aluminium.

Ainsi la benzine peut, comme le méthane, donner des produits de substitution et comme l'éthylène des produits d'addition.

Les produits d'addition présentent d'ailleurs une stabilité très inférieure à celle des produits de substitution, à l'inverse de ce qui a lieu pour l'éthylène.

Action de l'acide sulfurique. — Elle est caractéristique ; on obtient un acide $C^6H^5.SO^3H$, conformément à la formule :

$$C^6H^6 + SO^4H^2 = H^2O + C^6H^5,SO^3H.$$

Cet acide, nommé acide *phénylsulfureux*, acide *benzène sulfonique*, peut être considéré comme provenant du remplacement d'un des atomes d'hydrogène de la benzine par le groupe d'atomes SO^3H ; le même remplacement peut être reproduit une deuxième et une troisième fois. On obtient ainsi des corps deux et trois fois acides $C^6H^4(SO^3H)^2$, dont on dit que ce sont des *dérivés sulfonés* du benzène.

Ils servent à la synthèse des phénols :

Tandis que l'éthylène s'unit à l'acide sulfurique sans élimination d'eau, en donnant un acide, dont le sel de potassium traité par une solution de potasse fournira facilement même à froid du *sulfate* de potassium et de l'alcool, le benzène s'unit à l'acide sulfurique avec élimination d'eau ; le sel de potassium de l'acide obtenu est *stable à froid* vis-à-vis de la potasse. Cependant, à température élevée, celle-ci le décompose en donnant du phénol et du *sulfite* de potassium.

$$C^6H^5.SO^3K + KOH = C^6H^5OH + SO^3K^2$$

Phénol. Sulfite.

Remarque. — La sulfonation des carbures saturés peut s'obtenir, mais bien moins facilement que celle du benzène.

Action de l'acide azotique. Nitrobenzine. — La benzine est attaquée très facilement à froid par l'acide azotique concentré. Il se fait de la nitrobenzine $C^6H^5AzO^2$:

La benzine, versée goutte à goutte dans l'acide azotique fumant, se dissout avec élévation de température. Si l'on a soin de refroidir l'acide et de ne verser la benzine que par petites portions successives, la réaction s'accomplit sans dégagement de vapeurs rouges. En versant la dissolution dans un grand excès d'eau, on sépare des gouttelettes huileuses de *nitrobenzine* $C^6H^5AzO^2$, formée d'après la réaction :

$$C^6H^6 + AzO^3H = C^6H^5.AzO^2 + H^2O.$$

Lavée abondamment à l'eau, puis à l'eau alcaline, et enfin à l'eau distillée, la nitrobenzine constitue un liquide légèrement jaunâtre, dont l'odeur rappelle celle des amandes amères. Elle bout à 220° et sa vapeur détone lorsqu'on la porte au rouge. Insoluble dans l'eau, elle est soluble dans l'alcool, l'éther, l'acide acétique; elle est toxique.

Son odeur la fait employer, sous le nom d'*essence de mirbane*, dans la parfumerie grossière. Mais sa principale application est la fabrication de l'*aniline* $C^6H^5AzH^2$.

Dans cette action de l'acide azotique, on a obtenu un corps qui n'est autre que la benzine dont un atome d'hydrogène a été remplacé par le groupe AzO^2. En insistant on arriverait à remplacer jusqu'à trois atomes d'hydrogène par autant de groupes AzO^2; les produits ainsi obtenus s'appellent des *dérivés nitrés* du benzène.

Remarque. — La nitration des carbures saturés est beaucoup moins facile à obtenir que celle du benzène.

533. Composition. — On la trouve par la méthode générale d'analyse des composés organiques. (Combustion par l'oxyde de cuivre.)

534. Propriétés analytiques. — On reconnaît le benzène à ses constantes physiques si l'on en a suffisamment. Sinon on le transformera en nitrobenzène par l'action de l'acide nitrique fumant. L'odeur du nitrobenzène est déjà assez caractéristique; néanmoins on hydrogénera ce nitrobenzène à l'aide d'un mélange d'acide acétique et de limaille de fer, on aura ainsi de l'aniline $C^6H^5AzH^2$. Or, de très petites quantités d'aniline dans un grand verre d'eau donnent, avec un peu d'eau de javel, une coloration violette intense.

535. **Usages.** — Le benzène dissolvant les corps gras est l'agent du « nettoyage à sec » des teinturiers.

— Le pouvoir éclairant du gaz d'éclairage est dû en grande partie au benzène qu'il renferme, aussi emploie-t-on ce carbure pour augmenter le pouvoir éclairant du gaz quand il est insuffisant.

— Le benzène sert à faire le nitrobenzène et l'aniline; or celle-ci est la matière première servant à obtenir de nombreuses matières colorantes.

existe trois binitrobenzines isomères, toutes trois solides, fondant l'une à 118°, l'autre à 89°,8, la troisième à 171-172°.

536. **Formule développée de la benzine.** — La synthèse et l'étude des réactions chimiques de la benzine ont mis en relief un certain nombre de faits fondamentaux qu'une formule développée, imaginée par Kékulé, permet de coordonner.

1° *Trois molécules d'acétylène forment une molécule de benzine :*

$$3(CH \equiv CH) = C^6H^6.$$

Groupons 3 molécules d'acétylène de façon que les 6 atomes de carbone occupent les sommets d'un hexagone régulier; admettons maintenant que des trois liaisons qui unissent les deux groupes CH, une disparaisse et soit remplacée par une liaison entre deux molécules voisines d'acétylène, on aura ce que l'on appelle par abréviation *l'hexagone de la benzine*. Les 6 atomes de carbone occupent les 6 sommets, reliés chacun à 1 atome d'hydrogène, et reliés entre eux alternativement par une et par deux liaisons :

H
C
H-C C-H
H-C C H
C
H

H
C
H-C C-H
H-C C H
C
H

2° *Il n'y a qu'un dérivé monosubstitué.* — Les six groupes CH sont identiques et il est naturel d'admettre qu'une substitution, formée par un élément ou par un radical monovalent, pourra se faire indifféremment dans l'un ou l'autre de ces six groupes.

1
6 2
5 3
4

3° *Les dérivés disubstitués ne peuvent être en nombre supérieur à trois.* — Numérotons les sommets de l'hexagone; si un élément ou un radical monovalent occupe une position que nous conviendrons de désigner 1, on conçoit qu'une seconde substitution donne un produit différent, suivant qu'elle s'effectue dans les groupes CH qui occupent les positions 2, 3 ou 4, mais qu'effectuée en 5 ou 6, elle donne les mêmes résultats qu'en 3 ou 2. On distingue les trois isomères par les préfixes *ortho*, *méta* et *para*.

Pour distinguer parmi les trois isomères bisubstitués les dérivés ortho, méta et para, on tient compte des faits suivants : les dérivés bisubstitués du benzène de la forme C^6H^4RR se classent en trois catégories : les uns, lorsqu'on y remplace un nouvel atome d'hydrogène par un radical univalent, ne donnent naissance qu'à un seul corps C^6H^3RRR', nous les appellerons les dérivés para ; les seconds, dans les mêmes conditions, donnent deux isomères, nous les appellerons les dérivés ortho ; les troisièmes, enfin, donnent naissance à trois isomères C^6H^3RRR', ce seront les dérivés méta. — On peut donc les distinguer en faisant appel à l'expérience seule. C'est ainsi qu'à partir des acides phtaliques $C^6H^4(CO^2H)^2$ on peut obtenir six acides oxyphtaliques $C^6H^3(OH)(CO^2H)^2$. L'acide phtalique qui n'en donne qu'un est dit l'acide para, celui qui en donne deux l'acide ortho, celui qui en donne trois l'acide méta.

Ces faits expérimentaux s'interprètent très bien avec la formule hexagonale. On représentera comme ci-dessous les trois acides :

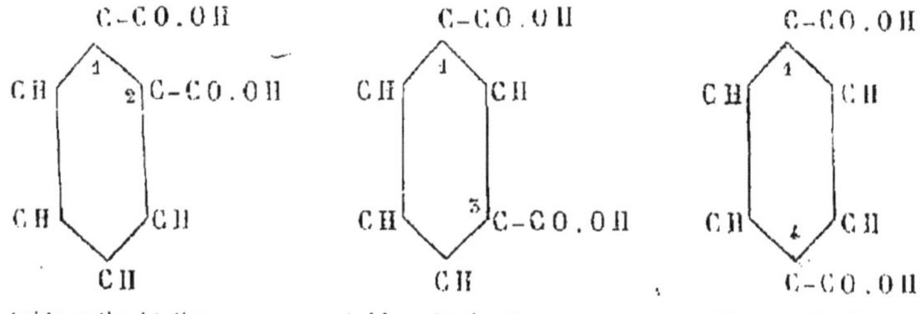

Acide *ortho*phtalique. Acide *méta*phtalique. Acide *para*phtalique.

Sans figurer l'hexagone de la benzine, on écrit encore :

$$C^6H^4 < \begin{matrix} CO.OH\,(1) \\ CO.OH\,(2) \end{matrix} \qquad C^6H^4 < \begin{matrix} CO.OH\,(1) \\ CO.OH\,(3) \end{matrix} \qquad C^6H^4 < \begin{matrix} CO.OH\,(1) \\ CO.OH\,(4) \end{matrix}$$

On voit, par exemple, que dans le troisième schéma le remplacement d'un quelconque des quatre atomes d'hydrogène par un groupe OH donnera toujours le même corps. C'est donc lui qui représentera le dérivé para.

Ceci posé, toutes les fois que, par une suite de réactions convenablement choisies, un dérivé bisubstitué pourra être transformé en acide *ortho*phtalique, en acide *méta*phtalique ou en acide *para*phtalique, il sera naturel de penser que c'était le dérivé *ortho*, le dérivé *méta* ou le dérivé *para*.

3° *Les dérivés trisubstitués sont au nombre de trois lorsque les trois atomes ou radicaux substitués sont identiques : ils sont au nombre de six, si les atomes substitués sont de deux natures différentes ; ils sont au nombre de dix si les trois atomes sont différents.*

Il suffit, par exemple, dans le cas où les substitutions sont identiques, de considérer la troisième substitution comme s'effectuant dans chacun des dérivés *ortho*, *méta* et *para*.

Dérivé *ortho* 1, 2.	La substitution R peut occuper les positions 3, 4, 5, 6.
	Seront distinctes : les positions 1, 2, 3, et 1, 2, 4.

Dérivé *méta* 1, 3.	La substitution R peut occuper les positions 2, 4, 5, 6. Sera seule distincte : la position 1, 3, 5.
Dérivé *para* 1, 4.	La substitution R peut occuper les positions 2, 3, 5, 6. Toutes les positions se confondent avec les précédentes.

3° *Quatre substitutions identiques donnent trois isomères. Cinq substitutions identiques ne donnent évidemment lieu à aucun cas d'isomérie.*

Il s'en faut que les isomères prévus par la théorie aient été, dans chaque cas, isolés; les isomères diffèrent surtout par des propriétés physiques qui sont quelquefois si peu distinctes, que leur isolement n'est pas toujours facile Mais aucun fait connu n'est venu jusqu'ici se placer en dehors de ceux que l'on peut prévoir en admettant pour la benzine le schéma figuratif de l'hexagone de Kékulé. L'emploi de cet hexagone rend les plus grands services lorsqu'il s'agit de grouper des dérivés, souvent fort complexes, autour de l'hydrocarbure fondamental de la *Série aromatique.*

BENZINES SUBSTITUÉES

557. Classification. — Il existe un grand nombre d'hydrocarbures qui peuvent être considérés, d'après leur mode de synthèse et l'ensemble de leurs réactions, comme dérivant d'une molécule de benzine par la substitution d'un ou plusieurs radicaux hydrocarbonés à un ou plusieurs atomes d'hydrogène. Ce sont des *benzines substituées.*

Pour ne parler que des hydrocarbures dans lesquels la substitution a été réalisée par un radical monovalent tel que CH^3, C^2H^5, . . . , nous classerons ces benzines substituées de la façon suivante :

Benzines monosubstituées :	$C^6H^5-CH^3$	méthylbenzine,
	$C^6H^5-C^2H^5$	éthylbenzine,
	$C^6H^5-C^3H^7$	propylbenzines.
Formule générale. . .	$C^6H^5-R.$	

Il n'y aura d'autres isoméries possibles et constatées que celles qui résultent des isoméries des radicaux substitués. C'est, en particulier, le cas des propylbenzines, qui sont au nombre de deux (517) :

$$C^6H^5-(CH^2-CH^2-CH^3) \quad \text{propylbenzine,}$$

$$C^6H^5-\left(CH\begin{matrix}\diagup CH^3\\ \diagdown CH^3\end{matrix}\right) \quad \text{isopropylbenzine.}$$

Benzines bisubstituées :	$C^6H^4\begin{matrix}\diagup CH^3\\ \diagdown CH^3\end{matrix}$	diméthylbenzine,
	$C^6H^4\begin{matrix}\diagup CH^3\\ \diagdown C^2H^5\end{matrix}$	éthylméthylbenzine.
Formule générale. .	$C^6H^4\begin{matrix}\diagup R\\ \diagdown R'\end{matrix}$	

Les isoméries sont de deux sortes :

1° *Isoméries proprement dites*, résultant des positions relatives des radicaux substitués; il y a trois cas d'isomérie possible : une modification *ortho* (1, 2), une modification *méta* (1, 3), une modification *para* (1, 4).

2° Isoméries résultant des isoméries possibles dans les radicaux substitués, par exemple dans le cas où l'un des radicaux R est le radical propyle ou un radical d'ordre plus élevé.

Benzines trisubstituées : $C^6H^3 \begin{cases} CH^3 \\ CH^3 \\ CH^3 \end{cases}$ triméthylbenzine.

$C^6H^3 \begin{cases} C^2H^5 \\ CH^3 \\ CH^3 \end{cases}$ éthyldiméthylbenzine.

Formule générale. . $C^6H^3 \begin{cases} R \\ R' \\ R'' \end{cases}$

1° Les *isoméries proprement dites* sont au nombre de trois, suivant que les radicaux substitués occupent les positions (1, 2, 3), (1, 3, 5) ou (1, 2, 4).

2° Les radicaux R, R', R'' peuvent avoir des isomères.

On connait également :

trois *tétraméthylbenzines* . . . . $C^6H^2(CH^3)^4$,
une *pentaméthylbenzine*. . . . . $C^6H(CH^3)^5$,
une *hexaméthylbenzine* . . . . $C^6(CH^3)^6$,

qui serviront de types aux benzines substituées d'ordre supérieur.

Indépendamment des cas d'isomérie résultant soit de la position des radicaux, soit des isoméries dans les radicaux substitués, il peut se faire que deux hydrocarbures substitués aient même formule brute par une sorte de compensation arithmétique :

$C^6H^5-C^2H^5$
Éthylbenzine.

$C^6H^4=(CH^3)^2$
Diméthylbenzine.

$C^6H^5-C^3H^7$
Propylbenzine.

$C^6H^4 \begin{cases} C^2H^5 \\ CH^3 \end{cases}$
Éthylméthylbenzine.

$C^6H^3\equiv(CH^3)^3$
Triméthylbenzine.

Les hydrocarbures qui ont ainsi même composition centésimale n'ont aucune propriété commune; ce ne sont pas de véritables isomères.

Les benzines substituées sont dites à une, deux ou trois *chaines latérales* lorsqu'elles sont mono, bi ou trisubstituées.

Un certain nombre de benzines substituées se rencontrent dans le goudron de houille. Les plus intéressantes sont celles qui peuvent rentrer dans la formule générale C^nH^{2n-6}; pour $n=1$, on a la benzine :

Toluène. . . .	C^7H^8	ou	$C^6H^5-CH^3$	méthylbenzine.
Xylènes. . . .	C^8H^{10}	ou	$C^6H^4=(CH^3)^2$	diméthylbenzines.
Mésitylène . . / Pseudocumène.	C^9H^{12}	ou	$C^6H^3(CH^3)^3$	triméthylbenzines.
Cymène. . . .	$C^{10}H^{14}$	ou	$C^6H^4 \begin{cases} CH^3 \\ C^3H^7 \end{cases}$	propylméthylbenzine.

538. **Méthodes générales de préparation.** — 1° *Méthode de Fittig.* — Le dérivé chloré ou bromé d'un hydrocarbure benzénique mélangé à un chlorure ou à un bromure alcoolique est additionné de sodium :

$$C^6H^5-Br + C^nH^{2n+1}-Br + 2Na = 2NaBr + C^6H^5-C^nH^{2n+1}.$$

La réaction est vive; elle doit être modérée en dissolvant le mélange dans l'éther et en n'ajoutant le sodium que par fractions successives.

C'est un procédé analogue à celui qui a permis à Wurtz d'obtenir les hydrocarbures saturés de la série grasse à partir du méthane.

2° *Méthode de Friedel et Crafts.* — La benzine (plus généralement tout hydrocarbure aromatique) est chauffée doucement avec un chlorure alcoolique en présence du chlorure d'aluminium; il y a dégagement d'acide chlorhydrique :

$$C^6H^6 + C^nH^{2n+1}Cl = HCl + C^6H^5 - C^nH^{2n+1}.$$

En particulier, si l'on fait arriver un courant de chlorure de méthyle dans la benzine additionnée de 25 à 30 pour 100 de son poids de chlorure d'aluminium, on obtient toutes les benzines méthylées depuis

$C^6H^5 . CH^3$ toluène,

jusqu'à

$C^6 . (CH^3)^6$ hexaméthylbenzine.

On admet la formation transitoire d'un composé organo-métallique :

$$C^6H^6 + Al^2Cl^6 = C^6H^5 - Al^2Cl^5 + HCl$$

qui, réagissant sur le chlorure alcoolique, donnerait

$$C^6H^5 - Al^2Cl^5 + C^nH^{2n+1} - Cl = Al^2Cl^6 + C^6H^5 - C^nH^{2n+1};$$

le chlorure d'aluminium se retrouve intégralement à la fin de la réaction. Un certain nombre d'autres chlorures métalliques se comportent de même (chlorure de zinc, chlorure de fer), mais moins énergiquement.

539. **Propriétés générales.** — Les produits obtenus en faisant agir le chlore, l'acide sulfurique ou les agents d'oxydation sur les benzines substituées, seront de deux sortes, suivant que l'action du réactif portera sur le noyau benzénique proprement dit ou sur les chaînes latérales. Dans le premier cas, les dérivés seront comparables à ceux de la benzine; dans le second cas, ces dérivés auront les propriétés des produits de substitution du méthane. Ou, pour parler plus exactement, ce sont les différences de propriétés de ces dérivés qui *définiront* les réactions produites dans le noyau et dans les chaînes latérales.

1° *Si les propriétés du dérivé substitué sont comparables à celles de la benzine, on dira que la réaction a porté sur le noyau benzénique.*

2° *Si les propriétés sont celles d'un composé de la série grasse, on dira que la réaction s'est effectuée dans les chaînes latérales.*

Action du chlore. — A froid, et en présence d'un peu d'iode, le chlore se substitue dans le noyau benzénique. Ces chlorures ne sont pas saponifiables par les alcalis employés en dissolution alcoolique, comme les éthers de la série grasse, et se prêtent généralement fort mal aux doubles décompositions. Le nombre des isomères est fixé d'après le nombre des atomes de chlore substitués.

A l'ébullition, le chlore se substitue dans les chaînes latérales, le produit formé est comparable à un éther alcoolique : la substitution du chlore par le groupe OH donne un *alcool*, le chlorure réagit sur l'ammoniaque pour former une amine. Le nombre des isomères est alors fixé d'après les règles formulées pour les hydrocarbures saturés de la série grasse.

Action de l'acide azotique. — L'action de l'acide azotique porte uniquement sur le noyau benzénique; on sait en effet que cet acide est sans action directe sur les hydrocarbures saturés :

$$C^6H^5 - CH^3 + AzO^3H = C^6H^4 . AzO^2 - CH^3 + H^2O.$$

Les hydrogénants transforment ces dérivés nitrés en amines.

Action de l'acide sulfurique. — L'acide sulfurique est sans action sur les hydrocarbures saturés ; il n'agit pas sur les chaînes latérales des benzines substitués, mais la réaction porte sur le noyau benzénique. Le dérivé obtenu est acide ; c'est un *acide sulfoné* monobasique ou bibasique :

$$C^6H^5-CH^3 + SO^4H^2 = C^6H^4 . SO^3H-CH^3 + H^2O,$$

$$C^6H^5-CH^3 + 2SO^4H^2 = C^6H^3 . (SO^3H)^2-CH^3 + 2H^2O.$$

Ces composés sulfonés ne sont pas comparables aux éthers sulfuriques des alcools de la série grasse ; ils ne sont pas saponifiables par les solutions alcalines. Il faut les fondre avec de la potasse pour obtenir une double décomposition :

$$C^6H^4 . SO^3H-CH^3 + 2KOH = SO^3K^2 + C^6H^4 . OH-CH^3 + H^2O.$$

Le sel alcalin formé est un *sulfite* et le produit de la réaction un *phénol*.

Tous ces composés sont des acides ; ils forment des sels cristallisables et bien définis.

Avec l'éther sulfurique de l'alcool éthylique on aurait eu

$$(C^2H^5)^2 = SO^4 + 2KOH = 2(C^2H^5-OH) + SO^4K^2,$$

c'est-à-dire formation d'un *alcool* et d'un *sulfate*. L'éther pris comme point de départ était ici un éther neutre.

Action des agents d'oxydation. — La benzine est très difficilement oxydée : elle est à peine attaquée par le mélange de bichromate de potassium et d'acide sulfurique, ou par l'acide chromique dissous dans l'acide acétique. Le permanganate de potassium détruit le groupement benzénique et forme des acides moins carburés, tels que l'acide acétique et l'acide oxalique.

Le mélange chromique agit au contraire très énergiquement sur les chaînes latérales, quelque compliqué que soit le carbure substitué : il donne un acide monobasique si le carbure est monosubstitué, un acide bibasique s'il est bisubstitué ; la basicité de l'acide formé donne le nombre des chaînes latérales.

TOLUÈNE, C^7H^8.

540. Synthèse. — Le toluène[1], homologue supérieur de la benzine, peut être envisagé, avons-nous dit, comme une *méthylbenzine*. On l'a en effet obtenu par synthèse :

1° En faisant agir le sodium sur un mélange d'iodure de méthyle et de benzine bromée :

$$C^6H^5Br + CH^3I + 2Na = NaBr + NaI + C^6H^5.CH^3.$$

2° En faisant réagir le chlorure de méthyle sur la benzine en présence du chlorure d'aluminium :

$$C^6H^6 + CH^3Cl = C^6H^5-CH^3 + HCl.$$

1. Ce carbure avait été obtenu tout d'abord par H. Sainte-Claire Deville en distillant le baume de Tolu : ce qui lui a fait donner son nom.

Mais on extrait toujours le toluène par la distillation fractionnée du goudron de houille (528).

541. **Propriétés.** — Le toluène est un liquide incolore, doué d'une odeur analogue à la benzine, de densité 0,856 à + 15°. Il bout à 111° et n'a pu être solidifié aux plus basses températures que l'on peut produire aujourd'hui. Cette propriété a été utilisée pour faire des thermomètres à toluène destinés à la mesure des basses températures.

Le chlore et l'acide azotique donnent, avec le toluène comme avec la benzine, des dérivés par substitution, mais leur étude est plus complexe, en raison des nombreux cas d'isomérie qu'ils présentent.

Ainsi l'acide azotique fumant transforme le toluène en *trois mononitrotoluènes* ayant même composition, mais doués de propriétés physiques différentes : deux sont solides (*méta* et *para*), le troisième est liquide (*ortho*).

Le chlore agissant à froid et en présence d'un peu d'iode sur le toluène donne *trois toluènes monochlorés* C^7H^7Cl ou $C^6H^4Cl - CH^3$.

En présence d'un excès de chlore, on verrait se former à la longue un composé cristallisable, un *hexachlorure dichloré* :

$$(C^6H^3Cl^2 - CH^3)Cl^6.$$

542. **Chlorure de benzyle**, $C^6H^5 - CH^2Cl$. — A l'ébullition, le chlore réagit sur le toluène pour donner un quatrième isomère, le *chlorure de benzyle* dont les propriétés physiques et surtout les réactions chimiques sont très différentes de celles des toluènes chlorés.

Le chlorure de benzyle se comporte comme un éther; chauffé avec une dissolution de potasse, il se transforme en effet en un alcool, l'*alcool benzylique* (564) :

$$C^6H^7Cl + KOH = KCl + C^6H^7.OH.$$

Comme conséquence de l'hypothèse faite sur la constitution de la benzine, remarquons que le toluène ou méthylbenzine résulte de la substitution d'un groupe méthyle CH^3 à l'atome d'hydrogène de la benzine :

$C^6H^5 - H$	$C^6H^5 - CH^3$
Benzine.	Méthylbenzine.

On conçoit que, si la substitution du chlore s'effectue dans la benzine, les toluènes chlorés, qui seront au nombre de trois puisqu'il s'agit d'une substitution double, auront des propriétés analogues aux benzines chlorées; si, au contraire, la substitution s'effectue dans le groupe méthyle, on aura un corps dont les réactions seront celles du formène monochloré ; le dérivé chloré

$$C^6H^5 - CH^2Cl$$

sera un éther, comme le formène monochloré $H - CH^2Cl$ est l'éther de l'alcool méthylique $H - CH^2 . OH$.

543. **Xylènes.** — Les trois *diméthylbenzines* ou *xylènes* $C^6H^4(CH^3)^2$ se rencontrent dans les goudrons de houille.

L'*orthoxylène* est un liquide bouillant à 142°-143° ;

Le *métaxylène* est liquide, il bout à 139°,8 ;

Le *paraxylène* est un solide, fusible à 15°, bouillant à 136°-137°.

Le métaxylène est le produit dominant du xylène commercial, passant à la distillation vers 139°. Les trois xylènes ont été découverts dans les produits de la distillation sèche du bois.

544. **Hydrocarbures benzéniques non saturés.** — L'hydrocarbure substitué n'est pas nécessairement un hydrocarbure saturé ; ce peut être l'éthylène ou l'acétylène.

Le *styrol* ou *éthylenbenzine* (styrolène, cinnamène) est une benzine monosubstituée éthylénique :

$$C^8H^8 \quad \text{ou} \quad C^6H^5 - (CH = CH^2).$$

On peut l'envisager aussi comme un polymère de l'acétylène

$$(C^2H^2)^4.$$

On le trouve dans le goudron de houille ; on l'obtient en distillant le styrax avec de l'eau ou en chauffant l'acide cinnamique avec de la chaux :

$$C^6H^5 - CH = CH - CO^2H + CaO = CO^3Ca + C^6H^5 - CH = CH^2.$$

C'est un liquide très réfringent, doué d'une odeur aromatique très forte ; il bout à 144°,5.

Le styrolène fixe directement deux atomes de brome, pour donner le composé

$$C^6H^5 - CHBr - CH^2Br.$$

Comme exemple de benzine substituée où le carbure est l'acétylène, nous citerons le *phénylacétylène* C^8H^6 :

$$C^6H^5 - (C \equiv CH).$$

HYDROCARBURES A NOYAUX BENZÉNIQUES MULTIPLES

545. **Classification.** — Plusieurs cas peuvent se présenter.

1° *Les noyaux benzéniques sont directement unis par un atome de carbone.* C'est le cas du *diphényle* ou *benzine monophénylée*,

$$C^6H^5 - C^6H^5,$$

qui s'obtient lorsqu'on fait passer des vapeurs de benzine dans un tube chauffé au rouge (Berthelot), ou par la méthode générale (575), c'est-à-dire lorsqu'on chauffe de la benzine monobromée avec du sodium (Fittig) :

$$C^6H^5 - Br + C^6H^5 - Br + 2Na = C^6H^5 - C^6H^5 + 2NaBr.$$

C'est un corps solide, fondant à 67°.

Citons encore la *diphénylbenzine*, la *triphénylbenzine* :

$$C^6H^4 < \begin{matrix} C^6H^5 \\ C^6H^5 \end{matrix} \qquad C^6H^3 \begin{matrix} \diagup C^6H^5 \\ - C^6H^5 \\ \diagdown C^6H^5 \end{matrix}$$

2° *Les noyaux benzéniques sont unis par des restes hydrocarburés de la série grasse.*

Tels sont :

Le *diphénylméthane*. . . . . $CH^2 < \begin{matrix} C^6H^5 \\ C^6H^5 \end{matrix}$

Le *triphénylméthane*. . . . . $CH \begin{matrix} \diagup C^6H^5 \\ - C^6H^5 \\ \diagdown C^6H^5 \end{matrix}$

Si l'on chauffe un mélange de benzine et de chlorure de benzyle $C^6H^5 - CH^2Cl$ avec de la poudre de zinc, on obtient du diphénylméthane :

$$C^6H^5 - H + C^6H^5 - CH^2Cl = C^6H^5 - CH^2 - C^6H^5 + HCl.$$

La méthode générale de préparation de Friedel et Crafts est ici directement applicable. Ainsi, pour préparer le triphénylméthane, on chauffe dans un ballon un mélange de chloroforme et de benzine avec du chlorure d'aluminium :

$$CH \equiv Cl^3 + 3(C^6H^5 - H) = 3HCl + CH \equiv (C^6H^5)^3.$$

On reprend par l'eau, qui dissout le chlorure d'aluminium inaltéré, on décante et on soumet à la distillation; le triphénylméthane passé entre 356° et 359°; on le purifie par cristallisation dans l'alcool.

L'acide azotique fumant transforme le triphénylméthane en un dérivé nitré,

$$CH[C^6H^4(AzO^2)]^3,$$

à partir duquel on préparera une amine très importante, la *pararosaniline*

3° *Les noyaux benzéniques peuvent être unis directement par deux ou plusieurs atomes de carbone.*

C'est le cas de la *naphtaline* $C^{10}H^8$, de l'*anthracène* $C^{14}H^{10}$:

$$C^4H^4 < \begin{matrix} C \\ \| \\ C \end{matrix} > C^4H^4. \qquad C^6H^4 < \begin{matrix} CH \\ | \\ CH \end{matrix} > C^6H^4.$$

Naphtaline. Anthracène.

546. **Formule développée.** — On peut symboliser les réactions de la naphtaline par un schéma analogue à celui qui a été adopté pour la benzine; comme celle-ci, la naphtaline forme des produits de substitution et des produits d'addition.

Deux hexagones de benzine se soudent par un de leurs côtés; aux deux sommets communs subsistent seuls deux atomes de carbone :

Hα Hα
C C
C
βH-C C-Hβ
βH-C C-Hβ
C
C C
Hα Hα

A l'inspection de la formule développée, on voit qu'on peut distinguer :

1° Quatre groupes CH, liés d'une part à un atome de carbone et d'autre part à un groupe CH ; ce sont ceux qu'on a désignés par la lettre α ;

2° Quatre groupes CH (marqués β) liés à deux groupes CH.

Comme la benzine, la naphtaline peut donner des produits d'addition ; elle peut fixer au plus quatre atomes de chlore ou d'hydrogène correspondant aux positions β.

Un dérivé *monosubstitué* existera sous *deux* états isomériques, suivant que la substitution aura lieu en α ou en β. C'est ce que l'on a constaté pour les chlorures substitués, pour les dérivés nitrés, etc.

S'il s'agit d'un dérivé *bisubstitué* et si les radicaux sont identiques, on prévoit 10 isomères : 3 pour les positions α, 3 pour les positions β, 4 pour les positions $\alpha\beta$.

L'action directe du chlore, de l'acide azotique ou de l'acide sulfurique sur la naphtaline donne toujours le dérivé α.

Oxydée par le mélange chromique, la naphtaline se transforme en *acide orthophtalique* $C^6H^4 < \begin{matrix} CO.OH_{(1)} \\ CO.OH_{(2)} \end{matrix}$, c'est-à-dire à un dérivé bisubstitué de la benzine dans lequel les groupes CO.OH occupent des positions voisines, numérotées 1 et 2.

Comme on sait, d'autre part, que la benzine n'est pas oxydée dans ces conditions, que cette oxydation est facile à réaliser avec les benzines substituées et qu'elle porte sur les chaînes latérales, on est conduit à admettre l'existence, dans la formule développée de la naphtaline, de deux chaînes latérales voisines, et à assigner aux deux carbones qui servent de liaison entre les deux hexagones les positions 1 et 2.

NAPHTALINE, $C^{10}H^8$.

547. **Extraction.** — On retire, comme nous l'avons vu, la naphtaline du goudron de houille (527). Elle se forme en effet toutes les fois qu'on porte une matière hydrocarburée au rouge vif.

Industriellement on sublime la naphtaline brute dans de grands tonneaux (fig. 125).

On la purifie par cristallisation dans l'alcool ou par une nouvelle sublimation dans un têt en terre, surmonté d'un cône en carton (fig. 126).

548. **Propriétés.** — La naphtaline sublimée est en cristaux lamellaires transparents, incolores, d'un éclat micacé, gras au toucher. Elle fond à 79° et bout à 218°.

Insoluble dans l'eau, elle est peu soluble dans l'alcool froid, mais beaucoup plus soluble dans l'alcool bouillant, facilement soluble dans l'éther et dans les hydrocarbures liquides.

La naphtaline brûle avec une flamme fuligineuse. Ses réactions générales sont celles de la benzine.

Dérivés chlorés. — Le chlore peut former des produits d'addition

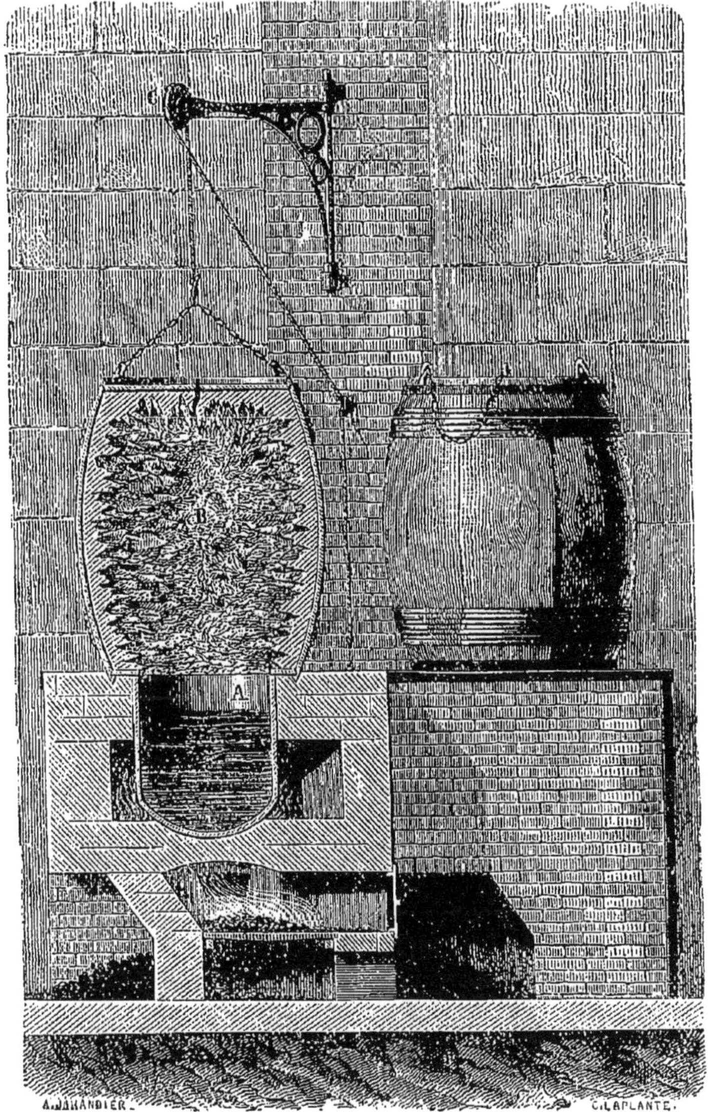

Fig. 123.

et des produits de substitution. Ainsi le chlore gazeux s'unit directement avec la naphtaline avec dégagement de chaleur et donne un produit solide, le *tétrachlorure de naphtaline* $C^{10}H^8Cl^4$; mais on

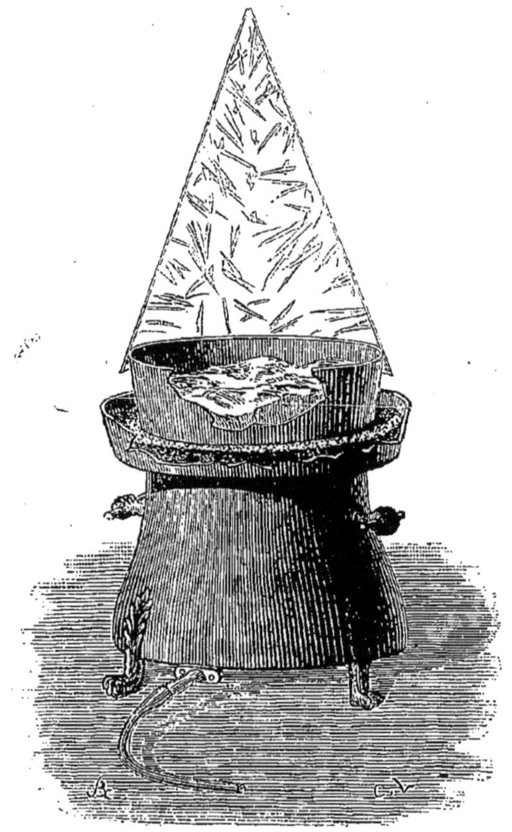

Fig. 126.

obtient en même temps des produits de substitution. Par l'action ménagée du chlore, on aurait le *bichlorure* $C^{10}H^8Cl^2$.

Chauffés avec la potasse, en solution alcoolique, les chlorures de naphtaline donnent des dérivés de substitution[1] :

$$C^{10}H^8Cl^2 + KOH = KCl + H^2O + C^{10}H^7Cl,$$
$$C^{10}H^8Cl^4 + 2KOH = 2KCl + 2H^2O + C^{10}H^6Cl^2.$$

1. Une naphtaline monochlorée isomérique peut être obtenue par voie indirecte, en faisant réagir le perchlorure de phosphore sur le naphtol ; celle qui résulte de l'action directe de chlore étant désignée par la lettre α, celle-ci sera la naphtaline monochlorée β. — On connait neuf naphtalines bichlorées.

Dérivés nitrés. — L'acide azotique concentré ou le mélange d'acide azotique et d'acide sulfurique transforme à froid la naphtaline en un dérivé nitré $C^{10}H^7(AzO^2)$ qui forme de longues aiguilles jaunes, fusibles à 61°, insolubles dans l'eau, mais solubles dans l'alcool et dans l'éther. Le fer ou le zinc et l'acide acétique agissent sur cette naphtaline nitrée comme ils agissent sur la benzine; ils donnent une *naphtylamine* $C^{10}H^7.AzH^5$.

Par une action plus prolongée de l'acide azotique ou en opérant à chaud, on a des naphtalines binitrées, trinitrées et tétranitrées.

Dérivés sulfonés. — Lorsqu'on chauffe un mélange à parties égales de naphtaline et d'acide sulfurique concentré, on obtient un mélange de deux dérivés sulfonés isomériques $C^{10}H^7(SO^2H)$ que l'on distingue par les lettres α et β; les proportions dans lesquelles se forment ces deux *acides naphtylsulfureux*, dépendent de la température de la réaction. On les sépare par la différence de solubilité de leurs sels de calcium; les sels de l'acide β sont moins solubles que les sels de l'acide α.

Ces deux dérivés sulfonés conduisent aux deux *naphtols* (555).

L'acide picrique s'unit directement à la naphtaline dissoute dans l'alcool et forme une combinaison peu soluble, en fines aiguilles jaunes.

ANTHRACÈNE, $C^{14}H^{10}$.

549. **Préparation.** — L'anthracène s'extrait des produits les moins volatils du goudron de houille (*huiles anthracéniques*). En soumettant ces produits semi-liquides, chauffés entre 40° et 50°, à l'action d'un filtre-presse, on sépare les produits solides, qu'on lave à l'huile légère du goudron de houille; on sublime enfin l'anthracène et on le purifie par cristallisation dans l'alcool ou dans la benzine.

L'anthracène prend naissance dans la distillation sèche d'un grand nombre de matières organiques.

550. **Propriétés.** — L'anthracène ainsi préparé est en feuillets très légers, incolores, fondant à 210° et bouillant à 360° environ peu soluble dans l'alcool et dans l'éther, il est plus soluble dans la benzine, le toluène ou les huiles de pétrole.

Les réactions les plus intéressantes de l'anthracène sont celles qu'exercent sur ce carbure les réactifs oxydants. Ainsi l'acide chromique le convertit en *anthraquinone* $C^{14}H^8O^2$, corps important, car il sert à préparer artificiellement l'alizarine.

Lorsqu'on ajoute de l'anthracène à une solution alcoolique d'acide picrique, on obtient un précipité cristallin rouge-rubis; cette réaction est caractéristique de l'anthracène.

551. Formule développée. — On assigne à l'anthracène une formule développée analogue à celle de la naphtaline; on admet qu'elle est formée de deux hexagones benzéniques réunis par deux groupes CH :

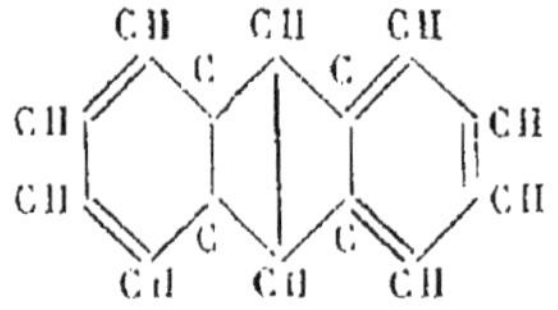

```
      CH    CH    CH
         C      C
CH                    CH
CH                    CH
         C      C
      CH    CH    CH
```

L'anthracène est accompagné dans les goudrons de houille par un carbure isomérique, le *phénanthrène*.

CHAPITRE XXXII

PHÉNOLS — QUINONES — ALCOOLS ET ALDÉHYDES AROMATIQUES

PHÉNOLS MONATOMIQUES

552. **Fonction phénol.** — Un composé ternaire oxygéné, le *phénol* C^6H^6O, peut être rapproché des alcools, bien qu'il en diffère sous certains rapports. Il est devenu le type de la *fonction phénol.*

On peut dire que le phénol est à la benzine ou hydrure de phényle ce que l'alcool éthylique est à l'hydrure d'éthyle ou éthane :

C^2H^5-H	éthane.	C^6H^5-H	benzine.
C^2H^5-OH	alcool.	C^6H^5-OH	phénol.

Les *phénols* forment, comme les alcools, des éthers avec les acides. Mais ils s'en distinguent en ce que les éléments halogènes (chlore, brome, iode) et l'acide nitrique réagissent sur eux pour former des produits de substitution directe; par oxydation, ils ne donnent ni aldéhydes, ni acides. Ils se comportent, en outre, vis-à-vis des alcalis comme des acides faibles.

Les phénols monatomiques peuvent être considérés comme dérivant des carbures aromatiques par la substitution d'un hydroxyle OH à 1 atome d'hydrogène :

C^6H^5-H	benzine.	$C^{10}H^7-H$	naphtaline.
C^6H^5-OH	phénol.	$C^{10}H^7-OH$	naphtol.

La série la plus importante des phénols a pour formule générale $C^nH^{2n-6}O$ et ses premiers termes sont :

Le *phénol* . . . . C^6H^6O ou C^6H^5-OH.

Les *crésols*[1] . . . . C^7H^8O ou $C^6H^4<{CH^3 \atop OH}$.

1. Envisagés comme des dérivés disubstitués de la benzine, les *crésols* doivent être au nombre de trois; on connaît en effet trois crésols isomériques.

550 **Procédés généraux de préparation.** — 1° *Méthode de Dusart, Wurtz et Kékulé.* — Le carbure benzénique est transformé par l'acide sulfurique fumant en un acide sulfoné; celui-ci, fondu avec de la potasse, donne une combinaison alcaline du phénol :

$$C^6H^6 + SO^4H^2 = C^6H^5\text{-}SO^3H + H^2O,$$
$$C^6H^5\text{-}SO^3H + 2KOH = C^6H^5\text{-}OH + CO^3K^2 + H^2O.$$

2° *Méthode de Griess.* — Le dérivé mononitré du carbure benzénique est transformé en azotate d'amine; celui-ci est changé par l'acide azoteux en un composé diazoïque :

$$C^6H^5 . AzH^2 . AzO^3H + AzO^2H = C^6H^5 . Az^2 . AzO^3 + 2H^2O.$$

Au contact de l'eau, l'azotate du diazoïque donne du phénol et de l'azote :

$$C^6H^5 . Az^2 . AzO^3 + H^2O = C^6H^5\text{-}OH + Az^2 + AzO^3H.$$

PHÉNOL, C^6H^6O ou $C^6H^5 . OH$.

Hydrate de phényle.

554. **Préparation.** — Les *huiles moyennes* et les *huiles lourdes* qui résultent de la distillation du goudron (527) renferment des phénols, qu'on sépare des hydrocarbures et des bases par un traitement à l'acide sulfurique qui élimine les bases, puis à la soude caustique qui enlève les phénols.

Par le refroidissement, ces lessives de soude se prennent en un magma cristallin; on reprend par l'eau bouillante, on décante pour séparer les hydrocarbures entraînés, enfin on sature par l'acide sulfurique étendu ou l'acide chlorhydrique. Les phénols à peine solubles dans l'eau se séparent et se solidifient. On les lave à l'eau à plusieurs reprises, on les dessèche sur du chlorure de calcium et enfin on les distille.

Le produit brut de cette distillation renferme encore des hydrocarbures et des phénols homologues supérieurs du phénol ordinaire. On sépare les divers produits par des distillations fractionnées en s'appuyant sur ce que le phénol ordinaire bout à 181°,5 et les crésols à 186° et 199°.

L'opération s'effectue industriellement (fig. 127) dans des appareils analogues à ceux que l'on emploie pour la rectification des benzols. Les vapeurs, avant d'arriver au serpentin, traversent un tuyau coudé K plongé dans un bac que l'on maintient à une température inférieure de quelques degrés à la température d'ébullition du phénol à recueillir.

555. **Synthèse.** — La synthèse du phénol, effectuée à partir de

la benzine, met bien en évidence les relations de composition du phénol et de la benzine.

La benzine est transformée tout d'abord en *acide phénylsulfu-*

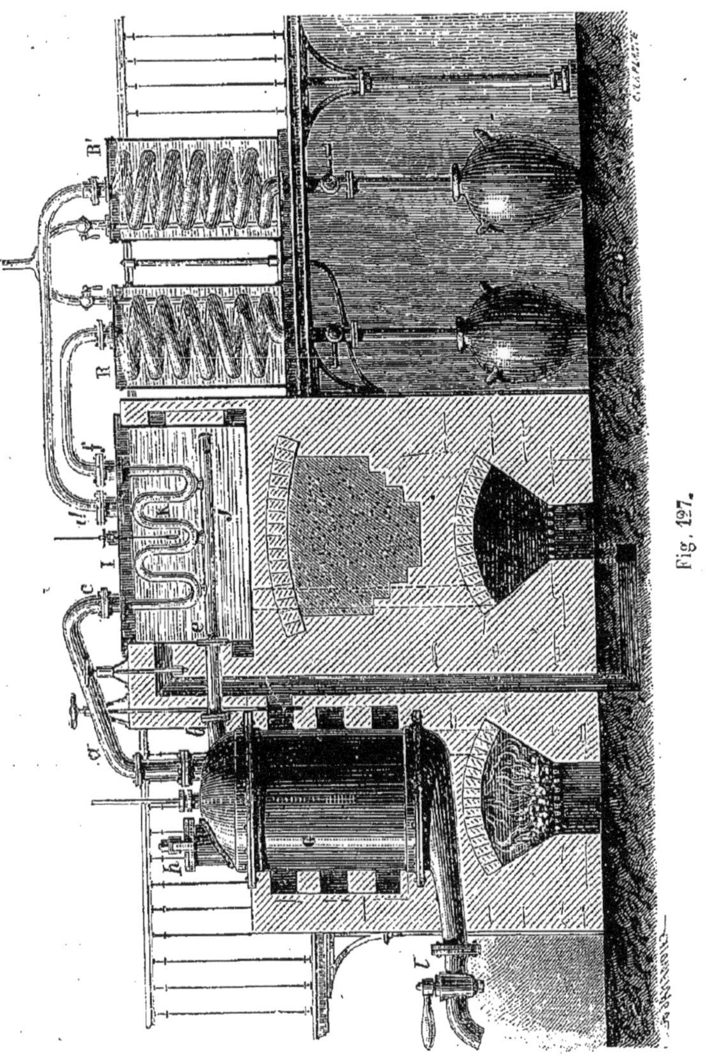

Fig. 127.

reux $C^6H^5(SO^3H)$, puis en phénylsulfite de potassium $C^6H^5(SO^3K)$. Ce sel est fondu au creuset d'argent avec un excès de potasse ; on obtient ainsi du sulfite de potassium et du phénol, ou plus exactement du phénate de potassium :

$$C^6H^5(SO^3K) + KOH = C^6H^5.OH + SO^3K^2.$$

On reprend par l'eau et on met le phénol en liberté en déplaçant le métal par l'acide chlorhydrique.

Ce procédé de synthèse est général; il est applicable à tous les phénols (Dusart, Wurtz, Kékulé).

MM. Friedel et Crafts ont réalisé plus simplement la synthèse du phénol en faisant passer un courant d'oxygène dans de la benzine bouillante en présence du chlorure d'aluminium. Dans ces conditions la benzine fixe l'oxygène :

$$C^6H^6 + O = C^6H^6O.$$

556. **Propriétés.** — Le phénol est un corps solide, incolore; ses cristaux fondent à 35°. Il bout à 181°,5. Il est doué d'une odeur caractéristique et d'une saveur amère et brûlante. Le phénol n'est soluble que dans 20 fois son poids d'eau et il communique aux liquides son odeur et sa saveur; il est plus soluble dans l'alcool.

Le phénol brûle avec une flamme fuligineuse. Bien que sa dissolution soit neutre au papier de tournesol, il se comporte comme un acide faible. Il est facilement absorbé par les dissolutions alcalines, avec lesquelles il forme des combinaisons peu stables, les *phénates* : $C^6H^5.OK$, $C^6H^5.ONa$; l'existence de telles combinaisons avait fait donner tout d'abord au phénol le nom d'*acide phénique*, nom sous lequel on le désigne encore quelquefois dans la pratique. Ces phénates sont peu stables : il suffit pour les décomposer de faire bouillir leurs dissolutions. Le phénol ne déplace pas l'acide carbonique des carbonates.

Le phénol donne des éthers-sels. Exemple :

Éther phénylacétique. . . . . . . $CH^3-CO.OC^6H^5$.

On obtient cet éther, comme tous les éthers-sels, par la réaction d'un chlorure d'acide ou d'un anhydride sur le phénol, procédé qui est applicable également aux alcools, mais plus difficilement par éthérification directe :

$$\underset{\text{Chlorure d'acétyle.}}{CH^3-COCl} + C^6H^5-OH = HCl + \underset{\text{Acétate de phényle.}}{CH^3-CO.OC^6H^5}.$$

Le perchlorure de phosphore réagit à chaud sur le phénol et

donne le *phénol chlorhydrique*, identique avec la benzine monochlorée $C^6H^5 . Cl$.

Le chlore donne des produits de substitution, les phénols chlorés :

3 phénols monochlorés	$C^6H^4Cl . OH$.
2 phénols bichlorés	$C^6H^3Cl^2 . OH$.

Le brome agit comme le chlore.

Le phénol a un éther-oxyde, l'oxyde de phényle :

$$\begin{matrix} C^6H^5 \\ C^6H^5 \end{matrix} > O :$$

mais il forme plus facilement encore des éthers mixtes ; tel est

$$\begin{matrix} C^6H^5 \\ CH^3 \end{matrix} > O.$$

L'éther-oxyde ne peut plus être obtenu par la réaction de l'acide sulfurique sur le phénol, comme un éther-oxyde de la série grasse.

La dissolution du phénol donne avec le perchlorure de fer une coloration bleue. L'eau de brome agitée avec la dissolution du phénol donne un précipité blanc $C^6H^2Br^3 . OBr$ (hypobromite de phénol tribromé).

557. **Phénols nitrés. — Acide picrique.** — En faisant agir l'acide nitrique sur le phénol et faisant varier la concentration de l'acide et la durée de la réaction, on obtient les *phénols nitrés* :

$$C^6H^4 . AzO^2 - OH, \quad C^6H^3(AzO^2)^2 - OH, \quad C^6H^2(AzO^2)^3 - OH.$$

Le *phénol trinitré* ou *acide picrique* présente un intérêt particulier, en raison de ses applications industrielles.

On l'obtient en faisant bouillir le phénol avec de l'acide azotique jusqu'à ce qu'il ne se dégage plus de vapeurs rutilantes. On concentre et on fait cristalliser. Pour purifier ces cristaux, qui sont imprégnés d'un excès d'acide azotique, on les dissout dans l'ammoniaque ; on fait cristalliser le picrate d'ammoniaque par dissolution dans l'eau bouillante et on décompose le sel purifié par l'acide azotique. L'acide picrique, très peu soluble, se sépare en lamelles cristallines d'un jaune citron.

L'acide picrique ne se dissout que dans 165 fois son poids d'eau ; 1 milligramme d'acide picrique suffit pour communiquer à 1 litre d'eau une coloration jaune sensible. La dissolution sert à teindre en jaune la soie et la laine.

La saveur de l'acide picrique est amère, et de très petites quantités de cet acide communiquent à l'eau une amertume caractéristique (*amer de Walter*).

Il se combine aux bases pour donner des sels bien définis, jaunes ou orangés. Le *picrate de potassium* $C^6H^2(AzO^2)^3 . OK$ n'est soluble que dans 250 fois son poids d'eau froide : aussi l'acide picrique peut-il servir à reconnaître les sels de potassium.

L'acide picrique, soumis à l'action de la chaleur, fond ; mais, si on le chauffe brusquement, il détone. Ses sels se comportent de même et on utilise cette propriété pour former, soit avec du salpêtre, soit avec le chlorate de potassium, des mélanges détonants dont le maniement est fort dangereux.

L'acide picrique prend également naissance lorsqu'on traite par l'acide azotique la soie, l'indigo et un grand nombre de matières résineuses.

NAPHTOLS, $C^{10}H^7 . OH$.

555. Comme tout dérivé monosubstitué de la naphtaline, le naphtol existe sous deux états isomériques.

Le naphtol α cristallise en fines aiguilles fondant à 94° et 96° ; il donne avec le perchlorure de fer une coloration verte.

Le naphtol β fond à 122° ; il donne avec le perchlorure de fer une coloration verte, avec le chlorure de chaux une coloration jaune.

Tous deux sont peu solubles dans l'eau bouillante, solubles dans l'alcool, l'éther, la benzine. On les prépare par les modes généraux de synthèse des phénols.

PHÉNOLS POLYATOMIQUES

559. **Définition.** — Les corps qui possèdent deux ou plusieurs fois la fonction phénol sont des phénols polyatomiques :

C^6H^5-OH	$C^6H^4<^{OH}_{OH}$	$C^6H^3-(OH)_3$
Phénol monatomique.	Phénol diatomique.	Phénol triatomique.

Ces corps résultent, comme on le voit, de la substitution de 2, 3 ... groupes oxhydryles à 2, 3 ... atomes d'hydrogène dans le noyau benzénique.

560. **Phénols diatomiques ou diphénols.** — La synthèse des phénols diato-

miques est comparable à celle du phénol et met en évidence le mode de dérivation.

La benzine monochlorée est transformée par l'acide sulfurique en un *acide chlorophénylsulfureux* :

$$C^6H^4 < \begin{matrix} Cl \\ SO^3H \end{matrix}$$

Le sel de potassium, fondu avec la potasse, donne du chlorure de potassium, du sulfite de potassium et un phénol diatomique :

$$C^6H^4 < \begin{matrix} Cl \\ SO^3K \end{matrix} + 2KOH = C^6H^4 < \begin{matrix} OH \\ OH \end{matrix} + KCl + SO^3K^2.$$

Dérivés bisubstitués de la benzine, ces phénols doivent être au nombre de trois; on en connaît trois en effet que le même mode de synthèse fournit simultanément.

1° La *pyrocatéchine*, ou dérivé *ortho*, $C^6H^4 < \begin{matrix} OH_{(1)} \\ OH_{(2)} \end{matrix}$, est un corps solide fondant à 104°, bouillant à 240°, soluble dans l'eau, l'alcool et l'éther. Le *gaïacol*, qui se trouve parmi les produits de la distillation de la résine de gaïac, est l'éther méthylique de la pyrocatéchine; en faisant passer un courant de gaz iodhydrique dans le gaïacol maintenu à 200°, on obtient de l'iodure de méthyle CH^3I et de la pyrocatéchine.

2° La *résorcine*, dérivé *méta*, $C^6H^4 < \begin{matrix} OH_{(1)} \\ OH_{(3)} \end{matrix}$, fond à 110° et bout à 276°; on la prépare généralement en fondant avec de la potasse diverses résines, telles que le *galbanum*.

3° L'*hydroquinone* fond à 169°; c'est le dérivé *para* $C^6H^4 < \begin{matrix} OH_{(1)} \\ OH_{(4)} \end{matrix}$. C'est le produit d'hydrogénation de la *quinone* $C^6H^4O^2$.

Les diphénols jouissent des propriétés réductrices du phénol; ils réduisent le chlorure d'or, la dissolution ammoniacale d'azotate d'argent.

La résorcine, fondue avec de l'anhydride phtalique $C^6H^4(CO)^2O$, forme, avec élimination d'eau, une combinaison (*phtaléine de la résorcine*)

$$C^6H^4 < \begin{matrix} CO \\ C \end{matrix} > O \\ = [C^6H^4(OH)^2]^2$$

qui, dissoute dans l'eau ammoniacale, donne une liqueur fluorescente brune par transparence, avec reflets verts par réflexion; à cette combinaison on a donné le nom de *fluorescéine*. Le dérivé bromé de la fluorescéine est l'*éosine*, matière colorante rose dont la dissolution est caractérisée par une fluorescence jaune fort belle.

L'*orcine* ou *méthylrésorcine* $C^6H^3.CH^3(OH)^2$ est un diphénol, important par les matières colorantes qui en dérivent.

L'*érythrine* $C^{20}H^{22}O^{10}$ ou éther diorcellique de l'érythrite, qui existe dans les lichens de l'espèce *roccella* ou *lecanora*, se dédouble, quand on la fait bouillir en vase clos avec de la chaux, en érythrite, alcool tétratomique $C^4H^{10}O^4$ (393), et en orcine :

$$C^{20}H^{22}O^{10} + 2Ca(OH)^2 = 2C^7H^8O^2 + C^4H^{10}O^4 + 2CO^3Ca.$$

En présence de l'ammoniaque, l'orcine absorbe l'oxygène de l'air et donne une matière colorante violette, l'*orcéine* $C^7H^7AzO^3$.

558. Phénols triatomiques ou triphénols. — On connaît deux triphénols isomères $C^6H^3(OH)^3$; le plus important est le *pyrogallol*, connu aussi sous le nom d'*acide pyrogallique*.

On prépare le pyrogallol en soumettant à la distillation sèche l'*acide gallique* $C^6H^2 \left< \begin{matrix} CO^2H \\ (OH)^3 \end{matrix} \right.$:

$$C^6H^2 \left< \begin{matrix} CO^2H \\ (OH)^3 \end{matrix} \right. = C^6H^3 \equiv (OH)^3 + CO^2.$$

Il forme de fines aiguilles incolores, solubles dans l'eau. Sa solution absorbe lentement l'oxygène de l'air et brunit ; en présence de la potasse ou de la soude, l'acide pyrogallique absorbe rapidement l'oxygène et prend une coloration brune très foncée ; on s'appuie sur cette réaction pour absorber rapidement l'oxygène contenu dans un mélange gazeux. Avec le perchlorure de fer le pyrogallol donne une coloration violette très intense. Comme les autres phénols, c'est un réducteur puissant : il réduit les sels d'or, d'argent, de mercure ; il est employé comme tel en photographie.

QUINONES

562. Fonction quinone. — Les quinones sont des produits d'oxydation des hydrocarbures benzéniques, dans lesquels deux atomes d'hydrogène sont remplacés par deux atomes d'oxygène :

C^6H^6	$C^6H^4O^2$
Benzine.	Quinone benzénique.
$C^{14}H^{10}$	$C^{14}H^8O^2$
Anthracène.	Anthraquinone.

On peut partager les quinones en deux groupes.

1° Dans la quinone benzénique et celles qui dérivent des carbures analogues, deux groupes CO ont pris la place de deux groupes OH et des réactions sur le détail desquels nous ne pouvons entrer ici, conduisent à faire occuper à ces deux groupes les positions 1 et 4, c'est-à-dire la position *para* :

On peut obtenir en effet ces quinones en oxydant la variété *para* d'un phénol diatomique ou de l'un de ses dérivés, et non le carbure correspondant.

2° L'anthraquinone est comparable par sa constitution à une diacétone :

$C^6H^4 \left< \begin{matrix} CH \\ \vert \\ CH \end{matrix} \right> C^6H^4$	$C^6H^4 \left< \begin{matrix} CO \\ CO \end{matrix} \right> C^6H^4$
Anthracène.	Anthraquinone.

On peut obtenir l'anthraquinone par l'oxydation directe de l'anthracène.

Les quinones jouissent de la propriété de pouvoir fixer, au contact des réducteurs, deux atomes d'hydrogène pour donner les *hydroquinones* :

```
          CO                          COH
         /  \                        /   \
      CH      CH                  CH       CH
      |   |   |                   |        |
      CH      CH                  CH       CH
         \  /                        \   /
          CO                          COH
       Quinone.                  Hydroquinone.
```

Inversement les hydroquinones reproduisent les quinones par oxydation.

Quinone, hydroquinone. — On prépare généralement la quinone $C^6H^4O^2$ par l'oxydation de l'acétone[1]. Celle-ci est dissoute dans l'acide sulfurique, puis, après avoir étendu d'eau, on ajoute du bichromate de potassium ; on chauffe à 35° et on reprend par l'éther qui dissout la quinone.

La quinone forme de longs prismes jaunes d'or, fusibles à 115°,7, solubles dans l'eau bouillante, dans l'alcool et dans l'éther.

L'acide iodhydrique, qui agit comme hydrogénant, la transforme en hydroquinone qui est identique avec la variété *para* du phénol diatomique $C^6H^4(OH)^2$ (557).

Inversement l'hydroquinone reproduit la quinone par oxydation.

Anthraquinone, $C^{14}H^8O^2$. — Pour préparer l'anthraquinone, on dissout l'anthracène dans l'acide acétique cristallisable, on chauffe et on ajoute du bichromate de potassium pulvérisé. La liqueur devient verte ; on la verse alors dans un grand excès d'eau qui précipite une poudre jaune rougeâtre. L'anthraquinone brute desséchée est purifiée par sublimation ou par dissolution dans l'alcool.

L'anthraquinone sublimée forme des aiguilles jaune d'or fusibles à 275°.

ALIZARINE, $C^{14}H^8O^4$.

Une des principales matières colorantes de la garance, l'*alizarine*, est deux fois phénol et deux fois quinone ; elle se rattache à l'anthracène. On effectue, dans l'industrie, la synthèse de cette matière colorante par la méthode générale de synthèse des phénols.

563. **Préparation.** — La racine de garance, à l'état frais, ne renferme pas de matière colorante ; mais le bois sec réduit en poudre se colore peu à peu avec le temps. Dans ces conditions et sous l'influence d'une matière analogue à la diastase, les matières colorables de la plante, se comportant comme des glucosides, se dédoublent en glucose et en un mélange d'alizarine et de purpurine. C'est le mélange de ces deux substances qui constitue l'alizarine commerciale.

On extrait l'alizarine en faisant bouillir la racine de garance avec une dissolution d'alun. L'alizarine impure se dépose lorsqu'on abandonne à elle-même la dissolution ; le liquide retient la *purpurine* $C^{14}H^8O^5$.

Le précipité est lavé à l'acide chlorhydrique et purifié par cristallisation dans l'alcool.

1. On obtient aussi la quinone en oxydant l'*acide quinique* $C^7H^{12}O^6$ par le bichromate de potassium et l'acide sulfurique.

La synthèse de l'alizarine a été réalisée par Græbe et Liebermann à partir de l'anthracène et, dans la pratique, l'alizarine de synthèse a remplacé presque complètement la garance naturelle.

L'anthracène $C^{14}H^{10}$ est transformé tout d'abord en *anthraquinone* :

$$C^{14}H^{8}O^{2} \quad \text{ou} \quad C^{6}H^{4}{<}{}^{CO}_{CO}{>}C^{6}H^{4}.$$

En traitant l'anthraquinone par le brome, on la convertit en *anthraquinone dibromée* :

$$C^{6}H^{4}{<}{}^{CO}_{CO}{>}C^{6}H^{4} + 4Br = C^{6}H^{4}{<}{}^{CO}_{CO}{>}C^{6}H^{2}Br^{2} + 2HBr;$$

enfin, en fondant ce corps avec de la potasse, on obtient l'alizarine ou plutôt une combinaison d'alizarine avec la potasse :

$$C^{6}H^{4}{<}{}^{CO}_{CO}{>}C^{6}H^{2}Br^{2} + 2KOH = C^{6}H^{4}{<}{}^{CO}_{CO}{>}C^{6}H^{2}(OH)^{2} + 2KBr.$$

On évite l'emploi du brome en dissolvant l'anthraquinone dans l'acide sul-

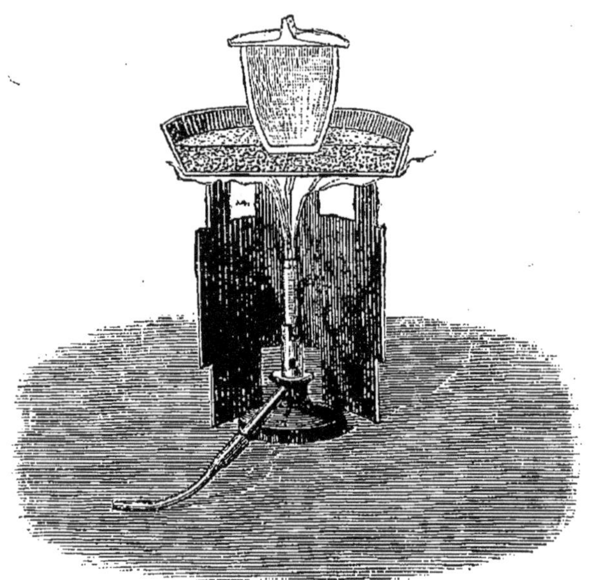

Fig. 128.

furique fumant, ce qui la transforme en *acide disulfoanthraquinonique* $C^{14}H^{6}(SO^{3}H)^{2}O^{2}$; en fondant celui-ci avec un alcali, on a

$$C^{14}H^{6}(SO^{3}H)^{2}O^{2} + 2KOH = C^{14}H^{6}(OH)^{2}O^{2} + 2SO^{3}K^{2}.$$

On reprend par l'eau et on isole l'alizarine en précipitant la solution alcaline par l'acide chlorhydrique. On purifie le précipité par cristallisation dans l'alcool et finalement on le sublime.

En réalité les réactions sont plus complexes : en même temps que l'alizarin prennent naissance divers composés, parmi lesquels l'*isopurpurine*, isomère de la purpurine, et qui, comme celle-ci, joue un rôle dans la teinture.

563. **Propriétés.** — L'alizarine, chauffée vers 220° dans un creuset de porcelaine, au bain de sable (fig. 140), se sublime en petits prismes d'un jaune orangé. Très peu soluble dans l'eau froide, elle se dissout un peu dans l'eau bouillante $\left(\frac{5}{10000} \text{ à } 100^\circ\right)$; elle est soluble dans l'alcool et dans l'éther. Elle se dissout dans l'acide sulfurique, qu'elle colore en rouge, et dans les alcalis caustiques, avec lesquels elle forme une solution pourpre.

Chauffée avec de la poudre de zinc, elle reproduit l'anthracène.

ALCOOLS ET ALDÉHYDES AROMATIQUES

564. **Alcools aromatiques.** — On a vu qu'il existait quatre dérivés monochlorés du toluène C^7H^7Cl ; un seul, correspondant à la formule $C^6H^5 - CH^2Cl$ et connu sous le nom de *chlorure de benzyle*, se comporte comme un éther chlorhydrique d'un alcool; il suffit de le saponifier pour obtenir l'*alcool benzylique* $C^7H^7.OH$.

A cet alcool benzylique C^7H^8O correspondent une aldéhyde C^7H^6O ou *aldéhyde benzoïque* et un acide, l'*acide benzoïque* $C^7H^6O^2$. Les réactions qui permettent de passer de l'alcool à l'aldéhyde et à l'acide ou inversement sont identiques à celles qui caractérisent la transformation des alcools monatomiques de la série grasse en aldéhydes et en acides ou les réactions inverses. Pour exprimer ces faits, on convient de dire que le chlorure de benzyle résulte d'une substitution chlorée dans le groupe méthyle du toluène ou méthylbenzine :

$H - CH^3$	méthane.	$C^6H^5 - CH^3$	toluène.
$H - CH^2.Cl$	méthane monochloré.	$C^6H^5 - CH^2Cl$	chlorure de benzyle
$H - CH^2.OH$	alcool méthylique.	$C^6H^5 - CH^2.OH$	alcool benzylique.
$H - CHO$	aldéhyde méthylique.	$C^6H^5 - CHO$	aldéhyde benzoïque.
$H - CO.OH$	acide formique.	$C^6H^5 - CO.OH$	acide benzoïque.

Comme l'alcool méthylique et l'alcool éthylique, l'alcool benzylique est donc un alcool monatomique primaire.

D'une manière générale, si l'on représente par la formule

$$C^6H^5 - R,$$

où R est un radical hydrocarboné de la série grasse, un hydrocarbure aromatique à chaîne latérale, toute réaction qui aura pour effet de remplacer dans cette chaîne latérale un groupement CH^3 par le groupement caractéristique $CH^2.OH$ donne un *alcool primaire monobasique*; si CHO prend la place de CH^3, on aura une *aldéhyde*; si CO.OH est substitué, on aura un *acide monobasique*.

On pourrait avoir également des alcools secondaires et des alcools tertiaires caractérisés comme ceux de la série grasse.

L'hydrocarbure aromatique peut avoir plusieurs chaînes latérales; de là une complication, qui n'est qu'apparente, car toutes les réactions dont ces chaînes latérales sont le siège, sont comparables à celles que l'on observe dans la série grasse, le noyau aromatique ne jouant ici qu'un rôle effacé. Les réactions dans le noyau aromatique peuvent se réaliser d'ailleurs par des méthodes distinctes, caractéristiques de la série aromatique.

ALDÉHYDE BENZOÏQUE. C^6H^5-CHO.

Essence d'amandes amères.

565. **Préparation.** — 1° Les amandes amères renferment une substance azotée, l'*amygdaline* (442), qui, en présence de l'eau et d'un ferment soluble, l'*émulsine*, contenu également dans les amandes amères, se dédouble en glucose, acide cyanhydrique et *aldéhyde benzoïque*.

L'émulsine agit comme un ferment soluble (458); elle ne paraît intervenir dans la réaction que par sa présence, et la réaction peut être formulée :

$$\underset{\text{Amygdaline.}}{C^{20}H^{27}AzO^{11}} + 2H^2O = \underset{\text{Glucose.}}{2(C^6H^{12}O^6)} + CAzH + \underset{\text{Aldéhyde benzoïque.}}{C^7H^6O}.$$

Les amandes amères, concassées et débarrassées de l'huile qu'elles renferment par compression, sont distillées avec de l'eau dans un alambic. L'essence est entraînée avec la vapeur d'eau et se condense dans le récipient; plus lourde que l'eau, elle se dépose au fond du vase. L'essence brute du commerce contient une petite quantité d'acide cyanhydrique, qui lui communique des propriétés toxiques; on la purifie en la distillant avec de l'oxyde de mercure.

2° On prépare généralement l'aldéhyde benzoïque par synthèse, en transformant le toluène, à l'ébullition, en chlorure de benzyle, puis en chauffant celui-ci au réfrigérant ascendant avec de l'eau et de l'azotate de plomb :

$$2(C^6H^5-CH^2Cl) + (AzO^3)^2Pb$$
$$= PbCl^2 + 2(C^6H^5-COH) + Az^2O^3 + H^2O.$$

566. **Propriétés.** — L'essence rectifiée est un liquide incolore, d'une odeur particulière, plus dense que l'eau (D = 1,063), bouillant à 179°,5.

Les propriétés chimiques de ce liquide sont celles d'une aldéhyde. En effet, il absorbe l'oxygène et se transforme en un acide monobasique solide, l'acide benzoïque :

$$C^7H^6O + O = C^7H^6O^2.$$

Aldéhyde benzoïque. Acide benzoïque.

Cette transformation s'effectue d'elle-même dans les flacons incomplètement remplis et mal bouchés.

Chauffé avec les alcalis, il se dédouble en acide benzoïque et en un alcool monatomique, l'*alcool benzylique* :

$$2C^7H^6O + KOH = C^7H^5KO^2 + C^7H^8O.$$

Benzoate de potassium. Alcool benzylique.

Inversement, l'alcool benzylique oxydé reproduit l'aldéhyde benzoïque et l'acide benzoïque.

Comme l'aldéhyde acétique, l'aldéhyde benzoïque jouit de la propriété de former avec les bisulfites alcalins une combinaison cristallisée; cette combinaison, détruite par les alcalis libres, régénère l'aldéhyde et l'on utilise cette réaction pour la préparer à l'état de pureté.

Sous l'action de la chaleur rouge, les vapeurs d'aldéhyde benzoïque se décomposent en oxyde de carbone et benzine :

$$C^7H^6O = CO + C^6H^6.$$

Dans les mêmes conditions, l'acide benzoïque donne de l'anhydride carbonique et de la benzine (529) :

$$C^7H^6O^2 = CO^2 + C^6H^6.$$

ACIDES AROMATIQUES A FONCTION SIMPLE

567. **Classification.** — Les acides aromatiques renferment le groupement caractéristique (CO . OH), une fois s'ils sont monobasiques, deux fois s'ils sont bibasiques, etc.

Parmi les *acides monobasiques*, nous citerons comme étant le plus simple et aussi le plus important :

L'acide benzoïque . . . . $C^6H^5-CO.OH$.

Quant aux *acides bibasiques*, nous dirons seulement quelques mots des

Acides phtaliques . . . . $C^6H^4 <{CO.OH \atop CO.OH}$,

qui tirent surtout leur importance de ce fait qu'ils servent à définir les dérivés bisubstitués *ortho*, *méta* et *para* de la benzine.

Ces acides aromatiques se forment par oxydation directe des hydrocarbures aromatiques à chaînes latérales par l'acide azotique ou le mélange de bichromate de potassium et d'acide sulfurique. Cette oxydation directe, difficile à réaliser avec les alcools de la série grasse, est ici particulièrement facile, et, d'après la basicité de l'acide formé, on peut conclure le nombre des chaînes latérales.

ACIDE BENZOÏQUE, $C^6H^5-CO.OH$.

568. **Préparation.** — 1° On a pendant longtemps extrait l'acide benzoïque de la résine de benjoin par sublimation. La résine est placée dans un têt en terre qui est recouvert d'une mince feuille de papier Joseph, puis d'un cône en carton fixé sur les bords du têt par une bande de papier collée; la même disposition a été adoptée pour sublimer la naphtaline (544). On chauffe doucement le fond du têt; les matières goudronneuses sont retenues par le papier Joseph et les vapeurs d'acide benzoïque filtrant au travers des pores du papier viennent se condenser contre les parois du cône.

2° Le benjoin pulvérisé est soumis à l'ébullition avec un lait de chaux ou une dissolution de carbonate de sodium; la liqueur claire qui contient du benzoate est concentrée, puis acidulée par l'acide chlorhydrique. L'acide benzoïque, séparé par filtration à la trompe et lavé, est purifié par cristallisation dans l'alcool.

3° L'urine des herbivores contient de l'acide hippurique; celui-ci, sous l'influence d'un ferment, fixe de l'eau et se dédouble en sucre de gélatine ou glycocolle et acide benzoïque :

$$\underset{\text{Acide hippurique.}}{C^9H^9AzO^3} + H^2O = C^6H^5-CO^2H + \underset{\text{Glycocolle.}}{C^2H^5AzO^2}.$$

L'acide ainsi préparé a une odeur moins agréable que l'acide extrait du benjoin; dans le commerce, on le distingue sous le nom d'*acide benzoïque des herbivores*.

4° On obtient l'acide benzoïque synthétiquement en oxydant

directement le toluène par l'acide azotique étendu; on obtient de la nitrobenzine et un acide nitrobenzoïque qui, réduits par l'étain et l'acide chlorhydrique, donnent l'acide benzoïque. On purifie celui-ci par distillation dans un courant de vapeur d'eau. Il est presque toujours souillé d'acide nitrobenzoïque.

569. **Propriétés.** — L'acide benzoïque sublimé forme des lamelles incolores, brillantes; il fond à 121° et bout à 249°; il se sublime avec la plus grande facilité. Très peu soluble dans l'eau froide, il est plus soluble dans l'alcool et dans l'éther.

En passant dans un tube chauffé au rouge, ses vapeurs se décomposent en benzine et anhydride carbonique :

$$C^6H^5 - CO . OH = CO^2 + C^6H^6.$$

Cette réaction est plus facile à réaliser en présence de la chaux sodée :

$$C^6H^5 - CO . ONa + NaOH = CO^3Na^2 + C^6H^6;$$

appliquée à la préparation de la benzine pure (529), elle doit être rapprochée de la réaction qui permet de préparer le méthane à partir de l'acide acétique.

$$CH^3 - CO . ONa + NaOH = CO^3Na^2 + CH^4.$$

En présence de l'eau, l'amalgame de sodium, qui agit comme hydrogénant, donne l'alcool correspondant :

$$C^6H^5 - CO . OH + 2H^2 = C^6H^5 - CH^2 . OH + H^2O.$$

Les benzoates sont en général solubles dans l'eau, surtout les sels alcalins; le benzoate d'argent est peu soluble. L'acide chlorhydrique déplace l'acide benzoïque des benzoates alcalins dissous.

ACIDES PHTALIQUES, $C^6H^4 \begin{cases} CO . OH \\ CO . OH \end{cases}$

570. **Acides, anhydride.** — Considérés comme des dérivés disubstitués de la benzine, les acides phtaliques doivent être au nombre de trois :

1° L'acide appelé *acide orthophtalique* résulte de l'oxydation de la naphtaline par le bichromate de potassium et l'acide chlorhydrique. On obtient ainsi un *tétrachlorure de naphtaline* $C^{10}H^8Cl^4$, qui, oxydé par l'acide azotique, donne l'acide phtalique.

Solide, il fond à 213°.

Chauffé seul ou en présence d'anhydride phosphorique, il perd une molécule d'eau et donne l'anhydride phtalique.

$$C^6H^4 < \begin{matrix} CO \\ CO \end{matrix} > O,$$

qui se sublime en fines aiguilles. Les deux autres acides phtaliques ne donnent pas d'anhydride.

2° L'acide appelé *acide métaphtalique*; on le prépare en oxydant l'*isoxylène* $C^6H^4\begin{smallmatrix}-CH^3_{(1)}\\ -CH^3_{(3)}\end{smallmatrix}$. Les cristaux fondent à 300°; ils sont peu solubles dans l'eau.

3° L'*acide paraphtalique* est une poudre blanche insoluble dans tous les dissolvants; il résulte de l'oxydation du *xylène* ou de l'*essence de térébenthine*.

Les schémas suivants représentent les trois isomères :

C-CO²H / CH, C-CO²H (1, 2) / CH, CH / CH
Acide *ortho*.

C-CO²H / CH, CH (1) / CH, C-CO²H (3) / CH
Acide *méta*.

-CO²H / CH, CH (1) / CH, CH (4) / -CO²H
Acide *para*.

Pour former l'anhydride phtalique, les deux groupes acides voisins, qui occupent les positions 1 et 2 dans l'acide orthophtalique, perdent H^2O :

C-CO.O H / CH, C-CO.OH / CH, CH / CH
Acide orthophtalique.

C-CO-O / CH, C- CO / CH, CH / CH
Anhydride phtalique.

L'anhydride phtalique forme, en s'unissant aux phénols, des combinaisons désignées sous le nom de *phtaléines*.

ALCOOLS-PHÉNOLS

571. **Saligénine**, $C^7H^8O^2$. — La fonction alcool est associée à la fonction phénol dans la *saligénine* (*alcool salicylique* ou *alcool orthooxybenzoïque*) :

$$C^6H^4<\begin{smallmatrix}CH^2.OH_{(1)}\\ OH_{(2)}\end{smallmatrix}$$

C'est le produit du dédoublement d'un glucoside, la *salicine*, contenue dans l'écorce de certaines espèces de saules et de peupliers. En présence de l'eau et de l'*émulsine*, la salicine se dédouble en glucose et saligénine :

$$\underset{\text{Salicine.}}{C^{13}H^{18}O^7} + H^2O = \underset{\text{Glucose.}}{C^6H^{12}O^6} + \underset{\text{Saligénine.}}{C^7H^8O^2}.$$

Les réducteurs, tel que l'amalgame de sodium, transforment l'acide salicylique en alcool salicylique. Inversement, une oxydation ménagée donne :

l'aldéhyde salicylique . . . . $C^6H^4<^{CHO}_{OH}$

puis

l'acide salicylique . . . . $C^6H^4<^{CO.OH}_{OH}$

ACIDES-PHÉNOLS

572. Acides oxybenzoïques, $C^6H^4(OH)-CO.OH$. — Il y a trois acides oxybenzoïques dans lesquels la fonction phénol est associée à la fonction acide. Le dérivé *ortho*, plus anciennement connu sous le nom d'*acide salicylique*, est le seul important de ces composés :

$$C^6H^4<^{CO.OH_{(1)}}_{OH_{(2)}}$$

ACIDE SALICYLIQUE.

Acide orthooxybenzoïque.

573. État naturel. — Préparation. — L'acide salicylique existe à l'état d'éther méthylique dans l'essence de *Wintergreen* ou l'essence de *Gaultheria procumbens*; l'aldéhyde salicylique se trouve dans l'essence de *Reine des prés*.

1° Il peut être considéré comme l'acide correspondant à la saligénine, alcool-phénol; on l'en dérive en effet par oxydation (571).

2° L'anhydride carbonique peut être fixé directement sur le phénol ou plutôt sur le phénol sodé (Kolbe). La réaction s'effectue dans une cornue métallique, dans laquelle on effectue tout d'abord la combinaison de la soude avec un léger excès de phénol en présence de l'eau, à 180°; lorsque l'eau et l'excès de phénol ont distillé, on fait passer un courant de gaz carbonique et on élève peu à peu la température à 220°. On a ainsi le salicylate de sodium brut $C^6H^4.OH.COONa$, d'où l'on précipite l'acide salicylique par l'acide chlorhydrique.

On opère plus simplement aujourd'hui en introduisant dans un récipient métallique résistant le phénate de sodium et l'anhydride carbonique liquide; on chauffe ensuite à 120°, à la pression de 120 atmosphères :

$$C^6H^5.ONa + CO^2 = C^6H^4<^{CO^2Na}_{OH}$$

Avec la potasse on aurait surtout le dérivé *para*, que l'on obtient d'ailleurs aussi avec la soude quand on élève trop la température.

574. Propriétés. — L'acide salicylique est peu soluble dans l'eau froide; il cristallise de ses dissolutions bouillantes en fines aiguilles incolores, fondant à 156° et pouvant être sublimées sans décomposition.

Chauffé brusquement, il se décompose en phénol et anhydride carbonique :

$$C^6H^4<^{CO^2H}_{OH} = C^6H^5-OH + CO^2.$$

C'est la réaction inverse de celle qui a été utilisée pour la préparation.

Comme tous les phénols, l'acide salicylique donne avec les sels ferriques une réaction colorée d'une très grande sensibilité : il les colore en violet.

Le perchlorure de phosphore donne tout d'abord un *chlorure d'acide* $C^6H^4 < {COCl \atop OH}$, puis un *éther chlorhydrique* $C^6H^4 < {COCl \atop Cl}$.

On obtient facilement les éthers de l'acide salicylique fonctionnant comme phénol par l'action des chlorures d'acides; en particulier le salicylate de méthyle :

$$C^6H^4 < {CO^2H \atop OH} + CH^3-COCl = C^6H^4 < {CO^2H \atop O(CH^3-CO)} + HCl.$$

Avec les alcalis l'acide salicylique donne des composés fonctionnant comme *phénates-acides* :

$$C^6H^4 < {CO^2Na \atop OH}$$

ou des sels neutre :

$$C^6H^4 < {CO^2Na \atop ONa}$$

Les sels alcalins sont solubles, les sels alcalino-terreux sont insolubles. Le salicylate de sodium $C^6H^4 < {CO^2Na \atop ONa}$ est employé en thérapeutique.

On emploie quelquefois l'acide salicylique comme antiseptique pour conserver les boissons fermentées, vins, bières, cidres; l'emploi prolongé de l'acide salicylique exerçant une action nuisible pour la santé, cette pratique est condamnable.

TANNINS.

575. **État naturel. — Préparation.** — On désigne sous le nom de *tannins* des substances diverses très répandues dans les végétaux. Les tannins jouent le rôle d'acides faibles, forment avec la gélatine et les matières albuminoïdes des combinaisons insolubles et donnent avec les sels de fer au maximum une coloration noire.

Le tannin du chêne est le mieux connu et le plus important par ses applications.

On l'extrait de la *noix de galle*, excroissance développée sur les branches et les feuilles de différents chênes par la piqûre d'un insecte, le *Cynips gallæ tinctoriæ*.

Les noix de galle concassées sont introduites dans une allonge bouchée à son extrémité inférieure par une mèche de coton (fig. 129) et placée sur une carafe. On arrose la noix de galle avec de l'éther du commerce, c'est-à-dire de l'éther mélangé d'eau et d'alcool. L'éther filtre peu à peu et l'on voit se former au fond de la carafe deux couches : la couche inférieure brune est une solution aqueuse de tannin; la couche supérieure éthérée n'en renferme pas. On décante la couche inférieure, on lave avec de l'éther et on évapore rapidement dans le vide.

Le tannin ainsi obtenu est une masse amorphe, jaunâtre, très légère. Il absorbe rapidement l'oxygène de l'air et se transforme avec dégagement d'anhydride carbonique en acide gallique. Les acides étendus le transforment à l'ébullition en acide gallique.

576. Applications. — Le tannin en solution aqueuse rougit le tournesol; il forme avec les bases des composés incristallisables. L'encre à base de fer s'obtient en mélangeant une dissolution de sulfate ferreux avec une dissolution de tannin; la liqueur prend une coloration noir-bleuâtre lorsqu'on l'agite au contact de l'air de façon à faciliter la suroxydation du sel ferreux; on épaissit avec un peu de gomme.

Le tannin coagule le sang, les matières albuminoïdes et forme avec ces substances des combinaisons non putrescibles. Grâce au tannin qu'elles contiennent, les écorces de chêne ou *tan* sont employées à la conservation des peaux (*tannage*).

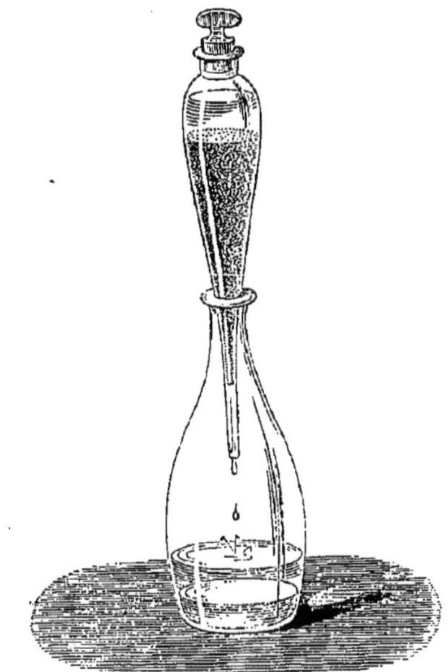

Fig. 129.

577. Acide gallique. — En soumettant les noix de galle humides à la fermentation[1] ou en faisant bouillir celles-ci avec de l'acide sulfurique étendu, on transforme le tannin qu'elles contiennent en *acide gallique* $C^7H^6O^5$.

1. La transformation du tannin en acide gallique est un phénomène comparable à l'inversion de la saccharose; dans les deux cas il y a fixation d'une molécule d'eau et formation soit de deux molécules d'acide gallique, soit de deux molécules d'une glucose. La réaction qui donne l'acide gallique est d'autre part corrélative du développement de deux organismes végétaux, dont l'un est le *Penicillium glaucum* (Van Tieghem), et qui doivent agir en sécrétant une *diastase* (458), comme cela a lieu dans tous les cas analogues.

Le liquide au contact duquel s'est effectué la fermentation contient aussi de la glucose. La présence de cette substance accuse la présence dans la noix de galle de glucosides dédoublables en glucose et acide tannique.

Dans ses réactions, l'acide gallique se comporte comme un acide monobasique et un phénol triatomique :

$$C^6H^2(OH)^3CO^2H.$$

Le tannin du chêne, ou *acide tannique* $C^{14}H^{10}O^9$ doit être considéré comme résultant de l'éthérification de 2 molécules d'acide gallique, dont l'une se comporte comme un acide monobasique, l'autre comme un phénol :

$$C^6H^2 \begin{cases} CO.OH \\ (OH)^2 \\ O\boxed{H} \end{cases}$$
$$C^6H^2 \begin{cases} CO.\boxed{OH} \\ (OH)^3 \end{cases}$$

il y a perte de H^2O.

Aussi appelle-t-on le tannin du chêne un *acide digallique*, cinq fois phénol et une fois acide.

Chauffé vers 200° dans un courant de gaz inerte, l'acide gallique dégage de l'anhydride carbonique et se transforme en *pyrogallol* ou *acide pyrogallique*, phénol triatomique (558) :

$$\underset{\text{Acide gallique.}}{C^6H^2(OH)^3.CO.OH} = \underset{\text{Pyrogallol.}}{C^6H^3(OH)^3} + CO^2.$$

CHAPITRE XXXIII

AMINES AROMATIQUES

578. **Amines primaires.** — Les amines primaires aromatiques dérivent des hydrocarbures ou des phénols monatomiques, comme les amines primaires de la série grasse dérivent des hydrocarbures ou des alcools monatomiques :

$C^6H^5 - H$	$C^6H^5 - OH$	$C^6H^5 - AzH^2$
Benzine ou Hydrure de phényle.	Phénol.	Aniline ou Phénylamine.

On peut également les envisager comme dérivant de l'ammoniaque par la substitution à un atome d'hydrogène d'un radical hydrocarburé :

$Az \begin{cases} H \\ H \\ H \end{cases}$	$Az \begin{cases} C^6H^5 \\ H \\ H \end{cases}$
Ammoniaque.	Aniline.

Ces amines sont les plus anciennement connues ; elles ont été découvertes en 1826 par Unverdorben parmi les produits de la distillation sèche des matières animales, et par Runge dans le goudron de houille ; en 1840, Fritzsche trouvait l'aniline dans les produits de la décomposition de l'indigo par la chaleur.

579. **Modes de formation.** — 1° La méthode d'Hofmann (505) ne serait pas applicable aux carbures aromatiques ou aux phénols. La méthode de Zinin consiste à transformer le carbure en dérivé nitré, puis à faire agir un réducteur (zinc et acide chlorhydrique, fer et acide acétique, sulfhydrate d'ammoniaque). Appliquons ceci à la transformation de la benzine en *aniline* ou *phénylamine* :

$$C^6H^6 + AzO^3H = C^6H^5 - AzO^2 + H^2O,$$
$$C^6H^5 - AzO^2 + 3H^2 = C^6H^5 - AzH^2 + 2H^2O.$$

On aurait de même avec la naphtaline :

$$C^{10}H^8 + AzO^3H = C^{10}H^7 - AzO^2 + H^2O,$$
$$C^{10}H^7 - AzO^2 + 3H^2 = C^{10}H^7 - AzH^2 + 2H^2O.$$

2° On prépare encore les amines aromatiques par la réaction directe de l'ammoniaque sur les phénols.

ANILINE, $C^6H^5 - AzH^2$.

580. Préparation. — On prépare l'aniline ou *phénylamine* en chauffant dans une cornue tubulée un mélange de nitrobenzine,

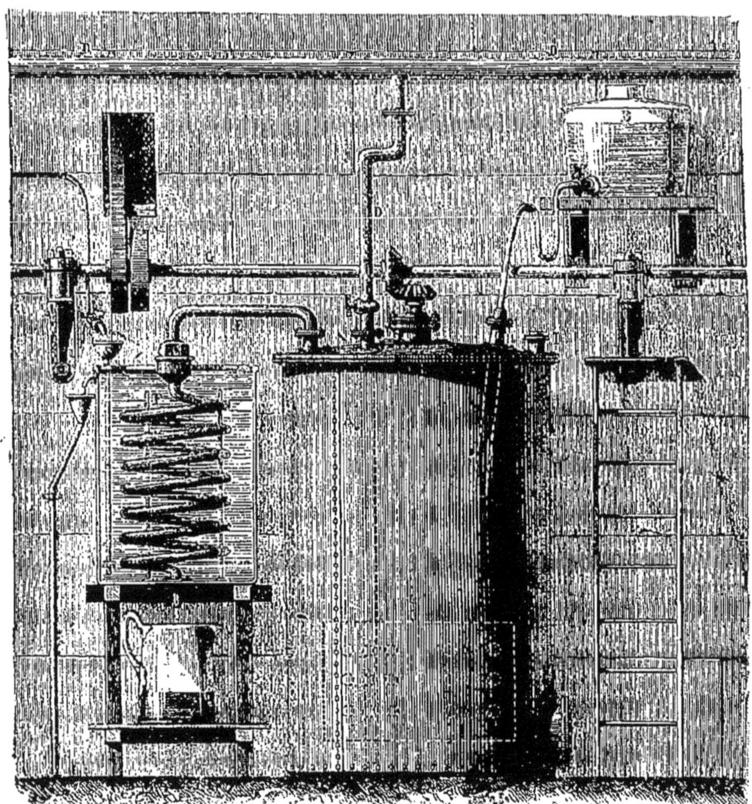

Fig. 130.

d'acide acétique et de limaille de fer. Le métal et l'acide acétique agissent comme hydrogénants :

$$C^6H^5 - AzO^2 + 3H^2 = C^6H^5 - AzH^2 + 2H^2O$$

La réaction est tellement violente tout d'abord, que le liquide qui distille renferme beaucoup de nitrobenzine inaltérée et d'acide acétique. On reverse ce liquide dans la cornue et l'on chauffe doucement; on recueille un mélange d'eau et d'aniline et il reste dans la cornue de l'acétate de fer et de l'acétate d'aniline.

Dans l'industrie, on effectue cette réaction dans de grandes chaudières en fonte (fig. 130), où les matières sont constamment mises en contact par des agitateurs mécaniques. Lorsque la réaction est terminée, on distille l'aniline, puis on ajoute de la chaux destinée à décomposer l'acétate d'aniline qui reste dans l'appareil et l'on distille de nouveau.

581. **Propriétés.** — L'aniline est un liquide incolore, doué d'une odeur caractéristique, désagréable. Elle est un peu plus lourde que l'eau (D = 1,036 à 0°). Elle bout à 182°,5 et se solidifie dans un mélange réfrigérant en une masse fusible à — 8°. Peu soluble dans l'eau, elle est miscible en toute proportion à l'alcool et à l'éther. Les vapeurs d'aniline sont toxiques.

L'aniline n'agit pas sur le tournesol; elle forme cependant avec les acides des sels bien définis.

Exposée à l'air, elle brunit et se résinifie. Les réactifs oxydants donnent avec l'aniline des réactions colorées caractéristiques. Le mélange d'acide sulfurique et de bichromate de potassium la colore en bleu, mais la couleur devient violacée lorsqu'on étend d'eau; mélangée à une dissolution de chlorure de chaux, l'aniline donne une coloration violette. Nous verrons qu'en prenant l'aniline comme point de départ, on prépare un grand nombre de matières colorantes fort employées.

582. **Amines secondaires et tertiaires dérivées de l'aniline.** — Le chlorhydrate d'aniline chauffé en vase clos avec un excès d'aniline donne des amines secondaires et tertiaires :

$$Az \begin{cases} C^6H^5 \\ C^6H^5 \\ H \end{cases} \qquad Az \begin{cases} C^6H^5 \\ C^6H^5 \\ C^6H^5 \end{cases}$$

Diphénylamine. Triphénylamine.

Soit, par exemple, la préparation de la diphénylamine

$$AzH^2 . C^6H^5 + AzH^2 . C^6H^5, HCl = AzH(C^6H^5)^2 + AzH^4Cl.$$

Les éthers iodhydriques réagissant sur l'aniline en vase

cles (réaction d'Hofmann) forment des amines mixtes :

$Az \begin{cases} C^6H^5 \\ CH^3 \\ H \end{cases}$	$Az \begin{cases} C^6H^5 \\ CH^3 \\ CH^3 \end{cases}$	$Az \begin{cases} C^6H^5 \\ C^6H^5 \\ CH^3 \end{cases}$
Méthylaniline ou méthylphénylamine.	Diméthylaniline ou diméthylphénylamine.	Méthyldiphénylamine.

Tous ces produits sont utilisés dans l'industrie pour préparer des matières colorantes.

TOLUIDINES, $C^6H^4.AzH^2 - CH^3$.

583. **Préparation. — Propriétés.** — En appliquant la réaction qui fournit l'aniline au produit brut de l'action de l'acide nitrique sur le toluène, on obtient la toluidine commerciale. Nous avons dit qu'il existait *trois* nitrotoluènes isomères (538); chacun d'eux donne une toluidine différente :

L'*ortholoïdine*, liquide incolore, bouillant à + 198°,
La *métatoluidine*, bouillant à + 197°,
La *paratoluidine*, solide, fondant à 45°.

La paratoluidine et l'ortholoïdine forment la toluidine commerciale.

Les toluidines $C^6H^4.AzH^2 - CH^3$ sont isomères de la *méthylaniline* (582).

584. **Benzylamine.** — Une quatrième base a même composition que les toluidines : c'est la benzylamine, qui s'obtient en faisant réagir l'ammoniaque sur le chlorure de benzyle ou éther benzylchlorhydrique (539); elle dérive par conséquent de l'alcool benzylique :

$C^6H^5 - CH^2Cl$,	$C^6H^5 - CH^2.AzH^2$.
Chlorure de benzyle.	Benzylamine.

La substitution de AzH^2 à Cl a lieu dans la chaîne latérale; c'est une amine grasse, et la méthode d'Hofmann est applicable à sa préparation.

C'est un liquide bouillant à + 185°.

NAPHTYLAMINES, $C^{10}H^7-AzH^2$.

585. **Préparation. — Propriétés.** — En réduisant la nitronaphtaline α par un mélange d'étain et d'acide chlorhydrique, on obtient une base reliée à la naphtaline comme l'aniline l'est à la benzine et qui est employée industriellement à la fabrication de matières colorantes.

La naphtylamine α est solide; elle fond à + 50° et bout à 300°.

Le perchlorure de fer donne avec le chlorhydrate de naphtylamine α une précipité *bleu* (naphtaméine).

La naphtylamine β se forme lorsqu'on fait agir l'ammoniaque à 160° sur le naphtol β; elle fond à 112° et bout à 294°. Le perchlorure de fer ne donne aucune réaction caractéristique.

COMPOSÉS DIAZOÏQUES ET AZOÏQUES

586. **Définition.** — On donne le nom de *composés diazoïques* à un groupe de corps azotés dont le type est le *diazobenzol* ou la *diazobenzine* :

$$C^6H^5-Az=Az-OH.$$

Les sels de diazobenzol ont pour formule générale

$$C^6H^5-Az=Az-R,$$

où R est un radical monovalent :

Chlorure de diazobenzol	. . . . .	$C^6H^5-Az=Az-Cl.$
Azotate —	. . . . .	$C^6H^5-Az=Az-AzO^3.$
Sulfate acide —	. . . . .	$C^6H^5-Az=Az-SO^4H.$

Le groupement divalent

$$-Az=Az-$$

relié d'une part au radical phényle ou à ce radical plus ou moins modifié par des substitutions, et d'autre part à un radical monovalent Cl, Br, OH, AzO^3, SO^4H, est le groupement fonctionnel des composés diazoïques.

Ces composés résultent, d'une façon générale, de l'action de l'acide azoteux sur un sel d'une amine primaire aromatique.

587. **Diazobenzol.** — Dans une bouillie cristalline d'azotate

d'aniline refroidie à 0°, on fait passer un courant d'anhydride azoteux[1]. On sépare par filtration des matières résineuses formées simultanément, et, en ajoutant à la liqueur un mélange d'alcool et d'éther, on précipite l'azotate de diazobenzol en fines aiguilles jaunes :

$$C^6H^5-AzH^2.AzO^3H + AzO^2H = C^6H^5-Az=Az-AzO^3 + 2H^2O.$$

On prépare facilement ce même sel en dissolution étendue en dissolvant 1 molécule d'aniline dans 2 molécules d'acide azotique, puis en ajoutant à la liqueur froide et très étendue de l'azotite de sodium :

$$C^6H^5-AzH^2 + 2AzO^3H + AzO^2Na = AzO^3Na + 2H^2O + \begin{matrix} Az-C^6H^5 \\ \| \\ Az-AzO^3. \end{matrix}$$

L'azotate est, de tous les composés du diazobenzol, le plus intéressant; c'est le point de départ de la préparation d'un grand nombre de composés importants par leurs applications.

A l'état sec, les cristaux d'azotate de diazobenzol détonent sous l'influence d'une légère élévation de température.

Chauffé avec de l'eau, l'azotate se change en phénol :

$$C^6H^5-Az=Az-AzO^3 + H^2O = C^6H^5-OH + Az^2 + AzO^3H.$$

Cette transformation est plus facile à réaliser avec le sulfate. Elle est générale et permet de passer de l'hydrocarbure, que l'on transforme successivement en dérivé nitré, puis en amine, au phénol correspondant (550). Il suffit, pour obtenir le sulfate, d'ajouter de l'acide sulfurique à la dissolution refroidie de l'azotate, puis un mélange d'alcool et d'éther; on redissout le précipité huileux dans l'alcool, et, en ajoutant de l'éther, les cristaux de sulfate se séparent.

Le sulfate chauffé avec de l'alcool donne l'hydrocarbure; il y a formation d'aldéhyde :

$$C^6H^5-Az=Az-SO^4H + C^2H^6O = C^6H^6 + Az^2 + SO^4H^2 + C^2H^4O.$$

588. **Amidodiazobenzol. — Amidoazobenzol.** — Si l'on fait passer des vapeurs nitreuses dans une amine aromatique, telle que l'aniline dissoute dans la benzine ou l'éther, qui n'agissent d'ailleurs que comme dissolvants inertes, on obtient une poudre

1. Nous rappellerons qu'en chauffant de l'anhydride arsénieux avec un acide azotique de densité 1,35, les vapeurs rouges qui se dégagent sont formées presque exclusivement d'anhydride azoteux.

cristalline jaune, insoluble dans l'eau. C'est l'*amidodiazobenzol*:

$$C^6H^5 . Az = Az . AzH . C^6H^5.$$

Il s'est formé tout d'abord un azotate de diazobenzol :

$$C^6H^5 - AzH^2 + 2AzO^2 = C^6H^5 . Az = Az . AzO^3 + H^2O,$$

puis celui-ci réagissant sur l'amine aromatique en excès donne l'amidodiazobenzol :

$$\begin{matrix} Az - C^6H^5 \\ \| \\ Az - AzO^3 \end{matrix} + C^6H^5 - AzH^2 = \begin{matrix} Az - C^6H^5 \\ \| \\ Az - AzH - C^6H^5 \end{matrix} + AzO^3H.$$

Abandonnée à elle-même, la solution alcoolique d'amidodiazobenzol se transforme spontanément en un isomère, l'*amidoazobenzol* :

$$C^6H^5 - Az = Az - C^6H^4 . AzH^2.$$

Ce corps est désigné aussi sous le nom de *jaune d'aniline*.

589. **Composés azoïques.** — Les composés azoïques diffèrent des composés diazoïques en ce que le groupement caractéristique

$$- Az = Az -$$

est relié de part et d'autre à des radicaux identiques. Ainsi l'azobenzol est

$$C^6H^5 - Az = Az - C^6H^5,$$

et son dérivé amidé ou jaune d'aniline

$$C^6H^5 - Az = Az - C^6H^4 . AzH^2.$$

Les composés azoïques sont beaucoup plus stables que les composés diazoïques; quelques-uns d'entre eux servent de point de départ pour la préparation de matières colorantes

HYDRAZINES AROMATIQUES[1]

590. **Phénylhydrazine.** — La phénylhydrazine

$$C^6H^5 . AzH - AzH^2$$

est le type des hydrazines aromatiques.

Une dissolution d'azotate ou de chlorure de diazobenzol est versée dans une

1. Il existe également des hydrazines dans la série grasse; elles sont moins stables que les hydrazines aromatiques. Les sels de l'*hydrazine* $AzH^2 - AzH^2$ ont été préparés récemment par Curtius; ils sont comparables aux sels ammoniacaux, mais très instables.

dissolution saturée de sulfite de sodium refroidie à 0°. On obtient ainsi des cristaux d'un sel de potassium

$$C^6H^5 . AzH - AzH . SO^3K,$$

qui se redissolvent lorsqu'on chauffe au bain-marie. En ajoutant alors de l'acide chlorhydrique concentré, ce sel se dédouble en bisulfate de potassium et chlorhydrate de phénylhydrazine cristallisé qui se dépose :

$$C^6H^5 . AzH - AzH . SO^3K + H^2O + HCl = SO^4KH + C^6H^5 . AzH - AzH^2 . HCl.$$

De la dissolution du chlorure, la soude caustique précipite une matière oléagineuse peu soluble dans l'eau froide, bouillant à 234°, qui est la phénylhydrazine.

La phénylhydrazine donne des combinaisons cristallisées avec les corps qui ont une fonction aldéhydique ou acétonique; elle a acquis à la suite des travaux de Fischer sur les glucoses une grande importance. Comme réactif on emploie généralement le chlorhydrate associé à l'acétate de sodium.

CHAPITRE XXXIV

MATIÈRES COLORANTES NATURELLES ET ARTIFICIELLES

591. **Généralités.** — Les matières colorantes anciennement employées en teinture étaient presque toutes fournies par le règne végétal : indigo, garance, campêche, bois de teinture, etc.; quelques-unes cependant sont d'origine minérale. C'est ainsi qu'en trempant une étoffe dans une dissolution d'un sel de fer au maximum, puis dans une lessive alcaline, on détermine la formation, dans le sein de la fibre, d'un précipité brun de sesquioxyde de fer, qui, suivant la concentration des liqueurs, donne des teintes rouille, chamois, nankin. On teint en bleu de Prusse en immergeant l'étoffe tout d'abord dans une dissolution d'un sel ferrique, puis dans une dissolution de ferrocyanure de potassium; le bleu de Prusse insoluble est retenu par la fibre.

Depuis que l'étude des produits retirés du goudron de houille par distillation a fait connaître un nombre considérable de bases nouvelles, l'industrie des matières colorantes artificielles s'est développée. Par la richesse et la variété de leurs teintes, par la facilité avec laquelle elles sont appliquées sur la fibre textile, par la modicité de leur prix, ces matières colorantes ont, en grande partie, remplacé les matières colorantes naturelles. Nous ajouterons que les principales matières colorantes naturelles ont pu être reproduites artificiellement (alizarine, indigo).

Les matières colorantes doivent être employées à l'état de dissolution, soit dans l'eau, soit dans les liqueurs acides ou alcalines, afin que la fibre textile (soie, laine, coton, fil) soit uniformément imprégnée. Mais tantôt la fibre attire la matière colorante et la fixe d'elle-même, tantôt il est nécessaire de faire intervenir une substance auxiliaire qui, adhérant à la fibre, fixe à son tour la matière colorante; cette substance intermédiaire porte le nom de *mordant*.

On sait que l'alumine gélatineuse fixe les matières colorantes, avec lesquelles elle forme des *laques*; le sesquioxyde de fer, le bioxyde d'étain précipités, se comportent de même. On *mordance* une étoffe à l'alumine, au fer ou à l'étain, en l'immergeant dans un bain convenablement choisi qui laisse les fibres imprégnées de l'oxyde métallique. Le choix du mordant n'est pas indifférent, car une même matière colorante peut donner, suivant la nature de celui-ci, des teintes ou même des couleurs très différentes.

MATIÈRES COLORANTES NATURELLES

592. **Généralités.** — Les matières colorantes végétales ne préexistent pas en général dans les plantes vivantes; elles se développent le plus souvent aux dépens d'un principe colorant qui subit une sorte de fermentation et quelquefois une oxydation au contact de l'air. La lumière favorise ces réactions. Cependant, par une action prolongée, au contact de l'oxygène de l'air, des réactions peuvent se poursuivre qui amènent une décoloration partielle ou totale de la substance: les matières colorantes ainsi altérables sont dites *mauvais teint*.

Le chlore détruit toutes les matières colorantes naturelles et les transforme en produits incolores solubles dans les alcalis.

Nous étudierons brièvement quelques-unes des matières colorantes naturelles aujourd'hui encore employées dans l'industrie.

INDIGO.

593. **Extraction.** — Les plantes qui fournissent l'indigo (*Indigofera*) sont cultivées dans les Indes néerlandaises, les Indes françaises et l'Amérique centrale. Après la floraison, les tiges et les feuilles sont abandonnées à la fermentation en présence de l'eau. Au bout de quelque temps on agite le liquide au contact de l'air, ce qui détermine la formation d'un dépôt qu'on lave, qu'on exprime dans des toiles et qu'on fait sécher. L'indigo brut se présente sous la forme de morceaux irréguliers d'un bleu foncé à reflets cuivrés; il renferme d'ailleurs des proportions variables de matière colorante ou *indigotine*.

Dans la préparation de l'indigo, on admet généralement qu'un glucoside (422), l'*indican*, s'est dédoublé en une glucose et en *indigotine*, en fixant les éléments de l'eau.

L'indigo étant insoluble dans l'eau, on l'emploie à l'état soluble pour former les bains de teinture, soit en l'engageant dans une combinaison avec l'acide sulfurique, soit en le transformant en *indigo blanc*.

Dans le premier cas, on délaye l'indigo dans l'acide sulfurique fumant et, en reprenant par l'eau, on a un liquide d'un bleu intense dans lequel il suffit d'immerger l'étoffe : c'est la *teinture en bleu de Saxe*.

Dans la seconde méthode, on prépare ce que l'on appelle une *cuve d'indigo*.

Par exemple, on éteint 15 kilogrammes de chaux vive dans 100 litres d'eau, puis on mélange avec une lessive alcaline, obtenue en dissolvant 5 kilogrammes de potasse caustique dans 20 litres d'eau et que l'on a fait bouillir pendant deux heures environ avec 5 à 6 kilogrammes d'indigo pulvérisé. Dans la cuve de teinture qui renferme, par exemple, 600 seaux d'eau, on dissout 10 kilogrammes de sulfate ferreux, et l'on verse le mélange précédent; on remue longuement et on laisse reposer. Dans la liqueur légèrement jaunâtre qui surnage, on immerge les étoffes, et il suffit ensuite de les exposer à l'air libre pour que l'oxydation de l'indigo blanc détermine la formation d'une couleur bleue uniforme.

594. **Indigotine**, $C^{16}H^{10}Az^2O^2$. — En chauffant légèrement de l'indigo brut dans un courant d'hydrogène dans un tube de verre, on voit se former une vapeur d'un violet intense et se sublimer sur les parties froides du tube des prismes très déliés d'*indigotine*, d'un violet foncé et doués d'un beau reflet cuivré. On peut opérer plus simplement encore en chauffant au bain de sable une petite quantite d'indigo dans un têt en terre recouvert d'un têt renversé.

Mais, en opérant ainsi par voie sèche, on détruit une partie de la matière et le rendement est faible. Il est plus avantageux de transformer l'indigo en indigo blanc $C^{16}H^{12}Az^2O^2$ (595) et d'abandonner une dissolution alcaline de celui-ci à l'oxydation spontanée :

$$C^{16}H^{12}Az^2O^2 + O = C^{16}H^{10}Az^2O^2 + H^2O.$$

L'indigotine est insoluble dans l'eau; mais, en délayant l'indigo pulvérisé avec de l'acide sulfurique fumant, on obtient une masse de couleur très foncée qui se dissout dans l'eau; on obtient ainsi des liqueurs d'un beau bleu et d'une grande richesse de coloration. Suivant le mode opératoire, on obtient dans ces réactions deux *acides sulfindigotiques* :

$$C^{16}H^9(SO^3H)Az^2O^2 \quad \text{et} \quad C^{16}H^8(SO^3H)^2Az^2O^2.$$

La synthèse de l'indigo a été réalisée dans ces dernières années et son prix est actuellement tel qu'il commence à lutter avec l'indigo naturel.

595. **Indigo blanc,** $C^{16}H^{12}Az^2O^2$. — Les corps réducteurs décolorent l'indigotine et la transforment en indigo blanc.

$$C^{16}H^{10}Az^2O^2 + H^2 = C^{16}H^{12}Az^2O^2;$$

inversement, l'indigo blanc exposé à l'air perd de l'hydrogène et se transforme en indigotine.

On effectue la réduction de l'indigotine en maintenant en contact pendant quelques jours l'indigo pulvérisé avec de l'eau, du sulfate ferreux et de la chaux. La chaux déplace l'oxyde ferreux qui agit comme réducteur, en même temps qu'un excès de base dissout l'indigo blanc. On siphonne le liquide limpide à l'abri de l'air et on le mélange avec un excès d'acide chlorhydrique dans des vases hermétiquement fermés : l'indigo blanc se dépose; on le décante, on le lave avec de l'eau bouillie dans un courant de gaz carbonique et on le fait sécher dans le vide sur une plaque poreuse.

L'indigo blanc, insoluble dans l'eau, est soluble dans l'alcool et dans les lessives alcalines. Si l'on abandonne à l'air libre une telle dissolution, elle s'oxyde lentement et laisse déposer des cristaux d'indigotine. Il est dans ce cas préférable d'opérer ainsi : Dans un grand flacon de 6 litres on introduit 120 grammes d'indigo et 120 grammes de glucose, on verse de l'alcool chaud et 180 grammes d'une lessive concentrée de soude caustique, enfin on achève de remplir le flacon avec de l'alcool chaud. Le flacon est hermétiquement fermé, et, lorsque la liqueur est décolorée, on décante le liquide clair dans un vase ouvert où l'oxydation se produit lentement avec formation d'un dépôt cristallin d'un bleu noir.

C'est en s'appuyant sur ces transformations réciproques de l'indigotine et de l'indigo blanc qu'on prépare les *cuves d'indigo* employées en teinture (593).

GARANCE.

596. **Garance naturelle.** — La garance, cultivée en Alsace et en Provence, fournit une des matières colorantes les plus précieuses. La culture de la garance a aujourd'hui beaucoup perdu

le son importance et l'on emploie surtout en teinture l'*alizarine artificielle* (562).

La garance naturelle renferme plusieurs substances colorantes, dont deux seulement jouent un rôle en teinture, l'*alizarine* $C^{14}H^{8}O^{4}$ et la *purpurine* $C^{14}H^{8}O^{5}$; ces matières sont presque insolubles dans l'eau, mais solubles dans les alcalis, qu'elles colorent en rouge.

La racine fraîche de garance ne renferme pas de matières colorantes; celles-ci se développent peu à peu avec le temps. La racine de garance s'emploie desséchée et pulvérisée; divers produits commerciaux sont désignés sous le nom de *fleurs de garance* (garance lavée), de *garancine* (garance lavée, bouillie avec de l'acide sulfurique qui détruit la matière organique, lavée et séchée), d'*alizarine commerciale*, obtenue en soumettant la garancine à l'action de la vapeur d'eau surchauffée, enfin d'*extraits de garance*, obtenus en extrayant par divers procédés les pigments colorés de la racine.

L'alizarine pure forme avec l'alumine une laque d'un *rouge grenat* et avec le sesquioxyde de fer une laque *violette*, d'autant plus belle qu'elle est plus pure; elle teint les étoffes en rouge grenat ou en violet, suivant qu'elles sont mordancées à l'alumine ou au fer. La *purpurine* colore les étoffes mordancées à l'alumine en *rouge* franc. Elle ne donne pas de violet avec les étoffes mordancées au fer. C'est un mélange convenable d'alizarine et de purpurine (45 d'alizarine pour 55 de purpurine) qui fournit le *rouge garancé* si recherché. Les divers produits de la garance naturelle, renfermant ces deux principes colorants en quantité variable, ne sont pas identiques au point de vue tinctorial : la garancine, par exemple, est plus riche en purpurine que la garance naturelle, l'alizarine commerciale est plus riche en alizarine, car la purpurine, moins stable, a été détruite par la vapeur d'eau surchauffée.

L'*alizarine artificielle* (562) est livrée au commerce sous la forme d'une pâte renfermant la matière colorante combinée avec la potasse. Ce n'est pas une matière simple; comme la garance naturelle, elle contient de l'alizarine en proportion variable, suivant que l'opération a été dirigée de telle ou telle façon; mais elle contient aussi divers principes colorants, parmi lesquels le plus important est l'*isopurpurine*, isomère de la purpurine. Le mélange de ces deux matières donne l'*alizarine pour rouge*, teignant les étoffes mordancées à l'alumine en rouge garancé. L'alizarine de synthèse, débarrassée des matières colorantes qui l'accompagnent, par un traitement approprié, teint seule les mordants de fer en un beau violet.

COCHENILLE.

597. La *cochenille* est une matière colorante rouge, fournie par le corps desséché d'un insecte hémiptère (*Coccus cacti*) qui vit sur un cactus (Nopal) croissant au Mexique, ou cultivé à Java, en Algérie, en Espagne. On la trouve dans le commerce sous la forme de petits grains irréguliers d'un rouge noir, qui se gonflent au contact de l'eau : elle doit ses propriétés tinctoriales à l'*acide carminique*, soluble dans l'eau.

Les tissus mordancés à l'alumine sont teints en rouge violacé ; mais avec un mordant mixte formé d'alumine et d'oxyde d'étain on obtient un rouge ponceau ; la laine mordancée à l'étain prend une belle couleur écarlate. Avec les mordants de fer, on obtient des gris violets ou des gris noirs.

En faisant macérer la cochenille avec de l'ammoniaque, on obtient la *cochenille ammoniacale*, qui donne en teinture des mauves et des amarantes.

C'est avec la cochenille que l'on prépare le *carmin*, obtenu généralement en épuisant la cochenille par l'eau bouillante et précipitant la liqueur par un sel acide (le sel d'oseille, par exemple) ; le carmin se dépose par le repos ; on le lave et on le sèche. Le carmin pur doit être soluble entièrement dans l'ammoniaque.

ORSEILLE.

598. Un certain nombre de lichens qui croissent au bord de la mer renferment des matières analogues à des glucosides (422) qui, en présence de l'eau et sous des influences diverses, se dédoublent en glucoses et en un phénol diatomique, l'*orcine* $C^7H^6(OH)^2$. Lorsqu'on ajoute de l'ammoniaque à une solution aqueuse d'orcine et qu'on abandonne la liqueur au contact de l'air, elle se transforme en une matière colorante rouge, l'*orcéine* $C^7H^7AzO^3$.

Lorsqu'on expose à l'air les lichens arrosés d'une solution ammoniacale, une réaction analogue se produit et c'est ainsi que l'on prépare la matière colorante connue sous le nom d'*orseille*. L'orseille teint la laine et la soie sans mordant en rouge ou en violet, suivant la nature du produit ; elle est surtout employée à l'état de mélange avec la cochenille, l'indigo, etc.

BOIS DE TEINTURE.

Un certain nombre de bois renferment dans leur parenchyme des matières colorantes ou colorables fort employées, aujourd'hui encore, en teinture. Les matières colorantes ne se développent le plus souvent que peu à peu au contact de l'air. On emploie ces bois réduits en copeaux très fins, ou bien on les épuise par l'eau bouillante et, par évaporation sous basse pression, on en fait des extraits d'un transport et d'un emploi plus faciles.

599. **Campêche.** — Le *bois de Campêche*, ou bois noir fourni par un arbre épineux de la famille des Légumineuses, croît dans l'Amérique méridionale, au Mexique et aux Antilles. Sa principale matière colorante, soluble dans l'eau, est l'*hématine* ou *hématoxyline*. Le campêche donne avec les mordants d'alumine des violets gris, avec les mordants de fer des noirs, mais ces couleurs sont peu solides. Il sert à teindre le coton, la laine, la soie, le cuir.

600. **Bois rouges.** — On désigne sous le nom de *bois rouges* des bois qui, provenant d'espèces différentes de la famille des Légumineuses, renferment une même matière colorante rouge, la *brésiline*. Ces arbres croissent aux Indes Orientales, aux Antilles, dans l'Amérique méridionale. Les principales variétés sont les *bois de Fernambouc, de Brésil, de Sainte-Marthe* et *de Nicaragua, de Sapan* ou *du Japon*, etc. La *brésiline* est soluble dans l'eau, elle teint les tissus mordancés en rouge ou rouge violacé.

Le *bois de Santal*, originaire des Indes Orientales, de Ceylan, peut servir à teindre en rouge la laine et le coton mordancés à l'alumine ou à l'étain.

601. **Bois jaunes.** — Un certain nombre de bois servent à la teinture en jaune : *bois de Brésil jaune, bois de Cuba*, etc., originaires de l'Amérique méridionale, de l'Amérique centrale ou des Indes. Les matières colorantes jaunes sont le *morin* et l'*acide morintannique* : la première, peu soluble dans l'eau froide; la seconde, très soluble. Les bois jaunes colorent les mordants d'alumine et d'étain en jaune clair; les mordants d'oxyde de fer, en vert ou en gris.

On emploie également pour la teinture en jaune le *quercitron* (*Quercus tinctoria*), originaire d'Amérique; la *gaude* (*Reseda luteola*) contient un principe colorant d'un beau jaune, la *lutéoline*, peu soluble dans l'eau.

Le *bois de fustet* (Antilles, Hongrie, Tyrol) colore les mordants d'alumine en jaune orangé, les mordants d'étain en rouge orangé; mais ces nuances sont fugaces, elles virent au rouge sous l'influence des alcalis et du savon.

MATIÈRES COLORANTES ARTIFICIELLES

Indépendamment des matières colorantes naturelles, dont les principales ont été d'ailleurs reproduites synthétiquement, l'industrie de la teinture emploie aujourd'hui un grand nombre de matières tinctoriales artificielles qui tirent leur origine des hydrocarbures, des amines ou des phénols que l'on a extraits du goudron de houille. L'aniline brute a servi tout d'abord à préparer un certain nombre de produits tinctoriaux qui ont été désignés sous le nom de *couleurs d'aniline*. Dans ces dernières années, le nombre de ces matières colorantes s'est extraordinairement étendu.

Nous choisirons quelques exemples parmi celles de ces matières qui, soit au point de vue théorique, soit au point de vue pratique, offrent le plus d'intérêt :

1° *Matières colorantes dérivées du triphénylméthane* (rosaniline et dérivés);

2° *Matières colorantes dérivées des composés diazoïques et azoïques* (orangés);

3° *Matières colorantes dérivées des phénols* (acide picrique, phtaléines).

MATIÈRES COLORANTES DÉRIVÉES DU TRIPHÉNYLMÉTHANE.

Une magnifique matière colorante rouge, la *fuchsine*, obtenue en 1859 à l'aide de l'aniline commerciale, est un sel d'une triamine à fonction mixte dérivée du triphénylméthane, ou plutôt un mélange de bases homologues :

Les pararosanilines. . . . . $C^{19}H^{19}Az^3O$,
Les rosanilines . . . . $C^{20}H^{21}Az^3O$.

602. **Modes de formation.** — *Pararosaniline*. — 1° Le triphénylméthane $CH(C^6H^5)^3$ peut être transformé par l'acide azotique fumant en un dérivé trinitré $CH(C^6H^4.AzO^2)^3$ qui, réduit par le

mélange de fer et d'acide acétique, donne une triamine $CH(C^6H^4.AzH^2)^3$. Cette triamine est transformée par oxydation en *pararosaniline* (O. et E. Fischer) :

$$COH \begin{cases} C^6H^4.AzH^2 \\ C^6H^4.AzH^2 \\ C^6H^4.AzH^2 \end{cases}$$

qui possède la fonction alcool tertiaire caractérisée par le groupement COH (392) et trois fois la fonction amine. L'acide chlorhydrique transforme la pararosaniline en un dérivé chloré, le *chlorure de pararosaniline* :

$$CCl(C^6H^4.AzH^2)^3.$$

La formation de la pararosaniline à partir du triphénylméthane est purement théorique ; elle n'a d'autre intérêt que de fixer la constitution de la pararosaniline, et par suite celle de la rosaniline.

2° On obtient la pararosaniline en oxydant un mélange de 1 molécule de paratoluidine et de 2 molécules d'aniline[1] :

$$C^6H^4 \begin{cases} AzH^2_{(1)} \\ CH^3_{(4)} \end{cases} + 2(C^6H^5.AzH^2) + O^3 = 2H^2O + COH(C^6H^4.AzH^2)^3.$$

On a depuis longtemps constaté que l'oxydation de l'aniline pure, de l'orthotoluidine ou de la métatoluidine ne donne pas de matière colorante ; la présence de la paratoluidine est nécessaire ; l'orthotoluidine et la métatoluidine associées à l'aniline n'agissent pas de la même façon. C'est, en fin de compte, le groupe CH^3 qui, transformé par oxydation en un groupe COH, sert de lien entre

1. Cette réaction doit être envisagée comme la résultante de trois autres :
1° La paratoluidine est transformée par oxydation en un dérivé aldéhydique :

$$C^6H^4 \begin{cases} AzH^2 \\ CH^3 \end{cases} + O^2 = H^2O + C^6H^4 \begin{cases} AzH^2 \\ CHO \end{cases}$$

2° Ce dérivé réagit sur les deux molécules d'aniline :

$$C^6H^4 \begin{cases} AzH^2 \\ CHO \end{cases} + 2(C^6H^5.AzH^2) = H^2O + C^6H^4 \begin{cases} AzH^2 \\ CH(C^6H^4.AzH^2)^2 \end{cases};$$

3° L'oxydation porte sur le groupe CH :

$$CH(C^6H^4.AzH^2)^3 + O = COH(C^6H^4.AzH^2)^3.$$

les trois bases aromatiques, comme le représente le schéma suivant :

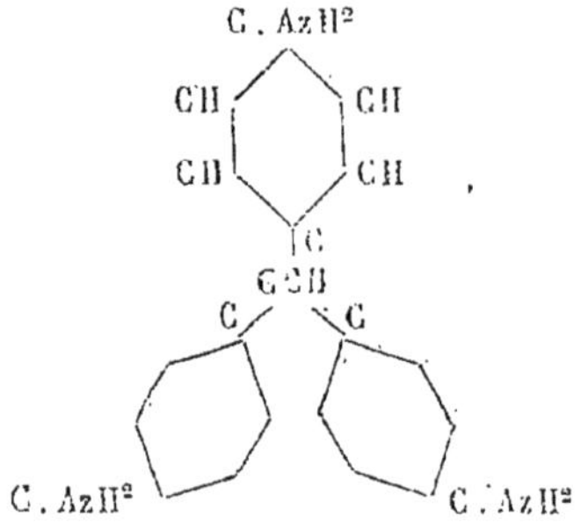

$C . AzH^2$

CH CH

CH CH

C

COH

C C

$C . AzH^2$ $C . AzH^2$

Rosaniline. — La rosaniline est l'homologue supérieur de la pararosaniline :

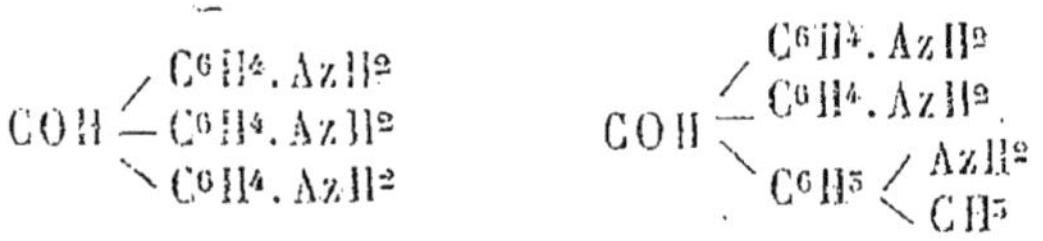

$$COH \begin{cases} C^6H^4 . AzH^2 \\ C^6H^4 . AzH^2 \\ C^6H^4 . AzH^2 \end{cases} \qquad COH \begin{cases} C^6H^4 . AzH^2 \\ C^6H^4 . AzH^2 \\ C^6H^3 \begin{cases} AzH^2 \\ CH^3 \end{cases} \end{cases}$$

Pararosaniline. Rosaniline.

Il faut, pour l'obtenir, oxyder un mélange contenant 1 molécule d'aniline, 1 molécule d'orthotoluidine et 1 molécule de paratoluidine. Les réactions multiples qui conduisent à la rosaniline sont exactement celles qui donnent la pararosaniline et s'expliquent de même :

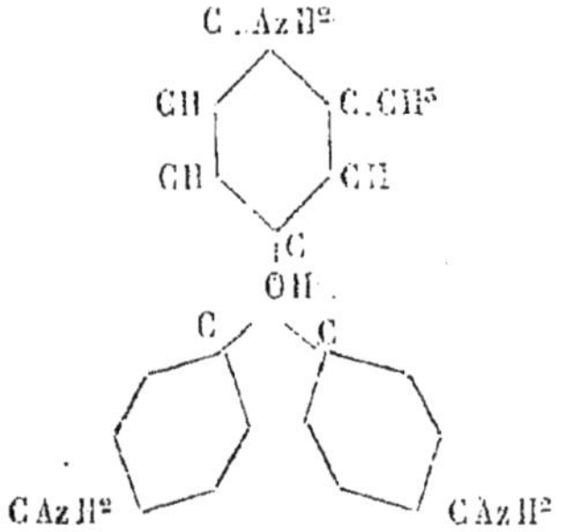

$C . AzH^2$

CH $C . CH^3$

CH CH

C

OH

C C

$CAzH^2$ $CAzH^2$

L'oxydant le plus généralement employé est le nitrobenzène (qui est ramené à l'état de benzène) ; on ajoute de l'acide chlorhydrique et une trace de fer.

On prépare la fuchsine en chauffant dans des vases en fonte

(fig. 131) 100 parties d'aniline commerciale contenant des proportions voulues d'aniline, d'ortho et de paratoluidine, dite *aniline*

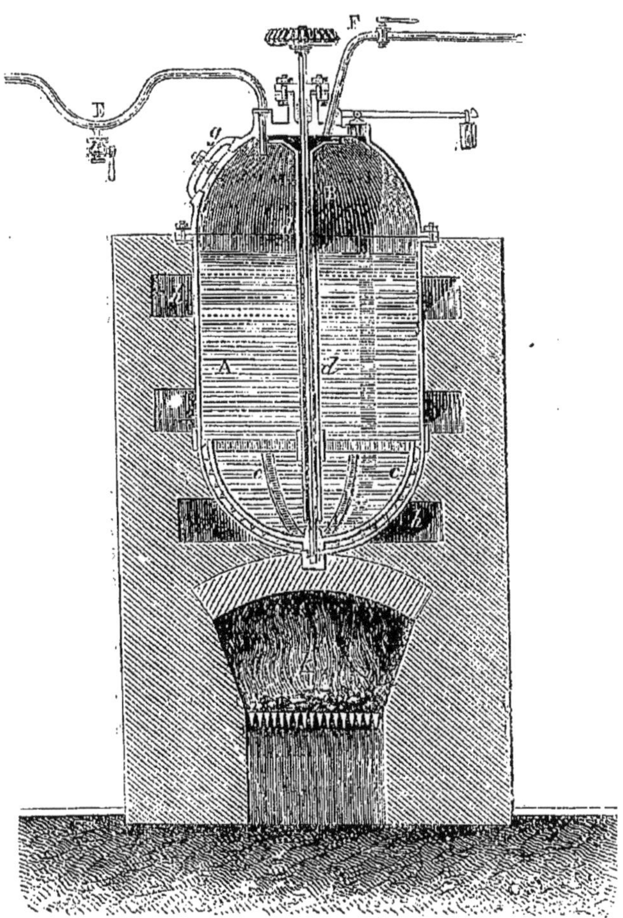

Fig. 131.

pour rouge (bouillant entre 185° et 205°) avec le nitrobenzène et l'acide chlorhydrique.

605. **Propriétés de la rosaniline.** — En ajoutant un excès d'ammoniaque, de potasse ou de soude à une dissolution faite dans l'eau chaude du chlorure de rosaniline, on déplace la base ou rosaniline, qui forme un précipité cristallin, incolore, peu soluble dans l'eau froide, plus soluble dans l'alcool.

C'est une base polyacide. Si, en particulier, l'acide est l'acide chlorhydrique, la première molécule donne, d'après Rosenstiehl :

$$COH(C^6H^4.AzH^2)^3CH^2 + HCl = CCl(C^6H^4.AzH^2)^3CH^2 + H^2O;$$

c'est un éther chlorhydrique de la rosaniline fonctionnant comme un alcool tertiaire.

La réaction ultérieure aurait pour effet de former des chlorhydrates; théoriquement trois. En réalité, on n'obtient que deux de ces chlorhydrates, le troisième, comme cela arrive souvent avec les bases polyacides, étant peu stable en présence de l'eau :

$$CCl\begin{cases} C^6H^4.AzH^2.ClH \\ C^6H^4.AzH^2 \\ C^6H^3\begin{cases} AzH^2 \\ CH^3 \end{cases} \end{cases} \qquad CCl\begin{cases} C^6H^4.AzH^2.ClH \\ C^6H^4.AzH^2.ClH \\ C^6H^3\begin{cases} AzH^2 \\ CH^3 \end{cases} \end{cases}$$

Le premier terme de la réaction de l'acide chlorhydrique a d'ailleurs seul de l'importance : c'est la *fuchsine*, qui cristallise en octaèdres réguliers d'un beau vert mordoré; il suffit d'une trace de cette substance pour communiquer à l'eau une couleur rouge-cramoisi intense. Cette liqueur teint la soie par simple immersion.

Les réducteurs, tels que le sulfhydrate d'ammoniaque, le mélange de zinc en poudre et d'acide chlorhydrique ou d'acide acétique, décolorent la dissolution de fuchsine. La base est ainsi transformée en une substance incolore, la *leucorosaniline*.

$$CH\begin{cases} C^6H^4.AzH^2 \\ C^6H^4.AzH^2 \\ C^6H^3\begin{cases} AzH^2 \\ CH^3 \end{cases} \end{cases}$$

que les oxydants sont susceptibles de transformer de nouveau en rosaniline ou en un sel de rosaniline.

604. **Violets et bleu de rosaniline phénylée.** — En chauffant la fuchsine à 160° avec un excès d'aniline, on obtient, suivant que la réaction est plus ou moins complète, deux matières colorantes violettes et une couleur bleue, toutes trois insolubles dans l'eau, mais solubles dans l'alcool.

Ce sont des chlorhydrates de trois bases qui diffèrent de la rosaniline en ce que, 1, 2 ou 3 groupes phényles C^6H^5 se sont ubstitués à 1, 2 ou 3 atomes d'hydrogène dans autant de groupes Az H²; ainsi, pour la *rosaniline monophénylée*, on aurait

$$COH \begin{cases} C^6H^4 . AzH . C^6H^5 \\ C^6H^4 . AzH^2 \\ C^6H^3 \begin{cases} AzH^2 \\ CH^3 \end{cases} \end{cases}$$

La série des trois bases sera donc

Base du violet rouge (*violet impérial*). .	$C^{20}H^{20}(C^6H^5)Az^3O$.
Base du violet bleu	$C^{20}H^{19}(C^6H^5)^2Az^3O$.
Base du bleu	$C^{20}H^{18}(C^6H^5)^3Az^3O$.

Les sels de ces bases, et en particulier les chlorhydrates sont, insolubles dans l'eau, mais solubles dans l'alcool; ils jouissent d'un pouvoir tinctorial considérable. Les réducteurs les transforment en *leucobases* dont les dissolutions sont incolores et qui, comme dans le cas de la rosaniline, diffèrent de la base proprement dite par la perte de 1 atome d'oxygène.

Le bleu désigné sous le nom de *bleu de Lyon* ou *bleu de fuchsine* n'offre une teinte bleue pure que si on le débarrasse, par précipitation fractionnée dans l'alcool, des matières violettes qui prennent naissance dans la même réaction. Le bleu ainsi purifié porte le nom de *bleu lumière*, parce qu'il conserve sa teinte à la lumière artificielle.

Ce bleu est soluble dans l'acide sulfurique concentré, avec lequel il forme une combinaison soluble dans l'eau (*bleu soluble* ou *bleu Nicholson*). Le bleu Nicholson est formé par un mélange de la triphénylrosaniline monosulfonée $C^{38}H^{30}(SO^3H)AZ^3$ avec d'autres produits plus sulfonés. Cet acide sulfoné est insoluble dans l'eau; ses sels alcalins sont très solubles. Il suffit de plonger le tissu dans une dissolution de sel alcalin et d'ajouter un acide pour précipiter la matière colorante sur la fibre.

604. **Violet Hofmann. — Violet de Paris.** — En chauffant une dissolution alcoolique de rosaniline avec des éthers éthyl ou méthyliodhydrique, on obtient des couleurs violettes connues sous le nom de *violet Hofmann*. Ces substances peuvent être considérées comme des sels d'une base nouvelle provenant de la substitution de 3 groupes méthyle CH^3 ou éthyle C^2H^5 à 3 atomes d'hydrogène des groupes AzH^2 dans la rosaniline :

$$C^{20}H^{18}(CH^3)^3Az^3O.$$
$$C^{20}H^{18}(C^2H^5)^3Az^3O.$$

On obtient plus économiquement un beau violet (*violet de Paris*) en préparant tout d'abord la diméthylaniline

$$Az \begin{cases} C^6H^5 \\ CH^3 \\ CH^3 \end{cases} \quad \text{ou} \quad C^8H^{11}Az,$$

et soumettant celle-ci à une oxydation ménagée; on a ainsi la base du violet :

$$3\,(C^8H^{11}Az) + O^3 = 2H^2O + C^{24}H^{29}Az^3O$$

On mélange l'amine tertiaire avec du nitrate de cuivre, du sel marin et de l'acide acétique, et 10 fois son poids de sable siliceux, de façon à former une pâte consistante, que l'on découpe en petites masses et que l'on chauffe à l'étuve vers 40°. Lorsque la matière colorante s'est développée, on mélange la masse avec un sulfure alcalin, pour sulfurer le cuivre, puis on reprend par l'eau et l'on précipite la matière colorante par le sel marin.

606. **Verts d'aniline.** — Dans la préparation du violet Hofmann, lorsqu'on prolonge l'action de l'éther méthyliodhydrique sur la rosaniline, on obtient une belle couleur verte : c'est le *vert à l'iode*, dont la base est une *rosaniline pentaméthylée*

$$C^{20}H^{16}(CH^3)^5Az^3O.$$

On prépare un vert analogue, mais plus économique, en faisant réagir en vase clos, à 95°, le chlorure de méthyle sur une dissolution rendue alcaline de méthylaniline dans l'alcool méthylique. En ajoutant à la dissolution du chlorure de zinc et du sel marin, on précipite une combinaison de la matière verte (*chlorure de rosaniline hexaméthylée*) avec le chlorure de zinc : c'est le *vert lumière*.

$$C^{25}H^{31}Az^3Cl^2, ZnCl^2.$$

Un autre vert, connu sous le nom de *vert malachite*, est obtenu en chauffant un mélange de dyméthylaniline et de chlorure de benzoïle avec du chlorure de zinc :

$$C^6H^5\text{-}COCl + 2[C^6H^5.Az(CH^3)^2] = H^2O + CCl \begin{cases} C^6H^5 \\ [C^6H^5.Az(CH^3)^2]^2 \end{cases}$$

La matière colorante est une combinaison avec le chlorure de zinc :

$$3(C^{23}H^{25}Az^2Cl), 2ZnCl^2, 2H^2O.$$

Ce vert est moins beau que le précédent à la lumière artificielle, mais il est d'un prix peu élevé.

607. **Noir d'aniline.** — Le noir d'aniline n'est pas une matière aussi nettement définie que les corps précédents. On teint directement en noir en imprégnant sur l'étoffe un mélange de chlorate de potassium, de chlorhydrate d'aniline et de chlorure de cuivre épaissi avec de l'empois d'amidon. Il suffit d'exposer l'étoffe à l'air pour que l'impression, tout d'abord incolore, prenne une belle teinte d'un noir velouté, surtout si on lave l'étoffe avec une eau légèrement alcaline. L'emploi d'un sel soluble de cuivre présentant des difficultés et le chlorhydrate d'aniline attaquant les fibres textiles, il est préférable d'employer un mélange de tartrate d'aniline, de chlorhydrate d'ammoniaque, de chlorate de potassium et de sulfure de cuivre. Ce noir ne se fixe bien que sur coton.

MATIÈRES COLORANTES DÉRIVÉES DES COMPOSÉS DIAZOÏQUES ET AZOÏQUES.

608. **Dérivés azoïques.** — Lorsqu'on fait passer un courant d'acide azoteux dans une dissolution éthérée d'aniline, on obtient un précipité jaune d'*amidoazobenzol* (588) ou *jaune d'aniline* qui n'a pas d'emploi en teinture, mais quelques-uns de ses dérivés sont forts importants.

Si l'on ajoute du *phénylène diamine* $C^6H^4(AzH^3)^2$ à une dissolution alcoolique d'amidoazobenzol, on obtient une coloration rouge intense et, si la liqueur est concentrée, elle laisse déposer des cristaux d'azotate de *diamidoazobenzol* :

$$C^6H^5 - Az = Az - C^6H^3(AzH^2)^2.$$

La *chrysoïdine*, qui est le chlorhydrate de cette base, est un matière colorante jaune rouge d'une très grande intensité.

En faisant agir le nitrite de potassium sur le phénylène diamine en liqueur acide, on obtient le *triamidoazobenzol* :

$$C^6H^4.AzH^2 - Az = Az - C^6H^3(AzH^2)^2.$$

Le chlorhydrate de cette base est le *brun de phénylène diamine* ou *brun Bismarck*; il donne à la soie et surtout au coton des teintes d'une grande richesse.

609. **Orangés.** — Nous ne dirons que quelques mots d'une classe très nombreuse de matières colorantes, les *orangés* (Roussin) ou *tropéolines* (Otto Witt), qui, par leur solidité et le bas prix auquel on peut les obtenir, ont pris rapidement la place d'un grand nombre de couleurs d'aniline et de matières colorantes naturelles. Les tropéolines ou orangés résultent de la réaction exercée par les dérivés sulfonés des corps diazoïques sur les phénols ou les amines secondaires, telles que la méthylaniline, la diphénylamine, etc.

MATIÈRES COLORANTES DÉRIVÉES DES PHÉNOLS.

610. **Acide picrique. — Corallines.** — L'acide *picrique* ou phénol trinitré (554) est, en raison de son pouvoir colorant intense, employé à la teinture en jaune de la laine et de la soie.

Deux autres matières colorantes peuvent être préparées à l'aide du phénol : la *coralline jaune* et la *coralline rouge*.

On obtient la coralline jaune lorsqu'on chauffe vers 150° 3 parties de phénol avec 2 parties d'acide oxalique sec et 2 parties d'acide sulfurique concentré. C'est une couleur orange employée en teinture. La coralline jaune est un mélange en proportions variables d'*aurine* et de son homologue supérieur l'*acide rosolique*. L'aurine s'obtient à l'état de pureté lorsqu'on effectue la réaction ci-dessus sur le phénol pur ; elle résulte d'une fixation d'anhydride carbonique sur le phénol avec élimination d'eau[1] :

$$3C^6H^6O + CO^2 = C^{19}H^{14}O^3 + 2H^2O.$$

L'acide rosolique résulte de cette même réaction effectuée sur le crésol qui se trouve mélangé au phénol dans le produit commercial.

1. Chauffée avec de l'ammoniaque en solution alcoolique sous pression, l'aurine se transforme en pararosaniline. Celle-ci peut donc être considérée comme l'amine d'un composé hydroxylé renfermant le même nombre d'atomes de carbone, et dont l'aurine serait un anhydride :

$$COH(C^6H^4 \cdot AzH^2)^3. \qquad COH(C^6H^4 \cdot OH)^3. \qquad CO \begin{cases} // (C^6H^4 \cdot OH)^2 \\ — C^6H^4 \\ \diagdown O \end{cases}$$

Pararosaniline. Aurine.

L'acide rosolique correspondrait de même à la rosaniline (O. et E. Fischer).

Chauffée avec de l'ammoniaque, à la température de 150°, la coralline jaune se transforme en une matière rouge de composition complexe, la *coralline rouge* ou *péonine*, également fort employée en teinture.

611. **Phtaléines.** — On a vu (570) que l'anhydride phtalique s'unissait aux phénols (1 molécule d'anhydride et 2 molécules de phénol) pour former une classe de composés appelés *phtaléines*. Un certain nombre de ces phtaléines sont employées comme matières tinctoriales. Ainsi, en chauffant l'acide phtalique avec le pyrogallol (558) ou avec l'acide gallique, vers 200°, on obtient la *galléine* :

$$C^8H^4O^3 + 2C^6H^6O^3 = C^{20}H^{10}O^6 + 3H^2O.$$

Anhydride phtalique. Pyrogallol. Galléine.

Cette matière colorante teint le coton en un beau gris violacé aussi solide que l'indigo.

En chauffant l'anhydride phtalique avec la *résorcine* (557) vers 200°, on obtient une matière peu soluble dans l'eau, soluble dans l'alcool ou dans les dissolutions alcalines, qu'elle colore en jaune brun; la liqueur présente par réflexion une fluorescence jaune-verdâtre très remarquable; de là le nom de *fluorescéine* donné à ce composé. La fluorescéine résulte de la réaction

$$C^8H^4O^3 + 2C^6H^6O^2 = C^{20}H^{12}O^5 + 2H^2O.$$

Anhydride phtalique. Résorcine. Fluorescéine.

La fluorescéine n'a pas d'application; mais, traitée par le brome, elle se transforme en *fluorescéine tétrabromée* ou *éosine* $C^{20}H^8Br^4O^5$, dont les solutions alcalines sont d'un rose magnifique, avec une fluorescence jaune très accentuée. L'éosine donne des roses en teinture.

CHAPITRE XXXV

ALCALIS VÉGÉTAUX

BASES PYRIDIQUES ET QUINOLÉIQUES

612. **Circonstances de formation.** — Les produits de la distillation sèche de la houille et plus généralement des matières organiques azotées renferment, outre des amines, des composés azotés basiques autour desquels paraissent devoir se grouper la plupart des alcaloïdes extraits des végétaux.

Ces produits azotés forment deux séries principales :

La série pyridique,
La série quinoléique.

613. **Série pyridique,** $C^n H^{2n-5} Az$. — La série pyridique est formée par la pyridine $C^5 H^5 Az$ et par ses dérivés méthylés. Les termes de cette série se rencontrent surtout parmi les produits de la distillation sèche des os (*huile animale de Dippel*).

La pyridine est un liquide à odeur forte, bouillant à 116°,7. Elle forme avec l'acide chlorhydrique un chlorhydrate $C^5 H^5 Az . HCl$.

Elle peut être considérée comme dérivée de la benzine par la substitution de Az à un groupe CH :

CH
CH CH
CH CH
Az

C'est une base tertiaire.

Le sodium agissant sur une dissolution alcoolique de pyridine transforme celle-ci en *pipéridine* avec fixation de 6 atomes d'hydrogène :

$$C^5 H^5 Az + 6H = C^5 H^{11} Az.$$

Symboliquement, on peut écrire :

CH, CH, CH, CH, CH, Az + 6H = CH², CH², CH², CH², CH², AzH

Pyridine. Pipéridine.

La pipéridine est une base qui prend naissance quand on chauffe avec la potasse alcoolique la *pipérine*, principe cristallisable extrait du poivre noir; sous l'influence de l'alcali, la pipérine se dédouble en acide pipéridique et pipéridine.

614. **Série quinoléique, $C^nH^{2n-11}Az$.** — Les bases quinoléiques se trouvent avec les bases pyridiques parmi les produits de la distillation de la quinine et de la cinchonine avec la potasse caustique ou encore dans les goudrons de houille, de schistes et d'os.

La *quinoléine* C^9H^7Az peut être, d'après ses réactions chimiques, dérivée de la pyridine et de la benzine de la même manière que la naphtaline est dérivée de deux molécules de benzine (515) :

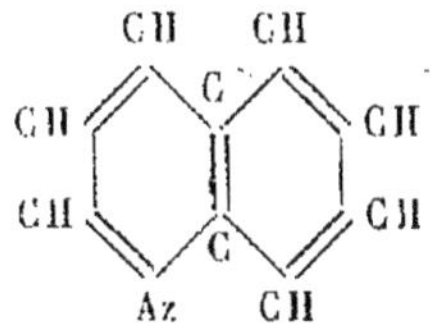

CH CH
CH C CH
CH C CH
Az CH

Liquide incolore à odeur très forte, bouillant à 235°,6; il brunit au contact de l'air.

La quinoléine s'unit à une molécule d'acide pour donner des sels cristallisables; c'est une base tertiaire.

ALCALIS VÉGÉTAUX

615. **Propriétés générales.** — Des combinaisons azotées douées de propriétés basiques, et que l'on désigne sous le nom d'*alcalis végétaux* ou d'*alcaloïdes*, ont été retirées de certains végétaux, où elles sont combinées à des acides organiques; elles constituent le plus souvent les principes actifs auxquels les plantes médicinales doivent leurs propriétés.

Les alcaloïdes sont en général peu solubles dans l'eau, plus solubles dans l'acool et l'éther; ils forment avec les acides des sels cristallisés. Parmi ces combinaisons salines, les plus importantes sont celles qu'ils forment avec l'acide chlorhydrique. Ces chlorures s'unissent avec le chlorure de platine pour donner des combinaisons insolubles analogues à celles que forme le chlorure d'ammonium. Tandis que quelques-uns de ces alcaloïdes ne se combinent, comme l'ammoniaque, qu'à une seule molécule d'acide chlorhydrique, d'autres s'unissent à 2 et même à 3 molécules d'hydracide; ces alcaloïdes sont des bases mono, di ou triacides, comparables aux amines (502).

Quelques alcalis végétaux ont été reproduits synthétiquement; mais la plupart ont une constitution chimique fort complexe, et leur étude est encore peu avancée.

Les alcaloïdes peuvent se partager en deux grands groupes : les uns sont liquides et volatils : ce sont des composés ternaires non oxygénés, comme la *conicine*, la *nicotine*; les autres sont solides et fixes : ils renferment alors de l'oxygène, comme la *morphine*, la *quinine*, la *strychnine*.

ALCALOÏDE DE LA CIGUË

CONICINE, $C^8H^{17}Az$.

616. **État naturel. — Extraction.** — Les semences de la ciguë vireuse (*Conium maculatum*) contiennent un alcaloïde, la *conicine*, que l'on sépare en distillant les semences avec une dissolution de carbonate de sodium.

617. **Propriétés.** — La conicine est un liquide incolore, bouillant à 167°, soluble dans l'eau. Elle dévie à droite le plan de polarisation.

Elle doit être considérée d'après Hofmann comme une pipéridine propylée :

```
              CH²
            /     \
        CH²         CH²
         |           |
         |           |
        CH²         CH - CH² - CH² - CH³
            \     /
              AzH
```

On en a fait la synthèse.

ALCALOÏDE DU TABAC

NICOTINE, $C^{10}H^{14}Az^2$.

618. **État naturel. — Extraction.** — La nicotine s'extrait du tabac (*Nicotiana tabacum*). Les diverses variétés de tabacs en renferment des proportions variables : ainsi le tabac du département du Lot en renferme 8 pour 100, le tabac de Virginie 7 pour 100, le tabac de Maryland 2,5 pour 100 et le tabac de la Havane 2,0 pour 100.

Pour extraire la nicotine, on épuise le tabac par l'eau bouillante et l'on évapore la liqueur au bain-marie à consistance de sirop; on ajoute un volume double d'alcool et on laisse reposer. La couche alcoolique qui surnage est séparée, évaporée; l'extrait est mélangé avec de la potasse caustique qui met la nicotine en liberté, puis agité avec de l'éther qui dissout la nicotine; on évapore l'éther au bain-marie et l'on distille le résidu dans une petite cornue tubulée, dans un courant d'hydrogène, en ne recueillant que ce qui passe à 180°.

619. **Propriétés.** — La nicotine est un liquide incolore, qui à l'air se colore en brun et se résinifie. Elle est *lévogyre*. Elle bout vers 250° en se décomposant partiellement; soluble dans l'eau, elle est plus soluble encore dans l'alcool et dans l'éther.

La nicotine est une base énergique; elle précipite les oxydes métalliques de leurs dissolutions. Elle exige pour se saturer 2 molécules d'un acide monobasique; ainsi la formule de son chlorhydrate est

$$C^{10}H^{14}Az^2, 2HCl.$$

La nicotine est un poison redoutable; elle exerce surtout son action sur les centres nerveux.

ALCALOÏDES DE L'OPIUM

620. **Opium.** — La sève qui s'écoule d'incisions pratiquées aux capsules des diverses espèces de pavots, s'épaissit à l'air. Cette matière, façonnée en pains de couleur brune, est connue dans le commerce sous le nom d'*opium*, et l'on distingue, suivant la provenance, les opiums de Smyrne, de Constantinople ou d'Égypte.

On peut extraire de l'opium où elles sont unies à divers acides organiques :

Morphine . . .	$C^{17}H^{19}AzO^3$	Papavérine. . .	$C^{21}H^{21}AzO^4$
Codéine	$C^{18}H^{21}AzO^3$	Narcotine . . .	$C^{22}H^{23}AzO^7$
Thébaïne . . .	$C^{19}H^{21}AzO^3$	Narcéine. . . .	$C^{23}H^{29}AzO^9$

MORPHINE, $C^{17}H^{19}AzO^3$.

621. **Extraction.** — La morphine est la plus importante de ces bases. Pour l'extraire, on fait macérer l'opium coupé en tranches avec sept à huit fois son poids d'eau froide, on malaxe la matière solide, on filtre et l'on renouvelle ce traitement jusqu'à ce que l'opium ne cède plus rien au liquide. On obtient ainsi l'*extrait*

aqueux d'opium, que l'on concentre jusqu'à consistance sirupeuse, et d'où l'on précipite la morphine en saturant le liquide encore chaud par du carbonate de sodium ou de l'ammoniaque; la morphine, peu soluble à froid, se dépose. On la purifie en la dissolvant dans l'alcool bouillant qui la laisse déposer par le refroidissement en petits cristaux prismatiques contenant une molécule d'eau de cristallisation.

622. **Propriétés.** — La morphine est très peu soluble dans l'eau froide; elle se dissout dans 500 fois son poids d'eau bouillante, dans 40 parties d'alcool froid, dans 25 parties d'alcool bouillant.

Les agents déshydratants, tels que le chlorure de zinc, l'acide chlorhydrique, lui enlèvent H^2O et donnent de l'*apomorphine* $C^{17}H^{17}AzO^2$. On doit donc considérer la morphine comme contenant 2 groupes alcooliques OH :

$$C^{17}H^{17}AzO(OH)^2.$$

Le chlorure d'or et l'azotate d'argent sont réduits par la morphine; la dissolution de permanganate de potassium est décolorée. Lorsqu'on ajoute une petite quantité de morphine réduite en poudre à une dissolution de perchlorure de fer, la liqueur prend une couleur bleue caractéristique.

Le plus important de ses sels est le chlorhydrate $C^{17}H^{19}AzO^3, HCl + 3H^2O$, qui cristallise en aiguilles soyeuses, solubles dans l'eau et surtout dans l'alcool. La dissolution aqueuse de ce chlorhydrate est employée en médecine, comme calmant, à la dose de quelques centigrammes, en injections sous-cutanées; à dose élevée, les sels de morphine sont des poisons redoutables.

La *codéine* est un dérivé méthylé de la morphine; chauffée avec de l'acide chlorhydrique, elle donne en effet du chlorure de méthyle et de l'apomorphine. Les dissolutions de codéine ne bleuissent pas par le perchlorure de fer.

ALCALOÏDES DES QUINQUINAS

623. **État naturel.** — Les écorces de *quinquina* contiennent, combinées à des acides organiques, et en particulier à l'*acide quinique* $C^6H^7(OH)^4.CO^2H$, un assez grand nombre d'alcaloïdes oxygénés, dont les principaux sont :

Quinine	$C^{20}H^{24}Az^2O^2 + 3H^2O$.
Cinchonine	$C^{19}H^{22}Az^2O$.
Cinchonidine	$C^{19}H^{22}Az^2O$.

Les arbres (*cinchona*) qui produisent le quinquina croissent dans les Cordillères, dans le Vénézuela, en Bolivie ; on les cultive aujourd'hui à Java et dans les Indes.

Suivant les espèces qui les fournissent, on distingue trois quinquinas vrais : le *quinquina gris*, riche en cinchonine, le *quinquina jaune*, plus riche en quinine, et le *quinquina rouge*, renfermant de la quinine et de la cinchonine.

QUININE, $C^{20}H^{24}Az^2O^2 + 3H^2O$.

624. Extraction. — Pour extraire les bases de l'écorce de quinquina, on réduit celle-ci en poudre fine, on la triture avec de la chaux et on lave le mélange avec de l'alcool bouillant ou, plus économiquement, avec des huiles lourdes de pétrole ; la chaux déplace les alcalis qui se dissolvent dans les essences carburées. Il suffit d'agiter celles-ci avec de l'acide sulfurique étendu d'eau pour dissoudre la quinine et la cinchonine à l'état de sulfate. En évaporant ces liquides acides on fait cristalliser le sulfate de quinine ; le sulfate de cinchonine reste dans les eaux mères.

Il suffit d'ajouter de l'ammoniaque à la dissolution du sulfate de quinine pour isoler l'alcaloïde.

625. Propriétés. — La quinine se présente alors sous la forme d'un précipité caséeux, amorphe. Elle se dissout dans 400 parties d'eau bouillante, dans 2 parties d'alcool froid ; elle se dissout également très bien dans les huiles grasses et les huiles hydrocarburées. Sa dissolution aqueuse est *lévogyre*.

Mais elle est surtout employée à l'état de sulfate neutre. Ce sel $(C^{20}H^{24}Az^2O^2)^2, SO^4H^2 + 8H^2O$ cristallise en longues aiguilles minces, incolores, très légères, peu solubles dans l'eau ; la dissolution est d'une amertume extrême. Ces cristaux se dissolvent dans un excès d'acide sulfurique en formant un sulfate acide $C^{20}H^{24}Az^2O^2, SO^4H^2 + 7H^2O$ plus soluble dans l'eau que le précédent. La dissolution sulfurique du sulfate de quinine montre une belle fluorescence bleue.

Le sulfate de quinine est employé comme fébrifuge ; le sulfate de cinchonine est moins actif.

Il y a deux chlorhydrates :

1. Le quinquina a été introduit en Europe en 1640. La comtesse del Cinchon, femme du vice-roi du Pérou, ayant été guérie de la fièvre par cette écorce, le quinquina fut connu tout d'abord sous le nom de *poudre de la comtesse*.

Le *monochlorhydrate* $C^{20}H^{24}Az^2O^2$, $HCl + 2H^2O$;
Le *dichlorhydrate* $C^{20}H^{24}Az^2O^2$, $2HCl$.

ALCALOÏDES DES STRYCHNOS

626. **État naturel.** — Les plantes appartenant au genre *Strychnos* doivent leurs propriétés toxiques à deux alcaloïdes :

La *strychnine*	$C^{21}H^{22}Az^2O^2$.
La *brucine*	$C^{23}H^{26}Az^2O^4 + 4H^2O$.

STRYCHNINE, $C^{21}H^{22}Az^2O^2$.

627. **Extraction.** — C'est de la noix vomique (semences du *Strychnos nux vomica*) que l'on extrait le plus important de ces alcaloïdes, la strychnine.

Le procédé d'extraction le plus simple consiste à faire bouillir la noix vomique pulvérisée avec de l'acide sulfurique étendu. On précipite les deux bases de la dissolution acide en saturant avec de la chaux, et l'on reprend le précipité par l'alcool bouillant, qui laisse déposer la strychnine par le refroidissement.

628. **Propriétés.** — La strychnine est cristallisée en octaèdres orthorhombiques incolores. Elle est très peu soluble dans l'eau, insoluble dans l'alcool absolu et dans l'éther; elle se dissout dans l'alcool ordinaire et la dissolution est *lévogyre*.

Elle fonctionne comme base monacide et forme des sels bien définis et cristallisables :

Chlorhydrate de strychnine . . .	$C^{21}H^{22}Az^2O^2, HCl + 3/2H^2O$.
Sulfate — . . .	$(C^{21}H^{22}Az^2O^2)^2, SO^4H^2 + 7H^2O$.
Azotate — . . .	$C^{21}H^{22}Az^2O^2, AzO^3H$.

Les sels de strychnine sont des poisons terribles, qui produisent des effets mortels à la dose de quelques centigrammes; ils déterminent des convulsions tétaniques d'une extrême violence. On les emploie en médecine à des doses extrêmement faibles.

CHAPITRE XXXVI

HYDROCARBURES TÉRÉBÉNIQUES — CAMPHRES

HYDROCARBURES TÉRÉBÉNIQUES

629. **Définition.** — Les hydrocarbures térébéniques ont pour formule générale

$$(C^{10}H^{16})^n.$$

Ce sont donc des isomères ou des polymères de l'un d'entre eux. Ils sont intermédiaires entre les hydrocarbures de la série grasse et les hydrocarbures aromatiques; leur constitution n'est pas encore nettement établie.

C'est toujours sous la forme de carbures térébéniques que les hydrocarbures se trouvent dans les végétaux.

ESSENCE DE TÉRÉBENTHINE.

630. **Origine.** — Les *térébenthines* sont des liquides visqueux qui s'écoulent d'incisions pratiquées au tronc de diverses espèces de Conifères, tels que les pins, sapins, mélèzes. Soumises à la distillation avec de l'eau, les térébenthines se scindent en un carbure liquide, l'*essence de térébenthine,* et en une résine solide, la *colophane.*

On distingue dans le commerce, suivant leur provenance, diverses essences de térébenthine dont les propriétés physiques ne sont pas identiques. Les principales sont : l'essence de térébenthine française ou *térébenthène* et l'essence de térébenthine anglaise ou *australène.*

631. **Térébenthène. — Australène.** — Le térébenthène et l'australène ont même composition centésimale et même densité de vapeur, 4,698; ils ont comme formule commune $C^{10}H^{16}$.

Le *térébenthène* est un liquide incolore, mobile, doué d'une odeur caractéristique, dont la densité à 16° est 0,864. Il bout à

156°; il *dévie à gauche* le plan de polarisation de la lumière (*lévogyre*).

L'*australène*, au contraire, est *dextrogyre*, c'est-à-dire dévie *à droite* le plan de polarisation. Ses propriétés chimiques sont d'ailleurs identiques à celles du térébenthène.

632. **Propriétés chimiques.** — Abandonnée au contact de l'air, l'essence de térébenthine absorbe peu à peu l'oxygène, jaunit, se résinifie (*essence grasse* des peintres sur porcelaine). Cette oxydation fournit des hydrocarbures liquides ou solides dérivés du térébenthène par perte d'hydrogène et des composés acides.

Lorsqu'on approche un corps incandescent d'une mèche imbibée d'essence de térébenthine, celle-ci s'enflamme et brûle avec une flamme rougeâtre, très fuligineuse. On utilise cette réaction pour préparer le noir de fumée.

L'acide azotique fumant versé sur l'essence détermine son inflammation; mais l'acide azotique étendu et bouillant l'oxyde lentement et la transforme en divers composés acides.

Chauffé à 250° en tubes scellés, le térébenthène se transforme en un mélange de deux autres hydrocarbures. Le premier est un liquide bouillant à 177°; son odeur est celle de l'essence de citron; il est lévogyre: c'est l'*isotérébenthène* $C^{10}H^{16}$. Le second est visqueux; c'est un polymère $C^{20}H^{32}$.

Lorsqu'on abandonne à lui-même, en l'agitant fréquemment, un mélange de 8 parties d'essence, de 2 parties d'acide azotique de densité 1,3 et de 1 partie d'alcool à 80° centésimaux, on voit se déposer peu à peu des cristaux bruns. Purifiés par plusieurs cristallisations dans l'alcool, ces cristaux constituent un *hydrate de térébenthène* ou *hydrate de terpine* $C^{10}H^{16}, 3H^2O$. Ces cristaux perdent 2 molécules d'eau de cristallisation à 100°.

Mélangé avec $\frac{1}{20}$ de son poids d'acide sulfurique, l'essence de térébenthine se convertit en un carbure isomérique, le *térébène*, qui diffère du térébenthène en ce qu'il n'a pas de pouvoir rotatoire, et en un *carbure polymère*, le *colophène* ou *ditérébène* $C^{20}H^{32}$, dépourvu également de pouvoir rotatoire.

L'acide chlorhydrique peut former avec le *térébenthène* trois combinaisons :

Un monochlorhydrate *solide*	$C^{10}H^{16}, HCl$.
Un monochlorhydrate *liquide*	$C^{10}H^{16}, HCl$.
Un dichlorhydrate *solide*	$C^{10}H^{16}, 2HCl$.

On obtient les deux premiers en faisant passer un courant de gaz chlorhydrique dans l'essence refroidie. Il se forme des cristaux de chlorhydrate solide, qu'on purifie par plusieurs cristallisations dans l'alcool, et le liquide renferme le monochlorhydrate liquide.

Le monochlorhydrate solide possède une odeur analogue à celle du camphre (*camphre artificiel*) ; sa solution alcoolique est lévogyre ; le composé liquide est au contraire dextrogyre.

Le dichlorhydrate s'obtient facilement en faisant passer un courant de gaz chlorhydrique dans l'hydrate de terpine ; ses propriétés sont les mêmes que celles du dichlorhydrate obtenu avec l'essence de citron (*camphre de citron*) ; traité par le potassium, il donne un carbure liquide, le *citrène*, analogue à celui que l'on obtient en distillant le camphre de citron avec de la chaux.

Camphènes. — Chauffé avec un sel alcalin d'un acide organique faible, tel qu'un stéarate, le monochlorhydrate solide de térébenthène se décompose en acide chlorhydrique qui reste uni à la base et en un isomère *solide* du térébène, le *camphène*, lévogyre comme le chlorhydrate qui lui a donné naissance.

Le monochlorhydrate solide d'australène fournit, par cette même réaction, un camphène dextrogyre. La préparation de ces camphènes actifs donne toujours une certaine quantité de camphène inactif (Berthelot).

633. **Isomères du térébenthène.** — Ces quelques réactions suffisent pour montrer avec quelle facilité le térébenthène se transforme en hydrocarbures *isomères* ou *polymères*.

1° On connait, en outre, un nombre considérable d'hydrocarbures provenant d'*essences végétales* et ayant la même composition centésimale que le térébenthène et même densité de vapeur, ayant tous, par conséquent, pour formule $C^{10}H^{16}$, mais différant par quelques-unes de leurs propriétés organoleptiques ou physiques ; telles sont :

L'essence de citron (*citrène*),
— d'orange,
— de lavande,
— de genièvre,
— de poivre, etc.

2° D'autres carbures, tout en ayant même composition centésimale, ont une densité de vapeur égale à une fois et demie ou deux fois celle du térébenthène. Ce sont en général des produits de transformation des précédents hydrocarbures. Tels sont le *ditérébène* $C^{20}H^{32}$ ou $(C^{10}H^{16})^2$ et le *cédrène* $C^{15}H^{20}$ ou $(C^{10}H^{16})^3/_2$.

634. **Huiles essentielles.** — On extrait généralement ces huiles essentielles en soumettant les parties de végétaux qui les contiennent à la distillation avec de l'eau dans des alambics disposés de telle sorte que le chauffage du liquide est obtenu par la condensation d'un courant de vapeur d'eau qui arrive au fond de l'alambic. L'essence est entraînée avec la vapeur d'eau, se condense dans le serpentin et est recueillie dans un récipient de forme spéciale, dit *récipient florentin* (fig. 132).

L'essence plus légère surnage ; mais, le niveau du liquide tendant à s'élever, dès que celui-ci a dépassé le plan tangent au sommet du col de cygne, l'eau s'écoule tandis que l'essence s'accumule dans le vase. On dispose aujourd'hui ces récipients d'une façon un peu différente (fig. 153), de façon à pouvoir recueillir l'essence pendant la durée de la distillation[1].

635. **Applications.** — Les isomères de l'essence de térébenthine sont employés en parfumerie. Mais l'essence de térébenthine a de plus importantes applications : peinture sur porcelaine, fabrication des vernis, etc.

636. **Résines.** — Les *résines* sont des produits solides qui résultent de l'oxydation des huiles essentielles, oxydation qui s'effectue dans la plante elle-même. Mélangées aux hydrocarbures liquides, elles constituent les *térébenthines* ou les *baumes* (*benjoin, baume de Tolu*) lorsque la résine contient des acides *benzoïque* ou *cinnamique* ; les *gommes résines* (*galbanum, opopanax, encens, gomme-gutte*) sont des mélanges de résines et de gommes ou de mucilages.

Les *résines* sèches ne contiennent que peu de matières liquides ; tels sont : la *colophane*, la *sandaraque*, le *copal*, la *laque* ; ces résines proviennent de la

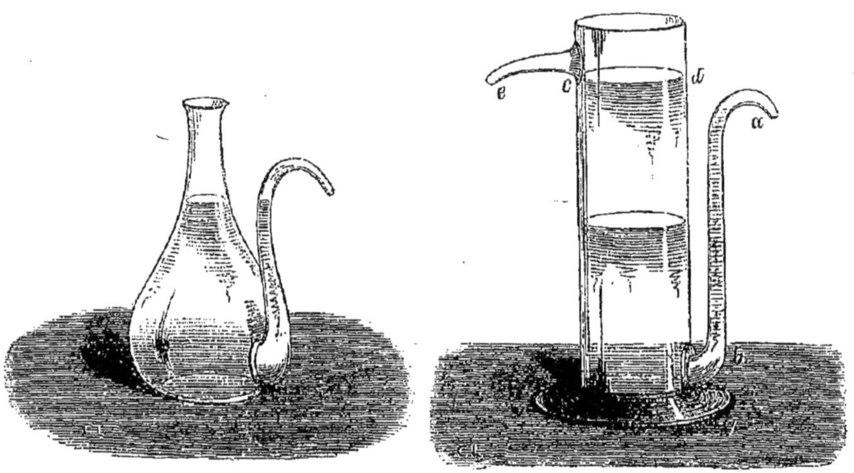

Fig. 152. Fig. 153.

distillation artificielle des térébenthines, ou de l'évaporation spontanée, accompagnée d'oxydation, des sucs laiteux de divers végétaux. L'*ambre succin* est une résine fossile qu'on trouve dans les lignites.

Les résines dissoutes dans l'essence de térébenthine, ou dans des mélanges d'essence de térébenthine et d'alcool, ou encore dans des mélanges de térébenthine et d'huile de lin, forment les vernis.

637. **Caoutchouc. — Gutta-percha.** — Le *caoutchouc* provient de la dessiccation, au contact de l'air, d'un suc blanc, laiteux, qui s'écoule d'incisions pratiquées aux troncs de certains arbres des genres *Hevea*, *Siphonia* ou *Ficus*, croissant

1. On groupait autrefois sous le nom d'*huiles essentielles* des corps doués d'une odeur aromatique, volatils, insolubles ou peu solubles dans l'eau, solubles dans l'alcool et l'éther, graissant le papier, mais se distinguant des corps gras proprement dits en ce que la tache, en raison de la volatilité de la substance, n'est que temporaire. Les huiles essentielles sont des mélanges de divers hydrocarbures liquides et de composés solides généralement oxygénés (*résines, camphres*).

au Brésil, aux Indes, à Java, au Gabon. Le caoutchouc naturel, coloré en brun par l'action de la lumière, est élastique aux températures comprises entre 10° et 55°; il durcit aux basses températures et fond à 180°. Soumis à l'action de la chaleur, il laisse dégager des carbures d'hydrogène; l'un d'eux, le *caoutchène* $C^{10}H^{16}$, est susceptible de former un hydrate identique à la terpine (632)

Le caoutchouc, divisé en fils très fins, sert à faire des tissus élastiques. Dissous dans un mélange de sulfure de carbone et d'alcool absolu et étendu à la surface des étoffes, il rend celles-ci imperméables On en fait des tubes, des courroies de transmission, etc. Afin d'éviter que deux lames de caoutchouc, ramollies par la chaleur, ne se soudent à elles-mêmes, on unit le caoutchouc au soufre (*caoutchouc vulcanisé*). Pour vulcaniser le caoutchouc, on plonge les objets dans du sulfure de carbone additionné de 2 pour 100 de chlorure de soufre.

La *gutta-percha* est le suc épaissi de l'*Isonendra* (Chine, Malaisie); elle est noire, soluble dans le sulfure de carbone, dure à la température ordinaire et se ramollit vers 60°. Ramollie dans l'eau chaude, elle peut se souder à elle-même et sert à faire des vases imperméables, à prendre des empreintes pour la galvanoplastie, à isoler les fils télégraphiques, etc.

CAMPHRES

638. **Définition.** — Les camphres sont des composés oxygénés solides doués d'une odeur aromatique qui accompagnent les hydrocarbures térébéniques dans les huiles essentielles. Les uns se comportent comme des alcools (*Bornéol, Menthol*), les autres comme des corps voisins des aldéhydes (*Camphre des Laurinées*).

CAMPHRE, $C^{10}H^{16}O$.

639. **Préparation. — Propriétés.** — Lorsqu'on distille avec de l'eau le bois du *Laurus camphora*, arbre de la Chine et du Japon, on voit se condenser sur les parties froides de l'appareil distillatoire de petits cristaux blanchâtres, qui constituent le camphre ordinaire ou camphre des Laurinées.

On le purifie en le sublimant dans des fioles en verre dont le fond est chauffé au bain de sable.

Le camphre est en masses cristallines, incolores, transparentes. Son odeur est caractéristique; il fond à 178° et bout à 204°. Mais à la température ordinaire sa tension de vapeur est assez forte pour qu'il se sublime dans les vases où on le conserve. Il est à peine soluble dans l'eau; projeté sur ce liquide, il exécute à la surface des mouvements giratoires. Il est soluble dans l'alcool et l'éther. La solution alcoolique est *dextrogyre*. On extrait de l'*essence de matricaire* un camphre qui ne diffère du camphre des Laurinées que par son pouvoir rotatoire, qui est *lévogyre*.

Le camphre brûle à l'air avec une flamme fuligineuse.

Un certain nombre de réactions rapprochent le camphre des aldéhydes, dont il ne possède pas cependant les propriétés réductrices. Il peut en effet fixer de l'hydrogène et se changer en un alcool, l'*alcool campholique* :

$$C^{10}H^{16}O + H^2 = C^{10}H^{18}O.$$

Chauffé avec une dissolution de potasse, le camphre se transforme en un mélange d'*alcool campholique* et d'*acide camphique* :

$$\underset{\text{Camphre.}}{2(C^{10}H^{16}O)} + KOH = \underset{\text{Camphate de potassium.}}{C^{10}H^{15}KO^2} + \underset{\text{Alcool campholique.}}{C^{10}H^{18}O}.$$

Mais la réaction suivante le distingue des aldéhydes. Oxydé par l'acide azotique, il fournit en effet un acide bibasique, l'*acide camphorique* $C^8H^{14}(CO^2H)^2$:

$$C^{10}H^{16}O + O^3 = C^{10}H^{16}O^4.$$

Quelques autres substances qui se rapprochent des aldéhydes présentent les réactions générales du camphre; M. Berthelot les a distinguées des aldéhydes sous le nom de *carbonyles*.

640. **Bornéol.** — L'*alcool campholique*, *camphre de Bornéo* ou *bornéol* $C^{10}H^{18}O$ s'extrait d'un arbre qui croît dans les îles de la Sonde; les corps oxydants lui enlèvent H^2 et le transforment en camphre ordinaire.

C'est un corps solide, fondant à 198°, bouillant à 212°; *dextrogyre* en solution alcoolique.

641. **Menthol.** — Le *menthol* ou *camphre de menthe* $C^{10}H^{20}O$ est un produit solide, blanc, qui se sépare de l'essence de menthe poivrée lorsqu'on la refroidit. Il agit comme un alcool.

CHAPITRE XXXVII

MATIÈRES ALBUMINOÏDES — MATIÈRES GÉLATINEUSES

MATIÈRES ALBUMINOÏDES

642. **Propriétés générales.** — Les matières albuminoïdes, dont le type est l'albumine de l'œuf de poule, sont des matières azotées neutres, très répandues dans l'organisme. Leur composition est complexe : elles renferment du carbone, de l'hydrogène, de l'oxygène, de l'azote et de petites quantités de soufre, et leur composition élémentaire diffère peu de la suivante :

Carbone	53,5
Hydrogène	6,9
Azote	15,6
Oxygène	22,4
Soufre	1,6
	100,0

Nous distinguerons[1] l'*albumine du blanc d'œuf*, l'*albumine du sang* ou *sérine*, la *fibrine*, la *caséine* et les *albumines végétales*.

Les matières albuminoïdes sont amorphes et incolores; elles n'ont ni odeur, ni saveur; desséchées, elles forment des masses blanches ou jaunâtres, translucides et susceptibles de se gonfler au contact de l'eau. Elles existent généralement à l'état soluble dans l'organisme, et se coagulent, deviennent insolubles soit par la chaleur, soit par certains agents chimiques. La difficulté avec laquelle elles traversent le papier parchemin d'un dialyseur les définit comme des substances colloïdes. Leurs dissolutions

1. La distinction des diverses matières albuminoïdes repose sur des différences le plus souvent très faibles que l'on observe dans leurs propriétés physiques suivant qu'on les extrait de tel ou tel milieu. Ces différences sont dues en grande partie à la présence de très petites quantités de matières étrangères qu'elles emprisonnent au moment de leur coagulation et qu'elles retiennent énergiquement, comme le font les substances colloïdes minérales, telles que l'alumine gélatineuse et l'argile. Il est possible qu'il n'existe qu'une seule matière albuminoïde (Duclaux).

agissent sur la lumière polarisée. Les sels de plomb, de cuivre, précipitent leurs dissolutions.

Soumises à la distillation sèche, elles se décomposent en laissant un résidu charbonneux brillant, boursouflé, riche en azote, en même temps que se dégagent de l'eau, des composés ammoniacaux, des bases parmi lesquelles se trouve l'aniline, et enfin des carbures d'hydrogène.

645. **Albumine.** — Le blanc de l'œuf[1] de poule est en grande partie formé d'une matière albuminoïde soluble dans l'eau et coagulable par la chaleur : c'est l'*albumine* proprement dite.

Pour extraire l'albumine, on délaye dans l'eau des blancs d'œufs, on filtre à travers un linge et l'on ajoute une dissolution de sous-acétate de plomb jusqu'à cessation de précipité. Celui-ci est recueilli, soigneusement lavé, mis en suspension dans l'eau et décomposé par un courant de gaz carbonique; il se précipite du carbonate de plomb et l'albumine se dissout de nouveau. On débarrasse la liqueur d'une trace de plomb dissoute par quelques gouttes d'hydrogène sulfuré, on chauffe doucement au bain-marie de façon à déterminer un commencement de coagulum qui entraîne le sulfure de plomb, on filtre et on évapore à une température qui ne doit pas dépasser 40° à 50°.

On obtient ainsi une masse transparente, amorphe, jaunâtre, qui se dissout lentement dans l'eau en toutes proportions. Cette dissolution est *lévogyre*.

Sèche, l'albumine peut être chauffée au delà de 100° sans perdre sa solubilité dans l'eau; mais sa dissolution se coagule lorsqu'on la chauffe, la température à laquelle se produit le changement d'état dépendant de la concentration de la liqueur; une dissolution concentrée commence à se troubler vers 60°; très étendue d'eau, elle ne laisse déposer quelques flocons que vers 90°.

L'alcool concentré précipite l'albumine de ses dissolutions; il en est de même des acides sulfurique et chlorhydrique; mais un excès d'acide chlorhydrique redissout le précipité; l'acide chlorhydrique étendu ne précipite pas l'albumine. L'acide azotique, l'acide métaphosphorique coagulent complètement l'albumine; par contre, l'acide orthophosphorique, l'acide acétique et les autres acides organiques sont sans action.

Un grand nombre de sels précipitent l'albumine, en formant avec elle des combinaisons : tels sont le sous-acétate de plomb, le bichlorure de mercure, l'azotate d'argent.

1. Les œufs des divers oiseaux paraissent renfermer des albumines douées de propriétés un peu différentes. Aussi convient-il de prendre comme type l'albumine de l'œuf de poule, la seule d'ailleurs qui ait des applications.

L'albumine coagulée par la chaleur est insoluble dans l'eau, l'alcool, l'éther; les dissolutions alcalines la dissolvent difficilement si elles sont étendues; les dissolutions concentrées la dissolvent rapidement. Elle se gonfle dans l'acide acétique et s'y dissout peu à peu; l'acide chlorhydrique étendu ne la dissout pas; si l'acide est concentré, la dissolution a lieu avec transformation de l'albumine en *syntonine*. En présence de l'acide chlorhydrique étendu et de la *pepsine* (ferment non figuré, qui existe dans le suc gastrique), l'albumine coagulée se dissout vers 35°, en se transformant en *peptone* (646).

644. **Sang. — Fibrine.** — La fibrine est la matière albuminoïde qui se sépare du sang par la coagulation spontanée de ce liquide.

Le sang des animaux supérieurs est formé d'un liquide aqueux, le *plasma*, renfermant de la fibrine, une albumine un peu différente de l'albumine du blanc d'œuf ou *sérine* et des sels divers dans lesquels nagent des globules rouges ou *hématines*, des globules blancs et des granulations beaucoup plus petites ou *granulations hématiques*.

Sans parler des gaz, 1000 parties de sang humain renferment en moyenne :

Eau	781,60
Globules secs	135,00
Albumine	70,00
Fibrine	2,50
Sels solubles	8,40
Graisses	1,60
Phosphates terreux	0,35
Fer	0,55
	1000,00

La proportion des globules humides, c'est-à-dire tels qu'ils existent dans les vaisseaux, et du plasma est de 396 à 604 environ.

Au sortir de la veine, le sang se coagule en quelques minutes et se sépare en deux masses distinctes : l'une rouge, formée par la *fibrine* coagulée qui emprisonne les globules, l'autre légèrement jaunâtre, le *sérum*.

Si l'on bat le sang frais avec un petit balai, la fibrine s'attache à celui-ci sous forme de filaments qui peuvent être débarrassés complètement de globules rouges par un lavage à l'eau; on lave à l'alcool et à l'éther pour enlever les matières grasses.

La fibrine se présente en masses fibreuses grisâtres, opaques, élastiques; elle est insoluble dans l'eau, l'alcool, l'éther; elle est très soluble dans l'acide acétique et dans les alcalis. Elle se gonfle et se dissout en partie lorsqu'on la fait digérer vers 40° avec diverses solutions salines neutres (salpêtre, sel marin, sulfate de sodium). Lorsqu'elle est humide, elle se putréfie facilement pendant les chaleurs de l'été.

Le sérum paraît renfermer diverses matières albuminoïdes, parmi lesquelles la plus importante est la *sérine*, qui diffère de l'albumine du blanc d'œuf par quelques-unes de ses propriétés. Ainsi elle précipite par l'alcool, mais le précipité se redissout dans l'eau. La dissolution aqueuse de sérine se coagule par la chaleur, comme la dissolution d'albumine, vers 72°.

645. **Lait. — Caséine.** — Le lait des mammifères est une dissolution aqueuse de sels minéraux divers et de lactose dans laquelle se trouve partie en suspension, partie en dissolution, une matière albuminoïde, la *caséine*, et qui tient en suspension des globules gras. Ces globules gras apparaissent, lorsqu'on examine une goutte de lait au microscope, comme de petits sphéroïdes entourés d'un fin liséré brillant, que l'on a cru être une membrane. Il n'en est rien : les globules gras sont disséminés dans le liquide à l'état d'émulsion, et se séparent peu à peu du liquide pour former à la surface une couche de crème, émulsion de matière grasse plus riche que la précédente. Par le battage, on réunit ces globules, et c'est ainsi que l'on fabrique le *beurre*; le liquide clair séparé du lait forme le petit-lait. Ces phénomènes sont analogues à ceux que l'on obtient lorsqu'on ajoute de l'huile à une dissolution de savon à 1 pour 100 ; en agitant vivement, on obtient un liquide blanc d'apparence homogène, d'où les globules de matière grasse, plus légers que le liquide, se séparent peu à peu.

La caséine est en partie en suspension dans le lait, en partie dissoute. On la sépare du lait écrémé en additionnant celui-ci d'un acide (acide chlorhydrique, acide sulfurique) qui coagule la caséine; celle-ci se sépare en flocons compacts, qu'on lave à l'eau, à l'alcool et à l'éther. On sépare également du lait la majeure partie de la caséine en filtrant le lait écrémé au travers d'un cylindre poreux et à l'aide du vide.

La caséine ainsi obtenue est insoluble dans l'eau, mais elle se dissout dans une lessive alcaline, d'où l'alcool la précipite de nouveau. Elle est précipitée de ses dissolutions très faiblement alcalines par les acides, un grand nombre de sels neutres, tels que le chlorure de sodium, le sulfate de magnésium. La *présure*[1]

1. La *présure* est un ferment soluble sécrété par la muqueuse stomacale des jeunes mammifères en lactation : elle disparaît lorsque le régime lacté cesse et

(*estomac du veau*), coagule le lait; c'est ainsi que l'on fait cailler le lait destiné à la fabrication des fromages. Pendant les chaleurs de l'été, le sucre de lait fermente et se transforme en acide lactique qui, acidifiant ce liquide, détermine la coagulation de la caséine : on dit que le lait *tourne*.

On empêche le lait de tourner en l'additionnant de quelques millièmes de carbonate de sodium ou mieux de borax, de façon à le maintenir légèrement alcalin ; mieux encore en le *pasteurisant* ou le *stérilisant* (648).

646. **Syntonine. — Peptones.** — Sous l'influence de l'acide chlorhydrique étendu ou de la pepsine du suc gastrique, les matières albuminoïdes éprouvent des transformations qui en modifient profondément les propriétés physiques.

En épuisant par l'eau froide de la viande fraîche hachée finement, puis maintenant en digestion le résidu insoluble avec de l'acide chlorhydrique à 1 pour 1000, on obtient un liquide qui, filtré, est neutralisé par un carbonate alcalin. On a ainsi un précipité blanc, floconneux, de *syntonine*, insoluble dans l'eau, soluble dans l'acide chlorhydrique étendu; la solution chlorhydrique est lévogyre.

En présence de très petites quantités d'acide chlorhydrique, la *pepsine* ou diastase du suc gastrique transforme les matières albuminoïdes en *peptones*, solubles dans l'eau, déliquescentes, insolubles dans l'alcool. Les solutions aqueuses de peptone ne sont précipitées ni par les alcalis, ni par les acides; ces dissolutions sont douées du pouvoir rotatoire.

647. **Albumines végétales.** — Les organes des végétaux renferment un grand nombre de matières azotées que l'on doit rapprocher des matières albuminoïdes.

Les plus importantes sont celles qui constituent le *gluten*. Cette substance, qui reste comme résidu du lavage de la farine des graminées (440), est une masse grise élastique, de composition complexe et fort mal connue; une partie de la matière est insoluble dans l'alcool, et comme elle présente les propriétés générales de la caséine, on lui donne le nom de *gluten-caséine*; de la partie soluble dans l'alcool on peut isoler un *gluten-fibrine* analogue à la fibrine animale.

L'eau qui a servi au lavage de la farine, débarrassée de toute trace de fécule par filtration, tient en dissolution une *albumine* analogue à celle que contient le blanc d'œuf; il suffit, en effet, de

fait place à la *pepsine*. Le caillé formé par la présure est inversement transformé en matières solubles et assimilables par une autre diastase, la *caséase*, contenue dans le suc pancréatique (Duclaux).

aciduler et de la porter à l'ébullition pour obtenir un coagulum.

Les graines des légumineuses et les graines oléagineuses ne contiennent pas de gluten soluble dans l'alcool, mais renferment, indépendamment de l'albumine soluble dans l'eau et coagulable par la chaleur, des matières albuminoïdes (*légumines*) insolubles dans l'eau pure, solubles dans les liqueurs alcalines étendues, précipitables de ces dissolutions par les acides faibles, analogues par conséquent à la caséine végétale.

648. **Putréfaction. — Conservation des matières alimentaires.** — Les matières albuminoïdes, et d'une façon plus générale tous les liquides de l'organisme ou les masses musculaires, sont le siège de transformations chimiques complexes, accompagnées ou non d'un dégagement de gaz putrides et du développement d'êtres organisés analogues à des ferments, dont l'ensemble constitue la *putréfaction*. Les milieux qui subissent ces transformations sont d'une nature complexe et renferment un grand nombre d'éléments fermentescibles qui rendent l'étude de ces phénomènes fort difficile. On doit considérer cependant la putréfaction comme la résultante d'un grand nombre de fermentations distinctes dues à des ferments organisés ou aux diastases qu'elles sécrètent, sans qu'il ait été toujours possible d'isoler chacun des ferments qui concourent à effectuer un groupe de réactions données.

Si la putréfaction est liée comme les fermentations au développement d'êtres vivants, le problème de la conservation des matières organisées revient à l'étude des conditions dans lesquelles il convient de se placer pour paralyser pendant un temps plus ou moins long les fonctions vitales de ces organismes ou à les suspendre définitivement.

Froid. — Le froid arrête le développement des germes et suspend leur action. On a trouvé à la fin du siècle dernier sur les bords de la mer Glaciale, à l'embouchure de la Léna, des cadavres d'animaux appartenant à des espèces aujourd'hui disparues, enfouis dans le sol ou emprisonnés dans des blocs de glace et qui étaient dans un parfait état de conservation. Des moutons, des bœufs abattus en Australie ou à la Plata sont congelés à — 15°, transportés en Europe dans des chambres frigorifiques et conservés pendant plusieurs mois, sans qu'ils subissent d'altération, à quelques degrés au-dessous de 0°. Le froid est aujourd'hui un des principaux agents de conservation des matières alimentaires employés industriellement et l'emploi de chambres frigorifiques tend à se développer.

Mais le froid ne tue pas les germes, certains d'entre eux du moins ; on en a vu résister à une température de — 40° et même de — 80° ; momentanément paralysés, ils reprennent toute leur activité dès que l'action du froid est suspendue.

Chaleur. — Maintenue pendant quelques minutes, une température de 140° tue tous les germes de fermentation. On peut même abaisser la température à 120°, ce qui permet d'exposer à l'action de la chaleur et de désinfecter les vêtements et les objets de literie souillés par les germes des maladies contagieuses, sans inconvénient pour les tissus.

Si la chaleur est *humide*, on peut descendre à 110°. C'est ainsi que le lait maintenu pendant cinq minutes à 110° en vases clos, puis enfermé dans des bouteilles ou des boîtes étanches, est dépouillé non seulement des bacilles des maladies infectieuses (tuberculose, fièvre typhoïde,...), mais encore de tous les êtres vivants qui sont susceptibles de l'altérer ; il est *stérilisé*, et peut être conservé pendant fort longtemps. Même à 70° (*pasteurisation*), il a déjà perdu tous les germes des maladies infectieuses, mais alors la durée de conservation est moindre. La fabrication des conserves de viandes ou de légumes dans des boîtes scellées est fondée sur ce même principe.

Dessiccation. — La *dessiccation*, en faisant disparaître les liquides qui baignent les tissus, gêne la propagation des germes qui se déposent à leur surface ; les tissus musculaires parfaitement desséchés, les légumes et les fruits secs se conservent pendant fort longtemps, à l'abri de l'humidité, sans subir d'altération.

C'est à ces agents d'ordre purement physique que l'industrie de la conservation des matières alimentaires doit rigoureusement se limiter. Il est d'autres agents d'ordre chimique, les *antiseptiques*, qui produisent des effets analogues et qui sont employés plus particulièrement comme désinfectants. Tels sont :

Le chlore et les hypochlorites ;
Le gaz sulfureux et les sulfites ;
L'acide nitrososulfurique ;
Le chlorure mercurique ;
Les sels de zinc ;
L'acide borique et le borax ;
L'acétate d'aluminium ;
L'alcool ;
L'acide benzoïque, l'acide salicylique ;
Les phénols.

MATIÈRES GÉLATINEUSES

649. **Propriétés générales.** — On donne le nom de *matières gélatinisables* à des substances qui, sous l'action de l'eau bouillante, ou mieux de l'eau surchauffée, se transforment en une matière soluble dans l'eau et qui se prend en gelée par le refroidissement, la *gélatine*.

Tels sont le *tissu conjonctif* (ligaments musculaires, tendons, peau) et la matière animale des os, l'*osséine*.

Le *tissu cartilagineux* soumis à l'action de l'eau sous pression ne donne pas de gélatine, mais de la *chondrine*, qui, par quelques-unes de ses propriétés, diffère de la gélatine.

Les matières gélatinisables et les matières gélatineuses ont une composition élémentaire très voisine de celle des substances albuminoïdes :

	Colle de poisson.	Osséine de bœuf.
Carbone	50,8	50,2
Hydrogène	6,6	7,1
Azote	18,3	18,4
Oxygène et soufre	24,3	24,3
	100,0	100,0

650. **Gélatine.** — On prépare une gélatine de qualité inférieure à l'aide de matières très diverses (*colles-matières*), telles que débris de peaux vertes, rognures de cuir, débris de peaux provenant des tanneries, des mégisseries, etc. On fait digérer ces substances avec un lait de chaux afin de les débarrasser des poils, de la graisse, du sang, puis, après lavage, on chauffe avec de l'eau sous pression, à 120°, dans des chaudières à double fond. Le liquide soutiré se prend par le refroidissement en une masse gélatineuse. On obtient ainsi la *colle*.

On réserve le nom de *gélatine* à celle que l'on obtient à l'aide des os d'animaux domestiques[1]. On peut sacrifier la matière

1. Les os frais renferment en moyenne :

Eau	50
Matières grasses	15,75
Osséine	12,40
Matières minérales	21,85

Privés d'eau par la dessiccation, ils contiennent en centièmes :

Matières organiques	38,2

minérale de l'os en dissolvant celle-ci à l'aide de l'acide chlorhydrique étendu, puis soumettant l'osséine ainsi mise à nu à la coction dans une chaudière fermée ; on prépare de cette façon une gélatine de très bonne qualité. Les eaux acides qui ont dissous le phosphate de calcium servent à la préparation du phosphate de calcium précipité employé comme engrais.

Mais on préfère généralement faire bouillir les os frais avec de l'eau pour les débarrasser des matières grasses, puis les soumettre directement à la coction dans un autoclave dont l'eau est portée à la température de 130°. On transforme ainsi l'osséine en gélatine, qui se sépare de l'eau par le refroidissement. Le résidu (*os dégélatinisés*) peut servir à la préparation du noir animal.

On prépare une gélatine très pure, connue sous le nom de *colle de poisson* ou *ichtyocolle*, avec la vessie natatoire de l'esturgeon. Cette gélatine peut être employée à la confection de gelées alimentaires ; elle sert au collage des vins. C'est avec les variétés les moins pures que l'on prépare les colles fortes, colles à bouche, etc.

La gélatine se gonfle dans l'eau froide sans s'y dissoudre ; mais elle se dissout dans l'eau chaude ; pour peu qu'elle renferme 3 pour 100 au moins de substances dissoutes, la liqueur se prend en gelée par le refroidissement.

Les alcalis, les acides et même l'acide acétique dissolvent à froid la gélatine.

Elle est précipitée par l'alcool de ses dissolutions ; elle n'est précipitée ni par l'alun, ni par l'acétate ou le sous-acétate de plomb, et elle se distingue en cela de la *chondrine*. Le tannin précipite abondamment et complètement la gélatine, avec laquelle il forme une combinaison imputrescible ; c'est sur cette propriété qu'est fondé le *tannage des peaux*, car les matières gélatinisables, telles que la peau, jouissent de la même propriété.

et des matières minérales qui peuvent être ainsi groupées, arbitrairement d'ailleurs :

Phosphate tricalcique.	50,1
Carbonate de calcium.	11,7

Cette composition est celle des os spongieux ; les os compacts sont plus riches en matière minérale.

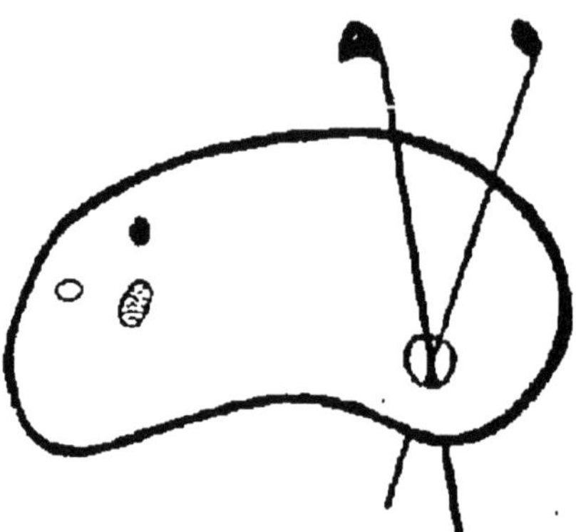

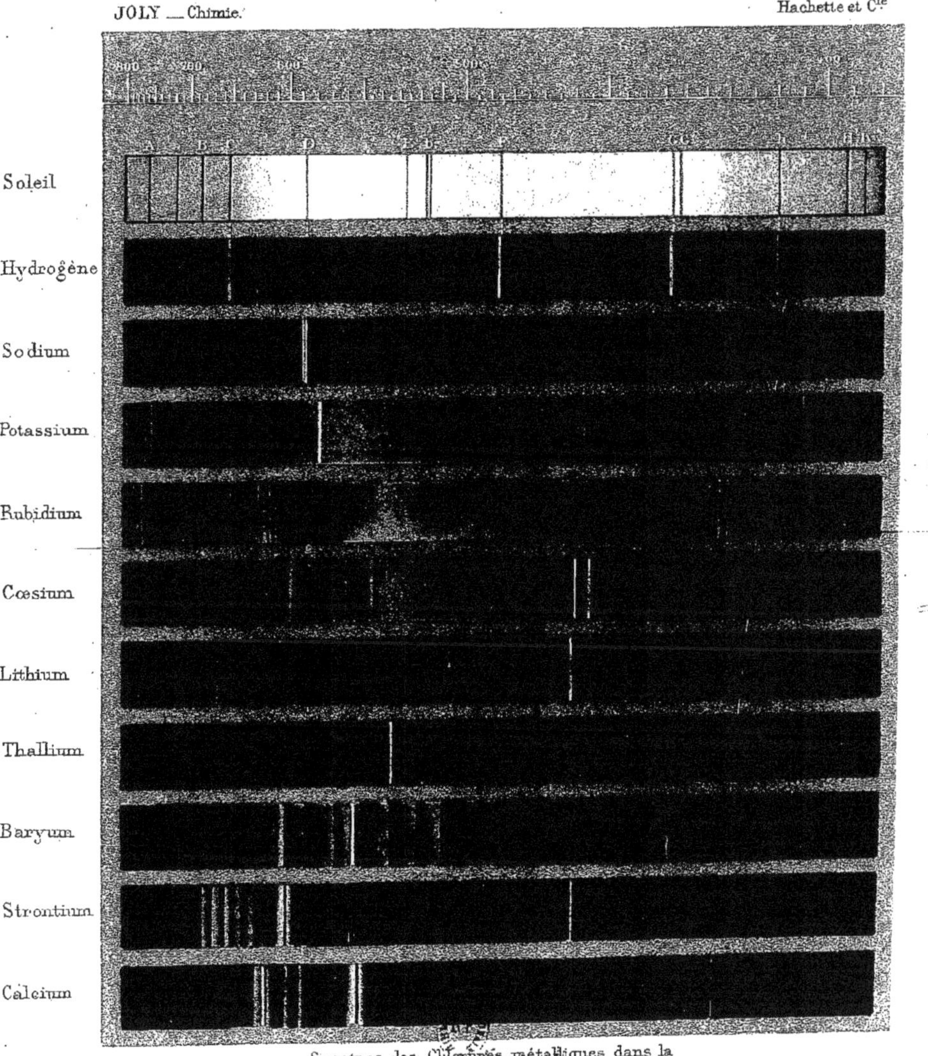

Spectres des Chlorures métalliques dans la flamme du Brûleur Bunsen.

TABLE DES MATIÈRES

MÉTAUX

CHAPITRE I

Généralités.

CHAPITRE II

Propriétés générales des sels.

CHAPITRE III

Principaux genres de sels oxygénés.

CHAPITRE IV

Chlorures. — Oxydes. — Sulfures. — Carbures.

CHAPITRE V

Métaux alcalins.

CHAPITRE VI

Sels ammoniacaux.

CHAPITRE VII

Métaux alcalino-terreux.

CHAPITRE VIII

Magnésium. — Zinc.

CHAPITRE IX

Aluminium.

CHAPITRE X

Poteries. — Verres.

CHAPITRE XI

Chrome.

CHAPITRE XII

Manganèse. — Fer. — Nickel. — Cobalt.

CHAPITRE XIII

Plomb. — Étain. — Bismuth.

CHAPITRE XIV

Cuivre. — Mercure.

CHAPITRE XV

Argent.

CHAPITRE XVI

Or. — Platine.

CHAPITRE XVII

Caractères analytiques des métaux.

CHIMIE ORGANIQUE

CHAPITRE XVIII

Analyse organique

CHAPITRE XIX

Classification des matières organiques.

CHAPITRE XX

Hydrocarbures acycliques.

CHAPITRE XXI

Hydrocarbures. — Interprétation par la notion de valence.

CHAPITRE XXII

Alcools. — Éthers-sels. — Éthers-oxydes.

CHAPITRES XXIII

Alcools polyatomiques. — Glycérine. — Corps gras.

CHAPITRES XXIV

Aldéhydes. — Cétones.

CHAPITRE XXV

Sucres.

CHAPITRE XXVI

Amidon et fécules. — Dextrines. — Gommes. — Celluloses.

CHAPITRE XXVII

Fermentations. — Boissons fermentées. — Alcools d'industrie.

CHAPITRE XXVIII

Monoacides acycliques.

CHAPITRE XXIX

Acides polyacides. — Acides à fonction complexe.

CHAPITRE XXX

Amines de la série grasse. — Amides. — Nitriles.

CHAPITRE XXXI

Hydrocarbures aromatiques.

CHAPITRE XXXII

Phénols. — Quinones. — Alcools et aldéhydes aromatiques.

CHAPITRE XXXIII

Amines aromatiques.

CHAPITRE XXXIV

Matières colorantes naturelles et artificielles.

CHAPITRE XXXV

Alcalis végétaux.

CHAPITRE XXXVI

Hydrocarbures térébéniques. — Camphres.

CHAPITRE XXXVII

Matières albuminoïdes. — Matières gélatineuses.

81421. — Imprimerie Lahure, 9, rue de Fleurus, à Paris.

www.ingramcontent.com/pod-product-compliance
Ingram Content Group UK Ltd.
Pitfield, Milton Keynes, MK11 3LW, UK
UKHW012001240726
13965UKWH00001B/79